# C# 12.0

# 本质论（第8版）

[美] 马克·米凯利斯（Mark Michaelis）/ 著　周　靖 / 译

清華大學出版社
北京

# 内 容 简 介

本书是 C# 领域中广受好评的经典著作。作为 C# 权威指南，本书深入解析了 C# 12.0 的类型别名、内联数组、默认 Lambda 表达式参数以及对许多主要语言构造的扩展支持。全书共 24 章，每章开头用"思维导图"指明要讨论的主题以及每个主题与整体的关系。在介绍相关知识点的同时结合了大量通俗易懂的实例，旨在帮助读者全面掌握 C# 语言，快速成为 C# 高级程序员。

本书适用于对 C# 感兴趣的各种层次的读者，无论是初学者还是资源开发人员，都可以从本书中获益。

北京市版权局著作权合同登记号　图字：01-2024-1249

Authorized translation from the English language edition, entitled Essential C# 12.0 8e by Mark Michaelis, published by PEARSON EDUCATION, Inc, Copyright © 2024 Pearson Education, Inc.

All rights reserved. No part of this book may be reproduced or transmitted in any form or by any means, electronic or mechanical, including photocopying, recording or by any information storage retrieval system, without permission from Pearson Education, Inc.

CHINESE SIMPLIFIED language edition published by TSINGHUA UNIVERSITY PRESS LTD Copyright © 2024.

AUTHORIZED FOR SALE AND DISTRIBUTION IN THE PEOPLE'S REPUBLIC OF CHINA ONLY (EXCLUDES TAIWAN, HONG KONG, AND MACAU SAR).

本书简体中文版由 Pearson Education 授予清华大学出版社在中华人民共和国境内（不包括香港特别行政区、澳门特别行政区和台湾地区）销售和发行。未经出版者许可，不得以任何方式复制或传播本书的任何部分。

本书封面贴有 Pearson Education 防伪标签，无标签者不得销售。

版权所有，侵权必究。举报：010-62782989，beiqinquan@tup.tsinghua.edu.cn。

**图书在版编目(CIP)数据**

C# 12.0本质论 : 第8版 / (美) 马克·米凯利斯 (Mark Michaelis) 著 ; 周靖译. -- 北京 : 清华大学出版社, 2024.7. -- ISBN 978-7-302-66804-6

Ⅰ. TP312.8

中国国家版本馆CIP数据核字第2024ZB5936号

责任编辑：文开琪
封面设计：李　坤
责任校对：方　婷
责任印制：杨　艳

出版发行：清华大学出版社
网　　　址：https://www.tup.com.cn，https://www.wqxuetang.com
地　　　址：北京清华大学学研大厦A座　　　　　　邮　　编：100084
社　总　机：010-83470000　　　　　　　　　　　邮　　购：010-62786544
投稿与读者服务：010-62776969, c-service@tup.tsinghua.edu.cn
质量反馈：010-62772015, zhiliang@tup.tsinghua.edu.cn
印　装　者：涿州汇美亿浓印刷有限公司
经　　销：全国新华书店
开　　本：178mm×230mm　　　印　　张：50.5　　字　　数：1138千字
版　　次：2024年8月第1版　　　印　　次：2024年8月第1次印刷
定　　价：199.00元

产品编号：106402-01

# 译 者 序

自 2007 年《C# 2.0 本质论》出版以来，我便与这本书以及作者马克•米凯利斯 (Mark Michaelis) 结下了不解之缘。

马克 (Mark) 是一名不折不扣的实干家。作为"专业斜杠"（铁人三项运动员和技术领域的佼佼者），他深入探究事物本质的能力令人钦佩。对于问题，他能深究并洞察本质，能做到不仅知其然，还知其所以然。这种深度思考能力充分体现在本书的字里行间，经过他的巧思，C# 语言的诸多知识点巧妙且紧密地联系起来，以便读者从不明白到恍然大悟，真正有极致的获得感。正如微软首席架构师马德斯•托格森 (Mads Torgersen) 在本书推荐序中所言："只要通过了马克的测试，就没有什么可担心的！"

马克的《C# 本质论》系列版本，总让我想起罗素。作为哲学家、数学家和逻辑学家，罗素的行文向来字字珠玑，具有较强的感染力，很容易引起读者的共鸣，给读者带来许多启发。在《罗素回忆录：来自记忆力的肖像》中，他介绍了自己是如何写作的："我希望能够用最少的词把每件事情说得一清二楚。我肯花时间设法找出最简洁的方式把某些事情毫不含糊地表达出来，为此，我往往不惜牺牲追求美学上优点的一切企图。"在他 21 岁之前，罗素希望自己的写作风格够接近于约翰•米尔的风格，因为后者有值得自己效仿的句型结构和主题拓展方式。经过种种尝试，罗素终于醒悟，意识到对华丽词藻和张扬写作风格的模仿会诱发一定程度的虚伪性，认识到所有模仿都是危险的，由此，他总结出三大简单的写作准则：其一，如果可以使用一个简单的词，就永远不要使用一个复杂的词；其二，如果想要做一个包含大量必要条件在内的说明，那么尽量把这些必要条件放在不同的句子里分别说清楚；其三，不要让句子的开头引导读者得出一个与结尾有抵触的结论。

由此联想到马克的这本书，优秀的专业技术类图书，其表述方式和措辞首先考虑的是以读者为本，而不是满篇都是只有少数博学之士才能看懂的行话或术语。在这次翻译《C# 12.0 本质论》的过程中，我有颇多这样的感受。真正的大师，并不会一味地追求形式化、科学化和精致化而导致专业知识远离大部分读者以至于竖起不可逾越的篱笆。真正优秀的作者，是像马克这样的，他们拒绝向读者介绍未经过自己检验的东西，他们拒绝伪装，从来不会故意用高深莫测且让大家云里雾里的措辞来凸显自己的专家身份。

在我看来，《C# 12.0 本质论》实际上完成了一项非常困难的任务。前面几章的内容对刚入门的开发者非常友好。后面的章节就进入了深水区，作者毫不藏私，将自己二十多年来对 C# 语言的理解倾囊以授，为有经验的开发人员提供了挖掘 C# 潜能所需要的技术细节。马克是组织内容的高手。从第 1 章起，他就成功赢得了许多读者（甚至是高手）的信任。与此同时，全书的内容还做到了通俗易懂且没有半句废话的程度。

相较于上一版，这一版的改动最大。针对 C# 12.0 的新特性，书中内容的组织有了很大变化。框架和语言的进步，使得以前实现比较起来繁琐的代码现在更简洁。当然，结果就是，全书几乎所有代码和相关内容都要重新设计，因而对于读者和译者，这本书基本上算是一本全新的书。

本书中文版具有如下特色：

- 思维导图中的编号对应二级标题编号；
- 所有代码都做了本地化，包括注释和 UI；
- 增加译者注近 150 条，以帮助大家进一步理解；
- 对原书纸质版进行勘误并积极与作者探讨和切磋，消除了 100 多条"异见"，译者主页也提供了英文版勘误 ( 也欢迎大家及时提出自己的疑问和意见 )。

说到本书的源代码，不得不说第 8 版的呈现方式堪称完美。本书英文版在 GitHub 上有专门的项目 (*https://github.com/IntelliTect/EssentialCSharp*)，读者可以随时下载最新代码并在 Visual Studio 2022 中打开。中文版读者则可以访问译者主页 (*https://bookzhou. com*) 或 GitHub 项目 (*https://github.com/transbot/EssentialCSharp*)，获取配套的中文版资源。所有代码的注释和 UI 均已完成中文本地化。如果访问 GitHub 有困难，可以直接从译者主页下载。另外，务必先查看源代码中的 README.md 文件了解具体用法。

提到 C# 编程，大家首先想到 Windows 和 .NET 领域的"三驾马车"。首先是《深入 CLR》( 第 4 版 )，本书高屋建瓴，深入解析了运行时和框架——这些是 C# 语言的根基，语言的所有设计都基于这个核心架构来展开。其次是《C# 12.0 本质论》( 第 8 版 )，它如同一部全面且深入的语言百科全书，从个度和深度触及 C# 语言的方方面面。最后是《Visual C# 从入门到精通》( 第 10 版 )，该书同样涵盖语言的基础知识，只不过更侧重于从 GUI 编程的角度帮助大家理解 C# 编程。顺带一提，这三本书全部都通过了 Visual Studio 2022 的测试。

感谢作者马克•米凯利斯 (Mark Michaelis)，他是一位非常有激情和活力的技术专家。在本书的翻译过程中，他热情、耐心地解答和诠释我所提出的问题，并闻过则喜，虚心、坦诚地采纳了我提出的修改意见。另外，还要感谢我的家人，尤其是女儿子衿 (Ava Zhou)，她总是能从一些新奇的角度来帮助我重新认识这个世界。

衷心希望读者朋友能够通过本书开始愉快而激动人心的 C# 编程之旅！

# 推荐序

大家手上这本书是 C# 领域美誉度更高、更权威的参考书之一，作者为此付出了非凡的努力！多年来，马克·米凯利斯 (Mark Michaelis) 的《C# 本质论》系列版本一直是很畅销的经典著作。遥想当年我刚刚认识马克的时候，这本书还处于萌芽阶段。

2005 年，LINQ( 语言集成查询 ) 发布时，我刚刚加入微软，正好见证了 PDC 会议上令人激动的发布。虽然我对技术本身没有什么贡献，但它的宣传造势我可是全程参加了。那个时候，大家都在谈论它，到处可以见到宣传用的小册子。那是 C# 和 .NET 的高光时刻，我至今记忆犹新。

然而，会议现场的上手实践活动区却相当安静，在这里，人们可以按部就班地试验处于预览阶段的技术。我就是在这里遇见马克的。不用说，他完全没有"按部就班"的意思。他在做自己的试验、梳理文档以及和别人沟通，他在忙着鼓捣自己的东西。

作为 C# 社区的新人，我觉得自己在那次大会上遇到了许多人。但老实说，当时的场面极为混乱。唯一记得清楚的只有马克。原因很简单，我当时问他是否喜欢这个新技术，他不像别人那样马上开始滔滔不绝，而是非常冷静地说："现在还不确定，要自己上手搞一搞才知道。"他希望完全理解并消化之后再发表自己的见解。

如此一来，我们便有了一次即兴而深入的对话。我们的对话相当坦诚，颇有营养。像这样的交流已经多年不曾有过。新技术的细节、造成的后果和存在的问题，我们都一一谈到了。对我们这样的语言设计者，马克是最有价值的社区成员。他非常聪明，喜欢打破砂锅问到底，能够深刻理解某技术对真正的开发人员有哪些影响。但最根本的原因可能还是他的坦诚，他从不害怕说出自己的想法。只要通过了马克的测试，就没有什么好担心的！

这些特质也使马克成为一名出色的技术作家。他能够直指技术的本质，为读者提供最全面的信息，他从不废话，总是高度敏锐，以至于足以洞察技术的真正价值和问题。他是一名真正的大师，没有人能像他一样帮助大家以正确的方式来理解和掌握 C# 12.0。

最后，祝愿大家好好享受阅读本书的美好时光！

——马德斯·托格森 (Mads Torgersen)
微软首席架构师

# 前　言

在软件工程的发展进程中，计算机编程范式经历了几次重大的思维模式的转变。每个思维模式都以前一个为基础，宗旨都是增强代码的组织和降低复杂性。本书旨在带领大家体验相同的思维模式转变过程。

本书前面几章介绍**顺序编程结构**。在这样的编程结构中，语句按执行顺序来写。该结构的问题在于，随着需求的增加，复杂性也呈指数级增加。因此，为了降低复杂性，代码块被移到方法中，形成**结构化编程模型**。在这样的模型中，可以从一个程序中的多个位置调用同一个代码块，不需要进行复制。但即使有这种结构，程序还是很快就会变得臃肿不堪，因而需要进一步抽象。在此基础上，又提出**面向对象编程**的概念，这将在第 6 章开始讨论。在此之后，大家将继续学习其他编程方法，比如基于接口的编程和LINQ( 以及它促使集合 API 发生的改变 )，并最终学习通过特性 (attribute) 进行初级的声明性编程 [①]( 第 18 章 )。

本书有以下三个主要职能：

- 全面讲述 C# 语言，其内容远远超过那些简单的普通教程，旨在为大家进行高效软件开发打下坚实基础；
- 对于已经熟悉 C# 语言的读者，本书探讨一些较为复杂的编程思想，并深入讨论语言最新版本 (C# 12.0 和 .NET 8) 的新功能；
- 它是大家 "如影随形的良师益友"，即便是已经精通这门语言的读者。

掌握 C# 语言的关键在于，尽快着手进行编程。不要等自己成为一名理论专家之后才开始动手写代码。所以，不要犹豫，马上动手。作为迭代开发 [②] 思想的拥趸，我写这本书的愿望是，即使刚开始学习编程的新手，也能在第 2 章结束时动手写基本的 C# 代码。

许多主题没有在本书中讨论。本书不讨论 ASP.NET、Entity Framework、Mauri、智能客户端开发以及分布式编程等主题。虽然这些主题与 .NET 有关，但它们都值得专门用一本书来讲解。幸好，本书的重点是 C# 语言及其基类库中的类型。本书将帮助大家完全掌握 C# 语言基础，让大家游刃有余地深入高级编程领域。

## 本书面向的读者

写作本书的时候，我面临的挑战是如何让高级开发人员持续保持专注但同时又不至于因为大量使用 assembly、link、chain、thread 和 fusion 等术语而使初学者产生挫败感 ( 否则许多人会以为这本书是在讲冶金术而不是程序设计 )。[③] 本书的主要读者是已经有

---

① 译注：与声明式编程或称宣告式编程 (declarative programming) 相对应的是命令式编程，前者表述问题，后者实际解决问题。

② 译注：简单地说，迭代开发是指分周期、分阶段进行一个项目，以增量方式逐渐对其进行改进的过程。

③ 译注：上述每个单词在计算机和冶金领域都有专门的含义，所以作者用它们开了一个玩笑。例如，assembly 既是 "程序集"，也是 "装配件"；thread 既是 "线程"，也是 "螺纹"。

一定编程经验并想多学一种语言来"傍身"的开发人员。为此，我精心设计了全书的内容，使其足以满足大多数开发人员的需求，让他们有获得感。

- 初学者：如果是编程新手，本书将帮助你从入门级程序员过渡成为 C# 专业开发人员，让大家未来不至于害怕面对任何 C# 编程任务。本书不但要教语法，还会教大家养成良好的编程习惯，帮助你为将来的编程生涯奠定良好的基础。

- 熟悉结构化编程的程序员：学习外语，最好的方法是"沉浸法"[①]。与此类似，学习计算机语言的话，最好的方法是边动手边学习，而不是一直"纸上谈兵"。基于这个前提，本书最开始介绍的内容对熟悉结构化编程的开发人员而言，是很容易上手的。到快要学完第 5 章时，就可以开始写基本的控制流程序了。然而，要成为真正的 C# 开发人员，记住语法只是第一步。为了从简单程序过渡到企业级开发，C# 开发人员还必须完全掌握从对象及其关系并从这个角度来思考问题。为此，第 6 章开始介绍类和面向对象开发。C 语言、COBOL 语言和 FORTRAN 等结构化编程语言虽然仍然在发挥作用，但作用会越来越小，所以软件工程师应该逐渐了解面向对象开发。C# 语言是实现这一思维模式转变的理想语言，因为它本来就是基于"面向对象开发"这一中心思想来设计的。

- 熟悉"基于对象"和"面向对象"理念的开发人员：C++、Java、Python、TypeScript、Visual Basic 和 Java 程序员都可归于此类。对于分号和大括号，他们可一点儿都不陌生！简单浏览一下第 1 章的代码，就会发现，就其核心而言，C# 语言是类似于大家早就熟悉的 C 和 C++ 风格的语言。

- C# 专家：对于精通 C# 的人，本书有很多不太常见的语法供大家参考。此外，针对其他地方较少强调的一些语言细节以及微妙之处，我提出了自己的见解。最重要的是，本书提供了编写可靠和易维护代码的指导原则及模式。

本书也适合用作 C# 教材。从 C# 3.0 到 C# 12.0，最重要的一些增强如下：

- 字符串插值 ( 第 2 章 )；
- 隐式类型的变量 ( 第 3 章 )；
- 元组 ( 第 3 章 )；
- 可空引用类型 ( 第 3 章 )；
- 模式匹配 ( 第 4 章 )；
- 扩展方法 ( 第 6 章 )；
- 分部方法 ( 第 6 章 )；
- 默认接口成员 ( 第 8 章 )；
- 匿名类型 ( 第 12 章 )；
- 泛型 ( 第 12 章 )；

---

[①] 译注：沉浸法，即 immersion approach，是指想办法让学习者完全置身于纯外语的环境中，比如孤身在国外生活或学习。

- Lambda 语句和表达式 ( 第 13 章 )；
- 表达式树 ( 第 13 章 )；
- 标准查找操作符 ( 第 15 章 )；
- 查询表达式 ( 第 16 章 )；
- 动态编程 ( 第 18 章 )；
- 用任务编程库 (TPL) 和 async 进行多线程编程 ( 第 20 章 )；
- 用 PLINQ 进行并行查询处理 ( 第 21 章 )；
- 并发集合 ( 第 22 章 )。

考虑到许多人还不熟悉这些主题，所以本书将对它们展开详细的讨论。涉及 C# 高级开发主题的还有指针，具体参见第 23 章。即使是有经验的 C# 开发人员，也未必能够透彻地理解这一主题。

## 本书特色

本书作为权威的编程语言参考指南，遵循的是核心 C# 语言规范。为了帮助读者理解 C# 语言的构造，书中用大量的例子来演示每个特性，并为每个概念提供相应的指导原则和最佳实践，以确保代码能够顺利编译、避免留下隐患并获得最佳的可维护性。

为了增强代码的可读性，书中所有代码都采用了特殊的格式，每章开篇还采用了思维导图的方式来高度概括当前这一章的内容。

## 网站

本书有配套的交互式网站 *https://essentialcsharp.com*，提供在线阅读内容 ( 英文版 ) 并支持全文搜索。该网站后续还要上线更多的功能，比如对许多代码清单进行交互式代码编辑和客户端编译的功能，使你能够专注于语言本身，不会因为安装或 dotnet 设置问题而分心。

## 源代码下载

除了 EssentialCSharp.com 网站，所有英文版和中文版源代码都可以从 GitHub 获取，网址如下：

- *https://github.com/IntelliTect/EssentialCSharp*( 英文版 )；
- *https://github.com/transbot/EssentialCSharp*( 中文版，含中文注释和 UI 本地化 )，
  如果访问有困难，也可以直接从译者主页 (*https://bookzhou.com*) 获取。

通过以上方式，你可以下载或在本地复制，随时查看代码或者进行修改，并实际体验效果。老话说得好，纸上得来终觉浅，绝知此事要躬行。动手实际操练，始终都是学习编程语言细节的有效方式。

## C# 设计规范

本书新版本最重大的改进是增加了大量设计规范，下面的例子来自第 18 章。

设计规范

DO name custom attribute classes with the suffix **Attribute**.

**要**在为自定义特性类命名时添加 **Attribute** 后缀。

熟悉语法的程序员和能够巧妙写出高效代码的专家，两者的分水岭就是这样的设计规范。专家不仅能让代码通过编译，同时还遵循最佳实践，降低出现 bug 的概率，并使代码的维护变得更容易。设计规范强调了软件开发期间必须注意一些关键原则。

## 示例代码

虽然本书大多数代码都能在公共语言基础结构 (Common Language Infrastructure，CLI) 的任何实现上运行，但重点仍然是 .NET 实现。本书也较少使用特定于某些平台或厂商的库，除非需要解释仅与那些平台相关的重要概念 ( 例如，解释如何正确处理 Windows 单线程 UI)。

我们以代码清单 1.21 为例：

**代码清单 1.21　为代码添加注释**

```
public class CommentSamples
{
    public static void Main()
    {
        string firstName;    // 用于存储名字的变量
        string lastName;     // 用于存储姓氏的变量

        Console.WriteLine("嘿，你！");

        Console.Write /* 不换行 */ ("请输入你的名字：");
        firstName = Console.ReadLine();

        Console.Write /* 不换行 */ ("请输入你的姓氏：");
        lastName = Console.ReadLine();

        /* 使用字符串插值在控制台上显示问候语 */
        Console.WriteLine($"你的全名是 { firstName } { lastName }。");
        // 这是程序清单
        // 的结尾
    }
}
```

具体的格式解释如下：
- 配套资源中所有源代码都进行了彩色标注 ( 正文黑白印刷的纸质版图书会呈现不同的灰度 )；
- 省略号表示无关代码已省略：

  `// ...`
- 某些代码行添加的底纹，表明是对上个代码清单的修改，或者强调当前正在讲解的某个主题，如下面的代码清单 2.23 所示：

**代码清单 2.23　错误：string 是不可变的**

```
Console.Write("输入文本：");
```

```
string text = Console.ReadLine();

// UNEXPECTED: text 并没有转换为全大写
text.ToUpper();

Console.WriteLine(text);
```

- 某些代码清单后列出了相应的控制台输出。由用户输入的内容加粗显示，如以下输出 1.7 所示：

**输出 1.7**

```
嘿，你！
请输入你的名字：Inigo
请输入你的姓氏：Montoya
你的全名是 Inigo Montoya。
```

虽然我也可以在书中提供完整的代码以便读者复制，但这样会让大家分心。因此，请自行在程序中修改示例代码。

还可以从译者主页 *https://bookzhou.com*，获取中文版示例代码和更多配套资源。

## 思维导图

每章开篇的思维导图旨在方便读者快速了解当前章节的内容。下面是一个例子（摘自第 6 章）。

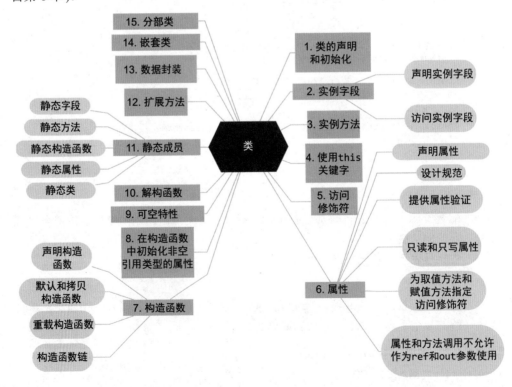

在思维导图的中心，显示的是当前章的主题，所有高级主题都围绕该中心展开。利用思维导图，可方便地搭建自己的知识体系，可以从一个主题出发，更清楚地理解其周边的各个具体概念，避免中途纠缠于一些旁枝末节的小问题。

## 编程水平分级阅读说明

根据个人编程水平的不同，可以借助于书中提供的以下标志来轻松找到适合自己的内容：

- 初学者主题，特别为刚入门的程序员提供的定义或解释；
- 高级主题，使有经验的开发人员将注意力放在他们最关心的内容上；
- 注意，强调读者应注意的要点；
- 语言对比，分散于正文中的"语言对比"描述 C# 和其他语言的关键差异，为具有其他语言背景的读者提供 C# 参考。

## 本书内容的组织

总的来说，软件工程的宗旨是管理复杂性。本书基于该宗旨来组织内容。第 1 章～第 5 章介绍结构化编程，学完这些内容后，可以立即动手写一些功能简单的代码。第 6 章～第 10 章介绍 C# 的面向对象构造，新手应在完全理解这几章的内容后，再开始接触本书其余部分更高级的主题。第 12 章～第 14 章介绍更多用于降低复杂性的构造，讲解了当今几乎所有程序都要用到的通用设计模式。理解它们之后，才能更轻松地理解如何通过反射和特性来进行动态编程。后续章节将广泛运用它们来实现线程处理和互操作性。

本书最后专门用一章（第 24 章）讲解 CLI。这一章在开发平台的背景下讲述 C# 语言。之所以放到最后，是因为它并非 C# 特有，而且不涉及语法和编程风格问题。不过，本章适合在任何时候阅读，或许最恰当的时机是在完成第 1 章的阅读之后。

每章的内容简介如下。

- 第 1 章——C# 概述：本章在展示了用 C# 语言写的 Hello World 程序之后对其进行细致分析。目的是让读者熟悉 C# 程序的"外观和感觉"，并理解如何编译和调试自己的程序。另外，还简单描述了 C# 程序的执行上下文及其中间语言（Intermediate Language，IL）。
- 第 2 章——数据类型：任何有用的程序都要处理数据，本章介绍 C# 语言的基元数据类型。
- 第 3 章——深入数据类型：本章深入讲解数据类型的两大类别：值类型和引用类型。然后讲解隐式类型的局部变量、元组、可空修饰符以及 C# 8.0 引入的可空引用类型。最后深入讨论基元数组结构。
- 第 4 章——操作符和控制流：计算机最擅长重复性操作，为了利用该能力，需要知道如何在程序中添加循环和条件逻辑。本章还讨论 C# 操作符、数据转换和预处理器指令。

- 第 5 章——方法和参数：本章详细讨论方法及其参数，其中包括传值、传引用和通过 out 参数返回数据。从 C# 4.0 开始支持默认参数，本章解释了具体如何使用。

- 第 6 章——类：前面几章介绍类的基本构成元素，本章将把这些构造合并为具有完整功能的类型。类是面向对象技术的核心，它定义了对象模板。

- 第 7 章——继承：继承是许多开发人员的基本编程手段，C# 语言更是提供了一些独特构造，比如 new 修饰符。本章讨论继承语法的细节，其中包括重写 (overriding)。

- 第 8 章——接口：本章讨论如何利用接口来定义类之间的"可进行版本控制的交互契约" (versionable interaction contract)。C# 语言同时包含显式和隐式接口成员实现，可以实现一个额外的封装等级，这是其他大多数语言所不支持的。本章最后用一节讨论接口版本控制问题，并强调 C# 8.0 的引入的"默认接口成员"的作用。

- 第 9 章——结构和记录：C# 9.0 为结构引入了记录 (record) 的概念，并在 C# 10 中把它扩展到值类型 (即 record struct)。尽管定义引用类型的情况更普遍，但有时确实需要定义行为与 C# 语言内置的基元类型相似的值类型。本章介绍如何创建自定义结构 (struct)，并强调它的一些要特别注意的地方。

- 第 10 章——良好形式的类型：本章讨论更高级的类型定义，解释如何实现操作符，比如 + 和转型操作符，并描述如何将多个类封装到一个库中。另外，还演示了如何定义命名空间和 XML 注释，并讨论如何基于垃圾回收机制来设计令人满意的类。

- 第 11 章——异常处理：本章延伸讨论第 5 章引入的异常处理机制，描述如何利用异常层次结构创建自定义异常。另外，还强调异常处理的一些最佳实践。

- 第 12 章——泛型：泛型或许是 C# 1.0 最缺少的功能。本章全面讨论自 C# 2.0 引入的泛型机制。此外，C# 4.0 增加了对协变和逆变的支持，本章要在泛型背景中探讨它们。

- 第 13 章——委托和 Lambda 表达式：正是因为委托，才使 C# 与其前身语言 (C 和 C++ 等) 有了显著不同，它定义了在代码中处理事件的模式。这几乎完全消除了写轮询例程的必要。Lambda 表达式是使 C# 3.0 的 LINQ 成为可能的关键概念。通过本章的学习，将知道 Lambda 表达式是在委托的基础上构建起来的，它提供了比委托更优雅和简洁的语法。本章内容是第 14 章的基础。

- 第 14 章——事件：封装起来的委托 (称为事件) 是公共语言运行时 (Common Language Runtime, CLR) 的核心构造。本章还要讲解自 C# 2.0 引入的另一个特性，即匿名方法。

- 第 15 章——支持标准查询操作符的集合接口：通过讨论新的 Enumerable 类的扩展方法，介绍 C# 3.0 引入的一些简单而强大的改变。Enumerable 类造就了全新的集合 API，即"标准查询操作符"，本章对其进行了详细讨论。

- 第 16 章——使用查询表达式的 LINQ：如果只使用标准查询操作符，会形成让人难以辨认的长语句。但查询表达式提供了一种类似 SQL 风格的语法，有效地解决了该问题。本章会详细讨论这种表达式。

- 第 17 章——构建自定义集合：构建用于操纵业务对象的自定义 API 时，经常都需要创建自定义集合。本章讨论具体如何做。还要介绍能使自定义集合的构建变得更简单的上下文关键字。

- 第 18 章——反射、特性和动态编程：20 世纪 80 年代末，程序结构的思维模式发生了根本性的变化，面向对象的编程是这个变化的基础。类似地，特性 (attribute) 使声明性编程和嵌入元数据成为可能，因而引入了一种新的思维模式。本章探讨特性的方方面面，并讨论如何通过反射机制来获取它们。本章还讨论如何通过基类库 (Base Class Library，BCL) 中的序列化框架来进行文件的输入输出。C# 4.0 新增了 `dynamic` 关键字，能将所有类型检查都移至运行时进行，因而极大扩展了 C# 语言的能力。

- 第 19 章——多线程处理：大多数现代程序都要求用线程执行长时间运行的任务，同时确保对并发事件的快速响应。随着程序变得越来越复杂，必须采取其他措施来保护这些高级环境中的数据。多线程应用程序的编写比较复杂。本章讨论如何操纵线程 ( 包括如何取消 ) 以及如何在任务上下文中进行异常处理。

- 第 20 章——基于任务的异步模式编程：本章深入探讨基于任务的异步模式以及相应的 `async/await` 语法。它极大地简化了多线程编程。另外，本章还要讲解 C# 8.0 引入的异步流的概念。

- 第 21 章——并行迭代：为了优先性能，一个简单的方式是使用 `Parallel` 对象或并行 LINQ(PLINQ) 库在数据上进行并行迭代。

- 第 22 章——线程同步：本章对前几章的内容进行扩展，演示如何利用一些内建线程处理模式来简化对多线程代码的显式控制。

- 第 23 章——平台互操作性和不安全的代码：必须意识到，C# 语言仍然是相对年轻的一种语言，现有的许多代码都是用其他语言写成的。为了用好这些现有代码，C# 语言通过 P/Invoke 提供了对互操作性 ( 调用非托管代码 ) 的支持。此外，C# 语言允许使用指针，也允许执行直接内存操作。虽然使用了指针的代码要求特殊权限才能运行，但它具有与 C 风格的 API 完全兼容的能力。

- 第 24 章——公共语言基础结构 (CLI)：事实上，C# 被设计成一种在 CLI 的顶部工作的最有效的编程语言。本章讨论 C# 程序与底层 "运行时" 及其规范的关系。

希望本书成为你深度掌握 C# 编程技能的理想参考用书。另外，在能熟练使用 C# 语言后，本书仍然可以作为案头参考，供你遇到不熟悉的领域时参考。

——马克 • 米凯利斯 ( Mark Michaelis)

*IntelliTect.com/mark* 以及 *mark.michaelis.net*

X ( 前 Twitter): *@Intellitect, @MarkMichaelis*

# 致　谢

没有哪一本书是凭借作者一己之力就呈现在读者面前的。在此，我要向整个编写过程中帮助过我的所有人致以衷心的感谢。虽然排名不分先后，但首先要感谢的必然是我的家人。考虑到这已经是本书的第 8 版，可以想象过去 18 年来我的家人为支持我写作做出了多少牺牲，更不用说之前的书了。在本杰明、汉娜和阿比盖尔的眼中，他们的爸爸经常因为写书而无暇照顾他们。然而，我的妻子伊丽莎白承担得更多。家里的大事小事全靠她，她独自承担起家庭的重任。2017 年外出度假期间，有好几天我其实都在"闭门造书"，他们却更想去海边。对此，我感到万分抱歉，辛苦了，家人们！

在写作《C# 12.0 本质论》的过程中，我非常感谢培生允许 IntelliTect 在 EssentialCSharp.com 网站上托管英文版。另外，如果没有 IntelliTect 团队的支持，我永远无法独立完成这项工作。能与一群出色的软件工程师一起工作，我感到非常幸运，他们能在我缺席的情况下自主取得如此了不起的成果。我们花了相当多的时间来打磨书稿、敲定格式、编辑内容以及建网站和发布阶段性版本。非常感谢为本书第 8 版做出贡献的以下人员：本杰明·迈克尔利斯、凯文·博斯特、丹尼尔·奥尔维拉、珍妮·卡瑞、米卡埃拉·克罗斯克雷、格兰特·伍兹、扎克·沃德、乔什·威利斯、安德鲁·斯科特、安瑞"雷"·坦纳、阿尔特姆·切特维科夫、凯西·怀特、奥斯丁·弗罗斯塔德、汤姆·克拉克、约瑟夫·里德尔斯、约翰·埃文斯、凯尔西·麦克马洪、凯西·沙德维茨、卡梅伦·J.奥斯本、妮可·格利登和伊丽莎白·保利。特别感谢凯文·波斯特和我的儿子本杰明。除了在代码上做出贡献，他们还帮助管理整个 Web 工具项目，使本书配套网站变成了现实。

自 2013 年以来，我与凯文·波斯特一直在 IntelliTect 工作，他的软件开发能力令我惊叹不已。他不仅精通 C# 语言，还在其他许多开发技术上有很深的造诣，是一名"如假包换"的顶级专家。因为这一切以及更多的原因，我今年邀请凯文·波斯特以正式技术编辑的身份审阅这本书。真的非常感谢他，他对全书内容提出了许多独到的见解和改进建议。某些问题自初版以来一直存在，但几乎没有人注意到。凯文对细节的关注，加上对卓越的孜孜以求，使得大家手上这本《C# 12.0 本质论》更有资格成为更受读者欢迎的 C# 编程经典。

埃里克带给我无尽的惊喜。他对 C# 的精通程度让我敬畏，我非常欣赏他准确的修改意见，尤其是他在追求术语精准性方面的不懈努力。在本书第 2 版中，他对与 C# 3.0 相关的章节进行了深入且广泛的改进。对于那一版，我唯一的遗憾是没有让他审阅全书所有的章节。但现在，这个遗憾已经不复存在。当年，埃里克认真且专注地审阅了《C# 4.0 本质论》的每个章节，在《C# 5.0 本质论》和《C# 6.0 本质论》中，他更是担任了合著者的角色。从《C# 7.0 本质论》直到《C# 12.0 本质论》，我一直非常感激他以技术编辑身份做出的贡献。谢谢你，埃里克！我无法想象还有谁比你做得更好。正是因为有了你，这本书才真正完成了从"优秀"到"卓越"的飞跃。

就像埃里克之于 C# ，很少有人像斯蒂芬·图伯那样对 .NET Framework 多线程处理有如此深刻的理解。斯蒂芬专门审阅了 ( 嗯，第三次了 ) 我这次重写的关于多线程的两章内容，并重点检查了 C# 5.0 的 async 支持。谢谢你，斯蒂芬！

多年来，其他许多技术编辑对每一章都进行了详尽的审查，以确保技术的准确性。他们明察秋毫的能力经常让我叹服不已：保罗·布拉姆斯曼、科迪·布朗、安德鲁·康布、伊恩·戴维斯、道格·德科、杰拉德·弗兰茨、丹·哈利、托马斯·希维、安森·霍顿、布莱恩·琼斯、谢恩·科尔切瓦尔、安杰丽卡·兰格、尼尔·伦德比、约翰·米凯利斯、杰森·莫尔斯、尼古拉斯·帕尔迪诺、杰森·彼得森、乔恩·斯基特、迈克尔·斯托克斯贝里、罗伯特·斯托克斯贝里和约翰·蒂姆尼。

感谢培生 /AW 出版社的所有人在与我合作时所表现出来的耐心，他们容忍我时不时地放下本书的写作。还要感谢马拉比卡·查克拉博蒂和茱莉亚·纳西尔从整个选题意向到制作过程中对我的帮助。

# 简 明 目 录

# 详 细 目 录

# 第 1 章

## C# 概述

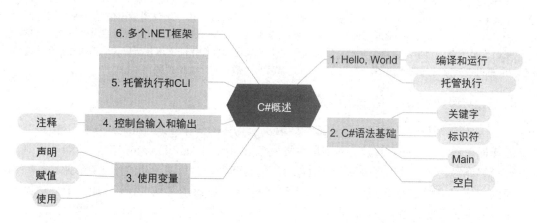

　　C# 语言可以为各种操作系统 ( 平台 ) 开发软件组件和应用程序，包括移动设备、游戏主机、Web 应用、物联网 (Internet of Things，IoT)、微服务和桌面应用程序等。此外，C# 是免费的；事实上，它还完全开源，你可以查看、修改、重新分发，并向开源社区贡献你所做的任何改进。C# 还是一种成熟的语言，基于作为前身的 C 风格语言 (C、C++ 和 Java) 的功能而设计[①]，所以有经验的程序员都能很快熟悉它。

　　本章通过一个传统的 HelloWorld 程序来介绍 C#，重点是 C# 语法基础，包括如何定义一个 C# 程序入口。通过本章的学习，你将熟悉 C# 的语法风格和结构，并能开始写最简单的 C# 程序。在讨论 C# 语法基础之前，将简单介绍一下托管执行环境，并解释 C# 程序在运行时是如何执行的。最后，我们会讨论变量声明、控制台输入 / 输出以及基本的 C# 代码注释机制。

---

① 第一次 C# 设计会议是在 1998 年召开的。

## 1.1 Hello, World

学习新语言最好的办法就是立即动手写代码。第一个例子是经典的 HelloWorld 程序，它在屏幕上显示一些文本。代码清单 1.1 展示了完整程序，我们将在之后的小节完成程序的编译和运行。[①]

代码清单 1.1    用 C# 编写的 HelloWorld 程序

```
Console.WriteLine(" 你好，我叫 Inigo Montoya。");
```

注意，之所以能写如此简单的一行代码，需要用到 C# 9.0 引入的一个特性——**顶级语句** (top-level statements)。稍后会在代码清单 1.6 中展示另一种选择，那可以说是一种更典型的代码清单。有关顶级语句的更多信息，请参见第 5 章。

**初学者主题：基本编译术语**

**编译器**的作用类似于翻译，代码从一种语言转换为另一种语言。通常，编译器负责将高级语言（如 C#）转换为计算机能直接理解的低级语言。在 C# 语言场景中，编译器输出的是一种**中间语言** (Intermediate Language，IL)，到时会由第二个编译器将其翻译为机器语言。本章稍后的"托管执行和 CLI"小节会进一步讨论这个问题。**源代码**简单来说就是构成程序的文本，所以代码清单 1.1 就是这个 HelloWorld 程序的源代码。"代码"一词通常可与"源代码"互换使用。

### 1.1.1 创建、编辑、编译和运行 C# 源代码

C# 代码写好后还需要编译和运行。取决于具体的操作系统，此时要决定下载哪个编译器。通常，这些实现被打包成**软件开发包** (Software Development Kit，SDK)，其中包括编译器、运行时执行引擎、"运行时"能访问的语言可访问功能框架（参见本章后面的"应用程序编程接口"小节）以及可能与 SDK 捆绑的其他工具（比如用于自动化生成的生成引擎）。由于不同的平台使用了不同的编译器，而且 C# 自 2000 年便发布了（参见本章后面的"多个 .NET 框架"小节），所以我们目前有多种选择。

操作系统不同的话，安装指令也有所区别。有鉴于此，建议访问 *https://www.microsoft.com/net/download* 获取具体的下载和安装指令。先选好操作系统，再依据目标操作系统选择要下载的 SDK。此外，也可以选择使用哪个（哪些）.NET 实现（有时称为 .NET 框架）。虽然我们可以在这里提供更多详细信息，但 .NET 下载站点针对每种支持的组合都提供了最新的指令。虽然有多个框架版本可选，但最简单的还是下载默认的版本，它对应于最新的完全发布版本（显示为"长期支持"或 LTS）。

有许多源代码编辑工具可供选择，包括最基本的 Windows 记事本、Mac/macOS TextEdit 和 Linux vi 等。但是，建议选择稍微高级一些的工具，它至少应支持语法彩色标注。支持 C# 的任何代码编辑器都可以。如果还没有特别喜欢的，那么推荐开源编辑器 Visual Studio Code(*https://code.visualstudio.com*)。如图 1.1 所示，为了在 Visual Studio

---

[①] 如果不知道埃尼戈·蒙托亚 (Inigo Montoya) 是谁，请先看看电影《公主新娘》。

Code 中使用 C#，需要安装相应的 C# 扩展。另外，如果在 Windows 或 Mac 上工作，那么还可以考虑 Microsoft Visual Studio 2022( 或更高版本 )，详情请访问 *https://www.visualstudio.com*。所有这些都是免费的。

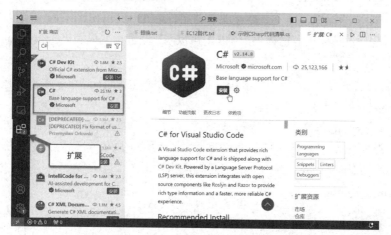

图 1.1　为 Visual Studio Code 安装 C# 扩展模块

稍后要提供这两种编辑器的操作指示。首先，依赖于命令行接口 (CLI) 工具 **dotnet CLI** 来创建 C# 程序，并用它编译和运行程序。对于 Windows 和 Mac，我们将重点放在平台专用的 Visual Studio 2022 版本上。

### 使用 Dotnet CLI

Dotnet 命令 dotnet 是 Dotnet 命令行接口 ( 或称 Dotnet CLI)，可用于生成 C# 程序的初始代码库，并编译和运行程序。[①] 注意，这里的 CLI 代表“命令行接口”(Command-Line Interface)。为避免和“公共语言基础结构”(Common Language Infrastructure) 的简称 CLI 混淆，本书在提到 Dotnet CLI 时都会附加 Dotnet 前缀。没有 Dotnet 前缀的 CLI 才是“公共语言基础结构”。安装好之后，首先验证一下可以在终端上执行 dotnet 命令。

按以下指示在 Windows、macOS 或 Linux 上创建、编译和执行 HelloWorld 程序。

1. 打开终端 ( 在 Microsoft Windows 上打开命令提示符，在 Mac/macOS 上打开 Terminal 应用，还可以执行 pwsh 命令来使用跨平台命令行接口 PowerShell[②])。

2. 在想要存放代码的地方新建一个目录。作为本书的第一个例子，考虑使用 HelloWorld 或 EssentialCSharp/HelloWorld 这样的目录名。在命令行上执行：

```
mkdir HelloWorld
```

3. 导航到新目录，使之成为终端的当前位置：

```
cd HelloWorld
```

---

① 这个工具大约是与 C# 7.0 同期发布的，取代了直接使用 C# 编译器 (csc.exe) 进行编译的传统方式。

② https://github.com/PowerShell/PowerShell

4. 在 HelloWorld 目录中执行 dotnet new console 命令来生成程序基架 ( 或称 "项目" )。随后会生成几个文件，最主要的就是 Program.cs 和项目文件 HelloWorld.csproj：

```
dotnet new console
```

5. 运行生成的程序。以下命令会编译并运行由 dotnet new console 命令创建的默认 Program.cs 程序。程序内容与代码清单 1.1 相似，只是输出变成了 "Hello, World!"：

```
dotnet run
```

6. 虽然没有显式请求应用程序编译 ( 或生成 )，但 dotnet run 命令在执行时已经隐式执行了 dotnet build 命令。

7. 编辑 Program.cs 文件，使代码与代码清单 1.1 一致。如果用 Visual Studio Code 打开并编辑 Program.cs，那么会体验到支持 C# 的编辑器的好处，代码会用彩色标注不同类型的构造。要用 Visual Studio Code 打开并编辑，请执行以下命令：

```
code Program.cs
```

8. 也可以像输出 1.1 那样，一直在 Windows 命令行上操作。

9. 重新运行程序：

```
dotnet run
```

输出 1.1 还原了上述步骤。[1]

**输出 1.1**

```
1>
2> mkdir HelloWorld
3> cd HelloWorld
4> dotnet new console
已成功创建模板 " 控制台应用 "。

正在处理创建后操作 ...
正在还原 F:\Work\Essential CSharp 12.0( 原书第 8 版 )\ 代码 \HelloWorld\HelloWorld.csproj:
    正在确定要还原的项目…
    已还原 F:\Work\Essential CSharp 12.0( 原书第 8 版 )\ 代码 \HelloWorld\HelloWorld.csproj ( 用时 298ms)。
    已成功还原。
5> dotnet run
Hello, World!
6> echo Console.WriteLine(" 你好，我叫 Inigo Montoya。 "); > Program.cs
7> dotnet run
你好，我叫 Inigo Montoya。
```

### 使用 Visual Studio 2022(Windows 或 Mac)

在 Visual Studio 2022 中的操作相似，只是现在不用命令行了，而是直接使用一个集成开发环境 (IDE)。由于有菜单可供操作，所以不必一切都依赖于命令行。

1. 启动 Visual Studio 2022。

2. 单击 "创建新项目"。如果没有显示启动窗口，那么可以选择 "文件" | "启动窗

---

[1] 加粗显示的是由用户来输入的内容。

口”来显示它，或者直接选择“文件”｜“新建”｜“项目”(Ctrl+Shift+N)打开“创建新项目”对话框。

3. 在搜索框 (Alt+S) 中输入“控制台应用”，并选择“控制台应用”，如图 1.2 所示。如果还安装了其他语言，那么可以选择 C# 来缩小搜索范围。选好模板后，单击“下一步”按钮继续。

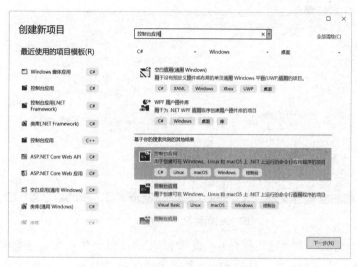

图 1.2 “创建新项目”对话框

4. 在“项目名称”文本框中输入 **HelloWorld**。在“位置”选项框中选择工作目录，如图 1.3 所示。完成后，单击“下一步”按钮继续。

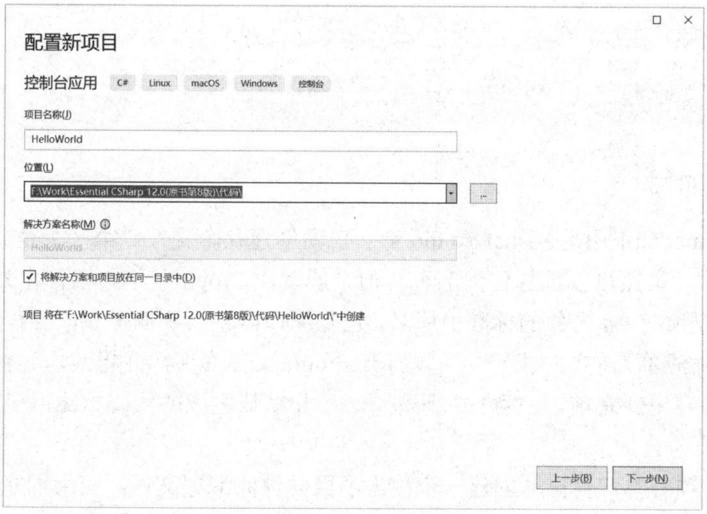

图 1.3 “配置新项目”对话框

5. 在"其他信息"对话框中，从"框架"下拉列表中选择".NET 8.0（长期支持）"。注意，请保持"不使用顶级语句"框的非勾选状态。单击"创建"。

6. 项目创建好后会打开 Program.cs 文件供编辑，如图 1.4 所示。

图 1.4 编辑 Program.cs 文件

7. 选择"调试"｜"开始执行（不调试）"(Ctrl+F5) 来生成并运行程序。随后显示如输出 1.2 所示的终端窗口，只是第一行暂时为默认的"Hello, World!"。

8. 将 Program.cs 修改成代码清单 1.1 的样子，重新执行步骤 7，获得如输出 1.2 所示的结果。

**输出 1.2**

```
你好，我叫 Inigo Montoya。

...\HelloWorld.exe（进程 30456）已退出，代码为 0。
按任意键关闭此窗口 . . .
```

## 1.1.2 理解项目

无论 Dotnet CLI 还是 Visual Studio 都会自动创建几个文件。第一个是名为 Program.cs 的 C# 文件。虽然可以选择任何名称，但一般都用 Program 这一名称作为控制台程序的起点。.cs 是所有 C# 文件的标准扩展名，也是编译器默认要编译成最终程序的扩展名。为了使用代码清单 1.1 中的代码，可以打开 Program.cs 文件，并将其内容替换成代码清单 1.1 的。保存更新之前，注意，代码清单 1.1 和默认生成的代码相比，多了一条注释，并修改了双引号内的文本。

创建 C# 项目时，会自动创建一个称为**项目文件**的配置文件。应用程序类型和 .NET 框架不同，项目文件的内容也不同。但是，它至少会指出要生成 (build) 什么应用程序类型（控制台、Web、库等）、支持什么 .NET 框架、编译器设置以及启动应用程序需要什么设置。除此之外，还会指出代码的其他依赖项(称为库)。例如，代码清单 1.2 为上一节创建的简单 .NET 控制台应用程序列出了项目文件的内容。

**代码清单 1.2　示例 .NET 控制台项目文件**

```
<Project Sdk="Microsoft.NET.Sdk">

  <PropertyGroup>
    <OutputType>Exe</OutputType>
    <TargetFramework>net8.0</TargetFramework>
    <ImplicitUsings>enable</ImplicitUsings>
    <Nullable>enable</Nullable>
  </PropertyGroup>

</Project>
```

在代码清单 1.2 中，注意，应用程序类型被标识为一个 .NET 8.0(net8.0) 控制台应用 (Exe)。其他两个元素 Nullable(C# 8.0) 和 ImplicitUsings(C# 10.0) 将分别在第 3 章的"声明允许为 null 的类型"一节和第 5 章的"using 指令"一节讨论。其他所有设置(比如要编译哪些 C# 文件)则沿用默认值。例如，和项目文件同一目录(或子目录)中的所有 *.cs 文件都会包含到编译中。[①]

## 1.1.3　编译和执行

执行 dotnet run 时，它首先隐式执行 dotnet build 命令来编译代码。后者的输出是一个名为 HelloWorld.dll 的**程序集** (assembly)。[②]程序集包含一组指定程序行为方式的指令。扩展名 .dll 代表"动态链接库"(Dynamic Link Library，DLL)。.NET 的所有程序集都使用 .dll 扩展名，控制台程序也不例外，就像本例这样(如果在 Windows 上，那么还会创建一个 .exe 文件)。.NET 应用程序的编译输出会默认放到一个子目录中，子目录名称基于项目文件中的 TargetFramework 设置(如代码清单 1.2 所示)。本例使用的子目录名称是 ./bin/Debug/net8.0/。之所以使用 Debug 这个名称，是因为默认配置就是 debug。该配置造成输出针对调试而不是性能进行优化。编译好的输出本身不能执行。相反，需要用 CLI 来寄宿 (host) 代码。对于 .NET 应用程序，这要求 dotnet.exe( 在 Linux 和 Mac 上是 dotnet) 进程作为应用程序的寄宿进程。这正是为什么要用 **dotnet run** 命令来运行程序的原因。话虽如此，还是有一种方法可以生成独立的可执行文件，其中包含必要的运行时文件，因此不需要安装 dotnet 运行时(在 Windows 上，如果已安装 dotnet 运行时，那么可以直接执行 .exe 文件，而不必使用 **dotnet run**)。详情请参见"高级主题：发布独立可执行文件"。

---

① *.cs 中的星号称为通配符，可以匹配任意数量的字符，包括零个字符。本例表示任何以 .cs 结尾的文件都将被包括到其中。如果是 i*.cs，那么将包括任何以 i 开头并以 .cs 结尾的文件。

② 如果用 Microsoft .NET Framework 创建控制台程序，那么编译好的代码就会被放到一个 HelloWorld.exe 文件中。如果已经安装 .NET Framework，可以直接执行该文件。

**高级主题：发布独立可执行文件**

可以使用 dotnet publish 命令来输出一个独立于 dotnet 命令来运行的可执行文件。为此，请使用 --runtime( 或 -r) 参数运行 dotnet publish 命令，该参数指定了要兼容的目标平台 ( 操作系统 )。例如，在大多数 Linux 平台上，可以在与 .csproj 文件相同的目录中使用 linux-x64：

```
dotnet publish --runtime linux-x64
```

执行此命令将创建一个目录 (./bin/Debug/netcoreapp3.1/linux-x64/publish/)，其中包含运行 HelloWorld 控制台程序所需的全部文件，而无需首先安装 dotnet 运行时。要执行 HelloWorld 程序，调用可执行文件名即可。如果当前目录不是发布目录，那么需要指定具体路径：

```
./bin/Debug/netcoreapp3.1/linux-x64/publish/HelloWorld
```

在 Windows 上，可执行文件名将包含一个 .exe 扩展名，但在运行程序时不需要输入该扩展名。注意，上述命令生成的可执行文件只能在兼容 linux-x64 的平台上运行。需要为每个目标平台执行 dotnet publish 命令。其他平台常见的 "运行时" 标识包括 win-x64 和 osx-x64( 完整列表请访问 *https://tinyurl.com/3zccbuj8*)。

还可以将独立可执行文件发布到单个文件中 ( 否则可能需要差不多 200 个文件 )。如果想发布到单个可执行文件，请在命令中指定 -p:PublishSingleFile=true 开关。

```
dotnet publish --runtime linux-x64 -p:PublishSingleFile=true
```

有关 -p 参数的更多信息，请参见第 10 章。

## 1.1.4 使用本书源代码

本书源代码和英文版手稿都可以通过 *https://essentialcsharp.com* 访问。源代码还可以直接从 GitHub 下载，网址是 *https://github.com/IntelliTect/EssentialCSharp*。中文版源代码的网址是 *https://github.com/transbot/EssentialCSharp*( 或 *https://bookzhou.com*) 代码的编译和运行说明可以在同一个地方的 README.md 文件中找到。

## 1.2 C# 语法基础

成功编译并运行 HelloWorld 程序之后，我们来分析一下代码，了解它的各个组成部分。当然，代码清单 1.1 是最简单的 C# 程序，其中只有一个语句。

### 1.2.1 语句和语句定界符

这个语句就是 Console.WriteLine()，它向控制台写入一行文本。**语句**包含代码将执行的一个或多个操作，而 C# 通常使用分号标识语句的结束。语句的典型用途包括声明变量、控制程序流程和调用方法等。

**高级主题：无分号的语句**

C# 语言中的许多程序元素都以分号结束。一个不需要分号的例子是 switch 语句。由于 switch 语句总是包含大括号，所以 C# 语言不要求它后跟分号。实际上，代码块本身也被视为语句（它们也由语句组成），不要求以分号结尾。类似地，有的编程元素（比如 using 指令）虽然末尾有分号但不被视为语句。

由于换行符不会分隔语句，所以可以将多个语句放到同一行上，C# 编译器认为该行包含多个指令。例如，代码清单 1.3 在同一行写了两个语句，会分两行显示"上"和"下"。

**代码清单 1.3　同一行上的多个语句**

```
Console.WriteLine(" 上 "); Console.WriteLine(" 下 ");
```

当然，也可以每个语句一行，如代码清单 1.4 所示。

**代码清单 1.4　每个语句一行**

```
Console.WriteLine(" 上 ");
Console.WriteLine(" 中 ");
Console.WriteLine(" 下 ");
```

C# 语言还允许将一个语句跨越多行。同样，C# 编译器会寻找分号来识别语句的结束。例如，在代码清单 1.5 中，HelloWorld 程序的原始 WriteLine() 语句跨了多行。

**代码清单 1.5　一个语句跨多行**

```
Console.WriteLine(
    " 你好，我叫 Inigo Montoya。");
```

## 1.2.2　认识类和方法

在到目前为止显示的代码清单中，语句都是独立于其他任何 C# 构造的，并且仅以单个文件的方式呈现。毕竟，前面展示的只是最简单的 C# 程序，即一个 HelloWorld 程序。然而，程序完全可能变得非常复杂，并且可以添加各种结构来组织代码。最简单的结构是添加方法，并将这些方法放在类中。代码清单 1.6 展示了一个带有类和方法的实例。

**代码清单 1.6　带有类和方法的 HelloWorld 程序**

```
public class Program
{
    public static void Main()
    {
        System.Console.WriteLine(" 你好，我叫 Inigo Montoya。");
    }
}
```

在这个代码清单中，语句放到一个名为 Main 的方法中，该方法又放到一个名为 Program 的类中。

那些有 Java，C 或 C++ 编程经验的人会立即看到相似之处。就像 Java 一样，C# 也从 C 和 C++ 继承了基本语法。[①] 对于有这些语言背景的程序员来说，语法标点符号（如分号和大括号）、某些特色（如区分大小写）以及所用的关键字（如 class，public 和 void）都是非常熟悉的。

---

**注意**

C# 语言是区分大小写的，大小写不正确的话，会导致代码无法成功编译。

---

**语言对比：Java 的文件名必须匹配类名**

Java 要求文件名与类名一致。C# 语言虽然也常遵守这一约定，却并非必须。在 C# 语言中，一个文件可以包含多个类；而且从 C# 2.0 开始，一个类的代码可通过所谓的**分部类**拆分到多个文件中。

---

**初学者主题：关键字**

为了帮助编译器解释代码，C# 语言中的某些单词具有特殊地位和含义，它们称为**关键字**。编译器根据关键字的固有语法来解释程序员写的表达式。在 HelloWorld 程序中，class、static 和 void 均是关键字。

编译器根据关键字识别代码的结构与组织方式。由于编译器对这些单词有着严格的解释，所以只能将关键字放在特定位置。违反规则的话，编译器会报错。

## 1.2.3 C# 语言的关键字

关键字是其他编程语言常见的另一种构造。表 1.1 总结了 C# 语言的关键字。

表 1.1  C# 语言的关键字

| | | | |
|---|---|---|---|
| abstract | add*(1) | alias*(2) | and* |
| args* | as | ascending*(3) | async*(5) |
| await*(5) | base | bool | break |
| by*(3) | byte | case | catch |
| char | checked | class | const |
| continue | decimal | default | delegate |
| descending*(3) | do | double | dynamic*(4) |
| else | enum | equals*(3) | event |
| explicit | extern | false | file* |

---

① C# 语言的设计者直接从 C/C++ 规范中拿掉了他们不喜欢的特性，保留并新增了他们喜欢的。C# 开发团队中还有其他语言的资深专家。

| | | | |
|---|---|---|---|
| finally | fixed | float | for |
| foreach | from*(3) | get*(1) | global*(2) |
| goto | group*(3) | if | implicit |
| in | init*(9) | int | interface |
| internal | into*(3) | is | join*(3) |
| let*(3) | lock | long | nameof*(6) |
| namespace | new | nint*(9) | not* |
| notnull*(8) | null | nunit*(9) | object |
| on*(3) | operator | or* | orderby*(3) |
| out | override | params | partial*(2) |
| private | protected | public | readonly |
| record* | ref | remove*(1) | required*(11) |
| return | sbyte | scoped* | sealed |
| select*(3) | set*(1) | short | sizeof |
| stackalloc | static | string | struct |
| switch | this | throw | TRUE |
| try | typeof | uint | ulong |
| unchecked | unmanaged*(7.3) | unsafe | ushort |

　　* 这些是上下文关键字，括号中的数字 (n) 代表加入该上下文关键字的 C# 版本

　　C# 1.0 之后没有引入任何新的保留关键字，但在后续版本中，一些构造使用了上下文关键字，它们只有在特定位置才有意义，其他位置则无意义。[①] 通过这种方法，即使是 C# 1.0 的代码也与后来的标准兼容。[②]

## 1.2.4　标识符

　　和其他语言一样，C# 用**标识符**标识程序员编码的构造。在代码清单 1.6 中，HelloWorld 和 Main 均为标识符。我们以后用标识符来引用它所标识的构造，所以开发者应分配有意义的名称，不要随性而为。

---

① 例如，在 C# 2.0 设计之初，语言设计者将 yield 指定成关键字。在微软发布的 C# 2.0 编译器的 alpha 版本中（该版本分发给了数千名开发人员），yield 以一个新关键字的身份存在。但语言设计者最终选择使用 yield return 而非 yield，从而避免将 yield 作为新关键字。除非与 return 连用，否则它没有任何特殊意义。

② 偶尔也有不兼容的情况，比如 C# 2.0 要求为 using 语句提供的对象必须实现 IDisposable 接口，而不能只是实现 Dispose() 方法。还有一些少见的泛型表达式，比如 F(G<A,B>(7)) 在 C# 1.0 中代表 F((G<A),(B>7))，而在 C# 2.0 中代表调用泛型方法 G<A,B>，传递实参 7，结果传给 F。

**注意**

优秀的程序员总能选择简洁而有意义的名称来使代码更容易理解和重用。

　　清晰和一致是如此重要，以至于"框架设计准则"（*https://tinyurl.com/4ccecwys*）建议不要在标识符中使用单词缩写 ①，甚至不要使用未被广泛接受的首字母缩写词。即使被广泛接受（如 HTML），使用时也要一致。不要忽而这样用，忽而那样用。为避免滥用，可以限制所有首字母缩写词都必须包含到术语表中。总之，要选择清晰（甚至是详细）的名称，尤其是在团队中工作，或者开发要由别人使用的库的时候。

　　标识符有两种基本的大小写风格。第一种风格是 .NET 框架创建者所谓的 Pascal 大小写（PascalCase），它在 Pascal 编程语言中很流行，要求标识符中每个单词的首字母大写，例如 ComponentModel、Configuration 和 HttpFileCollection。注意，在 HttpFileCollection 中，由于首字母缩写词 HTTP 的长度超过两个字母，所以仅首字母大写。第二种风格是 camel 大小写（camelCase），除了第一个字母小写，其他约定一样，例如 quotient，firstName，httpFileCollection，ioStream 和 theDreadPirateRoberts。

---

**设计规范**

1. DO favor clarity over brevity when naming identifiers.
   要更注重标识符的清晰而不是简短。

2. DO NOT use abbreviations or contractions within identifier names.
   不要在标识符名称中使用单词缩写。

3. DO NOT use any acronyms unless they are widely accepted, and even then, only when necessary.
   不要使用不被广泛接受的首字母缩写词，即使被广泛接受，非必要也不要用。

---

　　下划线虽然合法，但标识符一般不要包含下划线、连字号或其他非字母/数字字符。此外，C# 语言不像其前辈那样使用匈牙利命名法（为名称附加类型缩写前缀）。这避免了数据类型改变时还要重命名变量，也避免了数据类型前缀经常不一致的情况。

　　极少数情况下，有的标识符（比如 Main）可能在 C# 语言中具有特殊含义。

　　虽然命名规范看起来比较琐碎，特别是在那些有其他语言背景的人的眼中。在那些语言中，这方面的规范可能非常模糊，甚至可能完全缺失。但是，如果违反这些规范，有经验的 C# 和 .NET 程序员会觉得非常刺眼，会本能地觉得代码质量低或程序员经验不足。为了避免这种情况，请学习并严格遵循这些规范。

---

① 译注：有两种单词缩写，一种是 Abbreviation，比如 Professor 缩写为 Prof.；另一种是 Contraction，比如 Doctor 缩写为 Dr.。

**■ 设计规范**

1. DO capitalize both characters in two-character acronyms, except for the first word of a camelCased identifier.

要把两个字母的首字母缩写词全部大写，除非它是 camelCase 标识符的第一个单词。

2. DO capitalize only the first character in acronyms with three or more characters, except for the first word of a camelCased identifier.

包含三个或更多字母的首字母缩写词，仅第一个字母才要大写，除非该缩写词是 camelCase 标识符的第一个单词。

3. DO NOT capitalize any of the characters in acronyms at the beginning of a camelCased identifier.

在 camelCase 标识符最开头的部分，首字母缩写词中的所有字母都**不要**大写。

4. DO NOT use Hungarian notation (that is, do not encode the type of a variable in its name).

**不要使用匈牙利命名法**（也就是说，不要为变量名称附加类型前缀）。

 **高级主题：关键字**

虽然罕见，但关键字附加"@"前缀可以作为标识符使用。例如，可以命名局部变量 @return。类似地（虽然不符合 C# 大小写规范），可以命名方法 @throw()。

在微软的实现中，还有 4 个未文档化的保留关键字：__arglist，__makeref，__reftype，和 __refvalue。它们仅在罕见的互操作情形下才需要使用，平时完全可以忽略。注意，这 4 个特殊关键字均以双下划线开头。C# 设计者保留将来把这种标识符转化为关键字的权利。为安全起见，自己不要创建这样的标识符。

## 1.2.5　类型定义

类定义是 class < 标识符 > { ... } 形式的一个区域。代码清单 1.7 展示了一个例子，其中的标识符是 HelloWorld。

**代码清单 1.7　基本的类声明**

```
public class HelloWorld
{
    // ...
}
```

类型名称（本例是 HelloWorld）可以随便取，但根据约定，它应当使用 PascalCase 大小写风格。就本例来说，可以选择的名称包括 Greetings、HelloInigoMontoya、Hello 或者简单地称为 Program。注意，对于包含 Main() 方法的类，Program 是一个很好的名称。Main() 方法的详情稍后讲述。

设计规范

1. DO name classes with nouns or noun phrases.

**要用名词或名词短语命名类。**

2. DO use PascalCasing for all class names.

**要为所有类名使用 PascalCase 大小写风格。**

程序通常包含多个类型，每个类型又包含多个方法。

**初学者主题：什么是方法？**

从语法上说，C# 语言中的方法是已命名（具名）的代码块，由一个方法声明（例如 `static void Main()`）引入，后跟一对大括号（`{}`），其中包含零个或多个语句。方法可以执行计算和 / 或操作。与书面语言中的段落相似，方法提供了结构化和组织代码的一种方式，使之更易读。更重要的是，方法可以重用，可以从多个地方调用，所以避免了代码的重复。方法声明除了引入方法并定义方法名，还要定义传入和传出方法的数据。在代码清单 1.8 中，`Main()` 连同后面的 `{ ... }` 便是 C# 语言中的一个方法。

## 1.2.6 Main 方法

`Main` 方法是 C# 程序的**入口点**；换言之，C# 程序从 `Main` 方法开始执行。该方法以 `static void Main()` 开头。在命令控制台中输入 `dotnet run` 来运行程序，程序将启动并解析 `Main` 方法的位置，然后执行其中第一个语句。如代码清单 1.8 所示。

**代码清单 1.8　分解 HelloWorld 程序**

```
public class Program            // 类定义的开始
{
    public static void Main()   // 方法声明
    {                           // 方法实现的开始
        Console.WriteLine(      // 此语句跨越两行
            "你好，我叫 Inigo Montoya。");
    }                           // 方法实现的结束
}                               // 类定义的结束
```

虽然 `Main` 方法声明可以有某种程度的变化，但关键字 `static` 和方法名 `Main` 始终都是需要的（参见"高级主题：`Main` 方法声明"）。

稍后讲解代码清单 1.8 中以 `//` 开头的注释。它们的作用是标识代码清单中的不同构造。

**高级主题：`Main` 方法声明**

C# 语言要求 `Main` 方法返回 `void` 或 `int`，而且要么无参，要么接收一个字符串数组。代码清单 1.9 展示了 `Main` 方法的完整声明。其中，`args` 参数是用于接收命令行参数的一个字符串数组。但是，数组第一个元素不是程序名称（这跟 C/C++ 不一样），而是紧接在它之后的第一个命令行参数。要获取执行程序所用的完整命令（包括程序名），你需要使用 `System.Environment.CommandLine`。

代码清单 1.9　带有参数和返回类型的 Main 方法

```
public static int Main(string[] args)
{
    // ...
}
```

Main() 返回的 int 称为**状态码**，用于标识程序执行是否成功。返回非零值通常意味着错误。

从 C# 7.1 开始，还为 Main 方法增加了 async/await 支持。在这种情况下，返回的应该是基于 Task 的某个类型。

**注意**

与 C 风格的"前辈"不同，C# 语言中的 Main 方法名使用大写 M，与其 PascalCase 命名约定一致。

将 Main 方法指定为 static，意味着这是"静态"方法，可以采用类名 . 方法名的形式调用。不指定 static，"运行时"还要先对类进行实例化 ( 在内存中分配类的一个实例 )，然后才能调用该方法。第 6 章有一整节的内容都是讲述静态成员的。

Main() 之前的 void 表明该方法不返回任何数据 ( 将在第 2 章进一步解释 )。

和 C/C++ 一样，C# 也用大括号封闭一个构造 ( 比如类或者方法 ) 的主体。例如，Main 方法主体 ( 方法体 ) 就是用大括号封闭起来的。在本例中，方法的主体仅有一个语句。

**初学者主题：什么是空白？**

**空白** (whitespace) 是一个或多个连续的格式字符 ( 比如制表符、空格和换行符 )。删除单词间的所有空白肯定会造成歧义。删除引号字符串中的任何空白也会。

## 1.2.7　空白

分号使 C# 编译器能忽略代码中的空白。除少数特殊情况，C# 允许代码随意插入空白而不改变语义。在代码清单 1.8 和代码清单 1.9 中，在语句中或语句间可以随意换行，甚至可以删除换行，这对编译器最终创建的可执行文件没有任何影响。( 但是，在双引号包围的字符串中不能随意换行。)

程序员经常利用空白对代码进行缩进来增强可读性，这称为**缩排**。来看看代码清单 1.10 和代码清单 1.11 展示的两个版本的 HelloWorld 程序。虽然这两个版本看起来和原始版本颇有不同，但 C# 编译器认为它们在语义上是等价的。

代码清单 1.10　不缩进

```
public class Program
{
public static void Main()
{
Console.WriteLine(" 你好，Inigo Montoya。");
}
}
```

代码清单 1.11　删除空白

```
public class Program{public static void Main()
{Console.WriteLine(" 你好，Inigo Montoya。");}}
```

初学者主题：用空白格式化代码

为了增强可读性，用空白对代码进行缩排很有必要。写代码时，要遵循制定好的编码标准和约定，以增强代码的可读性。

本书约定每个大括号都单独占一行，并缩进大括号内的代码。如果一对大括号嵌套了第二对大括号，那么第二对大括号中的代码也缩进。

这不是强制性的 C# 标准，只是风格偏好。

## 1.3　使用变量

现在，你已经见识了最基本的 C# 程序。接下来，让我们学习声明局部变量。变量声明后可以赋值，可以将值替换成新值，而且可以在计算和输出等操作中使用该变量。但是，和 Python 和 JavaScript 等语言不同，C# 语言中的变量一经声明，数据类型就不能改变。在代码清单 1.12 中，string max 就是变量声明。

代码清单 1.12　变量声明和赋值

```
public class MiracleMax
{
    public static void Main()
    {
        string max;      // "string" 标识数据类型，
                         // "max" 是变量名称。
        max = " 愉快地袭击古堡吧！";
        Console.WriteLine(max);
    }
}
```

 初学者主题：局部变量

变量是一个存储位置的符号名称，程序以后可以对该存储位置进行赋值和修改。**局部**意味着变量在方法或代码块（一对大括号 {}）内部声明，其作用域"局部"于当前代码块。所谓"声明变量"就是定义一个变量，需要执行两个步骤：第一步，指定变量要包含的数据的类型；第二步，为它分配标识符，即变量名。

### 1.3.1　数据类型

代码清单 1.12 声明了一个 string 类型的变量。本章使用的其他常用数据类型还有 int 和 char：

- int 是 C# 语言的 32 位整型；

- char 是字符类型，长度 16 位，足以表示无代理项的 Unicode 字符 ①。

下一章将更详细地探讨这几个数据类型以及其他常见的数据类型。

 **初学者主题：什么是数据类型？**

**数据类型**（或对象类型）是具有相似特征和行为的所有数据或对象的分类。例如，animal（动物）就是一个类型，它对具有动物特征（多细胞、具有运动能力等）的所有数据或对象（猴子、野猪和鸭嘴兽等）进行了分类。类似地，在编程语言中，类型是被赋予了相似特征的一些数据或对象。

## 1.3.2 变量声明

代码清单 1.12 中的 `string max` 是**变量声明**，它声明名为 `max` 的一个 `string` 变量。还可以在同一个语句中声明多个变量。为此，首先指定数据类型，然后用逗号分隔不同标识符即可，如代码清单 1.13 所示。

**代码清单 1.13　在同一个语句中声明两个变量**

```
string message1, message2;
```

由于声明多个变量的语句只允许指定一次数据类型，因此所有变量都是同一类型。

C# 变量名可以使用任何字母或下划线（_）作为开头，后跟任意数量的字母、数字以及 / 或者下划线。但根据约定，局部变量名采用 camelCase 大小写风格（除了第一个单词，其他每个单词的首字母大写），而且不包含下划线。

>  **设计规范**
>
> DO use camelCasing for local variable names.
> 要为局部变量使用 camelCase 大小写风格。

## 1.3.3 变量赋值

声明局部变量后，在读取它之前必须先赋值。一个办法是使用 = 操作符，即**简单赋值操作符**。**操作符**是一种特殊符号，标识了代码要执行的操作 ②。代码清单 1.14 演示了如何用赋值操作符指定变量 `miracleMax` 和 `valerie` 要指向的字符串值。

**代码清单 1.14　更改变量值**

```
public class StormingTheCastle
{
    public static void Main()
```

---

① 译注：某些语言的文字编码要用两个 16 位值表示。第一个代码值称为"高位代理项"（high surrogate），第二个称为"低位代理项"（low surrogate）。在代理项的帮助下，Unicode 可以表示 100 多万个不同的字符。美国和欧洲地区很少使用代理项，东亚各国则很常用。
② 译注：operator 在本书统一采用"操作符"的说法，而不是"运算符"。相应地，operand 是"操作数"，而不是"运算子"。

```
    {
        string valerie;
        string miracleMax = "愉快地袭击古堡吧！";

        valerie = "你觉得可以吗？";

        Console.WriteLine(miracleMax);
        Console.WriteLine(valerie);

        miracleMax = "这需要奇迹。";
        Console.WriteLine(miracleMax);
    }
}
```

从这个例子可以看出，既可以在声明变量的同时赋值 ( 比如变量 miracleMax)，也可在声明后用另一个语句赋值 ( 比如变量 valerie)。要赋的值必须放在赋值操作符右侧。

运行编译好的程序，将生成如输出 1.3 所示的结果。

**输出 1.3**

```
>dotnet run
愉快地袭击古堡吧！
你觉得可以吗？
这需要奇迹。
```

本例特意列出了 **dotnet run** 命令，以后不再重复，除非需要添加额外的参数来指定程序的运行方式。

C# 语言要求局部变量在读取前"明确赋值"；换言之，编译器必须确定它的值。此外，赋值本身作为一种操作会返回一个值。所以，C# 语言允许在同一语句中进行多个赋值操作，如代码清单 1.15 所示。

**代码清单 1.15    赋值会返回值，而该值可用于再次赋值**

```
public class StormingTheCastle
{
    public static void Main()
    {
        // ...
        string requirements, miracleMax;
        requirements = miracleMax = "这需要奇迹。";
        // ...
    }
}
```

## 1.3.4  使用变量

赋值后就能通过变量名来引用值。因此，在 Console.WriteLine(miracleMax) 语句中使用变量 miracleMax 时，程序在控制台上显示"愉快地袭击古堡吧！"，也就是变量 miracleMax 当前的值。更改 miracleMax 的值，并执行相同的 Console. WriteLine(miracleMax) 语句，会显示 miracleMax 的新值，即"这需要奇迹。"

**高级主题：字符串不可变**

所有 string 类型的数据，不管是不是字符串字面值 (literal)[①]，都是不可变的 ( 不可修改 )。例如，无法将字符串 "Come As You Are." 改成 "Come As You Age."。也就是说，不能修改变量最初引用的数据，只能重新赋值，让它指向内存中的新位置。

# 1.4 控制台输入和输出

本章已多次使用 Console.WriteLine 将文本输出到命令控制台 ( 或称终端 )。除了能输出数据，程序还需要能接收用户输入的数据。

## 1.4.1 从控制台获取输入

可以使用 Console.ReadLine() 方法获取控制台输入的文本。它暂停程序执行并等待用户输入。用户按 Enter 键，程序继续。Console.ReadLine() 方法的输出，也称为**返回值**，就是用户输入的文本字符串。代码清单 1.16 和输出 1.4 展示了一个例子。

**代码清单 1.16　使用 Console.ReadLine()**

```
public class HeyYou
{
    public static void Main()
    {
        string firstName;
        string lastName;

        Console.WriteLine(" 嘿，你! ");

        Console.Write(" 请输入你的名字：");
        firstName = Console.ReadLine();

        Console.Write(" 请输入你的姓氏：");
        lastName = Console.ReadLine();
    }
}
```

**输出 1.4**

```
嘿，你!
请输入你的名字：Inigo
请输入你的姓氏：Montoya
```

在每条提示消息后，程序都用 Console.ReadLine() 方法获取用户输入并赋给一个变量。在第二个 Console.ReadLine() 赋值操作完成之后，firstName 引用值 "Inigo"，而 lastName 引用值 "Montoya"。

将 Console.ReadLine() 的结果赋给变量时，如果遇到 CS8600 警告，即 " 将

---

① 译注：字面值 (literal) 是直接在代码中输入的值，包括数字和字符串值。也称为直接量、字面量或文字常量。

null 文本或可能的 null 值转换为不可为 null 类型"，那么在第 2 章之前可以安全地忽略它。或者，可以在声明 firstName 和 lastName 变量时，使用 string? 而不是 string 类型名称来解决此警告。另外，还可以在项目文件 (*.csproj) 的 PropertyGroup 元素中，将 Nullable 元素设为 disable(<Nullable>disable</Nullable>)，从而完全禁止与可空性相关的警告。

高级主题：Console.Read()

除了 Console.ReadLine()，还可以使用 Console.Read() 方法读取用户输入。但是，后者从标准输入流中读取下一个字符，并返回相应的整数编码 (如果输入中文，那么每个汉字算一个字符)。如果没有更多字符可供读取，就返回 -1。为了获取实际字符，需要先将整数转型为字符，如代码清单 1.17 所示。

代码清单 1.17    使用 Console.Read()

```
int readValue;
char character;
Console.Write(" 随意输入，按 Enter 键结束: ");

while (true)
{
    readValue = Console.Read();
    if (readValue == 13) break; // 13 是 Enter 键的编码
    character = (char)readValue;
    Console.Write(character);
}
```

注意，除非用户按 Enter 键，否则 Console.Read() 方法不会读取并返回输入。按 Enter 键之前，不会对字符进行任何处理，即使用户已经输入了多个字符。

为了读取用户的输入，还可以使用自 C# 2.0 开始引入的 Console.ReadKey() 方法。和 Console.Read() 方法不同的是，它返回用户的单次按键输入。可以利用它来拦截用户的按键操作，并采取相应行动，例如验证按键，或者限制用户只能按数字键等。

## 1.4.2  将输出写入控制台

在之前的代码清单 1.16 中，注意我们是用 Console.Write() 而不是 Console.WriteLine() 方法提示用户输入名字和姓氏。Console.Write() 方法不在输出文本后自动添加换行符，而是将当前光标位置保持在同一行上。这样，用户输入就会与提示内容显示在同一行。代码清单 1.16 的输出清楚演示了 Console.Write() 的效果。

下一步是将通过 Console.ReadLine() 获取的用户输入写回控制台。在代码清单 1.18 中，程序在控制台上输出了用户的全名。但是，这段代码使用了 Console.WriteLine() 的一个变体，利用了从 C# 6.0 开始引入的字符串插值功能。注意，在 Console.WriteLine() 调用中为字符串字面值附加了 $ 前缀。它表明使用了字符串插值。[1]

---

① 译注：文档中也称为"字符串内插"。

输出 1.5 是对应的输出。

**代码清单 1.18  使用字符串插值来格式化**

```
public class HeyYou
{
    public static void Main()
    {
        string firstName;
        string lastName;

        Console.WriteLine(" 嘿，你！");

        Console.Write(" 请输入你的名字：");
        firstName = Console.ReadLine();

        Console.Write(" 请输入你的姓氏：");
        lastName = Console.ReadLine();

        Console.WriteLine(
            $" 你的全名是 { firstName } { lastName }。");
    }
}
```

**输出 1.5**

```
嘿，你！
请输入你的名字：Inigo
请输入你的姓氏：Montoya
你的全名是 Inigo Montoya。
```

　　注意，代码清单 1.18 不是先用 Write 语句输出 " 你的全名是 "，再用 Write 语句输出 firstName，再用第三个 Write 语句输出空格，最后用 WriteLine 语句输出 lastName。相反，是用 C# 6.0 的字符串插值功能一次性输出整个字符串。字符串中的大括号被解释成表达式。编译器会对这些表达式求值，转换成字符串并插入到当前位置。不需要单独执行多个代码段并将结果整合成字符串，该技术允许一个步骤完成全部操作，从而增强了代码的可读性。

　　C# 6.0 之前则采用不同的方式进行格式化，称为**复合格式化**。它要求先提供**格式字符串**来定义输出格式，如代码清单 1.19 所示。

**代码清单 1.19  使用复合格式化**

```
public class HeyYou
{
    public static void Main()
    {
        string firstName;
        string lastName;

        Console.WriteLine(" 嘿，你！");
```

```
    Console.Write(" 请输入你的名字： ");
    firstName = Console.ReadLine();

    Console.Write(" 请输入你的姓氏： ");
    lastName = Console.ReadLine();

    Console.WriteLine(
        " 你的全名是 {0} {1}。", firstName, lastName);
    }
}
```

本例使用的格式字符串是 " 你的全名是 {0} {1}。" 它为要在字符串中插入的数据标识了两个索引占位符。每个占位符都顺序对应格式字符串之后的实参。

注意，索引值是从零开始的。每个要插入的实参，或者称为**格式项**，按照与索引值对应的顺序排列在格式字符串之后。在本例中，由于 **firstName** 是紧接在格式字符串之后的第一个实参，所以它对应索引值 0。类似地，**lastName** 对应索引值 **1**。

注意，占位符在格式字符串中不一定按顺序出现。例如，代码清单 1.20 交换了两个索引占位符的位置，并添加了一个逗号，从而改变了 ( 英文 ) 姓名的显示方式 ( 参见输出 1.6)。

**代码清单 1.20　交换索引占位符和对应的变量**

```
    Console.WriteLine(" 你的全名是 {1}, {0}。", firstName, lastName);
```

**输出 1.6**

```
嘿，你！
请输入你的名字： Inigo
请输入你的姓氏： Montoya
你的全名是 Montoya, Inigo。
```

占位符除了能在格式字符串中按任意顺序出现，同一占位符还能在一个格式字符串中多次使用。另外，还可以省略占位符。但是，每个占位符都必须有对应的实参。

 **注意**

相比复合格式化，C# 6.0 引入的字符串插值肯定更容易理解，所以本书默认使用后者。

### 1.4.3　注释

本节为代码清单 1.19 添加**注释**。注释不会改变程序的执行，只是使代码变得更容易理解。代码清单 1.21 中展示了新代码，输出 1.7 是对应的输出。

**代码清单 1.21　为代码添加注释**

```
public class CommentSamples
{
    public static void Main()
    {
        string firstName;  // 用于存储名字的变量
        string lastName;   // 用于存储姓氏的变量
```

```
        Console.WriteLine(" 嘿，你！");

        Console.Write /* 不换行 */ (" 请输入你的名字：");
        firstName = Console.ReadLine();

        Console.Write /* 不换行 */ (" 请输入你的姓氏：");
        lastName = Console.ReadLine();

        /* 使用字符串插值在控制台上显示问候语 */
        Console.WriteLine($" 你的全名是 { firstName } { lastName }。");
        // 这是程序清单
        // 的结尾
    }
}
```

**输出 1.7**

```
嘿，你！
请输入你的名字：Inigo
请输入你的姓氏：Montoya
你的全名是 Inigo Montoya。
```

虽然插入了注释，但编译并执行，输出和以前是一样的。

程序员用注释来描述和解释自己写的代码，尤其是在语法本身难以理解的时候，或者是在另辟蹊径实现一个算法的时候。只有检查代码的程序员才需要看注释，编译器会忽略注释。因此，在生成的程序集中，看不到源代码中的注释的一丝踪影。

表 1.2 总结了 4 种风格的 C# 注释。代码清单 1.21 使用了其中两种。

表 1.2　C# 注释类型

| 注释类型 | 说明 | 示例 |
|---|---|---|
| 带分隔符的注释 | 正斜杠后跟一个星号，即 /*，用于开始一条带分隔符的注释。结束注释是在星号后跟上一个正斜杠，即 */。这种形式的注释既可以在代码文件中跨越多行，也可嵌入一行代码中使用。如果星号出现在行首，同时又在 /* 和 */ 这两个分隔符之间，那么它们也是注释的一部分，仅用于对注释进行排版 | /* 注释 */ |
| 单行注释 | 注释也可以放在由两个连续的正斜杠构成的分隔符 (//) 之后。编译器将从这个分隔符开始到行末的所有文本视为注释。这种形式的注释只占一行。但可以连续使用多条单行注释，就像代码清单 1.21 最后的注释那样 | // 注释 |
| XML 带分隔符的注释 | 以 /** 开头并以 **/ 结尾的注释称为 XML 带分隔符的注释。它们具有与普通的带分隔符的注释一样的特征，只是编译器会注意到 XML 注释的存在，而且可以把它们解析到一个单独的文本文件 (API 文档 ) 中。XML 带分隔符的注释是 C# 2.0 新增的，但它的语法完全与 C# 1.0 兼容 | /** 注释 **/ |
| XML 单行注释 | XML 单行注释以 /// 开头，并延续到行末。除此之外，编译器可将 XML 单行注释和 XML 带分隔符的注释一起存储到单独的文件中 | /// 注释 |

第 10 章将更全面地讨论 XML 注释以及如何用它生成 API 文档，届时会讨论各种 XML 标记。

编程史上确实有一段时期，如果代码没有详尽的注释，都不好意思说自己是专业程序员。但时代变了。没有注释但可读性好的代码，比需要注释才能说清楚的代码更有价值。如果开发人员发现需要写注释才能说清楚一个代码块的功用，那么应考虑重构，而不是洋洋洒洒写一大堆注释。写注释来重复代码本身就讲得清楚的事情，只会变得臃肿，降低可读性，还容易过时，因为将来可能更改代码但没有来得及更新注释。

> **设计规范**
>
> 1. DO NOT use comments unless they describe something that is not obvious to someone other than the developer who wrote the code.
>
> 不要使用注释，除非代码本身"一言难尽"，或者只有开发人员自己看得懂。
>
> 2. DO favor writing clearer code over entering comments to clarify a complicated algorithm.
>
> 要尽量写清楚的代码而不是通过注释来澄清复杂的算法。

 **初学者主题：XML**

XML(Extensible Markup Language，可扩展标记语言 ) 是一种简单而灵活的文本格式，常用于 Web 应用以及应用之间的数据交换。XML 之所以"可扩展"，是因为 XML 文档包含的是对数据进行描述的信息，也就是所谓的元数据 (metadata)。下面展示了一个示例 XML 文件。

```
<?xml version="1.0" encoding="utf-8" ?>

<body>
    <book title="C# 12.0 本质论 ">
        <chapters>
            <chapter title="C# 概述 "/>
            <chapter title=" 数据类型 "/>
            ...
        </chapters>
    </book>
</body>
```

文件以 Header 元素开始，描述 XML 文件版本和字符编码方式。之后是一个主要的 book 元素。元素以尖括号中的单词开头，比如 <body>。结束元素需要将同一单词放在尖括号中，并为单词添加正斜杠前缀，比如 </body>。除了元素，XML 还支持属性。title="C# 12.0 本质论 " 就是 XML 属性的例子。注意，XML 文件包含对数据 ( 比如 "C# 12.0 本质论 C#" "数据类型" 等 ) 进行描述的元数据 ( 书名、章名等 )。这可能导致文件相当臃肿，但优点是可以通过描述来帮助解释数据。

## 1.4.4 调试

IDE 最重要的特色之一就是对调试的支持。请在 Visual Studio 或 Visual Studio Code 中按以下步骤进行尝试。

1. 打开代码清单 1.21，把光标定位到最后有 Console.WriteLine 的那一行，按 F9 在该行激活断点。

2. 如果用的是 Visual Studio，那么选择"调试" ｜ "开始调试" (F5) 重新启动应用程序，但这次激活了调试功能。Visual Studio Code 与此相似，只是菜单变成了"运行"|"启动调试 (F5)"。

3. 注意，程序会在断点所在行暂停执行。此时可将鼠标放到某个变量 ( 例如 firstName) 上观察它的值。

4. 还可以拖动左侧黄箭头将程序执行从当前行移动到方法内的另一行。

5. 要继续执行，选择"调试" ｜ "继续" (F5) 或者单击工具栏上的"继续"按钮。

要更进一步了解调试，请访问以下对应于不同 IDE 的链接：

- Visual Studio：*https://learn.microsoft.com/visualstudio/debugger/debugger-feature-tour*
- Visual Studio 2022 for Mac：*https://learn.microsoft.com/visualstudio/mac/debugging*
- Visual Studio Code：*https://code.visualstudio.com/Docs/editor/debugging*

## 1.5 托管执行和 CLI

处理器不能直接解释程序集。.NET 程序集用的是另一种语言，即**公共中间语言** (Common Intermediate Language，CIL)，或称**中间语言** (IL)[①]。C# 编译器将 C# 源代码文件转换成中间语言。为了将 CIL 代码转换成处理器能理解的机器码，还要完成一个额外的步骤 ( 通常在运行时进行 )。该步骤涉及 C# 程序执行的一个重要元素：VES(Virtual Execution System，虚拟执行系统 )。VES 也称为"运行时" (runtime)[②]。它根据需要编译 CIL 代码，这个过程称为**即时编译**或 **JIT 编译** (just-in-time compilation)。如果代码在像"运行时"这样的一个"代理"的上下文中执行，那么就称为**托管代码** (managed code)，在"运行时"的控制下执行的过程则称为**托管执行** (managed execution)。之所以称为"托管"，是因为"运行时"管理着诸如内存分配、安全性和 JIT 编译等方面，从而控制了主要的程序行为。执行时不需要"运行时"的代码则称为**本机代码** (native code) 或**非托管代码** (unmanaged code)。

> **注意**
>
> "运行时"既可能指"程序执行的时候"，也可能指"虚拟执行系统" (VES)。为明确起见，本书用"执行时"表示"程序执行的时候"，用"运行时"表示负责管理 C# 程序执行的代理。

"运行时"规范包含在一个包容面更广的规范中，即 CLI(Common Language Infrastructure，公共语言基础结构 ) 规范 [③]。作为国际标准，CLI 包含了以下几方面规范：

- VES 或"运行时"；

---

① CIL 的第三种说法是 Microsoft IL (MSIL)。本书用 CIL 一词，因其是 CLI 标准所采纳的。C# 程序员交流时常用 IL 一词，因为他们都假定 IL 是指 CIL 而不是其他中间语言。

② 译注："运行时" (runtime) 作为名词使用时一律添加引号。

③ 参见 *The Common Language Infrastructure Annotated Standard*，Addison-Wesley 于 2004 年出版发行，作者是 Miller, J. 和 S. Ragsdale。

- CIL；
- 支持语言互操作性的类型系统，称为 CTS(Common Type System，公共类型系统 )；
- 关于如何编写可通过 CLI 兼容语言来访问的库的指导原则，这部分内容具体放在公共语言规范 (Common Language Specification，CLS) 中；
- 使各种服务能被 CLI 识别的元数据 ( 包括程序集的布局或文件格式规范 )。

在"运行时"执行引擎的上下文中运行，程序员不需要直接写代码就能使用以下服务和功能：

- **语言互操作性**，不同源语言间的互操作性。语言编译器将每种源语言转换成相同的中间语言 (CIL) 来实现这种互操作性；
- **类型安全**，检查类型间转换，确保兼容的类型才能相互转换。这有助于防范缓冲区溢出 ( 这是造成安全漏洞的主要原因 )；
- **代码访问安全性**，程序集开发者的代码有权在计算机上执行的证书；
- **垃圾回收**，一种内存管理机制，自动释放"运行时"为数据分配的空间；
- **平台可移植性**，同一程序集可在多种操作系统上运行。要实现这一点，一个显而易见的限制就是不能使用平台特有的库。所以平台依赖问题需单独解决；
- **BCL( 基类库 )**，为开发者提供能 ( 在所有 .NET 框架中 ) 依赖的大型代码库，使其不必亲自写这些代码。

**注意**

本节只是简单介绍 CLI，目的是让大家熟悉 C# 程序的执行环境。此外，本节还提及本书后面会用到的一些术语。第 24 章会专门探讨 CLI 及其与 C# 开发人员的关系。虽然那是在本书的最后一章，但其内容实际并不依赖之前的任何一章，所以，要想多了解一下 CLI，随时都能直接翻到那一章。 ■

### CIL 和 ILDASM

前面说过，C# 编译器将 C# 代码转换成 CIL 代码而不是机器码。处理器只理解机器码，所以 CIL 代码必须先转换成机器码才能由处理器执行。可用 CIL 反汇编程序将程序集解构为 CIL 形式。通常使用微软特有的文件名 ILDASM 来称呼这种 CIL 反汇编程序 (ILDASM 是 IL Disassembler 的简称 )，它能对程序集执行反汇编，将 C# 编译器生成的 CIL 代码提取为文本。

.NET 程序集的反汇编结果比机器码更易理解。许多开发人员害怕即使别人没有拿到源代码，程序也容易被反汇编并曝光其算法。其实，无论是否基于 CLI，任何程序防止反编译唯一安全的方法就是禁止访问编译好的程序 ( 例如只在网站上存放程序，不把它分发到用户机器 )。但假如目的只是降低别人获得源代码的可能性，那么可以考虑使用一些混淆器 (obfuscator) 产品。这种产品会打开 IL 代码，将其转换成一种功能不变但更难理解的形式。这可以防止普通开发人员访问代码，使程序集难以被反编译成容易理解的代码。除非程序需要对算法进行非常高级的安全防护，否则使用混淆器足矣。

高级主题：HelloWorld.dll 的 CIL 输出

在不同 CLI 实现中，使用 CIL 反汇编程序的命令也有所区别。具体指令可以参考 *http://itl.tc/ildasm*。代码清单 1.22 展示了为 HelloWorld 控制台程序 ( 代码清单 1.1 展示的那个 ) 运行 ILDASM 而生成的 CIL 代码。为了看到这个结果，请在命令行上执行 `ildasm HelloWorld.dll /out=`*输出文件名*。

代码清单 1.22　示例 CIL 输出

```
//  Microsoft (R) .NET Framework IL Disassembler.  Version 4.8.3928.0


// Metadata version: v4.0.30319
.assembly extern System.Runtime
{
  .publickeytoken = (B0 3F 5F 7F 11 D5 0A 3A )// .?_....:
  .ver 8:0:0:0
}
.assembly extern System.Console
{
  .publickeytoken = (B0 3F 5F 7F 11 D5 0A 3A )// .?_....:
  .ver 8:0:0:0
}
.assembly HelloWorld
{
  .custom instance void
[System.Runtime]System.Runtime.CompilerServices.CompilationRelaxationsAttribute::.ctor
(int32) = ( 01 00 08 00 00 00 00 00 )
  .custom instance void
[System.Runtime]System.Runtime.CompilerServices.RuntimeCompatibilityAttribute::.ctor()
= ( 01 00 01 00 54 02 16 57 72 61 70 4E 6F 6E 45 78   // ....T..WrapNonEx
63 65 70 74 69 6F 6E 54 68 72 6F 77 73 01 )  // ceptionThrows.

  // --- 下列自定义特性会自动添加，不要取消注释 -------
  //   .custom instance void
[System.Runtime]System.Diagnostics.DebuggableAttribute::.ctor(valuetype [System.
Runtime]System.Diagnostics.DebuggableAttribute/DebuggingModes) =
    ( 01 00 07 01 00 00 00 00 )

  .custom instance void
 [System.Runtime]System.Runtime.Versioning.TargetFrameworkAttribute::.ctor(string) =
( 01 00 18 2E 4E 45 54 43 6F 72 65 41 70 70 2C 56   // ....NETCoreApp,V
65 72 73 69 6F 6E 3D 76 38 2E 30 01 00 54 0E 14   // ersion=v8.0..T..
46 72 61 6D 65 77 6F 72 6B 44 69 73 70 6C 61 79   // FrameworkDisplay
4E 61 6D 65 08 2E 4E 45 54 20 38 2E 30 )// Name..NET 8.0
  .custom instance void
 [System.Runtime]System.Reflection.AssemblyCompanyAttribute::.ctor(string) =
 ( 01 00 0A 48 65 6C 6C 6F 57 6F 72 6C 64 00 00 )   // ...HelloWorld..
  .custom instance void
[System.Runtime]System.Reflection.AssemblyConfigurationAttribute::.ctor(string) =
( 01 00 05 44 65 62 75 67 00 00 )   // ...Debug..
  .custom instance void
 [System.Runtime]System.Reflection.AssemblyFileVersionAttribute::.ctor(string) =
( 01 00 07 31 2E 30 2E 30 2E 30 00 00 )  // ...1.0.0.0..
  .custom instance void
 [System.Runtime]System.Reflection.AssemblyInformationalVersionAttribute::.ctor(string)
```

```
  = ( 01 00 05 31 2E 30 2E 30 00 00 )      // ...1.0.0..
    .custom instance void
  [System.Runtime]System.Reflection.AssemblyProductAttribute::.ctor(string) =
( 01 00 0A 48 65 6C 6C 6F 57 6F 72 6C 64 00 00 )      // ...HelloWorld..
    .custom instance void
  [System.Runtime]System.Reflection.AssemblyTitleAttribute::.ctor(string) =
( 01 00 0A 48 65 6C 6C 6F 57 6F 72 6C 64 00 00 )      // ...HelloWorld..
    .hash algorithm 0x00008004
    .ver 1:0:0:0
}
.module HelloWorld.dll
// MVID: {C565720C-7ED0-4287-A721-A31748D11C11}
.custom instance void
[System.Runtime]System.Runtime.CompilerServices.RefSafetyRulesAttribute::.ctor(int32) =
( 01 00 0B 00 00 00 00 00 )
.imagebase 0x00400000
.file alignment 0x00000200
.stackreserve 0x00100000
.subsystem 0x0003  // WINDOWS_CUI
.corflags 0x00000001   //   ILONLY
// Image base: 0x05120000


// =============== CLASS MEMBERS DECLARATION ====================

.class private auto ansi beforefieldinit Program
  extends [System.Runtime]System.Object
{
  .custom instance void
  [System.Runtime]System.Runtime.CompilerServices.CompilerGeneratedAttribute::.ctor() =
( 01 00 00 00 )
  .method private hidebysig static void   '<Main>$' (string[] args) cil managed
  {
    .entrypoint
    // 代码大小  12 (0xc)
    .maxstack  8
    IL_0000: ldstr bytearray (60 4F 7D 59 0C FF 11 62 EB 53 49 00 6E 00 69 00   // `O}Y...b.SI.n.i.
 67 00 6F 00 20 00 4D 00 6F 00 6E 00 74 00 6F 00   // g.o. .M.o.n.t.o.
 79 00 61 00 02 30 ) // y.a..0
    IL_0005: call  void [System.Console]System.Console::WriteLine(string)
    IL_000a: nop
    IL_000b: ret
  } // end of method Program::' <Main>$'

  .method public hidebysig specialname rtspecialname
instance void  .ctor() cil managed
  {
    // 代码大小   8 (0x8)
    .maxstack  8
    IL_0000: ldarg.0
    IL_0001: call  instance void [System.Runtime]System.Object::.ctor()
    IL_0006: nop
    IL_0007: ret
  } // end of method Program::.ctor
```

```
} // end of class Program
```

```
// ============================================================
```

```
// *********** 反汇编完成 ***********************
// 警告：创建了 Win32 资源文件 output.res
```

最开始是清单 (manifest) 信息。其中不仅包括被反编译的模块的全名 (HelloWorld.dll)，还包括它依赖的所有模块和程序集及其版本信息。

基于这样的一个 CIL 代码清单，最有趣的可能就是能相对比较容易地理解程序所做的事情，这比阅读并理解机器码 ( 汇编程序 ) 容易多了。以上代码出现了对 **Console.WriteLine()** 的显式引用。CIL 代码清单包含许多外围信息，但如果开发者想要理解 C# 模块 ( 或任何基于 CLI 的程序 ) 的内部工作原理，但又拿不到源代码，只要作者没有使用混淆器，理解这样的 CIL 代码清单还是比较容易的。事实上，一些免费工具 ( 比如 Red Gate Reflector，ILSpy，JustDecompile，dotPeek 和 CodeReflect) 都能将 CIL 自动反编译成 C#。[①]

# 1.6 多个 .NET 框架

本章之前说过，目前存在多种 .NET 框架。微软的宗旨是在最大范围的操作系统和硬件平台上提供 .NET 实现。表 1.3 列出了最主要的。

表 1.3　主要的 .NET Framework 实现

| 实现 | 描述 |
| --- | --- |
| .NET 6 和后续版本 | 从 .NET 6 开始已经取消了 Core 后缀，以表示 .NET Core 和 .NET Framework 已基本统一 |
| .NET Core | 真正跨平台和开源的 .NET 框架，为服务器和命令行应用提供了高度模块化的 API 集合 |
| Microsoft .NET Framework | 最开始的 .NET 框架，正逐渐被 .NET 取代 |
| Xamarin | 随着 .NET 6.0 的发布，它实际已成为 .NET 的遗留移动平台实现，可与 iOS 和 Android 一起使用，并支持从单一代码库开发移动应用，同时仍然可以访问本机平台 API |
| Mono | 最早的 .NET 开源实现，是 Xamarin 和 Unity 的基础。如果是新的开发，那么用 .NET Core 代替 Mono |
| Unity | 跨平台 2D/3D 游戏引擎，用于为游戏机、PC、移动设备和网站开发游戏。Unity 引擎开创了投射到 Microsoft Hololens 增强现实的先河 |

除非特别注明，否则本书所有例子都是针对 .NET 开发的。

---

[①] 译注：注意反汇编 (disassemble) 和反编译 (decompile) 的区别。反汇编得到的是汇编代码，反编译得到的是所用语言的源代码。

**注意**

本书统一使用 ".NET 框架" 指代 .NET 实现所支持的框架。相反，用 "Microsoft .NET Framework" 指代只能在 Windows 上运行，最初由微软在 2001 年发布的 .NET 框架实现。

### 1.6.1 应用程序编程接口

某个数据类型（比如 Console）提供的所有方法（通常称为成员）定义了该类型的**应用程序编程接口**（Application Programming Interface，API）。API 定义软件如何与其他组件交互，所以它们不局限于单独一个数据类型，而是更通用。通常，是由一组数据类型的所有 API 结合起来，为某个组件集合创建 API。以 .NET 为例，一个程序集中的所有类型（及其成员）构成了该程序集的 API。类似地，.NET 中的所有程序集构成了更大的 API。通常将这一组更大的 API 称为**框架**。所以，我们用 ".NET 框架" 一词指代由 .NET 的所有程序集共同公开的 API。API 通常包含一组接口和协议（或指令），帮助你使用一系列组件进行编程。事实上，对于 .NET 来说，协议本身就是 .NET 程序集的执行规则。

### 1.6.2 C# 和 .NET 版本控制

在历史上，.NET 框架的开发生命周期并不总是与 C# 语言一致，这造成底层 .NET 框架和对应的 C# 语言使用不同版本号。例如，如果使用 C# 12.0 编译器进行编译，那么默认情况下将针对 .NET 8.0 进行编译。表 1.4 概述了 C#、.NET Framework/.NET Core/.NET 以及 Visual Studio 的版本对应关系。

表 1.4　C# 和 .NET 版本

| 版本 | 说明 |
| --- | --- |
| C# 1.0 和 .NET Framework 1.0/1.1(Visual Studio 2002 和 2003) | C# 的第一个正式发行版本。微软的团队从无到有创造了一种语言，专门为 .NET 编程提供支持 |
| C# 2.0 和 .NET Framework 2.0(Visual Studio 2005) | C# 语言开始支持泛型，.NET Framework 2.0 新增了支持泛型的库 |
| .NET Framework 3.0 | 新增一套 API 来支持分布式通信 (Windows Communication Foundation，WCF)、富客户端表示 (Windows Presentation Foundation，WPF)、工作流 (Windows Workflow，WF) 以及 Web 身份验证 (Cardspaces) |
| C# 3.0 和 .NET Framework 3.5(Visual Studio 2008) | 增加对 LINQ 的支持，对集合编程 API 进行大幅改进。.NET Framework 3.5 对原有的 API 进行扩展以支持 LINQ |
| C# 4.0 和 .NET Framework 4(Visual Studio 2010) | 增加对动态类型的支持，对多线程编程 API 进行大幅改进，强调了多处理器 / 多核心硬件的支持 |

续表

| 版本 | 说明 |
|------|------|
| C# 5.0 和 .NET Framework 4.5(Visual Studio 2012) 和 WinRT 集成 | 增加对异步方法调用的支持，同时不需要显式注册一个委托回调。框架的另一个改动是支持与 Windows Runtime(WinRT) 的互操作性 |
| C# 6.0 和 .NET Framework 4.6/NET Core 1.X(Visual Studio 2015) | 增加字符串插值、空传播 ( 空条件 ) 成员访问、异常过滤器、字典初始化器和其他许多功能 |
| C# 7.0 和 .NET Framework 4.7/NET Core 1.1/2.0(Visual Studio 2017) | 增加元组、解构器、模式匹配、嵌套方法 ( 本地函数 )、返回引用 (return ref) 等功能 |
| C# 8.0 和 .NET Framework 4.8/.NET Core 3.0 | 增加对可空引用类型、高级模式匹配、`using` 声明、静态本地函数、`disposable ref` struct[①]、Range 和索引以及异步流的支持 ( 尽管 .NET Framework 4.8 不支持最后两个 ) |
| C# 9.0 和 .NET 5.0( 大多数 .NET Framework 功能都合并到 .NET Core) | 增加对记录、关系模式匹配、顶级语句、源生成器和函数指针的支持 |
| C# 10.0 和 .NET 6.0 | 增加了一些简化措施，包括记录结构、全局 `using` 指令、文件范围命名空间和扩展的属性模式等。另外，新增了参数表达式等 |
| C# 11 和 .NET 7.0 | 增加了对文件范围类型、泛型数学支持、结构的默认初始化、原始字符串字面值、泛型 attributes、列表模式、必需成员等的支持 |
| C# 12 和 .NET 8.0 | 扩展了主构造函数的使用，不再局限于记录。可以使用 `using` 指令为任何类型创建别名。为 Lambda 表达式新增了可选参数 |

　　自 C# 6.0 引入的最重要的一个框架功能或许就是对跨平台编译的支持。换言之，不仅能用 Windows 上运行的 Microsoft .NET Framework 编译，还能使用 Windows，Linux 和 macOS 上运行的 .NET Core 实现来编译。这意味着同一个代码库可编译并执行在多个平台上运行的应用程序。自版本 5.0 开始重命名为 .NET 的 .NET Core 是一套完整的 SDK，包含了从 .NET Compiler Platform( 即 "Roslyn"，本身在 Linux 和 macOS 上运行 ) 到 .NET "运行时" 的一切，另外还提供了像 Dotnet 命令行实用程序 (dotnet CLI，自 C# 7.0 引入 ) 这样的工具。

---

[①] 译注：文档将 disposal 和 dispose 翻译成 "释放"。将 disposable 翻译成 "可释放"。这里解释一下为什么不赞成这个翻译。在英语中，这个词的意思是 "摆脱" 或 "除去" (get rid of) 一个东西，尤其是在这个东西很难除去的情况下。之所以认为 "释放" 不恰当，除了和 release 一词冲突，还因为 dispose 强调了 "清理" 和 "处置"，而且在完成 ( 对象中包装的 ) 资源的清理之后，对象占用的内存还暂时不会释放。所以，"dispose 一个对象" 真正的意思是：清理或处置对象中包装的资源 ( 比如它的字段引用的对象 )，然后等着在一次垃圾回收之后回收该对象占用的托管堆内存 ( 此时才释放 )。为避免误解，本书保留了 dispose、disposal 和 disposable 的原文。

## 1.7  小结

　　本章对 C# 进行了初步介绍。通过本章的学习，相信你已经熟悉了基本 C# 语法。由于 C# 与其他 C++ 风格的语言的相似性，所以本章许多内容可能都是你所熟悉的。但是，C# 和托管代码确实有自己的一些独特性，比如会编译成 CIL 等。虽然并不特殊，但 C# 的另一个关键特征是它完全面向对象。即使是在控制台上读取和写入数据这样的操作，也是面向对象的。面向对象是 C# 语言的基础，这是整本书强调的重点。

　　下一章要探讨 C# 的基本数据类型并讨论如何将这些数据类型应用于操作数来构建表达式。

# 第 **2** 章

## 数据类型

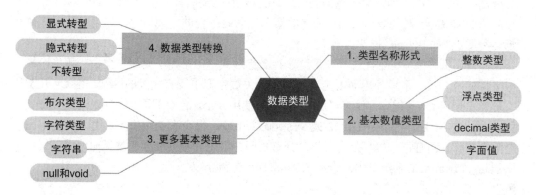

从第 1 章的 HelloWorld 程序出发，你对 C# 语言、它的结构、基本语法以及如何编写最简单的程序有了初步理解。本章将讨论基本 C# 语言的类型，继续巩固 C# 语言的基础知识。

到目前为止，我们只用过少量语言内建的数据类型，而且只是一笔带过。C# 语言有大量类型，而且可以合并类型来创建新类型。但是，C# 语言有几种类型非常简单，是其他所有类型的基础，它们称为**预定义类型** (predefined type) 或**基元类型** (primitive type)。C# 语言的基元类型包括十种整数类型、两种用于科学计算的二进制浮点类型、一种用于金融计算的十进制浮点 (decimal) 类型、一种布尔类型以及一种字符类型。本章将探讨所有这些基元数据类型，还会更深入地研究第 1 章接触的 string 类型。

## 2.1 类型名称形式

所有内置类型基本上有三种名称形式。以 string 类型为例，它有完整的名称 ( 即 System.String)、隐含或简化名称 ( 即 String) 以及关键字 ( 即 string)。

完整名称提供所有上下文，消除类型与其他所有类型的歧义。这是将 C# 编译成的底层 CIL 代码所用的名称。完整名称由命名空间（完全限定类型名称最后一个句点之前的所有内容）后跟类型名称（名称最后一个句点之后的最后一部分）组成。如果不是为了提供一些方便，所有 C# 类型都会通过其完整名称来引用。所有预定义类型本身都是基类库（BCL）的一部分。BCL 是指构成底层框架的 API 集合的名称。因此，包含在 BCL 中的类型的完整名称也是 BCL 名称。

刚才说的"方便"是指一些"捷径"，允许编译器隐式解析类型的命名空间，而不必在每个引用中都提供命名空间。一些类型具有很长的命名空间，例如 System.Text.RegularExpressions.RegEx。如果能避免命名空间限定符，只写一个 RegEx，那么必然能从中受益良多。有关这些快捷方式以及编译器如何推断命名空间的更多信息，请参见第 5 章的"using 指令"一节。

关键字是 C# 语言专门为预定义类型（基元类型）内置的"捷径"。不是预定义的类型没有关键字。例如，第 1 章的 Console 就只有完整名称（即 System.Console）和较简单的非限定名称（Console），后者的命名空间是隐含的。类似地，你定义的任何自定义类型（例如 Program）都没有关键字。

开发人员可以根据情况选择使用这三种名称形式。但是，不要变来变去。相反，最好坚持使用一种。虽然使用非限定名称与使用关键字似乎没有太大的区别，但 C# 开发人员通常使用 C# 关键字（如果可用）。例如，使用 string 而不是 String 或 System.String，使用 int 而不是 Int32 或 System.Int32。很少有必要在 C# 代码中使用完全限定名称。而且，一般只是为了消除具有相同非限定名称的类型的歧义而使用，例如 System.Timers.Timer 和 System.Threading.Timer。

**设计规范**

1. DO use the C# keyword rather than the unqualified name when specifying a data type (for example, string rather than String).

要在指定数据类型时使用 C# 关键字而不是非限定名称（例如，使用 string 而不是 String）。

2. DO favor consistency rather than variety within your code.

要一致而不要变动。

坚持一致可能和其他设计规范冲突。例如，虽然规范说要用 C# 关键字取代完整名称，但有时需维护公司遗留下来的风格相反的文件（或文件库）。这时，最好与原风格保持一致，而不是强行引入新风格，造成和原来的约定不一致。但话又说回来，如原有"风格"实际是不好的编码实践，有可能造成 bug，会严重妨碍维护，那么还是应该尽量彻底纠正。

高级主题：using 指令和 global using 指令

我们用于从命令行 ( 控制台或终端 ) 读取和写入内容的 Console 类的完整名称是 System.Console。在这个名称中，System 就是命名空间。命名空间以层次化的方式对类型进行分组。例如，通过正则表达式对文本进行解析的 RegEx 类位于 System.Text.RegularExpressions 命名空间。在这个命名空间的名称中，每个句点都代表层次结构中的不同级别。

例如，可以在文件顶部写一个 using 指令，例如 using System，从而避免为类型附加命名空间前缀，因为编译器可以从 using 指令中推断出命名空间。

C# 10 还新增了对 global using 指令的支持，只需一次为整个项目添加 using 指令，而不必在每个使用命名空间中的文件中重复。要将 using 指令标识为全局，可以在 using 指令前加上 global，例如 global using System。

此外，C# 10 生成了一组默认的全局 using 语句，这称为隐式 using。在上一章的代码清单 1.2 中，我们为 ImplicitUsings 元素分配了 enable 值，它的作用就是启用此功能。一旦启用，所有常规 using 指令都会自动生成，包括 using System。具体地说，C# 编译器会自动为项目生成一个 .cs 文件，其中包含了一组全局 using 语句。

## 2.2 基本数值类型

C# 基本数值类型都有关键字与之关联，包括整数类型、浮点类型以及 decimal 类型。decimal 是特殊的浮点类型，它能够以高精度存储非常大的数字，并且可以避免某些常见的浮点数表示错误。

### 2.2.1 整数类型

C# 语言支持 10 种整数类型，可以选择最恰当的一种来存储数据以避免浪费资源。表 2.1 总结了每种整型。

表 2.1　整数类型

| 类型 | 大小 | 范围 ( 包括边界值 ) | BCL 名称 | 是否有符号 | 字面值后缀 |
| --- | --- | --- | --- | --- | --- |
| sbyte | 8 位 | -128 ～ 127 | System.SByte | 是 | |
| byte | 8 位 | 0 ～ 255 | System.Byte | 否 | |
| short | 16 位 | -32768 ～ 32767 | System.Int16 | 是 | |
| ushort | 16 位 | 0 ～ 65535 | System.UInt16 | 否 | |
| int | 32 位 | -214483648 ～ 2147483647 | System.Int32 | 是 | |
| uint | 32 位 | 0 ～ 4294967295 | System.UInt32 | 否 | U 或 u |
| long | 64 位 | 9223372036854775808 ～ 9233372036854775807 | System.Int64 | 是 | L 或 l |

| 类型 | 大小 | 范围（包括边界值） | BCL 名称 | 是否有符号 | 字面值后缀 |
|---|---|---|---|---|---|
| ulong | 64 位 | 0 ～ 18446744073709551615 | System.UInt64 | 否 | UL,<br>ul, LU<br>或 lu |
| nint | 有符号 32 位或 64 位整数（视平台而定） | 具体取决于代码在什么平台上执行。用 sizeof(nint) 判断大小 | System.IntPtr | 是 | |
| nuint | 无符号 32 位或 64 位整数（视平台而定） | 具体取决于代码在什么平台上执行。用 sizeof(nuint) 判断大小 | System.UIntPtr | 否 | |

表 2.1（以及本节的其他表格）专门有一列给出了每种类型的完整名称；本章稍后会讲述字面值后缀问题。C# 所有基元类型都有短名称和完整名称。完整名称对应 BCL（基类库）中的类型名称。该名称在所有语言中都一样，对程序集中的类型进行了唯一性标识。由于基元数据类型是其他类型的基础，所以 C# 为基元数据类型的完整名称提供了短名称（或者称为缩写）。其实从编译器的角度看，两种名称完全一样，最终都生成相同的代码。事实上，检查最终生成的 CIL 代码，根本看不出源代码具体使用的名称。

⊘ **语言对比：C++ 的 short 数据类型**

C/C++ 的 short 数据类型是 short int 的缩写。而 C# 的 short 是一种实际存在的数据类型。 ◾

### 2.2.2 浮点类型

浮点数精度可变。除非用分数表示时，分母恰好是 2 的整数次幂，否则用二进制浮点类型 (float 和 double) 无法准确表示该数。[1] 将浮点变量设为 0.1，很容易表示成 0.099 999 999 999 999 999 或者 0.100 000 000 000 000 000 1（或者其他非常接近 0.1 的数）。另外，像阿伏伽德罗常数这样非常大的数字 $(6.02 \times 10^{23})$，即使出现误差达到 $10^8$ 的表示错误，结果仍然非常接近 $6.02 \times 10^{23}$，因为原始数字实在是太大了。根据定义，浮点数的精度与它所代表的数字的大小成正比。准确地说，浮点数精度由有效数位的个数决定，而不是由一个固定值（比如 ±0.01）决定。double 类型最多有 17 个有效数位，float 类型则

---

[1] 译注：例如 0.1，表示为分数是 1/10，分母 10 不是 2 的整数次幂，因此 1/10 不能用有限数量的二进制位来表示。

最多有 9 个有效数位[①]( 前提是数字不是从字符串转换而来的，参见稍后的 "高级主题：浮点类型解析" )。[②]

C# 语言支持表 2.2 所示的两种浮点数类型。二进制数转换成容易理解的十进制数。虽然本书未提及其他一些浮点类型 ( 具体可以访问 *https://learn.microsoft.com/dotnet/standard/numerics* )，但它们不是内置类型，没有对应的关键字。

表 2.2　浮点类型

| 类型 | 大小 | 范围 ( 包括边界值 ) | BCL 名称 | 有效数位 | 字面值后缀 |
| --- | --- | --- | --- | --- | --- |
| float | 32 位 | $\pm 1.5 \times 10^{45} \sim \pm 3.4 \times 10^{38}$ | System.Single | 7 | F 或 f |
| double | 64 位 | $\pm 5.0 \times 10^{324} \sim \pm 1.7 \times 10^{308}$ | System.Double | 15 ～ 16 | D 或 d |

**高级主题：浮点类型解析**

只要在 decimal 类型的范围和精度限制内，任何十进制数都能完全准确地表示，不会出现表示错误。相反，如果用二进制浮点数表示十进制数，那么可能造成舍入错误。用任何有限数量的十进制数位表示 1/3 都无法做到精确。类似地，用任何有限数量的二进制数位表示 11/10，也无法做到精确 ( 用二进制会表示成 1.0001100110011001101...)。两种情况都会产生某种形式的舍入错误。

decimal 被表示成 $\pm N \times 10^k$；其中 $N$ 是 96 个二进制位的正整数，而 $-28 <= k <= 0$。

与之相反，浮点数是 $\pm N \times 2^k$ 的任意数字。其中，$N$ 是用固定数量的二进制位 (float 是 24 位，double 是 53 位 ) 表示的正整数，而 $k$ 是 $-149 \sim +104$(float) 或者 $-1075 \sim +970$(double) 的任意整数。◼

## 2.2.3　decimal 类型

C# 语言还提供了一种 128 位精度的十进制浮点类型 ( 参见表 2.3)。它适合大而精确的计算，尤其是金融计算。

表 2.3　decimal 类型

| 类型 | 大小 | 范围 ( 包括边界值 ) | BCL 名称 | 有效数位 | 字面值后缀 |
| --- | --- | --- | --- | --- | --- |
| decimal | 128 位 | $\pm 1.0 \times 10^{28} \sim \pm 7.9228 \times 10^{28}$ | System.Decimal | 28 ～ 29 | M 或 m |

和二进制浮点数不同，decimal 这种特殊的浮点数类型保证范围内的所有十进制数都是精确的。所以，对于 decimal 类型来说，0.1 就是 0.1，而不是近似值。虽然

---

[①] 从 .NET Core 3.0 起。另外要注意的是，所谓 "有效数位" 或 "有效数字" (significant digits)，并不是指小数位数 (number of decimal digits)，而是指一个数字 (number) 中具有意义的数位 (digit)，这包括小数点后的数位以及整数部分的数位 ( 删除前导零 )。本节所说的有效数位都是换算成十进制后的数位。

[②] 在 .NET Core 3.0 之前，某些二进制浮点数被转换为十进制数时，可以精确表示为 15 位十进制数。如果数值的二进制表示中存在无法在 15 位十进制数中完全表示的小数部分，这部分小数会在转换过程中对 16 位十进制数位产生影响，导致四舍五入。

decimal 类型具有比浮点类型更高的精度，但它的范围较小。所以，从浮点类型转换为 decimal 类型可能发生溢出错误。此外，decimal 的计算速度稍慢（但差别不大，基本上可以忽略）。

**高级主题：本机大小的整数**

C# 9.0 引入新的上下文关键字来表示本机大小 (native-sized) 的有符号和无符号整数，分别是 nint 和 nuint( 参见表 2.4)。与其他数值类型不同，这两种整型的具体大小取决于代码在什么平台上执行。例如，nint 在 32 位平台上为 32 位，在 64 位平台上为 64 位。之所以设计这些类型，是为了与它们所在系统中的指针大小匹配。它们是一种更高级的类型，通常只在处理指针和底层操作系统的内存时才有用。在 .NET 托管执行上下文中处理内存时，它们是用不上的。

**表 2.4    本机整数类型 ( 具体 BCL 类型取决于上下文 )**

| 类型 | 大小 | 范围<br>( 包括边界值 ) | BCL 名称 | 有效数位 | 字面值后缀 |
| --- | --- | --- | --- | --- | --- |
| nint | 取决于操作系统 | 范围可变，但可以在运行时通过 nint.MinValue 和 nint.MaxValue 来确定 | System.IntPtr | 取决于操作系统 | |
| nuint | 取决于操作系统 | 范围可变，但可以在运行时通过 nuint.MinValue 和 nuint.MaxValue 来确定 | System.UIntPtr | 取决于操作系统 | |

请参见第 23 章进一步了解 nint 类型和 nuint 类型。

## 2.2.4  字面值

字面值 (literal value) 表示源代码中的常量值。例如，如果希望用 Console.WriteLine() 输出整数值 42 和 double 值 1.618034( 黄金分割比例 )，那么可以使用如代码清单 2.1 所示的代码，输出 2.1 展示了结果。

**代码清单 2.1    指定字面值**

```
Console.WriteLine(42);
Console.WriteLine(1.618034);
```

**输出 2.1**

```
42
1.618034
```

初学者主题：硬编码值的时候，务必慎重

直接将值放到源代码中称为**硬编码** (hardcoding)，因为以后若是更改了值，就必须重新编译代码。因为可能会为维护带来不便，所以开发人员在硬编码值的时候必须慎重。例如，可以考虑从一个外部来源 (如配置文件) 中获取值。这样一来，以后在值发生改变的时候，就不需要重新编译代码了。

默认情况下，输入带小数点的字面值，编译器会自动把它解释成 double 类型。相反，整数值 (无小数点) 通常默认为 int，前提是该值不是太大，以至于无法存储为一个 32 位整数。如果值太大，编译器会把它解释成 long。此外，C# 编译器允许向非 int 的数值类型赋值，前提是字面值对于目标数据类型来说合法。例如，short  s  =  42 和 byte  b  =  77 都是允许的。但这一点仅对常量值成立。不使用额外的语法，b  =  s 就是非法的，具体参见稍后的"数据类型转换"一节。

前面说过，C# 语言有许多数值类型。在代码清单 2.2 中，一个字面值被直接传给 WriteLine 方法。由于带小数点的值默认为 double，所以如输出 2.2 所示，结果是 1.618033988749895(原本最后两位是 48，现在变成 5)，这符合我们对 double 精度的预期。

代码清单 2.2　指定 double 字面值

```
Console.WriteLine(1.6180339887498948);
```

输出 2.2

```
1.618033988749895
```

要显示具有完整精度的数值，必须将字面值显式声明为 decimal 类型，这是通过附加一个 M(或者 m) 字面值后缀来实现的，如代码清单 2.3 和输出 2.3 所示。

代码清单 2.3　指定 decimal 字面值

```
Console.WriteLine(1.6180339887498948M);
```

输出 2.3

```
1.6180339887498948
```

代码清单 2.3 的输出符合预期：**1.6180339887498948**。注意后缀 d 表示 double，但为什么用 m 表示 decimal 呢？这是因为这种数据类型经常用于货币 (monetary) 计算。

可以使用 F(或 f) 和 D(或 d) 后缀，将字面值分别显式声明为 float 或者 double。对于整型，相应后缀是 U，L，LU 和 UL。整数字面值的类型是像下面这样确定的。

- 无后缀的数值字面值按以下顺序解析成能存储该值的第一个数据类型：int，uint、long、ulong。
- 后缀 U 的数值字面值按以下顺序解析成能存储该值的第一个数据类型：uint 和 ulong。

- 后缀 L 的数值字面值按以下顺序解析成能存储该值的第一个数据类型：long 和
  ulong。
- 如果后缀是 UL 或 LU，那么直接解析成 ulong。

注意，字面值后缀不区分大小写。但一般推荐大写，以避免出现小写字母 l 和数字 1 不好区分的情况。

> **设计规范**
>
> DO use uppercase literal suffixes (e.g., 1.6180339887498948M).
>
> 要使用大写的字面值后缀（例如 1.6180339887498948M）

很大的数字较难识别。为了解决可读性问题，C# 7.0 新增了对**数字分隔符**[①]的支持。如代码清单 2.4 所示，可以在书写数值字面值的时候用下划线 (_) 分隔。

**代码清单 2.4　使用数字分隔符**

```
Console.WriteLine(9_814_072_356M);
```

本例对数字进行千分位分隔，但这只是为了方便识别，C# 不要求必须这样做。可以在数字第一位和最后一位之间的任何位置添加分隔符。事实上，还可以连写多个下划线。

有的时候，可以考虑使用指数计数法，避免在小数点前后写许多个 0（不管是否使用了数字分隔符）。指数计数法要求使用 e 或 E 中缀，在中缀字母后面添加正整数或者负整数，并在字面值最后添加恰当的数据类型后缀。例如，可以将阿伏伽德罗常数作为 **float** 类型输出，如代码清单 2.5 和输出 2.4 所示。

**代码清单 2.5　指数计数法**

```
Console.WriteLine(6.023E23F);
```

**输出 2.4**

```
6.023E+23
```

 **初学者主题：十六进制计数法**

我们一般使用十进制计数法，即每个数位可用 10 个符号 (0 ～ 9) 表示。还可使用十六进制计数法，即每个数位可用 16 个符号表示：0 ～ 9，A ～ F（允许小写）。所以，0x000A 对应十进制值 10，而 0x002A 对应十进制值 42(2×16+10)。不过，实际的数是一样的。十六进制和十进制的相互转换不会改变数字本身，改变的只是数字的表示形式。

每个十六进制数位都用 4 个二进制位表示，所以一个字节可表示两个十六进制数位。

---

① 译注：文档如此，"数字分隔符"(digit separator) 实际应该是"数位分隔符"，用于对一个数字中的不同数位进行分隔。

前面讨论数值字面值的时候,我们只使用了十进制值。C# 还允许指定十六进制值。为值附加 0x 前缀,再添加希望使用的十六进制数字即可,如代码清单 2.6 和输出 2.5 所示。

**代码清单 2.6　十六进制字面值**

```
// 使用十六进制字面值显示值 42
Console.WriteLine(0x002A);
```

**输出 2.5**

```
42
```

注意,代码输出的仍然是 42,而不是 0x002A。

从 C# 7.0 起,还可以将数字表示成二进制值,如代码清单 2.7 所示。

**代码清单 2.7　二进制字面值**

```
// 使用二进制字面值显示值 42
Console.WriteLine(0b101010);
```

语法与十六进制语法相似,只是使用 0b 前缀 ( 允许大写 B)。参见第 4 章的 "初学者主题:位和字节" 来了解二进制计数法以及二进制与十进制之间的转换。

注意,从 C# 7.2 起,数字分隔符可以放到代表十六进制的 x 或者代表二进制的 b 后面 ( 称为前导数字分隔符 ),例如 0x_12_34_AB。

**高级主题:将数字格式化成十六进制**

要显示数值的十六进制形式,必须使用 x 或 X 数值格式说明符。格式说明符的大小写决定了十六进制字母的大小写。代码清单 2.8 和输出 2.6 展示了一个例子。

**代码清单 2.8　十六进制格式说明符的例子**

```
// 显示 "0x2A"
Console.WriteLine($"0x{42:X}");
```

**输出 2.6**

```
0x2A
```

注意,数值字面值 (42) 可以任意使用十进制或十六进制形式,结果一样。另外,在格式说明符与字符串插值表达式之间,要用冒号分隔。

**高级主题:round-trip 格式化 ①**

默认情况下,Console.WriteLine(1.6180339887498948);语句在执行后会显示 1.618033988749895,最后的 48 变成了 5。为了使 double 值在转换成字符串后能保持原样,可以使用格式字符串和 round-trip 格式说明符 R( 或者 r) 来转换它。例如,Console.WriteLine($"{1.6180339887498948:R}");会显示结果 1.618033988749895。

---

① 译注:在 .NET 8.0 和 C# 12.0 中,可以忽略该高级主题。

将 round-trip 格式说明符返回的字符串再转换回数值，肯定能获得原始值。所以如代码清单 2.9 和输出 2.7 所示，如果没有使用 round-trip 格式，两个数就不相等了。

代码清单 2.9    使用 R 格式说明符进行格式化

```
const double number = 1.6180339887498948;
double result;
string text;

text = $"{number}";
result = double.Parse(text);
Console.WriteLine($"{result == number}: result == number");
text = $"{number:R}";
result = double.Parse(text);
Console.WriteLine($"{result == number}: result == number");
```

输出 2.7

```
False: result == number
True: result == number
```

第一次为 text 赋值没有使用 R 格式说明符，所以 double.Parse(text) 的返回值与原始数值不同。相反，在使用了 R 格式说明符之后，double.Parse(text) 返回的就是原始值。

如果还不熟悉 C 风格语言的 == 语法，那么 result == number 在 result 等于 number 的前提下会返回 true，result != number 则相反。下一章将讨论赋值和相等性操作符。    ■

## 2.3  更多基元类型

前面所讨论的都是基元数值类型。C# 语言还支持其他基元类型，包括 bool、char 和 string。

### 2.3.1  布尔类型 bool

另一个 C# 基元类型是布尔 (Boolean) 或条件类型 bool。它在条件语句和表达式中表示真或假，只允许 true 和 false 这两个值。bool 的 BCL 名称是 System.Boolean。例如，可以调用 string.Compare() 方法并传递一个 bool 字面值 true，表示在不区分大小写的前提下比较两个字符串，如代码清单 2.10 所示。

代码清单 2.10    不区分大小写比较两个字符串

```
bool ignoreCase = true;
string option = "/help";
// ...
int comparison = string.Compare(option, "/Help", ignoreCase);
bool isHelpRequested = (comparison == 0);
// 显示：是否请求帮助：True
Console.WriteLine($"是否请求帮助：{isHelpRequested}");
```

本例在不区分大小写的前提下将变量 option 的内容 ("/help") 与字面值 "/Help" 进行比较，结果赋给 comparison(一个 int 值，为零表示比较的两个字符串相同)。

虽然理论上一个二进制位就足以容纳布尔类型的值，但 bool 实际是一个字节大小。

## 2.3.2 字符类型 char

字符类型 char 表示 16 位的字符，取值范围对应于 Unicode 字符集。从技术上说，char 的大小和 16 位的无符号整数 (ushort) 一样，后者可以表示 0 ～ 65535 的值。但在 C# 中，char 是一种特殊类型，在代码中也要特殊对待。

char 的 BCL 类型名称是 System.Char。

**初学者主题：Unicode 标准**

Unicode 是一个国际性标准，表示了大多数自然语言中的字符 / 字。它方便计算机系统构建本地化应用程序，为不同语言文化显示具有本地特色的字符 / 字。

**高级主题：16 位不足以表示所有 Unicode 字符**

遗憾的是，不是所有 Unicode 字符都能用一个 16 位 char 表示。设计人员刚开始提出 Unicode 的概念时，以为 16 位已经足够。但随着支持的语言越来越多，才发现当初的假定是错误的。结果，一些 Unicode 字符要由一对称为"代理项"的 char 构成，总共 32 位 (UTF-32)。

为了输入 char 字面值，需要将字符放到一对单引号中，例如 'A'。所有 ANSI 键盘字符都可这样输入，包括字母、数字以及特殊符号。

但是，有的特殊字符不能直接插入源代码，需要进行特殊处理。为此，首先输入反斜杠 (\) 前缀，再跟随一个特殊字符代码。反斜杠和特殊字符代码统称为**转义序列** (escape sequence)。例如，\n 代表换行符，而 \t 代表制表符。由于反斜杠标志转义序列开始，所以要用 \\ 表示字面上的一个反斜杠字符。

代码清单 2.11　使用转义序列显示单引号

```
Console.WriteLine('\'');
```

表 2.5 总结了转义序列以及字符的 Unicode 编码。

表 2.5　转义字符

| 转义序列 | 字符名称 | Unicode 编码 |
| --- | --- | --- |
| \' | 单引号 | \U0027 |
| \" | 双引号 | \U0022 |
| \\ | 反斜杠 | \U005C |
| \0 | Null | \U0000 |
| \a | 警报 ( 系统响铃 )，a 是指 alert | \U0007 |
| \b | 退格符 | \U0008 |

| 转义序列 | 字符名称 | Unicode 编码 |
|---|---|---|
| \f | 换页 (Form Feed) | \U000C |
| \n | 换行 (Line Feed 或 newline) | \U000A |
| \r | 回车 (Enter) | \U000D |
| \t | 水平制表符 | \U0009 |
| \v | 垂直制表符 | \U000B |
| \uxxxx | 十六进制 Unicode 字符 | \U0029 |
| \x[n][n][n]n | 十六进制 Unicode 字符 (前三个占位符可选)，\uxxxx 的长度可变版本 | \U3A |
| \U00xxxxxx | Unicode 转义序列，用于创建代理项对 (最大支持的序列是 \U0010FFFF) | \U00020100 |
| \uxxxx\uxxxx | Unicode 转义序列，用于创建代理项对 (支持 \U0010FFFF 以上的序列) | \uD83D\uDE00 |

可用 Unicode 编码表示任何字符。为此，请为 Unicode 值附加 \u 前缀。Unicode 字符可以使用十六进制计数法表示。例如，字母 A 除了用十进制 65 来表示，还可以表示成十六进制值 0x41。所以，无论是执行 char letter=(char)65; 语句，还是执行 char letter=(char)0x41; 语句，最终 letter 这个 char 变量的值都是 'A'。

代码清单 2.12 显示两个 Unicode 字符来构成笑脸符号 (:))，输出 2.8 展示了结果。

代码清单 2.12　使用 Unicode 编码显示笑脸符号

```
Console.Write('\u003A');
Console.WriteLine('\u0029');
```

输出 2.8

```
:)
```

### 2.3.3　字符串 string

零个或多个字符的有限序列称为**字符串** (string)。C# 语言支持基元字符串类型 string，它的 BCL 名称是 System.String。对于已经熟悉了其他语言的开发者，string 的一些特点或许会出乎预料。除了第 1 章讨论的字符串字面值格式，还允许使用逐字前缀 @，并允许用 $ 前缀进行字符串插值。注意，string 是一种"不可变" (immutable) 类型。从 C# 11 开始，语言还增加了对**原始字符串字面值**的支持。

### 2.3.3.1 字面值

为了将字符串字面值输入到代码中，要将文本放入一对双引号 ("") 内，就像 HelloWorld 程序中那样。字符串由字符构成，所以可以在字符串内嵌入字符的转义序列。

例如，代码清单 2.13 用于显示两行文本[①]。但这里没有使用 `Console.WriteLine()`，而是使用 `Console.Write()` 来输出带有换行符 `\n` 的文本。输出 2.9 展示了结果。记住，`WriteLine()` 会在行末自动添加换行符，而 `Write()` 不会。

**代码清单 2.13　用字符 \n 插入换行符**

```
Console.Write("\" 真的，你有令人混乱的智慧。\"");
Console.Write("\n\" 等我做选择吧！ \"\n");
```

**输出 2.9**

```
" 真的，你有令人混乱的智慧。"
 " 等我做选择吧！ "
```

注意，要显示的双引号也进行了转义 (\")，否则会被视为定义字符串的开始与结束。

C# 语言允许在字符串前使用 @ 符号，指明字符串中的转义序列不被处理。结果是一个**逐字字符串字面值** (verbatim string literal)，它不仅将反斜杠当作普通字符，还会逐字解释所有空白字符。例如，代码清单 2.14 的三角形会在控制台上原样输出，其中包括反斜杠、换行符和缩进。输出 2.10 展示了结果。

**代码清单 2.14　使用逐字字符串字面值来显示三角形**

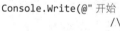

```
Console.Write(@" 开始
        /\
       /  \
      /    \
     /      \
    /_____\
结束 ");
```

**输出 2.10**

```
开始


结束
```

如果不使用 @ 字符，这些代码甚至无法通过编译。事实上，即便为了避免使用反斜杠而修改代码，例如将形状定义为正方形，代码仍然不能通过编译，因为不能将换行符直接插入不以 @ 符号开头的字符串中。

---

① 译注：本例的对白出自电影《公主新娘》。

以 @ 开头的逐字字符串唯一支持的转义序列是 ""，代表一个双引号，它不会终止字符串。

 **语言对比：C++ 支持在编译时连接字符串**

和 C++ 语言不同，C# 语言不自动连接 ( 或串接、拼接，即 concatenate) 字符串字面值。例如，不能像下面这样指定字符串字面值：

```
string s = "Hello World!" " Hello World!";
```

相反，必须用操作符 + 连接。但是，如果编译器能在编译时计算结果，那么最终的 CIL 代码包含的就是一个连接好的字符串。

如果同一字符串字面值在程序集中多次出现，并赋给不同的变量，那么编译器在程序集中只定义字符串一次，而且所有变量都指向这个字符串实例。因此，如果在代码中多处插入包含大量字符的同一个字符串字面值，那么生成的程序集只会存储它的一个实例。

**高级主题：UTF-8 字符串字面值**

本章前面提到，.NET 中的字符都是 Unicode 编码。具体而言，它们都是 UTF-16，每个字符 ( 或符号 ) 需要两个字节。因此，由字符构成的字符串也都是 Unicode(UTF-16)。

但是，在处理外部定义的格式时，偶尔需要使用 UTF-8 字符串。C# 11 允许在字符串的结束引号后使用后缀来指定 UTF-8 字符串字面值——u8。然而，这种字面值的数据类型就不是 .NET 字符串了 (System.String)。相反，数据类型是泛型 ReadOnlySpan<byte> 类型 ( 参见 17.2.9 节 )。下例展示了这样一个字符串的声明和赋值。

```
ReadOnlySpan<byte> rates = " €汇率 "u8;
```

### 2.3.3.2 字符串插值

如第 1 章所述，从 C# 6.0 起，允许在字符串中使用插值技术来嵌入表达式。语法是为字符串附加 $ 前缀，并在字符串中用一对大括号嵌入表达式。在代码清单 2.15 中，firstName 和 lastName 是插入的简单变量。事实上，任何有效的 C# 表达式 ( 返回单个值的表达式 ) 都是允许的。

**代码清单 2.15    字符串插值**

```
Console.WriteLine($" 你的全名是：{firstName} {lastName}。");
```

从 C# 11 开始，还可以在大括号之间插入换行符 ( 参见代码清单 2.16)。而在 C# 11 之前，换行符只能在逐字字符串中使用 ( 参见之前打印三角形的例子 )。

**代码清单 2.16    在字符串插值中使用换行符**

```
Console.WriteLine($" 你的全名是：{
    firstName} {lastName}。");
```

注意，逐字和插值技术可以组合使用，但要先指定 $，再指定 @( 从 C# 8.0 开始无此顺序要求 )，如代码清单 2.17 所示。

代码清单 2.17　组合使用逐字和插值技术

```
Console.WriteLine($@" 你的全名是 :
{firstName} {lastName}。");
```

　　由于是逐字字符串，所以会按字符串在代码中的样子分两行输出。注意，在大括号中换行是起不到换行效果的。逐字字符串的问题在于，表达式外部的所有空白现在都有了意义。因此，为了避免字符串中多余的缩进影响输出效果，应注意把它们删除 ( 换言之，字符串应顶格排版 )。为了解决这个问题，C# 11 引入了原始字符串字面值。

### 2.3.3.3　原始字符串字面值

　　C# 11 引入了原始字符串字面值。与逐字字符串字面值相似，原始字符串字面值也允许直接嵌入任意文本，包括空格、换行符、额外的引号和其他特殊字符，而无需使用转义序列。但是，两者存在一些重要的区别。代码清单 2.18 演示了最简单的单行原始字符串字面值。

代码清单 2.18　单行原始字符串字面值 ①

```
Console.WriteLine(
""" 妈妈说过，" 生活就像一盒巧克力 ..." """);
```

　　在这个最简单的例子中，开始引号和结束引号都在同一行。

　　注意，不需要对字符串中嵌入的引号进行转义。然而，在 ".. 巧克力 ..." 后面我们添加了一个空格。这是因为如果字符串以三个引号开头，就不能以四个引号结束。结束引号的计数必须与开始引号的计数匹配。如果不匹配，编译器会报错。避免额外空格的解决方案将在稍后的多行原始字符串字面值的例子中提供。

　　原始字符串字面值之所以允许用三个以上的双引号来定界原始字符串字面值，是因为这样就可以在文本中插入三个 ( 或更多 ) 连续的双引号字面值。例如，在原始字符串字面值的开头和结尾使用五个双引号，就可以在文本中插入四个连续的双引号，而且它们会在字面意义上被解释为四个连续的双引号。

　　还可以在原始字符串字面值中插值，如代码清单 2.19 所示。

代码清单 2.19　含有插值的原始字符串字面值

```
Console.WriteLine($""" 你好，我叫 {firstName}。{firstName} {lastName}。""");
```

　　但是，这里要注意一个额外的复杂性。$ 前缀的数量决定了容纳表达式所需要的大括号的数量。例如，连续两个 $ 要求每个表达式都用两个大括号括起来。代码清单 2.20 和输出 2.11 展示了一个例子，它显示了通过插值技术返回的字符串 " 莫比乌斯 "。但是，由于使用了两个 $ 前缀，所以 name 表达式要用两个大括号括起来，导致最后只输出一对字面意义的大括号。代码中总共使用了三对大括号。

---

① 这个例子出自电影《阿甘正传》。

　　此外，代码清单 2.20 还演示了原始字符串字面值的多行版本。

**代码清单 2.20　使用原始字符串字面值显示莫比乌斯环**

```
string name = " 莫比乌斯 ";
Console.Write(
    $$"""
        开始
                 ____
               / \ /\ \
              / \ / \ \
             / \ / \ \
            / \ / \ \
           / \ / \ \
          / \ / \ \
         /___/___\ ___\ \
        | {{{name}}} \ \
        /_____\ \ \
        \ \ \
         _____\/
        结束
    """);
```

**输出 2.11**

　　注意，在代码清单 2.20 中，尽管代码进行了缩进，但输出没有缩进。对于原始字符串字面值来说，它最后的三个引号至关重要，因为最左侧的所有空白都会被删除。因此，在这三个引号中，第一个引号决定了输出中最左边的字符列，除了空白之外，字符串中的所有内容均不得跑到它的左边，否则编译器会发出编译警告。

　　另外，对于多行原始字符串字面值，起始引号集后或结束双引号集之前不能有任何字符。因此，在起始 $$""" 之后或者结束 """ 之前，出现任何文本都会导致编译错误。

使用多行原始字符串字面值，可以避免文本中出现有问题的结束引号，如代码清单 2.21 中对 mamaSaid 变量的赋值所示。

**代码清单 2.21　通过多行原始字符串字面值来简化赋值**

```
string firstName = "Forest";

// 单行原始字符串字面值
string lastName = """Gump""";

// 带插值的单行原始字符串字面值
string greeting =
$""" 你好，我是 {firstName}。{firstName} {lastName}。""";

string proposal = " 你想要一块巧克力吗？ "
    + " 我能吃掉上百万块巧克力。";

string mamaSaid = // 多行原始字符串字面值
    """
                妈妈说过，" 生活就像一盒巧克力 ..."
                """;

string jsonDialogue =

    // 带插值的多行原始字符串字面值

    $$"""
            {
                "quote": {
                    "character": "The MAN",
                    "dialogue": "{{greeting}}"
                },
                "description" : " 她点点头，兴趣不大。他 ...",
                "quote": {
                    "character": "The MAN",
                    "dialogue": "{{proposal}}"
                },
                "description" : " 她摇摇头 \" 不 \" 他打开盒子 ...",
                "quote": {
                    "character": "The MAN",
                   "dialogue": "{{mamaSaid.Replace("\"", "\\\"")}}"
                }
            }
            """;


Console.WriteLine(jsonDialogue);
```

在代码清单 2.21 中，**jsonDialogue** 变量的文本实际是一种称为 JSON 的特殊文本格式。文本中包含一组以层次化方式组织的名称 / 值对，与 JavaScript 兼容。这种格式是 Web 编程时期流行起来的。但是，它现在已经成为一种最常用的数据交换手段。对于 JSON，原始字符串字面值的支持尤其关键，因为它允许将 JSON 字符串直接放入 C# 程序，而无需复杂且容易出错的转义序列。

在赋给 **jsonDialogue** 的原始字符串字面值中，反斜杠对 C# 语言来说没有特殊意义。但在 JSON 中，每个字符串，包括名称和值，都被引号括起来。因此，值中的一些特殊 JSON 文本（例如 "）要用一个反斜杠进行转义。然而，由于整个字符串值中的文本都是原始字符串字面值，而反斜杠对 C# 来说没有特殊意义，所以反斜杠现在能在 JSON 字符串中得到保留。在 C# 代码中嵌入 JSON 文本的时候，这是一项巨大的优势（在表示正则表达式时，原始字符串字面值也很有用）。

除此之外，我们在 JSON 文本中嵌入了对 C# **Replace()** 方法的调用。下一节会讲解常见的字符串方法。

**高级主题：理解字符串插值的内部工作原理**

字符串插值是调用 **string.Format()** 方法的语法糖。例如以下语句：

```
Console.WriteLine(
$" 你的全名是 {firstName} {lastName}。");
```

它会被转换成以下形式的 C# 代码：

```
object[] args = new object[] { firstName, lastName };
Console.WriteLine(string.Format(" 你的全名是 {0} {1}。", args));
```

这就和复合字符串一样实现了某种程度的本地化支持，而且确保不会引入潜在的安全风险（因为不会在编译后通过字符串注入代码）。不过，完整的本地化支持需要与资源文件配合，此时应直接使用复合字符串或 **string.Format()**。如果还是在运行时解析字符串中的表达式，那么字符串插值可能无法很好地工作。

## 字符串方法

与 **Console** 类型相似，**string** 类型也提供了几个方法来格式化、连接（拼接）和比较字符串。

表 2.6 中的 **Format()** 方法具有与 **Console.Write()** 和 **Console.WriteLine()** 方法相似的行为。区别在于，**string.Format()** 不是在控制台窗口中显示结果，而是返回格式化后的字符串。当然，有了字符串插值后，用到 **string.Format()** 的机会减少了很多（本地化时还是用得着）。但在幕后，如果字符串组合不是由字符串字面值构成的，那么字符串插值编译的 CIL 结果实际是常量 (C# 11 引入) 以及 **string. Concat()** 和 **string.Format()** 调用的一个组合。

表 2.6　string 的静态方法

| 方法 | 示例 |
| --- | --- |
| static string string.Format(string format, ...) | string text, firstName, lastName;<br>//...<br>text = string.Format(" 你的全名是 {0} {1}.",<br>firstName, lastName);<br>// 显示: " 你的全名是 <firstName> <lastName>。"<br><br>Console.WriteLine(text); |

续表

| 方法 | 示例 |
|---|---|
| static string string.Concat(string str0, string str1) | string text, firstName, lastName;<br>//...<br>text = string.Concat(firstName, lastName);<br>// 显示 "\<firstName>\<lastName>"，注意<br>// 名字和姓氏之间无空格<br><br>Console.WriteLine(text); |
| static int string.Compare(string str0, string str1) | // 1.<br>string option;<br>//...<br>// 区分大小写的字符串比较<br>int result = string.Compare(option, "/help");<br>// 显示：<br>// 0( 相等 )<br>// 负数 (option < /help)<br>// 正数 (option > /help)<br>Console.WriteLine(result);<br>// 2.<br>string option;<br>//...<br>// 不区分大小写的字符串比较<br>int result = string.Compare(<br>option, "/Help", true);<br>// 0( 相等 )<br>// 负数 (option < /help)<br>// 正数 (option > /help)<br><br>Console.WriteLine(result); |

表 2.6 列出的都是**静态**方法。这意味着为了调用方法，需要在方法名 ( 例如 Concat) 之前附加方法所在类型的名称 ( 例如 **string**)。但正如本章稍后会讲到的那样，**string** 类还有一些**实例**方法。实例方法不是以类型名作为前缀，而是以变量名 ( 或者其他实例引用 ) 作为前缀。表 2.7 列出了部分实例方法和例子。

表 2.7　string 的实例方法

| 方法 | 示例 |
|---|---|
| bool StartsWith(string value)<br>bool EndsWith(string value) | string lastName;<br>//...<br>bool isPhd = lastName.EndsWith("Ph.D.");<br><br>bool isDr = lastName.StartsWith("Dr."); |
| string ToLower()<br>string ToUpper() | string severity = "warning";<br>// severity 字符串全部转换成大写<br>Console.WriteLine(severity.ToUpper()); |

续表

| 方法 | 示例 |
| --- | --- |
| **string** Trim()<br>**string** Trim(...)<br>**string** TrimEnd()<br>**string** TrimStart() | // 1. 删除首尾空白<br>username = username.Trim();<br>// 2.<br>**string** text = "indiscriminate bulletin";<br>// 删除首尾的 'i' 和 'n'<br>text = text.Trim("in".ToCharArray());<br>// 显示：discriminate bullet<br>Console.WriteLine(text); |
| **string** Replace(string oldValue,<br>string newValue) | **string** filename;<br>//...<br>// 删除字符串中的所有 ?<br>filename = filename.Replace("?", ""); |

### 2.3.3.4 字符串格式化

无论使用 string.Format() 还是字符串插值来构造复杂格式的字符串，都可以通过一组丰富而复杂的格式化模式来显示数字、日期、时间、时间段等。例如，给定 decimal 类型的 price 变量，那么 string.Format("{0,20:C2}", price) 或等价的插值字符串 $"{price, 20:C2}" 会根据默认货币格式化规则将 decimal 值转换成字符串。即添加本地货币符号，小数点后四舍五入保留两位，整个字符串在 20 个字符的域内右对齐 ( 要想左对齐，就为 20 添加负号。另外，如果字符数超出指定宽度，则会扩展域宽 )。因篇幅有限，无法详细讨论所有可能的格式字符串，请在 MSDN 文档中查阅 string.Format()，获取格式字符串的完整列表 (*http://tinyurl.com/yck8j5jn*)。

要在插值或格式化的字符串中添加字面意义的左右大括号 ({ 和 })，那么可以连写两个大括号来表示。例如，插值字符串 $"{{ {price:C2} }}" 将生成字符串 "{ $1,234.56 }"。

### 2.3.3.5 换行符

输出换行所需的字符由操作系统决定。Microsoft Windows 的换行符是 \r 和 \n 这两个字符的组合，UNIX 则是单个 \n( 称为 line feed)。为了消除平台之间的不一致，一个办法是使用 Console.WriteLine() 在最后自动输出一个空行。为了确保跨平台兼容性，另一个办法是用 Environment.NewLine 获取当前操作系统上实际使用的换行符。换言之，Console.WriteLine("Hello World") 等价于 Console.Write("Hello World" + Environment.NewLine)。注意，在 Windows 操作系统上，Console.WriteLine() 和 Console.Write(Environment.NewLine) 等价于 Console.Write("\r\n") 而非 Console.Write("\n")。总之，要依赖 System.WriteLine() 和 Environment.NewLine 而不是 \n 来确保跨平台兼容。

> 设计规范
>
> DO rely on Console.WriteLine() and Environment.NewLine rather than \n to accommodate Windows-specific operating system idiosyncrasies with the same code that runs on Linux and macOS.
>
> 要依赖 Console.WriteLine() 和 Environment.NewLine 而不是 \n 来确保跨平台兼容。

 **高级主题：C# 属性**

下一节提到的 Length 成员实际不是方法，因为调用时没有使用圆括号。Length 是 string 类型的**属性** (property)，C# 语法允许像访问成员变量 ( 在 C# 中称为**字段** ) 那样访问属性。换言之，属性定义了称为赋值方法 (setter) 和取值方法 (getter) 的特殊方法，但允许用字段语法访问这些特殊方法。

研究属性的底层 CIL 实现，会发现它实际编译成两个方法：set_<PropertyName> 和 get_<PropertyName>。但这两个方法不能直接从 C# 代码中访问，只能通过 C# 属性构造来访问。第 6 章会更详细地讨论属性。

### 2.3.3.6 字符串长度

判断字符串长度 ( 字或字符的个数 ) 可以使用 string 的 Length 成员。该成员是只读属性。不能设置，调用时也不需要任何参数。代码清单 2.22 演示了如何使用 Length 属性，输出 2.12 便是结果。

**代码清单 2.22 使用 string 的 Length 成员**

```
public class PalindromeLength
{
    public static void Main()
    {
        string palindrome;
        Console.Write("输入一句回文：");
        palindrome = Console.ReadLine();
        Console.WriteLine(
        $"回文 \"{palindrome}\" 共有 "
        + $" {palindrome.Length} 个字。");
    }
}
```

**输出 2.12**

输入一句回文：**菜油炒油菜**
回文 " 菜油炒油菜 " 共有 5 个字。

字符串的长度不能直接设置，只能根据字符串中的字数或字符数计算得到。此外，字符串长度不能更改，因为字符串**不可变**。

### 2.3.3.7 字符串不可变

string 类型的一个关键特征是它不可变 (immutable)。可为 string 变量赋一个全新的值，但出于性能考虑，没有提供修改现有字符串内容的机制。所以，不可能在同一个内存位置将字符串中的字母全部转换为大写。只能在其他内存位置新建字符串，让它成为旧字符串的大写字母版本，旧字符串在这个过程中不会被修改，如果没人引用它，会被垃圾回收。代码清单 2.23 和输出 2.13 展示了例子。

**代码清单 2.23　错误：string 是不可变的**

```
Console.Write(" 输入文本 : ");
string text = Console.ReadLine();

// UNEXPECTED: text 并没有转换为全大写
text.ToUpper();

Console.WriteLine(text);
```

**输出 2.13**

```
输入文本 : This is a test of the emergency broadcast system.
This is a test of the emergency broadcast system.
```

　　从表面上看，text.ToUpper() 似乎应该将 text 中的字符转换成全大写形式。但是，由于 string 类型不可变，所以 text.ToUpper() 不会进行这样的修改。相反，text.ToUpper() 会返回修改后的一个新字符串。为了使用它，需要把它保存到一个变量中，或者直接传给 Console.WriteLine()。代码清单 2.24 给出了纠正后的代码，输出 2.14 是结果。

**代码清单 2.24　正确的字符串处理**

```
public class Uppercase
{
    public static void Main()
    {
        string text, uppercase;
        Console.Write(" 输入文本 : ");
        text = Console.ReadLine();

        // 返回全大写的一个新字符串
        uppercase = text.ToUpper();
        Console.WriteLine(uppercase);
    }
}
```

**输出 2.14**

```
输入文本 : This is a test of the emergency broadcast system.
THIS IS A TEST OF THE EMERGENCY BROADCAST SYSTEM.
```

　　如果忘记字符串不可变的特点，很容易会在使用其他字符串方法时犯下和代码清单 2.23 相似的错误。

　　要真正更改 text 中的值，将 ToUpper() 的返回值赋给 text 即可。如下例所示：

```
text = text.ToUpper();
```

### 2.3.3.8　System.Text.StringBuilder

如果要对字符串进行大量修改，比如通过多个步骤来构造一个长字符串，那么可以考虑使用 System.Text.StringBuilder 类型而不是 string。StringBuilder 提供了 Append()，AppendFormat()，Insert()，Remove() 和 Replace() 等方法。虽然 string 也提供了其中一些方法，但两者的关键区别在于，StringBuilder 的这些方法会修改 StringBuilder 实例本身，而不是每次修改都返回一个新字符串。换言之，和 string 相反，StringBuilder 是可变的。[①]

## 2.3.4　关键字 null 和 void

两个与类型相关的额外关键字是 null 和 void。null 关键字代表空值，表示变量不引用任何有效对象。void 则指出这里不存在类型或者根本不存在任何值。

### 2.3.4.1　关键字 null

null 也可以作为"字面值"的一种类型使用。将 null 赋给字符串变量，表明变量为"空"，不指向任何位置。事实上，甚至可以检查变量是否引用了一个 null 值。

将 null 赋给变量和根本不赋值是不一样的概念。换言之，赋值了 null 的变量已设置，而未赋值的变量未设置。因此，使用未赋值的变量会造成编译时错误。

注意，将 null 赋给 string 变量和为变量赋值 ""(称为空串) 也是不一样的概念。null 意味着变量无任何值，而 "" 意味着变量有一个称为"空串"(empty string) 的值。这种区分相当有用。例如，编程逻辑可以将值为 null 的 homePhoneNumber 解释成"家庭电话未知"，将值为 "" 的 homePhoneNumber 解释成"无家庭电话"。

**高级主题：可空修饰符**

代码清单2.25演示了如何通过在类型声明中添加可空修饰符——一个问号(?)——将null赋给int变量。

**代码清单 2.25　将 null 赋给整型变量**
```
public static void Main()
{
    int? age;
    //...
    // 清除 age 的值
    age = null;
    // ...

}
```

在 C# 2.0 引入可空修饰符之前，我们无法将 null 赋给除了 string( 一个引用类型 ) 之外的所有类型 ( 值类型 ) 的变量。有关值类型和引用类型的更多信息，请参见第 3 章。

此外，在 C# 8.0 之前，引用类型 ( 如 string) 默认支持 null 赋值，因此，无法使用可空修饰符来修饰一个引用类型。由于 null 反正都可以隐式赋值，因此用可空修饰符来修饰它是多余的。■

① 译注：参见《深入 CLR》( 第 4 版 ) 的 14.3.2 节。

**高级主题：可用引用类型**

在 C# 8.0 之前，由于所有引用类型都默认可空，所以不存在可空引用类型的概念。但从 C# 8.0 开始，这一行为变得可以配置，允许使用可空修饰符 (?) 将引用类型声明为可空，或者保留默认的非空配置（阻止显示关于可空性的警告）。这样一来，从 C# 8.0 开始就有了**可空引用类型**的概念。带有可空修饰符的引用类型变量是可空引用类型。在已经启用可空引用类型的前提下（在 *.csproj 文件中设置），将 null 赋给没有可空修饰符的引用类型变量会出现警告。

到目前为止，本书唯一涉及的引用类型就是 string。如果已配置引用类型支持可空修饰符，那么可以声明像下面这样的一个字符串变量：

string? homeNumber = null;

为了支持可空性，请确保 .csproj 文件中的 Nullable 元素已设为 enable。

### 2.3.4.2 关键字 void

有的时候，C# 语言中，语法要求指定数据类型但不传递任何数据。例如，对于方法无返回值的情况，C# 语言允许在数据类型的位置放一个 void 关键字。HelloWorld 程序（代码清单 1.1）的 Main 方法声明就是一个例子。在返回类型的位置使用 void，意味着该方法不返回任何数据。与此同时，编译器也不要指望会有一个值。void 本质上不是数据类型，它只是指出没有数据返回这一事实。

**语言对比：C++**

无论 C++ 语言还是 C# 语言，void 都有两个含义：一个是指出该方法不返回任何数据，另一个是代表指向未知类型的存储位置的一个指针。C++ 程序经常使用 void** 这样的指针类型。C# 也可以使用相同的语法来表示指向未知类型的存储位置的指针。但是，这种用法在 C# 中比较罕见，一般仅在需要与非托管代码库进行互操作时才会用到。

## 2.4 数据类型转换

由于 .NET 预定义了大量类型，加上代码也能定义几乎无限数量的类型，所以类型之间的相互转换至关重要。会造成转换的最常见操作就是**转型**（类型转换）或**强制类型转换** (casting)。[①]

下面来考虑将 long 值转换成 int 的情形。long 类型能容纳的最大值是 9 223 372 036 854 775 808，int 则是 2 147 483 647。所以，转换时可能丢失数据——long 值可能大于 int 能容纳的最大值。有可能造成数据丢失（因为大小和 / 或精度）或引发异常（因为转换失败）的任何转换都需要执行**显式转型**。相反，不会丢失数据，而且不会引发异常（无论操作数的类型是什么）的任何转换都可以进行**隐式转型**。

---

① 译注：文档中使用的"强制类型转换"过于繁琐，本书以后都简称为"转型"。

## 2.4.1　显式转型

C# 语言允许用转型操作符来执行转型。为此，需要在一对圆括号中指定希望变量转换成的类型，表明你已知晓在发生显式转型时可能丢失精度和数据，或者可能造成异常。代码清单 2.26 将一个 long 转换成 int，并显式告诉系统尝试这个操作。

**代码清单 2.26　显式转型示例**

```
long longNumber = 50918309109;
int intNumber = (int)longNumber; // (int) 是转型操作符
```

程序员使用转型操作符告诉编译器："相信我，我知道自己正在干什么。我知道值能适应目标类型。"只有程序员像这样做出明确决断，编译器才允许转换。但是，这也可能只是程序员"一厢情愿"。执行显式转换时，如果数据未能成功转换，那么"运行时"还是会引发异常。所以，要由程序员负责确保数据成功转换，或提供错误处理代码来处理转换不成功的情况。

**高级主题：checked 和 unchecked 转换**

C# 提供特殊关键字来标识代码块，指出目标数据类型太小以至于容不下所赋的数据时会怎样。默认情况下，容不下的数据在赋值时会悄悄地溢出。示例参见代码清单 2.27 和输出 2.15。

**代码清单 2.27　整数值溢出**

```
// int.MaxValue 等于 2147483647
int n = int.MaxValue;
n = n + 1;
Console.WriteLine(n);
```

**输出 2.15**

```
-2147483648
```

代码清单 2.27 向控制台写入值 **-2147483648**，似乎完成了一次正确的计算。但是，将以上代码放到一个 checked 块中，或者在编译时使用 checked 选项，这个计算就会使"运行时"抛出 System. OverflowException 异常。代码清单 2.28 给出了 checked 块的语法，输出 2.16 展示了结果。

**代码清单 2.28　checked 块示例**

```
checked
{
    // int.MaxValue 等于 2147483647
    int n = int.MaxValue;
    n = n + 1;
    Console.WriteLine(n);
}
```

**输出 2.16**

```
未处理的异常： System.OverflowException: 算术运算导致溢出。
   在 Program.Main() 位置 ...Program.cs: 行号 12
```

checked 块的代码如果在运行时发生赋值溢出，那么会抛出异常。要将默认的不检查溢出更改为检查溢出，请在 .csproj 文件中添加以下元素：

```
<CheckForOverflowUnderflow>true</CheckForOverflowUnderflow>
```

此外，C# 语言还支持用一个 unchecked 块来强制不执行溢出检查，块中溢出的赋值不会引发异常，如代码清单 2.29 和输出 2.17 所示。

**代码清单 2.29　unchecked 块示例**

```
unchecked
{
    // int.MaxValue 等于 2147483647
    int n = int.MaxValue;
    n = n + 1;
    Console.WriteLine(n);
}
```

**输出 2.17**

```
-2147483648
```

即使编译时开启了 checked 选项，以上代码中的 unchecked 关键字也会阻止"运行时"抛出异常。

读者可能会觉得奇怪，在不检查溢出的情况下，在 int.MaxValue 上加 1 为什么会得到 -2147483648。这是二进制的回绕 (wrap around) 语义造成的。int.MaxValue 的二进制形式是 01111111111111111 111111111111111，第一位 (0) 表示这是正值。递增该值触发回绕，下个值回到了 10000000000000 0000000000000000000，即最小的整数 (int.MinValue)，其中，第一位 (1) 表示这是负值。在 int. MinValue 上加 1 会得到 10000000000000000000000000000001(-2147483647) 并如此反复。　■

　　转型操作符不是万能的，不能用它将一种类型任意转换为其他类型。编译器仍会检查转型操作的有效性。例如，**long** 不能转换成 **bool**。因为并没有定义这样的转换，所以编译器不允许。

**　语言对比：数值转换成布尔值**

有些人可能觉得奇怪，C# 语言居然不存在从数值类型到布尔类型的有效转型，因为这在其他许多语言中是很普遍的。C# 语言之所以不支持这样的转换，是为了避免可能发生的歧义。例如，-1 到底对应 **true** 还是 **false**？更重要的是，如下一章要讲到的那样，这还有助于避免用户在本应使用相等操作符的时候使用了赋值操作符。例如，这样可以避免在本该写 if(x == 42){...} 的时候却写了 if(x = 42){...}，对于后者，编译器会报错。　■

## 2.4.2　隐式转型

　　在某些情况下，比如从 **int** 类型转换成 **long** 类型时，不会发生精度的丢失，而且值不会发生根本性的改变，所以代码只需指定赋值操作符，转换将**隐式**地发生。换言之，编译器判断这样的转换能正常完成。代码清单 2.30 直接使用赋值操作符实现从 **int** 到 **long** 的转换。

代码清单 2.30　隐式转型无需使用转型操作符

```
int intNumber = 31416;
long longNumber = intNumber;
```

如果愿意，在本来可以隐式转型的时候，也可以强行添加转型操作符，如代码清单 2.31 所示。

代码清单 2.31　隐式转型也使用转型操作符

```
int intNumber = 31416;
long longNumber = (long)intNumber;
```

## 2.4.3　不使用转型操作符的类型转换

由于未定义从字符串到数值类型的转换，因此需要使用像 `Parse()` 这样的方法。每种数值数据类型都提供了一个 `Parse()` 方法，允许将字符串转换成对应的数值类型。如代码清单 2.32 所示。

代码清单 2.32　使用 float.Parse() 将 string 转换为数值类型

```
string text = $"{9.11E-31}";
float kgElectronMass = float.Parse(text);
```

还可以利用特殊类型 `System.Convert` 将一种类型转换成另一种。如代码清单 2.33 所示。

代码清单 2.33　使用 System.Convert 进行类型转换

```
string middleCText = $"{261.626}";
double middleC = Convert.ToDouble(middleCText);
bool boolean = Convert.ToBoolean(middleC);
```

但是，`System.Convert` 只支持少量类型，且不可扩展，允许从 `bool`、`char`、`sbyte`、`short`、`int`、`long`、`ushort`、`uint`、`ulong`、`float`、`double`、`decimal`、`DateTime` 和 `string` 转换到这些类型中的其他任何一种。

此外，所有类型都支持 `ToString()` 方法，可以用它获得类型的字符串表示。代码清单 2.34 演示了如何使用该方法，输出 2.18 展示了结果。

代码清单 2.34　使用 ToString() 转换为一个 string

```
bool boolean = true;
string text = boolean.ToString();
// 显示 "True"
Console.WriteLine(text);
```

输出 2.18

```
True
```

大多数类型的 **ToString()** 方法只是返回数据类型的名称，而不是数据的字符串表示[①]。只有在类型显式实现了 **ToString()** 的前提下才会返回字符串表示。最后要注意，完全可以编写自定义的转换方法，"运行时"的许多类都有这样的方法。

**高级主题：TryParse()**

从 C# 2.0(.NET 2.0) 起，所有基元数值类型都包含静态 **TryParse()** 方法。该方法与 **Parse()** 非常相似，只是转换失败不是引发异常，而是返回 **false**，如代码清单 2.35 和输出 2.19 所示。

**代码清单 2.35　用 TryParse() 代替引发异常**

```
double number; // 老版本 C# 要求变量须先声明，之后才能作为 out 参数使用
string input;

Console.Write(" 输入一个数字： ");
input = Console.ReadLine();
if (double.TryParse(input, out number))
{
    // 转换正确，现在开始使用数字
    // ...
}
else
{
    Console.WriteLine(
    " 输入的文本不是一个有效的数字。");
}
```

**输出 2.19**

```
输入一个数字： 四十二
输入的文本不是一个有效的数字。
```

以上代码从输入字符串解析到的值通过一个 out 参数 ( 本例是 number) 返回。第 5 章的 "输出参数 (out)" 一节会更详细地讨论 out 参数。

除了各种数值类型，枚举 (enum) 也支持 TryParse() 方法。

注意，从 C# 7.0 开始，准备作为 out 参数使用的变量不用事先声明了。代码清单 2.36 展示了修改后的代码。

**代码清单 2.36　TryParse() 的 out 参数声明在 C# 7.0 中可以内联了**

```
// 现在，作为 out 参数使用的变量不需要事先声明
// double number;
string input;
Console.Write(" 输入一个数字： ");
input = Console.ReadLine();
if (double.TryParse(input, out double number))
{
    Console.WriteLine(
        $" 输入被成功解析成数字： {number}.");
}
else
```

───────────────

① 译注：继承自终极基类 Object 的实现。

```
{
    // 注意：number 的作用域也延伸到这里（虽然未赋值）
    Console.WriteLine(
        " 输入的文本不是一个有效的数字。");
}
Console.WriteLine(
    $"'number' 目前的值是：{number}");
```

注意，是先写 out 再写数据类型。像这样定义的 number 变量除了具有 if 语句内部真假条件分支中的作用域，在外部也可以使用（参见本例最后一个 Console.WriteLine 语句）。

Parse() 和 TryParse() 的关键区别在于，如果转换失败，那么 TryParse() 不会抛出异常。string 到数值类型的转换是否成功，往往要取决于输入文本的用户。用户完全可能输入无法成功解析的数据。使用 TryParse() 而不是 Parse()，就可以避免在这种情况下引发异常。我们已预见到用户会输入无效数据，而针对预见到的情况，我们应尽量避免抛出异常。◾

## 2.5 小结

即使是有经验的程序员，也要注意 C# 语言引入的几个新的编程构造。例如，本章探讨了用于精确金融计算的 decimal 类型。此外，本章还提到布尔类型 bool 和整型之间不允许隐式转换，目的是防止在条件表达式中误用赋值操作符。C# 语言其他与众不同的地方还有：允许用 @ 定义逐字字符串，用开始和结束的三个或更多双引号来定义原始字符串字面值，这两者都强迫字符串忽略转义字符；字符串插值，可以在字符串中嵌入表达式；C# 语言的 string 数据类型不可变。

下一章继续讨论数据类型。要讨论值类型和引用类型，还要讨论如何将数据元素组合成元组和数组。

# 第 **3** 章

## 深入数据类型

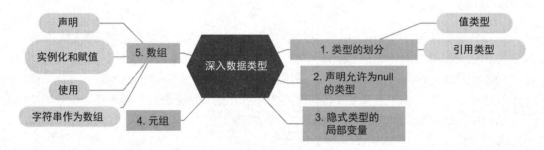

第 2 章讨论了所有 C# 预定义类型，并简单讲述了引用类型和值类型的区别。本章继续讨论数据类型，深入解释类型划分。

此外，本章还要讨论将数据元素合并成元组的细节，这是 C# 7.0 引入的一个功能。最后，本章要讨论如何将数据分组到称为**数组**的集合中。首先，让我们深入理解值类型和引用类型。

## 3.1 类型的划分

一个类型要么是**值类型**，要么是**引用类型**。区别在于拷贝方式：值类型的数据总是拷贝值；而引用类型的数据总是拷贝引用。

### 3.1.1 值类型

除了 string，本书到目前为止讲述的所有预定义类型都是值类型。值类型直接包含值。换言之，变量引用的位置就是内存中实际存储值的位置。因此，将一个值赋给变量 1，再将变量 1 赋给变量 2，会在变量 2 的位置创建值的拷贝，而不是引用变量 1 的位置。这进一步造成更改变量 1 的值不会影响变量 2 的值。图 3.1 对此进行了演示。在这个图中，

number1 引用内存中的特定位置，其中包含值 42。将 number1 的值赋给 number2 之后，两个变量都包含值 42。但修改其中任何一个变量的都不会影响另一个。

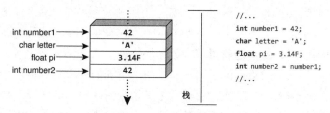

图 3.1　值类型的实例直接包含数据

　　类似地，将值类型的实例传给 Console.WriteLine() 这样的方法也会生成内存拷贝。在方法内部对参数值进行的任何修改都不会影响调用函数①中的原始值。由于值类型需要创建内存拷贝，因此一般不要定义占用内存太多的值类型——通常应小于 16 字节。

## 3.1.2　引用类型

　　相反，引用类型的变量存储对数据存储位置的引用，而不是直接存储数据。要去该引用所指向的位置，才能找到真正的数据。所以，为了访问数据，"运行时"要先从变量中读取内存位置，再"跳转"到包含数据的内存位置。为引用类型的变量分配实际数据的内存区域称为**堆** (heap)，如图 3.2 所示。

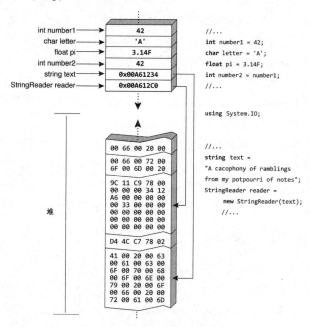

图 3.2　引用类型的实例指向堆

---

① 译注：即发出调用那个位置所在的函数，一般称为 call site。

引用类型不像值类型那样要求创建数据的内存拷贝。因此，拷贝引用类型的实例比拷贝大的值类型实例更高效。将引用类型的变量赋给另一个引用类型的变量，只会拷贝引用而不会拷贝所引用的数据。事实上，每个引用总是系统的"原生（本机）大小"。换言之，32 位系统拷贝 32 位引用，64 位系统拷贝 64 位引用，以此类推。显然，拷贝对一个大数据块的引用，速度比拷贝整个数据块快得多。

由于引用类型只拷贝对数据的引用，所以两个不同的变量可以引用相同的数据。在两个变量引用同一个对象的情况下，通过一个变量来更改对象的字段，再用另一个对象访问字段，会看到更改后的结果。无论赋值还是方法调用都会如此。因此，如果在方法内部更改引用类型的数据，那么当控制返回调用者之后，将看到更改后的结果。有鉴于此，如果对象在逻辑上是固定大小、不可变的值，就可以考虑定义成值类型。如果逻辑上是可引用、可变的东西，就应考虑定义成引用类型。

除了 `string` 和自定义类（如 `Program`），本书目前讲到的所有类型都是值类型。但在实际应用中，大多数类型都是引用类型。虽然偶尔需要自定义的值类型，但更多需要的还是自定义的引用类型。

## 3.2 声明允许为 null 的类型

我们经常需要表示值"缺失"的情况。例如，在指定一个计数变量 `count` 时，如果计数未知或未赋值，那么应该在其中存储什么值呢？一种可能的解决方案是指定一个"魔法"值，例如 -1 或 `int.MaxValue`。但是，这些都是有效的整数，所以有时会搞不清楚魔法值什么时候是正常的整数，什么时候表示缺失值。一个更可取的方法是将 `null` 赋给它，表示值无效或尚未分配的情况。在数据库编程中，`null` 属于一种"刚需"。数据库表中的列通常允许 `null` 值。但是，检索这些列，并将值赋给 C# 代码中的相应变量，则可能出问题，除非 C# 的数据类型也允许包含 `null`。

在声明一个类型时，可以明确允许它为 `null`[1]。为了启用可空性，在类型名称后紧跟一个**可空修饰符**（一个问号）即可。例如，`int? number = null` 将声明一个可空的 `int` 类型的变量，并将 `null` 值赋给它。遗憾的是，可空性存在一些陷阱，在启用可空性时需要特别留意。

### 3.2.1 对 null 引用进行解引用

虽然允许将 `null` 值赋给变量是非常有价值的，但它并非毫无缺点。将 `null` 值复制或传递给其他变量和方法，这自然没有任何问题。但是，对一个 `null` 实例进行**解引用**[2]（调用其成员）将抛出一个 `System.NullReferenceException` 异常。例如，如果在

---

[1] 一个技术细节是，C# 2.0 开始引入了对值类型上的可空修饰符的支持。在 C# 8.0 中，则加入了对引用类型的支持。

[2] 译注："解引用"（dereferencing）也称为提领、用引等。

text 具有 null 值时调用 text.GetType()，就会抛出该异常。任何时候只要生产代码抛出了一个 System.NullReferenceException，都意味着出现了一个 bug。这个异常表明编写代码的开发人员在调用之前忘了检查 null。更糟的是，对 null 的检查要求开发人员意识到 null 值存在的可能性。因此，需要显式地执行该操作。正是因为这个原因，所以声明可空变量要求显式使用可空修饰符，而不是相反，即默认允许 null 的存在（参见稍后的 "可空引用类型" 小节）。换言之，当程序员选择允许变量为 null 时，他们就必须承担起一个额外的责任，即确保在任何场合下都不对值为 null 的变量进行解引用。

由于检查 null 需要用到我们尚未讨论的语句和/或操作符，所以有关如何进行 null 检查的详细信息请参见稍后的 "高级主题：检查 null"。第 4 章将进行更全面的讨论。

**高级主题：检查 null**

有许多语句和操作符可供开发人员检查 null。if 语句和 is 操作符是检查 null 最清晰的方式，如代码清单 3.1 所示。

**代码清单 3.1　检查 null**

```
public static void Main(string[] args)
{
    int? number = null;
    // ...
    if (number is null)
    {
        Console.WriteLine(" 需要为 'number' 提供一个值，不允许为 null。");
    }
    else
    {
        Console.WriteLine($" 你在命令行提供的第一个参数包括 {number} 个字符 / 字。");
        Console.WriteLine($"'number' 的两倍是 {number * 2}。");
    }
}
```

if 语句检查 number 是否为 null，然后视情况采取不同的操作。虽然也可以使用相等性操作符 (==)，但可能通过重写 (overriding) 来修改相等性操作符的行为；因此，这里更适合使用 is 关键字。

在处理 null 时，另一个有用的操作符是自 C# 6.0 引入的**空条件操作符**。在对可空值进行解引用之前，它首先检查值是否为 null。以 int? length = text?.Length; 这个语句为例，如果 text 的值为 null，那么等号右侧的表达式会自动返回 null；否则返回存储在 text 中的字符串的长度。注意，由于从 text?.Length 返回的值可能为 null（当 text 为 null 的时候），因此必须将变量 length 声明为可空。

if 语句和空条件操作符将在第 4 章进行更详细的讲解。虽然 is 关键字在第 4 章也会简单地提到，但直到第 7 章讨论模式匹配的概念时，才会进行完整讲解。

## 3.2.2　可空值类型

由于值类型直接引用实际的值，所以值类型天生就不能包含 null，因为根据定义，它们不能包含引用，即使是对 "什么都没有 (nothing)" 的引用。尽管如此，在调用值类型的成员时，我们仍然使用 "对值类型进行解引用" 这个说法。换言之，虽然在技术上不正确，但在调用成员的时候，不管是值类型还是引用类型，都通常使用"解引用"这一术语。[1]

**高级主题：在值类型上对 null 进行解引用**

从技术上说，带有可空修饰符的值类型仍然是值类型。因此，尽管它们具有 null 的行为，但在底层它们实际上并不为 null。因此，大多数时候，对表示成 null 的可空值类型进行解引用，都不会抛出跟"空引用"有关的 NullReferenceException 异常。事实上，像 HasValue、ToString() 甚至与相等性相关的成员 (GetHashCode() 和 Equals()) 都是在泛型 Nullable<T> 类型上实现的。因此，它们在值代表 null 时并不会抛出"空引用"异常。相反，在对代表 null 的值类型进行解引用时，抛出的是代表"无效操作"的 InvalidOperationException 异常而不是 NullReferenceException，目的是提醒程序员在解引用之前应检查值。但是，如果在代表 null 的值类型上调用 GetType()，那么确实会抛出 NullReferenceException。之所以出现这种不一致性，是因为 GetType() 不是一个虚方法，所以 Nullable<T> 无法重写它的行为，只能沿用默认行为，即抛出 NullReferenceException。◼

### 3.2.3 可空引用类型

在 C# 8.0 之前，所有引用类型变量都允许为 null。遗憾的是，这个设计导致了大量程序出现了数不清的 bug。原因是为了避免空引用异常，开发人员必须意识到要检查 null，并进行防御性编程，以避免对 null 值进行解引用。使局面进一步恶化的是，引用类型变量默认就允许为 null。未赋值的引用类型的变量默认为 null。此外，如果对未赋值的引用类型的局部变量进行解引用，那么编译器将报告错误："使用了未赋值的局部变量 'xxx'"。编译器这样做自然是无可厚非的。但是，为了避免这个问题，开发人员往往会选择最简单粗暴的解决方案，即在声明变量时无脑地赋一个 null 值，而不是在所有可能的执行路径中确保赋了一个恰当的值 (参见代码清单 3.2)。换言之，开发人员很容易陷入这样的陷阱，即轻率地将声明的任何变量都初始化为 null，从而防止出现上述编译器错误，并期望在解引用变量之前，代码能重新为该变量赋一个合适的值。显然，这极有可能只是一个美好的愿望。

**代码清单 3.2　解引用未赋值的变量**

```
#nullable enable
public static void Main()
{
    string? text;
    // ...
    // 编译错误：使用了未赋值的局部变量 'text'
    System.Console.WriteLine(text.Length);
}
```

总之，引用类型默认可空，这是 System.NullReferenceException 异常频繁出现的一个主要原因。而且，编译器的行为也会误导开发人员，妨碍他们认真地、明确地采取措施来避免踏入这一陷阱。

---

① 可空值类型是从 C# 2.0 引入的。

为了解决这个问题，C# 团队在 C# 8.0 中引入了**可空引用类型**的设计 ( 这自然意味着也可以指定**不可空**的引用类型 )。这一设计使引用类型跟上了值类型的脚步，也就是可以在声明时，用可空修饰符来指定是否允许为空。从 C# 8.0 开始，如果声明一个没有可空修饰符 ( 即 ?) 的变量，那么意味着它不允许为空。

遗憾的是，允许用可空修饰符来声明引用类型，并默认将无此修饰符的引用类型设为不允许为空，这对从早期 C# 版本升级来的代码会产生重大影响。既然在 C# 7.0 以及更早的版本中，所有引用类型都允许赋值 null( 例如，`string text = null`)，那么是否意味着在 C# 8.0 以及后续版本中，以前的所有代码都会变得无法通过编译？

幸好，向后兼容是 C# 团队非常注重的事情。所以，对于现有的项目，默认不会启用对可空引用类型的支持。相反，在第 1 章的 HelloWorld 程序这样的新项目中，默认会启用可空性。

有几种方法可以配置可空性，包括 `#nullable` 指令、项目属性和命令行。在代码清单 3.2 中，我们使用 `#nullable` 指令启用了引用类型的可用性：

```
#nullable enable
```

该指令支持 `enable`，`disable` 和 `restore` 这三个值，最后一个值将可空上下文还原为项目级别的设置。在代码清单 3.2 中，由于已经使用 `nullable` 指令启用了可空性，所以 `text` 能够声明为 `string?` 类型，编译器不会发出警告。

另外，也可以通过设置项目属性来启用引用类型的可空性。如果未设置，那么项目文件 (*.csproj) 的项目级设置是不允许为空。要启用它，请添加一个 `Nullable` 项目属性，把它的值设为 `enable`( 第 1 章的代码清单 1.2 展示了一个完整的例子 )：

```
<Nullable>enable</Nullable>
```

本书所有示例代码都在项目级别启用了可空性。启用可空性的最后一种方法是使用 `dotnet` 命令行上的 `/p` 参数来设置项目属性：

```
dotnet build /p:Nullable=enable
```

通过命令行为 `Nullable` 指定的值将覆盖项目文件 (*.csproj) 中设置的任何值。

## 3.3　隐式类型的局部变量

使用从 C# 3.0 开始引入的上下文关键字 `var`，我们可以声明**隐式类型**的局部变量。在声明变量的同时，如果能用类型可以确定的一个表达式来初始化它，那么就允许变量的数据类型"隐式"，无需显式指定，如代码清单 3.3 所示。

**代码清单 3.3　字符串处理**

```
Console.Write(" 输入文本 : ");
var text = Console.ReadLine();

// 返回全大写的一个新字符串
```

```
var uppercase = text.ToUpper();
Console.WriteLine(uppercase);
```

与第 2 章的代码清单 2.24 相比，以上代码进行了两处修改。首先，没有将两个变量显式声明为 string 类型，而是直接声明为 var 并初始化。最终的 CIL 代码没有区别。但 var 告诉编译器根据声明时所赋的值（本例是 System.Console.ReadLine() 方法的返回值）来推断数据类型。

其次，text 变量和 uppercase 变量都在声明时初始化。使用 var 的时候，不在声明的同时初始化会造成编译时错误。如前所述，编译器自行判断用于初始化表达式的数据的类型，并相应地声明变量，就好比程序员已经显式指定了类型。

虽然允许用 var 取代显式数据类型，但在数据类型已知的情况下，最好还是不要用 var。例如，还是应该将 text 和 uppercase 显式声明为 string。这不仅使代码更易理解，还相当于你亲自确认了等号右侧表达式返回的是你希望的数据类型。使用 var 变量时，右侧数据类型应显而易见；否则应避免用 var 声明变量。

> **设计规范**
>
> AVOID using implicitly typed local variables unless the data type of the assigned value is obvious.
>
> 避免使用隐式类型的局部变量，除非所赋的值的数据类型显而易见。

**语言对比：C++/Visual Basic/JavaScript——void*，Variant 和 var**

C# 语言隐式类型的变量并不等同于 C++ 语言的 void*、Visual Basic 的 Variant 或者 JavaScript 的 var。这三种情况的变量声明都不严格，因为可以将一个不同的类型重新赋给这些变量，这类似于在 C# 语言中将变量声明为 object 类型。相反，C# 语言的 var 由编译器严格确定类型，确定了就不能变。另外，类型检查和成员调用都会在编译时进行验证。

## 3.4 元组

我们经常需要将数据元素组合到一起。例如，2022 年全球最贫穷的国家是首都位于布琼布拉 (Bujumbura) 的布隆迪 (Burundi)，人均 GDP 为 263.67 美元。利用前面讲过的编程构造，可以将上述每个数据元素存储到单独的变量中，但结果是这些数据元素相互没有任何关联。换言之，看不出 263.67 和布隆迪有什么联系。为了解决该问题，第一个方案是在变量名中使用统一的后缀或前缀，第二个方案是将所有数据合并到一个字符串中，但缺点是需要解析字符串才能处理单独的数据元素。

从 C# 7.0 开始，还可以使用第三个方案：**元组** (tuple)[①]，它允许在一个语句中完成所有变量的赋值，例如以下国家数据的赋值：

```
(string country, string capital, double gdpPerCapita) =
    (" 布隆迪 ", " 布琼布拉 ", 263.67);
```

---

[①] 译注：在英文中，tuple 一词源自对顺序的抽象：single、double、triple、quadruple、quintuple 和 n-tuple。

表 3.1 总结了元组的其他语法形式。

表 3.1　示例元组声明和赋值 [①]

| 示例 | 说明 | 示例代码 |
| --- | --- | --- |
| 1 | 将元组赋给单独声明的变量 | `(string country, string capital, double gdpPerCapita) = (" 布隆迪 ", " 布琼布拉 ", 263.67);`<br>`Console.WriteLine(`<br>`$@"2022 年 全 球 最 贫 穷 的 国家是 {country}, {capital}: {gdpPerCapita}");` |
| 2 | 将元组赋给预声明的变量 | `string country;`<br>`string capital;`<br>`double gdpPerCapita;`<br>`(country, capital, gdpPerCapita) = (" 布隆迪 ", " 布琼布拉 ", 263.67);`<br>`Console.WriteLine(`<br>`$@"2022 年 全 球 最 贫 穷 的 国家是 {country}, {capital}: {gdpPerCapita}");` |
| 3 | 将元组赋给单独声明和隐式类型的变量 | `(var country, var capital, var gdpPerCapita) = (" 布隆迪 ", " 布琼布拉 ", 263.67);`<br>`Console.WriteLine(`<br>`$@"2022 年 全 球 最 贫 穷 的 国家是 {country}, {capital}: {gdpPerCapita}");` |
| 4 | 将元组赋给单独声明和隐式类型的变量，但只用了一个 var | `var (country, capital, gdpPerCapita) = (" 布隆迪 ", " 布琼布拉 ", 263.67);`<br>`Console.WriteLine(`<br>`$@"2022 年全球最贫穷的国家是 {country}, {capital}: {gdpPerCapita}");` |
| 5 | 声明并赋值包含具名元组项的元组，然后按名称访问元组项 | `(string Name, string Capital, double GdpPerCapita) countryInfo = (" 布隆迪 ", " 布琼布拉 ", 263.67);`<br>`Console.WriteLine(`<br>`$@"2022 年全球最贫穷的国家是 {countryInfo.Name}, {countryInfo.Capital}: {countryInfo.GdpPerCapita}");` |
| 6 | 声明包含具名元组项的元组，将其赋给隐式类型的变量，然后按名称访问元组项 | `var countryInfo = (Name: " 布隆迪 ", Capital: " 布琼布拉 ", GdpPerCapita: 263.67);`<br>`Console.WriteLine(`<br>`$@"2022 年全球最贫穷的国家是 {countryInfo.Name}, {countryInfo.Capital}: {countryInfo.GdpPerCapita}");` |

---

① 译注：此表格中的代码已随同本书配套代码提供，详情请访问 *https://bookzhou.com*，后同。

| 示例 | 说明 | 示例代码 |
|---|---|---|
| 7 | 将元组项未具名的元组赋给隐式类型的变量，通过项编号属性来访问单独的元素 | ```var countryInfo = (" 布隆迪 ", " 布琼布拉 ", 263.67); Console.WriteLine( $@"2022 年全球最贫穷的国家是 {countryInfo.Item1}, {countryInfo.Item2}: {countryInfo.Item3}");``` |
| 8 | 将元组项已具名的元组赋给隐式类型的变量，但还是通过项编号属性访问单独的元素 | ```var countryInfo = (Name: " 布隆迪 ", Capital: " 布琼布拉 ", GdpPerCapita: 263.67); Console.WriteLine( $@"2022 年全球最贫穷的国家是 {countryInfo.Item1}, {countryInfo.Item2}: {countryInfo.Item3}");``` |
| 9 | 赋值时用下划线丢弃元组的一部分 ( 弃元 ) | ```(string name, _, double gdpPerCapita) = (" 布隆迪 ", " 布琼布拉 ", 263.67);``` |
| 10 | 通过变量和属性名推断元组项名称 (C# 7.1 新增 ) | ```string country = " 布隆迪 "; string capital = " 布琼布拉 "; double gdpPerCapita = 263.67; var countryInfo = (country, capital, gdpPerCapita); Console.WriteLine( $@"2022 年全球最贫穷的国家是 {countryInfo.country}, {countryInfo.capital}: {countryInfo.gdpPerCapita}");``` |

前四个例子虽然右侧是元组，但左侧仍然是单独的变量，只是用**元组语法**一起赋值。在这种语法中，两个或更多元素以逗号分隔，放到一对圆括号中进行组合。( 我之所以使用"元组语法"一词，是因为编译器为左侧生成的基础数据类型从技术上说并非元组。) 结果是虽然右侧的值合并成元组，但在向左侧赋值的过程中，元组已被**解构** (deconstruct) 它的组成部分。例 2 左边被赋值的变量是事先声明好的，但例 1、例 3 和例 4 的变量是在元组语法中声明的。由于只是声明变量，所以命名和大小写应遵循第 1 章的设计规范，例如有一条是"**要**为局部变量使用 camelCase 大小写风格。"

注意，虽然隐式类型 (var) 在例 4 中用元组语法平均分配给每个变量声明，但这里的 var 绝不可以替换成显式类型 ( 如 string)。元组的宗旨是允许每一项都有不同数据类型，所以为每一项都指定同一个显式类型名称跟这个宗旨冲突 ( 即使类型真的一样，编译器也不允许指定显式类型 )。

例 5 在左侧声明一个元组，将右侧的元组赋给它。注意，元组含具名项。随后，可以引用这些名称来获取右侧元组中的值。这正是能在 Console.WriteLine 语句中使用 countryInfo.Name，countryInfo.Capital 和 countryInfo.GdpPerCapita 语法的原因。在左侧声明元组，造成多个变量被组合到单个元组变量 (countryInfo) 中。

然后，可以利用元组变量来访问其组成部分。如第 4 章所述，这样的设计允许将该元组变量作为一个整体传给其他方法，而那些方法能轻松访问元组中的项。

前面说过，用元组语法定义的变量应遵守 camelCase 大小写规则。但该规则并未得到彻底贯彻。有人提倡当元组的行为和参数相似时 ( 类似于元组语法出现之前用于返回多个值的 out 参数 )，这些名称应使用参数命名规则。另一个方案是 PascalCase 大小写，这是类型成员 ( 属性、函数和公共字段，参见第 5 章和第 6 章的讨论 ) 的命名规范。个人强烈推荐 PascalCase 规范，从而和 C#/.NET 成员标识符的大小写规范一致。但由于这并不是被广泛接受的规范，所以我在设计规范 "**考虑**为所有元组项名称使用 PascalCase 大小写风格" 中使用 "考虑" 而非 "要" 一词，

---

**设计规范**

1. DO use camelCasing for variable declarations using tuple syntax.
   要为元组语法的变量声明使用 camelCase 大小写规范。

2. CONSIDER using PascalCasing for all tuple item names.
   考虑为所有元组项名称使用 PascalCase 大小写风格

---

例 6 提供和例 5 一样的功能，只是右侧元组使用了具名元组项，左侧使用了隐式类型声明。但是，元组项名称会传入隐式类型变量，所以 `WriteLine` 语句仍可使用它们。当然，左侧可以使用和右侧不同的元组项名称。虽然 C# 编译器允许这样做，但会显示警告，指出右侧元组项名称会被忽略，因为此时左侧的优先。

不指定元组项名称，被赋值的元组变量中的单独元素仍可访问，只是名称是 `Item1`，`Item2`，`...`，如例 7 所示。事实上，即便提供了自定义名称，`ItemX` 名称始终都能使用，如例 8 所示。但在使用 Visual Studio 这样的 IDE 工具时，`ItemX` 属性不会出现在 "智能感知" 的下拉列表中。这是好事，因为自己提供的名称理论上应该更好。如例 9 所示，可用下划线丢弃部分元组项的赋值，这称为一个**弃元** (discard)。

例 10 展示的元组项名称推断功能是自 C# 7.1 引入的。如本例所示，元组项名称可以根据变量名 ( 甚至属性名 ) 来推断。

元组是在对象中封装数据的轻量级方案，有点像你用来装杂货的购物袋。和稍后讨论的数组不同，元组项的数据类型可以不一样，没有限制 ①，只是它们由编译器决定，不能在运行时改变。另外，元组项数量也是在编译时硬编码好的。最后，不能为元组添加自定义行为 ( 扩展方法不在此列 )。如需和封装数据关联的行为，那么应该使用面向对象编程并定义一个类，具体将在第 6 章讲述。

---

① 但从技术上说不能是指针 ( 第 21 章讲述指针 )。

**高级主题：System.ValueTuple<...> 类型**

在表 3.1 的示例中，C# 为赋值操作符右侧的所有元组实例生成的代码都基于一组泛型值类型（结构），例如 System.ValueTuple<T1, T2, T3>。类似地，同一组 System.ValueTuple<...> 泛型值类型用于从例 5 开始的左侧数据类型。元组类型唯一包含的方法是跟比较与相等性测试有关的那些，这符合预期。

既然自定义元组项名称及其类型没有包含在 System.ValueTuple<...> 定义中，为什么每个自定义元组项名称都好象是 System.ValueTuple<...> 类型的成员，并能以成员的形式访问呢？让人（尤其是那些熟悉匿名类型实现的人）惊讶的是，编译器根本没有为那些和自定义名称对应的"成员"生成底层 CIL 代码，但从 C# 的角度看，又似乎存在这样的成员。

对于表 3.1 的所有具名元组例子，编译器在元组剩下的作用域中显然知道那些名称。事实上，编译器（和 IDE）正是依赖该作用域通过项的名称来访问它们。换言之，编译器查找元组声明中的项名称，并允许代码访问还在作用域中的项。也正是因为这一点，IDE 的"智能感知"不显示底层 ItemX 成员。它们会被忽略，替换成显式命名的项。

编译器能判断作用域中的元组项名称，这一点还好理解，但如果元组要对外公开，比如作为另一个程序集中的一个方法的参数或返回值使用（另一个程序集可能看不到你的源代码），那么会发生什么？其实对于作为 API（公共或私有）一部分的所有元组，编译器都会以"特性"（attribute）的形式将元组项名称添加到成员元数据中。例如，代码清单 3.4 展示了编译器为以下方法生成的 CIL 代码的 C# 形式：

```
public (string First, string Second) ParseNames(string fullName)
```

**代码清单 3.4　和返回 ValueTuple 的方法的 CIL 代码对应的 C# 代码（伪代码）**

```
[return: System.Runtime.CompilerServices.TupleElementNames(
new { "First", "Second" })]
public System.ValueTuple<string, string> ParseNames(
string fullName)
{
    // ...
}
```

另外要注意，如果显式使用 System.ValueTuple<...> 类型，C# 就不允许使用自定义的元组项名称。所以，表 3.1 的例 8 如果将 var 替换成该类型，编译器会警告所有项的名称被忽略。

下面总结和 System.ValueTuple<...> 有关的其他注意事项。

- 共有 8 个泛型 System.ValueTuple<...>。前 7 个最大支持七元组。第 8 个是 System.ValueTuple<T1, T2, T3, T4, T5, T6, T7, TRest>，可为最后一个类型参数指定另一个 ValueTuple，从而支持 n 元组。例如，编译器自动为 8 个参数的元组生成 System.ValueTuple<T1, T2, T3, T4, T5, T6, T7, System.ValueTuple<TSub1>> 作为底层实现类型。注意，System.ValueTuple<T1> 的存在只是为了补全，很少使用，因为 C# 元组语法要求至少两项。
- 有一个非泛型 System.ValueTuple 类型作为元组工厂使用，提供了和所有 ValueTuple 元数[1]对应的 Create() 方法。C# 7.0 以后基本用不着 Create() 方法，因为像 var t1 = ("Inigo Montoya", 42) 这样的元组字面值实在是太好用了。
- C# 程序员实际编程时完全可以忽略 System.ValueTuple 和 System.ValueTuple<T>。

---

① 译注：元数的英文是 arity，源自 unary(arity=1)、binary(arity=2)、ternary(arity=2) 这样的单词。

还有一个元组类型是 Microsoft .NET Framework 4.5 引入的 System.Tuple<...>。当时是想把它打造成核心元组实现。但在 C# 中引入元组语法时，设计者才意识到值类型更佳，所以量身定制了 System.ValueTuple<...>，它在所有情况下都代替了 System.Tuple<...>(除非要向后兼容依赖 System.Tuple<...> 的遗留 API)。

### 高级主题：匿名类型

C# 3.0 添加 var 的真正目的是支持**匿名类型**。匿名类型是在方法内部动态声明的数据类型，而不是通过显式的类定义来声明，如代码清单 3.5 和输出 3.1 所示。第 15 章会深入讨论匿名类型。

**代码清单 3.5　使用匿名类型声明隐式局部变量**

```csharp
var patent1 =
    new
    {
        Title = " 双焦点眼镜 ",
        YearOfPublication = "1784"
    };
var patent2 =
new
{
    Title = " 留声机 ",
    YearOfPublication = "1877"
};

Console.WriteLine(
    $"{patent1.Title} ({patent1.YearOfPublication})");
Console.WriteLine(
    $"{patent2.Title} ({patent2.YearOfPublication})");
```

**输出 3.1**

```
双焦点透镜 (1784)
留声机 (1877)
```

代码清单 3.5 演示了如何将匿名类型的值赋给一个隐式类型 (var) 局部变量。C# 3.0 之所以设计这种类型的操作，是为了支持连接或关联 (joining 或 associating) 数据类型，或者将特定类型的大小缩减至更少的数据元素。但是，自从 C# 7.0 引入元组语法后，匿名类型就几乎用不着了。

## 3.5 数组

第 1 章没有提到的一种特殊的变量声明是数组声明。利用数组声明，可以在单个变量中存储**同一种类型**的多个数据项，而且可以利用索引来单独访问这些数据项。C# 语言的数组索引从零开始，所以我们说 C# 数组**基于零**。

### 初学者主题：数组

使用数组变量声明，我们可以声明相同类型的多个数据项的集合。每一项都用名为**索引**的整数值进行唯一性标识。C# 数组的第一个数据项使用索引 0 访问。由于索引基于零，应确保最大索引值比数组中的数据项总数小 1。在 C# 8.0 中，引入了 "末尾索引" 操作符 ^。例如，^1 将访问数组的最后一个元素。

初学者可以将索引想象成偏移量。第一项距数组开头的偏移量是 0，第二项的偏移量是 1，以此类推。

　　数组是几乎所有编程语言的基本组成部分，所有开发人员都应学习。虽然 C# 编程经常用到数组，初学者也确实应该掌握，但现在大多数程序都用泛型集合类型而非数组来存储数据集合。如果只是为了熟悉数组的实例化和赋值，那么可以快速阅读下一节"数组声明"。表 3.2 列出了要注意的重点。泛型集合在第 15 章详细讲述。

表 3.2　数组的重点

| 说明 | 示例 |
| --- | --- |
| **声明：**<br>注意数据类型后的方括号<br>声明多维数组要使用逗号；逗号数量 +1 = 维数 | ```// 1.`<br>`string[] languages; // 一维`<br>`int[,] cells; // 二维``` |
| **赋值：**<br>new 关键字可以省略，但只能是在声明的时候<br>如果未在声明的同时赋值，以后实例化数组时必须使用 new 关键字<br>可以不指定数据类型（从 C# 3.0 开始）。但是，没有数据类型，就不能指定数组大小<br>无论数组的大小还是值，都不需要是字面值；它们可以在运行时确定<br>如果同时指定了值和数组大小，那么这两者必须保持一致。数组可以在没有值的情况下赋给变量，但数组中每一项的值都会被初始化为其默认值<br>如果没有指定值，那么必须同时指定数据类型和数组大小 | ```// 2.`<br>`string[] languages = {`<br>`"C#", "COBOL", "Java",`<br>`"C++", "TypeScript", "Pascal",`<br>`"Python", "Lisp", "JavaScript"};`<br>`languages = new string[]{`<br>`"C#", "COBOL", "Java",`<br>`"C++", "TypeScript", "Pascal",`<br>`"Python", "Lisp", "JavaScript" };`<br>`// 多维数组赋值和初始化`<br>`int[,] cells = new[,]`<br>`{`<br>`{1, 0, 2},`<br>`{1, 2, 0},`<br>`{1, 2, 1}`<br>`};`<br>`languages = new string[9];``` |
| **正向访问数组**<br>数组基于零，所以第一个元素的索引是 0<br>用方括号存储和获取数组数据 | ```// 3.`<br>`string[] languages = new[]{`<br>`"C#", "COBOL", "Java",`<br>`"C++", "TypeScript", "Visual Basic",`<br>`"Python", "Lisp", "JavaScript"};`<br>`// 从 languages 数组获取第 5 个元素 (TypeScript)`<br>`string language = languages[4];`<br>`// 输出 "TypeScript"`<br>`Console.WriteLine(language);`<br>`// 获取数组倒数第 3 个元素 (Python)`<br>`language = languages[^3];`<br>`// 输出 "Python"`<br>`Console.WriteLine(language);``` |

续表

| 说明 | 示例 |
|---|---|
| **逆向访问数组**<br><br>从 C# 8.0 开始，还可以从数组末尾索引。例如，^1 对应数组最后一个元素，^3 对应数组倒数第三个元素 | |
| **范围**<br><br>C# 8.0 允许使用范围操作符 (..) 来标识并提取由数组元素构成的一个数组，该操作符标识的范围从起始项开始，到结束项为止 ( 但不包括结束项 ) | ```csharp<br>string[] languages = new[]{<br>"C#", "COBOL", "Java",<br>"C++", "TypeScript", "Visual Basic",<br>"Python", "Lisp", "JavaScript"};<br>Console.WriteLine($@"^3..^0: {<br>// Python, Lisp, JavaScript<br>string.Join(", ", languages[^3..^0])}");<br>Console.WriteLine($@"^3..: {<br>// Python, Lisp, JavaScript<br>string.Join(", ", languages[^3..])}");<br>Console.WriteLine($@" 3..^3: {<br>// C++, TypeScript, Visual Basic<br>string.Join(", ", languages[3..^3])}");<br>Console.WriteLine($@" ..^6: {<br>// C#, COBOL, Java<br>string.Join(", ", languages[..^6])}");``` |

此外，本章最后一节 "常见数组错误" 还会讲到数组的一些特点。

## 3.5.1　数组声明

C# 语言用方括号声明数组变量。首先指定数组元素的类型，后跟一对方括号，再输入变量名。代码清单 3.6 声明字符串数组变量 languages。

**代码清单 3.6　声明数组**

```csharp
string[] languages;
```

显然，数组声明的第一部分标识了数组中存储的元素的类型。作为声明的一部分，方括号指定了数组的**秩** (rank)，或者说维数。本例声明的是一维数组。类型和维数构成了 languages 变量的数据类型。

**语言对比：C++ 和 Java 的数组声明**

在 C# 中，作为数组声明一部分的方括号紧跟在数据类型之后，而不是在变量声明之后。这样所有类型信息都在一起，而不是像 C++ 和 Java 那样分散于标识符前后 (Java 允许方括号出现在数据类型或变量名之后 )。

代码清单 3.6 定义的是一维数组。如果在方括号中出现了逗号，那么它定义的是额外的维。例如，代码清单 3.7 为井字棋 (tic-tac-toe) 的棋盘定义了一个二维数组。

**代码清单 3.7　声明二维数组**

```
//    |   |
// ---+---+---
//    |   |
// ---+---+---
//    |   |
int[,] cells;
```

代码清单 3.7 定义了一个二维数组。第一维对应从左到右的单元格，第二维对应从上到下的单元格。可以用更多的逗号来定义更多的维，数组总维数等于逗号数加 1。注意某一维上的元素数量不是变量声明的一部分。这是在创建 ( 实例化 ) 数组并为每个元素分配内存空间时指定的。

## 3.5.2　数组实例化和赋值

声明数组后，可以在一对大括号中使用以逗号分隔的数据项列表来填充它的值。代码清单 3.8 声明一个字符串数组，将一对大括号中的 9 种编程语言的名称赋给它。

**代码清单 3.8　声明数组的同时赋值**

```
string[] languages = { "C#", "COBOL", "Java",
    "C++", "TypeScript", "Visual Basic",
    "Python", "Lisp", "JavaScript" };
```

列表的第一项成为数组第一个元素，第二项成为第二个，以此类推。我们用大括号定义数组字面值。只有在同一个语句中声明并赋值，才能使用代码清单 3.8 的赋值语法。如果只是声明，然后在其他地方赋值，那么必须使用 new 关键字，如代码清单 3.9 所示。

**代码清单 3.9　先声明数组，以后再赋值**

```
string[] languages;
languages = new string[]{ "C#", "COBOL", "Java",
    "C++", "TypeScript", "Visual Basic",
    "Python", "Lisp", "JavaScript" };
```

从 C# 3.0 开始，不需要在 new 后指定数组类型 (string)。编译器能根据初始化列表中的数据类型推断数组类型。但方括号仍不可缺少。

C# 语言还允许将 new 关键字作为声明语句的一部分，所以可以像代码清单 3.10 那样在声明的同时赋值。

**代码清单 3.10　声明数组的同时用 new 赋值**

```
string[] languages = new string[]{
    "C#", "COBOL", "Java",
```

```
"C++", "TypeScript", "Visual Basic",
"Python", "Lisp", "JavaScript" };
```

new 关键字的作用是指示"运行时"为数据类型分配内存，即指示它实例化数据类型 ( 本例是数组 )。

数组赋值时只要使用了 new 关键字，就可以在方括号内指定数组大小，如代码清单 3.11 所示。

**代码清单 3.11　声明数组的同时用 new 关键字赋值，并指定数组大小**

```
string[] languages = new string[9]{
    "C#", "COBOL", "Java",
    "C++", "TypeScript", "Visual Basic",
    "Python", "Lisp", "JavaScript" };
```

指定的数组大小必须与大括号中的元素数量匹配。另外，也可单纯分配<sup>①</sup>数组，但不提供初始值，如代码清单 3.12 所示。

**代码清单 3.12　分配数组但不提供初始值**

```
string[] languages = new string[9];
```

分配数组但不指定初始值，运行时会将每个元素初始化为它们的默认值，如下所示：

- 引用类型，无论是否可空 ( 比如 **string** 和 **string?**) 初始化为 null；
- 可空值类型初始化为 null；
- 非空数值类型初始化为 **0**；
- bool 初始化为 **false**；
- char 初始化为 \0。

非基元值类型以递归方式初始化，其每个字段都被初始化为默认值。所以，其实并不需要在使用数组前初始化它的所有元素。

由于数组大小不需要作为变量声明的一部分，所以可以在运行时指定数组大小。例如，代码清单 3.13 根据在 **Console.ReadLine()** 调用中由用户指定的一个大小来创建数组。

**代码清单 3.13　在运行时确定数组大小**

```
string[] groceryList;
Console.Write("购物清单中有多少种商品？");
int size = int.Parse(Console.ReadLine());
groceryList = new string[size];
// ...
```

C# 语言以类似的方式处理多维数组。每一维的大小以逗号分隔。代码清单 3.14 即为初始化一个没有开始落子的井字棋棋盘。

---

① 译注：在编程中说到"分配"(allocate) 时，一般都是指在运行时从"堆"中动态分配一块内存。这是一个耗时、耗资源的操作。在 C# 语言中，我们用 new 关键字来要求系统"分配"内存。

**代码清单 3.14　声明二维数组**

```
int[,] cells = new int[3, 3];
```

还可以像代码清单 3.15 那样，将井字棋的棋盘初始化成特定的棋子布局。

**代码清单 3.15　初始化二维整数数组**

```
int[,] cells = {
    {1, 0, 2},
    {1, 2, 0},
    {1, 2, 1}
};
```

在声明的多维数组中，包含三个 int[] 类型的元素，每个元素的大小一样（本例中凑巧也是 3）。注意，每个 int[] 元素的大小必须完全一样。也就是说，像代码清单 3.16 那样的声明是无效的。

**代码清单 3.16　大小不一致的多维数组会造成错误**

```
// 错误，每一维的大小必须一致
int[,] cells = {
    {1, 0, 2, 0},
    {1, 2, 0},
    {1, 2},
    {1}
};
```

为了表示棋盘，并不一定需要在每个位置都使用整数。另一个办法是为每个玩家都单独提供虚拟棋盘，每个棋盘都包含一个 bool 来指出玩家选择的位置。代码清单 3.17 对应于一个三维棋盘。

**代码清单 3.17　初始化三维数组**

```
bool[,,] cells;
cells = new bool[2, 3, 3]
{
    // Player 1 moves
    // X |   |
    // ---+---+---
    // X |   |
    // ---+---+---
    // X |   | X
    //
    {
        {true, false, false},
        {true, false, false},
        {true, false, true}
    },
    // Player 2 moves
    //   |   | O
    // ---+---+---
```

```
//    | 0 |
// ---+---+---
//    | 0 |
{
    {false, false, true},
    {false, true, false},
    {false, true, true}
}
};
```

　　本例初始化棋盘，并显式指定每一维的大小。new 表达式除了指定大小，还提供了数组的字面值。bool[,,] 类型的字面值被分解成两个 bool[,] 类型的二维数组 ( 大小均为 3×3)。每个二维数组都由三个 bool 数组 ( 大小均为 3) 构成。

　　如前所述，多维数组 ( 这种普通的多维数组也称为"矩形数组") 每一维的大小必须一致。除此之外，还可以定义**交错数组** (jagged array)，也就是由数组构成的数组。交错数组的语法稍微有别于多维数组。而且交错数组不需要具有一致的大小。所以，可以像代码清单 3.18 那样初始化交错数组。

**代码清单 3.18　初始化交错数组**

```
int[][] cells = {
    new [] {1, 0, 2, 0},
    new [] {1, 2, 0},
    new [] {1, 2},
    new [] {1}
};
```

　　交错数组不用逗号标识新维。相反，交错数组定义由数组构成的数组。代码清单 3.18 在 int[] 后添加 []，表明数组元素本身是 int[] 类型的数组。

　　注意，交错数组要求为每个内部数组都创建一个数组实例 ( 或 null)。在前面的例子中，是使用 new 来实例化嵌套数组的内部元素。如果省略这个实例化操作，将导致编译错误。如前所述，只要提供了值，数据类型是可以省略的。

　　另外，从 C# 12.0 开始可以用集合表达式初始化数组。所以，本例像 new [] {1, 0, 2, 0} 这样的写法可以简化为 [1, 0, 2, 0]。

## 3.5.3　使用数组

　　我们使用方括号 ( 称为**数组访问符** ) 访问数组元素。为了获取第一个元素，要指定 0 作为索引。代码清单 3.19 将数组变量 languages 中的第 5 个元素 ( 索引 4) 的值存储到字符串变量 language 中。

**代码清单 3.19　声明并访问数组**

```
string[] languages = new[]{
    "C#", "COBOL", "Java",
    "C++", "TypeScript", "Visual Basic",
```

```
        "Python", "Lisp", "JavaScript"};
// 获取 languages 数组的第五项 (TypeScript)
string language = languages[4];
// 输出 "TypeScript"
Console.WriteLine(language);
// 获取倒数第三项 (Python)
language = languages[^3];
// 输出 "Python"
Console.W0riteLine(language);
```

从 C# 8.0 开始，还可以使用"末尾索引"操作符 ^，它相对于数组末尾来访问项。例如，用 ^1 来访问数组最后一项。因此，由于示例数组共有 9 项，所以为了访问数组第一个元素，需要使用 ^9。在代码清单 3.19 中，^3 指定将 languages 数组倒数第三项的值 ("Python") 赋给 language 变量。

由于 ^1 对应最后一个元素，所以 ^0 对应超出最后一个数组元素的位置。当然，这个位置并没有元素，因此不能使用 ^0 来索引一个具体的元素，但它代表真正的"数组末尾"。这类似于不能用数组的长度 ( 本例是 9) 作为数组索引。此外，在索引数组时不能使用负值。

对比使用正整数从数组开头进行索引，以及使用 ^ 整数值 ( 或返回整数值的表达式 ) 从数组末尾进行索引，这两者之间似乎存在差异。前者从 0 开始计数访问第一个元素，而后者从 ^1 开始以访问最后一个元素。C# 设计团队选择使用 0 来保持与 C# 的前身语言 ( 包括 C 语言、C++ 语言和 Java 语言 ) 的一致性。而在从末尾进行索引时，C# 语言参照的是 Python 语言 ( 其他 C 风格的语言不支持末尾索引操作符 )，也从 1 开始计数。然而，与 Python 语言不同的是，C# 团队选择了 ^ 操作符 ( 而不是负整数 )，以确保在使用索引操作符访问允许负值的集合类型 ( 非数组 ) 时向后兼容。^ 操作符在支持范围时具有额外的优势，本章稍后就会讨论。

語言对比：C++/Java/JavaScript/Python 的数组索引

与其前辈 (C++/Java/JavaScript/Python) 一样，C# 也从 0 开始索引数组。虽然这些前辈大多数不支持从末尾索引，但 Python 支持。与 Python 相似，C# 从末尾索引的起始值是 1；只是末尾索引操作符用的是 ^，而不是 -。

为了记住末尾索引操作符的工作方式，请注意使用正整数从末尾索引时，最后一个元素的索引是 length - 1，倒数第二个元素的索引是 length - 2，以此类推。从 length 中减去的那个整数就是"末尾索引"值，即 ^1、^2 等。此外，采用这种记忆法，你会发现对于任何一个数组元素，它正数的索引值和倒数的索引值加起来，必然正好等于数组长度。

注意，末尾索引操作符不限于字面整数值。还可以使用表达式，例如，languages[^languages.Length] 将返回第一个元素。

**注意**

在 C# 语言中，索引从 0 开始计数以访问第一个元素，而从末尾进行索引的操作符从 `^1` 开始，用于访问最后一个元素。从末尾索引时要使用 `^` 操作符，从索引为 "长度 -1" 的元素开始。从 "长度" 中减去的那个整数就是末尾索引要使用的值。对于任何一个数组元素，从数组开头的索引值和从数组末尾开头的索引值加到一起，始终等于数组的长度。

还可以使用方括号语法将数据存储到数组中。代码清单 3.20 交换了 "C++" 和 "Java" 的顺序。

**代码清单 3.20 交换数组中不同位置的数据**

```
string[] languages = new[] {
    "C#", "COBOL", "Java",
    "C++", "TypeScript", "Visual Basic",
    "Python", "Lisp", "JavaScript" };
// 将 "C++" 存储到 language 变量中
string language = languages[3];
// 将 "Java" 赋给原本是 "C++" 的位置
languages[3] = languages[2];
// 将 language 的值赋给 "Java" 的位置
languages[2] = language;
```

多维数组的元素用每一维的索引来标识，如代码清单 3.21 所示。

**代码清单 3.21 初始化二维整数数组**

```
int[,] cells = {
    {1, 0, 2},
    {0, 2, 0},
    {1, 2, 1}
};
// 将井字棋的决胜落子设为玩家 1，
// 因为玩家 1 只需在第二行 ( 索引 1) 的第一列 ( 索引 0) 落子，即获胜。
cells[1, 0] = 1;
```

交错数组元素的赋值稍有不同，这是因为它必须与交错数组的声明一致。第一个索引指定 "由数组构成的数组" 中的一个数组。第二个索引指定具体是该数组中的哪一项 ( 参见代码清单 3.22)。

**代码清单 3.22 向交错数组的一个元素赋值**

```
int[][] cells = {
    [1, 0, 2, 0],
    [1, 2, 0],
    [1, 2],
    [1]
};

// 向第二个数组 ([1]) 的第一个 [0] 元素赋值
cells[1][0] = 0;
```

可以像代码清单 3.23 那样获取数组长度。

**代码清单 3.23　获取数组长度**

```
string[] languages = new[] {
    "C#", "COBOL", "Java",
    "C++", "TypeScript", "Visual Basic",
    "Python", "Lisp", "JavaScript" };
Console.WriteLine($"数组中有 {languages.Length} 种语言。");
```

数组具有固定长度；除非重新创建数组，否则不能随便更改。此外，越过数组的**边界**（或长度）会造成"运行时"报错。用无效索引（指向的元素不存在）来访问（检索或者赋值）数组时就会发生这种情况。例如，在代码清单 3.24 中，用数组长度作为（正向）索引来访问数组时，会在程序运行时报错。

**代码清单 3.24　访问数组时越界会抛出异常**

```
string[] languages = new string[9];
// ...
// 运行时错误：索引越界 - 最后一个元素的索引应为 8
languages[4] = languages[9];
```

**注意**

Length 成员返回的是数组元素个数，而不是最高索引值。languages 变量的 Length 成员的值是 9，而 languages 变量的最高索引是 8，那是从起点能到达的最远的位置。

**语言对比：C++ 的缓冲区溢出错误**

非托管 C++ 并非总是检查是否越过数组边界。这个错误不仅很难调试，而且有可能造成潜在的安全问题，也就是所谓的**缓冲区溢出**。相反，CLR 能防止所有 C#（和托管 C++）代码越界，消除了在托管代码中发生缓冲区溢出的可能。

从 C# 8.0 开始，如果直接访问元素 ^0，那么也会出现类似的问题。由于 ^1 才是最后一项，所以 ^0 代表数组真正的末尾——那里没有真正的元素。

为了避免在访问数组最后一个元素时越界，可以进行长度检查，以确保数组的长度大于 0，并使用 ^1（从 C# 8.0 开始）或 Length － 1 代替硬编码的值来访问数组中的最后一项。使用 Length 作为索引时，需要减 1 以避免出现越界错误，参见代码清单 3.25。

**代码清单 3.25　在数组索引中使用 Length - 1**

```
string[] languages = new string[9];
// ...
languages[4] = languages[languages.Length - 1];
```

当然，如果一开始就有可能不存在数组实例，那么应该在访问数组之前首先检查它是否为 null。

　　Length 返回数组中元素的总数。因此，如果你有一个多维数组，比如大小为 2×3×3 的 bool cells[,,] 数组，那么 Length 会返回元素总数 18。

　　对于交错数组，Length 返回外部数组 ( 第一个数组 ) 的元素数——交错数组是"数组构成的数组"，所以 Length 只作用于外层数组，只统计它的元素数 ( 也就是它具体由多少个数组构成 )，而不管各内部数组总共包含了多少个元素。

## 3.5.4　范围

　　C# 8.0 引入的另一个与索引相关的功能是对数组切片 ( 范围 ) 的支持，即从数组中提取一部分到一个新数组。指定范围的语法是在两个索引 ( 包括末尾索引 ) 之间使用范围操作符 (..)。代码清单 3.26 展示了一个例子。

**代码清单 3.26　范围操作符的例子**

```
string[] languages = [
    "C#", "COBOL", "Java",
    "C++", "TypeScript", "Swift",
    "Python", "Lisp", "JavaScript"];

// 1. C#, COBOL, Java
Console.WriteLine($@" 0..3: {string.Join(", ", languages[0..3]) }");

// 2. Python, Lisp, JavaScript
Console.WriteLine($@"^3..^0: {string.Join(", ", languages[^3..^0]) }");

// 3. C++, TypeScript, Swift
Console.WriteLine($@" 3..^3: {string.Join(", ", languages[3..^3]) }");

// 4. C#, COBOL, Java
Console.WriteLine($@" ..^6: {string.Join(", ", languages[..^6]) }");

// 5. Python, Lisp, JavaScript
Console.WriteLine($@" 6..: {string.Join(", ", languages[6..]) }");

// 6. C#, COBOL, Java, C++, TypeScript, Swift, Python, Lisp, JavaScript
Console.WriteLine($@" ..: {string.Join(", ", languages[..]) }");

// 7. C#, COBOL, Java, C++, TypeScript, Swift, Python, Lisp, JavaScript
Console.WriteLine($@" 0..^0: {string.Join(", ", languages[0..^0])}");
```

范围操作符的一个重点在于，被包括到范围中的是从第一项（含）到最后一项（不含）的所有项。因此，在代码清单 3.26 的例 1 中，`0..3` 这个范围包括从索引 0 到索引 3(但不包括 3) 的所有项（这里使用 3 来标识第四项，因为正向索引是从 0 开始计数）。而在例 2 的范围 `^3..^0` 中，包含的将是数组的最后三项。注意，`^0` 不会因为尝试访问数组末尾之后的位置而引发错误，因为范围不会包含标记范围的最后一项。

范围起始项的索引和最后一项的索引都是可选的。如代码清单 3.26 的例 4 ～ 例 6 所示。另外例 7 所示，如果完全省略索引，那么等效于指定范围 `0..^0`。

最后要注意，和其他 C# 内置类型一样，索引和范围是 .NET/C# 中具有 "一等公民"(first-class) 地位的类型，详情请参见后续的 "高级主题：`System.Index` 和 `System.Range`"。它们并非只能用于数组访问。

**注意**

范围操作符 (`..`) 通过指定从第一项（含）到最后一项（不含）的方式来返回一个范围。

**高级主题：`System.Index` 和 `System.Range`**

末尾索引操作符返回的是一个 `System.Index` 类型的值。因此，完全可以在方括号的上下文之外使用索引。例如，可以声明一个索引，并将索引操作符的结果赋给它：

```
System.Index index = ^42;
```

还可以将普通的整数赋给 `System.Index`。`System.Index` 类型有两个属性，一个是 `int` 类型的 `Value`，另一个是 `bool` 类型的 `IsFromEnd`。后者显然用于指示索引是从数组的开始还是末尾计数。

此外，用于指定范围的数据类型是 `System.Range`。因此，可以声明一个范围并这样赋值：

```
System.Range range = ..^0;
```

甚至可以这样写：

```
System.Range range = ..;
```

`System.Range` 有两个属性，分别是 `Start` 和 `End`。

通过提供这些类型，C# 语言使你能编写支持范围和末尾索引的自定义集合（我们将在第 17 章讨论如何编写自定义集合）。

### 3.5.5 更多数组方法

数组提供了其他许多方法来操作数组元素，其中包括 Sort()，BinarySearch()，Reverse() 和 Clear() 等，如代码清单 3.27 和输出 3.2 所示。

**代码清单 3.27    更多数组方法**

```
string[] languages = {
    "C#", "COBOL", "Java",
    "C++", "TypeScript", "Swift",
    "Python", "Lisp", "JavaScript"};
```

```
Array.Sort(languages);

string searchString = "COBOL";
int index = Array.BinarySearch(languages, searchString);
Console.WriteLine(" 未来的浪潮，" + $"{searchString}，位于索引 {index}。");
Console.WriteLine();
Console.WriteLine($"{" 第一个元素 ",-26}\t{" 最后一个元素 ",-26}");
Console.WriteLine($"{"--------------",-26}\t{"--------------",-26}");
Console.WriteLine($"{languages[0],-26}\t{languages[^1],-26}");
Array.Reverse(languages);
Console.WriteLine($"{languages[0],-26}\t{languages[^1],-26}");

// 注意：Clear 方法不是从数组中删除所有项，
// 相反，它是将每一项设为当前类型的默认值
Array.Clear(languages, 0, languages.Length);
Console.WriteLine($"{languages[0],-26}\t{languages[^1],-26}");
Console.WriteLine($"Clear 后，数组大小是：{languages.Length}");
```

**输出 3.2**

```
未来的浪潮，COBOL，位于索引 2。

第一个元素                         最后一个元素
--------------                    --------------
C#                                TypeScript
TypeScript                        C#

Clear 后，数组大小是：9
```

这些方法通过 **System.Array** 类提供。大多数都一目了然，但要注意下面两点。

- 使用 **BinarySearch()** 方法前要先对数组进行排序[①]。值不按升序排序，会返回不正确的索引。目标元素不存在会返回负值；在这种情况下，可以使用按位求补操作符 **~index** 来返回比目标元素大的第一个元素的索引 ( 如果有的话 )。

- **Clear()** 方法不删除数组元素，不会将长度设为零。数组大小是固定的，不能修改。所以，**Clear()** 方法将每个元素都设为其默认值 (**false**，**0** 或 **null**)。这解释了在调用 **Clear()** 之后输出数组内容时，**Console.WriteLine()** 为什么输出一个空行。

### 3.5.6 数组的实例成员

类似于字符串，数组也有不从数据类型而是从变量访问的实例成员。**Length** 就是一个例子，它通过数组变量 ( 数组实例 ) 来访问，而非通过类。其他常用实例成员还有 **GetLength()**、**Rank** 和 **Clone()**。

获取特定维的长度不是使用 **Length** 属性，而是使用数组的 **GetLength()** 实例方法，调用时，需要指定返回哪一维的长度，如代码清单 3.28 和输出 3.3 所示。

---

① 译注：事先排好序，这是所有二叉查找算法的前置要求。

代码清单 3.28　获取特定维的大小

```
bool[,,] cells;
cells = new bool[2, 3, 3];
Console.WriteLine(cells.GetLength(0)); // 显示 2
Console.WriteLine(cells.Rank); // 显示 3
```

输出 3.3

```
2
3
```

第一个输出是 2，这是第一维的元素个数。另外，还可以访问数组的 Rank 成员来获取整个数组的维数 ( 逗号数 +1)。如输出 3.3 所示，cells.Rank 返回 3。

将一个数组变量赋给另一个数组变量，默认只会拷贝数组引用，不会拷贝数组中单独的元素。要创建数组的全新拷贝，需要使用数组的 Clone() 方法。该方法返回数组的完整拷贝，修改这个数组拷贝不会影响原始数组。

### 3.5.7　字符串作为数组

string 类型的变量可以作为一个字符数组来访问。例如，可以调用 palindrome[3] 来获取 palindrome 字符串的第 4 个字符。注意，由于字符串不可变，所以不能向字符串中的特定位置赋值。所以，对于 palindrome 字符串来说， palindrome[3]='a' 这样的写法在 C# 中是不允许的。代码清单 3.29 使用数组访问符 ( 方括号 ) 来判断命令行上提供的参数是不是选项 ( 选项的第一个字符是短划线 )。

代码清单 3.29　判断命令行选项

```
public static void Main(string[] args)
{
    // ...
    // 命令行输入的以空格分隔的每个参数都是一个字符串 ( 字符数组 )
    // 所有字符串构成了 args 字符串数组
    if (args[0][0] == '-')
    {
        // 该参数是选项
    }
}
```

以上代码使用了会在第 4 章讲述的 if 语句。注意，第一个数组访问符 [] 获取字符串数组 args 的第一个元素，第二个数组访问符则获取该字符串的第一个字符。以上代码等价于代码清单 3.30。

代码清单 3.30　判断命令行选项 ( 简化版 )

```
public static void Main(string[] args)
{
    // ...
    string arg = args[0];
```

```
    if(arg[0] == '-')
    {
        // 该参数是选项
    }
}
```

不仅可以使用数组访问符单独访问字符串中的字符，还可以使用字符串的 ToCharArray() 方法将整个字符串作为字符数组返回。然后，就可以使用 System. Array.Reverse() 方法反转数组中的元素，如代码清单 3.31 和输出 3.4 所示，该程序判断字符串是不是回文。

**代码清单 3.31　反转字符串**

```
string reverse, palindrome;
char[] temp;

Console.Write(" 输入一句回文：");
palindrome = Console.ReadLine();

// 删除空格，并转换成小写
reverse = palindrome.Replace(" ", "");
reverse = reverse.ToLower();

// 转换成字符数组
temp = reverse.ToCharArray();


// 反转数组
Array.Reverse(temp);

// 将数组转换回字符串，并检查
// 反转后的字符串是否相等
if (reverse == new string(temp))
{
    Console.WriteLine(
        $"\"{palindrome}\" 是回文。");
}
else
{
    Console.WriteLine(
        $"\"{palindrome}\" 不是回文。");
}
```

**输出 3.4**

```
输入一句回文：菜油炒油菜
" 菜油炒油菜 " 是回文。

输入一句回文：Never Odd Or  Even
"Never Odd Or  Even" 是回文。
```

本例使用 **new** 关键字向 **string** 的构造函数传递反转好的字符数组来创建新字符串。

### 3.5.8　常见数组错误

前面描述了三种类型的数组：一维、多维和交错。一些规则和特点约束着数组的声明和使用。表 3.3 总结了数组编码时的一些常见错误，有助于巩固对这些规则的了解。阅读时最好先看"常见错误"一栏的代码 ( 先不要看错误说明和改正后的代码 )，看自己是否能发现错误，检验你对数组及其语法的理解。

表 3.3　常见数组编码错误

| 常见错误 | 错误说明 | 改正后的代码 |
|---|---|---|
| `int numbers[];` | 用于声明数组的方括号放在数据类型之后，而不是在变量标识符之后 | `int[] numbers;` |
| `int[] numbers;`<br>`numbers =`<br>　`{42, 84, 168 };` | 如果是在声明之后再对数组进行赋值，需要使用 new 关键字，并可选择指定数据类型 | `int[] numbers;`<br>`numbers = new int[]{`<br>　`42, 84, 168 }` |
| `int[3] numbers =`<br>　`{ 42, 84, 168 };` | 不能在变量声明中指定数组大小 | `int[] numbers =`<br>　`{ 42, 84, 168 };` |
| `int[] numbers =`<br>　`new int[];` | 除非提供数组字面值，否则必须在初始化时指定数组大小 | `int[] numbers =`<br>　`new int[3];` |
| `int[] numbers =`<br>　`new int[3]{}` | 数组大小指定为 3，但数组字面值中没有任何元素。数组的大小必须与数组字面值中的元素个数相符 | `int[] numbers =`<br>　`new int[3]`<br>　　`{ 42, 84, 168 };` |
| `int[] numbers =`<br>　`new int[3];`<br>`Console.WriteLine(`<br>　`numbers[3]);` | 数组索引起始于零。因此，最后一项的索引比数组长度小 1。注意这是运行时错误，而不是编译时错误 | `int[] numbers =`<br>　`new int[3];`<br>`Console.WriteLine(`<br>　`Numbers[2]);` |
| `int[] numbers =`<br>　`new int[3];`<br>`numbers[numbers.Length]=`<br>　`42;` | 和上一个错误相同：需要从 Length 减去 1 来访问最后一个元素。注意这是运行时错误，而不是编译时错误 | `int[] numbers =`<br>　`new int[3];`<br>`numbers[numbers.Length-1]`<br>`= 42;` |
| `int[] numbers;`<br>`Console.WriteLine(`<br>　`numbers[0]);` | 尚未对 numbers 数组实例化，暂时不可访问 | `int[] numbers = {42, 84};`<br>`Console.WriteLine(`<br>　`numbers[0]);` |
| `int[,] numbers =`<br>　`{ {42},`<br>　　`{84, 42} };` | 多维数组的结构必须一致 | `int[,] numbers =`<br>　`{ {42, 168},`<br>　　`{84, 42} };` |

续表

## 3.6 小结

本章首先讨论两种不同的类型：值类型和引用类型。它们是 C# 程序员必须要理解的基本概念，虽然读代码时可能看不太出来，但它们改变了类型的底层机制。

讨论数组之前，我们讨论了 C# 语言后来引入的两种语言构造。首先讨论的是 C# 2.0 引入的可空修饰符 (?)，它允许值类型存储 null，并允许引用类型显式指定是否要存储 null。然后讨论的是元组，并介绍如何用 C# 7.0 引入的新语法处理元组，同时不必显式地和底层数据类型打交道。

本章最后讨论了 C# 语言中数组的语法，并介绍了各种数组处理方式。许多开发者刚开始不容易熟练掌握这些语法。所以提供了一个常见错误列表，专门列出与数组编码有关的错误。

下一章将讨论表达式和控制流语句，另外还要讨论本章最后出现过几次的 if 语句。

# 第 **4** 章

## 操作符和控制流

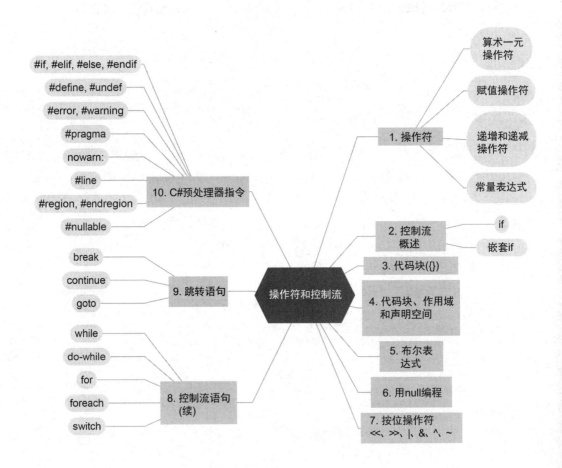

本章学习操作符、控制流语句和 C# 语言的预处理器。**操作符**[①] 提供对操作数执行各种计算或操作的语法。**控制流语句**控制程序的条件逻辑，或多次重复一节代码。在介绍完 if 控制流语句后，本章将探讨布尔表达式的概念，许多控制流语句都需要这种表达式。还会提到整数不能转换为 bool( 显式转型也不行 )，并讨论这个设计的好处。本章最后讨论 C# 预处理器指令。

## 4.1　操作符

第 2 章学习了预定义数据类型，本节学习如何将操作符应用于这些数据类型来执行各种计算。例如，可对声明好的变量执行计算。

> **初学者主题：操作符**
>
> **操作符** (operator) 对称为**操作数** (operand) 的值 ( 或变量 ) 执行数学或逻辑运算 / 操作来生成新值 ( 称为**结果** )。例如，代码清单 4.1 有两个操作数，即数字 4 和 2，它们被减法操作符 (-) 组合到一起，结果赋给变量 difference( 差 )。

**代码清单 4.1　简单的操作符例子**

```
int difference = 4 - 2;
```

通常将操作符划分为三大类：一元、二元和三元，分别对应一个、两个和三个操作符。此外，虽然一些操作符用符号表示，例如 +, -, ?. 和 ??，但还有一些操作符采用的是关键字形式，例如 default 和 is。本节讨论最基本的一元和二元操作符，三元操作符将在本章后面简略介绍。

### 4.1.1　一元正负操作符

我们有时需要改变数值的正负号。这时一元负操作符 (-) 就能派上用场。例如，代码清单 4.2 将当前的美国国债金额变成负值，指明这是欠款。

**代码清单 4.2　指定负值**

```
// 美国国债金额，最新数据请查询 https://www.usdebtclock.org/
decimal debt = -33940505930933M;
```

使用一元负操作符等价于从零减去操作数。一元正操作符 + 对值几乎没有影响[②]。它在 C# 语言中是多余的，之所以加它，只是出于对称性的考虑。

---

① 译注：operator 在本书中统一采用"操作符"的说法，而不是"运算符"。相应地，operand 是"操作数"，而不是"运算子"。

② 一元操作符 + 定义为获取 int、unit、nint、nuint、long、ulong、float、double 和 decimal 类型 ( 以及这些类型的可空版本 ) 的操作数。作用于其他类型 ( 例如 short) 时，操作数会相应地转换为上述某个类型。

## 4.1.2 二元算术操作符

二元操作符 (+、-、*、/ 和 %) 要求两个操作数。C# 为二元操作符使用中缀记号法：操作符在左右操作数之间。除赋值之外的每个二元操作符的结果必须以某种方式使用（例如作为另一个表达式的操作数）。

**语言对比：C++ 的光杆表达式语句**

和上面提到的规则相反，C++ 甚至允许像 **4+5;** 这样的二元表达式作为独立语句使用。在 C# 中，只有赋值、调用、递增、递减、**await** 和对象创建表达式才能作为独立语句使用。

代码清单 4.3 和输出 4.1 展示了使用二元操作符（更准确地说是二元算术操作符）的例子。算术操作符的每一边都有一个操作数，计算结果赋给一个变量。除了二元减法操作符 (-)，其他二元算术操作符还有加法 (+)、除法 (/)、乘法 (*) 和取余操作符 (%，有时也称为取模或模除操作符 )。

**代码清单 4.3　使用二元操作符**

```
Console.Write(" 输入分子 : ");
numerator = int.Parse(Console.ReadLine());

Console.Write(" 输入分母 : ");
denominator = int.Parse(Console.ReadLine());

quotient = numerator / denominator;   // 除法
remainder = numerator % denominator;  // 取余

Console.WriteLine(
    $"{numerator} / {denominator} = 商 {quotient} 余 {remainder}。");
```

**输出 4.1**

```
输入分子 : 23
输入分母 : 3
23 / 3 = 商 7 余 2。
```

在加了注释的两个赋值语句中，除法和取余均先于赋值发生。操作符的执行顺序取决于它们的**优先级**和**结合性**。迄今为止用过的操作符的优先级如下。

1. *，/ 和 % 具有最高优先级；

2. + 和 - 具有较低优先级；

3. = 在 6 个操作符中优先级最低。

所以，以上语句的行为符合预期，除法和取余匀先于赋值进行。

如果忘记对二元操作符的结果进行赋值，那么会出现如输出 4.2 所示的编译错误。

**输出 4.2**

```
... error CS0201: 只有 assignment、call、increment、decrement 和 new 对象表达可用作语句
```

**初学者主题：圆括号、结合性、优先级和求值**

包含多个操作符的表达式可能让人分不清楚每个操作符的操作数。例如，在表达式 x+y*z 中，很明显表达式 x 是 + 操作符的操作数，z 是 * 操作符的操作数。但 y 是 + 还是 * 的操作数？

**圆括号**清楚地将操作数与操作符关联。如果希望 y 是被加数，那么可以写 (x+y)*z。如希望 y 是被乘数，那么可以写 x+(y*z)。

但是，包含多个操作符的表达式不一定非要添加圆括号。编译器能根据结合性和优先级判断执行顺序。**结合性**决定相似操作符的执行顺序，**优先级**决定不相似操作符的执行顺序。

二元操作符可以"左结合"或"右结合"，具体取决于"位于中间"的表达式是从属于左边的操作符，还是从属于右边的操作符。例如，a-b-c 被判定为 (a-b)-c，而不是 a-(b-c)。这是因为减法操作符为"左结合"。C# 的大多数操作符都是左结合的，赋值操作符右结合。

对于不相似操作符，要根据操作符优先级决定位于中间的操作数从属于哪一边。例如，乘法优先级高于加法，所以表达式 x+y*z 求值为 x+(y*z) 而不是 (x+y)*z。

但是，通常一个好的实践是坚持用圆括号增强代码可读性，即使这有时显得"多余"。例如，在执行摄氏 – 华氏温度换算时，(c*9.0/5.0)+32.0 比 c*9.0/5.0+32.0 更易读，即使圆括号在这个表达式中可以省略。

> ■ **设计规范**
>
> DO use parentheses to make code more readable, particularly if the operator precedence is not clear to the casual reader.
>
> **要用圆括号增加代码的易读性，尤其是在操作符优先级不是让人一目了然的时候。**

很明显，对于相邻的两个操作符，高优先级的会先于低优先级的执行。例如 x+y*z 是先乘后加，乘法结果变成了加法操作符的右操作数。但要注意，优先级和结合性只影响操作符自身的执行顺序，不影响操作数的求值顺序。

在 C# 中，操作数总是从左向右求值。在包含三个方法调用的表达式中，比如 A()+B()*C()，首先求值 A()，然后 B()，然后 C()，然后乘法操作符决定乘积，最后加法操作符决定和。不能因为 C() 是乘法操作数，A() 是加法操作数，就认为 C() 先于 A() 调用。

◐ **语言对比：C++ 的操作数求值顺序**

和上述规则相反，C++ 规范允许不同的实现自行选择操作数的求值顺序。对于 A()+B()*C() 这样的表达式，不同的 C++ 编译器可能选择以不同顺序求值函数调用，只要乘积是某个被加数即可。例如，可以选择先求值 B()，再 A()，再 C()，再乘法，最后加法。

## 将加法操作符用于字符串

操作符也可用于非数值类型。例如，可以使用加法操作符来连接 ( 拼接 ) 两个或更多字符串，如代码清单 4.4 和输出 4.3 所示。

代码清单 4.4　将二元操作符应用于非数值类型

```
short windSpeed = 67; // 风速，单位是公里 / 小时
Console.WriteLine(
    $" 华盛顿州原来的塔科马大桥 " +
    $"{Environment.NewLine} 被 "
    + " 风速为 "
    + windSpeed + " 公里 / 小时的大风摧毁。");
```

输出 4.3

华盛顿州原来的塔科马大桥
被风速为 67 公里 / 小时的大风摧毁。

　　由于不同语言文化的语句结构迥异，所以开发者注意不要对准备本地化的字符串使用加法操作符。类似地，虽然可用字符串插值技术在字符串中嵌入表达式，但其他语言的本地化仍然要求将字符串移至某个资源文件，这使字符串插值没了用武之地。在这种情况下，复合格式化更理想（第 1 章的代码清单 1.19 展示了一个例子）。

设计规范

DO favor composite formatting over use of the addition operator for concatenating strings when localization is a possibility.

程序可能需要本地化的时候，要用复合格式化而不是加法操作符来连接字符串。

### 4.1.2.1　在算术运算中使用字符

　　第 2 章在介绍 char 类型时，提到虽然 char 类型存储的是字符而不是数字，但它是整型（意味基于整数）。可以和其他整型一起参与算术运算。但是，不是基于存储的字符来解释 char 类型的值，而是基于它的基础值。例如，数字字符 '3' 用 Unicode 值 0x33（十六进制）表示，换算成十进制值是 51。数字字符 '4' 用 Unicode 值 0x34 表示，或十进制 52。如代码清单 4.5 和输出 4.4 所示，'3' 和 '4' 这两个字符相加，得到十六进制值 0x167，即十进制 103，等价于字母字符 'g'。

代码清单 4.5　将加法操作符应用于 char 数据类型

```
int n = '3' + '4';
char c = (char)n;
Console.WriteLine(c); // 输出 'g'
```

输出 4.4

g

　　可以利用 char 类型的这个特点判断两个字符相距多远。例如，字母 f 与字母 c 有 3 个字符的距离。为了获得这个值，用字母 f 减去字母 c 即可，如代码清单 4.6 和输出 4.5 所示。

代码清单 4.6　判断两个字符之间的"距离"

```
int distance = 'f' - 'c';
Console.WriteLine(distance);
```

输出 4.5

```
3
```

### 4.1.2.2 浮点类型的特殊性

浮点类型 float 和 double 有一些特殊性，比如它们管理精度的方式。本节通过一些实例帮助认识浮点类型的特殊性。

float 支持 7 个有效数位，所以能准确地容纳值 7654321F 和值 0.1234567F。但这两个 float 值相加的结果会被取整为 7654321，因为小数部分加到一起，超过了 float 能容纳的 7 个有效数位。这种类型的取整有时是致命的，尤其是在执行重复性计算或相等性检查的时候 ( 参见稍后的"高级主题：浮点类型造成非预期的不相等")。

二进制浮点类型内部存储二进制分数而不是十进制分数。所以，一次简单的赋值就可能引发精度问题，例如 double number = 140.6F。140.6 的准确值是分数 703/5。但是，由于分母不是 2 的整数次幂，所以无法用二进制浮点数准确表示。实际分母是用 float 的 32 个二进制位能表示的最接近的一个值。

由于 double 能容纳比 float 更精确的值，所以 C# 编译器实际将该表达式求值为 double number = 140.600006103516，这是最接近 140.6F 的二进制分数，但表示成 double 后，占用的内存会比 140.6F 稍大。

> ■ 设计规范
>
> AVOID binary floating-point types when exact decimal arithmetic is required; use the decimal floating-point type instead.
>
> 避免在需要准确的十进制小数算术运算时使用二进制浮点类型，改为使用 decimal 浮点类型。

高级主题：浮点类型造成非预期的不相等

比较两个值是否相等，浮点类型的不准确性可能造成严重后果。有时本应相等的值被错误地判断为不相等，如代码清单 4.7 和输出 4.6 所示。

代码清单 4.7　浮点类型的不准确性造成非预期的不相等

```
decimal decimalNumber = 4.2M;
double doubleNumber1 = 0.1F * 42F;
double doubleNumber2 = 0.1D * 42D;
float floatNumber = 0.1F * 42F;

// 1. 显示: 4.2 != 4.2000002861023 - True
Console.WriteLine($"{decimalNumber} != {(decimal)doubleNumber1} - {decimalNumber !=
(decimal)doubleNumber1}");
```

```
// 2. 显示：4.2 != 4.200000286102295 - True
Console.WriteLine($"{(double)decimalNumber} != {doubleNumber1} - {(double)
decimalNumber != doubleNumber1}");

// 3. 显示：(float)4.2M != 4.2000003F - True
Console.WriteLine($"(float){(float)decimalNumber}M != {floatNumber}F - {(float)
decimalNumber != floatNumber}");

// 4. 显示：4.200000286102295 != 4.2 - True
Console.WriteLine($"{doubleNumber1} != {doubleNumber2} - {doubleNumber1 !=
doubleNumber2}");

// 5. 显示：4.2000003F != 4.2D - True
Console.WriteLine($"{floatNumber}F != {doubleNumber2}D - {floatNumber !=
doubleNumber2}");

// 6. 显示：4.199999809265137 != 4.2 - True
Console.WriteLine($"{(double)4.2F} != {4.2D} - {(double)4.2F != 4.2D}");

// 7. 显示：4.2F != 4.2D - True
Console.WriteLine($"{4.2F}F != {4.2D}D - { 4.2F !=  4.2D}");
```

输出 4.6

```
4.2 != 4.2000002861023 - True
4.2 != 4.200000286102295 - True
(float)4.2M != 4.2000003F - True
4.200000286102295 != 4.2 - True
4.2000003F != 4.2D - True
4.199999809265137 != 4.2 - True
4.2F != 4.2D - True
```

可以看出，虽然某些值理论上应该相等，但由于浮点数的不准确性，所以它们都被错误地判断为不相等。■

■ 设计规范

AVOID using equality conditionals with binary floating-point types. Either subtract the two values and see if their difference is less than a tolerance, or use the decimal type.

**避免**对二进制浮点类型的值进行相等性测试。要么判断两个值之差是否在容差范围之内，要么使用 decimal 类型。

浮点类型还有其他特殊性。例如，整数除以零理论上应该报错。int 和 decimal 等数据类型确实会如此。但 float 和 double 允许结果是一个特殊值，如代码清单 4.8 和输出 4.7 所示。

**代码清单 4.8    浮点数被零除的结果是 NaN**

```
float n = 0f;
// 显示：NaN
Console.WriteLine(n / 0);
```

输出 4.7

```
NaN
```

在数学中，某些算术运算是"未定义"的，例如 0 除以它自己。在 C# 语言中，**float** **0** 除以 **0** 会得到一个"Not a Number"(非数字，NaN) 结果。试图打印这样的一个数，实际输出的就是 NaN。类似地，获取负数的平方根 (System.Math.Sqrt(-1)) 也会得到 NaN。

浮点数可能溢出边界。例如，**float** 的上边界约为 **3.4 × 10³⁸**。一旦溢出，结果数就会存储为"正无穷大"(∞)。类似地，**float** 的下边界是 **-3.4 × 10³⁸**，溢出会得到"负无穷大"(-∞)。代码清单 4.9 分别生成正负无穷大，输出 4.8 展示了结果。

**代码清单 4.9   溢出 float 值边界**

```
// 显示: - ∞ (负无穷大)
Console.WriteLine(-1f / 0);

// 显示: ∞ (正无穷大)
Console.WriteLine(3.402823E+38f * 2f);
```

输出 4.8

```
- ∞
  ∞
```

进一步研究浮点数，发现它能包含非常接近于零但实际不是零的值。如果值超过 **float** 或 **double** 类型的阈值，那么值可能表示成"负零"或者"正零"，具体取决于数是负还是正并在输出中表示成 **-0** 或者 **0**。

## 4.1.3 复合赋值操作符

第 1 章讨论了简单的赋值操作符 **=**，它将操作符右边的值赋给左边的变量。复合赋值操作符 (+=、-=、*=、/= 和 %=) 将常见的二元操作符与赋值操作符结合到一起，如代码清单 4.10 所示。

**代码清单 4.10   常见的递增计算**

```
int x = 123;
x = x + 2;
```

在这个例子中，首先计算 **x + 2**，结果赋回 **x**。由于这种形式的运算相当普遍，所以专门设计了一些**复合赋值操作符**来集成计算与赋值。例如，操作符 **+=** 使左侧的变量递增右侧的值，如代码清单 4.11 所示。

**代码清单 4.11   使用操作符 +=**

```
int x = 123;
x += 2;
```

以上代码与代码清单 4.10 是等价的。

还有其他复合赋值操作符提供了类似的功能。例如，赋值操作符还可以和减法、乘法、除法与取余操作符合并，如代码清单 4.12 所示。

**代码清单 4.12    其他复合赋值操作符**

```
x -= 2;
x /= 2;
x *= 2;
x %= 2;
```

## 4.1.4  递增和递减操作符

C# 语言提供了特殊的一元操作符来实现计数器的递增和递减。**递增操作符 ++** 每次使一个变量递增 1。所以，代码清单 4.13 每一行代码的作用都一样。

**代码清单 4.13    递增操作符**

```
spaceCount = spaceCount + 1;
spaceCount += 1;
spaceCount++;
```

类似地，**递减操作符 --** 使变量递减 1。所以，代码清单 4.14 每一行代码的作用都一样。

**代码清单 4.14    递减操作符**

```
lines = lines - 1;
lines -= 1;
lines--;
```

**初学者主题：循环中的递减示例**

递增和递减操作符在循环 ( 比如稍后要讲到的 while 循环 ) 中经常用到。例如，代码清单 4.15 使用递减操作符逆向遍历英语字母表的每个字母，结果如输出 4.9 所示。

**代码清单 4.15    降序显示每个字母的 Unicode 值**

```
char current;
int unicodeValue;

// 设置 current 的初始值
current = 'z';

do
{
    // 获取 current 的 Unicode 值
    unicodeValue = current;
    Console.Write($"{current}={unicodeValue}\t");

    // 继承处理英语字母表的前一个字母
    current--;
} while (current >= 'a');
```

**输出 4.9**

| | | | | | | | | | |
|---|---|---|---|---|---|---|---|---|---|
| z=122 | y=121 | x=120 | w=119 | v=118 | u=117 | t=116 | s=115 | r=114 | q=113 | p=112 |
| o=111 | n=110 | m=109 | l=108 | k=107 | j=106 | i=105 | h=104 | g=103 | f=102 | e=101 |
| d=100 | c=99 | b=98 | a=97 | | | | | | | |

递增和递减操作符用于控制特定操作的执行次数。本例还要注意递减操作符应用于字符 (char) 数据类型。只要数据类型支持"下一个值"和"上一个值"的概念，就适合使用递增和递减操作符。更多信息请参见第 10 章的"操作符重载"小节。 ■

以前说过，赋值操作符首先计算要赋的值，再执行赋值。赋值操作符[①]返回的结果就是要赋的值。递增和递减操作符与此相似。也是计算要赋的值，再执行赋值。所以，赋值操作符可以和递增 / 递减操作符一起使用。但是，如果不仔细，可能得到令人困惑的结果。如代码清单 4.16 和输出 4.10 所示。

**代码清单 4.16 使用后缀递增操作符**

```
int count = 123;
int result;
result = count++;
Console.WriteLine($"result = {result}, count = {count}");
```

**输出 4.10**

```
result = 123, count = 124
```

你可能会觉得奇怪，赋给 result 的居然是 count 递增前的值。递增或递减操作符的位置决定了所赋的值是操作数求值之前还是之后的值。所以，如果希望 result 的值是递增/递减后的结果，那么需要将操作符放在想递增/递减的变量之前，如代码清单 4.17 和输出 4.11 所示。

**代码清单 4.17 使用前缀递增操作符**

```
int count = 123;
int result;
result = ++count;
Console.WriteLine($"result = {result}, count = {count}");
```

**输出 4.11**

```
result = 124, count = 124
```

本例的递增操作符出现在操作数之前，所以是先对表达式进行求值，再将结果赋给 result 变量。假定 count 为 123，那么 ++count 会先对 count 进行递增，结果 124 赋给 result。相反，后缀形式 count++ 是先将 count 的值赋给左侧的变量 result，再对 count 进行递增。代码清单 4.18 和输出 4.12 展示了前缀和后缀操作符在行为上的差异。

―――――――――――――――

① 译注：所有操作符在底层都是作为操作符方法来实现的，比如 operator+(...)。

代码清单 4.18    对比前缀和后缀递增操作符

```
int x = 123;
// 显示：123, 124, 125
Console.WriteLine($"{x++}, {x++}, {x}");

// x 现在的值是 125
// 显示：126, 127, 127
Console.WriteLine($"{++x}, {++x}, {x}");
// x 现在的值是 127
```

输出 4.12

```
123, 124, 125
126, 127, 127
```

在代码清单 4.18 中，递增和递减操作符相对于操作数的位置影响了表达式的结果。前缀操作符的结果是变量递增 / 递减之后的值，而后缀操作符的结果是变量递增 / 递减之前的值。在语句中使用这些操作符应该小心。若心存疑虑，最好独立使用这些操作符（自成一个语句）。这样不仅代码更易读，还可以保证不犯错。

**语言对比：C++——不同的实现有不同的行为**

以前说过，C++ 语言的不同实现可以任意选择表达式中的操作数的求值顺序，而 C# 语言总是从左向右。类似地，在 C++ 语言中实现递增和递减时，可按任何顺序执行递增和递减的副作用 ①。例如，在 C++ 中，对于 M(x++, x++) 这样的调用，假定 x 初值是 1，那么既可以调用 M(1,2)，也可以调用 M(2,1)，具体由编译器决定。而 C# 语言总是调用 M(1,2)，因为 C# 语言做出了两点保证。第一，传给调用的实参总是从左向右计算。第二，总是先将已递增的值赋给变量，再使用表达式的值。这两点 C++ 都不保证。

**设计规范**

1. AVOID confusing usages of the increment and decrement operators.

    **避免**递增和递减操作符的使用让人迷惑。

2. DO be cautious when porting code between C, C++, and C# that uses increment and decrement operators; C and C++ implementations need not follow the same rules as C#.

    在 C、C++ 和 C# 之间移植使用了递增和递减操作符的代码要小心，C 和 C++ 的实现遵循的不一定是和 C# 相同的规则。

**高级主题：线程安全的递增和递减**

虽然递增和递减操作符简化了代码，但两者执行的都不是原子级别的运算。在操作符执行期间，可能发生线程上下文切换，可能造成竞争条件。可用 lock 语句防止出现竞争条件。但是，对于简单递增和递减运算，一个代价没有那么高的替代方案是使用由 System.Threading.Interlocked 类提供的线程安全方法 Increment() 和 Decrement()。这两个方法依赖处理器的功能来执行快速的、线程安全的递增和递减运算（详情参见第 19 章）。

————————————

① 译注：在计算机编程中，如果一个函数 / 方法或表达式除了生成一个值，还会造成状态的改变，就说它会造成副作用；或者说它会执行一个副作用。

## 4.1.5 常量表达式和常量符号

第 3 章讨论了字面值，或者说直接嵌入代码的值。可以使用操作符将多个字面值合并到一个常量表达式中。根据定义，**常量表达式**是 C# 编译器能在编译时求值的表达式 (而不是在运行时才能求值)，因其完全由常量操作数构成。然后，可以使用常量表达式初始化常量符号，从而为常量值分配一个名称 (类似于局部变量为存储位置分配一个名称)。例如，可用常量表达式计算一天中的秒数，结果赋给一个常量符号，并在其他表达式中使用该符号。

代码清单 4.19 中的 **const** 关键字的作用就是声明常量符号。由于常量和 "变量" 相反 ("常" 意味着 "不可变")，以后在代码中任何修改它的企图都会造成编译时错误。

**代码清单 4.19　声明常量**

```
const int secondsPerDay = 60 * 60 * 24;        // 每天秒数
const int secondsPerWeek = secondsPerDay * 7;  // 每周秒数
```

注意，赋给 **secondsPerWeek** 的也是常量表达式。表达式中所有操作数都是常量，编译器能确定结果。

---

■ **设计规范**

DO NOT use a constant for any value that can possibly change over time. The value of pi and the number of protons in an atom of gold are constants; the price of gold, the name of your company, and the version number of your program can change.

**不要**用常量表示将来可能改变的任何值。π 和金原子的质子数是常量。金价、公司名和程序版本号则应该是变量。

---

C# 10 引入了对**常量插值字符串**的支持，允许定义含有插值的一个常量字符串，前提是插入的表达式也是常量字符串，可以在编译时完成求值 (参见代码清单 4.20)。

**代码清单 4.20　使用非数值类型的二元操作符**

```
const string windSpeed = "67";
const string announcement = $"""
    华盛顿州原来的塔科马大桥
    被风速为 {windSpeed} 公里 / 小时的大风摧毁。
    """;
Console.WriteLine(announcement);
```

尽管代码清单 4.20 中的 **announcement** 是一个插值字符串，但字符串中插入的表达式的值也是常量字符串，这就使编译器能在编译时而不是执行时完成求值。另外要注意的是，**windSpeed** 变量的值是一个字符串而不是整数。常量字符串插值仅在插入其他常量字符串时才有效，不能插入其他数据类型——即使这些类型也是常量。这个限制是为了允许在执行时根据语言文化的差异进行字符串转换。例如，将黄金比率转换为字符串可能得到 **1.6180339887** 或 **1,6180339887**，具体取决于运行环境的语言文化。

## 4.2 控制流概述

本章后面的代码清单 4.46 展示了如何以一种简单方式查看一个数的二进制形式。但即便如此简单的程序，不用控制流语句也写不出来。控制流语句控制程序的执行路径。本节讨论如何基于条件检查来改变语句的执行顺序。以后还会学习如何通过循环构造来反复执行一组语句。

表 4.1 总结了所有控制流语句。注意，"常规语法结构"这一栏给出的只是常见的语句用法，没有给出完整的词法结构。其中，"嵌入语句"是除了当前标注的"语句"或"声明"之外的其他任何语句，但通常是一个代码块（即 {...}）。

表 4.1  控制流语句 [①]

| 语句 | 常规语法结构 | 示例 |
|---|---|---|
| if 语句 | **if** (*boolean-expression*)<br>*embedded-statement* | **if** (input == "quit")<br>{<br>   Console.WriteLine(" 游戏结束 ");<br>   **return**;<br>} |
| if 语句 | **if** (*boolean-expression*)<br>   *embedded-statement*<br>**else**<br>   *embedded-statement* | **if** (input == "quit")<br>{<br>   System.Console.WriteLine(" 游戏结束 ");<br>   **return**;<br>}<br>**else**<br>   GetNextMove(); |
| while 语句 | **while** (*boolean-expression*)<br>   *embedded-statement* | **while**(count < total)<br>{<br>   System.Console.WriteLine($"count = {count}");<br>   count++;<br>} |
| do while 语句 | **do**<br>   *embedded-statement*<br>**while** (*boolean-expression*)<br>; | **do**<br>{<br>   Console.WriteLine(" 输入名字 :");<br>   input = System.Console.ReadLine();<br>}<br>**while**(input != "exit"); |
| for 语句 | **for** (*for-initializer*;<br>   *boolean-expression*;<br>   *for-iterator*)<br>   *embedded-statement* | **for** (**int** count = 1; count <= 10; count++)<br>{<br>   Console.WriteLine($"count = {count}");<br>} |

---

[①] 译注：此表格中的代码已随同本书配套代码提供，后同。

续表

| 语句 | 常规语法结构 | 示例 |
|---|---|---|
| foreach 语句<br><br>continue 语句 | **foreach** (*type identifier in expression*)<br>　　*embedded-statement*<br><br>**continue**; | ```csharp
foreach (char letter in email)
{
  if(!insideDomain)
  {
    if (letter == '@')
    {
      insideDomain = true;
    }
    continue;
  }
  Console.Write(letter);
}
``` |
| switch 语句 | **switch**(*governing-type-expression*)<br>{<br>　　...<br>　　**case** *const-expression*:<br>　　　　*statement-list*<br>　　　　*jump-statement*<br>　　**default**:<br>　　　　*statement-list*<br>　　　　*jump-statement*<br>} | ```csharp
switch(input)
{
  case "exit":
  case "quit":
    Console.WriteLine(" 退出程序 ....");
    break;
  case "restart":
    Reset();
    goto case "start";
  case "start":
    GetMove();
    break;
  default:
    System.Console.WriteLine(input);
    break;
}
``` |
| break 语句 | **break**; | |
| goto 语句 | **goto** *identifier*;<br><br>**goto case** *const-expression*;<br><br>**goto default**; | |

　　在后文的井字棋 [①] 程序中，用表 4.1 展示每个 C# 控制流语句。如果有兴趣，可以直接查看第 4 章的源代码文件 TicTacToe.cs(*https://github.com/transbot/EssentialCSharp*)。程序会显示一个井字棋棋盘，提示每个玩家落子，并在每一次落子后更新。

　　本章剩余部分将详细讨论每一种语句。在讨论了 **if** 语句后，会先解释代码块、作用域、布尔表达式以及按位操作符的概念，然后才会讨论其他控制流语句。由于 C# 语言和其他语言存在很多相似性，部分读者可能发现该表格非常熟悉。这部分读者可以直接跳到 "C# 预处理器指令" 小节，或者直接跳到本章最后的 "小结"。

――――――――――

① 译注：有的国家和地区也将 Tic-Tac-Toe 称为 "画圈打叉" 游戏。我们国家，则称为 "井字棋"。

## 4.2.1 if 语句

**if** 语句是 C# 语言最常见的语句之一。它对被称为**条件**(condition) 的**布尔表达式**( 返回 **true** 或 **false** 的表达式 ) 进行求值。条件为 **true**，就执行**后续语句** (consequence-statement)。**if** 语句可以有 **else** 子句，其中包含在条件求值为 **false** 时执行的**替代语句** (alternative-statement)。常规形式如下：

```
if (condition)
    consequence-statement
else
    alternative-statement
```

在代码清单 4.21 中，如果玩家输入 **1**，程序则显示 " 人机对战 "；否则显示 " 双人对战 "。

**代码清单 4.21    if/else 语句示例**

```
string input;

// 提示用户选择单人还是双人游戏
Console.Write($"""
        1 - 人机对战
        2 - 双人对战
        请选择:
        """
);
input = Console.ReadLine();

if (input == "1")
    // 用户选择人机对战
    Console.WriteLine(" 人机对战。");
else
    // 其他情况都默认双人对战 ( 即使用户输入的不是 2)
    Console.WriteLine(" 双人对战。");
```

## 4.2.2 嵌套 if

代码有时需要多个 **if** 语句。代码清单 4.22 首先判断玩家是否输入了一个小于或等于 **0** 的数字要求退出。如果不是，就检查用户是否知道井字棋最多能走多少步。输出 4.13 展示了结果。

**代码清单 4.22    嵌套 if 语句**

```
int input;    // 声明一个变量来存储用户输入

Console.Write(
    " 井字棋最多能走 " +
    " 多少步 ?" +
    " ( 输入 0 退出 ): ");
```

```
// int.Parse() 将 ReadLine() 的
// 返回值转换为 int
input = int.Parse(Console.ReadLine());

// 条件 1
if (input <= 0)
    // 输入小于等于 0
    Console.WriteLine(" 退出 ...");
else
    // 条件 2
    if (input < 9)
    // 输入小于 9
    Console.WriteLine(
        " 井字棋最大步数 " +
        $" 大于 {input}");
    else
        // 条件 3
        if (input > 9)
        // 输入大于 9
            Console.WriteLine(
                " 井字棋最大步数 " +
                $" 小于 {input}");
        // 条件 4
        else
            // 输入等于 9
            Console.WriteLine(
                " 正确，井字棋最多 " +
                " 只能走 9 步。");
```

输出 4.13

> 井字棋最多能走多少步？( 输入 0 退出 )：9
> 正确，井字棋最多只能走 9 步。

　　假定在提示输入时，玩家输入了 9，那么执行路径如下。

- 条件 1：检查 input 是否小于 0。因为不是，所以跳到条件 2。
- 条件 2：检查 input 是否小于 9。因为不是，所以跳到条件 3。
- 条件 3：检查 input 是否大于 9。因为不是，所以跳到条件 4。
- 条件 4：显示答案正确。

　　代码清单 4.22 使用了嵌套 if 语句。为分清嵌套结构，代码行在排版时进行了缩进。但如第 1 章所述，空白不影响执行路径。有没有缩进和换行，代码执行起来都一样。代码清单 4.23 展示了嵌套 if 语句的另一种形式，与代码清单 4.22 等价。

代码清单 4.23　if/else 连贯格式化

```
if (input <= 0)
    Console.WriteLine(" 退出 ...");
else if (input < 9)
    Console.WriteLine(
        " 井字棋最大步数 " +
        $" 大于 {input}");
```

```
else if (input > 9)
    Console.WriteLine(
        " 井字棋最大步数 " +
        $" 小于 {input}");
else
    Console.WriteLine(
        " 正确，井字棋最多 " +
        " 只能走 9 步。");
```

虽然后一种格式更常见，但无论哪种情况，都应选择代码最易读的格式。

上述两个代码清单的 if 语句都省略了大括号。但正如马上就要讲到的那样，这和设计规范不符。规范提倡除了单行语句其他都使用由大括号 ({}) 界定的代码块。

## 4.3 代码块 ({})

在前面的示例 if 语句中，if 和 else 之后跟随了单一的 Console.WriteLine(); 语句，如代码清单 4.24 所示。

**代码清单 4.24    没有添加代码块的 if 语句**

```
if (input <= 0)
    Console.WriteLine(" 退出 ...");
```

可以使用大括号将多个语句合并成**代码块**，以便在符合条件时执行多个语句。例如代码清单 4.25 中用于计算半径的代码块，结果如输出 4.14 所示。

**代码清单 4.25    跟随了代码块的 if 语句**

```
double radius;  // 声明一个变量来存储半径
double area;    // 声明一个变量来存储面积

Console.Write(" 输入圆的半径 : ");

// double.Parse 将 ReadLine() 返回的结果
// 转换成一个 double
string temp = Console.ReadLine();
radius = double.Parse(temp);
if (radius >= 0)
{
    // 计算圆的面积
    area = Math.PI * radius * radius;
    Console.WriteLine(
        $" 这个圆的面积是 : {area:0.00}");
}
else
{
    Console.WriteLine($"{radius} 不是有效半径值。");
}
```

输出 4.14

```
输入圆的半径：3
这个圆的面积是：28.27
```

在这个例子中，if 语句检查 radius( 半径 ) 是否为零或正数。如果是，就计算并显示圆的面积；否则显示一条消息，指出半径无效。

注意，第一个 if 之后跟随了两个语句，它们被封闭在一对大括号中。大括号将多个语句合并成代码块，可以将整个代码块视为单个语句。

如果去掉代码清单 4.25 中用于创建代码块的大括号，在布尔表达式返回 true 的前提下，只有紧接在 if 语句之后的那个语句才会执行。无论布尔表达式求值结果是什么，后续所有语句都会执行。代码清单 4.26 展示了这种无效的代码。

代码清单 4.26　依赖缩进造成无效的代码

```
if (radius >= 0)
    area = Math.PI * radius * radius;
    Console.WriteLine($" 圆的面积是：{area:0.00}");
```

在 C# 语言中，缩进仅用来增强代码的可读性。编译器会忽略它，所以以上代码在语义上等价于代码清单 4.27。

代码清单 4.27　语义上等价于代码清单 4.26

```
if (radius >= 0)
{
    area = Math.PI * radius * radius;
}
Console.WriteLine($" 圆的面积是：{area:0.00}");
```

程序员必须防止此类不容易发现的错误。一种比较极端的做法是，始终在控制流语句之后包括一个代码块，即使其中只有一个语句。事实上，设计规范是除非最简单的单行 if 语句，否则都要添加大括号。

虽然比较少见，但也可以独立使用一个代码块，它在语义上不属于任何控制流语句。换言之，大括号可以自成一体 ( 例如，没有对应的条件，也不在循环中 )，这完全合法。

在前几个代码清单中，π 值用 System.Math 类的 PI 常量表示。编程时不要硬编码 π 和 e( 自然对数的底 )，请用 System.Math.PI 或 System.Math.E。

> ■ 设计规范
>
> AVOID omitting braces, except for the simplest of single-line if statements.
>
> 除非最简单的单行 if 语句，否则避免省略大括号

## 4.4 代码块、作用域和声明空间

代码块经常被称为**作用域** (scope)，但两个术语并非完全可以互换。某个具名事物的作用域是指源代码的一个区域。可在该区域使用非限定名称 ( 前面不加限定前缀 ) 来

引用该事物。局部变量的作用域就是封闭它的那个代码块。这正是经常将代码块称为"作用域"的原因。

人们经常混淆作用域和声明空间。**声明空间**（declaration space）是具名事物的逻辑容器。该容器中不能存在同名的两个事物。代码块不仅定义了作用域，还定义了局部变量声明空间。同一个声明空间中，不允许声明两个同名的局部变量。在声明了一个局部变量的代码块外部，没有办法用该局部变量的名称引用它；这个时候，我们说该局部变量"超出作用域"。类似地，不能在同一个类中声明具有 Main() 签名的两个方法。方法的规则有一些放宽：在同一个声明空间中，允许存在签名不同的两个同名方法。方法的签名包括它的名称和参数的数量 / 类型。

简单地说，作用域决定了一个名称引用的是什么事物，而声明空间决定了同名的两个事物是否冲突。在代码清单 4.28 中（结果如输出 4.15 所示），message 是在 if 语句主体内声明的，这样就把它的作用域限制在了 if 主体内部。之后再使用它的名称时，它已经超出了作用域。要纠正错误，必须在 if 语句外部声明该变量。

代码清单 4.28　变量在其作用域外无法访问

```csharp
string playerCount;
Console.Write(" 输入玩家数量 (1 或 2):");
playerCount = Console.ReadLine();

if (playerCount != "1" && playerCount != "2")
{
    string message = " 你输入了无效的玩家数量。";
}
else
{
    // ...
}
// 错误: message 超出作用域
Console.WriteLine(message);
```

输出 4.15

```
...
...\Program.cs(18,26): error CS0103: 当前上下文中不存在名称 'message'
```

声明空间覆盖了所有子代码块。C# 编译器禁止一个代码块中声明（或作为参数声明）的局部变量在其子代码块中重复声明。总之，一个变量的声明空间是当前代码块，以及它的所有子代码块。在代码清单 4.28 中，由于 playerCount 是在方法的代码块（方法主体）中声明的，所以在这个代码块的任何地方（包括子代码块）都不能再次声明。

message 这个名称则仅在 if 块中可用，在外部（包括 else 子块）不能使用。类似地，playerCount 在整个方法（包括 if 块和 else 子块）中引用的都是同一个变量。

在 C++ 语言中，对于块中声明的局部变量，它的作用域是从声明位置开始，到块尾结束。声明前对局部变量的引用会失败，因为局部变量此时不在作用域内。此时若有另一个同名的事物在作用域中，C++ 会将名称解析成对那个事物的引用，而这可能不是你的原意。C# 语言的规则稍有不同，对于声明局部变量的那个块，局部变量都在作用域中，但声明前引用它属于非法。换言之，此时局部变量合法存在，但使用非法。只有在声明后的位置使用才合法。这是 C# 为了防止像 C++ 那样出现不容易察觉之错误的众多规则之一。

## 4.5 布尔表达式

if 语句中包含在圆括号内的部分是布尔表达式，称为**条件**。如代码清单 4.29 的 if 语句的条件所示。

**代码清单 4.29　布尔表达式**

```
if (input < 9)
{
    // 输入小于 9
    Console.WriteLine(" 井字棋最大步数 " + $" 大于 {input}");
}
// ...
```

许多控制流语句都要使用布尔表达式，其关键特征在于总是求值为 true 或 false。input < 9 之所以是一个布尔表达式，是因为它返回了一个 bool 值。例如，编译器不允许将布尔表达式写成 x = 42，因为它的作用是对 x 进行赋值，并返回新值，而不是检查 x 的值是否等于 42。

语言对比：C++ 中，在本该使用 == 的地方使用了 =

C# 语言消除了 C/C++ 的一个常见的编码错误。代码清单 4.30 在 C++ 中不会出错。

**代码清单 4.30　C++ 允许将赋值作为条件**

```
if (input = 9) // C++ 允许，但 C# 不允许
    System.Console.WriteLine(" 正确，井字棋最多只能走 9 步。");
```

虽然以上代码表面上是检查 input 是否等于 9，但正如第 1 章讲过的那样，= 代表的是赋值操作符，而不是检查相等性的操作符。从赋值操作符返回的是赋给变量的值，本例就是 9。然而，作为 int 的 9 无法被判定为布尔表达式，所以是 C# 编译器不允许的。C 语言和 C++ 语言将非零整数视为 true，将零视为 false。相反，C# 语言要求条件必须是布尔类型，不允许整数。

### 4.5.1 关系操作符和相等性操作符

关系和相等性操作符判断一个值是否大于、小于或等于另一个值。表 4.2 总结了所有关系和相等性操作符。它们都是二元操作符。

表 4.2　关系和相等性操作符

| 操作符 | 说明 | 示例 |
| --- | --- | --- |
| < | 小于 | input < 9; |
| > | 大于 | input > 9; |
| <= | 小于或等于 | input <= 9; |
| >= | 大于或等于 | input >= 9; |
| == | 等于 | input == 9; |
| != | 不等于 | input != 9; |

　　和其他许多编程语言一样，C# 语言使用相等性操作符 == 来测试相等性。例如，判断 input 是否等于 9 要使用 input == 9。相等性操作符使用两个等号，赋值操作符则使用一个。C# 语言的感叹号代表 NOT，所以用于测试不等性的操作符是 !=。

　　关系和相等性操作符总是生成 bool 值，如代码清单 4.31 所示。

**代码清单 4.31　将关系操作符的结果赋给 bool 变量**

```
bool result = 70 > 7;
```

　　井字棋程序的完整代码清单使用相等性操作符判断玩家是否退出游戏。代码清单 4.32 的布尔表达式包含一个 OR(||) 逻辑操作符，下一节将详细讨论它。

**代码清单 4.32　在布尔表达式中使用相等性操作符**

```
if (input.Length == 0 || input == "quit")
{
    Console.WriteLine($" 玩家 {currentPlayer} 退出 !!");
}
```

## 4.5.2　逻辑操作符

　　**逻辑操作符**获取布尔操作数并生成布尔结果。可以使用逻辑操作符来合并多个布尔表达式，从而构造更复杂的布尔表达式。逻辑操作符包括 |，||，&，&& 和 ^，对应 OR，AND 和 XOR( 异或 )。OR 和 AND 的 | 和 & 版本很少用，原因稍后讨论。

### 4.5.2.1　OR 操作符 ||

　　在代码清单 4.32 中，如果玩家输入 quit，或直接按 Enter 键而不输入任何值，就认为想要退出游戏。为了允许玩家以这两种方式退出，程序使用了逻辑 OR 操作符 ||。

　　操作符 || 对两个布尔表达式进行求值，任何一个为 true 就返回 true，如代码清单 4.33 所示。

代码清单 4.33　使用操作符 OR

```
if ((hourOfTheDay > 23) || (hourOfTheDay < 0))
    Console.WriteLine(" 你输入了无效的时间。");
```

注意，使用布尔 OR 操作符时，不一定每次都会对操作符两边的表达式进行求值。和 C# 的所有操作符一样，OR 操作符从左向右求值。所以，一旦左边求值为 true，那么右边就可以忽略。换言之，如果 hourOfTheDay 的值为 33，那么 (hourOfTheDay > 23) 会返回 true，所以 OR 操作符会忽略右边的表达式。这种**短路求值**方式同样适合布尔 AND 操作符。注意，本例的圆括号并非必须，因为逻辑操作符的优先级低于关系操作符。然而，为了清晰起见，还是可以将子表达式用圆括号括起来，这使初学者更容易理解。

### 4.5.2.2 AND 操作符 &&

布尔 AND 操作符 && 在两个操作数求值都为 true 的前提下才返回 true。任何操作数为 false，都会返回 false。代码清单 4.34 判断当前小时数是否大于 10 而且小于 24[①]。如果同时满足这两个条件，就输出一条消息表明当前是工作时间。和 OR 操作符一样，AND 操作符也并非每次都要对右边的表达式进行求值。只要左边的表达式返回 false，那么不管右边的操作数是什么，最终结果肯定为 false，所以"运行时"会忽略右边的操作数。

代码清单 4.34　使用 AND 操作符

```
if ((10 < hourOfTheDay) && (hourOfTheDay < 24))
    Console.WriteLine(" 嗨哟，嗨哟，我们去工作了。");
```

### 4.5.2.3 XOR 操作符 ^

符号 ^ 是异或 (Exclusive OR，XOR) 操作符。如果应用于两个布尔操作数，那么只有在两个操作数中仅有一个为 true 的前提下，XOR 操作符才会返回 true，如表 4.3 所示。

与布尔 AND 和 OR 操作符不同，布尔 XOR 操作符不支持短路运算。它始终都要检查两个操作数，因为除非确切知道两个操作数的值，否则不能判定最终结果。注意，如果将 XOR 操作符换成 != 操作符，那么还是会得到表 4.3 的结果。

表 4.3　XOR 真值表

| 左操作数 | 右操作数 | 结果 |
| --- | --- | --- |
| True | True | False |
| True | False | True |
| False | True | True |
| False | False | False |

---

① 程序员典型的工作时间。

### 4.5.3 逻辑取反操作符！

逻辑取反操作符 (!) 有时也称为 NOT 操作符，作用是反转一个 bool 数据类型的值。这是一元操作符，只需一个操作数。代码清单 4.35 演示了它如何工作，输出 4.16 展示了结果。

**代码清单 4.35　使用逻辑取反操作符**

```
bool valid = false;
bool result = !valid;
// 显示 "result = True"
Console.WriteLine($"result = {result}");
```

**输出 4.16**

```
result = True
```

valid 最初的值为 false。取反操作符对 valid 的值取反，将新值赋给 result。

### 4.5.4 条件操作符？:

可以使用**条件操作符**取代 if-else 语句来选择两个值中的一个。条件操作符同时使用一个问号和一个冒号，常规格式如下：

*condition ? consequence : alternative*

条件操作符是三元操作符，需要三个操作数：condition，consequence 和 alternative。类似于逻辑操作符，条件操作符也采用了某种形式的短路求值。如果 condition 求值为 true，那么条件操作符只求值 consequence；否则只求值 alternative。操作符的结果是被求值的表达式。

代码清单 4.36 展示了如何使用条件操作符。该程序的完整代码清单可以参考本书配套资源中的 Chapter04\TicTacToe.cs。

**代码清单 4.36　条件操作符**

```
public class TicTacToe
{
    public static void Main()
    {
        // 最开始将 currentPlayer 设为玩家 1
        int currentPlayer = 1;

        // ...

        for(int turn = 1; turn <= 10; turn++)
        {
            // ...

            // 交换玩家
            currentPlayer = (currentPlayer == 2) ? 1 : 2;
```

```
        }
    }
}
```

　　程序的作用是交换当前玩家。它检查当前值是否为 2。这是条件语句的 condition 部分。如果结果为 true，那么条件操作符返回 consequence 值 1；否则返回 alternative 值 2。和 if 语句不同，条件操作符的结果必须赋给某个变量 ( 或作为参数传递 )，不能自成语句。

> **设计规范**
>
> CONSIDER using an if/else statement instead of an overly complicated conditional expression.
>
> 考虑使用 if/else 语句而不是过于复杂的条件表达式。

　　在 C# 9.0 之前，语言要求条件操作符中的输出部分 (consequence 和 alternative 表达式 ) 具有一致的类型，而且在判定类型是否一致时不会检查表达式的上下文 ( 包括最终要赋给的目标类型 )。然而，C# 9.0 引入了对目标类型 (target-typed) 条件表达式的支持。因此，即使 consequence 和 alternative 表达式是不同的类型 ( 例如 string 和 int)，而且两者不能隐式转换为对方，只要两个类型都能隐式转换到目标类型，那么该语句仍然是允许的。例如，编译器现在允许写 object result = condition ? "abc" : 123; 这样的语句，因为两个条件的输出类型都能隐式转换为 object。

## 4.6　用 null 编程

　　如第 3 章所述，虽然 null 可以非常有用，但它也带来了一些挑战。其中最明显的是，在调用对象的成员，或者将值从 null 更改为更适合当前情况的值之前，需要检查值是否为 null。

　　尽管可以使用相等性操作符甚至关系相等性操作符来检查 null，但还有其他几种方法，包括 C# 7.0 对 is null 的支持以及 C# 10.0 对 is not null 的支持。除此之外，有几个操作符专门用于处理可能为 null 的值，其中包括空合并操作符 ( 以及 C# 8.0 的空合并赋值操作符 ) 和空条件操作符。甚至有一个操作符可以告诉编译器：虽然编译器自己没有把握，但可以确定一个值不是 null——这就是空包容操作符 ( 一元后缀 ! 操作符 )。让我们从最简单的开始，即检查一个值是否为 null。

### 4.6.1　检查是否为 null

　　有多种方式可以检查 null，如表 4.4 所示。对于其中每个代码段，都假设之前已经声明好了变量：

```
string? uriString = null;
```

表 4.4　检查 null

| 说明 | 示例 |
|---|---|
| **is null 操作符模式匹配**<br><br>is 操作符提供了多种检查 null 的方法。从 C# 7.0 开始，可以使用 is null 表达式来检查一个值是否为 null。这是检查值是否为 null 的一种非常简单明了的方式 | ```// 1.
if (uriString is null)
{
    Console.WriteLine(
        "Uri 为 null");
}``` |
| **is not null 操作符模式匹配**<br><br>类似地，C# 9.0 增加了对 is not null 的支持。如果要检查是否不为空，这就是首选方式 | ```// 2.
if (uriString is not null)
{
    Console.WriteLine(
        "Uri 不为空 ");
}``` |
| **相等 / 不相等**<br><br>相等性和不相等性操作符适用于所有版本的 C#<br><br>此外，用这种方式检查 null 具有较好的可读性<br><br>这种方式的唯一缺点是可能要求重写相等性 / 不相等性操作符，从而可能引入轻微的性能损失 | ```// 3.
if (uriString == null)
{
    Console.WriteLine(
        "Uri 为 null");
}
if (uriString != null)
{
    Console.WriteLine(
        $"Uri 是 : {uriString}");
}``` |
| **is object**<br><br>is object 是 C# 1.0 就有的一个功能，用于判断操作数是否不为 null，等价于 is not null，但明显不如后者清晰。is object 比下面的 is {} 表达式更好用，因为当操作数是非空的值类型时，它会发出警告。这很合理，既然操作数不能为 null，检查 null 的意义何在呢？ | ```// 4.
int number = 0;
if ((uriString is object)
// Warning CS0183: 给定表达式
// 始终不为 null
&& (number is object))
{
    Console.WriteLine(
        $"Uri 是 : {uriString}");
}``` |
| **is { } 操作符模式匹配**<br><br>C# 8.0 新增了属性模式匹配表达式 < 操作数 > is { }，它提供了与 is object 几乎相同的功能。除了可读性较差，它还有一个明显的缺点，也就是为不可空的值类型表达式使用 is {}，它是不会发出警告的，但 is object 会。但是，对于不可空的值类型来说，最好是发出警告，因为检查不可空的值类型是否为 null 是没有意义的。因此，建议优先使用 is object 而不是 is { } | ```// 5.
if (uriString is { })
{
    Console.WriteLine(
        $"Uri 是 : {uriString}");
}``` |
| **ReferenceEquals()**<br><br>object.ReferenceEquals() 用于执行引用相等性检查。虽然对于一个如此简单操作而言，这个名字显得过长，但它适用于所有版本的 C#，且具有不允许重写的优点，所以，它始终是 "名符其实" 的 | ```// 6.
if (ReferenceEquals(
    uriString, null))
{
    Console.WriteLine(
        "Uri 为 null");
}``` |

　　这么多检查 null 值的方式自然会带来一个问题：哪种更好？如果使用的是现代版本的 C#，那么应该首选 C# 7.0 加强的 is null 以及 C# 9.0 新增的 is not null 语法。

　　当然，如果必须使用 C# 6.0 或更早的版本编程，那么除了用 is object 检查非空，就只能选择相等 / 不相等性操作符。is object 稍微好一些，因为不可能改变 is object 表达式的行为，所以自然不可能造成性能损失 ( 虽然很轻微 )。这使 is {} 几乎没了用武之地。ReferenceEquals() 很少有人用，但它允许比较未知数据类型的值，这在实现相等性操作符的自定义版本时相当有用。详情参见第 10 章的 "操作符重载" 小节。

　　表 4.4 有几行使用了模式匹配 ( 即 is 和 is not 等 )，这个概念将在第 7 章的 "模式匹配" 小节进行更详细的介绍。

## 4.6.2　空合并操作符 ?? 和空合并赋值操作符 ??=

　　**空合并操作符 ??** 简单表示为 "如果这个值为空，就使用另一个值"，其形式如下：

*expression1 ?? expression2*

　　空合并操作符支持短路求值。如果 expression1 不为 null，就返回 expression1 的值，另一个表达式不求值。如果 expression1 求值为 null，就返回 expression2 的值。和条件操作符不同，空合并操作符是二元操作符。

　　代码清单 4.37 展示了使用空合并操作符的一个例子。

**代码清单 4.37　空合并操作符**

```
string? fullName = GetSaveFilePath();
// ...

// 空合并操作符
string fileName = GetFileName() ?? "config.json";
string directory = GetConfigurationDirectory() ??
    GetApplicationDirectory() ??
    Environment.CurrentDirectory;

// 空合并赋值操作符
fullName ??= $"{ directory }/{ fileName }";

// ...
```

　　在这个例子中，如果 GetFileName() 返回 null，就用空合并操作符将 fullName 设为 "config.json"。如果 fileName 不为 null，那么直接将 GetFileName() 的返回值赋给 fullName。

　　空合并操作符能完美 "链接"。例如，对于表达式 x ?? y ?? z ，x 不为 null 将返回 x；否则，y 不为 null 将返回 y；否则返回 z。也就是说，从左向右选出第一个非空表达式。之前所有表达式都为空，就选择最后一个。代码清单 4.27 在对 directory 进行赋值的时候用到了这个技术。

C# 8.0 引入了空合并操作符与赋值操作符的组合，增加了**空合并赋值操作符 ??=**。使用这个操作符，首先判断左侧的变量是否为 null。如果是，就将右侧表达式的值赋给它。在代码清单 4.37 中，在对 **fullName** 赋值时使用了该操作符。注意，**??=** 操作符的左操作数必须是一个变量、属性或索引器元素。

### 4.6.3 空条件操作符 ?.

由于经常需要在调用成员之前检查 null，所以从 C# 6.0 开始引入了空条件操作符 **?.**，如代码清单 4.38 所示。[①]

**代码清单 4.38  空条件操作符**

```
string[]? segments = null;
string? uri = null;
// ...
int? length = segments?.Length;
// ...
if (length is not null && length != 0)
{
    uri = string.Join('/', segments!);
}
if (uri is null || length is 0)
{
    Console.WriteLine(" 没有更多区段可以合并了。");
}
else
{
    Console.WriteLine(
    $"Uri: {uri}");
}
```

对于空条件操作符的这个例子 (int? length = segments?.Length)，在调用方法或属性 ( 本例是 Length 属性 ) 前，会首先检查操作数 (segments) 是否为 null。它在逻辑上等价于以下代码 ( 虽然原始的语法只求值 segments 一次 )：

```
int? length = (segments != null) ? (int?)segments.Length : null
```

空条件操作符的一个重点在于，它会始终生成一个可空值。在本例中，即使 string.Length 成员生成一个不可空的 int，用空条件操作符来调用 Length 也会生成一个可空 int( 即 int?)。

还可以访问数组时使用空条件操作符。例如，uriString = segments?[0] 在 segments 数组不为 null 的情况下获得它的第一个元素。然而，很少使用空条件操作符来访问数组，因为它要满足以下条件：不知道操作数是否为 null，但又知道元素的数量，或者至少知道特定元素是否存在。

---

① 这段代码其实可以用一个 using 语句来改进，但由于尚未讲到那里，所以暂时放弃。另外，空条件操作符也称为"空传播操作符"。

空条件操作符最方便的地方在于可以"链接"(不管用不用更多的空合并操作符)。例如，在以下代码中，只有在 segments 和 segments[0] 都非空的前提下才会调用 ToLower() 和 StartWith()。

```
segments?[0]?.ToLower().StartsWith("file:");
```

当然，在这个例子中，我们假设 segments 的元素可能为空，所以应该更准确地这样写它的声明(要求至少 C# 8.0)：

```
string?[]? segments;
```

它的意思是说，segments 数组是可空的，而且它的每个元素都是一个可空的 string。

空条件表达式链接起来后，如果第一个操作数为空，那么表达式求值会被短路，调用链中不再发生其他调用。还可以在表达式末尾再链接一个空合并操作符。这样一来，如果操作数为 null，那么就可以指定使用一个默认值。

```
string uriString = segments?[0]?.ToLower().StartsWith(
    "file:") ?? "intellitect.com";
```

注意，空合并操作符 ?? 所生成的数据类型应该是非空的，换言之，假设操作符的右操作数——本例是 "intellitect.com"——非空。这很正常，因为如果右操作数也允许为空，那么空合并操作符就没有意义了。

但是，注意不要遗漏额外的 null 值。例如，假定(只是假定)ToLower() 也返回 null，那么会发生什么？这样在调用 StartsWith() 时会抛出 NullReferenceException 异常。但这并不是说一定要使用一个空条件操作符链，而是说应关注程序逻辑。在本例中，由于 ToLower() 永不为空，所以不需要额外的空条件操作符。

虽然有点怪(和其他操作符行为相比)，但只有在调用链最后才会生成一个可空值类型的值。结果是假如用点(.)操作符来调用 Length 的成员，那么只允许调用它的 int(而非 int?) 的成员。但是，将 segments?.Length 放到圆括号中(从而先返回一个 int?)，就可以在返回的 int? 上调用 Nullable<T> 类型的特殊成员 (HasValue 和 Value) 了。

换言之，segments?.Length.Value 是无法通过编译的，因为 int(Length 返回的数据类型)没有名为 Value 的成员。然而，通过改变求值优先级，修改成 (segments?.Length).Value，就可以避免编译错误了，因为 (segments?.Length) 会先返回一个 int?，所以可以调用它的 Value 属性。

## 4.6.4 空包容操作符！

在之前的代码清单 4.38 中，注意 Join() 调用在 segments 后面包含了一个感叹号。

```
uri = string.Join('/', segments!);
```

在执行以上代码的时候，我们已经将 segments?.Length 赋给 length 变量，而由于 if 语句已经验证了 length 不为 null，所以我们知道 segments 也不可能为 null。

```
int? length = segments?.Length;
// ...
if (length is not null && length != 0){ }
```

但是，编译器没有能力做同样的判断。由于 `Join()` 要求一个非空字符串数组，当传递一个声明为可空的 `segments` 变量时，它会发出警告。为了避免该警告，我们可以从 C# 8.0 开始使用空包容操作符 (!)。它告诉编译器，作为程序员，我们更清楚 `segments` 变量不可能为 null。这样一来，在编译时，编译器就知道我们比它更清楚，所以会消除警告，尽管"运行时"仍会在程序执行时检查我们的这个断言。

注意，虽然空条件操作符会检查 `segments` 数组是否为 null，但它会不检查其中有多少个元素，也不会检查每个元素是否为 null。

在第 1 章中，当我们将 `Console.ReadLine()` 的返回值给一个字符串时，遇到了警告 CS8600，即"将 null 文本或可能的 null 值转换为不可为 null 类型"。这是因为 `Console.ReadLine()` 返回的是一个 `string?`，而不是一个非空字符串。事实上，`Console.ReadLine()` 仅在输入被重定向时才有可能返回 null，而这并不是我们这些入门程序所期望的用例。不过，编译器不知道这一点。为了消除警告，我们可以为 `Console.ReadLine()` 的返回值使用空包容操作符，表示我们更清楚返回值不会为 null( 如果真的为 null，那么也可以放心地抛出空引用异常 )。

```
string text = Console.ReadLine()!;
```

**高级主题：空条件操作符应用于委托**

空条件操作符本身已是极好的功能。与委托调用配合，它更是解决了从 C# 1.0 以来就存在的痛点。在代码清单 4.39 展示的传统方式中，我们先将 PropertyChange 事件处理程序赋给一个局部拷贝 (propertyChanged)，再执行空检查，非空则引发事件。这是以线程安全的方式调用 (invoke) 事件处理程序的最简单方式，可防范在空检查和引发事件之间发生事件被取消订阅的风险。[①]

**代码清单 4.39　委托调用的传统方式**
```
System.EventHandler propertyChanged = PropertyChanged;
if (propertyChanged != null)
{
    propertyChanged(this, new System.EventArgs());
}
```

但该模式并不直观，经常会有开发人员不遵守。结果就是抛出让人摸不着头脑的 `NullReference Exception`。幸好，空条件操作符解决了该问题。现在，代码清单 4.39 所展示的对委托值进行的 null 检查可以修改成以下更优雅的代码。

---

① 译注："调用一个委托实例"中的"调用"对应的是 invoke，理解为"唤出"更恰当。它和"在一个对象上调用方法"中的"调用"稍有不同，后者对应的是 call。在英语的语境中，invoke 和 call 的区别在于，在执行一个所有信息都已知的方法时，用 call 比较恰当。这些信息包括要引用的类型、方法的签名以及方法名。但是，在需要先"唤出"某个东西来帮你调用一个信息不明的方法时，用 invoke 就比较恰当。但是，由于两者均翻译为"调用"不会对读者的理解造成太大的困扰，所以本书仍然采用约定俗成的方式来进行翻译，只是在必要的时候附加英文原文以提醒大家加以区分。

```
PropertyChanged?.Invoke(propertyChanged(
    this, new PropertyChangedEventArgs(nameof(Name)));
```

事件本质上就是委托[①]，所以通过空条件操作符和 **Invoke()** 来调用 (invoke) 委托总是可行的。 ■

## 4.7 按位操作符

几乎所有编程语言都提供了一套按位操作符 <<、>>、|、&、^ 和 ~ 来处理值的二进制形式。

**初学者主题：位和字节**

在计算机中，所有值都表示成 1 和 0 的二进制形式，这些 1 和 0 称为**二进制位** (bit)。8 位一组称为**字节** (byte)。一个字节中每个连续的位都对应 2 的一个乘幂。其中，最右边的位对应 $2^0$，最左边的对应 $2^7$，如图 4.1 所示。

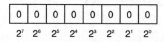

图 4.1 对应的占位值

在许多情况下，尤其是在操作低级设备或系统服务的时候，信息是以二进制数据的形式获取的。操作这些设备和服务需要处理二进制数据。

如图 4.2 所示，每个框都对应 2 的某个乘幂。字节 (8 位构成的一个数) 的值是设为 1 的所有位的 2 的乘幂之和。

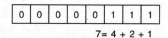

图 4.2 如何计算一个无符号字节的值

对于有符号的数，二进制转换则有很大的不同。有符号的数 (**long**，**short**，**int**) 使用 2 的补数计数法表示。这确保了将负数加到正数上时，上述加法运算能照常进行，就好比两个操作数都是正数一样。使用这种计数法，负数在行为上有别于正数。负数通过最左边的 1 来标识。如果最左边的位置包含 1，就要将含有 0 的位置加到一起，而不是将含有 1 的位置加到一起。每个位置都对应负的 "2 的乘幂"。此外，最后还要在结果上减 1。图 4.3 对此进行了演示。

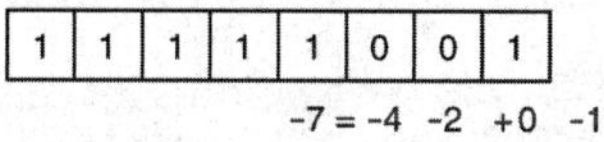

```
1 1 1 1 1 0 0 1
-7 = -4  -2  +0  -1
```

图 4.3 计算有符号字节的值

所以，1111 1111 1111 1111 对应 -1( 因为最后要减 1)，1111 1111 1111 1001 对应 -7，而 1000 0000 0000 0000 对应 16 位整数能容纳的最小负值。 ■

---

[①] 译注：更准确地说，CLR 事件模型以委托为基础。委托本质上是一种类型，提供了调用 (invoke) 回调方法的一种类型安全的方式。参见《深入 CLR》( 第 4 版 ) 的第 11 章。

### 4.7.1 移位操作符

有的时候，需要将一个数的二进制值向右或向左移位。左移时，所有位都向左移动由操作符右侧的操作数指定的位数。左移后，在右边留下的空位由零填充。右移位操作符原理相似，只是朝相反方向移位；但是，如果是负数，左侧要填充 1 而非 0。两个移位操作符是 >> 和 <<，分别称为**右移位**和**左移位**操作符。除此之外，还有**复合移位和赋值操作符** <<= 和 >>=。

例如，int 值 -7 的二进制形式为 1111 1111 1111 1111 1111 1111 1111 1001。代码清单 4.40 使其右移 2 个位置，结果如输出 4.17 所示。

**代码清单 4.40    使用右移位操作符**

```
int x;
x = (-7 >> 2); // 11111111111111111111111111111001 变成
               // 11111111111111111111111111111110
// 输出 "x = -2。"
Console.WriteLine($"x = {x}。");
```

**输出 4.17**

```
x = -2。
```

在这个例子中，右移位时，最右侧的位从边界处"离开"，左侧的负数位标识符也右移两个位置，腾出来的空白位置用 1 填充。最终结果是 -2，再次提醒要多减一个 1。

虽然坊间传说 x << 2 比 x * 4 快，但不要将移位操作符用于乘除法。20 世纪 70 年代的一些 C 编译器可能确实如此，但现代微处理器都对算术运算进行了完美的优化。通过移位进行乘除令人迷惑，而且假如维护代码的人忘记移位操作符的优先级低于算术操作符，还很容易造成错误。

### 4.7.2 按位操作符

我们有时需要用按位操作符 &、| 和 ^ 对两个操作数执行逐位 (bit-by-bit) 的逻辑运算，比如 AND、OR 和 XOR 等，这分别是用 &、| 和 ^ 这几个操作符来实现的。

 **初学者主题：理解逻辑操作符**

假定有如图 4.4 所示的两个数，按位操作符会从最左边的位开始逐位进行逻辑运算，直到最右边的位为止。值 1 被视为 true，值 0 被视为 false。

图 4.4  12 和 7 的二进制形式

所以，对图 4.4 的两个值执行按位 AND 运算，会逐位比较第一个操作数 (12) 和第二个操作数 (7)，得到二进制值 000000100，也就是十进制 4。另外，这两个值的按位 OR 运算结果是 00001111，也就是十进制 15。XOR 结果是 00001011，也就是十进制 11( 记住，异或运算是指两个操作数中，有一个而且仅有一个为 true，结果才会为 true)。

代码清单 4.41 演示了如何使用这些按位操作符，结果如输出 4.18 所示。

**代码清单 4.41　使用按位操作符**

```
byte and, or, xor;
and = 12 & 7;    // and = 4
or = 12 | 7;     // or = 15
xor = 12 ^ 7;    // xor = 11
Console.WriteLine( $"""
        and = { and }
        or = { or }
        xor = { xor }
        """);
```

**输出 4.18**

```
and = 4
or = 15
xor = 11
```

在代码清单 4.41 中，值 7 称为**掩码** (mask)，作用是通过特定的操作符表达式，公开 (expose) 或消除 (eliminate) 第一个操作数中特定的位。注意，和 AND(&&) 操作符不同，& 操作符两边都要求值，即使左边为 false。类似地，OR 操作符的 | 版本也不会进行"短路求值"。即使左边的操作数为 true，右边也要求值。总之，AND 和 OR 操作符的按位版本不进行"短路求值"。

为了将一个数转换成二进制，需要遍历它的每一位。代码清单 4.42 展示了如何将整数转换成二进制形式的字符串，输出 4.19 展示了结果。

**代码清单 4.42　获取二进制形式的字符串表示**

```
public class BinaryConverter
{
    public static void Main()
    {
        const int size = 64;
        ulong value;
        char bit;

        Console.Write(" 输入一个整数 : ");
        // 使用 long.Parse() 来支持负数,
        // 假设对 ulong 进行 unchecked 赋值,
        // 如果 ReadLine 返回 null, 那么使用 "42" 作为默认输入
        value = (ulong)long.Parse(Console.ReadLine() ?? "42");

        // 将初始掩码 (mask) 设为 100000...0
        ulong mask = 1UL << size - 1;
```

```
        for(int count = 0; count < size; count++)
        {
            bit = ((mask & value) != 0) ? '1' : '0';
            Console.Write(bit);
            // 掩码右移 1 位
            mask >>= 1;
        }
        Console.WriteLine();
    }
}
```

**输出 4.19**

```
输入一个整数：42
00000000000000000000000000000000000000000000000000000000000101010
```

注意，每次 for 循环（稍后就会讨论）都使用右移位赋值操作符 (>>=) 创建与变量 value 中的每一位对应的掩码。使用按位操作符 &，可以判断一个特定的位是否已设置（是否设为 1）。如果掩码测试生成非零结果（测试结果为 true)，就将 1 写到控制台，否则写 0。这样可真实反映一个无符号长整数 (ulong) 的二进制形式。

注意，(mask & value) != 0 中的圆括号是必须的，因为不相等测试的优先级高于 AND 操作符。不显式添加圆括号，就相当于 mask & (value != 0)。这没有任何意义，因为 & 左侧是一个 ulong，右侧是一个 bool。

本例仅供参考，有内建的 CLR 方法 System.Convert.ToString(value, 2) 可以直接执行这个转换。第二个参数指定进制 (2 代表二进制，10 代表十进制，16 代表十六进制)。

### 4.7.3 按位复合赋值操作符

一点儿都不奇怪，按位操作符还可以和赋值操作符合并，即 &=、|= 和 ^=。例如，可以让变量与一个数进行 OR 运算，结果赋回给初始变量，如代码清单 4.43 和输出 4.20 所示。

**代码清单 4.43  使用逻辑赋值操作符**

```
byte and = 12, or = 12, xor = 12;
and &= 7;   // and = 4
or |= 7;    // or = 15
xor ^= 7;   // xor = 11
Console.WriteLine( $"""
        and = {and}
        or = {or}
        xor = {xor}
        """);
```

**输出 4.20**

```
and = 4
or = 15
xor = 11
```

使用 fields &= mask 这样的表达式将位映射 (bitmap) 与掩码合并，会从 fields 中清除 mask 中没有设置的位。相反，fields &= ~mask 从 fields 中清除 mask 中已设置的位。记住，所谓"清除"一位，是指将该 bit 设为 0( 置 0)。

### 4.7.4　按位取反操作符

按位取反操作符反转操作数的每一个二进制位，操作数可以是 int，uint，nint，nuint，long 和 ulong 类型。例如，~1 返回 1111 1111 1111 1111 1111 1111 1111 1110( 或十进制 -2)，而 ~(1<<31) 返回 0111 1111 1111 1111 1111 1111 1111 1111( 或十进制 2 147 483 647，即 Int32.MaxValue)

## 4.8　再论控制流语句

更详细地探讨布尔表达式之后，就可以更清楚地描述 C# 语言支持的控制流语句。有经验的程序员已熟悉了其中许多语句，所以可快速浏览本节内容，找出 C# 特有的信息。尤其关注 foreach 循环，它对许多程序员来说是新的。

### 4.8.1　while 循环和 do/while 循环

目前学习的都是只执行一遍的程序。但是，计算机的关键优势之一是能多次执行相同的操作。为此，需要创建指令循环。本节讨论的第一个指令循环是 while 循环，它是最简单的条件循环。while 语句的常规形式如下：

```
while (condition)
    statement
```

其中，条件 (condition) 必须是布尔表达式，只要它求值为 true，作为循环主体的语句 (statement) 就会反复执行。条件求值为 false，就跳过循环主体，从它之后的语句执行。注意循环主体会一直执行，即使这个过程中导致条件变成 false。除非回到"循环顶部"重新求值条件，而且结果是 false，否则循环不会退出。代码清单 4.44 用一个斐波那契计算器演示了 while 语句的用法。

**代码清单 4.44　while 循环示例**

```
decimal current;
decimal previous;
decimal temp;
decimal input;

Console.Write(" 输入一个正整数 :");

// decimal.Parse 将 ReadLine 的返回结果转换为一个十进制数，
// 如果 ReadLine 返回 null，就用 "42" 作为默认值。
input = decimal.Parse(Console.ReadLine() ?? "42");
```

```
// 将 current 和 previous 初始化为 1，这是
// 斐波那契数列前两个固定的数。
current = previous = 1;

// 判断数列中当前的斐波那契数是否
// 小于用户输入的数
while (current <= input)
{
    temp = current;
    current = previous + current;
    previous = temp; // 即使上一个语句造成 current 大于 input，
                     // 也会执行这个语句。
}

Console.WriteLine($" 下一个斐波那契数是 { current }");
```

**斐波那契数**是**斐波那契数列**的成员，数列中所有数都是数列中前两个数之和。数列最开头两个数固定为 1 和 1。代码清单 4.44 中提示用户输入一个正整数，使用 while 循环发现比输入的数大的第一个斐波那契数。

**初学者主题：何时使用 while 循环**

本章剩余部分会讲到造成代码块反复执行的其他循环构造。**循环主体**或**循环体**是指 while 结构中执行的语句（通常是一个代码块）。这是因为在达成退出条件之前，循环主体代码会一直"迭代"。应该理解在什么时候选择什么循环构造。如果条件为 true 就一直执行某个操作，就选择 while。for 主要用于重复次数已知的循环，比如从 0 到 n 计数。do/while 类似于 while 循环，区别在于循环主体至少执行一次。

do/while 循环与 while 循环非常相似，只是最适合需要循环 1 ~ n 次的情况，而且 n 在循环开始前无法确定。经常用这个模式提示用户输入。代码清单 4.45 是从井字棋程序中提取出来的。

**代码清单 4.45   do/while 循环示例**

```
// 反复提示玩家落子，直到
// 输入棋盘上的一个有效位置。
bool valid;
do
{
    valid = false;

    // 请求当前玩家落子
    Console.Write($" 玩家 {currentPlayer}: 输入落子 :");
    string? input = Console.ReadLine();

    // 检查当前玩家的输入
    // ...

} while(!valid);
```

代码清单 4.45 在每次迭代 ( 循环刚开始的时候 )[①] 将 valid 设为 false。接着，提示并获取用户输入的一个数。虽然这部分在代码中省略了，但接下来的操作是检查输入是否正确。如正确，就将 true 赋给 valid。由于代码使用 do/while 而不是 while 语句，所以至少提示用户输入一次。

do/while 循环的常规形式如下：

```
do
    statement
while (condition);
```

和所有控制流语句一样，循环主体通常是一个代码块，以便执行多个语句。但是，完全可以将单个语句作为循环主体，但加了标签的语句 ( 参见本章稍后的 " 基本 switch 语句 " 一节 ) 和局部变量声明除外。

## 4.8.2　for 循环

for 循环反复执行代码块，直至满足指定条件。这和 while 循环差不多。区别在于，for 循环有一套内建的语法规定了如何初始化、递增以及测试一个计数器的值。该计数器称为**循环变量**。由于循环语法中专门有一个位置是为递增 / 递减操作保留的，所以递增 / 递减操作符经常作为 for 循环的一部分使用。

代码清单 4.46 展示了如何用 for 循环显示整数的二进制形式。输出 4.21 展示结果。

**代码清单 4.46　使用 for 循环**

```
const int size = 64; // 也可以从 sizeof(ulong) 取得
ulong value;
char bit;

Console.Write(" 输入一个整数 : ");
// 使用 long.Parse() 来支持负数
// 假设对 ulong 进行 unchecked 赋值，
// 如果 ReadLine 返回 null，那么使用 "42" 作为默认输入
value = (ulong)long.Parse(Console.ReadLine() ?? "42");

// 将初始掩码 (mask) 设为 100000...0
ulong mask = 1UL << size - 1;
for(int count = 0; count < size; count++)
{
    bit = ((mask & value) > 0) ? '1' : '0';
    Console.Write(bit);
    // 掩码右移 1 位
    mask >>= 1;
}
```

**输出 4.21**

```
输入一个整数 : -42
1111111111111111111111111111111111111111111111111111111111010110
```

---

① 译注：每一次循环都称为一次 " 迭代 "。

代码清单 4.46 执行位掩码 64 次，对用户输入的数中的每一位都应用一次。for 循环头包含三个部分。第一部分声明并初始化变量 count，第二部分描述 for 循环主体的执行条件，第三部分描述如何更新循环变量。for 循环的常规形式如下：

```
for (initial ; condition ; loop)
    statement
```

下面解释 for 循环的各个部分。

- *initial*( 初始化 ) 负责首次迭代前的初始化操作。在代码清单 4.46 中，它声明并初始化 count 变量。*initial* 表达式不一定非要声明新变量。例如，完全可以事先声明好变量，在 for 循环中只是初始化它。还可以完全省略该部分。如果在这里声明变量，其作用域仅限于 for 语句头部和主体。
- *condition*( 条件 ) 指定循环结束条件。条件为 false 就终止循环，这和 while 循环一样。只有条件求值为 true 才会执行 for 循环主体。本例在 count 大于或等于 64 时退出循环。
- *loop*( 循环 ) 表达式在每次迭代后求值。本例的循环表达式 count++ 会在 mask 右移位 (mask >>= 1) 之后、在对条件求值之前执行。第 64 次迭代时，count 递增到 64，造成条件变成 false，因而终止循环。
- *statement* 是在条件表达为 true 时执行的"循环主体"代码。

代码清单 4.46 的 for 循环的执行步骤可用以下伪代码表示。

1. 声明 count 并将其初始化为 0。

2. 如果 count 小于 64，跳到步骤 3；否则跳到步骤 7。

3. 计算 bit 并显示它。

4. 对 mask 执行右移位。

5. count 递增 1。

6. 跳回步骤 2。

7. 继续执行循环主体之后的语句。

for 语句头部三部分均可省略。for(;;){ ... } 完全有效，只要有办法从循环中退出以避免无限循环 ( 缺失的条件默认为常量 true)。

initial 和 loop 表达式支持多个循环变量，如代码清单 4.47 和输出 4.22 所示。

**代码清单 4.47    使用多个表达式的 for 循环**

```
for (int x = 0, y = 5; ((x <= 5) && (y >= 0)); y--, x++)
{
    Console.Write($"{x}{((x > y) ? '>' : '<')}{y}\t");
}
```

**输出 4.22**

| 0<5 | 1<4 | 2<3 | 3>2 | 4>1 | 5>0 |
|-----|-----|-----|-----|-----|-----|

在这个例子中，`initial` 部分声明并初始化两个循环变量。看起来复杂，但起码像是在一个语句中声明多个局部变量，多少有点正常。`loop` 部分看起来则有点不太正常，因为它包含以逗号分隔的表达式列表，而非单一表达式。

> **设计规范**
>
> CONSIDER refactoring the method to make the control flow easier to understand if you find yourself writing for loops with complex conditionals and multiple loop variable.
>
> 如果必须写包含复杂条件和多个循环变量的 for 循环，那么考虑重构方法使控制流更容易理解。

任何 for 循环都可以改写成 while 循环：

```
{
    initial;
    while (condition)
    {
        statement;
        loop;
    }
}
```

> **设计规范**
>
> 1. DO use the for loop when the number of loop iterations is known in advance and the "counter" that gives the number of iterations executed is needed in the loop.
>
> 事先知道循环次数，而且循环中要用到控制循环次数的"计数器"，要使用 for 循环。
>
> 2. DO use the while loop when the number of loop iterations is not known in advance and a counter is not needed.
>
> 事先不知道循环次数，而且不需要计数器，要使用 while 循环。

## 4.8.3　foreach 循环

C# 语言的最后一个循环语句是 **foreach**，它遍历数据项集合，设置循环变量来依次表示其中每一项。循环主体可以对集合中的所有数据项执行指定操作。foreach 循环的特点是每一项必然会被遍历一次：不会像其他循环那样出现计数错误，也不可能越过集合边界。

foreach 语句的常规形式如下：

```
foreach(type variable in collection)
    statement
```

下面解释 foreach 语句的各个部分：

- *type* 是代表 collection 中每一项的 *variable* 的数据类型。可以将类型设为 var，编译器将根据集合类型推断数据项类型；

- *variable* 是一个只读变量，foreach 循环自动将 *collection* 中的下一项赋给它。该变量的作用域限于循环主体；
- *collection* 是代表多个数据项的表达式，比如数组；
- *statement* 是每次迭代都要执行的循环主体。

代码清单 4.48 和输出 4.23 展示了一个简单 foreach 循环。

**代码清单 4.48　使用 foreach 循环判断剩余落子**

```
// 像下面这样硬编码初始棋盘
// ---+---+---
// 1 | 2 | 3
// ---+---+---
// 4 | 5 | 6
// ---+---+---
// 7 | 8 | 9
// ---+---+---
char[] cells = { '1', '2', '3', '4', '5', '6', '7', '8', '9' };

Console.Write(" 可能的落子如下所示 : ");

// 输出初始可能的落子
foreach (char cell in cells)
{
    if (cell != '0' && cell != 'X')
    {
        Console.Write($"{cell} ");
    }
}
```

**输出 4.23**

```
可能的落子如下所示 : 1 2 3 4 5 6 7 8 9
```

执行到 foreach 语句时，将 cells 数组的第一项，也就是值 '1' 赋给 cell 变量。然后执行 foreach 循环主体。if 语句判断 cell 的值是否等于 '0' 或 'X'。如果两者都不是，就在控制台上输出 cell 的值。下次循环迭代，会将数组的下个值赋给 cell，并以此类推。

必须记住，foreach 循环期间禁止修改循环变量 ( 本例是 cell)。

 **初学者主题：何时使用 switch 语句**

有的时候，我们需要在连续几个 if 语句中比较同一个值，如代码清单 4.49 的 input 变量所示。

**代码清单 4.49　用 if 语句检查玩家输入**

```
// ...

// 检查当前玩家的输入
if ((input == "1") ||
    (input == "2") ||
    (input == "3") ||
    (input == "4") ||
```

```
   (input == "5") ||
   (input == "6") ||
   (input == "7") ||
   (input == "8") ||
   (input == "9"))
{
    // 根据玩家的输入保存 / 落子
    // ...

}
else if ((input.Length == 0) || (input == "quit"))
{
    // 重试或退出
    // ...
}
else
{
    Console.WriteLine($"""
        错误：  输入 1-9 的值。
        按 Enter 键退出。
        """);
}

// ...
```

以上代码验证用户输入的文本，确定是一步有效的井字棋落子。例如，假定 `input` 的值是 9，那么程序不得不执行 9 次求值。显然，更好的思路是只在一次求值之后就跳转到正确的代码。在这种情况下，应该使用 `switch` 语句。

## 4.8.4 基本 switch 语句

需要将一个值和多个常量值比较的时候，基本 switch 语句比 if 语句更容易理解，下面是它的常规形式。

```
switch (expression)
{
    case constant:
        statements
    default:
        statements
}
```

下面解释了 `switch` 语句的各个部分。

- *expression* 是要和不同常量比较的值。该表达式的类型决定了 switch 的 "主导类型" (governing type)。允许的主导类型包括 bool、sbyte、byte、short、ushort、int、uint、nint、nuint、long、ulong、char、任何枚举 (enum) 类型 ( 详情参见第 9 章 )、上述所有值类型的可空版本以及 string。
- *constant* 是和主导类型兼容的任何常量表达式。
- 一个或多个 case 标签 ( 或 default 标签 )，后跟一个或多个语句 ( 称为一个

switch 小节，即 switch section）。在前面的"常规形式"中，只显示了两个
switch 小节。代码清单 4.50 的 switch 语句则显示了三个。

- *statements* 是在 expression 的值等于某个标签指定的 *constant* 值时执行
的一个或多个语句。这组语句的结束点必须"不可到达"[①]。换言之，不能"直
通"或"贯穿"到下个 switch 小节。所以，最后一个语句通常是跳转语句，
比如 break、return 或 goto。

---

**设计规范**

DO NOT use continue as the jump statement that exits a switch section. This is legal when the switch
is inside a loop, but it is easy to become confused about the meaning of break in a later switch section.

不要使用 continue 作为跳转语句退出 switch。如果 switch 小节在循环中，那么这样写虽
然合法，但很容易对之后的 switch 小节中的 break 语句产生困惑。

---

switch 语句至少应该有一个 switch 小节，switch(x){} 虽然合法，但会产生一
个警告。另外，虽然一般情况下应避免省略大括号，但有个例外是省略 case 和 break
语句的大括号，因为这两个关键字本身就指示了块的开始和结束。

代码清单 4.50 的 switch 语句在语义上等价于代码清单 4.49 的一系列 if 语句。

**代码清单 4.50　将 if 语句替换成 switch 语句**

```
public static bool ValidateAndMove(
        int[] playerPositions, int currentPlayer, string input)
{
    bool valid = false;

    // 检查当前玩家的输入
    switch (input)
    {
        case "1":
        case "2":
        case "3":
        case "4":
        case "5":
        case "6":
        case "7":
        case "8":
        case "9":
            // 根据玩家的输入保存 / 落子
            // ...
            valid = true;
```

---

① 译注：C# 语言规范如此解释结束点和可到达性："每个语句都有一个结束点 (end point)。直观地讲，
语句的结束点是紧跟在语句后面的那个位置。复合语句 ( 包含嵌入语句的语句 ) 的执行规则规定了
当控制到达一个嵌入语句的结束点时所采取的操作。例如，当控制到达块中某个语句的结束点时，
控制就转到该块中的下一个语句。如果执行流可能到达某个语句，则称该语句可到达 (reachable)。
相反，如果某个语句不可能被执行，则称该语句不可达 (unreachable)。"

```
            break;
        case "":
        case "quit":
            valid = true;
            break;
        default:
            // 如果和其他 case 都不匹配，表明输入无效
            Console.WriteLine(
            " 错误： 输入 1-9 的值。 "
            + " 按 Enter 键退出。");
            break;
    }
    return valid;
}
```

　　代码清单 4.50 中的 input 是要测试的表达式。由于 input 是字符串，所以主
导类型是 string。如果 input 的值是 "1"、"2"、……"9"，那么落子有效 (valid
= true)。接着，可以更改相应的单元格，使之与当前用户的标记 (X 或 O) 匹配。在
switch 中遇到 break 语句，会立即跳转到 switch 语句之后的语句。

　　下一个 switch 小节描述如何处理空白字符串 "" 或 "quit"。input 等于这两个值
之一，那么也将 valid 设为 true。如果没有其他 case 标签与测试表达式匹配，就执
行 switch 的 default 小节。

　　switch 语句有几点要注意。

- 无任何小节的 switch 语句会产生编译器警告，但语句仍能通过编译。
- 各个小节的顺序任意；default 小节不一定非要放在 switch 语句最后。甚至
  可以省略这个小节。
- 和其他语言不同，C# 语言要求每个 switch 小节 ( 包括最后一个小节 ) 以一个
  跳转语句结尾 ( 参见下一节 )。这意味着 switch 小节通常以 break、return
  或 goto 结尾。

　　C# 7.0 为 switch 语句引入了模式匹配，允许 switch 表达式使用任何数据类型，
而非只能使用前面描述的有限几个。这样一来，switch 语句的使用就可以基于 switch
表达式的类型 ( 可以在 case 标签中声明变量 )。最后，模式匹配的 switch 语句支持条
件表达式，所以不仅可以根据类型来标识应执行的 case 标签，还可以在 case 标签末
尾使用布尔表达式来标识该标签的执行条件 ( 称为 case guard)。第 7 章会更详细地讨
论 switch 语句和表达式的模式匹配。

**语言对比：C++ 的 switch 语句贯穿**

在 C++ 语言中，如果 switch 小节不以跳转语句结尾，控制会"贯穿"( 直通 ) 到下个 switch 小节
并执行其中的代码。由于容易出错，所以 C# 语言不允许控制从一个 switch 小节自然贯穿到下一个。
C# 的设计者认为这样可以更好地防止 bug，并增强代码的可读性。如果希望 switch 小节执行另一个
switch 小节中的代码，要显式使用 goto 语句来实现，详情参见稍后的"goto 语句"小节。

## 4.9 跳转语句

循环的执行路径可以改变。事实上，可以使用跳转语句退出循环，或者跳过一次循环迭代的剩余部分并开始下一次迭代，即使循环条件当前仍然为 true。本节介绍了让执行路径从一个位置跳转到另一个位置的几种方式。

### 4.9.1 break 语句

C# 语言使用 break 语句退出循环或 switch 语句。任何时候遇到 break 语句，控制都会立即离开循环或 switch。代码清单 4.51 和输出 4.24 演示了井字棋程序的 foreach 循环。

**代码清单 4.51　发现赢家就用 break 跳出循环**

```
int winner = 0;
// 存储每个玩家的落子位置
int[] playerPositions = { 0, 0 };

// 硬编码的棋盘位置
//  X | 2 | O
// ---+---+---
//  O | O | 6
// ---+---+---
//  X | X | X
playerPositions[0] = 449;
playerPositions[1] = 28;

// 判断是否出现了一个赢家
int[] winningMasks = {
        7, 56, 448, 73, 146, 292, 84, 273 };

// 遍历每个致胜掩码 (winning mask),
// 判断是否有一位赢家
foreach (int mask in winningMasks)
{
    if ((mask & playerPositions[0]) == mask)
    {
        winner = 1;
        break;
    }
    else if ((mask & playerPositions[1]) == mask)
    {
        winner = 2;
        break;
    }
}

Console.WriteLine($" 玩家 {winner} 是赢家。");
```

**输出 4.24**

玩家 1 是赢家。

代码清单 4.51 发现有玩家取胜后就执行 break 语句。break 强迫它所在的循环 ( 或 switch 语句 ) 终止，控制转移到循环 ( 或 switch 语句 ) 后的下一个语句。在本例中，位比较返回 true( 在当前硬编码的这个棋盘上，已经有玩家取胜 ) 就执行 break 语句，跳出当前 foreach 循环并显示赢家。

　**初学者主题：用按位操作符处理棋子分布**

完整井字棋代码清单使用按位操作符判断哪个玩家取胜。首先，代码将每个玩家的落子位置保存到名为 playerPositions 的位映射中 ( 用两个元素的一个数组保存两个玩家的位置 )。

最开始，playerPositions 的两个位置都是 0。玩家每次落子，与落子位置对应的位都被设置。例如，假定玩家选择在单元格 3 落子，那么 shifter 设为 3 - 1。减 1 是因为 C# 数组基于 0，所以应将 0 而非 1 视为第一个位置。接着，用移位操作 000000000000001 << shifter 设置 position，即与单元格 3 对应的位。shifter 当前的值是 2。最后，将当前玩家的 playerPositions 设为 0000000000000100( 因为基于 0，所以还是要减 1)。代码清单 4.52 使用 |= 合并之前和当前的落子。

**代码清单 4.52　设置与玩家每次落子对应的二进制位**

```
int shifter;    // 要移多少位来设置一个 bit
int position;   // 要设置的 bit

// int.Parse() 将 "input" 转换为整数。
// 之所以要用 "int.Parse(input) - 1"，是因为
// 数组基于零。
shifter = int.Parse(input) - 1;

// 使掩码 00000000000000000000000000000001
// 移位单元格的位置。
position = 1 << shifter;


// 取当前玩家的单元格，并对它们进行
// 按位或 (OR) 运算，以设置新的位置。
// 由于 currentPlayer 要么是 1，要么是 2，
// 因此要减去 1，才能将 currentPlayer
// 用作零基数组的索引。
playerPositions[currentPlayer - 1] |= position;
```

之后，就可以遍历与棋盘上所有取胜布局对应的每个掩码，判断当前玩家是否达成了一个取胜布局，就像代码清单 4.51 展示的那样。

## 4.9.2　continue 语句

循环主体可能有很多语句。如果想在符合特定条件时中断当前迭代，放弃执行剩余语句，那么可以使用 continue 语句跳到当前迭代的末尾，并开始下一次迭代。C# 语言的 continue 语句允许退出当前迭代( 无论剩下多少语句没有执行 )，并跳到循环条件。如果循环条件仍为 true，那么继续迭代。

代码清单 4.53 使用 continue 语句只显示电子邮件地址的域部分。输出 4.25 展示了结果。

**代码清单 4.53　判断电子邮件地址的域**

```
string email;
bool insideDomain = false;

Console.Write(" 输入一个电子邮件地址 : ");
email = Console.ReadLine() ?? string.Empty;

Console.Write(" 该地址的域是 : ");

// 遍历 email 地址中的每个字母
foreach(char letter in email)
{
    if(!insideDomain)
    {
        if(letter == '@')
        {
            insideDomain = true;
        }
        continue;
    }
    Console.Write(letter);
}
```

**输出 4.25**

```
输入一个电子邮件地址 : admin@bookzhou.com
该地址的域是 : bookzhou.com
```

在代码清单 4.53 中，在遇到电邮地址的域部分之前，需要一直使用 continue 语句来跳至循环末尾，开始处理电子邮件地址的下一个字符。

一般都可以用 if 语句代替 continue 语句，这样还能增强可读性。continue 语句的问题在于，它在一次迭代中提供了多个控制流，从而影响了可读性。代码清单 4.54 重写上面的例子，将 continue 语句替换成 if/else 构造来改善可读性。

**代码清单 4.54　将 continue 替换成 if 语句**

```
// 遍历 email 地址中的每个字母
foreach (char letter in email)
{
    if (insideDomain)
    {
        Console.Write(letter);
    }
    else
    {
        if (letter == '@')
        {
            insideDomain = true;
```

```
        }
    }
}
```

### 4.9.3　goto 语句

　　早期编程语言不像 C# 这些现代语言那样具备完善的"结构化"控制流，它们要依赖简单的条件分支 (if) 和无条件分支 (goto) 语句来满足控制流的需求。这样得到的程序难以理解。许多资深程序员觉得 goto 语句在 C# 中继续存在非常反常。但是，C# 确实支持 goto，而且只能利用 goto 在 switch 语句中实现贯穿 ( 直通 )。在代码清单 4.55 中，如果设置了 /out 选项，就用 goto 语句跳转到 default，/f 选项的处理与此相似。结果如输出 4.26 所示。

代码清单 4.55　演示带 goto 的 switch 语句

```
public static void Main(string[] args)
{
    bool isOutputSet = false;
    bool isFiltered = false;
    bool isRecursive = false;

    foreach(string option in args)
    {
        switch(option)
        {
            case "/out":
                isOutputSet = true;
                isFiltered = false;
                // ...
                goto default;
            case "/f":
                isFiltered = true;
                isRecursive = false;
                // ...
                goto default;
            default:
                if(isRecursive)
                {
                    // 向下递归遍历层次结构
                    Console.WriteLine(" 正在递归遍历 ...");
                    // ...
                }
                else if(isFiltered)
                {
                    // 为筛选器清单添加选项
                    Console.WriteLine(" 正在筛选 ...");
                    // ...
                }
                break;
        }
    }
```

```
   }

   // ...
}
```

输出 4.26

```
C:\SAMPLES>Generate /out fizbottle.bin /f "*.xml" "*.wsdl"
```

要跳转到标签不是 `default` 的其他 `switch` 小节，可以使用 `goto case constant;`
语法；其中，`constant` 是在目标标签中指定的常量。要跳转到没有和 `switch` 小节关联
的语句，请在目标语句前添加标识符和冒号，并在 `goto` 语句中使用该标识符。例如，可
以写标签语句 `myLabel : Console.WriteLine();`，然后用 `goto myLabel;` 跳到那里。
幸好，C# 禁止通过 `goto` 跳到 `goto` 语句作用域外部的一个分支。只能用 `goto` 在当前代
码块内部跳转，或者跳转到包围它的外层代码块（例如，跳出嵌套循环）。通过这个限制，
C# 避免了在其他语言中可能遇到的大多数滥用 `goto` 的情况。

一般认为使用 `goto` 是不"优雅"的，难以理解，而且会造成结构很差的代码。要
多次或者在不同情况下执行某个代码小节，要么使用循环，要么将代码重构为方法。

> ■ 设计规范
> AVOID using goto.
> 避免使用 `goto` 语句。

## 4.10 C# 预处理器指令

控制流语句在运行时求值条件表达式。与之相反，C# 预处理器在编译时调用。预
处理器指令告诉 C# 编译器要编译哪些代码，并指出如何处理代码中的特定错误和警告。
C# 预处理器指令还可以告诉 C# 编译器有关代码组织的信息。

◐ 语言对比：C++ 的预处理

C 和 C++ 等语言用一个**预处理器** (preprocessor) 对代码进行整理，根据特殊的记号来执行特殊的操作。
预处理器指令通常告诉编译器如何编译文件中的代码，而并不参与实际的编译过程。相反，C# 编译
器将预处理器指令作为对源代码执行的常规词法分析的一部分。其结果就是，C# 不支持更高级的预
处理器宏，它最多只允许定义常量。事实上，"预处理器"在 C++ 中显得很贴切，但在 C# 中就属于
用词不当。

每个预处理器指令都以 # 开头，而且必须一行写完。换行符（而不是分号）标志着
预处理器指令的结束。

表 4.5 总结了所有预处理器指令。

表 4.5　预处理器指令

| 语句或表达式 | 常规语法结构 | 示例 |
|---|---|---|
| #if 指令 | **#if** preprocessor-expression<br>　*代码*<br>**#endif** | **#if** CSHARP2PLUS<br>Console.Clear();<br>**#endif** |
| #elif 指令 | **#if** preprocessor-expression1<br>　*代码*<br>**#elif** preprocessor-expression2<br>　*代码*<br>**#endif** | **#if** LINUX<br>...<br>**#elif** WINDOWS<br>...<br>**#endif** |
| #else 指令 | **#if**<br>　*代码*<br>**#else**<br>　*代码*<br>**#endif** | **#if** CSHARP1<br>...<br>**#else**<br>...<br>**#endif** |
| #define 指令 | **#define** conditional-symbol | **#define** CSHARP2PLUS |
| #undef 指令 | **#undef** conditional-symbol | **#undef** CSHARP2PLUS |
| #error 指令 | **#error** preproc-message | **#error** Buggy implementation |
| #warning 指令 | **#warning** preproc-message | **#warning** Needs code review |
| #pragma 指令 | **#pragma** warning | **#pragma** warning disable<br>CS1030 |
| #line 指令 | **#line** org-line new-line<br>**#line** default | **#line** 467 "TicTacToe.cs"<br>...<br>**#line** default |
| #region 指令 | **#region** pre-proc-message<br>　*代码*<br>**#endregion** | **#region** Methods<br>...<br>**#endregion** |
| #nullable 指令 | **#nullable** enable \| disable \|<br>restore | **#nullable** enable<br>..string? text = null;<br>**#nullable** restore |

## 4.10.1　排除和包含代码

　　经常用预处理器指令控制何时以及如何包含代码。例如，要使代码兼容 C# 2.0( 及以后版本 ) 和 1.0 的编译器，可指示在遇到 1.0 编译器时排除 C# 2.0 特有的代码。井字棋程序和代码清单 4.56 对此进行了演示。

代码清单 4.56    遇到 C# 1.x 编译器就排除 C# 2.0 代码

```
#if CSHARP2PLUS
System.Console.Clear();
#endif
```

本例调用了仅 2.0 或更高版本才支持的 **System.Console.Clear()** 方法。使用 **#if** 和 **#endif** 预处理器指令，这行代码只有在定义了预处理器符号 CSHARP2PLUS 的前提下才会编译。

预处理器指令的另一个应用是处理不同平台之间的差异，比如用 WINDOWS 和 LINUX #if 指令将 Windows 和 Linux 特有的 API 包围起来。开发人员经常用这些指令取代多行注释 (/*...*/)，因为它们更容易通过定义恰当的符号或通过搜索 / 替换来移除。

预处理器指令最后一个常见的用途是调试。用 **#if DEBUG** 指令将调试代码包围起来之后，大多数 IDE 都支持在发布版中移除这些代码。IDE 默认将 DEBUG 符号用于调试编译，将 RELEASE 符号用于发布生成。

为了处理 else-if 条件，可以在 **#if** 指令中使用 **#elif** 指令，而不是创建两个完全独立的 **#if** 块，如代码清单 4.57 所示。

代码清单 4.57    使用 #if，#elif 和 #endif 指令

```
#if LINUX
// ...
#elif WINDOWS
// ...
#endif
```

## 4.10.2 定义预处理器符号

可以通过两种方式定义预处理器符号。第一种是使用 #define 指令，如代码清单 4.58 所示。

代码清单 4.58    #define 示例

```
#define CSHARP2PLUS
```

第二种方式是在编译时使用 define 选项，输出 4.27 演示了在命令行上的用法。

输出 4.27

```
>csc.exe -define:CSHARP2PLUS TicTacToe.cs
```

多个定义以分号分隔。使用 define 编译器选项的优点是不需要更改源代码，所以可以使用相同的源代码文件生成两套不同的二进制程序。

要取消符号定义，可以采取和使用 #define 相同的方式来使用 #undef 指令。

### 4.10.3 生成错误 #error 和警告 #warning

有时要标记代码中潜在的问题。为此，可以插入 #error 和 #warning 指令来分别生成错误和警告消息。代码清单 4.59 使用井字棋的例子来警告目前的代码无法防止玩家多次落子于同一个位置。输出 4.28 展示了结果。

**代码清单 4.59　用 #warning 定义警告**

```
#warning " 允许在同一个位置多次落子。"
```

**输出 4.28**

```
Performing main compilation...
...\tictactoe.cs(471,16): warning CS1030: #warning: '" 允许在同一个位置多次落子。"'

Build complete -- 0 errors, 1 warnings
```

包含 #warning 指令后，编译器会主动发出警告，如输出 4.28 所示。可以利用这种警告来标记代码中潜在的 bug 和也许能改善的地方。它是提醒开发者任务尚未完结的好帮手。

### 4.10.4 关闭警告消息 #pragma

警告指出代码中可能存在的问题，所以很有用。但有的警告可安全地忽略。C# 2.0 和之后的编译器提供了预处理器指令 #pragma 来关闭或还原警告，如代码清单 4.60 所示。

**代码清单 4.60　使用预处理器指令 #pragma 禁用 #warning 指令**

```
#pragma warning disable CS1030
```

重新启用警告仍是使用 #pragma 指令，只是在 warning 后添加 restore 选项，如代码清单 4.61 所示。

**代码清单 4.61　使用预处理器指令 #pragma 还原警告**

```
#pragma warning restore CS1030
```

上述两条指令正好可以将一个特定的代码块包围起来——前提是已知该警告不适用于该代码块。

经常被禁用的警告是 CS1591。使用 /doc 编译器选项生成 XML 文档，但并未注释程序中的所有公共项将显示该警告。

代码警告在本书经常出现，因为展示的代码清单通常是不完整的——也就是说，展示的是未完全开发的初始代码片段。为了抑制这些警告 ( 它们在示例代码场景中不相关 )，我们在文件中添加了 #pragma 指令。表 4.6 展示了在第 4 章各个代码片段中禁用的一些警告。

表 4.6    示例警告

| 类别 | 警告 |
| --- | --- |
| CS0168 | 声明了声明，但从未使用过 |
| CS0219 | 变量已被赋值，但从未使用过它的值 |
| IDE0059 | 不需要对变量赋值 |

本书源代码经常会嵌入这样的 #pragma warning disable 指令，以避免因示例代码未完全开发而引起的警告。这些代码旨在阐明当前主题，并不需要完整。

注意，编译器输出 C# 警告编号时，会附带一个 CS 字母前缀。在 #pragma 指令中，可以不指定该前缀。要查看一个警告的编号，可以暂时屏蔽预处理器命令，让编译器显示警告即可看到。但是，有的前缀不能在 #pragma 指令中省略，例如 IDE( 代表 identity)。IDE0059 消息就是一个例子。代码分析器生成带有 IDE 前缀的警告以建议代码改进。如果在 #pragma 指令中删除该前缀，那么所引用的就不再是同一个警告了。

## 4.10.5 nowarn:<warn list> 选项

除了 #pragma 指令，C# 编译器通常还支持 nowarn:<warn list> 选项。它可以获得与 #pragma 相同的结果，只是它不放到源代码中，而作为编译器选项使用。除此之外，nowarn 选项会影响整个编译过程，而 #pragma 指令只影响该指令所在的那个文件。如输出 4.29 所示，我们在命令行上关闭了 CS1591 警告。

输出 4.29

```
> dotnet build /p:NoWarn="0219"
```

## 4.10.6 指定行号 #line

用 #line 指令改变 C# 编译器在报告错误或警告时显示的行号。该指令主要由自动生成 C# 代码的实用程序和设计器使用。在代码清单 4.62 中，真实行号显示在最左侧。

代码清单 4.62    #line 预处理器指令

```
124 #line 113 "TicTacToe.cs"
125 #warning " 允许在同一个位置多次落子。"
126 #line default
```

在上例中，使用 #line 指令后，编译器会将实际发生在第 125 行的警告报告在第 113 行上发生，如输出 4.30 所示。

输出 4.30

```
Performing main compilation...
...\tictactoe.cs(113,18): warning CS1030: #warning: '" 允许在同一个位置多次落子。"'

Build complete -- 0 errors, 1 warnings
```

在 #line 指令后添加 default，会反转之前的所有 #line 的效果，并指示编译器报告真实的行号，而不是之前使用 #line 指定的行号。

## 4.10.7　可视编辑器提示 #region 和 #endregion

C# 语言提供了只有在可视代码编辑器中才有用的两个预处理器指令：#region 和 #endregion。像 Microsoft Visual Studio 这样的代码编辑器能搜索源代码，找到这些指令，并在写代码时提供相应的编辑器功能。C# 允许用 #region 指令声明代码区域。#region 和 #endregion 必须成对使用，两个指令都可以选择在指令后跟随一个描述性字符串。此外，一个区域可以嵌套到另一个区域中。

代码清单 4.63 是井字棋程序的例子。

**代码清单 4.63　#region 和 #endregion 预处理器指令**

```
// ...
#region 显示井字棋棋盘

#if CSHARP2PLUS
System.Console.Clear();
#endif

// 显示当前棋盘
border = 0;    //  设置第一个界线, (border[0] = "|")

// 显示顶行连线
// ("\n---+---+---\n")
Console.Write(borders[2]);
foreach(char cell in cells)
{
    // 输出一个单元格值以及紧接在它后面的边框
    Console.Write($" { cell } { borders[border] }");

    // 递增到下一个边框
    border++;

    // 如果边框到 3 了，就重置为 0
    if(border == 3)
    {
        border = 0;
    }
}

#endregion 显示井字棋棋盘

// ...
```

Visual Studio 检查以上代码，在编辑器左侧提供树形控件来展开和折叠由 #region 和 #endregion 指令界定的代码区域，如图 4.5 所示。

图 4.5 Microsoft Visual Studio 的折叠区域

## 4.11 小结

本章首先介绍 C# 赋值和算术操作符。接着讲解如何使用操作符和 const 关键字声明常量。但是，我们并没有按顺序讲解所有 C# 操作符。相反，在讨论关系和逻辑比较操作符之前，我们先讨论 if 语句，并强调了代码块和作用域等重要概念。最后讨论的操作符是按位操作符，强调了掩码的用法。然后讨论了其他控制流语句，比如循环、switch 语句和 goto 语句。本章最后讨论了 C# 预处理器指令。

本章早些时候已讨论操作符优先级，但表 4.5 的总结最全面，包括几个尚未讲到的。

表 4.5　操作符优先级 *

| 类别 | 操作符 |
| --- | --- |
| 主要 | x.y f(x) a[x] x++ x-- new typeof(T) checked(X) unchecked(X) default(T) nameof(x) delegate{} () |
| 一元 | + - ! ~ ++x --x (T)x await x |
| 乘 | * / % |
| 加 | + - |
| 移位 | << >> |
| 关系和类型测试 | < > <= >= is as |
| 相等性 | == != |
| 逻辑 AND | & |
| 逻辑 XOR | ^ |
| 逻辑 OR | \| |
| 条件 AND | && |
| 条件 OR | \|\| |
| 空合并 | ?? |
| 条件 | ?: |
| 赋值和 Lambda | = *= /= %= += -= <<= >>= &= ^= \|= => |

* 各行优先级从高到低排列

要复习第 1 章～第 4 章的内容，最好的办法或许是把井字棋程序 (Chapter04\
TicTacToe.cs) 彻底搞清楚。通过研究该程序，可慢慢领悟如何将自己学到的东西合并成
一个完整的程序。

# 第 **5** 章

## 参数和方法

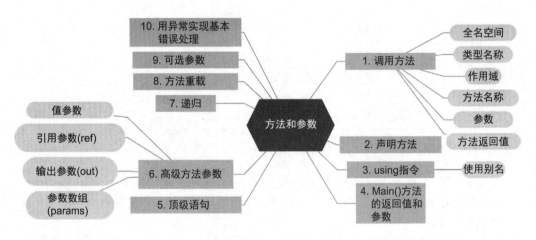

基于目前学到的 C# 编程知识，大家应该能写一些简单、直观的程序了。这些程序由一组语句构成，和 20 世纪 70 年代的那些程序差不多。但编程技术自 20 世纪 70 年代以来有了长足的进步，随着程序变得越来越复杂，迫切需要新的思维模式来管理这种复杂性。"过程式"或"结构化"编程的基本思路就是提供一些语言构造对语句分组来构成单元。此外，可以通过结构化编程将数据传给一个语句分组，在这些语句执行完毕后返回结果。

除了方法定义和调用的基础知识，本章还讨论了一些更高级的概念，包括递归、方法重载、可选参数和具名参数。注意，目前和直至本章末尾讨论的都是静态方法(第 6 章详述)。

其实从第 1 章的 HelloWorld 程序起就已学习了如何定义方法。那个例子定义的是 Main() 方法。本章将更详细地学习方法的创建，包括如何用特殊的 C# 语法 (ref 和 out) 让参数向方法传递变量而不是值。最后介绍一些基本的错误处理技术。

# 5.1 调用方法

**初学者主题：什么是方法**

到目前为止，我们看到的几乎所有语句都是平铺直叙的，除了语句或代码块本身提供的分组，没有其他分组。随着程序越来复杂，这种代码很快就会变得难以维护，可读性也越来越差。

**方法** (method) 组合一系列语句，以执行特定操作或计算特定结果。它能为构成程序的语句提供更好的结构和组织。例如，假定要用 `Main()` 方法统计某个目录下源代码的行数。我们不是在一个巨大的 `Main()` 方法中写所有代码，而是提供更简短的版本，以便在必要时能专注每个方法的实现细节，如代码清单 5.1 所示。

**代码清单 5.1　将语句组合成方法**
```
public class Program
{
    public static void Main()
    {
        int lineCount;
        string files;

        DisplayHelpText();
        files = GetFiles();
        lineCount = CountLines(files);
        DisplayLineCount(lineCount);
    }

    // ...
}
```

在这个例子中，不是将所有语句都放到 `Main()` 中，而是把它们划分到多个方法中。例如，程序先用一系列 `Console.WriteLine()` 语句显示帮助文本，这些语句全部放到 `DisplayHelpText()` 方法中。类似地，用 `GetFiles()` 方法获取要统计行数的文件。最后调用 `CountLines()` 方法实际统计行数，并调用 `DisplayLineCount()` 方法显示结果。一眼就能看清楚整个程序的结构，因为方法名清楚描述了方法的作用。

**初学者主题：什么是函数**

函数在本质上与方法几乎相同，都用于将一系列语句组合在一起，以执行特定操作或计算特定结果。实际上，"方法"和"函数"经常换着用。然而，从技术上讲，方法总是与一种类型关联，比如代码清单 5.1 中的 `Program` 类。相反，函数没有这样的关联。函数不一定有所属的类型。

> **设计规范**
>
> DO give methods names that are verbs or verb phrases.
>
> 要为方法名使用动词或动词短语。

方法提供了对相关代码进行组合的一种方式。方法通过**实参** (argument) 接收数据，实参由方法的**参数**或**形参** (parameter) 定义 ①。参数是**调用者** ( 发出方法调用的代码 ) 用于向被调用的方法 ( 例如 Write()、WriteLine()、GetFiles()、CountLines() 等 ) 传递数据的变量。在代码清单 5.1 中，files 和 lineCount 分别是传给 CountLines() 和 DisplayLineCount() 方法的实参。方法通过**返回值**将数据返回调用者。在代码清单 5.1 中，GetFiles() 方法调用的返回值被赋给 files。

首先，重新讨论第 1 章讲过的 Console.Write()、Console.WriteLine() 和 Console.ReadLine() 方法。这一次要从方法调用的角度讨论，而不是强调控制台的输入和输出细节。代码清单 5.2 展示了这三个方法的应用。

**代码清单 5.2　简单方法调用**

```
public static void Main()
    {
        string? firstName;    // 用于存储名字的变量
        string? lastName;     // 用于存储姓氏的变量

        Console.WriteLine(" 嘿，你！ ");

        Console.Write(" 请输入你的名字： ");
        firstName = Console.ReadLine();

        Console.Write(" 请输入你的姓氏： ");
        lastName = Console.ReadLine();

        /* 使用字符串插值在控制台上显示问候语 */
        Console.WriteLine($" 你的全名是 { firstName } { lastName }。");
}
```

方法调用由方法名称和实参列表构成。完全限定的方法名称包括命名空间、类型名和方法名；每部分以句点分隔。第 2 章在讲解类型名称的时候，我们提到方法也可以只通过它的完全限定名称的最后一部分来调用。

## 5.1.1　命名空间

命名空间是一种分类机制，用于分组功能相关的所有类型。命名空间以层次化的方式组织，级数任意，但超过 6 级就很罕见了。一般从公司名开始，然后是产品名，最后是功能领域。例如在 Microsoft.Win32.Networking 中，最外层的命名空间是 Microsoft，它包含内层命名空间 Win32，后者又包含嵌套更深的 Networking 命名空间。

主要用命名空间按功能领域组织类型，以便查找和理解这些类型。此外，命名空间还有助于防范类型名称冲突。两个都叫 Button 的类型只要在不同命名空间，比如 System.Web.UI.WebControls.Button 和 System.Windows.Controls.Button，编译器就能区分。

---

① 译注：以后不需要区分形参和实参时一般统称为“参数”。

在代码清单 5.2 中，Console 类型位于 System 命名空间。System 命名空间包含用于执行大量基本编程活动的类型。几乎所有 C# 程序都要使用 System 命名空间中的类型。表 5.1 总结了其他常用命名空间。

表 5.1  常用命名空间

| 命名空间 | 描述 |
| --- | --- |
| System | 包含基元类型，以及用于类型转换、数学计算、程序调用以及环境管理的类型 |
| System.Collections.Generics | 包含使用泛型的强类型集合 |
| System.Data.Entity | 设计用于从关系数据库存储和检索数据的框架，它生成代码将实体映射到表格 |
| System.Drawing | 包含用于在显示设备上绘图和进行图像处理的类型。但要注意的是，它主要用于 Windows 平台 |
| System.IO | 包含用于文件和目录处理的类型 |
| System.Linq | 包含使用"语言集成查询"(LINQ) 对集合数据进行查询的类和接口 |
| System.Text | 包含用于处理字符串和各种文本编码的类型，以及在不同编码方式之间转换的类型 |
| System.Text.RegularExpressions | 包含用于处理正则表达式的类型 |
| System.Threading | 包含用于多线程编程的类型 |
| System.Threading.Tasks | 包含以任务 (Task) 为基础进行异步操作的类型 |
| System.Windows | 包含用 WPF 或 Windows UI 库 (WinUI) 创建富用户界面的类型，使用用 XAML 进行声明性 ( 宣告式 )UI 设计 |
| System.Xml.Linq | 使用名为 LINQ 的一种对象查询语言为 XML 处理提供基于标准的支持 ( 参见第 15 章 ) |

调用方法并非一定要提供命名空间。例如，如果要调用的方法与发出调用的方法在同一个命名空间，就没必要指定命名空间。本章稍后会讲解如何利用 using 指令来避免每次调用方法都指定命名空间限定符。

**设计规范**

1. DO use PascalCasing for namespace names.

要为命名空间使用 PascalCase 大小写。

2. CONSIDER organizing the directory hierarchy for source code files to match the namespace hierarchy.

考虑组织源代码文件目录结构以匹配命名空间层次结构。

## 5.1.2 类型名称

调用静态方法时，只要目标方法和调用方法不在同一个类型（或基类）中，就需要添加类型名称限定符（本章稍后会介绍如何用 using static 指令省略类型名称）。例如，从 HelloWorld.Main() 中调用静态方法 Console.WriteLine() 时，就需要添加类型名称 Console（控制台）。但和命名空间一样，如果要调用的方法是调用表达式所在类型的成员，C# 语言就允许在调用时省略类型名称（代码清单 5.4 展示了这种方法调用的例子）。之所以不需要类型名称，是因为编译器能够根据调用位置推断类型。显然，如果编译器无法进行这样的推断，就必须将类型名称作为方法调用的一部分提供。

**类型**的本质是对方法及其相关数据进行分组。例如，Console 类型包含控制台常用的 Write()、WriteLine() 和 ReadLine() 等方法。所有这些方法都在同一个组中，都从属于 Console 类型。

## 5.1.3 作用域

第 4 章讲过，一个事物的"作用域"是可用非限定名称来引用它的那个区域。两个方法在同一个类型中声明，一个方法调用另一个就不需要类型限定符；因为这两个方法具有整个包容类型的作用域。类似地，类型的作用域是声明它的那个命名空间。所以，特定命名空间中的一个类型中的方法调用不需要指定该命名空间。

## 5.1.4 方法名称

每个方法调用都要指定一个方法名称。如前所述，它可能用、也可能不用命名空间和类型名称加以限定。方法名称之后是圆括号中的实参列表，每个实参以逗号分隔，对应于声明方法时指定的形参。

## 5.1.5 形参和实参

方法可以接收任意数量的形参，每个形参都具有特定数据类型。调用者为形参提供的值称为**实参**；每个实参都要和一个形参对应。例如，以下方法调用传递了三个实参：

```
System.IO.File.Copy( oldFileName, newFileName, false);
```

该方法位于 File 类，后者位于 System.IO 命名空间。方法声明为获取三个参数，第一个和第二个是 string 类型，第三个是 bool 类型。本例传递 string 变量 oldFileName 和 newFileName 来分别代表旧的和新的文件名，第三个实参是 false，指定在新文件名已经存在的前提下文件拷贝失败。

## 5.1.6 方法返回值

和 Console.WriteLine() 相反，代码清单 5.2 中的 Console.ReadLine() 没有任何参数，因为该方法声明为不获取任何参数。但这个方法有返回值。可以利用返回值将调用方法所生成的结果返回给调用者。由于 `Console.ReadLine()` 有返回值，所以可以将返回值赋给变量 `firstName`。除此之外，还可以将方法的返回值作为另一个方法的实参使用，如代码清单 5.3 所示。

**代码清单 5.3　将方法返回值作为实参传给另一个方法调用**

```
 public static void Main()
{
    Console.Write(" 请输入你的名字：");
    Console.WriteLine($" 你好，{ Console.ReadLine() }！");
}
```

代码清单 5.3 不是先为变量赋值，再在 `Console.WriteLine()` 调用中使用这个变量。相反，是在调用 `Console.WriteLine()` 时直接调用 `Console.ReadLine()` 方法。运行时会先执行 `Console.ReadLine()` 方法，返回值直接传给 `Console.WriteLine()` 方法，而不是传给一个变量。

并非所有方法都返回数据，`Console.Write()` 和 `Console.WriteLine()` 就是如此。稍后会讲到，这种方法指定了 `void` 返回类型，好比在 HelloWorld 的例子中，`Main()` 方法的返回类型就是 `void`。

### 5.1.7　对比语句和方法调用

代码清单 5.3 演示了语句和方法调用的差异。`Console.WriteLine($" 你好，{ Console.ReadLine() }！");` 在一个语句中包含两个方法调用。语句通常包含一个或多个表达式，本例的两个表达式都是方法调用，所以我们说方法调用构成了语句的不同部分。

虽然在一个语句中包含多个方法调用能减少编码量，但不一定能增强可读性，而且很少能带来性能上的优势。开发者应该更注重代码的可读性，而不是将过多精力花在写简短的代码上。

 **注意**

通常，开发者应侧重于可读性，而不是在写更短的代码方面耗费心机。为了使代码一目了然进而在长时间里更容易维护，可读性是关键。

## 5.2　声明方法

本节描述如何声明方法来包含参数或返回类型。代码清单 5.4 演示了这些概念，输出 5.1 展示了结果。

**代码清单 5.4　声明方法**

```
public class IntroducingMethods
```

```
{
    public static void Main()
    {
        string firstName;
        string lastName;
        string fullName;
        string initials;

        Console.WriteLine("嘿，你！");

        firstName = GetUserInput("请输入你的名字：");
        lastName = GetUserInput("请输入你的姓氏：");

        fullName = GetFullName(firstName, lastName);
        initials = GetInitials(firstName, lastName);
        DisplayGreeting(fullName, initials);
    }

    static string GetUserInput(string prompt)
    {
        Console.Write(prompt);
        return Console.ReadLine() ?? string.Empty;
    }

    static string GetFullName(
        string firstName, string lastName) =>
            $"{ firstName } { lastName }";


    static void DisplayGreeting(string fullName, string initials)
    {
        Console.WriteLine(
            $"你好，{ fullName }！你的姓名缩写是{ initials }");
        return;
    }

    static string GetInitials(string firstName, string lastName)
    {
        return $"{ firstName[0] }. { lastName[0] }。";
    }
}
```

输出 5.1

```
嘿，你！
请输入你的名字：Inigo
请输入你的姓氏：Montoya
你好，Inigo Montoya！你的姓名缩写是 I. M。
```

　　代码清单 5.4 中，总共声明了 5 个方法。在 Main() 方法中，首先调用了
GetUserInput()，然后调用了 GetFullName() 和 GetInitials()。后三个方法都返
回一个值，而且都要获取实参。最后调用 DisplayGreeting()，它不返回任何数据。

**语言对比：C++/Visual Basic 的全局方法**

C#不支持全局方法；一切都必须放到一个类型声明中。这正是 `Main()` 方法标记为 `static` 的原因——它等价于 C++ 的全局方法和 Visual Basic 的"共享"方法。出现在方法之外的语句以及出现在类之外的方法都符合这一规则，因为 C# 编译器为这些看似独立的语言构造生成了包围它们的方法和类。更多信息请参见本章后面的"顶级语句"一节。

**初学者主题：用方法进行重构**

将一组语句转移到一个方法中，而不是把它们留在一个较大的方法中，这是**重构**的一种形式。重构有助于减少重复代码，因为可以从多个位置调用方法，而不必在每个位置都重复这些代码。重构还有助于增强代码的可读性。我们平时编码的时候，一个最佳实践就是经常主动检查代码，找出可以重构的地方。尤其是那些不好理解的代码块，最好把它们转移到方法中，用有意义的方法名清晰定义代码的行为。相比只是简单为代码块加上注释，重构的效果更佳，因为从方法名就知道方法要做什么。

例如，代码清单 5.4 的 `Main()` 方法只需扫一眼，就可以理解整个程序（暂时不用操心被调用的每个方法的实现细节）。

Visual Studio 允许右击选定的一组语句，选择"快速操作和重构"（或者按 Ctrl+.）将这组语句提取到一个方法中，并在原始位置插入对新方法的调用。

## 5.2.1 参数声明

注意 `DisplayGreeting()` 方法、`GetFullName()` 方法和 `GetInitials()` 方法的声明。可以在方法声明的圆括号中添加参数（形参）列表。以后在讨论泛型时会讲到，方法还可以有一个**类型参数列表**。以后，如果能根据上下文分清当前讲的是哪种参数，就直接把它们称为"参数列表"中的"参数"，也不刻意区分形参和实参。列表中的每个参数都包含参数类型和参数名称，每个参数以逗号分隔。

大多数参数的行为和命名规范与局部变量一致。所以参数名采用 camelCase 大小写风格。另外，不能在方法中声明与参数同名的局部变量，因为这会造成同名的两个"局部变量"。

　　**设计规范**

　　DO use "camelCasing" for parameter names.

　　要为参数名使用 camelCase 大小写风格。

## 5.2.2 方法返回类型声明

`GetUserInput()`，`GetFullName()` 和 `GetInitials()` 方法除了定义参数，还定义了**方法返回类型**。很容易就可分辨一个方法是否有返回值，因为在声明这种方法时，会在方法名之前添加一个数据类型。上述所有方法的返回数据类型都是 `string`。虽然方法可指定多个参数，但返回类型只能有一个。

如 GetUserInput() 和 GetInitials() 方法所示，具有返回类型的方法几乎总是包含一个或多个 return 语句，以便将控制返回给调用者。return 语句以 return 关键字开头，后跟计算返回值的表达式。例如，GetInitials() 方法的 return 语句如下：

```
return $"{ firstName[0] }. { lastName[0] }。";
```

return 关键字后面的表达式（本例是一个插值字符串）必须兼容方法的返回类型。

如果方法有返回类型，那么它的主体不能存在"不可到达"的语句。换言之，所有执行路径都应该以一个 return 语句结尾，在此之后的语句都"不可到达"。为了保证这一点，最简单的办法就是将 return 语句作为方法的最后一个语句。但这并不绝对，return 语句并非只能在方法末尾出现。例如，方法中的 if 或 switch 语句可以包含 return 语句，如代码清单 5.5 所示。

代码清单 5.5　方法中间的 return 语句

```
public class Program
{
    // ...

    public static bool MyMethod()
    {
        string command = ObtainCommand();
        switch(command)
        {
            case "quit":
                return false;
            // ... 省略了其他 case
            default:
                return true;
        }
    }

    // ...
}
```

注意，return 语句将控制转移出 switch，所以这里不需要用 break 语句来防止非法"贯穿" switch 小节。

在代码清单 5.5 中，方法最后一个语句不是 return 语句，而是 switch 语句。但是，编译器判断方法的每条执行路径最终都是 return 语句，所有代码都会在 return 之前执行到。所以，这样的方法是合法的，即使它不以 return 语句结尾。

如果 return 之后有"不可到达"的语句，编译器会发出警告，指出存在永远执行不到的语句。

虽然 C# 语言允许提前返回，但为了增强代码的可读性，并使代码更易维护，应尽量确定单一的退出位置，而不是在方法的多个代码路径中散布多个 return 语句。

指定 void 作为返回类型，表示方法没有返回值。所以，无法用这种方法的返回值向变量赋值，也无法在调用位置 [1] 作为参数传递。void 调用只能作为语句使用。此外，return 在这种方法内部可选。如果指定 return，那么它之后不能有任何值。例如代码清单 5.4 的 Main() 方法的返回值是 void，方法中没有使用 return 语句。而 DisplayGreeting() 有 return 语句，但 return 之后没有添加任何值。

虽然从技术上说方法只能有一个返回类型，但返回类型可以是一个元组。因此，从 C# 7.0 起，多个值可以通过 C# 元组语法打包成元组返回，如代码清单 5.6 的 GetName() 方法所示。

代码清单 5.6　用元组返回多个值

```
public class Program
{
    static string GetUserInput(string prompt)
    {
        Console.Write(prompt);
        return Console.ReadLine() ?? string.Empty;
    }
    static (string First, string Last) GetName()
    {
        string firstName, lastName;
        firstName = GetUserInput("请输入你的名字：");
        lastName = GetUserInput("请输入你的姓氏：");
        return (firstName, lastName);
    }
    public static void Main()
    {
        (string First, string Last) name = GetName();
        Console.WriteLine($"你好，{ name.First } { name.Last }！");
    }
}
```

从技术上说，它仍然只返回一个数据类型，即一个 ValueTuple<string, string>。但利用元组中的每一项，实际可以返回任意多个数据类型，当然要合理才行。

## 5.2.3　表达式主体方法

有些方法过于简单。为了简化这些方法的定义，C# 6.0 引入了**表达式主体方法**，允许用表达式代替完整方法主体。代码清单 5.4 的 GetFullName() 方法就是一例：

```
static string GetFullName(
    string firstName, string lastName) =>
        $"{ firstName } { lastName }";
```

表达式主体方法不是用大括号定义方法主体，而是用 => 操作符（第 13 章详述）。该操作符的结果数据类型必须与方法返回类型匹配。换言之，虽然没有显式的 return 语句，但表达式本身的返回类型必须与方法声明的返回类型匹配。

---

[1] 译注：call site，就是发出调用的地方，可以理解成调用了一个目标方法的表达式或代码行。

表达式体方法是完整方法主体语法的一种"语法糖"。因此，其应用应限于最简单的方法实现，例如单行表达式。

◑ **语言对比：C++ 的头文件**

和 C++ 不同，C# 类从来不将实现与声明分开。C# 不区分头文件 (.h) 和实现文件 (.cpp)。相反，声明和实现在同一个文件中。C# 确实支持名为"分部方法"的高级功能，允许将方法的声明和实现分开。但考虑到本章的目的，我们只讨论非分部方法。这样就不需要在两个位置维护冗余的声明信息。 ◾

### 5.2.4 本地函数

C# 7.0 引入了在方法内声明函数的能力。换言之，现在不是非要直接在类内部声明方法，而是可以在另一个方法内声明方法 ( 从技术上说是函数 )，如代码清单 5.7 所示。

**代码清单 5.7　声明本地函数**

```
public static void Main()
{
    string GetUserInput(string prompt)
    {
        string? input;
        do
        {
            Console.Write(prompt + ": ");
            input = Console.ReadLine();
        }
        while(string.IsNullOrWhiteSpace(input));
        return input!;
    };

    string firstName = GetUserInput(" 名字 ");
    string lastName = GetUserInput(" 姓氏 ");
    string email = GetUserInput(" 电子邮件地址 ");

    Console.WriteLine($"{firstName} {lastName} <{email}>");
    //...
}
```

这种语言构造称为**本地函数** (local function)。之所以以这种方式声明，旨在将该函数的作用域限制在声明它的那个方法内部。在方法的作用域之外，无法调用本地函数。此外，本地函数可以访问本地函数之前在方法中声明的局部变量。如果不想这样，还可以通过在本地函数声明的开头添加 **static** 来明确阻止这一点，参见第 13 章的"静态匿名函数"一节。

## 5.3　using 指令

完全限定的名称可能很长、很笨拙。可以将一个或多个命名空间的所有类型"导入"文件，这样在使用时就不需要完全限定。

## 5.3.1 using 指令概述

　　C# 语言支持一个只应用于当前文件 ( 而不是整个项目 ) 的 using 指令。例如，在代码清单 5.8 中，不需要为 RegEx 附加 System.Text.RegularExpressions 前缀。这是因为代码文件顶部有一个 using  System.Text.RegularExpressions 指令。这个程序的结果如输出 5.2 所示。

**代码清单 5.8　using 指令示例**

```
// using 指令将所有类型从指定命名空间
// 导入当前代码文件。
using System.Text.RegularExpressions;

public class Program
{
    public static void Main()
    {
        const string firstName = "FirstName";
        const string initial = "Initial";
        const string lastName = "LastName";

        // 对正则表达式的详细解释超出了本书范围，
        // 访问 https://www.regular-expressions.info 了解详情。
        const string pattern = $"""
            (?<{firstName}>\w+)\s+((?<{
            initial}>\w)\.\s+)?(?<{
            lastName}>\w+)\s*
            """;

        Console.WriteLine(
            " 输入你的全名 ( 例: Inigo T. Montoya): ");
        string name = Console.ReadLine()!;

        // 因为之前的 using 指令，所以
        // 不需要用 System.Text.RegularExpressions
        // 前缀来限定 RegEx 类型。
        Match match = Regex.Match(name, pattern);

        if (match.Success)
        {
            Console.WriteLine(
                $"{firstName}: {match.Groups[firstName]}");
            Console.WriteLine(
                $"{initial}: {match.Groups[initial]}");
            Console.WriteLine(
                $"{lastName}: {match.Groups[lastName]}");
        }
    }
}
```

输出 5.2

```
输入你的全名（例: Inigo T. Montoya):
Inigo T. Montoya
FirstName: Inigo
Initial: T
LastName: Montoya
```

像 using System.Text 这样的 using 指令并不能避免为**嵌套命名空间**（例如 System.Text.RegularExpressions) 中声明的类型省略 System.Text。例如，如果代码要访问 System.Text.RegularExpressions 命名空间中的 RegEx 类型，那么要么添加另一个 using System.Text.RegularExpressions 指令，要么将类型完全限定为 System.Text.RegularExpressions.RegEx，而不能只是写 RegularExpressions.RegEx。简单地说，using 指令不会"导入"任何嵌套命名空间中的类型。嵌套命名空间（由命名空间中的句点符号来标识）必须显式导入。

**语言对比：Java 的 import 指令中的通配符**

Java 允许使用通配符导入命名空间，例如：

import javax.swing.*;

相反，C# 不允许在 using 指令中使用通配符，每个命名空间都必须显式导入。

通常，程序如果要用到一个命名空间中的大量类型，那么就应该考虑为该命名空间使用 using 指令，避免对该命名空间中的所有类型都进行完全限定。正是因为这个原因，几乎所有文件都在顶部添加了 using System 指令。在本书剩余的部分，代码清单会经常省略 using System 指令。但其他命名空间指令都会显式地包含（已设为全局 using 的除外，稍后详述）。

使用 using System 指令的话，有一个有趣结果是，可以使用不同的大小写形式来表示字符串数据类型：String 或者 string。前者的基础是 using System 指令，后者使用的是 string 关键字。两者在 C# 语言中都引用 String 数据类型，最终生成的 CIL 代码毫无区别[①]。

**初学者主题：命名空间**

如前所述，**命名空间**是分类和分组相关类型的一种机制。在一个类型所在的命名空间中，能找到和它相关的其他类型。此外，不同命名空间中重名的两个或更多类型没有歧义。

## 5.3.2 隐式 using 指令

本书第 1 章讲到，C# 10.0 及更高版本的 .csproj 文件支持一个 ImplicitUsings 元素：

<ImplicitUsings>enable</ImplicitUsings>

此外，在我们的源代码中，会经常引用诸如 Console 的东西，即使它的完全限定

---

① 我（作者）更喜欢使用 string 关键字，但无论选择哪一种表示方法，都应在项目中保持一致。

名称是 System.Console。之所以能如此简化，是因为我们已将 ImplicitUsings 元素设为 enable，从而告诉编译器自动推断命名空间，而不需要程序员提供。因此，我们可以在不指定完全限定名称的情况下使用类型标识符。将 ImplicitUsings 元素设为 enable 后，编译器会自动生成全局 using 指令，如下一节所述。

## 5.3.3　全局 using 指令

搜索一个 C# 10.0( 或更高版本 ) 项目的子目录，会注意到有一个扩展名为 GlobalUsing.g.cs 的文件，通常在 obj 文件夹的子目录中，其中包含了多个全局 using 指令，如代码清单 5.9 所示。

代码清单 5.9　ImplicitUsings 设为 enable 后生成的全局 using 指令 [①]

```
// <auto-generated/>
global using global::System;
global using global::System.Collections.Generic;
global using global::System.IO;
global using global::System.Linq;
global using global::System.Net.Http;
global using global::System.Threading;
global using global::System.Threading.Tasks;
```

每一行都是一个全局 using 指令 ( 注释行除外 )，它告诉编译器对于在指定的命名空间中出现的任何类型，都隐含命名空间限定符。例如，全局 using global::System 允许像 Console.WriteLine(...) 这样的写法，而不必使用完全限定形式，即 System.Console.WriteLine(...)，因为 Console 是在 System 命名空间中定义的。

当然，也可以提供自己的全局 using 声明。例如，假定经常都要使用 System.Text.StringBuilder 类 ( 曾在第 2 章简单地提及 )，那么可以为 System.Text 命名空间提供一个全局 using 指令。然后，在整个项目的范围内，都可以直接使用 StringBuilder 来引用该类型 ( 参见代码清单 5.10)，同时仍然依赖对 System 命令空间的隐式 using。

代码清单 5.10　为 StringBuilder 添加 global using 指令

```
global using System.Text;
// ...
public class Program
{
    public static void Main()
    {
        // new(); 的用法请参见第 6 章
        StringBuilder name = new();
```

① 注意在这个代码清单中，在自动生成的全局 using 语句中，使用了 global:: 作为命名空间前缀，例如 global using global::System。本章稍后讨论命名空间别名限定符。

```
        Console.Write(" 请输入你的名字 : ");
        name.Append(Console.ReadLine()!.Trim());

        Console.Write(" 请输入你的中间名首字母 : ");
        name.Append($" { Console.ReadLine()!.Trim('.').Trim() }." );

        Console.Write(" 请输入你的姓氏 : ");
        name.Append($" { Console.ReadLine()!.Trim() }");

        Console.WriteLine($" 你好，{name}！ ");
    }
}
```

全局 using 指令不管在哪代码文件中出现，都会应用于整个项目。虽然 C# 允许多次使用相同的全局 using 声明，但这样做是多余的。因此，最好是将所有全局 using 指令放在一个名为 Usings.cs 的文件中。统一位置后，还方便所有参与项目的人放置或删除这些声明。

除了应用于整个项目的全局 using 指令，C# 还支持仅应用于当前文件的其他 using 指令。然而，全局 using 声明必须出现在其他任何 ( 非全局 )using 指令之前，后者会在介绍了 .csproj 文件的 Using 元素之后说明。

## 5.3.4 .csproj Using 元素

还可以在项目文件 (.csproj) 中使用 Using 元素来指定全局 using 声明，如代码清单 5.11 所示。

**代码清单 5.11　带有 Using 元素的示例 .NET 控制台项目文件**

```xml
<Project Sdk="Microsoft.NET.Sdk">
  <PropertyGroup>
    <OutputType>Exe</OutputType>
    <TargetFramework>net7.0</TargetFramework>
    <ImplicitUsings>enable</ImplicitUsings>
    <Nullable>enable</Nullable>
  </PropertyGroup>
  <ItemGroup>
    <Using Include="System.Net" />
    <Using Static="true" Include="System.Console"/>
  </ItemGroup>
</Project>
```

要注意的一个重点是，与 ImplicitUsings 元素不同，Using 元素是 ItemGroup 元素的子元素，而不是 PropertyGroup 的元素。另外，由于为 System.Net 设置了 Using 元素，所以就不再需要完全限定 System.Net 命名空间中的 HttpClient 类。相反，在生成项目时，编译器会生成一个全局 using System.Net 指令。本例还有一个 Using 元素包含了一个 Static 属性，我们将在下一节进一步解释。

高级主题：嵌套 using 指令

using 指令不仅可以在文件顶部使用，还可以在命名空间声明的顶部使用。例如，声明新命名空间 EssentialCSharp 时，可以在该声明的顶部添加 using 指令，如代码清单 5.12 所示。

**代码清单 5.12　在命名空间声明中使用 using 指令**

```
namespace EssentialCSharp
{
    using System;
    class HelloWorld
    {
        static void Main()
        {
            // 因为上方的 using 指令，所以
            // 不需要用 System 限定 Console 类。
            Console.WriteLine("你好，我的名字是 Inigo Montoya。");
        }
    }
}
```

在文件顶部和命名空间声明的顶部使用 using 指令的区别在于，后者的 using 指令只在当前声明的命名空间内有效。如果在 EssentialCSharp 命名空间前后声明了新的命名空间，那么新命名空间不会受别的命名空间中的 using System 指令的影响。但是，我们很少写这样的代码，尤其是根据约定，每个文件只应该有一个类型声明。

## 5.3.5 using static 指令

using 指令允许省略命名空间限定符来简化类型名称。而 using static 指令允许将命名空间和类型名称都省略，只需写静态成员名称。例如，using static System.Console 指令允许直接写 WriteLine()，而不必写完全限定名称 System.Console.WriteLine()。基于这个技术，代码清单 5.2 可以改写为代码清单 5.13。

**代码清单 5.13　using static 指令**

```
using static System.Console;

public class HeyYou
{
    public static void Main()
    {
        string? firstName;    // 用于存储名字的变量
        string? lastName;     // 用于存储姓氏的变量

        WriteLine("嘿，你！");

        Write("请输入你的名字：");
        firstName = ReadLine() ?? string.Empty;

        Write("请输入你的姓氏：");
        lastName = ReadLine() ?? string.Empty;
```

```
        WriteLine(
            $" 你的全名是 {firstName} {lastName}。");
    }
}
```

本例不会损失代码的可读性。`WriteLine()` 方法、`Write()` 方法和 `ReadLine()` 方法明显与控制台的操作相关。代码显得比以往更简单、更清晰（虽然可能有争议）。

但这并非绝对，有的类定义了重叠的行为名称（方法名），例如文件和目录都提供了 `Exists()` 方法。在定义了 `using static` 指令的前提下，如果直接调用 `Exists()`，则无利于澄清。类似地，如果写的类定义了行为名称重叠的成员，例如 `Display()` 和 `Write()`，也会让读者感到困惑。

编译器不允许这种歧义。两个成员如果具有相同签名（通过 `using static` 指令或单独声明的成员），调用它们时就会产生歧义，会造成编译错误。

注意，C# 10 或更高版本还支持全局静态 using 指令，例如：

`global using static System.Console;`

类似地，可以在 .csproj 文件中配置全局 `using static` 指令，例如：

`<Using Static="true" Include="System.Console"/>`

这在代码清单 5.11 中已经展示过了。

## 5.3.6　使用别名

从 C# 12.0 开始，using 指令还允许为命名空间以及包括元组、指针（第 23 章）、数组类型和泛型类型（第 12 章）在内的任何类型设置**别名**。别名是在 using 指令起作用的范围内可以使用的替代名称。别名两个最常见的用途是消除两个同名类型的歧义以及缩写长名称。例如在代码清单 5.14 中，`CountDownTimer` 别名引用了 `Timers.Timer` 类型。仅添加 `using System.Timers` 指令还不足以避免对 `Timer` 类型的完全限定，原因是 `System.Threading` 也包含一个 `Timer` 类型，所以在代码中直接写 `Timer` 会产生歧义。

**代码清单 5.14　声明类型别名**

```
using CountDownTimer = System.Timers.Timer;
using StartStop = (DateTime Start, DateTime Stop);

public class HelloWorld
{
    public static void Main()
    {
        CountDownTimer timer;
        StartStop startStop;
        // ...
    }
}
```

代码清单 5.14 将全新名称 CountDownTimer 作为别名。但是，也可将别名指定为
Timer，如代码清单 5.15 所示。

**代码清单 5.15　声明同名的类型别名**

```
// 声明别名 Timer 来引用 System.Timers.Timer,
// 以避免代码与 System.Threading.Timer 产生歧义。
using Timer = System.Timers.Timer;

public class HelloWorld
{
    public static void Main()
    {
        Timer timer;

        // ...
    }
}
```

由于 Timer 现在是别名，所以 "Timer" 引用不会产生歧义。这个时候，如果要引
用 System.Threading.Timer 类型，那么必须完全限定或者定义不同的别名。

当然，C# 10 及更高版本还支持全局别名 using 指令，例如：

```
global using Timer = Timers.Timer;
```

和其他所有全局 using 指令一样，还可以在 .csproj 文件中配置全局别名 using 指令：

```
<Using Include = "System.Timers.Timer" Alias = "Timer" />
```

# 5.4 Main() 方法的返回值和参数

到目前为止，可执行文件(可执行体)的所有 Main() 方法采用的都是最简单的声明。
这些 Main() 方法声明不包含任何参数或非 void 返回类型。但是，C# 语言支持在执行
程序时提供命令行参数，并允许从 Main() 方法返回状态标识符。

"运行时"通过一个 string 数组参数将命令行参数传给 Main()。要获取传递的这
些参数，访问数组就可以了，代码清单 5.16 和输出 5.3 对此进行了演示。在本例中，第
一次运行程序未传递任何参数，第二次运行则传递了两个参数。程序的作用是下载指定
URL 处的资源。第一个命令行参数指定 URL，第二个则指定要用什么文件名来保存下载
的资源。代码从一个 switch 语句开始，根据参数数量 (args.Length) 来采取不同操作：

- 如果没有两个参数，就显示一条错误消息，指出必须提供 URL 和用于保存资源
  的文件名；
- 如果有两个参数，表明用户提供了 URL 和文件名。

**代码清单 5.16　向 Main() 方法传递命令行参数**

```
public class Program
{
```

```
public static int Main(string[] args)
{
    int result;
    if (args?.Length != 2)
    {
        // 必须提供两个（而且只能是两个）参数，所以报错
        Console.WriteLine(
            " 错误：必须指定 "
            + "URL 和文件名 ");
        Console.WriteLine(
            " 用法：Downloader.exe <URL> < 文件名 >");
        result = 1;
    }
    else
    {
        string urlString = args[0];
        string fileName = args[1];
        HttpClient client = new();
        byte[] response =
            client.GetByteArrayAsync(urlString).Result;
        client.Dispose();
        File.WriteAllBytes(fileName, response);
        Console.WriteLine($" 已从 '{urlString}' 下载 '{fileName}'。");
        result = 0;
    }
    return result;
}
```

输出 5.3

```
>Downloader
错误：必须指定 URL 和文件名
用法：Downloader.exe <URL> < 文件名 >
>Downloader https://bookzhou.com index.html
已从 'https://bookzhou.com' 下载 'index.html'。
```

成功获取用于保存资源的文件名，就用它保存从 URL 下载的资源。否则，应显示帮助文本来指出正确用法。另外，Main() 方法还会返回一个 int，而不是像往常那样返回 void。返回值对于 Main() 声明来说是可选的。但如果有返回值，程序就可以将状态码返回给调用者（比如脚本或批处理文件）。根据约定，非零返回值代表出错。

虽然所有命令行参数都可以通过字符串数组传给 Main()，但有时需要从非 Main() 的方法中访问那些参数。这时可以使用 System.Environment.GetCommandLineArgs() 方法返回由命令行参数构成的数组。该数组和通过 Main(string[] args) 传入的 args 数组唯一的区别在于，第一个元素是可执行文件名，而不是第一个命令行参数。

为了能从网上下载文件，代码清单 5.16 使用了一个 System.Net.Http.

HttpClient 对象，但代码中只需写 HttpClient，因为它的命名空间已由 .csproj 文件中的 ImplicitUsings 元素导入了。

**高级主题：消除多个 Main() 方法的歧义**

如果一个程序包含两个带有 Main() 方法的类，那么可以指定使用哪一个作为入口点。在 Visual Studio 中，可以在解决方案资源管理器中右击项目名称，并选择"属性"。然后，在"应用程序"标签页中，可以从"启动对象"中选择用哪个类的 Main() 方法来启动程序。这个操作会在 .csproj 文件的 PropertyGroup 中添加一个附加的元素：

```
<StartupObject>
    AddisonWesley.Michaelis.EssentialCSharp.Shared.Program
</StartupObject>
```

在命令行上 build 时，也可以用你希望的值来设置 StartupObject 属性，例如：

```
dotnet build /p:StartupObject=AddisonWesley.Program2
```

其中，AddisonWesley.Program2 是包含所选 Main() 方法的命名空间和类。事实上，.csproj 文件的 PropertyGroup 区域的任何项都可以通过这种方式在命令行上指定。■

**初学者主题：调用栈和调用点**

代码执行时，方法可能调用其他方法，其他方法可能调用更多方法，以此类推。在代码清单 5.4 的简单情况中，Main() 调用 GetUserInput()，后者调用 Console.ReadLine()，后者又在内部调用更多方法。每次调用新方法，"运行时"都创建一个"栈帧"或"活动帧"，其中包含的信息包括传给新调用的方法的实参、新调用的方法自己的局部变量以及方法返回时应该从哪里恢复等。由此形成的一系列栈帧称为**调用栈** (call stack)[1]。随着程序越来越复杂，每个方法调用另一个方法时，这个调用栈都会变大。但当调用结束时，调用栈又会发生收缩，直到调用另一个方法。我们用**栈展开** (stack unwinding)[2] 一词描述从调用栈中删除栈帧的过程。栈展开的顺序通常与方法调用的顺序相反。方法调用完毕，控制会返回**调用点** (call site)，也就是最初发出方法调用的位置。■

# 5.5 顶级语句

截至 C# 9.0，C# 中的所有可执行代码都必须放在类型定义和成员 ( 例如类型内的方法 ) 中。但是，正如代码清单 1.1 展示的那样，现在已经不需要那样做了。相反，现在可以在代码文件中直接写**顶级语句** (top-level statements)，这些语句独立于任何类型定义，甚至可以没有 Main() 方法。但是，只允许在一个文件中写这样的语句，而且必须是程序中执行的第一批语句——等同于以前在 Main() 方法中写的那些语句。事实上，如果你写顶级语句，那么编译器会自动生成一个名为 Program 的类，在该类中包装顶级语句，并将它们放入一个 Main() 方法中。此外，该方法有一个上下文关键字 args，相当于 Main 方法的 string[] args 参数。

---

① async 或迭代器方法除外，它们的活动记录转移到堆上。

② 译注：unwind 一般翻译成"展开"，但这并不是一个很贴切的翻译。wind 和 unwind 源于生活。把线缠到线圈上称为 wind；从线圈上松开称为 unwind。同样，调用方法时压入栈帧，称为 wind；方法执行完毕弹出栈帧，称为 unwind。

使用顶级语句，C# 语言表面上允许语句出现在方法外部。有弱结构化语言编程背景的开发人员在刚开始接触 C# 时，会发现像这样的写法非常熟悉[①]。但无论如何，最后编译时还是会这些语句移到 Main() 方法中。因此，最终的结果是，在底层的 CIL 中，所有语句都还是在类型定义和类型成员内。由于 C# 编译器将顶级语句转移到自动生成的 Program 类所定义的 Main() 方法中，所以如果尝试定义另一个名为 Program 的类，那么编译器会报错[②]。对顶级语句的另一个限制是，同一个文件中的任何类型定义都必须放在顶级语句后面。

在包含顶级语句的文件中，还可以包含所谓的**顶级方法**，这些方法也可以独立于类型定义。

在 Visual Studio 中运行某些"创建新项目"向导时，会提供一个"不使用顶级语句"选项，该选项允许你选择是使用简化的"顶级语句"版本，还是使用显式的代码结构。默认是不勾选该选项，从而生成如代码清单 1.1 所示的代码 ( 没有显式的类或 Main 方法 )。类似地，在 dotnet 命令行上，某些项目模板 ( 例如，在执行 dotnet new Console 命令时提供的 Console 参数 ) 通常支持一个 --use-program-main 选项，可以用它禁用顶级语句，以传统方式生成代码结构。但是，顶级语句仅对具有入口点的项目可用；换言之，要具有 Main() 方法。编译器不允许为没有 Main() 方法的程序使用顶级语句 ( 例如类库 )。

顶级语句主要是为了在写简单程序时避免不必要的套路，它降低了初学者的上手难度。在引入顶级语句之前，即使程序只有一个语句。也必须写一个类型定义和一个 Main() 方法。有了顶级语句，就可以避免这些套路。此外，顶级语句方便我们将看似完整的 C# 代码片段嵌入到文本中，比如 Polyglot Notebooks[③](*https://github.com/dotnet/ interactive*) 或者本书英文版书稿的在线版本 (*https://essentialcsharp.com*)。

## 5.6 高级方法参数

本章之前一直是通过方法的 return 语句返回数据。本节将解释方法如何通过自己的参数返回数据，以及方法如何获取数量可变的参数。

### 5.6.1 值参数

参数默认**传值** (pass by value)。换言之，参数值会复制 ( 拷贝 ) 到目标参数中。以代码清单 5.17 为例，在调用 Combine() 时，Main() 正在使用的每个变量值都会复制给 Combine() 方法的参数。输出 5.4 展示了结果。

---

① 译注：这使 C# 更接近脚本语言的使用体验。
② 正如编译器的错误消息所提示的那样，可以用 partial 修饰符将这个新的 Program 类定义为分部类，表示这两部分定义将合并到同一个 Program 类中。详情将在第 6 章的"分部类"中解释。
③ 译注：可以作为 Visual Studio Code 的插件安装。

代码清单 5.17 以传值方式传递变量

```
public class Program
{
    public static void Main()
    {
        // ...
        string fullName;
        string driveLetter = "C:";
        string folderPath = "Data";
        string fileName = "index.html";
        fullName = Combine(driveLetter, folderPath, fileName);
        Console.WriteLine(fullName);
        // ...
    }
    static string Combine(
        string driveLetter, string folderPath, string fileName)
    {
        string path;
        path = string.Format("{1}{0}{2}{0}{3}",
            Path.DirectorySeparatorChar,
            driveLetter, folderPath, fileName);
        return path;
    }
}
```

输出 5.4

```
C:\Data\index.html
```

Combine() 方法返回前，即使故意将 null 值赋给 driveLetter，folderPath 和 fileName 等变量，Main() 中对应的变量仍会保持其初始值不变，因为在调用方法时，只是将变量的值复制了一份给方法。调用栈在一次调用的末尾"展开"(unwind) 的时候，复制的数据会被丢弃。

**初学者主题：匹配调用者变量与参数名**

在代码清单 5.17 中，调用者 Main() 中的变量名与被调用方法 Combine() 中的参数名是匹配的。但这只是为了增强可读性，名称是否匹配与方法调用的行为无关。被调用方法的参数和发出调用的方法的局部变量在不同的声明空间中，相互之间没有任何关系。

**高级主题：比较引用类型与值类型**

就本节的主题来说，传递的参数是值类型还是引用类型并不重要。相反，我们主要关心的是被调用的方法是否能将值写入调用者的原始变量。由于现在是生成原始值的拷贝，所以无论怎么更改都影响不到调用者的变量。但不管怎样，都有必要理解值类型和引用类型的变量的区别。

从名称就可以看出，对于引用类型的变量，它的值是对数据实际存储位置的引用。至于"运行时"如何表示引用类型变量的值，则是"运行时"的实现细节。一般都是用数据实际存储的内存地址来表示，但并非一定如此。

如果引用类型的变量以传值方式传给方法，复制的就是引用（地址）本身。这样一来，虽然在被调用的方法中还是更改不了引用（地址）本身，但可以更改地址处的数据。

相反，对于值类型的参数，参数获得的是值的拷贝，所以被调用的方法无论怎么折腾这些拷贝，都影响不了调用者的变量。 ■

## 5.6.2 引用参数 ref

下面来看看代码清单 5.18 的例子，它调用方法来交换两个值，输出 5.5 展示了结果。

代码清单 5.18　以传引用的方式传递变量

```
string first = "你好";
string second = "再见";

Swap(ref first, ref second);


Console.WriteLine(
    $@"first = ""{first}"", second = ""{second}""");
        // ...


// 方法定义可以放到顶级语句之前，但类型定义不可以
static void Swap(ref string x, ref string y)
{
    string temp = x;
    x = y;
    y = temp;
}
```

输出 5.5

```
first = "再见", second = "你好"
```

赋给 first 和 second 的值被成功交换。这要求以**传引用** (pass by reference) 的方式传递变量。比较本例的 Swap() 调用与代码清单 5.17 的 Combine() 调用，不难发现两者最明显的区别就是本例在参数数据类型前使用了关键字 ref，这使参数以传引用方式传递，被调用的方法可用新值更新调用者的变量。

如果被调用的方法将参数指定为 ref，调用者调用该方法时提供的实参也应该是附加了 ref 前缀的变量（而不能传递值）。这样，调用者就显式确认了目标方法可以对它接收到的任何 ref 参数进行重新赋值。此外，调用者应初始化传引用的局部变量，因为被调用的方法可能直接从 ref 参数读取数据而不先对其进行赋值。例如，在代码清单 5.18 中，temp 直接从 first 获取数据，认为 first 变量已由调用者初始化。事实上，ref 参数只是传递的变量的别名。换言之，作用只是为现有变量分配一个参数名，而非创建新变量并将实参的值拷贝给它。

**注意**

ref 修饰符使参数引用栈上现有的一个变量，而不是创建新变量，并将参数值复制到参数中。

### 5.6.3　输出参数 out

如前所述，用作 ref 参数的变量必须在传给被调用的方法前赋值（初始化），因为被调用的方法可能直接从变量中读取值。例如，上一个例子的 Swap 方法必须读写传给它的变量。但是，方法经常要获取一个变量引用，并只是向变量写入而不读取。这时更安全的做法是以传引用的方式传入一个未初始化的局部变量。

为此，代码需要用关键字 out 修饰参数类型。例如代码清单 5.19 的 TryGetPhoneButton() 方法，它返回与字符对应的电话按键。运行结果如输出 5.6 所示。

**代码清单 5.19　仅传出（输出）的变量**

```
public static int Main(string[] args)
{
    if (args.Length == 0)
    {
        Console.WriteLine(
            " 用法: ConvertToPhoneNumber.exe < 一个英文短语 >");
        Console.WriteLine(
            "'_' 表示无标准电话按键 ");
        return 1;
    }

    foreach (string word in args)
    {
        foreach (char character in word)
        {
            if (TryGetPhoneButton(character, out char button))
            {
                Console.Write(button);
            }
            else
            {
                Console.Write('_');
            }
        }
    }
    Console.WriteLine();
    return 0;
}

static bool TryGetPhoneButton(char character, out char button)
{
    bool success = true;
    switch (char.ToLower(character))
    {
        case '1':
            button = '1';
```

```
            break;
        case '2':
        case 'a':
        case 'b':
        case 'c':
            button = '2';
            break;

        // ...

        case '-':
            button = '-';
            break;
        default:
            // 设置 button 来指示一个无效的值
            button = '_';
            success = false;
            break;
    }
    return success;
}
```

**输出 5.6**

```
ConvertToPhoneNumber.exe BookZhou.com
26659468_266
```

在本例中，如果能成功判断与 character 对应的电话按键，TryGetPhoneButton()
方法就返回 true。方法还使用 out 参数 button 返回对应的按键。

out 参数功能上与 ref 参数完全一致，唯一区别是 C# 语言对别名变量的读写方式
有不同的规定。如果参数被标记为 out，那么编译器会核实在方法所有正常返回的代码
路径 ( 也就是不抛出异常的路径 ) 中，是否都对该参数进行了赋值。如果发现某个代码
执行路径没对 button 赋值，编译器就会报错，指出代码没有对 button 进行初始化。
在代码清单 5.19 中，方法最后将下划线字符赋给 button，因为即使无法判断正确的电
话按键，也必须对 button 进行赋值。

使用 out 参数时，一个常见的编码错误是忘记在使用前声明 out 变量。
从 C# 7.0 起，可以在调用方法前以内联的形式声明 out 变量。代码清单 5.19 在
TryGetPhoneButton(character, out char button) 中 就 使 用 了 该 功 能，
button 变量完全不需要事先声明。而在 C# 7.0 之前，必须先声明 button 变量，再用
TryGetPhoneButton(character, out button) 调用方法。

另外，从 C# 7.0 开始允许完全放弃 out 参数。例如，你可能只想知道某字符是不
是有效电话按键，而不需要实际返回对应的数值。这时就可以用下划线放弃 button 参
数 ( 称为弃元 )，即 TryGetPhoneButton(character, out _)。

在 C# 7.0 元组语法之前，开发人员通过声明一个或多个 out 参数来解除方法只能
有一个返回类型的限制。例如，为了返回两个值，可以正常返回一个，另一个写入作为

out 参数传递的别名变量。虽然这个做法既常见也合法，但通常都有更好的方案能达到相同目的。例如，用 C# 7.0 写代码时，为了返回两个或更多值，应该首选元组语法。而在 C# 7.0 之前，可以考虑改成两个方法，每个方法返回一个值。如果非要一次返回多个，那么还是可以使用 ValueTuple 类型，只是当然不能使用 C# 7.0 语法。

 **注意**

所有正常的代码路径都必须对 out 参数赋值。

### 5.6.4　只读传引用

C# 7.2 支持以传引用的方式传入只读值类型。不是创建值类型的拷贝并使方法能修改拷贝。相反，只读传引用造成值类型以传引用的方式传给方法。不仅不会每次调用方法都创建值类型的拷贝，而且被调用的方法不能修改值类型。换言之，其作用是在传值时减少拷贝量，同时把它标识为只读以增强性能。目的是为参数添加 in 修饰符。例如：

```
int Method(in int number) { ... }
```

使用修饰符 in，方法中对 number 的任何重新赋值操作 ( 例如，number++) 都会造成编译错误，并报告 number 只读。

### 5.6.5　返回引用

从 C# 7.0 开始，还允许返回对变量的引用。例如，代码清单 5.20 定义了一个方法来返回图片中的第一个红眼像素。

**代码清单 5.20　return ref 和 ref 局部变量声明**

```
// 返回一个引用
public static ref byte FindFirstRedEyePixel(byte[] image)
{
    // 执行图像检查 ( 也许通过机器学习 )
    for (int counter = 0; counter < image.Length; counter++)
    {
        if (image[counter] == (byte)ConsoleColor.Red)
        {
            return ref image[counter];
        }
    }
    throw new InvalidOperationException(" 没有像素是红色的。");
}

public static void Main()
{
    byte[] image = new byte[254];
    // 加载图像
    int index = new Random().Next(0, image.Length - 1);
    image[index] =
        (byte)ConsoleColor.Red;
    Console.WriteLine(
```

```
    $"image[{index}]={(ConsoleColor)image[index]}");
// ...
```

```
// 获取对第一个红色像素的引用
ref byte redPixel = ref FindFirstRedEyePixel(image);
// 把它更新为黑色
redPixel = (byte)ConsoleColor.Black;
```

```
Console.WriteLine(
    $"image[{index}]={(ConsoleColor)image[redPixel]}");
}
```

如代码清单 5.20 所示，通过返回对变量的引用，调用者可以将像素更新为不同颜色。检查对数组的更新证明值现已变成黑色。

返回引用有两个重要的限制，两者都和对象生存期有关：1. 对象引用在仍被引用时不应被垃圾回收；2. 在不存在对它们的任何引用后，就不应消耗内存。为了符合这些限制，从方法返回引用时只能返回：

- 对字段或数组元素的引用；
- 其他返回引用的属性或方法；
- 作为参数传给“返回引用的方法”的引用。

例如，FindFirstRedEyePixel() 返回对一个 image 数组元素的引用，该引用是传给方法的参数。类似地，如果图片作为类的字段存储，那么可以返回对字段的引用：

```
byte[] _Image;
public ref byte[] Image { get { return ref _Image; } }
```

此外，ref 局部变量被初始化为引用一个特定变量，以后不能修改它来引用其他变量。返回引用时要注意下面几点。

- 如果决定返回引用，就必须返回一个引用。以代码清单 5.20 为例，即使不存在红眼像素，也必须返回一个字节引用。找不到？那么只有抛出异常。相反，如采取传引用参数的方式，就可以不修改参数，只是返回一个 bool 值代表成功，许多时候这样做更佳。

- 声明一个引用局部变量的同时必须初始化它。为此，需要将方法返回的引用赋给它，或者将一个变量引用赋给它：

  ```
  ref string text; // 会报错
  ```

- 虽然从 C# 7.0 开始允许声明 ref 局部变量，但不允许声明 ref 字段，参见第 6 章的“实例字段”一节，进一步了解字段的声明：

  ```
  class Thing { ref string _Text; /* 会报错 */ }
  ```

- 自动实现的属性不能声明为引用类型，参见第 6 章的“属性”一节，进一步了解属性的声明：

  ```
  class Thing { ref string Text { get; set; } /* 会报错 */ }
  ```

- 从属性返回引用是允许的：

```
class Thing { string _Text = "Inigo Montoya";
ref string Text { get { return ref _Text; } } }
```

- `ref` 局部变量不能用值（比如 `null` 或常量）来初始化。必须将返回引用的成员赋给它，或者将局部变量、字段或数组赋给它：

```
ref int number = null; ref int number = 42; // 会报错
int local = 1; ref int a = ref local; // 不会报错
```

## 5.6.6　参数数组 (params)

到目前为止，方法的参数数量都是在声明时确定好的。但是，我们有时希望参数数量可变。以代码清单 5.17 的 Combine() 方法为例，它传递了驱动器号 (driveLetter)、文件夹路径 (folderPath) 和文件名 (fileName) 等参数。如果路径中包含多个嵌套的文件夹，调用者希望将额外的文件夹连接起来以构成完整路径，那么应该如何写代码呢？或许最好的办法就是为文件夹传递一个字符串数组，其中包含不同的文件夹名称。但这会使调用代码变复杂，因为需要事先构造好数组并将数组作为参数传递。

为了简化编码，C# 提供了一个特殊关键字，允许在调用方法时提供数量可变的参数，而不是事先就固定好参数数量。讨论方法声明前，先注意一下 Main() 中的调用代码，如代码清单 5.21 和输出 5.7 所示。

代码清单 5.21　传递长度可变的参数列表

```
using System;
using System.IO;

public class Program
{
    public static void Main()
    {
        string fullName;

        // ...

        // 向 Combine() 传递 4 个参数
        fullName = Combine(
            Directory.GetCurrentDirectory(),
            "bin", "config", "index.html");
        Console.WriteLine(fullName);

        // ...

        // 向 Combine() 传递 3 个参数
        fullName = Combine(
            Environment.SystemDirectory,
            "Temp", "index.html");
        Console.WriteLine(fullName);
```

```
    // ...

    // 向 Combine() 传递一个数组
    fullName = Combine(
        new string[] {
            $"{Environment.GetFolderPath(Environment.SpecialFolder.UserProfile)}",
            "Documents", "Web", "index.html" });
    Console.WriteLine(fullName);
    // ...
}

static string Combine(params string[] paths)
{
    string result = string.Empty;
    foreach (string path in paths)
    {
        result = Path.Combine(result, path);
    }
    return result;
}
}
```

输出 5.7

```
C:\Data\mark\bin\config\index.html
C:\WINDOWS\system32\Temp\index.html
C:\Data\HomeDir\index.html
```

第一个 Combine() 调用提供了 4 个参数。第二个只提供 3 个。最后一个调用传递一个数组来作为参数。换言之，Combine() 方法接受数量可变的参数，要么是以逗号分隔的字符串参数，要么是单个字符串数组。前者称为方法调用的"展开"(expanded) 形式，后者称为"正常"(normal) 形式。

为了获得这样的效果，Combine() 方法需要像下面这样做：

- 在方法声明的最后一个参数前添加 params 关键字；
- 将最后一个参数声明为数组。

像这样声明了**参数数组**之后，每个参数都作为参数数组的成员来访问。Combine() 方法遍历 paths 数组的每个元素并调用 System.IO.Path.Combine()。该方法自动合并路径中的不同部分，并正确使用平台特有的目录分隔符。

参数数组要注意以下几点。

- 参数数组不一定是方法唯一的参数，但必须是最后一个。由于只能放在最后，所以最多只能有一个参数数组。
- 调用者可以指定和参数数组对应的零个实参，这会造成将包含零个数据项的一个数组作为参数数组传递。
- 参数数组是类型安全的，换言之，实参的类型必须兼容参数数组的元素类型。

- 调用者可以传递一个实际的数组，而不是传递以逗号分隔的参数列表。最终生成的 CIL 代码一样。
- 如果目标方法的实现要求一个最起码的参数数量，那么请在方法声明中显式指定必须提供的参数。这样一来，一旦遗漏必须的参数，就会导致编译器报错。这样就不必依赖运行时的错误处理。例如，使用 int Max(int first, params int[] operands) 而不是 int Max(params int[] operands)，确保至少有一个整数实参传给 Max()。

使用参数数组，可以将数量可变的多个同类型参数传给方法。本章稍后的"方法重载"一节讨论了如何支持不同类型的、数量可变的参数。

> **■ 设计规范**
>
> DO use parameter arrays when a method can handle any number—including zero—of additional arguments
>
> 如果方法能处理任何数量(包括零个)额外实参，那么**要使用参数数组**。

顺便说一句，我们在这个例子中写的 Combine() 函数是一个人为的例子。其实可以直接利用 System.IO.Path.Combine() 函数，它已进行了重载，能支持参数数组。

## 5.7　递归

"递归调用方法"或者"用递归实现方法"意味着方法调用它自身。有的时候，这是解决特定问题最简单的方式(例如，汉诺塔)。代码清单 5.22 统计目录及其子目录中的所有 C# 源代码文件 (*.cs) 的代码行数，结果如输出 5.8 所示。

代码清单 5.22　返回目录中所有 .cs 文件中的代码行数

```
using System.IO;

public static class LineCounter
{
    // 使用第一个实参作为要搜索的目录，
    // 或者默认为当前目录。
    public static void Main(string[] args)
    {
        int totalLineCount = 0;
        string directory;
        if (args.Length > 0)
        {
            directory = args[0];
        }
        else
        {
            directory = Directory.GetCurrentDirectory();
        }
```

```
        totalLineCount = DirectoryCountLines(directory);
        Console.WriteLine(totalLineCount);
    }

    static int DirectoryCountLines(string directory)
    {
        int lineCount = 0;
        foreach (string file in
            Directory.GetFiles(directory, "*.cs"))
        {
            lineCount += CountLines(file);
        }

        foreach (string subdirectory in
            Directory.GetDirectories(directory))
        {
            lineCount += DirectoryCountLines(subdirectory);
        }

        return lineCount;
    }

    private static int CountLines(string file)
    {
        string? line;
        int lineCount = 0;
        // 可以使用一个 using 语句改进，但目前还没有讲到
        FileStream stream = new(file, FileMode.Open);
        StreamReader reader = new(stream);
        line = reader.ReadLine();

        while (line != null)
        {
            if (line.Trim() != "")
            {
                lineCount++;
            }
            line = reader.ReadLine();
        }

        reader.Dispose();   // 自动关闭流
        return lineCount;
    }
}
```

输出 5.8

```
LineCounter.exe D:\CLRviaCShap2024
2048
```

程序首先将第一个命令行参数传给 **DirectoryCountLines()**。如果没有在命令行传递参数，就直接使用当前目录。在方法中，我们首先遍历指定目录中的所有文件，累加每个 .cs 文件包含的源代码行数。处理好该目录之后，重新将子目录传给

**DirectoryCountLines()** 方法以处理每个子目录。同样的过程会针对每个嵌套的子目录反复进行，直到再也没有更多目录可供处理。

　　不熟悉递归的读者刚开始可能觉得非常繁琐。但事实上，递归通常都是最简单的编码模式，尤其是在和文件系统这样的层次化数据打交道的时候。不过，虽然可读性不错，但一般不是最快的实现。如果必须关注性能，开发者应该为递归实现寻求一种替代方案。至于具体如何选择，通常取决于想如何在可读性与性能之间取得平衡。

**初学者主题：无限递归错误**

用递归实现方法时，一个常见的错误是在程序执行期间发生栈溢出 (stack overflow)。这通常是由于**无限递归**造成的。假如方法持续调用自身，永远抵达不了标志递归结束的位置，就会发生无限递归。必须仔细检查每个使用了递归的方法，验证递归调用是有限而非无限的。

下面以伪代码的形式展示一个常用的递归模式：

```
M(x)
{
  if x 已达最小，不可继续分解
    返回结果
  else
    (1) 采取一些操作使问题变得更小
    (2) 递归调用 M 来解决更小的问题
    (3) 根据 (1) 和 (2) 计算结果
    返回结果
```

不遵守这个模式就可能出错。例如，如果不能将问题变得更小，或者不能处理所有可能的"最小"情况，就会持续递归。

## 5.8 方法重载

　　上一节的代码清单 5.22 调用 **DirectoryCountLines()** 方法来统计 *.cs 文件中的源代码行数。但是，如果要统计 *.h、*.cpp 或者 *.vb 文件的代码行数，**DirectoryCountLines()** 就无能为力了。我们希望有这样一个方法，它能获取文件扩展名作为参数，同时保留现有方法定义，以便默认处理 *.cs 文件。

　　一个类中的所有方法都必须具有唯一的签名，C# 依据方法名、参数数据类型或参数数量的差异来定义唯一性。注意，*方法返回类型不计入签名*。两个方法如果仅返回类型不同，那么会造成编译错误 ( 即使返回的是两个不同的元组 )。如一个类包含两个或多个同名方法，就会发生**方法重载**。对于重载的方法，参数数量以及 / 或者数据类型肯定有所不同。

**注意**

方法的唯一性取决于方法名、参数数据类型或参数数量的差异。

　　方法重载是一种**操作性多态** (operational polymorphism)。如果因数据变化而造成同一个逻辑操作具有许多 ("多") 形式 ("态")，就会发生"多态"。以 **WriteLine()** 方法为例，可以向它传递一个格式字符串和其他一些参数，也可以只传递一个整数。两者的实现肯定不一样。但在逻辑上，对于调用者来说，该方法的作用就是输出数据。至于方法内部具体如何实现，调用者并不关心。代码清单 5.23 是一个例子，输出 5.9 展示了结果。

代码清单 5.23　使用重载统计代码文件的行数

```
public static class LineCounter
{
    public static void Main(string[] args)
    {
        int totalLineCount;

        if (args.Length > 1)
        {
            totalLineCount = DirectoryCountLines(args[0], args[1]);
        }
        else if (args.Length > 0)
        {
            totalLineCount = DirectoryCountLines(args[0]);
        }
        else
        {
            totalLineCount = DirectoryCountLines();
        }

        Console.WriteLine(totalLineCount);
    }

    static int DirectoryCountLines()
    {
        return DirectoryCountLines(
            Directory.GetCurrentDirectory());
    }

    static int DirectoryCountLines(string directory)
    {
        return DirectoryCountLines(directory, "*.cs");
    }

    static int DirectoryCountLines(
        string directory, string extension)
    {
        int lineCount = 0;
        foreach (string file in
            Directory.GetFiles(directory, extension))
        {
            lineCount += CountLines(file);
        }

        foreach (string subdirectory in
            Directory.GetDirectories(directory))
        {
```

```
        lineCount += DirectoryCountLines(subdirectory);
    }

    return lineCount;
}

private static int CountLines(string file)
{
    int lineCount = 0;
    string? line;
    // 可以使用一个 using 语句改进，但目前还没有讲到
    FileStream stream = new(file, FileMode.Open);
    StreamReader reader = new(stream);
    line = reader.ReadLine();
    while (line is not null)
    {
        if (line.Trim() != "")
        {
            lineCount++;
        }
        line = reader.ReadLine();
    }

    reader.Dispose();  // 自动关闭流
    return lineCount;
}
}
```

输出 5.9

```
D:\CLRviaCSharp2024>LineCounter.exe
2048
D:\CLRviaCSharp2024>LineCounter.exe .\ *.xml
1928
```

　　方法重载的目的是提供调用方法的多种方式。如本例所示，在 Main() 中调用 DirectoryCountLines() 方法时，可以选择是否传递要搜索的目录和文件扩展名。

　　本例修改 DirectoryCountLines() 的无参版本，让它调用单一参数的 int DirectoryCountLines(string directory)。这是实现重载方法的常见模式，基本思路是：开发者只需在一个方法中实现核心逻辑，其他所有重载版本都调用那个方法。如果核心实现需要修改，在一个位置修改就可以了，不必兴师动众修改每一个实现。通过方法重载来支持可选参数时，该模式尤其有用。注意这些参数的值在编译时不能确定，不适合使用从 C# 4.0 开始引入的"可选参数"功能。

 **注意**

将核心功能放到单一方法中供其他重载方法调用，以后只要在核心方法中修改，其他方法就会自动受益。

## 5.9 可选参数

　　C# 4.0 新增了对**可选参数**的支持。声明方法时，事先将常量值赋给参数，以后调用方法时就不必再为每个参数提供实参了，如代码清单 5.24 所示。

代码清单 5.24　使用可选参数的方法

```
public static class LineCounter
{
    public static void Main(string[] args)
    {
        int totalLineCount;
        if (args.Length > 1)
        {
            totalLineCount =
            DirectoryCountLines(args[0], args[1]);
        }
        else if (args.Length > 0)
        {
            totalLineCount = DirectoryCountLines(args[0]);
        }
        else
        {
            totalLineCount = DirectoryCountLines();
        }
        Console.WriteLine(totalLineCount);
    }

    static int DirectoryCountLines()
    {
        // ...
    }

    /*
    static int DirectoryCountLines(string directory)
    { ... }
    */

    static int DirectoryCountLines(
        string directory, string extension = "*.cs")
    {
        int lineCount = 0;
        foreach (string file in
        Directory.GetFiles(directory, extension))
        {
            lineCount += CountLines(file);
        }
        foreach (string subdirectory in
        Directory.GetDirectories(directory))
        {
            lineCount += DirectoryCountLines(subdirectory);
        }
        return lineCount;
```

```
    }
    private static int CountLines(string file)
    {
        // ...
    }
}
```

在代码清单 5.24 中，`DirectoryCountLines()` 方法的单参数版本已被移除 ( 注释掉 )，但 `Main()` 方法似乎仍在调用该方法 ( 指定一个参数 )。如果调用时不指定 `extension`( 扩展名 ) 参数，就使用声明时赋给 `extension` 的值 ( 本例是 *.cs)。这样一来，在调用代码时就可以不为该参数传递值了。然而在 C# 3.0 和更早的版本中，将必须得声明一个额外的重载版本。注意，可选参数一定要放在所有必须参数 ( 无默认值的参数 ) 后面。另外，默认值必须是常量或者其他能在编译时确定的值，这一点极大限制了 "可选参数" 的应用。例如，不能像下面这样声明方法：

```
DirectoryCountLines(
    string directory = Environment.CurrentDirectory,
    string extension = "*.cs")
```

这是由于 `Environment.CurrentDirectory` 不是常量。然而 `"*.cs"` 是，所以 C# 语言允许它作为可选参数的默认值。

> ■ 设计规范
>
> 1. DO provide good defaults for all parameters where possible.
>    要尽量为所有参数提供好的默认值。
>
> 2. DO provide simple method overloads that have a small number of required parameters.
>    要提供简单的方法重载，必须要有的参数数量须少。
>
> 3. CONSIDER organizing overloads from the simplest to the most complex.
>    考虑从最简单到最复杂的方式来组织重载。

C# 4.0 新增的另一个跟方法调用有关的功能是**具名参数**。调用者可利用具名参数为一个参数显式赋值，而不是像以前那样只能依据参数顺序来决定哪个值赋给哪个参数，如代码清单 5.25 所示。

**代码清单 5.25　调用方法时指定参数名**

```
public static void Main()
{
    DisplayGreeting(firstName: "Inigo", lastName: "Montoya");
}

public static void DisplayGreeting( string firstName,
    string? middleName = null,
    string? lastName = null )
{
```

```
    // ...
}
```

在代码清单 5.25 中，从 Main() 中调用 DisplayGreeting() 时，我们使用具名参数为一个参数显式赋值。至于剩下的两个可选参数 (middleName 和 lastName)，则只用具名参数为 lastName 显式提供了值，另一个保留它的默认值。

如果一个方法有大量参数，其中许多都可选 ( 访问微软的 COM 库时很常见 )，那么具名参数语法肯定能带来不少便利。但要注意的是，它的代价是牺牲了方法接口的灵活性。过去 ( 至少就 C# 来说 ) 参数名可自由更改，不会造成调用代码无法编译的情况。但在添加了具名参数后，参数名就成为方法接口的一部分。更改名称会导致使用具名参数的代码无法编译。

> **■ 设计规范**
>
> DO treat parameter names as part of the API, and avoid changing the names if version compatibility between APIs is important.
>
> **要**将参数名视为 API 的一部分；如果关心 API 之间的版本兼容性，那么应该避免改变名称。

对于有经验的 C# 开发人员，这是一个令人吃惊的限制。但该限制自 .NET 1.0 开始就作为 CLS 的一部分存在下来了。另外，Visual Basic 一直都支持用具名参数调用方法。所以，库开发人员应该早已养成了不更改参数名的习惯，这样才能成功地与其他 .NET 语言进行互操作，不会因为版本的变化而造成自己开发的库失效。C# 4.0 只是像其他许多 .NET 语言早就要求的那样，对参数名的更改进行了相同的限制。

方法重载、可选参数和具名参数这几种技术一起使用，可能很难一眼看出最终调用的是哪个方法。只有在所有参数 ( 可选参数除外 ) 都恰好有一个对应的实参 ( 不管是根据名称还是位置 )，而且该实参具有兼容类型的情况下，才说一个调用**适用**于 ( 兼容于 ) 一个方法。虽然这限制了可调用方法的数量，但不足以唯一性地标识方法。为了进一步区分方法，编译器只使用调用者显式标识的参数，忽略调用者没有指定的所有可选参数。所以，假如因为其中一个方法有可选参数，造成两个方法都适用，编译器最终将选择无可选参数的方法。

**高级主题：方法解析**

编译器从一系列"适用"的方法中选择最终调用的方法时，依据的是哪个方法最具体。假定有两个适用的方法，每个都要求将实参隐式转换成形参的类型，那么最终选择的是形参类型最具体 ( 派生程度最大 ) 的方法。

例如，假定调用者传递一个 int，那么接受 double 的方法将优先于接受 object 的方法。这是由于 double 比 object 更具体。有不是 double 的 object，但没有不是 object 的 double，所以 double 更具体。

如果有多个适用的方法，但无法从中挑选出最具唯一性的，编译器就会报错，指明调用存在歧义。

例如，给定以下方法：

```
static void Method(object thing) { }
static void Method(double thing) { }
static void Method(long thing) { }
static void Method(int thing) { }
```

调用 Method(42) 会解析成 Method(int thing)，因为存在从实参类型到形参类型的完全匹配。如果删除该版本，那么重载解析机制会选择 long 版本，因为 long 比 double 和 object 更具体。

C# 规范包含额外的规则来决定 byte，ushort，uint，ulong 和其他数值类型之间的隐式转换。但在写程序时，最好还是使用显式转型，方便别的人理解你想调用哪个目标方法。 ■

## 5.10　用异常实现基本错误处理

本节探讨如何利用**异常处理**机制来解决错误报告的问题。方法利用异常处理将与错误相关的信息传给调用者，同时不需要使用返回值或显式提供任何参数。代码清单 5.26 略微修改了第 1 章的 HeyYou 程序 ( 代码清单 1.18)。这次不是请求用户输入姓氏，而是请求输入年龄。输出 5.11 展示了结果。

**代码清单 5.26　将 string 转换成 int**

```
public static void Main()
{
    string? firstName;
    string ageText;
    int age;

    Console.WriteLine(" 嘿，你！ ");

    Console.Write(" 请输入你的名字：");
    firstName = Console.ReadLine();

    Console.Write(" 请输入你的年龄：");
    // 假设非空
    ageText = Console.ReadLine()!;
    age = int.Parse(ageText);

    Console.WriteLine(
        $" 你好，{ firstName }！你有 { age * 12 } 个月大了。");
}
```

**输出 5.11**

```
嘿，你！
请输入你的名字：Inigo
请输入你的年龄：42
你好，Inigo！你有 504 个月大了。
```

Console.ReadLine() 的返回值存储到 ageText 变量中，然后传给 int 数据类型的 Parse() 方法。该方法获取代表数字的 string 值并转换为 int。

**初学者主题：42 作为字符串和整数**

C# 要求每个非空值都有一个良好定义的类型。换言之，数据不仅值很重要，它的类型也很重要。所以，字符串 " 42 " 和整数 42 完全是两码事。字符串由 '4' 和 '2' 这两个字符构成，而 int 是数值 42。

基于转换好的字符串，Console.WriteLine() 语句以月份为单位打印年龄 (age*12)。

但是，用户完全可能输入一个无效的整数字符串。例如，输入"四十二"会发生什么？Parse() 方法不能完成这样的转换。它希望用户输入只含数字的字符串。如果 Parse() 方法接收到无效值，它需要某种方式将这一事实反馈给调用者。

## 5.10.1 捕捉错误

为了通知调用者参数无效，int.Parse() 会**抛出异常**。抛出异常会终止执行当前分支，跳到调用栈中用于处理异常的第一个代码块。

由于当前尚未提供任何异常处理，所以程序会向用户报告发生了未处理的异常。如果系统中没有注册任何调试器，那么错误信息会出现在控制台上，如输出 5.11 所示。

**输出 5.11**

```
嘿，你！
请输入你的名字：Inigo
请输入你的年龄：四十二

Unhandled exception. System.FormatException: The input string '四十二' was not in a correct
format.
    at System.Number.ThrowFormatException[TChar](ReadOnlySpan`1 value)
    at System.Int32.Parse(String s)
    at ... ExceptionHandling.Main() ...
```

显然，像这样的错误消息并不是特别有用。为了解决问题，需要提供一个机制对错误进行恰当的处理，例如向用户报告一条更有意义的错误消息。

这个过程称为**捕捉异常**[①]。代码清单 5.27 展示了具体的语法，输出 5.12 展示了结果。

**代码清单 5.27　捕捉异常**

```csharp
public class ExceptionHandling
{
    public static int Main(string[] args)
    {
        string? firstName;
        string ageText;
        int age;
        int result = 0;

        Console.WriteLine("嘿，你！");
```

---

① 译注：如果喜欢说"捕获异常"，也是完全可以的。

```
        Console.Write(" 请输入你的名字：");
        firstName = Console.ReadLine();
        Console.Write(" 请输入你的年龄：");
        // 假设不为空
        ageText = Console.ReadLine()!;

        try
        {
            age = int.Parse(ageText);
            Console.WriteLine(
                $" 你好，{firstName}！你有 {age * 12} 个月大了。");
        }
        catch (FormatException)
        {
            Console.WriteLine(
                $" 你输入的年龄 '{ageText}' 不是一个有效的整数。");
            result = 1;
        }
        catch (Exception exception)
        {
            Console.WriteLine(
                $" 非预期的错误：{exception.Message}");
            result = 1;
        }
        finally
        {
            Console.WriteLine($" 再见，{firstName}。");
        }

        return result;
    }
}
```

**输出 5.12**

```
嘿，你！
请输入你的名字：Inigo
请输入你的年龄：四十二
你输入的年龄 ' 四十二 ' 不是一个有效的整数。
再见，Inigo。
```

首先用 try 块将可能抛出异常的代码 (age = int.Parse()) 包围起来。这个块以
try 关键字开始。try 关键字告诉编译器：开发者认为块中的代码有可能抛出异常；如
果真的抛出了异常，那么某个 catch 块要尝试处理这个异常。

try 块之后必须紧跟着一个或多个 catch 块 ( 可选择增加一个 finally 块 )。
catch 块 ( 参见稍后的高级主题 "常规 catch" ) 可以指定异常的数据类型。只要数据类
型与异常类型匹配，对应的 catch 块就会执行。但如果一直找不到合适的 catch 块，
抛出的异常就会变成一个未处理异常，就好像没有进行异常处理一样。图 5.1 展示了最
终的程序流程。

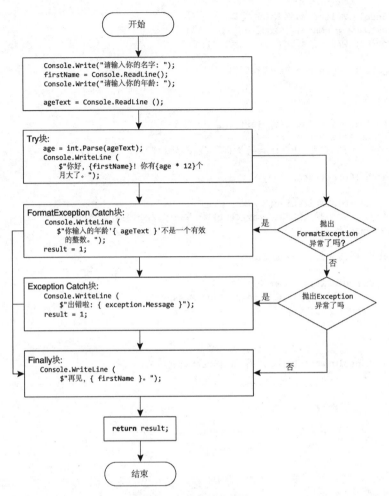

图 5.1 异常处理控制流

例如，假定为年龄输入"四十二"，那么 int.Parse() 会抛出 System.
FormatException 类型的异常，控制会跳转到后面的一系列 catch 块（FormatException
表明字符串格式不正确，无法进行解析）。由于第一个 catch 块就与 int.Parse() 抛出
的异常类型匹配，所以会执行这个块中的代码。但是，假如 try 块中的语句抛出的是不
同类型的异常，执行的就是第二个 catch 块，因为所有异常都是 Exception 类型。

如果没有 FormatException catch 块，那么即使 int.Parse 抛出的是一个 Format
Exception 异常，也会执行 Exception catch 块。这是由于 FormatException 也属于 (is-a)
Exception 类型（FormatException 是泛化异常类 Exception 的一个更具体的实现）。

虽然 catch 块的数量随意，但处理异常的顺序不要随意。catch 块必须从
最具体到最不具体排列。Exception 数据类型最不具体，所以应该放到最后。
FormatException 排在第一，因为它是代码清单 5.27 所处理的最具体的异常。

不管 try 块的代码是否抛出异常，只要控制离开 try 块，最终都会执行 finally 块。finally 块的作用是提供一个最终位置，在其中放入无论是否发生异常都要执行的代码。finally 块最适合用来进行资源清理 (dispose)。事实上，完全可以只写一个 try 块和一个 finally 块，而不写任何 catch 块。无论 try 块是否抛出异常，甚至无论是否写了一个 catch 块来处理异常，finally 块都会执行。代码清单 5.28 演示了一个 try/finally 块，输出 5.13 展示了结果。

**代码清单 5.28　有 finally 块但无 catch 块**

```
public class ExceptionHandling
{
    public static int Main()
    {
        string? firstName;
        string ageText;
        int age;
        int result = 0;

        Console.Write(" 请输入你的名字：");
        firstName = Console.ReadLine();

        Console.Write(" 请输入你的年龄：");
        // 假设不为空            //
        ageText = Console.ReadLine()!;

        try
        {
            age = int.Parse(ageText);
            Console.WriteLine(
                $" 你好，{firstName}！你有 {age * 12} 个月大了。");
        }
        finally
        {
            Console.WriteLine($" 再见，{firstName}。");
        }

        return result;
    }
}
```

**输出 5.13**

```
请输入你的名字：Inigo
请输入你的年龄：四十二
Unhandled exception. System.FormatException: The input string ' 四十二 ' was not in a correct
format.
    at System.Number.ThrowFormatException[TChar](ReadOnlySpan`1 value)
    at System.Int32.Parse(String s)
    at ...ExceptionHandling.Main() in ...
再见, Inigo。
```

　　细心的读者能看出蹊跷。"运行时"是先报告未处理的异常，再运行 finally 块。这种行为有何道理可言？

　　首先，该行为完全合法，因为对于未处理的异常，"运行时"的行为是它自己的实现细节，任何行为都合法！"运行时"之所以选择这个特定的行为，是因为它知道在运行 finally 块之前，异常就已经是未处理的了。"运行时"已经检查了调用栈上的所有栈帧，发现没有任何一个关联了能和抛出的异常匹配的 catch 块。

　　一旦"运行时"发现未处理的异常，就会检查是否在机器上安装了调试器，因为用户可能是软件开发人员，正要对这种错误进行分析。如果是，就允许用户在运行 finally 块之*前*将调试器与进程连接。没有安装调试器，或者用户主动选择拒绝调试，默认行为就是在控制台上打印未处理的异常，再看是否有任何 finally 块可供运行。注意，由于这是"实现细节"，所以"运行时"并非一定要运行 finally 块，它完全可以选择做其他的。

**注意**

如果在进程退出之前发生未处理的异常，finally 块的执行顺序及其是否执行，是由"运行时"的实现定义的。

---

■　**设计规范**

　　1. AVOID explicitly throwing exceptions from finally blocks. (Implicitly thrown exceptions resulting from method calls are acceptable.)

　　　*避免从 finally 块显式抛出异常（因方法调用而隐式抛出的异常除外）。*

　　2. DO favor try/finally and avoid using try/catch for cleanup code.

　　　*要优先使用 try/finally 而不是 try/catch 块来实现资源清理代码。*[1]

　　3. DO throw exceptions that describe what exceptional circumstance occurred, and if possible, how to prevent it.

　　　*要在抛出的异常中描述异常为什么发生。顺带说明如何防范就更好了。*

---

**高级主题：Exception 类继承**

从 C# 2.0 起，所有异常都派生自 System.Exception 类（从其他语言抛出的异常类型如果不是从 System.Exception 派生，会自动由一个的对象"封装"）。所以，它们都可以用 catch(System.Exception exception) 块进行处理（本章的例子因为使用了 5.5 节描述的顶级语句，所以可以省略 System 前缀）。但是，更好的做法是写专门的 catch 块来处理更具体的派生类型（例如 FormatException)，从而获取有关异常的具体信息，有的放矢地进行处理，避免使用大量条件逻辑来判断具体发生了什么类型的异常。

---

① 译注：作者的意思是说，要优先将资源清理代码放在 finally 块中，而不是放在其他地方。

这正是 C# 规定 catch 块必须从"最具体"到"最不具体"排列的原因。例如，用于捕捉 Exception 的 catch 语句不能出现在捕捉 FormatException 的 catch 语句之前，因为 FormatException 比 Exception 更具体。否则，永远执行不到 FormatException catch 块。

　　一个方法可以抛出许多异常类型，表 5.2 总结了一些较常见的。

表 5.2　常见异常类型

| 异常类型 ( 省略 System 前缀 ) | 描述 |
| --- | --- |
| Exception | 所有异常的基类，是最"基本"的异常；其他所有异常类型都从它派生 |
| ArgumentException | 传给方法的参数无效 |
| ArgumentNullException | 不应该为 null 的参数为 null |
| ApplicationException | 避免用这个。最开始是想区分系统异常和应用程序异常。貌似合理，实际不好使 |
| FormatException | 实参类型不符合形参规范 |
| IndexOutOfRangeException | 试图访问不存在的数组或其他集合元素 |
| InvalidCastException | 无效的类型转换 |
| InvalidOperationException | 出现非预期的情况，应用程序不再处于有效工作状态 |
| NotImplementedException | 虽然找到了对应的方法签名，但该方法尚未完全实现，经常用它在写代码的时候创建 to-do 事项 |
| NullReferenceException | 引用为空，没有指向一个实例 |
| ArithmeticException | 发生无效数学运算，其中不包括被零除 ( 因为 C# 搞了一个 NaN) |
| ArrayTypeMismatchException | 试图将类型有误的元素存储到数组中 |
| StackOverflowException | 发生非预期的深递归，栈溢出了 |

高级主题：常规 catch

可以指定一个无参的 catch 块，如代码清单 5.29 所示。

代码清单 5.29　常规 catch 块

```
// 上一个 catch 子句已捕获所有异常
#pragma warning disable CS1058
// ...
        try
        {
            age = int.Parse(ageText);
            Console.WriteLine(
                $" 你好，{firstName}！你有 {age * 12} 个月大了。");
        }
```

```
catch(FormatException exception)
{
    Console.WriteLine(
        $" 你输入的年龄 '{ageText}' 不是一个有效的整数。");
    result = 1;
}
catch(Exception exception)
{
    Console.WriteLine(
        $" 非预期的错误 : {exception.Message}");
    result = 1;
}
catch
{
    Console.WriteLine(" 非预期的错误 !");
    result = 1;
}
finally
{
    Console.WriteLine($" 再见, {firstName}。");
}
```

没有指定数据类型的 catch 块称为**常规 catch 块**，等价于获取 object 数据类型的 catch 块，即
catch(object exception){...}。它的作用与上一个 Exception catch 块完全相同，所以正常
情况下会显示一个警告："上一个 catch 子句已捕获所有异常"。为了屏蔽这个警告，我们在代码
中添加了 #pragma warning disable 指令。

由于所有类最终都从 object 派生，所以没有数据类型 ( 无参 ) 的 catch 块必须放到最后。

常规 catch 块很少使用，因为没办法捕捉有关异常的任何信息。此外，C# 语言也不支持抛出一个
object 类型的异常，只有使用 C++ 这样的语言写的库才允许任意类型的异常。

从 C# 2.0 起的行为稍微有别于之前的版本：如果遇到用另一种语言写的代码，而且它会抛出不是从
Exception 类派生的异常，那么该异常对象会被封装到一个 System.Runtime.CompilerServices.
RuntimeWrappedException 中，后者从 Exception 派生。换言之，在 C# 程序集中，所有异常 ( 无
论它们是否从 Exception 派生 ) 都会表现得像是从 Exception 派生的。

结果，捕捉 Exception 的 catch 块会捕捉之前的块没有捕捉到的所有异常，同时，Exception
catch 块之后的一个常规 catch 块永远得不到调用。所以，从 C# 2.0 开始，假如在捕捉 Exception
的 catch 块之后添加了一个常规 catch 块，编译器就会报告一条警告消息，指出常规 catch 块永远
不会执行。

**设计规范**

1. AVOID general catch blocks and replace them with a catch of Exception.
**避免**使用常规 ( 无参 )catch 块，用捕捉 Exception 的 catch 块代替。

2. AVOID catching exceptions for which the appropriate action is unknown. It is better to let an exception go unhandled than to handle it incorrectly.
**避免**捕捉无法从中完全恢复的异常。这种异常与其不正确地处理，还不如保持未处理状态。

## 5.10.2 使用 throw 语句报告错误

C# 允许开发人员从代码中抛出异常，代码清单 5.30 和输出 5.14 对此进行了演示。

**代码清单 5.30　抛出异常**

```
public static void Main()
{
    try
    {
        Console.WriteLine(" 开始执行 ");
        Console.WriteLine(" 抛出异常 ");
        throw new Exception(" 任意异常 ");
        Console.WriteLine(" 结束执行 ");
    }
    catch(FormatException exception)
    {
        Console.WriteLine(
            " 已抛出一个 FormatException 异常 ");
    }
    // Catch 1
    catch(Exception exception)
    {
        Console.WriteLine(
            $" 非预期的错误 : { exception.Message }");
        // 跳转到 Post Catch
    }

    // Post Catch
    Console.WriteLine(
        " 正在关闭 ...");
}
```

**输出 5.14**

```
开始执行
抛出异常
非预期的错误 : 任意异常
正在关闭 ...
```

如代码清单 5.30 的注释所示，抛出异常会使执行从异常的抛出点跳转到与抛出的异常类型兼容的第一个 catch 块。本例是由第二个 catch 块 (Catch 1) 处理抛出的异常，它在屏幕上输出一条错误消息。由于没有 finally 块，所以在执行了 Catch 1 的 Console. WriteLine() 方法后，会执行 try/catch 块后的 Console.WriteLine() 语句 (Post Catch)。

抛出异常需要有 Exception 的实例。代码清单 5.30 使用关键字 new，后跟异常的数据类型，从而创建了这样的实例。大多数异常类型都允许在抛出该类型的异常时传递消息，以便在发生异常时获取消息。

有的时候，catch 块能捕捉异常，但不能正确或完整地处理。这时可以让该 catch 块重新抛出异常，具体是使用一个独立 throw 语句，不要在它后面指定任何异常，如代码清单 5.31 所示。

代码清单 5.31　重新抛出异常

```
// ...
catch (Exception exception)
{
    Console.WriteLine(
        " 重新抛出非预期的异常： "
        + $"{ exception.Message }");

    throw;
}
// ...
```

注意，代码清单 5.31 中的 throw 语句是 " 空 " 的，没有指定 exception 变量所引用的异常。区别在于，throw; 保留了异常中的 " 调用栈 " 信息，而 throw exception; 将那些信息替换成当前调用栈信息。而调试时一般都需要知道原始调用栈。

设计规范

1. DO prefer using an empty throw when catching and rethrowing an exception so as to preserve the call stack.

要在捕捉并重新抛出异常时使用空的 throw 语句，以便保留调用栈。

2. DO report execution failures by throwing exceptions rather than returning error codes.

要通过抛出异常而不是返回错误码来报告执行失败。

3. DO NOT have public members that return exceptions as return values or an out parameter. Throw exceptions to indicate errors; do not use them as return values to indicate errors.

不要让公共成员将异常作为返回值或者 out 参数。抛出异常来指明错误；不要把它们作为返回值来指明错误。

4. AVOID catching and logging an exception before rethrowing. Instead, allow the exception to escape until it can be handled appropriately.

避免在重新抛出前捕捉和记录异常。要允许异常逃脱（传播），直至它被正确处理。

### 5.10.2.1　报告空参数异常

在启用了可空引用类型的情况下，编译器会努力识别有可能将可空参数作为非空参数传递的情况。如果有可能将 null 值赋给非空参数，那么编译器会发出警告，指出："将 null 文本或可能的 null 值转换为不可为 null 类型。"只要没禁用这样的警告，那么可以放心地依赖编译器来捕获大多数可能的情况。但是，如果调用者在你的控制范围之外（例如，来自你没有参与编写的库），没有启用可空引用类型，主动忽略了警告，或者从 C# 7.0 或更早的版本调用方法，那么尽管参数声明为非空，仍然无法阻止传递 null 参数。因此，最佳实践是检查任何公共的非空引用类型，确保它们不为 null。在 .NET 6.0 中，可以使用 if (is null) 来做这个检查：

```
if (is null) throw new ArgumentNullException(...)
```

利用空合并操作符 (4.6.2 节 )，在单个语句中就能完成赋值或抛出异常的整套操作。如果参数值为 null，那么可以使用 throw ArgumentNullException 表达式，如代码清单 5.32 所示。

代码清单 5.32　通过抛出 ArgumentNullException 进行参数验证

```
httpsUrl = httpsUrl ??
    throw new ArgumentNullException(nameof(httpsUrl));
fileName = fileName??
    throw new ArgumentNullException(nameof(fileName));

// ...
```

在 .NET 7.0 中，可以使用 ArgumentNullException.ThrowIfNull() 方法，如代码清单 5.33 所示。

代码清单 5.33　使用 ArgumentNullException.ThrowIfNull() 进行参数验证

```
ArgumentNullException.ThrowIfNull(httpsUrl);
ArgumentNullException.ThrowIfNull(fileName);

// ...
ArgumentNullException.ThrowIfNull() 方法内部抛出的还是 ArgumentNullException。
```

设计规范

1. DO verify that non-null reference types parameters are not null and throw an ArgumentNull Exception when they are.

要验证非空引用类型的参数不为 null，并在其为 null 时抛出 ArgumentNullException。

2. DO use ArgumentException.ThrowIfNull() to verify values are null in .NET 7.0 or later.

要在 .NET 7.0 或更高版本中使用 ArgumentException.ThrowIfNull() 来验证值是否为 null。

### 2.10.2.2　其他参数验证技术

显然，方法参数可能还有其他许多形式的约束。例如，可能要求一个字符串参数不能为空串，不能只由空白字符 ( 例如，制表符 ) 组成，或者必须有 "HTTPS" 作为前缀。代码清单 5.34 用一个完整的 DownloadSSL() 方法来演示了这些参数验证技术。

代码清单 5.34　自定义参数验证

```
public class Program
{
    public static int Main(string[] args)
    {
        int result = 0;
```

```
        if (args.Length != 2)
        {
            // 必须指定两个（而且只能是两个）参数；报错
            Console.WriteLine(
                "错误：必须指定 "
                + "URL 和文件名 ");
            Console.WriteLine(
                " 用法：Downloader.exe <URL> <文件名 >");
            result = 1;
        }
        else
        {
            DownloadSSL(args[0], args[1]);
        }
        return result;
    }

    private static void DownloadSSL(string httpsUrl, string fileName)
    {
#if !NET7_0_OR_GREATER
        httpsUrl = httpsUrl?.Trim() ??
            throw new ArgumentNullException(nameof(httpsUrl));
        fileName = fileName ??
            throw new ArgumentNullException(nameof(fileName));
        if (fileName.Trim().Length == 0)
        {
            throw new ArgumentException(
                $"{nameof(fileName)} 不能为空或者仅由空白字符构成 ");
        }
#else
        ArgumentException.ThrowIfNullOrEmpty(httpsUrl = httpsUrl?.Trim()!);
        ArgumentException.ThrowIfNullOrEmpty(fileName = fileName?.Trim()!);
#endif
        if (!httpsUrl.ToUpper().StartsWith("HTTPS"))
        {
            throw new ArgumentException("URL 必须以 'HTTPS' 开头。");
        }

        HttpClient client = new();
        byte[] response =
            client.GetByteArrayAsync(httpsUrl).Result;
        client.Dispose();
        File.WriteAllBytes(fileName!, response);
        Console.WriteLine($" 已从 '{httpsUrl}' 下载 '{fileName}'。");
    }
}
```

使用 .NET 7.0 或更高版本，可以依赖 ArgumentException.ThrowIfNullOrEmpty() 方法来同时检查 null 和空白 (empty) 字符串（即 ""）。另外，如果在调用 ThrowIfNullOrEmpty() 时配合使用 string.Trim() 方法，那么在参数内容仅由空白字符串构成时，也可以抛出异常。不过，系统默认的异常消息不会指出输入的是空白字符。.NET 6.0 或更早版本的等效代码显示在 #if 指令中。

如果 null、空字符串和空白字符均验证通过，代码清单 5.34 就用一个 if 语句来检查 "HTTPS" 前缀。如果验证失败，生成的代码将抛出 ArgumentException，其中包含描述问题的自定义消息。

### 5.10.2.3　nameof 操作符简介

参数未通过验证时应抛出异常，通常是 ArgumentException 或 ArgumentNullException 类型的异常。这两种异常都接受一个名为 paramName 的 string 参数，用于标识无效参数的名称。在代码清单 5.32 中，我们使用自 C# 6.0 引入的 nameof 操作符作为该参数。nameof 操作符接收一个标识符，例如 httpsUrl 变量，并返回该名称的字符串表示，本例即为 "httpsUrl"。

使用 nameof 操作符的优势在于，如果标识符名称发生更改，重构工具自动更改传给 nameof 的实参。如果没有使用重构工具，代码将无法编译，迫使开发人员手动更改实参。这是一个很好的设计，因为先前的值可能无效。结果是 nameof 甚至会检查拼写错误。由此得出的设计规范是：向 ArgumentException 和 ArgumentNullException 等异常传递 paramName 实参时，要使用 nameof 操作符。详情可参见第 18 章。

---

**设计规范**

DO use nameof(value) (which resolves to "value") for the paramName argument when creating ArgumentException() or ArgumentNullException() type exceptions. (value is the implicit name of the parameter on property setters.)

创建 ArgumentException 或 ArgumentNullException 类型的异常时，要使用 nameof(value)（解析为 "value"）作为 paramName 实参。value 是属性 setter 的隐式参数名称。

---

### 5.10.2.4　避免使用异常处理来处理预料之中的情况

开发人员应避免为预料之中的情况或正常控制流抛出异常。例如，开发人员应事先料到用户可能在输入年龄时输入无效文本 [①]。因此，不要用异常来验证用户输入的数据。相反，应该在尝试转换前对数据进行检查（甚至可以考虑从一开始就防止用户输入无效数据）。异常是专门为跟踪例外的、事先没有预料到的且可能造成严重后果的情况设计的。为本来就预料到的情况使用异常，会造成代码难以阅读、理解和维护。

以第 2 章使用的 int.Parse() 方法为例，它将字符串转换为整数。在那一章的例子中，即使用户输入的不是数字，代码也会执行转换。而 "用户输入的不是数字" 是一种我们应该事先预料到的情况。Parse() 方法的问题在于，为了确定转换是否成功，唯一的办法就是强制转换，然后在不起作用时捕捉异常。由于抛出异常是一种相对昂贵的操作，所以最好是在不进行异常处理的前提下尝试转换。为此，最好的办法

---

① 通常，开发者必须假定用户会采取非预期的行为，所以应该进行防御性编程，提前为所有想得到的"愚蠢用户行为"确定对策。

是使用某个 TryParse() 方法，比如 int.TryParse()。它需要使用 out 关键字，因为 TryParse() 返回的是一个 bool，而不是转换后的值。代码清单 5.35 演示了如何使用 int.TryParse() 进行转换。

代码清单 5.35　用 int.TryParse() 来转换

```
if (int.TryParse(ageText, out int age))
{
    Console.WriteLine(
        $" 你好，{ firstName }！" +
        $" 你有 {age * 12} 个月大了。");
}
else
{
    Console.WriteLine(
        $" 你输入的年龄 '{ageText}' 不是一个有效的整数。");
}
```

有了 TryParse() 方法，处理从字符串向数值的转换就不必兴师动众地使用 try/catch 块了。

之所以要避免为事先能预料到的情况使用异常，另一个原因是性能。和大多数语言一样，C# 语言在抛出异常时会产生些许性能损失——相较于大多数操作都是纳秒级的速度，它可能造成毫秒级的延迟。人们平常注意不到这个延迟——除非异常没有得到处理。例如，执行代码清单 5.26 的程序，并输入一个无效年龄（例如，"四十二"），由于异常没有得到处理，所以当"运行时"在环境中搜索有一个可以加载的调试器时，你会感觉到明显延迟。幸好，程序都已经在关闭了，性能好坏也无谓了。

---

■■ 设计规范

DO NOT use exceptions for handling normal, expected conditions; use them for exceptional, unexpected conditions.

不要用异常处理正常的、预期的情况；用它们处理异常的、非预期的情况。

---

## 5.11 小结

本章详细解释了方法的声明和调用，包括如何为方法参数使用关键字 out 和 ref 来传递/返回变量，而不是用 return 语句从方法中返回。除了方法声明，本章还介绍了基本的异常处理机制。

为了写出容易理解的代码，要利用"方法"这种基本编程单元。但不要在一个方法中包含大量语句，而应当学会用方法为代码"分段"，一个方法通常不应超过 10 行代码。将较大的任务分解成多个较小的子任务来重构代码，使代码更容易理解和维护。

下一章将讨论类，解释它如何将方法（行为）和字段（数据）封装为一个整体。

# 第 6 章

## 类

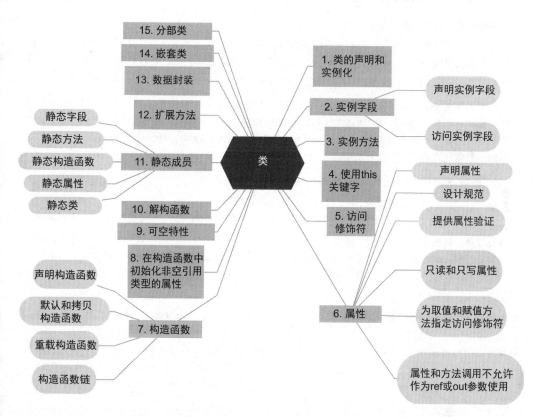

- 15. 分部类
- 14. 嵌套类
- 13. 数据封装
- 12. 扩展方法
- 11. 静态成员
  - 静态字段
  - 静态方法
  - 静态构造函数
  - 静态属性
  - 静态类
- 10. 解构函数
- 9. 可空特性
- 8. 在构造函数中初始化非空引用类型的属性
- 7. 构造函数
  - 声明构造函数
  - 默认和拷贝构造函数
  - 重载构造函数
  - 构造函数链

类

- 1. 类的声明和实例化
- 2. 实例字段
  - 声明实例字段
  - 访问实例字段
- 3. 实例方法
- 4. 使用this关键字
- 5. 访问修饰符
- 6. 属性
  - 声明属性
  - 设计规范
  - 提供属性验证
  - 只读和只写属性
  - 为取值和赋值方法指定访问修饰符
  - 属性和方法调用不允许作为ref或out参数使用

第 1 章简单介绍了如何声明一个名为 HelloWorld 的新类。第 2 章介绍了 C# 语言内置的基元类型。在学习了控制流以及如何声明方法之后，接着就可以学习如何定义自己的类型了。这是所有 C# 程序的核心构造。正是由于 C# 支持类以及基于类来创建对象，所以我们说 C# 是一种面向对象的编程语言。

　　本章介绍 C# 面向对象编程的基础知识，重点放在**类**的定义上。你可以将类理解成对象的**模板**。

　　在面向对象编程中，之前学过的所有结构化的、基于控制流的编程构造仍然适用。但是，将那些构造封装到类中，可以创建出更大、更有条理而且更容易维护的程序。

　　面向对象编程的一个核心优势是不必从头创建新程序，而是可以将现有的一系列对象组装到一起，用新功能扩展类，或者添加更多的类。

　　还不熟悉面向对象编程的读者应阅读"初学者主题"获得对它的初步了解。"初学者主题"以外的内容将着重讨论如何使用 C# 进行面向对象编程，并假定读者已熟悉了面向对象的概念。

　　本章重点在于 C# 如何通过类、属性、访问修饰符、方法等构造来支持封装。着重讨论的是前三种，因为方法已在第 5 章讨论。掌握这些基础知识之后，第 7 章将讨论如何通过面向对象编程实现继承和多态性。

### 初学者主题：面向对象编程 (OOP)

如今，为了成功地进行编程，关键在于提供恰当的组织和结构，以满足大型应用程序的复杂需求。**面向对象编程 (Object-Oriented Programming，OOP)** 能很好地实现该目标。有多好呢？可以这样说，开发人员一旦熟悉了面向对象编程，除非写一些极为简单程序，否则很难再回到结构化编程了。

面向对象编程最基本的构造是**类 (class)**。类相当于一种编程抽象、模型或模板，通常对应现实世界的一个概念。例如，`OpticalStorageMedia`( 光学存储媒体 ) 类可能有一个 `Eject()` 方法，用于从播放机弹出光盘。在这个例子中，`OpticalStorageMedia` 类是对现实世界中的"CD/DVD 播放机"对象的一种编程抽象。

类呈现出了面向对象编程的三个主要特征：封装、继承和多态性。

#### 封装

**封装 (encapsulation)** 旨在隐藏细节。必要时仍可访问细节，但通过巧妙地封装细节，大的程序变得更容易理解，数据不会因为不慎而被修改，代码也变得更容易维护 ( 因为对一处代码进行修改所造成的影响被限制在封装的范围之内 )。方法就是封装的一个例子。虽然可以将代码从方法中拿出，把它们直接嵌入调用者的代码中，但将特定的代码重构成方法，能享受到封装所带来的好处。

#### 继承

来考虑这个例子：DVD 是光学存储媒体的一种类型。它具有特定的存储容量，能容纳一部数字电影。CD 也是光学存储媒体的一个类型，但它具有不同特征。CD 上的版权保护有别于 DVD 的版权保护，两者存储容量也不同。无论 CD 还是 DVD，它们都有别于硬盘、U 盘和软盘 ( 现在还有人知道这个东西吗？)。虽然所有这些都是"存储媒体"，但分别具有不同的特征，即使一些基本功能也是不同的，比如所支持的文件系统，以及媒体的实例是只读还是可读 / 可写。

面向对象编程中的继承允许在这些相似但又不同的物件之间建立"属于"(is a) 关系。我们可以合理地认为，DVD 和 CD 都"属于"存储媒体。因而，它们都具有存储能力。类似地，CD 和 DVD 都"属于"光学存储媒体，后者又"属于"存储媒体。

为前面提到的每种存储媒体类型都定义一个类，就可以得到一个类层次结构，它由一系列"属于"关系构成。例如，可以将基类型 ( 所有存储媒体都从它派生 ) 定义成 StorageMedia( 存储媒体 )。CD、DVD、硬盘、U 盘和软盘都属于 StorageMedia。但 CD 和 DVD 不一定要直接从 StorageMedia 派生。相反，它们可以从中间类型 OpticalStorageMedia( 光学存储媒体 ) 派生。我们可以用一张 UML(Unified Modeling Language，统一建模语言 ) 风格的类关系图来查看类层次结构，如图 6.1 所示。

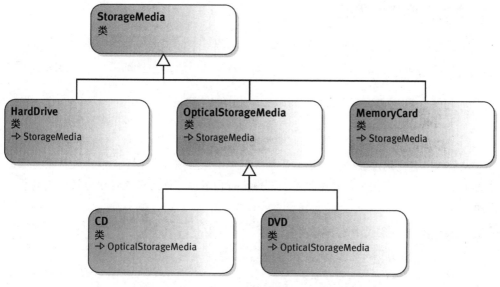

图 6.1 类层次结构

继承关系至少涉及两个类，一个是另一个更具体的版本。图 6.1 中的 HardDrive 是更具体的 StorageMedia。反之不成立，因为 StorageMedia 的一个实例并非肯定是 HardDrive。如图 6.1 所示，继承涉及的类可能不止两个。

更具体的类型称为**派生类型**或**子类型**。更常规的类型称为**基类型**或者**超类型**。也经常将基类型称为"父"类型，将派生类型称为它的"子"类型。虽然这种说法很常见，但会带来混淆。"子"毕竟不是"父"的一种！本书将采用"派生类型"和"基类型"的说法。

为了从一个类型**派生**或**继承**，需对那个类型进行**特化** (specialize)。这意味着要对基类型进行自定义，为满足特定需求而调整它。基类型可能包含所有派生类型都适用的实现细节。

继承最关键的一点是所有派生类型都继承了基类型的成员。可以在派生类型中修改基类型的成员，但无论如何，派生类型除了自己显式添加的成员，还包含基类型的成员。

可用派生类型以一致性的层次结构组织类。在这个层次结构中，派生类型比它们的基类型更特别。

## 多态性

**多态性** (polymorphism) 这个词由一个表示"多" (poly) 的词和一个表示"态" (morph) 的词构成。讲到对象时，多态性意味着一个方法或类型可具有多种形式的实现。

假定有一个媒体播放机，它既能播放音乐 CD，也能播放包含 MP3 歌曲的 DVD。但 Play() 方法的具体实现会随着媒体类型的变化而变化。在一个音乐 CD 对象上调用 Play() 方法，或者在一张音乐 DVD 上调用 Play() 方法，都能播放出音乐，因为每种类型都理解自己具体如何"播放"。媒体播放机唯一知道的就是公共基类型 OpticalStorageMedia( 光学存储媒介 ) 以及它定义了 Play() 方法
签名的事实。多态性使不同类型能自己照料一个方法的实现细节，因为多个派生类型都包含该方法，
每个派生类型都共享同一个基类型 ( 或接口 )，后者也包含相同的方法签名。

## 6.1 类的声明和实例化

为了定义类，首先要写关键字 class，然后跟一个标识符，如代码清单 6.1 所示。

代码清单 6.1　定义类

```
// 定义员工类
public class Employee
{
}
```

该类的所有代码都放到类声明之后的大括号中。虽然并非必须，但一般都要将每个
类都放到它自己的文件中，并用类名对文件进行命名。这样可以更轻松地找到定义了一
个特定类的代码。

> **设计规范**
>
> 1. AVOID place more than one class in a single source file.
>
>    避免在一个源代码文件中放多个类。
>
> 2. DO name the source file with the name of the public type it contains.
>
>    源代码文件名要和它所包含的公共类型的名称一致。

定义好新的类后，就可以像使用框架内置的类那样使用它了。换言之，现在可以声
明该类型的变量或者定义方法来接收该类型的参数。代码清单 6.2 对此进行了演示。

代码清单 6.2　声明类类型的变量

```
public class Program
{
    public static void Main()
    {
        Employee employee1, employee2;
        // ...
    }

    public static void IncreaseSalary(Employee employee)
    {
        // 加薪
    }
}
```

**初学者主题：对象和类**

在非正式场合，类和对象这两个词经常互换着使用。但是，对象和类具有截然不同的含义。类是模板，定义了对象在实例化时看起来像什么样子。所以，对象是类的**实例**。类就像模具，定义了零件的样子。对象就是用这个模具创建的零件。从类创建对象的过程称为**实例化**，因为对象是类的实例。

现在，我们已经定义了一个新的**类类型** (class type)，接着可以实例化该类型的对象。效仿它的前身语言，C# 语言也使用 new 关键字实例化对象，参见代码清单 6.3。

**代码清单 6.3 类的实例化**

```
public class Program
{
    public static void Main()
    {
        Employee employee1 = new Employee();
        Employee employee2;
        employee2 = new();

        IncreaseSalary(employee1);
        IncreaseSalary(employee2);
    }
}
```

毫不奇怪，声明和赋值既能在一个语句中完成，也能分别用不同的语句完成。

和本书以前使用的基元数据类型 ( 如 int) 不同，不能用字面值指定一个 Employee。相反，要用 new 操作符指示"运行时"为 Employee 对象分配内存、实例化对象，并返回对实例的引用。

虽然可以在 new 后面指定数据类型 (Employee)，但从 C# 9.0 开始，只要编译器能从赋值语句的左侧推断出类型，那么这个数据类型就可以省略。在本例中，编译器可以确定目标类型是 Employee，并因而推断 new 表达式是想要实例化一个 Employee，所以允许在调用构造函数时不指定类型。C# 9.0 将这个功能称为"目标类型的 new 表达式"。

话虽如此，但假如无法从一行代码中清楚地看出目标类型，那么开发人员还是应该慎用这个功能。例如，突兀地写一行 text = new(); 语句，可能看不出具体的数据类型应该是什么。而且，即使能推断出是 string，但万一是 System.Text.StringBuilder 类型呢？后者也很合理。因此，当数据类型不明显时，应避免使用目标类型的 new 表达式。

**设计规范**

1. AVOID target-typed new expressions when the data type of the constructor is not obvious.

   **避免**当构造函数的数据类型不明显时使用"目标类型的 new 表达式"。

2. CONSIDER use target-typed new expressions when the data type of the constructor is obvious

   **考虑**在构造函数的数据类型明显时使用"目标类型的 new 表达式"。

虽然有专门的 new 操作符分配内存，但没有一个对应的操作符回收内存。相反，"运行时"会在对象变得无人引用之后的某个时间自动回收内存。这个工作具体是由**垃圾回收器**完成的。它判断哪些对象不再由其他活动对象引用，然后自行安排一个时间回收对象占用的内存。因此，我们无法在编译时确定会在程序的什么位置回收并归还内存。[①]

在当前这个简单的例子中，并没有什么数据或方法与 Employee 关联。像这样的对象其实是没有什么用处的。下一节重点讲述如何为对象添加数据。

**初学者主题：封装（第一部分）：对象将数据和方法组合到一起**

假定接收到一叠写有员工名字的索引卡、一叠写有员工姓氏的索引卡以及一叠写有他们工资的索引卡，那么除非确定每一叠卡片都按相同顺序排列，否则这些索引卡没有什么作用。即使符合这个条件，也很难使用上面的数据，因为要判断一个人的全名，需要搜索两叠卡片。更糟的是，如果遗失其中一叠卡片，就没有办法再将名字、姓氏和工资关联起来了。在这种情况下，我们需要的是一叠员工卡片，每个员工的数据都组合到一张卡片中。换言之，要将名字、姓氏和工资**封装**到一起。

日常生活中的封装是将一系列物品装入封套。类似地，面向对象编程将方法和数据装入对象。这提供了所有类**成员**（类的数据和方法）的一个分组，使它们不再需要单独处理。不需要将名字、姓氏和工资作为三个单独的参数传给方法。相反，可以在调用时传递对一个员工对象的引用。一旦被调用的方法接收到对象引用，就可以向对象发送消息（例如在对象上调用像 AdjustSalary()——调薪——这样的方法），以执行特定的操作。

**语言对比：C++ 语言的 delete 操作符**

程序员应将 new 操作符视为实例化对象的调用，而不是分配内存的调用。在堆上分配的对象和在栈上分配的对象都支持 new 操作符，这进一步强调了 new 不是关于内存分配的，也不是关于是否有必要进行回收的。

所以，C# 语言不需要 C++ 语言中的 delete 操作符。内存分配和回收是"运行时"的细节。这使开发人员可以将注意力更多地放在业务逻辑上。然而，虽然"运行时"会管理内存，但它不会管理其他资源，比如数据库连接、网络端口等。和 C++ 语言不同，C# 语言不支持**隐式确定性资源清理**（implicit deterministic resource cleanup，也就是在编译时确定的位置进行隐式对象析构）。幸好，C# 语言通过 using 语句来支持**显式确定性资源清理**（explicit deterministic resource cleanup），通过**终结器**（finalizer）来支持**隐式非确定性资源清理**（implicit nondeterministic resource cleanup）。

## 6.2 实例字段

面向对象设计的一个核心是对数据进行分组以建立特定结构。本节将讨论如何在 Employee 类中添加数据。在 OOP 术语中，在类中存储数据的变量称为**成员变量**。这个术语在 C# 语言中很好理解，但更标准、更符合规范的术语是**字段**。它是与包容类型[②]

---

① 译注：《深入 CLR》（第 4 版）对"运行时"的垃圾回收机制进行了很好的解释，详情参见它的第 21 章。
② 译注：包容类型（containing type）其实就是声明该字段的那个类型。

关联的具名存储单元。实例字段是在类的级别上声明的变量，用于存储与对象 ( 实例 )
关联的数据。

## 6.2.1 声明实例字段

代码清单 6.4 对 Employee 进行了修改，其中包含三个字段：FirstName、LastName
和 Salary。

**代码清单 6.4　声明字段**

```
public class Employee
{
    public string FirstName;   // 名字
    public string LastName;    // 姓氏
    public string? Salary;     // 工资
}
```

添加好字段后，就可以随同每个 Employee 实例存储一些基本数据。本例添加访问
修饰符 public 作为字段前缀。为字段添加 public 前缀，意味着可以从 Employee 之
外的其他类访问该字段中的数据，参见本章稍后的"访问修饰符"一节。

和局部变量声明一样，在字段声明中包含了字段所引用的数据类型。此外，还可以
在声明的同时初始化字段，如代码清单 6.5 的 Salary 字段所示。

**代码清单 6.5　在声明的同时初始化字段**

```
// 暂时禁用 " 不可为 null 的字段未初始化 " 警告，因为代码尚未完成
#pragma warning disable CS8618
public class Employee
{
    public string FirstName;
    public string LastName;
    public string? Salary = " 不够 ";
}
```

字段命名和编码的设计规范将在稍后介绍了 C# 语言"属性"和"构造函数"之后
给出。现在只需知道，不仅代码清单 6.5，还有后续的几个代码清单，它们都不符合规范。
事实上，你会频繁看到以下警告：

- CS0649：字段从未赋值，将始终具有默认值 null；
- CS8618：不可为 null 的字段未初始化。考虑声明为可以为 null。

在本例中，由于 FirstName 和 LastName 没有初始化，所以会触发 CS8618 警告。

为了避免分心，这些警告会在本书配套的源代码中忽略，并事实上通过 #pragma
指令禁用，直到本章后面把所有这些概念讲清楚。

## 6.2.2 访问实例字段

可以设置和获取（检索）字段中的数据。注意，没有 **static** 修饰符的字段意味着它是实例字段。实例字段只能从其包容类的实例（对象）中访问，无法直接从类中访问（换言之，不创建实例就不能访问）。

代码清单 6.6 对 **Program** 类进行了更新，并展示了它如何使用 **Employee** 类。输出 6.1 展示了结果。

代码清单 6.6　访问字段

```
public class Program
{
    public static void Main()
    {
        Employee employee1 = new();
        Employee employee2;
        employee2 = new();

        employee1.FirstName = "Inigo";
        employee1.LastName = "Montoya";
        employee1.Salary = "太少了";
        IncreaseSalary(employee1);
        Console.WriteLine(
          $"{
            employee1.FirstName } {
            employee1.LastName }: {
            employee1.Salary }");
        // ...
    }

    public static void IncreaseSalary(Employee employee)
    {
        employee.Salary = "勉强过活";
    }
}
```

输出 6.1

```
Inigo Montoya: 勉强过活
```

代码清单 6.6 实例化两个 **Employee** 对象，这和之前的例子一样。接着设置每个字段，调用 **IncreaseSalary()** 来更改工资，然后显示与 **employee1** 引用的对象关联的每个字段。

注意，首先必须指定要操作哪个 **Employee** 实例。所以，在对字段进行赋值和访问（取值）时，要添加 **employee1** 变量（**Employee** 类的一个实例）作为字段名的前缀。

## 6.3 实例方法

在 **Main()** 中调用 **WriteLine()** 方法并对姓名进行格式化，这其实是笨办法。更好的办法是在 **Employee** 类中提供方法专门进行格式化。将功能修改成由 **Employee** 提供，而不是作为 **Program** 的成员，这符合类的封装原则。为什么不把与员工姓名相关的方法放到包含姓名数据的类中呢？

　　代码清单 6.7 演示了如何创建这样的一个方法。

**代码清单 6.7　从包容类内部访问字段**

```
public class Employee
{
    public string FirstName;
    public string LastName;
    public string? Salary;

    public string GetName()
    {
        return $"{ FirstName } { LastName }";
    }
}
```

　　和第 5 章的同名方法相比，这里的 **GetName()** 没有太多特别之处，只是该方法现在访问对象中的字段，而非访问局部变量。此外，方法声明没有用 **static** 来标记。本章稍后会讲到，静态方法不能直接访问类的实例字段。相反，必须先获得类的实例才能调用实例成员，无论该实例成员是方法还是字段。

　　添加了 **GetName()** 方法后，就可以更新 **Program.Main()** 来使用它，如代码清单 6.8 和输出 6.2 所示。

**代码清单 6.8　从包容类外部访问字段**

```
public class Program
{
    public static void Main()
    {
        Employee employee1 = new();
        Employee employee2;
        employee2 = new();

        employee1.FirstName = "Inigo";
        employee1.LastName = "Montoya";
        employee1.Salary = " 太少了 ";
        IncreaseSalary(employee1);
        Console.WriteLine(
            $"{employee1.GetName()}: {employee1.Salary}");
        // ...
    }
    // ...
}
```

**输出 6.2**

```
Inigo Montoya: 勉强过活
```

## 6.4 使用 this 关键字

在类的实例成员内部，我们可以获取对该类的引用。C# 语言允许用关键字 this 显式指出当前访问的字段或方法是包容类的实例成员。调用任何实例成员时，this 都是隐含的，它返回对象本身的实例。接下来看看代码清单 6.9 中的 SetName() 方法。

代码清单 6.9　使用 this 显式标识字段的所有者

```
public class Employee
{
    public string FirstName;
    public string LastName;
    public string? Salary;
    public string GetName()
    {
        return $"{FirstName} {LastName}";
    }

    public void SetName(
        string newFirstName, string newLastName)
    {
        this.FirstName = newFirstName;
        this.LastName = newLastName;
    }
}
```

本例使用关键字 this 指出字段 FirstName 和 LastName 是类的实例成员。

虽然可以为所有本地类成员引用都添加 this 前缀，但设计规范是若非必要就不要在代码中"添乱"。所以，this 关键字只在必要时才应使用。本章后面的代码清单 6.12 是必须使用 this 的例子。代码清单 6.9 和代码清单 6.10 则不是。在代码清单 6.9 中，舍弃 this 不会改变代码的含义。而代码清单 6.10 可以修改字段命名规范，同时遵循参数的命名约定，从而避免局部变量与字段之间的歧义。

 **初学者主题：依靠编码样式避免歧义**

在代码清单 6.9 的 SetName() 方法中，事实上没有必要使用 this 关键字，因为 FirstName 显然有别于 newFirstName。但是，假如参数不是叫 newFirstName，而是叫 FirstName( 使用 PascalCase 风格的大小写规范 )，那么会发生什么情况？如代码清单 6.10 所示。

代码清单 6.10　使用 this 避免歧义

```
public class Employee
{
    public string FirstName;
    public string LastName;
    public string? Salary;

    public string GetName()
    {
        return $"{ FirstName } { LastName }";
```

```
        }

        // 警告：参数名使用了 PascalCase 大小写风格，
        // 应改为 camelCase 大小写风格。
        public void SetName(string FirstName, string LastName)
        {
            this.FirstName = FirstName;
            this.LastName = LastName;
        }
    }
```

在这个例子中，要引用 FirstName 字段就必须显式指明它所在的 Employee 对象。this 就好比在 Program.Main() 方法中使用的 employee1 变量前缀 ( 参见代码清单 6.8)，标识了要在其上调用 SetName() 方法的那个对象。

代码清单 6.10 不符合 C# 命名规范，即参数要像局部变量那样使用 camelCase 大小写风格 ( 除了第一个单词，其他每个单词首字母大写 )。违反这个规范，可能造成难以发现的 bug，因为将字段 FirstName 赋给参数 FirstName，代码仍能编译并运行。为了避免该问题，最好是为参数和局部变量采用和字段不同的命名规范。本章稍后会演示该规范的实际应用。

代码清单 6.9 和代码清单 6.10 中的 GetName() 方法没有使用 this 关键字，它确实可有可无。但假如存在与字段同名的局部变量或参数——参见代码清单 6.10 的 SetName() 方法，那么省略 this 将访问局部变量或参数而非字段。这时 this 就是必须要有的。

还可以使用 this 关键字显式访问类的方法。例如，可以在 SetName() 方法内使用 this.GetName() 输出新赋值的姓名，参见代码清单 6.11 和输出 6.3。

**代码清单 6.11　this 作为方法名前缀**

```
public class Employee
{
    // ...
    public string GetName()
    {
        return $"{FirstName} {LastName}";
    }

    public void SetName(string newFirstName, string newLastName)
    {
        this.FirstName = newFirstName;
        this.LastName = newLastName;
        Console.WriteLine(
            $" 姓名更改为 '{this.GetName()}'");
    }
}

public class Program
{
    public static void Main()
    {
        Employee employee = new();
        employee.SetName("Inigo", "Montoya");
```

```
        // ...
    }
    // ...
}
```

**输出 6.3**

<pre>姓名更改为 'Inigo Montoya'</pre>

有的时候，我们需要使用 this 传递对当前对象的引用。如代码清单 6.12 中的 Save() 方法所示。

**代码清单 6.12    在方法调用中传递 this**

```
public class Employee
{
    public string FirstName;
    public string LastName;
    public string? Salary;

    public void Save()
    {
        DataStorage.Store(this);
    }
}

public class DataStorage
{
    // 将 Employee 对象写入一个以员工姓名命名的文件
    public static void Store(Employee employee)
    {
        // ...
    }
}
```

Save() 方法调用 DataStorage 类的 Store() 方法。但是，需要向 Store() 方法传递准备进行持久化存储的 Employee 对象。这是使用关键字 this 来完成的，它传递的是正在其上调用 Save() 方法的那个 Employee 对象实例。

### 存储和加载文件

在 DataStorage 内部，Store() 方法的实现要用到 System.IO 命名空间中的类，如代码清单 6.13 所示。在 Store() 内部，首先要实例化一个 FileStream 对象，将它与一个对应员工全名的文件关联。FileMode.Create 参数的意思是说，如果不存在名为 < 名字 >< 姓氏 >.dat 的文件，那么就新建一个；如果存在，就覆盖它。接着，创建一个 StreamWriter 对象，以便将文本写入 FileStream( 相当于向文件写入 )。数据用 WriteLine() 方法写入，这跟向控制台写入没有太大区别。

**代码清单 6.13    将数据持久化存储到文件**

```
public class DataStorage
```

```
{
    // 将 Employee 对象写入一个以员工姓名命名的文件;
    // 这里未显示错误处理的情况。
    public static void Store(Employee employee)
    {
        // 使用 < 名字 >< 姓氏 >.dat 作为文件名来实例化一个 FileStream。
        // FileMode.Create 将强制创建一个新文件, 或者覆盖一个已存在的文件。
        // 注意: 这段代码可以通过使用 using 语句来改进——我们目前尚未讲到的一种构造。
        FileStream stream = new(
            employee.FirstName + employee.LastName + ".dat",
            FileMode.Create);

        // 创建 StreamWriter 类型的对象 writer,
        // 以便将文本写入 FileStream 类型的对象 stream。
        StreamWriter writer = new(stream);

        // 开始写入与员工实例关联的所有数据
        writer.WriteLine(employee.FirstName);
        writer.WriteLine(employee.LastName);
        writer.WriteLine(employee.Salary);

        // 对 StreamWriter 及其流进行资源清理 (dispose)
        writer.Dispose();  // 会自动关闭流
    }
    // ...
}
```

写入完成后,应关闭 **FileStream** 和 **StreamWriter**[1],避免它们在等待垃圾回收期间处于"不确定性打开"状态。以上代码未包含任何错误处理机制,所以如果中途抛出异常,那么可能会造成 **Dispose()** 方法得不到调用的情况。[2]

文件加载过程与存储过程相似,如代码清单 6.14 和输出 6.4 所示。

**代码清单 6.14 从文件获取数据**

```
public class Employee
{
    // ...
}

public class DataStorage
```

---

① 译注:在 **StreamWriter** 对象上调用 dispose(),会自动在 **FileStream** 对象上调用同样的方法,确保先将数据写入文件再关闭文件流。两者的依赖关系请参见《深入 CLR》( 第 4 版 ) 的 21.3.2 节。

② 译注:文档将 disposal 和 dispose 翻译成"释放"。这里解释一下为什么不赞成这个翻译。在英语中,这个词的意思是"摆脱"或"除去" (get rid of) 一个东西,尤其是在这个东西很难除去的情况下。之所以认为"释放"不恰当,除了和 release 一词冲突,还因为 dispose 强调了"清理"和"处置",而且在完成 ( 对象中包装的 ) 资源的清理之后,对象占用的内存还暂时不会释放。所以, "dispose 一个对象"真正的意思是:清理或处置对象中包装的资源 ( 比如它的字段引用的对象 ),然后等着在一次垃圾回收之后回收该对象占用的托管堆内存 ( 此时才释放 )。为避免误解,本书尽量保留 dispose 和 disposal 的原文,或者说成"资源清理"。

```
{
    // ...

    public static Employee Load(string firstName, string lastName)
    {
        Employee employee = new();

        // 使用 < 名字 >< 姓氏 >.dat 作为文件名来实例化一个 FileStream。
        // FileMode.Open 将打开一个已存在的文件；不存在会报错。
        FileStream stream = new(
            firstName + lastName + ".dat", FileMode.Open);

        // 创建一个 StreamReader，以便从文件中读取文本
        StreamReader reader = new(stream);

        // 读取文件的每一行，并将其赋给关联的属性
        employee.FirstName = reader.ReadLine() ??
            throw new InvalidOperationException(
                "FirstName 不能为 null");
        employee.LastName = reader.ReadLine() ??
            throw new InvalidOperationException(
                "LastName 不能为 null");
        employee.Salary = reader.ReadLine();

        // 对 StreamReader 及其流进行资源清理 (dispose)
        reader.Dispose();  // 会自动关闭流

        return employee;
    }
}

public class Program
{
    public static void Main()
    {
        Employee employee1;

        Employee employee2 = new();
        employee2.SetName("Inigo", "Montoya");
        employee2.Save();

        // 保存后修改 employee2
        IncreaseSalary(employee2);

        // 从保存的 employee2 版本中，将数据加载到 employee1
        employee1 = DataStorage.Load("Inigo", "Montoya");

        Console.WriteLine(
            $"{employee1.GetName()}: {employee1.Salary}");
    }
    // ...
}
```

输出 6.4

```
姓名更改为 'Inigo Montoya'
Inigo Montoya:
```

代码清单 6.14 展示了和存储相反的过程，使用 **StreamReader** 而非 **StreamWriter**。同样地，一旦数据读取完毕，就在 **StreamReader** 上调用 **Dispose()** 方法进行资源清理。

输出 6.4 没有在 **Inigo Montoya:** 之后显示任何工资信息，这是因为在本例中，是在调用了 **Save()** 后才调用 **IncreaseSalary()** 将 **Salary** 设为 " 勉强过活 "。换言之，从磁盘文件没有读取到加薪后的数据。①

注意，**Main()** 是在一个员工实例上调用 **Save()** 来保存新员工的数据。但是，为一个新员工加载数据时，我们调用的是 **DataStorage.Load()**。需要加载一个员工的数据时，通常还不存在可在其中加载 ( 数据 ) 的员工实例。因此，在这种情况下使用 **Employee** 类的某个实例方法并不可取。除了在 **DataStorage** 类上调用 **Load()**，另一个思路是直接为 **Employee** 类添加一个静态 **Load()** 方法 ( 详情参见本章后面的 "静态成员" 一节 )，这样就可以调用 **Employee.Load()**，注意，是直接在 **Employee** 类上调用，而不是在它的某个实例上调用。

## 6.5 访问修饰符

本章之前声明字段时，曾为字段声明添加关键字 **public** 作为前缀。**public** 是一种**访问修饰符**，它标识了所修饰成员的封装级别。C# 语言支持 5 种访问修饰符：**public，private，protected，internal** 和 **protected internal**。本节介绍前两个。

**初学者主题：封装 ( 第二部分 )：信息隐藏**

除了对数据和方法进行分组，封装的另一个重要作用是隐藏对象的数据以及行为的内部细节。方法在某种程度上也能做到这一点，因为在方法外部，调用者看见的只有方法的声明，内部实现则看不到。但是，面向对象编程更进一步，它能控制类成员在类外部的可视程度。类外部不可见的成员称为**私有成员**。

在面向对象编程中，封装的作用不仅仅是对数据和行为进行分组，它还能使类内部的工作机制不被暴露。这降低了调用者对数据进行不恰当修改的几率，同时防止类的使用者依赖类的内部实现来写自己程序 ( 将来若实现发生了变化，那么程序也不得不跟着修改 )。

访问修饰符的作用是提供封装。**public** 显式指定可以从 Employee 类的外部访问被它修饰的字段。例如，可以从 **Program** 类中访问那些字段。

但是，假定 Employee 类要包含一个代表密码的 **Password** 字段，那么应该如何设计？这时应允许在一个 **Employee** 对象上调用 **Logon()** 方法来验证密码，但不应允许从类的外部访问 **Employee** 对象的 **Password** 字段。

---

① 译注：要在 employee1 中反映 employee2 加薪后的工资，在 IncreaseSalary(employee2); 后紧接着调用一次 employee2.Save(); 即可。

为了隐藏 Password 字段，禁止从它的包容类的外部访问，应使用 private 访问修饰符代替 public，如代码清单 6.15 所示。这样就无法在 Program 类中访问 Password 字段了。

代码清单 6.15　使用 private 访问修饰符

```
public class Employee
{
    public string FirstName;
    public string LastName;
    public string? Salary;
    // 像这样直接使用解密的密码仅供演示。平时不推荐。
    // 未初始化；稍后会解释 " 构造函数 "
    private string Password;
    private bool IsAuthenticated;

    public bool Logon(string password)
    {
        if (Password == password)
        {
            IsAuthenticated = true;
        }
        return IsAuthenticated;
    }

    public bool GetIsAuthenticated()
    {
        return IsAuthenticated;
    }
    // ...
}

public class Program
{
    public static void Main()
    {
        Employee employee = new();

        employee.FirstName = "Inigo";
        employee.LastName = "Montoya";

        // ...

        // 错误：Password 是私有的，所以不能从类的外部访问
        Console.WriteLine(
            "密码 = {0}", employee.Password);
    }
    // ...
}
```

虽然代码清单 6.15 没有演示使用 **private** 来修饰方法，但实际上也是可以的。

注意，如果不为类成员添加访问修饰符，默认就是 **private**。也就是说，成员默认是私有的。至于想要设置为公共的成员，则必须显式指定。

## 6.6 属性

　　6.5 节演示了如何使用 **private** 关键字封装密码，禁止从类的外部访问。但是，这种形式的封装往往过于严格。例如，可能希望字段在外部只读，但内部可以更改。又例如，可能希望允许对类中的一些数据执行写入操作，但需要验证对数据的更改。再例如，可能希望动态构造数据。为了满足所有这些需求，传统方式是将字段标记为私有，再提供取值和赋值方法 (getter 和 setter) 来访问和修改数据。代码清单 6.16 将 **FirstName** 和 **LastName** 都更改为私有字段。每个字段的公共取值和赋值方法则用于访问和更改它们的值。

**代码清单 6.16　声明取值和赋值方法**

```
public class Employee
{
    private string FirstName;
    // FirstName getter
    public string GetFirstName()
    {
        return FirstName;
    }
    // FirstName setter
    public void SetFirstName(string newFirstName)
    {
        if (newFirstName != null && newFirstName != "")
        {
            FirstName = newFirstName;
        }
    }
    private string LastName;
    // LastName getter
    public string GetLastName()
    {
        return LastName;
    }
    // LastName setter
    public void SetLastName(string newLastName)
    {
        if (newLastName != null && newLastName != "")
        {
            LastName = newLastName;
        }
    }
    // ...
}
```

　　遗憾的是，这一更改会影响 **Employee** 类的可编程性。无法再用赋值操作符来设置类中的数据。另外，只能调用方法来存取数据。

## 6.6.1 声明属性

考虑到经常都会用到这种编程模式，所以 C# 语言的设计者决定为它提供显式的语法支持。这种语法称为**属性** (property)，如代码清单 6.17 和输出 6.5 所示。

**代码清单 6.17　定义属性**

```
public class Program
{
    public static void Main()
    {
        Employee employee = new();
        // 调用 FirstName 属性的 setter( 赋值方法 )
        employee.FirstName = "Inigo";
        // 调用 FirstName 属性的 getter( 取值方法 )
        System.Console.WriteLine(employee.FirstName);
    }
}
public class Employee
{
    // FirstName 属性
    public string FirstName
    {
        get
        {
            return _FirstName;
        }
        set
        {
            _FirstName = value;
        }
    }
    private string _FirstName;
    // ...
}
```

**输出 6.5**

```
Inigo
```

在代码清单 6.17 中，最引人注目的不是属性本身，而是 Program 类的代码。现在其实已经没有 FirstName 和 LastName 字段了，但这一点从 Program 类本身看不出来。访问员工名字和姓氏所用的代码根本没有改变。仍然可以使用简单的赋值操作符对姓或名进行赋值，例如 employee.FirstName = "Inigo"。

属性的关键在于，它提供了从编程角度看类似于字段的 API。但是，实际并不存在这样的字段。属性声明看起来和字段声明一样，但跟随在属性名之后的是一对大括号，要在其中添加属性的实现。属性的实现由两个可选的部分构成。其中，**get** 标志属性的取值方法 (getter)，直接对应代码清单 6.16 定义的 GetFirstName() 和 GetLastName()

方法。访问 FirstName 属性需调用 employee.FirstName。类似地，set 标志属性的赋值方法 (setter)，它实现了字段赋值语法，如下所示：

```
employee.FirstName = "Inigo";
```

属性的定义使用了三个上下文关键字。其中，get 和 set 关键字分别标识属性的取值和赋值部分。此外，赋值方法可用 value 关键字引用赋值操作的右侧部分。所以，当 Program.Main() 调用 employee.FirstName = "Inigo" 时，赋值方法中的 value 被自动设为 "Inigo"，该值可以赋给 _FirstName 字段。代码清单 6.17 的属性实现是最常见的。调用取值方法时，比如 Console.WriteLine(employee2.FirstName)，会获取字段 (_FirstName) 的值并将其写入控制台。

从 C# 7.0 起，还可以使用**表达式主体成员**来声明属性的取值和赋值方法，如代码清单 6.18 所示。

代码清单 6.18  用表达式主体成员定义属性

```
public class Employee
{
    // FirstName 属性
    public string FirstName
    {
        get
        {
            return _FirstName;
        }
        set
        {
            _FirstName = value;
        }
    }

    private string _FirstName;
    // LastName 属性
    public string LastName
    {
        get => _LastName;
        set => _LastName = value;
    }
    private string _LastName;
    // ...
}
```

代码清单 6.18 用两种不同的语法实现属性，但这只是为了演示，实际编程时请统一。

## 6.6.2 自动实现的属性

从 C# 3.0 起属性语法有了简化版本。在属性中声明支持字段 ( 比如上例的 _FirstName)，并用取值方法和赋值方法来获取和设置该字段——由于这是十分常见的设计，而且代码非常简单 ( 参考 **FirstName** 和 **LastName** 的实现就知道了 )，所以现在允许在声明属性时不添加取值或赋值方法，也不声明任何支持字段。一切都自动实现。代码清单 6.19 展示了如何用简化的语法定义 **Title** 和 **Manager** 属性，输出 6.6 是结果。

**代码清单 6.19　自动实现的属性**

```
public class Program
{
    public static void Main()
    {
        Employee employee1 =
            new();
        Employee employee2 =
            new();

        // 调用 FirstName 属性的取值方法 (setter)
        employee1.FirstName = "Inigo";

        // 调用 FirstName 属性的赋值方法 (getter)
        System.Console.WriteLine(employee1.FirstName);

        // 向自动实现的属性赋值
        employee2.Title = " 电脑发烧友 ";
        employee1.Manager = employee2;

        // 打印 employee1 的经理的 Title
        System.Console.WriteLine(employee1.Manager.Title);
    }
}

public class Employee
{
    // FirstName 属性
    public string FirstName
    {
        get
        {
            return _FirstName;
        }
        set
        {
            _FirstName = value;
        }
    }
    private string _FirstName;

    // LastName 属性
    public string LastName
    {
        get => _LastName;
        set => _LastName = value;
    }
    private string _LastName;
```

```
    // Title 属性
    public string? Title { get; set; }

    // Manager 属性
    // public Employee? Manager { get; set; }

    public string? Salary { get; set; } = "不够";
    // ...
}
```

输出 6.6

```
Inigo
电脑发烧友
```

自动实现的属性简化了写法，也使代码更易读。此外，如果未来需添加一些额外的代码，比如要在赋值方法中对值进行验证，那么虽然要修改现在的属性声明来包含实现，但调用它们的代码不必进行任何修改。

关于自动实现的属性，最后要注意从 C# 6.0 开始，可以像代码清单 6.19 最后一行那样初始化：

```
public string? Salary { get; set; } = "不够";
```

在 C# 6.0 之前，只能通过方法 ( 包括构造函数，本章稍后会讲到 ) 来初始化属性。但现在可以用字段初始化那样的语法在声明的同时初始化自动实现的属性。

### 6.6.3 属性和字段的设计规范

由于还可以写显式的赋值和取值方法而不是属性，所以有时会疑惑该用属性还是方法。一般原则是方法代表行动，而属性代表数据。属性旨在简化对简单数据的访问。调用属性的代价不应比访问字段高出太多。

至于命名，注意在代码清单 6.19 中，属性名是 FirstName，它的支持字段名变成了 _FirstName。其实就是添加了下划线前缀的 PascalCase 大小写正式工。对于为属性提供支持的私有字段，其他常见的命名规范还有 _firstName 和 m_FirstName( 延续自 C++ 语言的命名规范，m 代表 member variable，即成员变量 )。还可以像局部变量那样采用 camelCase 大小写规范 [1]。不过，应尽量避免 camelCase 大小写，因为局部变量和参数也经常采用这种大小写，可能造成名称的重复。另外，为符合封装原则，属性的支持字段不应声明为 public。

不管私有字段使用哪一种命名方案，属性都要使用 PascalCase 大小写规范。因此，属性应使用 LastName 和 FirstName 等形式的名词、名词短语或形容词。事实上，属性和类型同名的情况也不罕见，例如某个 Person 对象中的 Address 类型的 Address 属性。

---

[1] 我个人更喜欢 _FirstName，下划线就足够了，名称前的 m 太多余。另外，使用与属性名称相同的大小写规范，Visual Studio 代码模板扩展工具中就可以只设置一个字符串，而不必为属性名和字段名各设一个。

■ 设计规范

1. DO use properties for simple access to simple data with simple computations.

要使用属性，通过简单的计算，对简单的数据进行简单的访问。

2. AVOID throwing exceptions from property getters.

避免从属性取值方法抛出异常。

3. DO preserve the original property value if the property throws an exception.

要在属性抛出异常时保留原始属性值。

4. CONSIDER using the same casing on a property's backing field as what used in the property, distinguishing the backing field with an "_" prefix.

考虑为支持字段和属性使用相同的大小写风格，为支持字段附加"_"前缀来予以区分。

5. DO name properties using a noun, noun phrase, or adjective.

要使用名词、名词短语或形容词命名属性。

6. CONSIDER giving a property the same name as its type.

考虑让属性和它的类型同名。

7. AVOID naming fields with camelCase.

避免用 camelCase 大小写风格命名字段。

8. DO favor prefixing Boolean properties with "Is," "Can," or "Has," when that practice adds value.

如果有意义的话，要为 Boolean 属性附加 Is、Can 或 Has 前缀。

9. DO declare all instance fields as private (and expose them via a property).

要将所有实例字段声明为 private( 并通过属性来公开 )。

10. DO name properties with PascalCase.

要用 PascalCase 大小写风格命名属性。

11. DO favor automatically implemented properties over fields.

要优先使用自动实现的属性而不是字段。

12. DO favor automatically implemented properties over using fully expanded ones if there is no additional implementation logic.

如果没有额外的实现逻辑，那么要优先使用自动实现的属性而不是自己写属性的完整版本。

### 6.6.4 提供属性验证

在代码清单 6.20 中，注意 Employee 的 Initialize() 方法使用属性而不是字段进行赋值。虽然并非必须如此，但这样做的结果是，无论在类的内部还是外部，属性的赋值方法中的任何验证都会得到调用。例如，假定更改 LastName 属性，在把 value 赋给 _LastName 之前检查它是否为 null 或空字符串，那么会发生什么？记住，之所以要进行 null 检查，是因为即使数据类型是非空字符串，但调用者可能已禁用可空引用类型，或者该方法可能是从 C# 7.0 或更早版本中调用的 ( 那时还没有可空引用类型 )。

代码清单 6.20　实现属性验证

```
public class Employee
{
    // ...
    public void Initialize(
        string newFirstName, string newLastName)
    {
        // 使用 Employee 类的属性
        FirstName = newFirstName;
        LastName = newLastName;
    }
    // LastName property
    public string LastName
    {
        get => _LastName;
        set
        {
            // ...
            // 验证对 LastName 的赋值
            ArgumentException.ThrowIfNullOrEmpty(value = value?.Trim()!);
            // ...
            _LastName = value;
        }
    }
    private string _LastName;
    // ...
}
```

在新的实现中，如果为 LastName 赋了无效的值 ( 要么从同一个类的另一个成员赋值，要么在 Program.Main() 内直接向 LastName 赋值 )，代码就会抛出异常。拦截赋值，并通过字段风格的 API 对参数进行验证，这是属性的优点之一。

一个好的实践是只从属性的实现中访问属性的支持字段。换言之，要一直使用属性，不要直接调用字段。许多时候，即使在属性所在的类中，也不应该从属性实现的外部访问其支持字段。如果坚持这个实践，以后一旦为属性增添验证代码，那么整个类就能马上利用这个逻辑，而不必大费周章地修改。①

虽然很少见，但确实能在赋值方法中对 value 进行赋值。如代码清单 6.20 所示，我们调用 value.Trim() 来移除新姓氏值左右的空白字符。

> **设计规范**
>
> AVOID accessing the backing field of a property outside the property, even from within the containing class.
>
> **避免**从属性外部 ( 即使是从属性所在的类中 ) 访问属性的支持字段。

---

① 本章后面会讲到，一个例外是在字段被标记为只读时。此时只能在构造函数中设置值。从 C# 6.0 开始，可以直接对只读属性赋值，完全用不着只读字段了。

### 6.6.5 只读和只写属性

可以移除属性的取值方法或赋值方法来改变属性的可访问性。只有赋值方法的属性是只写属性，这种情况较罕见。类似地，只提供取值方法会得到只读属性；任何赋值企图都会造成编译错误。例如，为了使 **Id** 只读，可以像代码清单 6.21 那样编码。

**代码清单 6.21    C# 6.0 之前定义只读属性的方式**

```
public class Program
{
    public static void Main()
    {
        Employee employee1 = new();
        employee1.Initialize(42);

        // 错误：无法为属性或索引器 'Employee.Id' 赋值；它是只读的
        employee1.Id = "490";
    }
}

public class Employee
{
    public void Initialize(int id)
    {
        // 使用字段，因为 Id 属性没有 setter；它是只读的
        _Id = id.ToString();
    }

    // ...
    // Id 属性声明
    public string Id
    {
        get => _Id;
        // 未提供 setter
    }
    private string _Id;
}
```

代码清单 6.21 中，从 **Employee** 的 **Initialize()** 方法（而不是属性）中对字段赋值（**_Id = id**）。就像 **Program.Main()** 中展示的那样，通过属性来赋值会造成编译错误。

从 C# 6.0 开始支持**只读自动实现属性**，如下所示：

```
public bool[] Cells { get; } = new bool[9];
```

只读自动实现属性的一个重点在于，和只读字段一样，编译器要求通过一个自动属性初始化器（或通过构造函数）来初始化。前面例子使用的是一个初始化器（初始化列表[1]），但稍后就会讲到，也可以在构造函数中对 **Cells** 进行赋值。

---

[1] 译注：文档中翻译为"初始值设定项"。

由于设计规范是不要从属性外部访问支持字段，所以程序员应该无脑使用只读自动实现属性。唯一例外的是在字段和属性类型不匹配的时候。例如字段是 int 类型，只读属性是 double 类型。

> **■ 设计规范**
>
> 1. DO create read-only properties if the property value should not be changed.
>
> 　如果属性值不变，要创建只读属性。
>
> 2. DO create read-only automatically implemented properties, rather than read-only properties with a backing field if the property value should not be changed.
>
> 　如果属性值不变，要创建只读自动实现的属性，而不是只读属性加支持字段。

## 6.6.6　计算属性

有的时候，甚至根本不需要支持字段。相反，可以让属性的取值方法返回一个计算好的值，同时让赋值方法解析值，并可选择将值持久存储到其他成员字段中。代码清单 6.22 的 Name 属性就是一个例子，输出 6.7 展示了结果。

代码清单 6.22　定义计算属性

```
public class Program
{
    public static void Main()
    {
        Employee employee1 = new();

        employee1.Name = "Inigo Montoya";
        System.Console.WriteLine(employee1.Name);
        // ...
    }
}
public class Employee
{
    // ...
    // FirstName 属性
    public string FirstName
    {
        get
        {
            return _FirstName;
        }
        set
        {
            _FirstName = value;
        }
    }
    private string _FirstName;

    // LastName 属性
```

```
public string LastName
{
    get => _LastName;
    set => _LastName = value;
}
private string _LastName;
// ...
```

```
// Name 属性
public string Name
{
    get
    {
        return $"{FirstName} {LastName}";
    }
    set
    {
        // ...
        ArgumentException.ThrowIfNullOrEmpty(value = value?.Trim()!);
        // ...
        // 将所赋的值拆分为名字和姓氏
        string[] names;
        names = value.Split(new char[] { ' ' });
        if (names.Length == 2)
        {
            FirstName = names[0];
            LastName = names[1];
        }
        else
        {
            // 如果没有赋全名，就抛出异常
            throw new System.ArgumentException(
                $" 所赋的值 '{value}' 无效。",
                nameof(value));
        }
    }
}
```

```
public string Initials => $"{FirstName[0]} {LastName[0]}";
// ...
}
```

输出 6.7

```
Inigo Montoya
```

Name 属性的取值方法将 FirstName 和 LastName 属性的返回值（两个 string）连接到一起。事实上，所赋的姓名并没有真正存储下来。向 Name 属性赋值时，右侧的值会解析成名字和姓氏部分。

## 6.6.7 取值和赋值方法的访问修饰符

如前所述，一个好的实践是不要从属性外部访问其字段，否则为属性添加的验证逻辑或其他逻辑可能失去意义。

在属性的实现中，我们可以为 get 或 set 部分指定访问修饰符 ( 但不能为两者都指定 )[1]，从而覆盖在声明属性时指定的访问修饰符。代码清单 6.23 展示了例子。

代码清单 6.23　为赋值方法指定访问修饰符

```
public class Program
{
    public static void Main()
    {
        Employee employee1 = new();
        employee1.Initialize(42);
        // 错误：无法为属性或索引器 'Employee.Id' 赋值；它是只读的
        employee1.Id = "490";
    }
}

public class Employee
{
    public void Initialize(int id)
    {
        // 设置 Id 属性
        Id = id.ToString();
    }

    // ...
    // Id 属性声明
    public string Id
    {
        get => _Id;
        private set => _Id = value;
    }
    private string _Id;
}
```

为赋值方法指定 private 修饰符，属性对于除 Employee 的其他类来说就是只读的。在 Employee 类内部，属性可读 / 可写，所以可以在构造函数中对属性进行赋值。为取值或赋值方法指定访问修饰符时，要注意该访问修饰符的 "限制性" 一定要比应用于整个属性的访问修饰符更 "严格"。例如，将属性声明为较严格的 private，但将它的赋值方法声明为较宽松的 public，就会发生编译错误。

---

[1] 这个功能是从 C# 2.0 开始引入的。C# 1.0 不允许为属性的取值和赋值方法指定不同的封装级别。换言之，不能为属性创建一个公共取值方法和一个私有赋值方法，使外部类只能对属性进行只读访问，而允许类内的代码向属性写入。

---

**■ 设计规范**

1. DO apply appropriate accessibility modifiers on implementations of getters and setters on all properties.

　　要为所有属性的取值和赋值方法应用适当的可访问性修饰符。

2. DO NOT provide set-only properties or properties with the setter having broader accessibility than the getter.

　　**不要**提供只写属性，也不要让赋值方法的可访问性比取值方法更宽松。

---

## 6.6.8 属性和方法调用不允许作为 ref 或 out 参数值

　　C# 允许属性像字段那样使用，只是不允许作为 ref 或 out 参数值传递。ref 和 out 参数内部要将内存地址传给目标方法。但是，由于属性可能没有支持字段，也有可能只读或只写，所以不可能传递存储地址。同样的道理也适用于方法调用。如果需要将属性或方法调用作为 ref 或 out 参数值传递，则必须先将值拷贝到变量再传递该变量。方法调用结束后，再将变量的值赋回给属性。

 **高级主题：属性的内部工作机制**

代码清单 6.24 证明取值方法和赋值方法在 CIL 代码中以 get_FirstName() 和 set_FirstName() 的形式出现。

**代码清单 6.24　属性的 CIL 代码**

```
// ...

.field private string _FirstName
.method public hidebysig specialname instance string
        get_FirstName() cil managed
    {
        // Code size       12 (0xc)
        .maxstack  1
        .locals init (string V_0)
        IL_0000:  nop
        IL_0001:  ldarg.0
        IL_0002:  ldfld       string Employee::_FirstName
        IL_0007:  stloc.0
        IL_0008:  br.s IL_000a

        IL_000a:  ldloc.0
        IL_000b:  ret
    } // End of method Employee::get_FirstName

    .method public hidebysig specialname instance void
          set_FirstName(string 'value') cil managed
    {
      // Code size        9 (0x9)
      .maxstack  8
```

```
    IL_0000:   nop
    IL_0001:   ldarg.0
    IL_0002:   ldarg.1
    IL_0003:   stfld        string Employee::_FirstName
    IL_0008:   ret
} // End of method Employee::set_FirstName

.property instance string FirstName()
{
    .get instance string Employee::get_FirstName()
    .set instance void Employee::set_FirstName(string)
} // End of property Employee::FirstName

// ...
```

除了外观与普通方法无异，注意，属性在 CIL 中也是一种显式的构造。如代码清单 6.25 所示，取值方法和赋值方法由 CIL 属性调用，而 CIL 属性是 CIL 代码中的一种显式构造。因此，语言和编译器并非总是依据一个命名惯例来解释属性。相反，正是由于反正最后都会回归 CIL 属性，所以编译器和代码编辑器能随便提供自己的特殊语法。

**代码清单 6.25　属性是 CIL 的显式构造**

```
.property instance string FirstName()
{
  .get instance string Program::get_FirstName()
  .set instance void Program::set_FirstName(string)
} // End of property Program::FirstName
```

注意，在代码清单 6.24 中，作为属性一部分的取值方法和赋值方法包含了 `specialname` 元数据。IDE( 比如 Visual Studio) 根据该修饰符在 "智能感知" 中隐藏成员。

自动实现的属性在 CIL 中看起来和显式定义支持字段的属性几乎完全一样。C# 编译器在 IL 中生成名为 `<PropertyName>k_BackingField` 的字段。该字段应用了名为 `System.Runtime.CompilerServices.CompilerGeneratedAttribute` 的特性( 参见第 18 章 )。无论取值还是赋值方法，都用同一个特性修饰。

## 6.7　构造函数

　　现在，我们已经为类添加了用于存储数据的字段，接着应考虑数据的有效性。如代码清单 6.6 所示，可以使用 **new** 操作符实例化对象。但这样可能创建包含无效数据的员工对象。

　　实例化 **employee1** 后得到的是姓名和工资尚未初始化的 **Employee** 对象。在该代码清单中，是在实例化员工之后，立即对尚未初始化的字段进行赋值。但假如忘了初始化，编译器也不会发出警告。结果是得到含有无效姓名的 **Employee** 对象。从技术上说，从 C# 8.0 开始，非空 ( 不可为 null) 的引用类型会触发一个警告，并建议将数据类型切换为可空类型，以避免默认为 null 的情况。尽管如此，为了避免实例化其字段包含无效数据的对象，仍然需要进行初始化。

### 6.7.1 声明主构造函数

为了解决该问题，必须提供一种方式在创建对象时指定必须要有的数据。这是用构造函数来实现的，如代码清单 6.26 所示。

**代码清单 6.26  定义主构造函数**

```
// Employee 构造函数
public class Employee(string firstName, string lastName)
{
    public string FirstName { get; set; } = firstName;
    public string LastName { get; set; } = lastName;
    public string? Salary { get; set; } = " 不够 ";
    // ...
}
```

对于**主构造函数** (primary constructor)，注意是在类型声明后添加了一个方法签名。这提供了作用域局部于类的变量 ( 称为**位置参数** )。而且如代码清单 6.26 所示，这些变量可以作为属性初始化器来赋值。类的任何实例成员都能访问主构造函数的变量，所以允许将 firstName 和 lastName 分别赋给属性 FirstName 和 LastName。

"运行时"会调用构造函数来初始化对象实例。本例的构造函数获取名字和姓氏作为参数，允许程序员在实例化 Employee 对象时指定这些参数的值。代码清单 6.27 演示了如何调用构造函数。

**代码清单 6.27  调用构造函数**

```
public class Program
{
    public static void Main()
    {
        Employee employee;
        employee = new("Inigo", "Montoya");
        employee.Salary = " 太少了 ";
        System.Console.WriteLine("{0} {1}: {2}",
            employee.FirstName,
            employee.LastName,
            employee.Salary);
    }
    // ...
}
```

注意，new 操作符返回对实例化好的对象的一个引用。另外，已移除了名字和姓氏的初始化代码，因为现在是在构造函数内部初始化。但由于本例没有在构造函数内部初始化 Salary，所以对工资进行赋值的代码还是保留下来了。

**高级主题：new 操作符的实现细节**

new 操作符内部和构造函数是像下面这样交互的。new 操作符从内存管理器获取"空白"内存，调用指定的构造函数，将对"空白"内存的引用作为一个隐式的 this 参数传给构造函数。构造函数链剩余的部分开始执行，在构造函数之间传递引用。这些构造函数都没有返回类型 ( 表现得像是返回 void)。构造函数链上的执行结束后，new 操作符返回内存引用。现在，该引用指向的内存处于已初始化好的形式。

## 6.7.2 定义构造函数

上一节解释了如何定义主构造函数。我们还可以单独定义构造函数，与类型声明分开。如代码清单 6.28 所示，为了定义 ( 非主 ) 构造函数，可以创建一个没有返回类型的方法，其方法名与类型名相同。即使在构造函数的声明或实现中没有指定返回类型或 return 语句，调用构造函数 ( 通过 new 操作符 ) 仍然会返回类型的实例。

**代码清单 6.28 定义构造函数**

```
public class Employee
{
    // Employee 构造函数
    public Employee(string firstName, string lastName)
    {
        FirstName = firstName;
        LastName = lastName;
    }

    public string FirstName { get; set; }
    public string LastName { get; set; }
    public string? Salary { get; set; } = "不够";
    // ...
}
```

开发人员应注意到既在声明中又在构造函数中赋值的情况。如果属性或字段在声明的同时赋值 ( 比如代码清单 6.28 中的 string? Salary { get; set; } = "不够"，或者代码清单 6.5 中的 public string? Salary = "不够")，那么只有在这个赋值发生之后，构造函数内部的赋值才会发生。所以，最终生效的是构造函数内部的赋值，它会覆盖声明时的赋值。如果不细心，很容易就会以为对象实例化后保留的是声明时所赋的属性或字段值。所以，有必要考虑一种编码风格，避免同一个类中既在声明时赋值，又在构造函数中赋值。

## 6.7.3 默认和拷贝构造函数

必须注意，一旦像之前的例子那样显式添加了构造函数，在 Main() 中实例化 Employee 就必须指定名字和姓氏。代码清单 6.29 中的代码无法编译。

**代码清单 6.29　没有默认构造函数了**

```
public class Program
{
    public static void Main()
    {
        Employee employee;

        // 错误：没有获取 0 个参数的 Employee 方法重载
        employee = new Employee();

        // ...
    }
}
```

如果类没有显式定义的构造函数，C# 编译器会在编译时自动添加一个。该构造函数不获取参数，称为**默认构造函数**。一旦为类显式添加了构造函数，C# 编译器就不再自动提供默认构造函数。因此，在定义了有参的 Employee(string firstName, string lastName) 构造函数之后，编译器不再添加无参的默认构造函数 Employee()。虽然可以手动添加一个，但会再度允许构造没有指定员工姓名的 Employee 对象。

我们其实没有必要依赖编译器提供的默认构造函数。程序员任何时候都可以显式定义默认构造函数，比如用它将某些字段初始化成特定值。无参构造函数就是默认构造函数。

**拷贝构造函数** (copy constructor)[①] 只获取一个参数，该参数必须具有包容类型。下面展示了一个例子：

```
public Employee(Employee original)
{
    // 在不同员工对象之间拷贝属性
}
```

利用这种构造函数，我们可以方便地克隆一个对象实例，创建内容一样的新实例。

## 6.7.4　对象初始化器

为了初始化对象中所有可以访问的字段和属性，可以使用一个称为**对象初始化器** (object initializer) 的概念。具体地说，调用构造函数创建对象时，可在后面的一对大括号中添加成员初始化列表。每个成员的初始化操作都是一个赋值操作，等号左边是可以访问的字段或属性，右边是要赋的值。如代码清单 6.30 所示。

**代码清单 6.30　调用对象初始化器**

```
public class Program
{
    public static void Main()
    {
```

---

[①] 译注：众所周知，微软的官方文档喜欢把一切 copy 翻译为"复制"，这有点不符合来自 C++ 等语言的程序员的习惯。所以，在文档中看到"复制构造函数"时，请自行脑补为"拷贝构造函数"。

```
        Employee employee = new("Inigo", "Montoya")
            { Title = "电脑发烧友", Salary = "不够" };
        // ...
    }
}
```

注意，使用对象初始化器时要遵守相同的构造函数规则。这实际只是一种语法糖，最终生成的 CIL 代码和创建对象实例后单独用语句对字段及属性进行赋值无异。C# 代码中的成员初始化顺序决定了在 CIL 中调用构造函数后的属性和字段赋值顺序。

总的来说，当构造函数退出时，所有属性都应初始化成合理的默认值。此外，利用属性的赋值方法的验证逻辑，可以制止将无效数据赋给属性。但是，偶尔一个或多个属性的值可能导致同一个对象的其他属性暂时包含无效值。这时应暂缓为无效状态抛出异常，直到对象实际使用这些相关属性时再抛出。

---

■ **设计规范**

1. DO provide sensible defaults for all properties, ensuring that defaults do not result in a security hole or significantly inefficient code.

**要**为所有属性提供有意义的默认值，确保默认值不会造成安全漏洞或显著影响代码执行效率。

2. DO allow properties to be set in any order even if this results in a temporarily invalid object state.

**要**允许属性以任意顺序设置，即使这会造成对象短时处于无效状态。

---

**高级主题：集合初始化器**

从 C# 3.0 开始引入了**集合初始化器** (collection initializer) 的概念，它采用和对象初始化器相似的语法，用于在集合实例化期间向集合项赋值。它借用数组语法，在创建集合的同时初始化集合中的每一项。例如，为了初始化由 Employee 对象构成的一个列表，可在构造函数调用之后的一对大括号中指定每一项，如代码清单 6.31 所示。

**代码清单 6.31　调用集合初始化器**

```
public class Program
{
    public static void Main()
    {
        List<Employee> employees = new()
            {
                new("Inigo", "Montoya"),
                new("Kevin", "Bost")
            };
        // ...
    }
}
```

像这样为新集合实例赋值，编译器生成的代码会按顺序实例化每个对象，并自动使用 Add() 方法把它们添加到集合。

### 6.7.5 仅初始化的赋值函数

对象初始化器允许在对象初始化期间指定成员的值。但是，所有只读属性都不能像这样设置，因为只有在对象构造期间，才能设置只读属性（这种属性只有 getter），对象初始化器是在此之后运行的。为了解决这个问题，C# 9.0 新增了对**仅初始化赋值函数**(init-only setter) 的支持。它们可以在对象初始化器中设置，但在此之后不能设置。代码清单 6.32 演示了如何使用这种 setter。

**代码清单 6.32　仅初始化的赋值函数 (init-only setter)**

```csharp
public class Employee
{
    public Employee(int id, string name)
    {
        Id = id;
        Name = name;
        Salary = null;
    }

    // ...
    public int Id { get; }
    public string Name { get; }

    public string? Salary
    {
        get => _Salary;
        init => _Salary = value;  // init-only setter
    }
    private string? _Salary;
}

public class Program
{
    public static void Main()
    {
        Employee employee = new(42, "Inigo Montoya")
        {
            Salary = " 非常充足 "
        };

        // 错误: 属性或索引器 'Employee.Salary' 不能在初始化结束后赋值
        employee.Salary = " 够了 ";
    }
}
```

注意，虽然可以在对象初始化器中设置 **Salary** 的值，但设置好后就不能修改。那个值毕竟是只读的。

高级主题：终结器

构造函数 (constructor) 定义了在类的实例化过程中发生的事情。为了定义在对象销毁过程中发生的事情，C# 语言提供了**终结器** (finalizer)。和 C++ 的**析构器**或**析构函数** (destructor) 不同，终结器不是在对一个对象的所有引用都消失后马上运行。相反，终结器在对象被判定"不可到达"之后的某个不确定的时间执行。具体地说，垃圾回收器会在一次垃圾回收过程中识别出带有终结器的对象。但它不是立即回收这些对象，而是把它们添加到一个**终结队列**中。一个独立的线程遍历终结队列中的每个对象，调用其终结器，然后将其从队列中删除，使其再次可供垃圾回收器处理。第 10 章将要深入讨论这个过程以及资源清理。

## 6.7.6 重载构造函数

　　构造函数可以重载。可以同时存在多个构造函数，只要参数数量和类型不同即可。如代码清单 6.33 所示，可以提供一个构造函数，除了获取员工姓名还获取员工 ID；再提供一个构造函数只获取员工 ID。

代码清单 6.33　重载构造函数

```csharp
public class Employee
{
    public Employee(string firstName, string lastName)
    {
        FirstName = firstName;
        LastName = lastName;
    }

    public Employee(
        int id, string firstName, string lastName)
    {
        Id = id;
        FirstName = firstName;
        LastName = lastName;
    }

    // FirstName 和 LastName 在 Id 属性的 setter 中设置
    #pragma warning disable CS8618
    public Employee(int id) => Id = id;
    #pragma warning restore CS8618

    private int _Id;
    public int Id
    {
        get => _Id;
        private set
        {
            // 查找员工姓名 ...
            // ...
        }
    }
    // ...
    public string FirstName { get; set; }
```

```
// ...
public string LastName { get; set; }
public string? Salary { get; set; } = "不够";

// ...
}
```

这样一来，当 `Program.Main()` 根据姓名来实例化员工对象时，既可只传递员工 ID，也可同时传递姓名和 ID。例如，创建新员工时调用同时获取姓名和 ID 的构造函数，而从文件或数据库加载现有员工时调用只获取 ID 的构造函数。

和方法重载一样，通过提供多个版本的构造函数，我们平时可以传递少量参数来支持简单情况，传递额外的参数来支持复杂情况。应优先使用可选参数而不是重载，以便在 API 中清楚地看出"默认"属性的默认值。例如，构造函数签名 `Person(string firstName, string lastName, int? age = null)` 清楚地指明了假如 Person 的年龄未指定，就默认为 `null`。

还要注意的是，从 C# 7.0 开始支持构造函数的表达式主体成员实现，例如：

```
// FirstName 和 LastName 在 Id 属性的 setter 中设置
#pragma warning disable CS8618
public Employee(int id) => Id = id;
```

在本例中，我们是调用 `Id` 属性以实现对 `FirstName` 和 `LastName` 的赋值。遗憾的是，编译器未检测到会在 `Id` 属性内部发生的这个赋值，并且从 C# 8.0 开始，会发出一个警告建议将这些属性标记为可空。由于我们实际上会设置这些属性，所以主动禁用了警告。

---

**■ 设计规范**

1. DO use the same name for constructor parameters (camelCase) and properties (PascalCase) if the constructor parameters are used to simply set the property.

如果构造函数的参数只是用于设置属性，那么构造函数参数 (camelCase) 要使用和属性 (PascalCase) 相同的名称，区别仅在于首字母的大小写。

2. DO provide constructor optional parameters or constructor overloads that initialize properties with good defaults.

要为构造函数提供可选参数，或者提供重载构造函数，用好的默认值初始化属性。

---

## 6.7.7 构造函数链：使用 this 调用另一个构造函数

注意，代码清单 6.33 对 `Employee` 对象进行初始化的代码在好几个地方重复，所以必须在多个地方维护。虽然本例的代码量较小，但完全可以从一个构造函数中调用另一个构造函数，以避免重复输入代码。这称为**构造函数链**，是用**构造函数初始化器** (constructor initializers) 来实现的。构造函数初始化器会在执行当前构造函数的实现之前，判断要调用另外哪一个构造函数，如代码清单 6.34 所示。

代码清单 6.34　从一个构造函数中调用另一个

```csharp
public class Employee
{
    public Employee(string firstName, string lastName)
    {
        FirstName = firstName;
        LastName = lastName;
    }
    public Employee(
        int id, string firstName, string lastName)
        : this(firstName, lastName)
    {
        Id = id;
    }

    // FirstName 和 LastName 在 Id 属性的 setter 中设置
    #pragma warning disable CS8618
    public Employee(int id)
    {
        Id = id;
        // 查找员工姓名 ...
        // ...

        // 注意：成员构造函数不能以内联方式显式调用
        // this(id, firstName, lastName);
    }
    #pragma warning restore CS8618

    public int Id { get; private set; }
    public string FirstName { get; set; }
    public string LastName { get; set; }
    public string? Salary { get; set; } = "Not Enough";
    // ...
}
```

　　针对相同对象实例，为了从一个构造函数中调用同一个类的另一个构造函数，C# 语法是在一个冒号后添加 **this** 关键字，再添加被调用构造函数的参数列表。本例是获取三个参数的构造函数调用获取两个参数的构造函数。但是，我们平时一般采用相反的调用模式，即参数最少的构造函数调用参数最多的，为未知参数传递默认值。

初学者主题：集中初始化

如代码清单 6.34 所示，在 Employee(int id) 构造函数的实现中不能调用 this(id, firstName, lastName)，这是因为该构造函数没有 firstName 和 lastName 这两个参数。要将所有初始化代码都集中到一个方法中，必须创建单独的方法，如代码清单 6.35 所示。

代码清单 6.35　提供初始化方法

```csharp
public class Employee
{
    // FirstName 和 LastName 在 Initialize() 方法内部设置
    #pragma warning disable CS8618
```

```
public Employee(string firstName, string lastName)
{
    int id;
    // 生成 employee ID...
    // ...
    Initialize(id, firstName, lastName);
}

public Employee(int id, string firstName, string lastName)
{
    Initialize(id, firstName, lastName);
}

public Employee(int id)
{
    string firstName;
    string lastName;
    Id = id;

    // 查找员工数据
    // ...

    Initialize(id, firstName, lastName);
}
#pragma warning restore CS8618

private void Initialize(
    int id, string firstName, string lastName)
{
    Id = id;
    FirstName = firstName;
    LastName = lastName;
}
// ...
}
```

在本例中，负责集中初始化的方法是 `Initialize()`，它同时获取员工的名字、姓氏和 ID。注意，像之前的代码清单 6.34 展示的那样，仍然可以从一个构造函数中调用另一个构造函数。

## 6.8  在构造函数中初始化非空引用类型的属性

在本章的所有示例程序中，我们禁用了以下 C# 语言的可空警告：

**CS8618**：不可为 null 的字段 / 属性未初始化（必须包含非 null 值），请考虑将属性声明为可以为 null。[①]

声明引用类型的非空字段或非空自动实现的属性时，这些字段和属性显然应该在包容对象完全实例化之前完成初始化。不这么做，这些字段和属性就会保持默认的 null 值。而既然可以为 null，为什么要声明为非空？

但问题在于，非空字段和属性经常是间接初始化的。这个初始化位置在当前构造函数的作用域外，因此也超出了编译器代码分析的范围，即便它们仍然是通过构造函数调

---

① 译注：大白话就是 "字段或属性不可为空（非空），但又没有初始化，所以考虑声明为可空。"

用的方法或属性来初始化的 [①]。下面展示了该实践的一些例子：

- 在一个简单属性中，在将值赋给编译器报告为未初始化的支持字段之前，验证要赋给字段的值非空，参见代码清单 6.20；
- 用计算属性 ( 例如代码清单 6.22 的 Name 属性 ) 来设置类的其他非空属性或字段；
- 像代码清单 6.34 和代码清单 6.35 那样用一个方法来集中初始化；
- 公共属性由触发实例化然后初始化属性的外部代理完成初始化。[②]

大多数情况下，引用类型的非空字段或非空自动实现的属性 ( 本节称为非空字段 / 属性，暗示是 "引用类型" ) 是通过构造函数调用的属性或方法来间接赋值的。遗憾的是，C# 编译器不识别对非空字段 / 属性的间接赋值。

此外，所有非空字段 / 属性都需要确保它们不被赋一个 null 值。在字段的情况下，它们需要封装到属性中，用赋值方法 (setter) 的逻辑进行验证，确保不会被赋 null 值。记住，字段验证要依赖于以下设计规范：不从字段的包装属性外部访问字段。结果是，对于非空的、可读 / 可写的、完全实现的引用类型属性，应该设计验证机制来防止被赋 null 值。

对于非空的自动实现属性，需要将封装性限制为只读，在实例化期间赋值，并在赋值前验证所赋的值不为 null。至于可读可写的、非空引用类型的自动实现属性，则应当尽量避免，特别是那些具有公共 setter 的，这是因为不好防止将 null 值赋给它。虽然可以从构造函数中向属性赋值，从而避免产生 "不可为 null 的属性未初始化" 编译器警告，但这还不够：该属性是可读可写的，因此它完全可能在实例化后被赋 null 值，使你把它设为 "非空" 意图落不到实处。

## 6.8.1 可读 / 可写非空引用类型的属性

代码清单 6.36 演示了如何告诉编译器不要错误地显示警告 "不可为 null 的字段 / 属性尚未初始化"。最终目标是让程序员告知编译器这些属性 / 字段是非空 ( 不可为 null) 的，使编译器可以通知调用者这些属性 / 字段不可为 null。

代码清单 6.36　在非空属性上提供验证

```
public class Employee
{
    public Employee(string name)
    {
        Name = name;
    }
    public string Name
    {
        get => _Name!;
        set => _Name = value ?? throw new ArgumentNullException(
            nameof(value));
    }
```

---

[①] 也可能通过一个代理 ( 例如第 18 章讲述的反射 ) 来初始化。

[②] 例如 MSTest 中的 TestContext 属性，或者通过依赖注入 (Dependency Injection, DI) 来初始化的对象。

```
    private string? _Name;
    // ...
}
```

以上代码处理未直接由构造函数初始化的非空属性/字段，它具有几个重要特点(排名不分先后)：

- 属性的赋值方法在设置非可空字段的值之前有一个检查 null 的操作。代码清单 6.36 使用了空合并操作符，如果新值为 null，就抛出一个 ArgumentNullException；
- 构造函数调用一个对非可空字段进行间接赋值的方法或属性，但未识别该字段被初始化为非 null 值；
- 支持字段 _Name 声明为可空，以免编译器警告字段未初始化；
- 取值函数使用空包容操作符返回字段。因为已通过赋值函数的验证，所以可以放心地宣称它不为 null。

对于非空属性，将支持字段声明为可空似乎没有意义。但这是必要的，因为编译器无法识别在构造函数外部对非空字段/属性的赋值。值得庆幸的是，由于赋值方法中的非空检查确保字段永远不为 null，所以作为程序员，你有权在返回字段时使用空包容操作符(!)。

## 6.8.2 只读自动实现的引用类型属性

本节之前说过，非空自动实现的引用类型属性应该是只读的，以避免无效的 null 赋值。然而，在实例化期间，还是需要对参数进行验证，如代码清单 6.37 所示。

**代码清单 6.37　验证非空引用类型的自动实现属性**

```
public class Employee
{
    public Employee(string name)
    {
        Name = name ?? throw new ArgumentNullException(nameof(name));
    }

    public string Name { get; }
}
```

有些人觉得，对于非空引用类型的自动实现属性，为它提供一个私有赋值函数就可以了。[①]虽然可以这样做，但一个更恰当的问题是，类是否可能错误地将 null 赋给属性？如果不在赋值方法中对字段赋值进行验证，那么如何保证不会错误地将 null 值赋给它呢？尽管编译器会在实例化期间验证你的意图，但开发人员是否总是能像代码清单 6.37 展示的构造函数那样，记得对传给你的类的数据进行 null 值检查呢？

---

① 译注：声明属性时若只提供一个 get;，会自动生成一个私有 setter 和一个私有支持字段。

設計規範

1. DO implement non-nullable read/write reference fully implemented properties with a nullable backing field, a null-forgiveness operator when returning the field from the getter, and non-null validation in the property setter.

实现非空的、可读/可写的、引用类型的、完全实现的属性时，要用一个可空的支持字段，在取值函数中使用空包容操作符返回字段，并在属性的赋值方法中进行非空验证。

2. DO assign non-nullable reference type properties before instantiation completes.

要在实例化完成之前完成向非空引用类型属性的赋值。

3. DO implement non-nullable reference type automatically implemented properties as read-only.

要将非空引用类型的自动实现属性实现为只读。

4. DO use a nullable check for all reference type properties and fields that are not initialized before instantiation completes.

对于在实例化完成之前未初始化的所有引用类型的属性和字段，要执行可空检查。

## 6.8.3　required 修饰符

从 C# 11 开始，可以将字段或属性标记为必需 (required)。这种字段或属性必须在对象构造期间通过对象初始化器来赋值，参见代码清单 6.38。

代码清单 6.38　使用 required 修饰符

```csharp
public class Book
{
    string? _Title;
    public required string Title
    {
        get
        {
            return _Title!;
        }
        set
        {
            _Title = value ?? throw new ArgumentNullException(nameof(value));
        }
    }

    string? _Isbn;
    public required string Isbn
    {
        get
        {
            return _Isbn!;
        }
        set
        {
```

```
            _Isbn = value ?? throw new ArgumentNullException(nameof(value));
        }
    }
    public string? Subtitle { get; set; }
    // ...
}

public class Program
{
    public static void Main()
    {
        // ...
        Book book = new()
        {
            Isbn = "978-0135972267",
            Title = "阿罗有支彩色笔"
        };
        // ...
    }
}
```

添加 **required** 修饰符后，在实例化一本书的时候，就必须在一个对象初始化器中同时为书号 **(Isbn)** 和书名 **(Title)** 提供值了，如代码清单 6.39 所示。

**代码清单 6.39　必须在对象初始化器中为必需的成员赋值**

```
// Error CS9035:
// 必须在对象初始化值设定项或属性构造函数中
// 设置所需的成员 'Book.Isbn'。①
Book book = new() { Title = "C# 本质论" };

// ...
```

注意，由于 Book 没有显式包含构造函数，所以我们依赖自动生成的默认构造函数来实例化书籍。这正是我们想要的效果，因为各个 required 成员定义了如何构造对象，可以取代任何构造函数的作用。相反，如果为 required 成员提供带有参数的构造函数，那么在构造函数参数和对象初始化器中都要指定这些值，这多少显得有点多余。例如，假定提供了一个接收 Title( 书名 ) 参数的构造函数，那么必须像下面这样实例化。

```
Book book = new("机器学习与人工智能实战：基于业务场景的工程应用")
{
    Title = "机器学习与人工智能实战",
    Isbn = " 9787302635239"
};
```

为了避免这种冗余，可以使用 SetsRequiredMembers 特性来修饰构造函数，指示编译器在调用相关构造函数时，禁用所有对"对象初始化器"的要求。从本质上说，

---

① 译注：如前所述，文档中将 object  initializer 翻译为"对象初始值设定项"。我们采用"对象初始化器"或者"对象初始化列表"。

SetsRequiredMembers 属性会告诉编译器，现在由开发人员负责设置所有 required 成员，所以编译器可以忽略对初始化赋值的检查。但令人遗憾的是，至于是不是真的发生了这样的初始化，编译器是不会跑去核实的。代码清单 6.40 展示了如何使用 SetsRequiredMembers 特性。

代码清单 6.40 禁用 required 对象初始化

```
[SetsRequiredMembers]
public Book(int id)
{
    Id = id;

    // 查找书籍数据
    // ...
    // ...
}
```

有了这样的构造函数，就可以在实例化的时候不设置任何 required 成员。

```
Book book = new(42) {
    Subtitle = " 基于业务场景的工程应用 "};
```

当然，这样做的缺点在于，它假设构造函数会将有效的值赋给 required 成员。如果证实不了这个假设，那么告诉编译器忽略 required 成员是没有意义的。这样做反面允许构造函数不设置 required 成员，并留下无效的值。另外，对于非 required 成员，相较于只允许通过对象初始化器来设置，是不是使用构造函数来设置更有优势呢？另一方面，如果某个数据类型的默认值本身就是有效的，那么显然没必要将值标记为 required。

你可能已经猜到了，不能设置一个带有私有赋值方法的 required 公共类型。相反，required 成员的赋值方法必须匹配成员所在的那个类型的可见性。例如，由于 Book 是公共的，所以它的 Isbn 属性的赋值方法也必须公共。

最后需要注意的是，在将类发布到生产环境后，如果新增 required 成员，那么会导致实例化该类型的现有代码编译失败，因为现在必须通过对象初始化器向这些 required 成员赋值。这就使新版本变得与现有代码不兼容；因此，应该避免这种情况。

■ 设计规范

1. DO NOT use constructor parameters to initialize required properties; instead, rely on object initializer–specified values.

不要使用构造函数参数来初始化 required 属性；相反，依赖于对象初始化器指定的值。

2. DO NOT use the SetsRequiredMembers attribute unless all required parameters are assigned valid values during construction.

除非在构造过程中向所有 required 参数赋了有效的值，否则不要使用 SetsRequiredMembers 特性。

3. CONSIDER having a default constructor only on types with `required` parameters, relying on the object initializer to set both required and non-required members

考虑仅为带有 `required` 参数的类型使用默认构造函数，依赖对象初始化器来设置必需和非必需成员。

4. AVOID adding `required` members to released types to avoid breaking the compile on existing code.

避免为已发布的类型添加 `required` 成员，避免破坏现有代码的编译。

5. AVOID `required` members where the default value of the type is valid.

避免在类型的默认值有效时使用 `required` 成员。

## 6.9 可空特性

有的时候，我们可以不禁用可空引用类型或可空警告。相反，更合适的做法是告诉编译器你的可空意图。为此，可以使用一种称为**特性** (attribute) 的构造（参见第 18 章）直接将元数据嵌入代码。`System.Diagnostics.CodeAnalysis` 命名空间定义了 7 种不同的可空特性，并分别标识为前置条件或后置条件，如表 6.1 所示。

表 6.1　可空特性

| 特性 | 类别 | 描述 |
| --- | --- | --- |
| AllowNull | 前置条件 | 非可空的输入实参可能为 null |
| DisallowNull | 前置条件 | 可空的输入实参永远不应为 null |
| MaybeNull | 后置条件 | 非空返回值可能为 null |
| NotNull | 后置条件 | 可空返回值永远不应为 null |
| MaybeNullWhen | 后置条件 | 当方法返回指定的 bool 值时，非空的输入实参可能为 null |
| NotNullWhen | 后置条件 | 当方法返回指定的 bool 值时，可空的输入实参不为 null |
| NotNullIfNotNull | 后置条件 | 如果为指定形参提供的实参不为 null，那么返回值也不为 null |

这些特性在某些时候非常有用，因为数据类型的可空性偶尔是不足的。为此，可以用特性来修饰方法的传入数据（某个前置条件的可空特性）或传出数据（某个后置条件的可空特性），以此来克服这种不足。前置条件告诉调用者指定的值是否可以为 null，而后置条件告诉调用者传出的数据应具有什么可空性（可空还是不可空）。代码清单 6.41 用遵循 `try-get` 模式的方法对此进行了演示。

代码清单 6.41　使用 NotNullWhen 特性和 NotNullIfNotNull 特性

```
using System.Diagnostics.CodeAnalysis;
// ...
```

```
public class NullabilityAttributesExamined
{
    // ...
    public static bool TryGetDigitAsText(
        char number, [NotNullWhen(true)] out string? text) =>
            (text = number switch
            {
                '1' => "一",
                '2' => "二",
                '3' => "三",
                '4' => "四",
                // ...
                '9' => "九",
                _ => null
            }) is not null;

    // 在 C# 11/.NET 7.0 之前，不支持为参数使用 nameof()
    [return: NotNullIfNotNull(nameof(text))]
    public static string? TryGetDigitsAsText(string? text)
    {
        if (text == null) return null;

        string result = "";
        foreach (char character in text)
        {
            if (TryGetDigitAsText(character, out string? digitText))
            {
                if (result != "") result += '-';
                result += digitText.ToLower();
            }
        }
        return result;
    }
}
```

注意，TryGetDigitAsText() 对 digitText.ToLower() 的调用并没有使用任何空合并操作符，而且即使 text 声明为可空，也不会发出任何警告。这是因为 TryGetDigitAsText() 中的 text 参数用 NotNullWhen(true) 特性进行了修饰。该特性告诉编译器，如果该方法返回 true( 与 NotNullWhen 特性指定的值相符 )，那么你的意图是 digitText 不会为 null。NotNullWhen 特性是一个 "后置条件" 声明，它告诉调用者，如果该方法返回 true，那么输出 (text) 不为 null。

类似地，对于 TryGetDigitsAsText() 方法 [①]，如果为 text 参数指定的值不为 null，那么返回值也不会为 null。这是因为作为前置条件的可空特性 NotNullIfNotNull 根据 text 参数的输入值是否为 null 来判断返回值是否可能为 null。

---

① 译注：注意，方法名多了一个 s。

**高级主题：用可空特性修饰泛型类型的参数**

声明泛型成员或类型时，我们偶尔希望使用可空修饰符来修饰类型参数。但问题在于，可空值类型（Nullable<T>）与可空引用类型是不同的数据类型。因此，修饰了可空性的类型参数需要一个约束，将类型参数限制为值类型或引用类型。如果没有这个约束，那么会报告以下错误：

**Error　CS8627**：可为 null 的类型参数必须已知为值类型或不可为 null 的引用类型。考虑添加一个'class'，'struct'或类型约束。

但是，如果无论值类型还是引用类型，它们的逻辑都一样，那么被迫实现两个不同的方法显得太不合常理，特别是考虑到即便使用了不同的约束，也不会导致不同的签名，所以还是无法重载。来看看代码清单 6.42 的例子。

**代码清单 6.42　为可能为 null 的返回值使用 MaybeNull 特性**
```
// ...
[return: MaybeNull]
public static T GetObject<T>(
  IEnumerable<T> sequence, Func<T, bool> match)
=>
// ...
```

假设我们的意图是返回集合中与谓词匹配的项。如果不存在这样的项，就返回 default(T)，这对于引用类型来说就是 null。遗憾的是，编译器不允许没有约束的 T?。为了避免警告，同时仍然向调用者声明返回值可能为空，我们可以使用作为后置条件的 MaybeNull 特性，同时仍然将返回类型写成 T(没有可空修饰符?)。

## 6.10　解构函数

使用构造函数，我们可以获取多个参数，并把它们全部封装到一个对象中。但到目前为止，我们一直没有介绍任何语言构造来做相反的事情，即把封装好的数据拆分为它的各个组成部分。当然，完全可以将每个属性手动赋给变量。但是，如果有太多这样的变量，就需要大量单独的语句。自 C# 7.0 推出元组语法后，该操作得到了极大简化。如代码清单 6.43 所示，可以声明一个像 Deconstruct() 这样的方法来做这件事情。

**代码清单 6.43　定义和使用解构函数**
```
public class Employee
{
    // ...
    public void Deconstruct(
        out int id, out string firstName,
        out string lastName, out string? salary)
    {
        (id, firstName, lastName, salary) =
            (Id, FirstName, LastName, Salary);
    }
    // ...
}

public class Program
```

```
{
    public static void Main()
    {
        Employee employee;
        employee = new("Inigo", "Montoya")
        {
            // 利用对象初始化器语法
            Salary = " 太少了 "
        };
        // ...

        employee.Deconstruct(out _, out string firstName,
            out string lastName, out string? salary);

        System.Console.WriteLine(
            "{0} {1}: {2}",
            firstName, lastName, salary);
    }
}
```

如第 5 章所述，可以直接调用这个方法，调用前以内联形式声明 out 参数即可。但是，从 C# 7.0 开始，还可以直接将对象实例赋给一个元组，从而隐式调用 Deconstruct() 方法 ( 称为**解构函数** )[①]，如代码清单 6.44 所示。

**代码清单 6.44　隐式调用解构函数**

```
public class Program
{
    public static void Main()
    {
        Employee employee;
        employee = new("Inigo", "Montoya")
        {
            // 利用对象初始化器语法
            Salary = " 太少了 "
        };

        // ...

        (_, string firstName, string lastName, string? salary) = employee;

        System.Console.WriteLine(
            "{0} {1}: {2}",
            firstName, lastName, salary);
    }
}
```

该语法生成的 CIL 代码和图 6.43 完全一样，只是更简单 ( 而且更让人注意不到调用了 Deconstruct() 方法 )。注意，只允许用元组语法向那些和 out 参数匹配的变量

---

① 译注：注意区分 deconstructor 和 destructor，前者是 C# 新增的解构函数，后者是 C++ 等传统语言的析构器 ( 析构函数 )。

赋值。不允许向元组类型的变量赋值，例如：

```
(int, string, string, string) tuple = employee;
```

也不允许向元组中的具名项赋值：

```
(int id, string firstName, string lastName, string salary) tuple = employee
```

为了声明解构函数，方法名必须是 Deconstruct，其签名是返回 void 并接收两个或更多 out 参数。基于该签名，可以将对象实例直接赋给一个元组而无需显式方法调用。

注意，在 C# 10 之前，元组中的变量必须是新声明或者事先声明好的，新声明的变量和现有的变量不能混用。从 C# 10 开始，这一限制已经取消了。

## 6.11  静态成员

static 关键字在第 1 章的 HelloWorld 例子中简单接触过。本节将要完整定义 static。

先考虑一个例子。假定每个员工 Id 值都不能重复，一个解决方案是通过计数器来跟踪每个员工 ID。但是，如果值作为实例字段存储，每次实例化对象都要创建一个新的 NextId 字段，造成每个 Employee 对象实例都要为那个字段分配内存。而且最大的问题在于，每次实例化 Employee 对象，以前实例化的所有 Employee 对象的 NextId 值都需要更新为下一个（可分配的）ID 值。在这种情况下，我们真正需要的是可由所有 Employee 对象实例共享的一个字段。

> **语言对比：C++ 语言的全局变量和函数**
>
> 和以前的许多语言不同，C# 语言没有全局变量或全局函数。C# 语言的所有字段和方法都在类的上下文中。在 C# 语言中，与全局字段或函数等价的是静态字段或方法。"全局变量/函数"和"C# 静态字段/方法"没有功能性上的差异，只是静态字段/方法可以包含访问修饰符（比如 private），从而限制访问并提供更好的封装。

### 6.11.1  静态字段

我们使用 static 关键字来定义能由多个实例共享的数据，如代码清单 6.45 所示。

**代码清单 6.45  声明静态字段**

```
public class Employee
{
    public Employee(string firstName, string lastName)
    {
        FirstName = firstName;
        LastName = lastName;
        Id = NextId;
        NextId++;
    }

    // ...
```

```
public static int NextId;
public int Id { get; private set; }
public string FirstName { get; set; }
public string LastName { get; set; }
public string? Salary { get; set; } = " 不够 ";

// ...
}
```

本例用 static 修饰符将 NextId 字段声明为**静态字段**。和 Id 不同，所有
Employee 实例都共享同一个 NextId 存储位置。Employee 构造函数先将 NextId 的值
赋给新 Employee 对象的 Id，然后立即递增 NextId。创建另一个 Employee 对象时，
由于 NextId 的值已递增，所以新 Employee 对象的 Id 字段将获得不同的值。

和**实例字段**(非静态字段)一样，静态字段也可以在声明时初始化，如代码清单 6.46 所示。

代码清单 6.46　声明时向静态字段赋值

```
public class Employee
{
    // ...
    public static int NextId = 42;
    // ...
}
```

和实例字段不同，未初始化的静态字段将获得默认值 (0、null、false 等，即
default(T) 的结果，其中 T 是类型名)。所以，没有显式赋值的静态字段也是可以访问的。

每新建一个对象实例，非静态字段 (实例字段) 都要占用一个新的存储位置。静态
字段从属于类而非实例。因此，是使用类名从类外部访问静态字段。代码清单 6.47 展
示了一个新的 Program 类 ( 使用代码清单 6.45 的 Employee 类 )，结果如输出 6.8 所示。

代码清单 6.47　访问静态字段

```
using System;

public class Program
{
    public static void Main()
    {
        Employee.NextId = 1000000;

        Employee employee1 = new(
            "Inigo", "Montoya");
        Employee employee2 = new(
            "Princess", "Buttercup");

        Console.WriteLine(
            "{0} {1} ({2})",
            employee1.FirstName,
            employee1.LastName,
            employee1.Id);
```

```
        Console.WriteLine(
            "{0} {1} ({2})",
            employee2.FirstName,
            employee2.LastName,
            employee2.Id);

        Console.WriteLine(
            $"NextId = {Employee.NextId}");
    }
    // ...
}
```

输出 6.8

```
Inigo Montoya (1000000)
Princess Buttercup (1000001)
NextId = 1000002
```

注意，我们是通过类名 Employee 来设置和获取静态字段 NextId 的初始值，而不是通过对类的实例的引用。只有在类（或派生类）内部的代码中才能省略类名。换言之，Employee(...) 构造函数不需要使用 Employee.NextId。这些代码已经在 Employee 类的上下文中，所以不需要专门指出上下文。变量的作用域是可以不加限定来引用它的程序代码区域，而静态字段的作用域是类（及其任何派生类）。

虽然引用静态字段的方式与引用实例字段的方式稍有区别，但不能在同一个类中定义同名的静态字段和实例字段。引用错误字段的几率会很高，C# 的设计者决定禁止这样的代码。所以，重复的名称在声明空间中会造成编译错误。

 初学者主题：类和对象都能关联数据

类和对象都能关联数据。将类想象成模具，将对象想象成根据该模具浇铸的零件，便可以更好地理解了。

例如，一个模具拥有的数据可能包括：到目前为止已用模具浇铸的零件数、下个零件的序列号、当前注入模具的液态塑料的颜色以及模具每小时生产的零件数量。类似地，零件也拥有它自己的数据：序列号、颜色以及生产日期 / 时间。虽然零件颜色就是生产零件时在模具中注入的塑料的颜色，但零件显然不包含模具中当前注入的塑料颜色数据，也不包含要生产的下一个零件的序列号数据。

设计对象时，程序员要考虑字段和方法应声明为静态还是基于实例。一般应将不需要访问任何实例数据的方法声明为静态方法。静态字段主要存储对应于类的数据，比如新实例的默认值或者已创建实例个数。而实例字段主要存储和对象关联的数据。

## 6.11.2 静态方法

和静态字段一样，直接在类名后访问静态方法（比如 Console.ReadLine()）。访问这种方法不需要有实例。代码清单 6.48 展示了一个声明和调用静态方法的例子。

代码清单 6.48　为 DirectoryInfoExtension 类定义静态方法

```
public static class DirectoryInfoExtension
{
```

```
    public static void CopyTo(
        DirectoryInfo sourceDirectory, string target,
        SearchOption option, string searchPattern)
    {
        if (target[^1] != Path.DirectorySeparatorChar)
        {
            target += Path.DirectorySeparatorChar;
        }
        Directory.CreateDirectory(target);
        for (int i = 0; i < searchPattern.Length; i++)
        {
            foreach (string file in
                Directory.EnumerateFiles(
                    sourceDirectory.FullName, searchPattern))
            {
                File.Copy(file,
                    target + Path.GetFileName(file), true);
            }
        }

        // 复制子目录 ( 以递归方式 )
        if (option == SearchOption.AllDirectories)
        {
            foreach (string element in
                Directory.EnumerateDirectories(
                    sourceDirectory.FullName))
            {
                Copy(element,
                    target + Path.GetFileName(element),
                    searchPattern);
            }
        }
    }
    // ...
}

public class Program
{
    public static void Main(params string[] args)
    {
        DirectoryInfo source = new(args[0]);
        string target = args[1];

        DirectoryInfoExtension.CopyTo(
            source, target,
            SearchOption.AllDirectories, "*");
    }
}
```

在 代 码 清 单 6.48 中，DirectoryInfoExtension.CopyTo() 方 法 获 取 一 个
DirectoryInfo 对象，将基础目录结构复制到新位置。

由于静态方法不通过实例引用，所以 this 关键字在静态方法中无效。此外，要在

静态方法内部直接访问实例字段或实例方法，必须先获得对字段或方法所属的那个实例的引用。注意，`Main()` 是静态方法的另一个例子。

该方法本应由 `System.IO.Directory` 类提供，或作为 `System.IO.DirectoryInfo` 类的实例方法提供。但两个类都没提供，所以代码清单 6.48 在一个全新的类中定义该方法。本章后面讲述扩展方法的小节会解释如何使它表现为 `DirectoryInfo` 类的实例方法。

### 6.11.3 静态构造函数

除了静态字段和方法，C# 语言还支持**静态构造函数**，用于对类（而不是类的实例）进行初始化。静态构造函数不显式调用；相反，"运行时"在首次访问类时自动调用静态构造函数。"首次访问类"可能发生在调用普通构造函数时，也可能发生在访问类的静态方法或字段时。由于静态构造函数不能显式调用，所以不允许任何参数。

静态构造函数的作用是将类中的静态数据初始化成特定值，尤其是在无法通过声明时的一次简单赋值来获得初始值的时候。代码清单 6.49 展示了一个例子。

**代码清单 6.49　声明静态构造函数**

```csharp
public class Employee
{
    static Employee()
    {
        Random randomGenerator = new();
        NextId = randomGenerator.Next(101, 999);
    }

    // ...
    public static int NextId = 42;
    // ...
}
```

本例将 `NextId` 的初始值设为 101 ~ 998 的随机整数。由于初始值涉及方法调用，所以 `NextId` 的初始化代码被放到一个静态构造函数中，而没有作为声明的一部分。

如本例所示，假如对 `NextId` 的赋值既在静态构造函数中进行，又在声明时进行，那么当初始化结束时，最终获得什么值？观察 C# 编译器生成的 CIL 代码，会发现声明时的赋值被移动了位置，成为静态构造函数中的第一个语句。因此，`NextId` 最终包含由 `randomGenerator.Next(101, 999)` 生成的随机数，而不是声明 `NextId` 时所赋的值。结论是静态构造函数中的赋值优先于声明时的赋值，这和实例字段的情况一样。

注意，没有"静态终结器"这个说法。还要注意不要在静态构造函数中抛出异常，否则会造成类型在应用程序[①] 剩下的生存期内无法使用。

---

[①] 更准确的说法是"应用程序域"(AppDomain)，即"操作系统进程"在 CLR 中的虚拟等价物。

**高级主题：最好在声明时进行静态初始化（而不要使用静态构造函数）**

静态构造函数在首次访问类的任何成员之前执行，无论该成员是静态字段，是其他静态成员，还是实例构造函数。为支持这个设计，编译器添加代码来检查类型的所有静态成员和构造函数，确保首先运行静态构造函数。

如果没有静态构造函数，编译器会将所有静态成员初始化为它们的默认值，而且不会添加对静态构造函数的检查。结果是静态字段会在访问前得到初始化，但不一定在调用静态方法或任何实例构造函数之前。有的时候，对静态成员进行初始化的代价比较高，而且访问前确实没必要初始化，所以这个设计能带来一定的性能提升。有鉴于此，请考虑要么以内联方式初始化静态字段而不使用静态构造函数，要么在声明时初始化。①

■ **设计规范**

CONSIDER either initializing static fields inline rather than using a static constructor or initializing them at declaration time.

**考虑要么以内联方式初始化静态字段（而不要使用静态构造函数），要么在声明时初始化。**

### 6.11.4 静态属性

属性也可以声明为 `static`。代码清单 6.50 将 `NextId` 数据包装成属性。

**代码清单 6.50 声明静态属性**

```
public class Employee
{
    // ...
    public static int NextId
    {
        get
        {
            return _NextId;
        }
        private set
        {
            _NextId = value;
        }
    }
    public static int _NextId = 42;
    // ...
}
```

相较于使用公共静态字段，使用静态属性几乎肯定会更好，因为公共静态字段在任何地方都能调用，而静态属性至少提供了一定程度的封装。

---

① 译注：*http://tinyurl.com/3ec3z599* 展示了使用内联初始化来代替静态构造函数的一个例子。

从 C# 6.0 开始，整个 NextId 实现（含不可访问的支持字段）都可以简化为带一个初始化器的自动实现属性：

```
public static int NextId { get; private set; } = 42;
```

## 6.11.5　静态类

有的类不含任何实例字段。例如，假定 SimpleMath 类包含与数学运算 Max() 和 Min() 对应的函数，如代码清单 6.51 所示。

**代码清单 6.51　声明静态类**

```
using static SimpleMath;

public static class SimpleMath
{
    // params 支持可变数量的参数
    public static int Max(params int[] numbers)
    {
        // 检查 numbers 数组中是否至少有一项
        if(numbers.Length == 0)
        {
            throw new ArgumentException(
                "numbers 不能空白", nameof(numbers));
        }

        int result;
        result = numbers[0];
        foreach(int number in numbers)
        {
            if(number > result)
            {
                result = number;
            }
        }
        return result;
    }

    // params 支持可变数量的参数
    public static int Min(params int[] numbers)
    {
        // 检查 numbers 数组中是否至少有一项
        if (numbers.Length == 0)
        {
            throw new ArgumentException(
                "numbers 不能空白", nameof(numbers));
        }

        int result;
        result = numbers[0];
        foreach(int number in numbers)
        {
            if(number < result)
```

```
            {
                result = number;
            }
        }
        return result;
    }
}

public class Program
{
    public static void Main(string[] args)
    {
        int[] numbers = new int[args.Length];
        for (int index = 0; index < args.Length; index++)
        {
            numbers[index] = args[index].Length;
        }

        Console.WriteLine(
            $@" 最长的实参长度 = {
                Max(numbers) }");

        Console.WriteLine(
            $@" 最短的实参长度 = {
                Min(numbers) }");
    }
}
```

　　该类不包含任何实例字段 ( 或方法 )，创建能实例化的类没有意义，所以用 **static** 关键字修饰该类。声明类时使用 **static** 关键字有两方面的意义。首先，它防止程序员写代码来实例化 **SimpleMath** 类。其次，防止在类的内部声明任何实例字段或方法。既然类无法实例化，实例成员自然也就没什么意义。在代码清单 6.51 中，**Program** 类其实也应设计成静态类，因为它只包含静态成员。

　　静态类的另一个特点是，C# 编译器会自动在 CIL 代码中把它标记为 abstract 和 sealed。这会将类指定为**不可扩展**；换言之，不能从它派生出其他类，甚至不能实例化它。sealed 关键字和 abstract 关键字的详情将在第 7 章介绍。

　　第 5 章说过，可以为 SimpleMath 这样的静态类使用 using static 指令。例如，由于在代码清单 6.51 顶部添加了 **using static SimpleMath;** 指令，所以可以在不添加 **SimpleMath** 前缀的前提下调用 **Max**：

```
        Console.WriteLine(
            $@" 最长的实参长度 = { Max(numbers) }");
```

## 6.12　扩展方法

　　考虑用于处理文件系统目录的 **System.IO.DirectoryInfo** 类。类支持的功能包括列出文件和子目录 (**DirectoryInfo.GetFiles()**) 以及移动目录 (**DirectoryInfo.**

Move()）。但它不直接支持复制功能。如果需要这样的方法，就得自己实现，如本章前面的代码清单 6.48 所示。

　　当初声明的 DirectoryInfoExtension.CopyTo() 是标准静态方法。但 是，CopyTo() 方法在调用方式上有别于 DirectoryInfo.Move()。这是一个令人遗憾的设计。理想情况是为 DirectoryInfo 添加一个方法，能在获得一个实例的情况下将 CopyTo() 作为实例方法来调用，例如 directory.CopyTo()。

　　C# 3.0 引入了**扩展方法**的概念，能在一个类中模拟为另一个不同的类创建实例方法，从而实现对后者的扩展。只需更改静态方法的签名，使第一个参数成为要扩展的类型，并在类型名称前附加 this 关键字即可，如代码清单 6.52 所示。

代码清单 6.52　在 DirectoryInfoExtension 类中定义静态 CopyTo() 方法来扩展 DirectoryInfo 类

```
public static class DirectoryInfoExtension
{
    public static void CopyTo(
        this DirectoryInfo sourceDirectory, string target,
        SearchOption option, string searchPattern)
    {
        // ...
    }
}

// ...
        DirectoryInfo directory = new(".\\Source");
        directory.CopyTo(".\\Target",
            SearchOption.TopDirectoryOnly, "*");
        // ...
    }
}
```

　　该设计允许为任何类添加"实例方法"，即使那些不在同一个程序集中的类。但是，如果查看最终生成的 CIL 代码，会发现扩展方法是作为普通静态方法调用的。下面列出扩展方法的要求：

- 第一个参数是要扩展或者要操作的类型，称为"被扩展类型"；
- 为了指定扩展方法，要在被扩展的类型名称前附加 this 修饰符；
- 为了将方法作为扩展方法来访问，要用 using 指令导入扩展类型[①]的命名空间，或者将扩展类型和调用代码放在同一命名空间。

　　如果扩展方法的签名和被扩展类型中现有的签名匹配——换言之，假如 DirectoryInfo 已经有一个 CopyTo() 方法了，那么扩展方法永远得不到调用，除非是作为普通静态方法。

　　注意，通过继承（将于第 7 章讲述）来特化类型要优于使用扩展方法。扩展方法无益于建立清楚的版本控制机制，因为一旦在被扩展类型中添加匹配的签名，就会覆盖现有扩展方法，而且不会发出任何警告。如果对被扩展的类的源代码没有控制权，该问题将变得

---

① 译注：即对"被扩展的类型"进行扩展的那个类型或者说声明扩展方法的那个类型。

更加突出。另一个问题是，虽然 Visual Studio 的智能感知支持扩展方法，但假如只是查看调用代码 ( 也就是调用了扩展方法的代码 )，是不易看出一个方法是不是扩展方法的。

总之，扩展方法要慎用。例如，不要为 **object** 类型定义扩展方法。第 8 章将讨论扩展方法如何与接口配合使用。很少在没有这种配合的前提下定义扩展方法。

> **设计规范**
>
> AVOID frivolously defining extension methods, especially on types you don't own.
>
> **避免**随便定义扩展方法，尤其是不要为自己没有所有权的类型定义。

## 6.13 封装数据

除了本章前面讨论的属性和访问修饰符，另外还有其他几种特殊方式可将数据封装到类中。例如，还有另外两个字段修饰符：**const**( 声明局部变量时见过 ) 和 **readonly**。

### 6.13.1 const

和 const 值一样，const 字段 (称为常量字段) 包含在编译时确定的值，运行时不可修改。像 π 这样的值就很适合声明为常量字段。代码清单 6.53 展示了如何声明常量字段。

**代码清单 6.53　声明常量字段**

```
// 单位换算类
public class ConvertUnits
{
    public const float CentimetersPerInch = 2.54F; // 1 英寸多少厘米
    public const int CupsPerGallon = 16;           // 一加仑多少杯
    // ...
}
```

常量字段自动成为静态字段，因为不需要为每个对象实例都生成新的字段实例。但是，主动将常量字段声明为 **static** 会造成编译错误。另外，常量字段通常只声明为有字面值的类型 (**string**、**int** 和 **double** 等 )。**Program** 或 **System.Guid** 等类型则不能用于常量字段。

在 **public** 常量表达式中，必须使用随着时间的推移不会发生变化的值。圆周率、阿伏加德罗常数和赤道长度都是很好的例子。以后可能发生变化的值就不合适。例如，版本号、人口数量和汇率都不适合作为常量。

> **设计规范**
>
> 1. DO use constant fields for values that will never change.
>    **要**为恒定不变的值使用常量字段。
>
> 2. AVOID constant fields for values that will change over time.
>    **避免**为将来会发生变化的值使用常量字段。

**高级主题：public 常量应该是恒定值**

public 常量应恒定不变，因为如果修改它，在使用它的程序集中不一定能反映出最新改变。如果一个程序集引用了另一个程序集中的常量，常量值将直接编译到引用程序集中。所以，如果被引用程序集中的常量值发生改变，而引用程序集没有重新编译，那么引用程序集将继续使用原始值而非新值。将来可能改变的值应指定为 readonly，不要指定为常量。

### 6.13.2　readonly

和 const 不同，readonly 修饰符只能用于字段（不能用于局部变量），它指出字段值只能从构造函数中更改，或在声明时通过初始化器（初始值设定项）指定。代码清单 6.54 演示如何声明 readonly 字段。

代码清单 6.54　声明 readonly 字段

```
public class Employee
{
    public Employee(int id)
    {
        _Id = id;
    }

    // ...

    private readonly int _Id;
    public int Id
    {
        get { return _Id; }

    }
    // 错误：不能向只读字段赋值（除非通过构造函数或者变量初始化器）
    public void SetId(int id) => _Id = id;
    // ...
}
```

和 const 字段不同，每个实例的 readonly 字段值都可以不同。事实上，readonly 字段的值可以在构造函数中更改。此外，readonly 字段可以是实例或静态字段。另一个关键区别是，可以在执行时为 readonly 字段赋值，而非只能在编译时。编译器一般不要求从包装了字段的属性外部访问该字段，但 readonly 字段是一个例外，因为它必须通过构造函数或初始化器来设置。但除了这个例外情况，一般不应从属性外部访问属性的支持字段。

和 const 字段相比，readonly 字段的另一个重要特点是不限于有字面值的类型。例如，可以声明 readonly System.Guid 实例字段：

```
public static readonly Guid ComIUnknownGuid =
    new Guid("00000000-0000-0000-C000-000000000046");
```

声明为常量则不行，因为没有 GUID 的 C# 字面值形式。

　　由于设计规范要求字段不要从其包容属性外部访问，所以从 C# 6.0 开始，readonly 修饰符几乎完全没了用武之地。相反，无脑选择本章前面讨论的只读自动实现属性就可以了，如代码清单 6.55 所示。

**代码清单 6.55　声明只读自动实现的属性**

```
class TicTacToeBoard
{
    // 将两个玩家的初始棋盘设为全 false（空白）
    //  |   |           |   |
    // ---+---+---    ---+---+---
    //  |   |           |   |
    // ---+---+---    ---+---+---
    //  |   |           |   |
    // 玩家 1 - X     玩家 2 - O
    public bool[,,] Cells { get; } = new bool[2, 3, 3];
    // 错误：不能向 Cells 属性赋值，因为它是只读的
    // public void SetCells(bool[,,] value) =>
    //         _Cells = new bool[2, 3, 3];

    // ...
}
```

　　无论使用 C# 6.0 只读自动实现属性，还是使用 readonly 字段，确保数组引用的"不可变"性质都是一项有用的防御性编程技术。它确保数组实例保持不变，同时允许修改数组中的元素。如果不施加只读限制，那么很容易就会误将新数组赋给成员，这样会丢弃现有数组而不是更新其中的数组元素。换言之，向数组施加只读限制，不会冻结数组的内容。相反，它只是冻结数组实例（以及数组中的元素数量），因为不可能重新赋值来指向一个新的数组实例。数组中的元素仍然可写。

> ■ 设计规范
>
> DO favor read-only automatically implemented properties over read-only fields.
>
> 要优先选择只读自动实现的属性而不是只读字段。

## 6.14 嵌套类

　　在类中除了定义方法和字段，还可以定义另一个类。这称为**嵌套类**。假如一个类在它的包容类外部没有多大意义，就适合把它设计成嵌套类。

　　假设有一个类用于处理程序的命令行选项。通常，像这样的类在每个程序中的处理方式都是不同的，没有理由使 CommandLine 类能够从包含 Main() 的那个类的外部访问。代码清单 6.56 演示了这样的一个嵌套类。

代码清单 6.56    定义嵌套类

```
// CommandLine 类嵌套在 Program 类中

public class Program
{
    // 定义一个嵌套类来专门处理命令行
    private class CommandLine
    {
        public CommandLine(string[] arguments)
        {
            for (int argumentCounter = 0;
                argumentCounter < arguments.Length;
                argumentCounter++)
            {
                _ = argumentCounter switch
                {
                    0 => Action = arguments[0].ToLower(),
                    1 => Id = arguments[1],
                    2 => FirstName = arguments[2],
                    3 => LastName = arguments[3],
                    _ => throw new ArgumentException(
                        $" 非预期的参数 " +
                        $"'{arguments[argumentCounter]}'")
                };
            }
        }
        public string? Action { get; }
        public string? Id { get; }
        public string? FirstName { get; }
        public string? LastName { get; }
    }

    public static void Main(string[] args)
    {
        CommandLine commandLine = new(args);

        // 为避免分心，这里故意省略了错误处理

        switch (commandLine.Action)
        {
            case "new":
                // 新建一个员工
                // ...
                break;
            case "update":
                // 更新现有员工的数据
                // ...
                break;
            case "delete":
                // 删除现有员工的文件
                // ...
                break;
            default:
```

```
            Console.WriteLine(
                "Employee.exe " +
                "new|update|delete " +
                "<id> [ 名字 ] [ 姓氏 ]");
            break;
        }
    }
}
```

本例的嵌套类是 `Program.CommandLine`。和其他所有类成员一样，包容类内部没有必要使用包容类名称前缀，直接把它引用为 `CommandLine` 就好。

嵌套类的独特之处是可以为类自身指定 `private` 访问修饰符。由于类的作用是解析命令行，并将每个实参放到单独字段中，所以它在该应用程序中只和 `Program` 类有关系。使用 `private` 访问修饰符可以限定类的作用域，防止从类的外部访问。只有嵌套类才能这样做。

嵌套类中的 `this` 成员引用嵌套类而非包容类的实例。嵌套类要访问包容类的实例，一个方案是显式传递包容类的实例，比如通过构造函数或方法参数。

嵌套类另一个有趣的地方在于它能访问包容类的任何成员，其中包括私有成员。反之则不然，包容类不能访问嵌套类的私有成员。

嵌套类用得很少。要从包容类型外部引用，就不能定义成嵌套类。另外要警惕 `public` 嵌套类；它们意味着不良的编码风格，可能造成混淆和难以阅读。

---

**设计规范**

AVOID publicly exposed nested types. The only exception is if the declaration of such a type is unlikely or pertains to an advanced customization scenario.

**避免**声明公共嵌套类型。少数高级自定义场景才需要考虑。

---

**语言对比：Java 的内部类**

Java 不仅支持嵌套类，还支持内部类 (inner class)。内部类对应和包容类实例关联的对象，而非仅仅和包容类有语法上的包容关系。C# 语言允许在外部类中包含嵌套类型的一个实例字段，从而获得相同的结构。一个工厂方法或构造函数可以确保在内部类的实例中设置对外部类的相应实例的引用。

## 6.15 分部类

从 C# 2.0 起支持**分部类** (partial classes)。分部类是一个类的多个部分，编译器可把它们合并成一个完整的类。虽然可以在同一个文件中定义两个或更多分部类，但分部类的目的就是将一个类的定义划分到多个文件中。这对生成或修改代码的工具尤其有用。通过分部类，由工具处理的文件可独立于开发者手动编码的文件。

## 6.15.1 定义分部类

　　C# 允许在 class 前添加上下文关键字 partial 来声明分部类[①]，如代码清单 6.57 所示。

**代码清单 6.57　定义分部类**

```
// 文件：Program1.cs
partial class Program
{
}
// 文件：Program2.cs
partial class Program
{
}
```

　　本例将 Program 的每个部分都放到单独文件中（参见注释）。除了用于代码生成器，分部类另一个常见的应用是将每个嵌套类都放到它们自己的文件中。这符合编码规范"将每个类定义都放到它自己的文件中"。例如，代码清单 6.5 8 将 Program. CommandLine 类放到和核心 Program 成员分开的一个文件中。

**代码清单 6.58　用分部类定义嵌套类**

```
// 文件：Program.cs
partial class Program
{
    static void Main(string[] args)
    {
        CommandLine commandLine = new(args);
        switch (commandLine.Action)
        {
            // ...
        }
    }
}
// 文件：Program+CommandLine.cs
partial class Program
{
    // 定义一个嵌套类来处理命令行
    private class CommandLine
    {
        // ...
    }
}
```

　　不允许用分部类扩展编译好的类或其他程序集中的类。只能利用分部类在同一个程序集中将一个类的实现拆分成多个文件。

---

① 接口（第 8 章）和结构（第 9 章）也可以声明分部类。

## 6.15.2　分部方法

　　C# 3.0 引入了分部方法的概念，对分部类进行了扩展。分部方法只能存在于分部类中，而且和分部类相似，主要作用是方便代码的自动生成。

　　假定代码生成工具能根据数据库中的 **Person** 表为 **Person** 类生成对应的 Person. Designer.cs 文件。该工具检查表并为表中每一列创建属性。但问题在于，工具经常不能生成必要的验证逻辑，因为这些逻辑依赖于未在表定义中嵌入的业务规则。所以，**Person** 类的开发人员需要自行添加验证逻辑。Personal.Designer.cs 文件是不好直接修改的，因为假如文件被重新生成 ( 例如，为了适应数据库中新增的一个列 )，所做的更改就会丢失。相反，**Person** 类的代码结构应独立出来，使生成的代码在一个文件中，自定义代码 ( 含业务规则 ) 在另一个文件中，后者不受任何重新生成动作的影响。如上一节所示，分部类很适合将一个类拆分为多个文件。但这样可能还不够。经常还需要**分部方法**。

　　分部方法允许声明方法而不需要实现。但是，如果包含了可选的实现，该实现就可放到某个姊妹分部类定义中——可能在单独的文件中。代码清单 6.59 展示了如何为 **Person** 类声明和实现分部方法。

代码清单 6.59　为 Person 类声明和实现分部方法

```
// 文件：Person.Designer.cs
public partial class Person
{
    static partial void OnLastNameChanging(string value);
    static partial void OnFirstNameChanging(string value);

    // ...
    public string LastName
    {
        get
        {
            return _LastName;
        }
        set
        {
            if (_LastName != value)
            {
                OnLastNameChanging(value);
                _LastName = value;
            }
        }
    }
    private string _LastName;

    // ...
    public string FirstName
    {
        get
        {
            return _FirstName;
```

```
        }
        set
        {
            if (_FirstName != value)
            {
                OnFirstNameChanging(value);
                _FirstName = value;
            }
        }
    }
    private string _FirstName;

    public partial string GetName();
}

// 文件：Person.cs
partial class Person
{
    static partial void OnLastNameChanging(string value)
    {
        value = value ??
            throw new ArgumentNullException(nameof(value));

        if (value.Trim().Length == 0)
        {
            throw new ArgumentException(
                $"{nameof(LastName)} 不能空白。",
                nameof(value));
        }
    }

    // ...

    public partial string GetName() => $"{FirstName} {LastName}";
}
```

Person.Designer.cs 文件包含 OnLastNameChanging() 和 OnFirstNameChanging() 方法的声明。此外，LastName 和 FirstName 属性调用了它们对应的 *Changing* 方法。虽然这两个方法只有声明而没有实现，但却能成功通过编译。关键在于方法声明附加了上下文关键字 partial，其所在的类也是一个 partial 类。

代码清单 6.59 只展示了 OnLastNameChanging() 方法的实现。该实现会检查传递的新 LastName 值，无效就抛出异常。注意两个地方的 OnLastNameChanging() 签名是匹配的。

在 C# 9.0 之前，分部方法必须返回 void。如果方法不返回 void 又没有提供实现，那么调用一个未实现的方法返回什么才算合理？为避免对返回值进行任何无端的猜测，C# 的设计者决定只允许方法返回 void。类似地，out 参数在分部方法中不允许。需要返回值可以使用 ref 参数。最后，不能为分部方法附加一个可访问性修饰符（例如，private 或 public）。相反，分部方法隐式为 private。

但从 C# 9.0 开始，所有这些限制都被移除了。分部方法可以返回值，可以有 out 参数，甚至可以有访问修饰符。事实上，为了区分这个无限制版本的分部方法，C# 要求明确使用访问修饰符，即使本来就打算私有的方法也不例外。为了移除限制，C# 9.0 要求所有带有访问修饰符的分部方法还必须有一个配对的实现。如代码清单 6.59 所示，如果声明了一个没有实现的分部方法，即 public string GetName()，那么必须同时用相同的签名来提供一个实现，例如 public partial string GetName() => $"{FirstName} {LastName}"。通过这种方式，C# 编译器确保任何返回值 ( 包括通过 out 参数返回的 ) 都能成功，因为该方法真的有一个实现。

总之，分部方法使生成的代码能调用并非一定要实现的方法。此外，如果没有为分部方法提供实现，CIL 中不会出现分部方法的任何踪迹。这样在保持代码尽量小的同时，还保证了较高的灵活性。

## 6.16　小结

本章讲解了 C# 类以及面向对象程序设计。讨论了字段，并讨论了如何在类的实例上访问它们。

是在每个实例上都存储一份数据，还是为一个类型的所有实例统一存储一份？对此，本章详细讲解了应该如何取舍。静态数据与类关联，而实例数据在每个对象上存储。

本章还基于方法和数据的访问修饰符的背景探讨了封装问题。介绍了 C# 语言的属性，并解释了如何用它封装私有字段。

下一章学习如何通过"继承"关联不同的类，并体会继承对于面向对象编程思维的影响。

# 第 7 章

## 继承

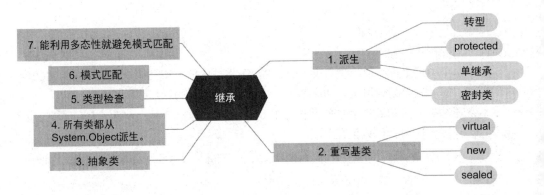

第 6 章讨论了一个类如何通过字段和属性来引用其他类。本章讨论如何利用类的继承关系建立类层次结构。

**初学者主题：继承的定义**

第 6 章已简单介绍了继承。下面是对已定义的术语的简单回顾。

- **派生 / 继承**：对基类进行特化，以添加额外成员或自定义基类成员。
- **派生类型 / 子类型**：一种特化的类型，继承了较常规类型的成员。
- **基 / 超 / 父类型**：其成员由派生类型继承的常规类型。

继承建立了"属于"（is-a 或 is a kind of）关系。派生类型总是隐式属于基类型。如同硬盘属于存储设备，从存储设备类型派生的其他任何类型都属于存储设备。但是，反之则不成立。存储设备不一定是硬盘。

**注意**

在编码的时候，继承用于定义两个类的"属于"关系，派生类属于基类的一种特化。

## 7.1 派生

经常需要扩展现有类型来添加功能 ( 行为和数据 )。继承正是为了该目的而设计的。例如，假定已经有一个 Person 类，我们可以创建 Employee 类，并在其中添加 EmployeeId 和 Department 等员工特有的属性。也可以采取相反的操作。例如，假定已经有一个在 PDA( 个人数字助理 ) 中使用的 Contact 类，现在想为 PDA 添加行事历支持。为此，我们可以创建 Appointment 类。但不是重新定义这两个类都适用的方法和属性，而是对 Contact 类进行**重构**。具体地说，将两者都适用的方法和属性从 Contact 移至名为 PdaItem 的基类中，并让 Contact 和 Appointment 都从该基类派生。换言之，Contact 和 Appointment 现在都"属于"(is-a) 一种 PdaItem，如图 7.1 所示。

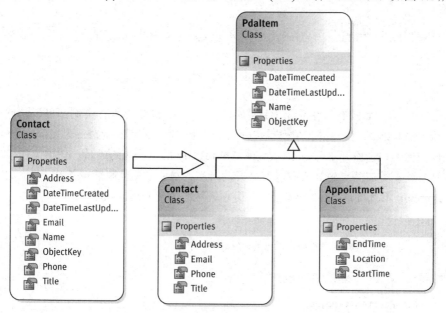

图 7.1　重构为基类

在本例中，两者共用的项是 Created、LastUpdated、Name 和 ObjectKey 等。通过派生，基类 PdaItem 定义的方法可以从 PdaItem 的所有子类中访问。

声明派生类时，在类标识符后添加一个冒号后再添加基类名称，如代码清单 7.1 所示。

代码清单 7.1　**从一个类派生出另一个类**

```
public class PdaItem
{
    [DisallowNull]
```

```
    public string? Name { get; set; }
    public DateTime LastUpdated { get; set; }
}
// Contact 类从 PdaItem 类继承
public class Contact : PdaItem
{
    public string? Address { get; set; }
    public string? Phone { get; set; }

    // ...
}
```

代码清单 7.2 展示了如何访问 Contact 类继承的属性。

**代码清单 7.2　使用继承的属性**

```
public class Program
{
    public static void Main()
    {
        Contact contact = new();
        contact.Name = "Inigo Montoya";

        // ...
    }
}
```

虽然 Contact 没有直接定义 Name 属性，但 Contact 的所有实例都可以访问来自 PdaItem 的 Name 属性，并把它作为 Contact 的一部分使用。此外，从 Contact 派生的其他任何类也会继承 PdaItem 类（或者 PdaItem 的父类）的成员。该继承链没有限制，每个派生类都拥有由其所有基类公开的所有成员（参见代码清单 7.3）。换言之，虽然 Customer 不直接从 PdaItem 派生，但它依然继承了 PdaItem 的成员。

注意

通过继承，基类的每个成员都出现在派生类构成的链条中。

**代码清单 7.3　逐级派生构成了一个继承链**

```
public class PdaItem : object
{
    // ...
}
public class Appointment : PdaItem
{
    // ...
}
public class Contact : PdaItem
{
    // ...
}
public class Customer : Contact
```

```
{
    // ...
}
```

在代码清单 7.3 中，我们让 PdaItem 显式地从 object 派生。虽然允许这样写，但完全没必要，因为所有类都隐式派生自 object。

 **注意**

除非明确指定其他基类，否则所有类都默认从 object 派生。

## 7.1.1　基类型和派生类型之间的转型

如代码清单 7.4 所示，由于派生建立了"属于"(is-a) 关系，所以总是可以将派生类型的值直接赋给基类型的变量。

**代码清单 7.4　隐式基类型转换**

```
public class Program
{
    public static void Main()
    {
        // 派生类型可以隐式转换为基类型
        Contact contact = new();
        PdaItem item = contact;
        // ...

        // 基类型则必须显式转型为派生类型
        contact = (Contact)item;
        // ...
    }
}
```

派生类型 Contact "属于"一种 PdaItem，可以直接赋给 PdaItem 类型的变量。这称为**隐式转型**，不需要添加转型 ( 强制类型转换 ) 操作符。而且根据规则，转换总会成功，不会抛出异常。

反之则不然。PdaItem 并非一定"属于"一种 Contact。它可能是一个 Appointment 或者其他派生类型。因此，从基类型转换为派生类型，要求执行**显式转型**，而显式转型在运行时可能失败。如代码清单 7.4 所示，为了执行显式转型，必须在原始引用名称前将要转换成的目标类型放到一对圆括号中。

执行显式转型，程序员相当于要求编译器信任他，或者说程序员告诉编译器他知道这样做的后果。只要圆括号中的目标类型确实从基类型派生，C# 编译器就允许这个转换。但是，虽然在编译的时候，C# 编译器允许在可能兼容的类型之间执行显式转型，但 CLR 仍会在运行时验证该显式转型。如果对象实例实际不是目标类型，那么会抛出异常。

即使类型层次结构允许隐式转型，C# 编译器也允许添加转型操作符 ( 虽然多余 )。例如，将 contact 赋给 item 可以像下面这样添加转型操作符：

```
item = (PdaItem)contact;
```

其至在无需转型时也能添加转型操作符:

```
contact = (Contact)contact;
```

**注意**

派生类型能隐式转型为它的基类。相反，基类向派生类的转换要求显式的转型操作符，因为转换可能失败。虽然编译器允许可能有效的显式转型，但运行时会坚持检查，无效转型必然抛出异常。

**初学者主题：在继承链中进行类型转换**

隐式转型为基类不会实例化一个新实例。相反，是将同一个实例作为基类型来引用，它现在提供的功能（可访问的成员）是基类型的。这类似于将 CD-ROM 驱动器说成是一种存储设备。由于并非所有存储设备都支持弹出操作，所以 CDROM 转型为存储设备后不再支持弹出。如果调用 storageDevice. Eject()，那么即使被转型的对象原本是支持 Eject() 方法的 CDROM 对象，也无法通过编译。

类似地，将基类向下转型为派生类会引用更具体的类型，类型可用的操作也会得到扩展。但这种转换有限制，被转换的必须确实是目标类型（或者它的派生类型）的实例。

**高级主题：自定义转换**

类型间的转换并不限于单一继承链中的类型。完全不相关的类型也能相互转换，比如在 Address 和 string 之间的转换。关键在于，要在两个类型之间提供转型操作符。C# 允许类型包含显式或隐式转型操作符。如果转型可能失败，比如从 long 转型为 int，那么开发人员应定义显式转型操作符。这样可以提醒开发人员：只有在他们确定转型会成功的时候，才应执行转型；否则就准备好在失败时捕捉异常。执行有损转换的时候，也应优先执行显式转型而不是隐式转型。例如，将 float 转型为 int，小数部分会被丢弃。即使接着执行一次反向转换 (int 转型回 float)，丢失的部分也找不回来。

代码清单 7.5 展示了隐式转型操作符的例子 (GPS 坐标转换成 UTM 坐标 )。

**代码清单 7.5　定义转型操作符**

```
class GpsCoordinates
{
    // ...

    public static implicit operator UtmCoordinates(
        GpsCoordinates coordinates)
    {
        // ...
    }
}
```

本例实现从 GpsCoordinates 向 UtmCoordinates 的隐式转换。可以写类似的转换来反转上述过程。将 implicit 替换成 explicit 就是显式转换。

## 7.1.2 private 访问修饰符

派生类继承除构造函数和析构器[1]之外的所有基类成员。但继承并不意味着一定能访问。例如在代码清单 7.6 中，**private** 字段 _Name 就不能在 Contact 类中使用，因为私有成员只能在声明它们的那个类型中访问。

**代码清单 7.6  私有成员能继承但不能访问**

```csharp
public class PdaItem
{
    // ...
    private string _Name;

    public string Name
    {
        get { return _Name; }
        set { _Name = value; }
    }
    // ...
}

public class Contact : PdaItem
{
    // ...
}

public class Program
{
    public static void Main()
    {
        Contact contact = new();
        // 错误： 'PdaItem._Name' 不可访问，因为它
        // 具有一定的保护级别
        contact._Name = "Inigo Montoya";
    }
}
```

根据封装原则，派生类不能访问基类的 **private** 成员[2]。这就强迫基类开发者决定一个成员是否能由派生类访问。本例的基类定义了一个 API，其中 _Name 只能通过 Name 属性更改。假如以后在 Name 属性中添加了验证机制，那么所有派生类不需要任何修改就能马上享受到验证带来的好处，因为它们从一开始就不能直接访问 _Name 字段。

---

[1] 译注：如第 6 章所述，C# 语言实际并没有 C++ 语言中"析构器"或"析构函数"(destructor) 的概念，用 ILDasm.exe 检查 C# 的"~类名 (){}"方法，会发现 C# 编译器实际是在模块的元数据中生成了名为 Finalize 的 **protected override** 方法，这在 C# 中称为"终结器"。和 C++ 的析构器不同的是，Finalize 方法执行的不是"确定性析构"。——摘自《深入 CLR》（第 4 版）的第 21.3 节。
[2] 一个极少见的例外情况是派生类同时也是基类的嵌套类。

> **注意**
>
> 派生类不能访问基类的私有成员。

### 7.1.3  protected 访问修饰符

pubic 或 private 代表两种极端情况，中间还可进行更细致的封装。可以在基类中定义只有派生类才能访问的成员，当然，任何成员始终都可以访问同一类型中的其他成员。以代码清单 7.7 的 ObjectKey 属性为例。

代码清单 7.7    protected 成员只能从派生类访问

```csharp
using System.IO;

public class PdaItem
{
    public PdaItem(Guid objectKey) => ObjectKey = objectKey;
    protected Guid ObjectKey { get; }
}

public class Contact : PdaItem
{
    public Contact(Guid objectKey)
        : base(objectKey) { }

    public void Save()
    {
        // 使用 <ObjectKey>.dat 作为文件名来实例化一个 FileStream
        using FileStream stream = File.OpenWrite(
            ObjectKey + ".dat");
        // ...
        stream.Dispose();
    }

    public static Contact Copy(Contact contact)
        => new(contact.ObjectKey);

    public static Contact Copy(PdaItem pdaItem) =>
        // 错误：不能访问受保护成员 PdaItem.ObjectKey。
        // 改为使用 ((Contact)pdaItem).ObjectKey
        new(pdaItem.ObjectKey);
}

public class Program
{
    public static void Main()
    {
        Contact contact = new(Guid.NewGuid());
        // 错误： 'PdaItem.ObjectKey' 不可访问
        Console.WriteLine(contact.ObjectKey);
    }
}
```

ObjectKey 用 protected 访问修饰符定义。结果是在 PdaItem 的外部，它只能从 PdaItem 的派生类中访问。由于 Contact 从 PdaItem 派生，所以 Contact 的所有成员都能访问 ObjectKey。相反，由于 Program 不是从 PdaItem 派生，所以在 Program 内使用 ObjectKey 属性会造成编译错误。

**注意**

基类的受保护成员只能从基类及其派生链的其他类中访问。

静态 Contact.Copy(PdaItem pdaItem) 方法有一个容易被忽视的细节。开发者经常都会惊讶地发现，即使 Contact 从 PdaItem 派生，但也无法从 Contact 类内部访问一个 PdaItem 实例的受保护 ObjectKey 属性。这是由于万一该 PdaItem 是一个 Address 呢？Contact 不应访问 Address 的受保护成员。所以，封装成功阻止了 Contact 修改 Address 的 ObjectKey。不过，成功转型为 Contact 可以绕过该限制，即 (Contact)pdaItem).ObjectKey。另外，访问 contact.ObjectKey 也可以。这里的基本规则是，要从派生类中访问受保护成员，必须能在编译时确定该成员是派生类(或者它的某个子类)中的实例。

## 7.1.4 扩展方法

扩展方法从技术上说不是类型的成员，所以不可继承。但是，由于每个派生类都可以作为它的任何基类的实例使用，所以对一个类型进行扩展的方法也可扩展它的任何派生类型。换言之，如果扩展了像 PdaItem 这样的基类，那么所有扩展方法在派生类中也能使用。但是，和所有扩展方法一样，实例方法有更高的优先级。因此，如果继承链中出现一个兼容的签名，它将优先于扩展方法。

很少需要为基类写扩展方法。扩展方法的一个基本原则是，如果手上有基类的代码，那么直接修改基类会更好。即使基类代码不可用，程序员也应考虑在基类和派生类实现的接口上添加扩展方法。下一章将具体讨论接口，并讨论它们如何与扩展方法配合使用。

## 7.1.5 单继承

继承树中的类理论上数量无限。例如，Customer 派生自 Contact，Contact 派生自 PdaItem，PdaItem 派生自 object。但 C# 是单继承语言，C# 编译成的 CIL 语言也是一样。这意味着一个类不能直接从两个类派生。例如，Contact 不能既直接派生自 PdaItem，又直接派生自 Person。

**语言对比：C++ 的多继承**

C# 语言只支持单继承，这是在面向对象编程方面，它与 C++ 语言最主要的区别之一。

极少数需要多继承类结构的时候，一个解决方案是使用**聚合** (aggregation)；换言之，不是一个类从另一个类继承，而是一个类包含另一个类的实例。C# 8.0 提供了额外的语言构造来做到这一点，所以我们准备在第 8 章具体讲解如何实现聚合。

### 7.1.6　密封类

为了正确设计类，使其他人能通过派生来扩展功能，需要对它进行全面测试，验证派生能成功进行。代码清单 7.8 将类标记为 sealed 来避免非预期的派生，并避免出现因此而出现的问题。

**代码清单 7.8　用密封类禁止派生**

```
public sealed class CommandLineParser
{
    // ...
}

// 错误：无法从密封类型派生
public sealed class DerivedCommandLineParser
: CommandLineParser
{
    // ...
}
```

密封类用 sealed 修饰符禁止从其派生。string 类型就是用 sealed 修饰符禁止派生的例子。

## 7.2　重写基类

基类除构造函数和析构器（析构函数）之外的所有成员都会在派生类中继承。但某些情况下，一个成员可能在基类中没有得到最佳的实现。下面以 PdaItem 的 Name 属性为例。在由 Appointment 类继承的时候，它的实现或许是可以接受的。然而，对于 Contact 类，Name 属性应该返回 FirstName 和 LastName 属性合并起来的结果。类似地，对 Name 进行赋值时，应拆分为 FirstName 和 LastName。换言之，对于派生类，基类属性的声明是合适的，但实现并非总是合适的。因此，需要一种机制在派生类中使用自定义的实现来**重写** (override，覆盖或覆写) 基类中的实现。

### 7.2.1　virtual 修饰符

C# 语言支持实例方法和属性的重写，但不支持字段和任何静态成员的重写。为了进行重写，在基类和派生类中都要显式地执行一个操作。在基类中，必须将允许重写的每个成员都标记为 virtual。如果一个 public 成员或 protected 成员没有包含 virtual 修饰符，就不允许子类重写该成员。在派生类中，则要用 override 来修饰成员，表明这是重写的成员。

代码清单 7.9 展示了属性重写的一个例子。

**语言对比：Java 的默认虚方法**

Java 语言中的方法默认为虚，希望非虚的方法必须显式密封。相反，C# 语言中则默认非虚。

**代码清单 7.9　重写属性**

```
public class PdaItem
{
    public virtual string Name { get; set; }
    // ...
}

public class Contact : PdaItem
{
    public override string Name
    {
        get
        {
            return $"{FirstName} {LastName}";
        }

        set
        {
            string[] names = value.Split(' ');
            // 未显示错误处理
            FirstName = names[0];
            LastName = names[1];
        }
    }

    public string FirstName { get; set; }
    public string LastName { get; set; }

    // ...
}
```

PdaItem 的 Name 属性使用了 virtual 修饰符，Contact 的 Name 属性则用关键字 override 修饰。本例拿掉 virtual 会报错，拿掉 override 会生成警告 ( 稍后会详细讨论 )。C# 语言要求显式使用 override 关键字重写方法。换言之，virtual 标志着方法或属性可以在派生类中被替换 ( 重写 )。

**语言对比：Java 和 C++ 的隐式重写**

不同于 Java 和 C++，C# 语言在派生类中为成员使用的 override 关键字是必须的。C# 不允许隐式重写。为了重写方法，基类和派生类成员必须匹配，而且要有对应的 virtual 和 override 关键字。此外，override 关键字意味着派生类的实现会替换基类的实现。

重写成员会造成 "运行时" 调用最深的或者说派生得最远的 (most derived) 实现，如代码清单 7.10 和输出 7.1 所示。

代码清单 7.10　"运行时"调用虚方法派生得最远的实现

```csharp
public class Program
{
    public static void Main()
    {
        Contact contact;
        PdaItem item;

        contact = new Contact();
        item = contact;

        // 通过 PdaItem 变量来设置姓名
        item.Name = "Inigo Montoya";

        // 证明已设置 FirstName 和 LastName
        Console.WriteLine(
            $"{ contact.FirstName } { contact.LastName}");
    }
}
```

输出 7.1

```
Inigo Montoya
```

　　代码清单 7.10 调用 `item.Name` 来设置姓名，该属性是在 `PdaItem` 中声明的。不过，最终设置的仍然是 `contact` 的 `FirstName` 和 `LastName`。这里的规则是："运行时"在遇到虚方法的时候，会调用虚成员派生得最远的重写。本例实例化一个 `Contact` 并调用 `Contact.Name`，因为 `Contact` 包含 `Name` 属性派生得最远的实现。

　　虚方法只提供默认实现，也就是可由派生类完全重写的实现。但是，由于继承在设计上的复杂性，所以请事先想好是否需要虚方法，而不要默认就将成员声明为 `virtual`。

　　这一决定对程序未来的发展非常重要，因为如果定义了一个虚方法，而将来又希望将其改为非虚，那很可能破坏那些已经重写了该方法的派生类。因此，一旦虚成员已经发布，那么就应一直保持这种状态。总之，在决定引入虚成员时一定要仔细斟酌；例如，考虑是否用 `private protected`( 私有受保护 ) 来限制它的可访问性。

　　**语言对比：C++ 的构造期间对方法调用的调度**

　　C++ 语言在构造期间不调度虚方法。相反，在构造期间，类型与基类型关联，而不是与派生类型关联，虚方法调用的是基类的实现。C# 语言则相反，会将虚方法调用调度给派生得最远的类型。这是为了与以下设计规范保持一致："总是调用派生得最远的虚成员，即使派生的构造函数尚未完全执行完毕"。但无论如何，在 C# 语言中应尽量避免出现这种情况。[①] ∎

───────────────

[①] 译注：意思是说，尽量不要在构造函数中调用会影响所构造对象的任何虚方法。原因是假如这个虚方法在当前要实例化的类型的派生类型中进行了重写，就会调用重写的实现。但在继承层次结构中，字段尚未完全初始化。这时调用虚方法将导致无法预测的行为。

最后要说的是，虚暗示着实例，只有实例成员才可以是 **virtual** 的。CLR 根据实例化期间指定的具体类型判断将虚方法调用调度给哪个。所以 **static virtual** 方法毫无意义，编译器也不允许。

## 7.2.2　协变返回类型

一般来说，重写方法的签名必须匹配被重写的基方法的签名。但从 C# 9.0 开始引入了一项改进，允许重写方法指定与基方法不同的返回类型，前提是返回类型与基方法的返回类型兼容，这称为**协变返回类型** (covariant return type)。代码清单 7.11 展示了一个例子。

**代码清单 7.11　协变返回类型**

```
public class Base
{
    public virtual Base Create() => new();
}
public class Derived : Base
{
    public override Derived Create() => new();
}
```

注意，在这个例子中，基类的 **Create()** 方法返回 **Base**，而派生类的同名方法返回 **Derived**。尽管后者的签名 override 了前者，但如果后者的返回类型是前者的返回类型的派生类型，那么返回类型是可以不同的。协变将在第 12 章进一步讨论。①

## 7.2.3　new 修饰符

如果重写方法没有使用 override 关键字，编译器会生成警告消息，如输出 7.2 和输出 7.3 所示。

**输出 7.2**

> warning CS0114:"< 派生类中的成员名 >" 隐藏继承的成员 "< 基类中的成员名 >"。若要使当前成员重写该实现，请添加关键字 override。否则，添加关键字 new。

**输出 7.3**

> warning CS0108: "< 派生类中的成员名 > 隐藏了继承的成员 "< 基类中的成员名 >。如果是有意隐藏，请使用关键字 new"。

一个明显的解决方案是添加 override 修饰符 ( 假定基类成员是 **virtual** 的 )。但正如警告消息所指出的那样，还可以选择使用 new 修饰符。请思考表 7.1 总结的情形——这种情形称为**脆弱的基类** (brittle base class 或 fragile base class)。

---

① 译注：可以这样记忆协变和逆变：在需要使用基类的地方，可以使用它的派生类，这称为"协变"；在需要使用派生类的地方，可以使用它的基类，则称为"逆变"。

表 7.1　在什么时候使用 new 修饰符

| 活动 | 代码 |
|---|---|
| 程序员 A 定义了 Person 类，其中包含属性 FirstName 和 LastName | ```csharp
public class Person
{
    public string FirstName { get; set; }
    public string LastName { get; set; }
}
``` |
| 程序员 B 从 Person 派生出 Contact，并添加了额外的属性 Name。另外还定义了 Program 类，其 Main() 方法会实例化一个 Contact，对 Name 赋值，然后打印姓名 | ```csharp
public class Contact : Person
{
    public string Name
    {
        get
        {
            return FirstName + " " + LastName;
        }
        set
        {
            string[] names = value.Split(' ');
            // 未显示错误处理
            FirstName = names[0];
            LastName = names[1];
        }
    }
}
``` |
| 不久，程序员 A 自己也添加了 Name 属性，但不是将取值方法实现成 FirstName + " " + LastName，而是实现成 LastName + ", " + FirstName。另外，也没有将属性定义为 virtual，而且在 Display() 方法中使用了该属性 | ```csharp
public class Person
{
    // ...

    public string Name
    {
        get
        {
            return LastName + ", " + FirstName;
        }
        set
        {
            string[] names = value.Split(", ");
            // 未显示错误处理

            LastName = names[0];
            FirstName = names[1];
        }
    }

    public void Display(Person person)
    {
        // 显示 <LastName>, <FirstName>
        Console.WriteLine(person.Name);
    }
}
``` |
```

Person.Name 非虚表明程序员 A 希望 Display() 方法总是使用 Person 的实现，即便传给它的数据类型是 Person 的派生类型 Contact。但是，程序员 B 希望在变量数据类型为 Contact 的任何情况下都使用 Contact.Name( 程序员 B 其实并不知道 Person.Name 属性，因为它最开始并不存在 )。为了允许添加 Person.Name，同时不破坏两个程序员预期的行为，你不能假定该属性是 virtual 的。此外，由于 C# 要求重写成员显式使用 override 修饰符，所以必须采用其他某种形式的语法，确保基类新增的成员不会造成派生类编译失败。

这种语义要用 new 修饰符实现，它在基类面前隐藏了派生类重新声明的成员。这时不是调用派生得最远的成员。相反，是搜索继承链，找到使用 new 修饰符的那个成员之前的、派生得最远的成员，然后调用该成员。如果继承链仅包含两个类，那么就使用基类的成员，感觉就是派生类并没有声明那个成员 ( 如果派生的实现重写了基类成员 )。虽然编译器会生成如输出 7.2 或 7.3 所示的警告，但假如既没有指定 override，也没有指定 new，就默认为 new，从而维持了版本的安全性。[①]

下面来看看代码清单 7.12 的例子，输出 7.4 展示了结果。

**代码清单 7.12  对比 override 与 new 修饰符**

```
public class Program
{
    public class BaseClass
    {
        public static void DisplayName()
        {
            Console.WriteLine("BaseClass");
        }
    }

    public class DerivedClass : BaseClass
    {
        // 编译器警告：DisplayName() 隐藏继承的成员。
        // 如果是有意隐藏，请使用关键字 new。
        public virtual void DisplayName()
        {
            Console.WriteLine("DerivedClass");
        }
    }

    public class SubDerivedClass : DerivedClass
    {
        public override void DisplayName()
        {
            Console.WriteLine("SubDerivedClass");
        }
    }
```

---

[①] 译注：《深入 CLR》( 第 4 版 ) 的第 6.6.3 节更清楚地说明了如何用 override 和 new 来进行版本控制。

二维码

扫码阅读

```
public class SuperSubDerivedClass : SubDerivedClass
{
    public static new void DisplayName()
    {
        Console.WriteLine("SuperSubDerivedClass");
    }
}

public static void Main()
{
    SuperSubDerivedClass superSubDerivedClass = new();

    SubDerivedClass subDerivedClass = superSubDerivedClass;
    DerivedClass derivedClass = superSubDerivedClass;
    BaseClass baseClass = superSubDerivedClass;

    SuperSubDerivedClass.DisplayName();
    subDerivedClass.DisplayName();
    derivedClass.DisplayName();
    BaseClass.DisplayName();
}
}
```

输出 7.4

```
SuperSubDerivedClass
SubDerivedClass
SubDerivedClass
BaseClass
```

之所以会得到输出 7.4 的结果，是由于以下几个原因。

- SuperSubDerivedClass.DisplayName() 显示 SuperSubDerivedClass，它下面没有派生类了，所以不可能还有重写版本。
- SubDerivedClass.DisplayName() 是重写了基类虚成员的、派生得最远的成员。使用了 new 修饰符的 SuperSubDerivedClass.DisplayName() 被隐藏。
- DerivedClass.DisplayName() 是虚方法，而 SubDerivedClass.DisplayName() 是重写了它的派生得最远的成员。和前面一样，使用了 new 修饰符的 SuperSubDerivedClass.DisplayName() 被隐藏。
- BaseClass.DisplayName() 没有重新声明任何基类成员，而且非虚。所以，它会被直接调用。

就 CIL 来说，new 修饰符对编译器生成的代码没有任何影响，但它会为方法生成 newslot 元数据特性。从 C# 的角度看，它唯一的作用就是移除编译器警告。

### 7.2.4 sealed 修饰符

为类使用 sealed 修饰符，将禁止从该类派生（将类“密封”）。类似地，虚成员也可以密封，如代码清单 7.13 所示。这会禁止子类重写基类的虚成员。例如，假定子类

B 重写了基类 A 的一个成员，并希望禁止子类 B 的派生类继续重写该成员，就可以考虑使用 sealed 修饰符。

**代码清单 7.13　密封成员**

```
class A
{
    public virtual void Method()
    {
    }
}
class B : A
{
    public override sealed void Method()
    {
    }
}
class C : B
{
    // 错误：无法重写密封成员
    public override void Method()
    //{
    //}
}
```

本例为类 B 的 Method() 声明使用了 sealed 修饰符，这会禁止 C 重写 Method()。

除非有很充足的理由，一般很少将整个类标记为密封。事实上，人们越来越倾向于将类设置成非密封类，因为单元测试需要创建仿制对象 (mock object、也称为测试替身或者 test double) 来代替真正的实现。有的时候，对单独虚成员进行密封的代价过高，还不如将整个类密封。不过，一般都倾向于对单独成员进行有针对性的密封，例如，可能需要依赖基类的实现来获得正确的行为。

## 7.2.5　base 成员

重写成员时，经常需要调用它的基类版本，如代码清单 7.14 所示。

**代码清单 7.14　访问基类成员**

```
using static System.Environment;

public class Address
{
    public string StreetAddress;
    public string City;
    public string State;
    public string Zip;

    public override string ToString()
    {
        return $"{StreetAddress + NewLine}"
```

```
                    + $"{City}, {State}  {Zip}";
    }
}

public class InternationalAddress : Address
{
    public string Country;

    public override string ToString()
    {
        return base.ToString() +
            NewLine + Country;
    }
}
```

在代码清单 7.14 中，InternationalAddress 从 Address 继承并实现了 ToString()。调用基类的实现需使用 base 关键字。base 的语法和 this 几乎完全一样，也允许作为构造函数的一部分使用（稍后详述）。

另外，即使在 Address.ToString() 实现中也要使用 override 修饰符，因为 ToString() 也是 object 的成员。用 override 修饰的任何成员都自动成为虚成员，子类可以进一步"特化"它的实现。

**注意**

用 override 来修饰的任何方法自动为虚。只有基类的虚方法才能重写，所以重写后的方法仍然是虚方法。

### 7.2.6 调用基类构造函数

实例化派生类时，"运行时"首先调用基类构造函数，防止绕过基类的初始化机制。但是，如果基类没有可访问的（非私有的）默认构造函数，就不知道如何构造基类，C# 编译器会报错。

为了避免因为缺少可访问的默认构造函数而造成错误，我们程序员需要在派生类构造函数的头部显式指定要运行哪一个基类构造函数，如代码清单 7.15 所示。

**代码清单 7.15　指定要调用的基类构造函数**

```
using System.Diagnostics.CodeAnalysis;

public class PdaItem
{
    public PdaItem(string name)
    {
        Name = name;
    }
    public virtual string Name { get; set; }
    // ...
}
public class Contact : PdaItem
```

```
{
    // 禁止警告，因为 FirstName 和 LastName 是通过 Name 属性来设置的
    // 不可为 null 的字段未初始化
#pragma warning disable CS8618
    public Contact(string name) :
        base(name)
    {
    }
#pragma warning restore CS8618

    public override string Name
    {
        get
        {
            return $"{FirstName} {LastName}";
        }

        set
        {
            string[] names = value.Split(' ');
            // 未显示错误处理
            FirstName = names[0];
            LastName = names[1];
        }
    }

    [NotNull]
    [DisallowNull]
    public string FirstName { get; set; }
    [NotNull]
    [DisallowNull]
    public string LastName { get; set; }

    // ...
}

public class Appointment : PdaItem
{
    public Appointment(string name, string location,
        DateTime startDateTime, DateTime endDateTime) :
        base(name)
    {
        Location = location;
        StartDateTime = startDateTime;
        EndDateTime = endDateTime;
    }

    public DateTime StartDateTime { get; set; }
    public DateTime EndDateTime { get; set; }
    public string Location { get; set; }

    // ...
}
```

通过在代码中明确指定一个基类构造函数，"运行时"就知道在调用派生类构造函数之前，要先调用哪一个基类构造函数。

## 7.3　抽象类

前面许多继承的例子都定义了一个名为 PdaItem 的类，它定义了在 Contact 和 Appointment 等派生类中通用的方法和属性。但是，PdaItem 本身不适合实例化。PdaItem 的实例没有意义。只有作为基类，在从其派生的一系列数据类型之间共享默认的方法实现，才是 PdaItem 类真正的意义。这意味着 PdaItem 应被设计成**抽象类**。抽象类是仅供派生的类。抽象类不能实例化，只能实例化从它派生的类。不抽象、可以直接实例化的类称为具体类。

抽象类是非常基础的一个面向对象程序设计概念，所以本节会相应地进行说明。但是，从 C# 8.0 开始，接口支持之前仅限于抽象类的*几乎*所有功能（具体而言，不能声明实例字段）的一个超集。虽然新的接口功能会在第 8 章详述，但你事先应该理解抽象成员的概念。因此，本节先带大家认识抽象类。

**初学者主题：抽象类**

**抽象类**代表抽象实体。其**抽象成员**定义了从抽象实体派生的对象应该包含什么。但是，抽象成员不包含具体的实现。通常，抽象类中的大多数功能性都是未实现的。一个类要从抽象类成功地派生，必须为抽象基类中的抽象方法提供具体的实现。

为了定义抽象类，要求为类定义添加 **abstract** 修饰符，如代码清单 7.16 所示。

**代码清单 7.16　定义抽象类**

```
// 定义抽象类
public abstract class PdaItem
{
    public PdaItem(string name)
    {
        Name = name;
    }
    public virtual string Name { get; set; }
}

public class Program
{
    public static void Main()
    {
        // 错误：无法创建抽象类的实例
        PdaItem item = new("Inigo Montoya");
    }
}
```

不能实例化还在其次，抽象类的主要特点在于它包含**抽象成员**。抽象成员是没有实现的方法或属性，作用是强制所有派生类都提供具体的实现。我们来看看代码清单 7.17 的例子。

代码清单 7.17　定义抽象成员

```
using static System.Environment;

// 定义抽象类
public abstract class PdaItem
{
    public PdaItem(string name)
    {
        Name = name;
    }

    public virtual string Name { get; set; }
    public abstract string GetSummary();
}

public class Contact : PdaItem
{
    // ...
    public override string Name
    {
        get
        {
            return $"{FirstName} {LastName}";
        }
        set
        {
            string[] names = value.Split(' ');
            // 未显示错误处理
            FirstName = names[0];
            LastName = names[1];
        }
    }

    public string FirstName
    {
        get
        {
            return _FirstName!;
        }
        set
        {
            _FirstName = value ??
                throw new ArgumentNullException(nameof(value)); ;
        }
    }
    private string? _FirstName;

    public string LastName
    {
        get
        {
            return _LastName!;
        }
        set
```

```
        {
            _LastName = value ?? throw new ArgumentNullException(nameof(value));
        }
    }
    private string? _LastName;
    public string? Address { get; set; }


    public override string GetSummary()
    {
        return $" 名字 : {FirstName + NewLine}"
        + $" 姓氏 : {LastName + NewLine}"
        + $" 地址 : {Address + NewLine}";
    }

    // ...
}

public class Appointment : PdaItem
{
    public Appointment(string name, string location,
        DateTime startDateTime, DateTime endDateTime) :
        base(name)
    {

        Location = location;
        StartDateTime = startDateTime;
        EndDateTime = endDateTime;
    }

    public DateTime StartDateTime { get; set; }
    public DateTime EndDateTime { get; set; }
    public string Location { get; set; }

    // ...
    public override string GetSummary()
    {
        return $" 主题 : {Name + NewLine}"
            + $" 开始时间 : {StartDateTime + NewLine}"
            + $" 结束时间 : {EndDateTime + NewLine}"
            + $" 地点 : {Location}";
    }
}
```

代码清单 7.17 将 GetSummary() 定义为抽象成员，所以它不包含任何实现。随后，代码在 Contact 中重写它并提供具体实现。由于抽象成员设计为被重写，所以自动为虚（但不能显式这样声明[①]）。此外，抽象成员不能声明为私有，否则派生类看不见它们。

开发具有良好设计的对象层次结构殊为不易。所以在编程抽象类型时，一定要自己实现至少一个（最好多个）从抽象类型派生的具体类型，以检验自己的设计。

如果不在 Contact 中提供 GetSummary() 的实现，那么编译器会报错。

---

① 译注：作者的意思是说不能写成 abstract virtual。记住，用 abstract 来修饰的不包含实现，而用 virtual 修饰的必然包含实现。

**注意**

抽象成员必须被重写，所以自动为虚，但不能用 virtual 关键字显式声明。

**语言对比：C++ 的纯虚函数**

C++ 语言使用神秘的 "=0" 表示法来定义抽象函数。这些函数在 C++ 语言中称为纯虚函数。与 C# 语言相反，C++ 语言不要求类本身进行任何特殊的声明。和 C# 语言的抽象类修饰符 abstract 不同，当 C++ 类包含纯虚函数时，不需要对该类的声明进行任何特殊的修饰。

**注意**

通过声明抽象成员，抽象类的编程者清楚地指出：为了建立具体类与抽象基类 ( 本例是 PdaItem) 之间的 "属于"(is-a) 关系，派生类必须实现抽象成员——抽象类无法为这种成员提供恰当的默认实现。

**初学者主题：多态性**

相同成员签名在不同类中有不同实现，这称为多态性 (polymorphism)，是面向对象编程的一个重要概念。英语 "poly" 代表 "多"，"morph" 代表 "形态"，多态性是指同一个签名可以有多个实现。同一个签名不能在一个类中多次使用，所以该签名的每个实现必然包含在不同类中。

多态性的基本设计思想是：只有对象自己才知道如何最好地执行特定操作，通过规定调用这些操作的通用方式，多态性还促进了代码重用，因为通用的东西不必重复编码。例如，假定有多种类型的文档，每种文档都知道具体如何执行自己这种文档的 Print() 操作，那么不是定义单个 Print() 方法，在其中包含 switch 语句来处理每种文档类型的特殊打印逻辑，而是利用多态性调用与想要打印的文档类型对应的 Print() 方法。例如，为字处理文档类调用 Print()，会根据字处理文档的特点进行打印。相反，为图形文档类调用同一个方法，会根据图形文档的特点进行打印。无论如何，对于任意文档类型，打印它唯一要做的就是调用 Print()，其他不用考虑。

将具体打印逻辑从 switch 语句中移除有利于维护。首先，具体的实现位于不同文档类的上下文中，而不是位于另一个较远的地方，这符合封装原则。其次，以后添加新的文档类型时，我们不需要更改 switch 语句。相反，唯一要做的就是在新的文档类型中实现 Print() 签名。

　　抽象成员是实现多态性的一个手段。基类指定方法签名，派生类提供具体实现，如代码清单 7.18 和输出 7.5 所示。

**代码清单 7.18　利用多态性列出 PdaItem**

```
public class Program
{
    public static void Main()
    {
        PdaItem[] pda = new PdaItem[3];

        Contact contact = new("Sherlock Holmes")
        {
            Address = "221B Baker Street, London, England"
        };
```

```
        pda[0] = contact;

        Appointment appointment = new(
                "Soccer tournament", "Estádio da Machava",
                new DateTime(2008, 7, 18), new DateTime(2008, 7, 19));
        pda[1] = appointment;

        contact = new Contact("Anne Frank")
        {
            Address = "Apt 56B, Whitehaven Mansions, Sandhurst Sq, London"
        };
        pda[2] = contact;

        List(pda);
    }

    public static void List(PdaItem[] items)
    {
        // 利用多态性来实现。派生类知道 GetSummary() 的实现细节。
        foreach (PdaItem item in items)
        {
            Console.WriteLine("_____");
            Console.WriteLine(item.GetSummary());
        }
    }
}
```

输出 7.5

```
_____
名字 : Sherlock
姓氏 : Holmes
地址 : 221B Baker Street, London, England

_____
主题 : Soccer tournament
开始时间 : 2008/7/18 0:00:00
结束时间 : 2008/7/19 0:00:00
地点 : Estádio da Machava

_____
名字 : Anne
姓氏 : Frank
地址 : Apt 56B, Whitehaven Mansions, Sandhurst Sq, London
```

这样就可以调用基类的方法，但方法具体由派生类来实现。输出 7.5 证明，List()
方法能成功显示 Contact 和 Appointment 对象，而且每种对象都以自定义方式显示。
调用抽象 GetSummary() 方法，实际调用的是每个实例特有的重写方法。

## 7.4 所有类都从 System.Object 派生

任何类，不管是自定义类，还是系统内建的类，都定义好了如表 7.2 所示的方法。

表 7.2　System.Object 的成员

| 方法名 | 说明 |
|---|---|
| **public virtual bool** Equals(object o) | 如果作为参数提供的对象和当前对象实例包含相同的值，就返回 true |
| **public virtual int** GetHashCode() | 返回对象值的哈希码。它对于 HashTable 这样的集合非常有用 |
| **public** Type GetType() | 返回与对象实例的类型对应的 System.Type 类型的一个对象 |
| **public static bool** ReferenceEquals **(object** a, **object** b) | 两个参数引用同一个对象就返回 true |
| **public virtual string** ToString() | 返回对象实例的字符串表示 |
| **public virtual void** Finalize() | 析构器的一个别名，通知对象准备终结。C# 禁止直接调用该方法 |
| **protected object** MemberwiseClone() | 执行浅拷贝来克隆对象。会复制引用，但被引用类型中的数据不会复制 |

表 7.2 的所有方法都通过继承为所有对象所用，所有类都直接或间接从 object 派生。即使字面值也支持这些方法。所以，下面这种看起来颇为奇怪的代码实际是合法的：

```
Console.WriteLine( 42.ToString() );
```

即使类定义没有显式指明自己从 object 派生，也肯定是从 object 派生的。所以，在代码清单 7.19 中，PdaItem 的两个声明会产生完全一致的 CIL。

代码清单 7.19　即使不显式指定从哪里派生，也隐式派生自 System.Object

```
public class PdaItem
{
    // ...
}
public class PdaItem : object
{
    // ...
}
```

如果 object 的默认实现不好使，程序员可以自己重写其中的三个虚方法 (Finalize() 自然排除在外 )，第 10 章将介绍具体如何做。

## 7.5 类型检查

自 C# 1.0 以来，出现了多种检查对象类型的方法，包括 is 操作符和 switch 语句。C# 8.0 更是引入了 switch 表达式，允许从这种表达式返回值。

## 7.5.1 使用 is 操作符进行类型检查

由于 C# 语言允许在继承链中进行向下转型，所以在尝试进行类型转换之前，可能需要先确定基础类型是什么。此外，在没有实现多态性的情况下，一些要依赖特定类型的行为也可能要事先确定类型。为了确定类型，C# 语言自 C# 1.0 就引入了 is 操作符，参见代码清单 7.20。

**代码清单 7.20　使用 is 操作符确定基础类型**

```
public class Person
{
    // ...
}

public class Employee : Person
{
    // ...
}

public class Program
{
    private static object? GetObjectById(string id)
    {
        // ...
    }

    public static void Main(params string[] args)
    {
        string id = args[0];
        object? entity = GetObjectById(id);

        if (entity is Person)
        {
            Person person = (Person) entity;
            Console.WriteLine(
                $"Id 对应于一个 {nameof(Person)} 对象：{
                    person.FirstName} {person.LastName}。");

            if (entity is Employee employee)
            {
                Console.WriteLine(
                    $"Id({employee.Id}) 也是一个 {
                        nameof(Employee)} 对象。");
            }
        }
        else if (entity is null)
        {
            Console.WriteLine(
                $"Id 未知，所以返回 null。");
        }
        else
        {
            Console.WriteLine(
```

```
        $"Id'{id}' 不是一个 {
            nameof(Employee)} 或 {nameof(Person)} 对象。");
    }
  }
}
```

调用 GetObjectById() 方法将返回基于指定 id 的可空对象。代码清单 7.20 在返回的实例上调用 is 操作符。首先，它检查值是否为 null。接着，它判断返回的对象是不是 Person，然后判断是不是 Employee。如果 GetObjectById() 返回一个 Person，那么输出将是："ID 对应于一个 Person 对象……。"如果 GetObjectById() 返回一个 Employee，那么会输出消息来说明该 ID 既是 Person，也是 Employee。由于 Employee 是 Person 的派生类，因此所有 Employee 同时也是 Person。

## 7.5.2 用声明进行类型检查

通过显式转型，程序员宣布自己负责创建清晰的代码逻辑来避免无效的强制类型转换。如可能发生无效转型，那么应首选进行类型检查并完全避免异常。代码清单 7.20 对此进行了演示。它首先检查 entity 是不是一个 Person，是的话，就把它转型为 Person：

```
// ...
if (entity is Person)
{
    Person person = (Person) entity;
    // ...
}
```

is 操作符的好处是能创建一个显式转型可能失败、但又不会产生异常处理开销的代码路径。从 C# 7.0 开始，is 操作符 ( 以及稍后讲述的 switch 语法 ) 允许在同一个步骤中执行类型检查和赋值。前面的代码清单 7.20 对此进行了演示：

```
if (entity is Employee employee)
{
    // ...
}
```

在本例中，在检查输入操作数是否为员工时，还声明了一个类型为 Employee 的新变量。因此，GetObjectById(id) 的结果与 Employee 类型进行匹配 ( 类型模式匹配 )，并在同一表达式中赋给变量 employee。如果 GetObjectById(id) 的结果为 null 或者不是 Employee，则生成 false，不进行赋值，开始执行 else 子句。

注意，employee 变量在 if 语句内部和之后都可用。但是，在 else 子句内部或之后访问它之前，需要向它赋值。此外，可以使用 var 隐式指定数据类型，这符合预期。但是，和平时的局部变量声明一样，当数据类型不明显时需谨慎使用 var。[①]

---

① 译注：出于对代码可维护性的考虑，许多企业要求平时避免使用 var( 或 C++ 的 auto)，除非是没有它们就特别不好写的一些逻辑。

### 7.5.3 使用 switch 语句进行类型检查

还可以用 switch 语句进行类型检查，但除了 null 检查，它还能检查多种类型——所有检查都在同一个语句中进行。代码清单 7.21 对此进行了演示，它使用了一个从多种类型返回时间的方法——使用 .NET 6.0 新增的 TimeOnly。

**代码清单 7.21　用 switch 语句进行类型检查**

```csharp
public static TimeOnly GetTime(object input)
{
    switch (input)
    {
        case DateTime datetime:
            return TimeOnly.FromDateTime(datetime);
        case DateTimeOffset datetimeOffset:
            return TimeOnly.FromDateTime(datetimeOffset.DateTime);
        case string dateText:
            return TimeOnly.Parse(dateText);
        case null:
            throw new ArgumentNullException(nameof(input));
        default:
            throw new ArgumentException(
                $" 无效类型 - {input.GetType().FullName}");
    };
}
```

代码清单 7.21 列出了一个处理 null 的情况。但如果所有这些 case 都不匹配，则会在 default 中抛出异常。与 is 操作符一样，可以同时声明一个变量，以便访问与 case 匹配的对象实例。

从 C# 8.0 开始，switch 语句包括一种更简洁的表达式形式，可以从中返回一个值。

### 7.5.4 使用 switch 表达式进行类型检查

与 switch 语句相似，从 C# 8.0 开始引入的 switch 表达式针对不同的 case 提供了不同的路径。这种 case 通常是一个匹配表达式（兼具 switch 表达式和语句的作用）。与 switch 语句不同的是，switch 表达式没有标签，没有 break 语句，甚至根本没有封闭的语句。最重要的是，除非抛出异常，否则 switch 表达式会返回一个值。这使得它成为代码清单 7.21 的 switch 语句的首选迭代方案，因为后者之所以允许返回值，仅仅是因为嵌入的 return 语句的作用。例如，不能将 switch 语句的结果赋值给一个变量。代码清单 7.22 展示了修改后的例子。

**代码清单 7.22　使用 switch 表达式来返回一个值**

```csharp
public static TimeOnly GetTime(object input) =>
    input switch
    {
        DateTime datetime
```

```
        => TimeOnly.FromDateTime(datetime),
    DateTimeOffset datetimeOffset
            => TimeOnly.FromDateTime(datetimeOffset.DateTime),
    string dateText => TimeOnly.Parse(
        dateText),
    null => throw new ArgumentNullException(nameof(input)),
    _ => throw new ArgumentException(
        $" 无效类型 - {input.GetType().FullName}"),
};
```

在代码清单 7.22 中，注意 switch 表达式与 switch 语句的区别。现在，switch 语句的输入操作数出现在 switch 关键字之前。每个匹配表达式单纯用类型来标识，可以选择后跟一个变量声明。另外，与用冒号来指定标签不同，switch 表达式使用的是 Lambda 操作符 =>。最后，现在不是使用 default 关键字来捕捉其他所有情况，而是使用弃元 (即 _)。

从功能上说，代码清单 7.21 和代码清单 7.22 是完全等价的。它们都检查类型，允许变量声明，允许 null 检查，并且都有一个默认情况。但要注意的是，switch 表达式要求 _( 即默认 case) 必须放在最后，否则它会屏蔽后续所有匹配表达式。相反，switch 语句的 default 提供了相同的功能，但位置随意。

## 7.6 模式匹配

操作符 is 和 switch 语句一直处于不温不火的状态，变动很少，直到 C# 7.0 增加了声明和经过了大幅改进的模式匹配功能。模式匹配提供了一种特殊的语法对条件进行求值，并相应地选择代码分支。C# 团队一直到 C# 11 都在持续改进模式匹配。

本节将回顾所有的模式匹配功能：类型模式和常量模式 (C# 7.0)，关系模式 (C# 9.0)，逻辑模式 (C# 9.0)、元组模式 (C# 8.0)、位置模式 (C# 9.0)、属性模式 (C# 7.0)、扩展属性模式 (C# 10) 以及列表模式 (C# 11.0)。所有这些功能都利用了递归模式的能力，允许对类型进行多次检查。

### 7.6.1 常量模式 (C# 7.0)

第 4 章讲解了如何使用操作符 is 来检查 null( 即 data is null) 和 not null，并解释了基本 switch 语句，这些都是常量模式的例子。它的基本原理是，可以将输入操作数与任意常量进行比较。例如，可以将 data.Day 与值 21 进行比较，看看是不是一个月的 21 号。代码清单 7.23 演示了操作符 is 和 switch 表达式。

**代码清单 7.23　使用 is 操作符进行常量模式匹配**

```
using System.Diagnostics.CodeAnalysis;

public static class SolsticeHelper
{
```

```
public static bool IsSolstice(DateTime date)
{
    if (date.Day is 21)
    {
        if (date.Month is 12)
        {
            return true;
        }
        if (date.Month is 6)
        {
            return true;
        }
    }
    return false;
}

public static bool TryGetSolstice(DateTime date,
    [NotNullWhen(true)] out string? solstice)
{
    if (date.Day is 21)
    {
        if ((solstice = date.Month switch
        {
            12 => "冬至",
            6 => "夏至",
            _ => null
        }) is not null) return true;
    }
    solstice = null;
    return false;
}
```

常量可以是任何字面值，包括字符串、定义的常量，另外当然还有 null。但要注意，
虽然可以将字符串与空串 "" 进行比较，但将其与 string.Empty 进行比较会失败，因
为 string.Empty 没有被声明为常量。

## 7.6.2  关系模式 (C# 9.0)

在关系模式中，可以使用 <、>、<= 和 >= 等操作符与一个常量进行比较。代码清
单 7.24 演示了关系模式的 is 操作符和 switch 表达式版本。注意，== 操作符不算在关
系模式内，因为这个功能在常量模式匹配中就已经可以使用了。

代码清单 7.24  关系模式匹配示例

```
public static bool IsDeveloperWorkHours(int hourOfTheDay) =>
    hourOfTheDay is > 10 && hourOfTheDay is < 24;

public static string GetPeriodOfDay(int hourOfTheDay) =>
    hourOfTheDay switch
    {
```

```
        < 6 => "黎明",
        < 12 => "上午",
        < 18 => "下午",
        < 24 => "晚上",
    int hour => throw new ArgumentOutOfRangeException(nameof(hourOfTheDay),
        $"指定了一天中无效的小时数。")
    };
```

需要注意的是，从 C# 7.0 开始，匹配表达式就不再要求必须互斥了。例如，可以同时有匹配表达式 >0 和 <24。无论小时数是多少，这两个都可以为真。顺序将决定代码执行的最终路径。因此，在 **switch** 语句和 **switch** 表达式中排列匹配表达式时必须谨慎 ( 和排列一系列 **if** 语句是一样的道理 )。

## 7.6.3　逻辑模式 (C# 9.0)

使用逻辑模式，可以将带有单个变量的关系匹配表达式与操作符 not，and 和 or 结合，从而分别提供否定 (negated)、合取 (conjunctive) 和析取 (disjunctive) 模式。因此，现在不需要使用像 **&&** 或 **||** 这样的逻辑操作符 ( 例如，代码清单 7.24 中的 **IsDeveloperWorkHours()** 方法 )。相反，可以指定输入操作数一次，然后用多个匹配表达式对它进行判断，如代码清单 7.25 所示。

**代码清单 7.25　逻辑模式匹配示例**

```
public static bool IsStandardWorkHours(
    TimeOnly time) =>
        time.Hour is > 8
            and < 17
            and not 12; // 午餐时间不是标准工作时间

public static bool TryGetPhoneButton(
    char character,
    [NotNullWhen(true)] out char? button)
{
    return (button = char.ToLower(character) switch
    {
        '1' => '1',
        '2' or >= 'a' and <= 'c' => '2',
        // not 操作符和圆括号示例 (C# 10)
        '3' or not (< 'd' or > 'f') => '3',
        '4' or >= 'g' and <= 'i' => '4',
        '5' or >= 'j' and <= 'l' => '5',
        '6' or >= 'm' and <= 'o' => '6',
        '7' or >= 'p' and <= 's' => '7',
        '8' or >= 't' and <= 'v' => '8',
        '9' or >= 'w' and <= 'z' => '9',
        '0' or '+' => '0',
        _ => null,// 设置 button 来指示值是无效的
    }) is not null;
}
```

操作符默认的优先级顺序是 not、and 和 or。因此，前两个例子不需要使用圆括号来明确指定优先级顺序。但是，如代码清单 7.25 所示，可以在 switch 表达式中使用圆括号来改变这个默认顺序。

需要注意的是，在使用 or 和 not 操作符的时候，不能同时声明一个变量。例如：

```
if (input is "data" or string text) { }
```

以上代码会导致编译时错误："CS8780: 在 not 或 or 模式中不能声明变量"。这是因为它会造成关于 text 是否已初始化的歧义。

## 7.6.4 圆括号模式 (C# 9.0)

为了改变逻辑模式操作符的优先级顺序，可以使用圆括号对它们进行分组，如代码清单 7.26 所示。

**代码清单 7.26　圆括号模式**

```
public bool IsOutsideOfStandardWorkHours(
    TimeOnly time) =>
        time.Hour is not
            (> 8 and < 17 and not 12); // 圆括号模式 - C# 10
```

圆括号模式在 is 操作符和 switch 语法中都可以使用。

## 7.6.5 元组模式 (C# 8.0)

使用元组模式匹配，可以检查元组中的常量值，或者将元组项赋给一个变量，如代码清单 7.27 所示。

**代码清单 7.27　使用 is 操作符进行元组模式匹配**

```
public static void Main(params string[] args)
{
    const int command = 0;
    const int fileName = 1;
    const string dataFile = "data.dat";

    // ...
    if ((args.Length, args[command].ToLower()) is (1, "cat"))
    {
        Console.WriteLine(File.ReadAllText(dataFile));
    }
    else if ((args.Length, args[command].ToLower()) is (2, "encrypt"))
    {
        string data = File.ReadAllText(dataFile);
        File.WriteAllText(
            args[fileName], Encrypt(data).ToString());
    }
}
```

和预期的一样，switch 表达式和 switch 语句也支持该模式，如代码清单 7.28 所示。

代码清单 7.28　使用 switch 语句进行元组模式匹配

```
public static void Main(params string[] args)
{
    const int action = 0;
    const int fileName = 1;
    const string dataFile = "data.dat";

    // ...
    switch ((args.Length, args[action].ToLower()))
    {
        case (1, "cat"):
            Console.WriteLine(File.ReadAllText(dataFile));
            break;
        case (2, "encrypt"):
            {
                string data = File.ReadAllText(dataFile);
                File.WriteAllText(
                    args[fileName], Encrypt(data).ToString());
            }
            break;
        default:
            Console.WriteLine("参数无效。");
            break;
    }
}
```

在代码清单 7.27 和代码清单 7.28 中，我们针对一个元组进行模式匹配。元组中包含了 args 数组的长度及其元素。在第一个匹配表达式中，我们检查是否提供了一个参数，而且该参数是动作 "cat"。在第二个匹配表达式中，我们检查数组的第一项是不是动作 "encrypt"。此外，如果初始匹配表达式求值为 true，那么代码清单 7.27 将元组中的第三个元素赋给变量 fileName。代码清单 7.28 的 switch 语句则没有进行变量赋值，因为 switch 语句的输入操作数对所有匹配表达式来说都是相同的。

每个元素匹配都可以是常量或变量。由于元组在 is 操作符求值之前就已经实例化，所以不能先使用 "encrypt" 场景，因为如果请求的是 "cat" 动作，args[fileName] 就不是一个有效的索引了。

## 7.6.6　位置模式 (C# 8.0)

基于 C# 7.0 引入的解构函数构造 ( 参见第 6 章 )，C# 8.0 新增了位置模式匹配，其语法与元组模式匹配非常相似，如代码清单 7.29 所示。

代码清单 7.29　使用 is 操作符进行位置模式匹配

```
using System.Drawing;

public static class PointHelper
```

```
{
    public static void Deconstruct(
        this Point point, out int x, out int y) =>
            (x, y) = (point.X, point.Y);

    public static bool IsVisibleOnVGAScreen(Point point) =>
        point is (>=0 and <=1920, >=0 and <=1080);

    public static string GetQuadrant(Point point) => point switch
    {
        (>=0, >=0) => "象限 I",     //  II | I
        (<=0, >=0) => "象限 II",    // ____|____
        (<=0, <=0) => "象限 III",   //     |
        (>=0, <=0) => "象限 IV"     // III | IV
    };
}
```

System.Drawing.Point 类型默认没有解构函数 (deconstructor)。但是，我们可以通过扩展方法来为它添加一个，以便将 Point 转换为包含 X 和 Y 坐标的一个元组。然后，使用解构函数来匹配模式中每个以逗号分隔的匹配表达式的顺序。在 IsVisibleOnVGAScreen() 的例子中，X 与 >=0 and <=1920 匹配，而 Y 与 >=0 and <=1080 匹配。在 GetQuadrant() 的 switch 表达式中，也使用了类似的范围表达式。

## 7.6.7 属性模式 (C# 8.0 和 C# 10.0)

使用属性模式，匹配表达式将以 switch 表达式中标识的数据类型的属性名称和值为基础。代码清单 7.30 展示了如何进行属性模式匹配。

代码清单 7.30  属性模式匹配

```
public record class Employee
{
    public int Id { get; set; }
    public string Name { get; set; }
    public string Role { get; set; }

    public Employee(int id, string name, string role) =>
        (Id, Name, Role) = (id, name, role);
}


public class ExpenseItem
{
    public int Id { get; set; }
    public string ItemName { get; set; }
    public decimal CostAmount { get; set; }
    public DateTime ExpenseDate { get; set; }
    public Employee Employee { get; set; }

    public ExpenseItem(
        int id, string name, decimal amount, DateTime date,
```

```
            Employee employee) =>
                (Id, Employee, ItemName, CostAmount, ExpenseDate) =
                (id, employee, name, amount, date);

    public static bool ValidateExpenseItem(ExpenseItem expenseItem) =>
        expenseItem switch
        {
            // 注意：属性模式会核实输入值不为 null。
            // 以下是扩展属性模式
            { ItemName.Length: > 0, Employee.Role: "Admin" } => true,

            // 以下是普通属性模式
            {
                ItemName: { Length: > 0 }, Employee: { Role: "Manager" },
                ExpenseDate: DateTime date
            }
                when date >= DateTime.Now.AddDays(-30) => true,
            {
                ItemName.Length: > 0, Employee.Name.Length: > 0,
                CostAmount: <= 1000, ExpenseDate: DateTime date
            }
                when date >= DateTime.Now.AddDays(-30) => true,
            { } => false, // 可以删除这个 not null 检查
            _ => false
        };
}
```

　　不管什么属性匹配表达式，首先要注意的是，它们只有在输入操作数不为 null 时才会匹配。这就是为什么一个空属性匹配表达式 { }，只要输入操作数不为 null 就会匹配。在代码清单 7.30 中，{ } 匹配表达式其实是多余的，因为 switch 语句最后的默认匹配表达式会捕获所有 null 以及之前未捕获的、直通下来的所有非 null 输入操作数。虽然 { } 可以作为一个非 null 检查，但直接指定 not null(C# 9.0) 更佳，因为它的语法更清晰。

　　在代码清单 7.30 中，switch 表达式中的第一个匹配表达式以 ItemName.Length: > 0 开始，要求 ItemName.Length 大于 0。该表达式暗示 ItemName 同时不为 null。事实上，由于初始的 null 检查是隐含的，所以编译器不允许在属性表达式中使用空条件操作符，即 ItemName?.Length。

　　在代码清单 7.30 中，第一个匹配表达式还要求 Employee.Role 设为 "Admin"。如果这两个匹配表达式都匹配，那么 switch 表达式将返回 true，表示 ExpenseItem 有效。完整的匹配表达式使用了在 C# 10.0 中引入的**扩展属性模式匹配**语法，可以用点符号访问子属性 (Length 和 Role)。

　　代码清单 7.30 的第二个匹配表达式是 { ItemName: { Length: > 0 }, Employee: {Role: "Manager" }, ExpenseDate: DateTime date }，这是传统的属性匹配表达式 ( 非 C# 10.0 的扩展版本 )，语法略有不同。属性匹配表达式最早是在 C# 7.0 中引入的，并仍然支持，只是可能会显示警告，因为扩展语法更简单，在所有情况下都更推荐。

第二个匹配表达式包括对 ExpenseDate 的属性匹配，并声明了一个变量 date。虽然 date 仍然用作 switch 筛选器的一部分，但它出现在 **when** 子句中，而不是出现在匹配表达式中。

## 7.6.8 when 子句

不管什么形式的常量和关系匹配表达式，都必须使用常量。但是，这可能会造成一些限制，因为比较操作数在编译时经常是未知的。为了克服这一限制，C# 7.0 引入了 when 子句，可以在其中添加任何条件表达式（返回布尔值就行）。

代码清单 7.30 声明了一个 DateTime date 变量，让它来检查 ExpenseItem.ExpenseDate 是否不超过 30 天。然而，由于这个值依赖于当前日期和时间，所以不可能是常量，我们无法使用匹配表达式。为此，代码在匹配表达式后面使用了 when 子句，将 date 值与 DateTime.Now.AddDays(-30) 比较。when 子句为（可选的）更复杂的条件提供了一个全能位置，克服了只能使用常量的限制。

前面说过，从 C# 7.0 开始，匹配表达式不一定非要互斥，而 when 子句的加入功不可没。有了 when 子句，就不再需要在编译时确定完整的 case 逻辑和检查互斥性。但要提醒你注意的是，switch 表达式中每个 case 出现的顺序非常关键，要避免较早的 case 捕获本该由后面的 case 处理的条件。

## 7.6.9 使用无关类型进行模式匹配

模式匹配的一个有趣能力是，它可以从无关的类型中提取数据，并将数据转换为通用格式。代码清单 7.31 展示了一个例子。

**代码清单 7.31　switch 表达式中的模式匹配**

```
public static string? CompositeFormatDate(
    object input, string compositeFormatString) =>
    input switch
    {
        DateTime
            { Year: int year, Month: int month, Day: int day }
            => (year, month, day),
        DateTimeOffset
            { Year: int year, Month: int month, Day: int day }
                => (year, month, day),
        DateOnly
            { Year: int year, Month: int month, Day: int day }
                => (year, month, day),
        string dateText => DateTime.TryParse(
            dateText, out DateTime dateTime) ?
                (dateTime.Year, dateTime.Month, dateTime.Day) :
                // default ((int Year, int Month, int Day)?) 更佳，
                // 但要到第 12 章才会讲到。
                ((int Year, int Month, int Day)?) null,
```

```
        _ => null
    } is (int, int, int) date ? string.Format(
        compositeFormatString, date.Year, date.Month, date.Day) : null;
```

在代码清单 7.32 的 switch 表达式中，第一个匹配表达式使用类型模式匹配 (C# 7.0) 来检查输入是否为 DateTime 类型。如果条件成立，它会将结果传递给属性模式匹配来声明并赋值变量 year，month 和 day。然后，使用这些变量在一个元组表达式中返回元组 (year, month, day)。DateTimeOffset 和 DateOnly 的匹配表达式也是以同样的方式工作的。

对于 string 匹配表达式，如果 TryParse() 不成功，那么我们返回一个 default ((int Year, int Month, int Day)?)[①]，它求值为 null。注意，这里不能直接返回 null，因为 (int Year, int Month, int Day)( 由其他匹配表达式返回的 ValueTuple 类型 ) 和 null 之间没有隐式转换。相反，需要指定一个可空的元组数据类型，以准确地判断 switch 表达式的类型。如果不使用 default 操作符，那么替代方案是执行强制类型转换，即本例使用的 ((int Year, int Month, int Day)?) null。

代码清单 7.31 总共使用了 4 种数据类型，虽然在概念上相似，但除了都从 object 派生外，它们之间并无继承关系。因此，输入操作数可用的唯一数据类型就是 object。然而，我们可以从每一个类型中提取代表年、月、日的属性 ( 即使这些名称不存在，或者不同的数据类型有不同的叫法 )。在本例中，我们提取 (int Year, int Month, int Day)?，即一个可空的元组。另外，只要元组不为 null，我们就能用提取的年、月和日值来构建复合字符串。

## 7.6.10　递归模式匹配 (C# 7.0)

如前所述，模式匹配的大部分能力要在 switch 语句或 switch 表达式中才能真正发挥出来。然而，一个例外可能是当模式匹配被递归使用时。代码清单 7.32 提供了一个例子 ( 不可否认，人为迹象很严重 )，展示了当递归应用模式时潜在的复杂性。

**代码清单 7.32　用 is 操作符进行递归模式匹配**

```
Person inigo = new("Inigo", "Montoya");
var buttercup =
    (FirstName: "Princess", LastName: "Buttercup");

(Person inigo, (string FirstName, string LastName) buttercup) couple =
    (inigo, buttercup);

if (couple is
    ( // 元组：从 Person 的解构函数获取
        ( // 位置：选择左侧或元组
            { // firstName 的属性
                Length: int inigoFirstNameLength
```

---

① 详情参见第 12 章。

```
    },
    _ // 丢弃元组的姓氏部分
    ),
  { // Princess Buttercup 元组的属性
    FirstName: string buttercupFirstName }))
{
    Console.WriteLine(
        $"({ inigoFirstNameLength }, { buttercupFirstName })");
}
else
{
    // ...
}
// ...
```

在这个例子中，couple 的类型如下：[①]

```
(Person, (string FirstName, string LastName))
```

因此，第一个匹配发生在外层元组 (inigo, buttercup) 上。接下来，利用 Person 类的解构函数对 inigo 使用位置模式匹配。这会选择一个 (FirstName, LastName) 元组，从中使用属性模式匹配来提取 inigo.FirstName 值的 Length("Inigo" 字符串的长度为 5)。

位置模式匹配中的 LastName 部分用下划线标记为弃元。最后，使用属性模式匹配选择 buttercup.FirstName( 即 "Princess")

尽管模式匹配是选择数据的一种强大手段，但使用需谨慎，特别要注意可读性。即便像代码清单 7.32 那样提供了注释，但理解代码仍然可能具有挑战性。没有注释，就更难了，如下所示：

```
if (couple is ( ( { Length: int inigoFirstNameLength }, _ ),
    { FirstName: string buttercupFirstName })) { ...}
```

即便如此，在 switch 语句和 switch 表达式中，模式匹配的强大仍然是毋庸置疑的。

## 7.6.11 列表模式

C# 11 有一个重要的新特性，便是引入了列表模式。这使得可以对数组之类的数据项列表进行模式匹配。在列表中的元素上，可以使用任何类型的模式匹配。代码清单 7.33 演示了如何使用这一特性来解析 Main 方法的 args 参数。

**代码清单 7.33   在 switch 表达式中进行模式匹配**

```
public static void Main(string[] args)
{
    // 为了简化，所有选项假定全小写

    // 第一个参数是用 '/', '-' 或 '--' 等前缀标注的选项
```

① 译注：在电影《公主新娘》中，Inigo Montoya( 伊尼戈·蒙托亚 ) 和 Princess Buttercup( 毛茛公主 ) 是一对儿。

```
    switch (args)
    {
        case ["--help" or ['/' or '-', 'h' or '?']]:
            // 例：--help, /h, -h, /?, -?
            DisplayHelp();
            break;
        case [ ['/' or '-', char option], ..]:
            // 选项以 '/'，'-' 开头，有 0 个或更多实参
            if(!EvaluateOption($"{option}", args[1..]))
            {
                DisplayHelp();
            }
            break;
        case [ ['-', '-', ..] option, ..]:
            // 选项以 "--" 开头，有 0 个或更多实参
            if(!EvaluateOption(option[2..], args[1..]))
            {
                DisplayHelp();
            }
            break;

        // 用以下 case 来提供默认行动是多余的，因为它和 default 重复了，
        // 只是出于演示目的而提供。
        case []:
            // 未提供命令行参数

        default:
            DisplayHelp();
            break;
    }
}

private static bool EvaluateOption(string option, string[] args) =>
    (option, args) switch
    {
        ("cat" or "c", [string fileName]) =>
            CatalogFile(fileName),
        ("copy", [string sourceFile, string targetFile]) =>
            CopyFile(sourceFile, targetFile),
        _ => false
    };

private static bool CopyFile(object sourceFile, string targetFile)
{
    Console.WriteLine($" 复制 '{sourceFile}' '{targetFile}'...");
    return true;
}
```

在代码清单 7.33 中，第一个 case 寻找 " --help" 作为 args 数组的第一个且唯一一个元素。如果没有匹配，那么列表匹配表达式的剩余部分将匹配第一个以 / 或 - 开头，并后跟 ？或 h 的元素。注意，列表模式的后半部分寻找恰好两个字符的情况 ( 因为字符串本质上是字符数组 )，表达式中的逗号 , 将选项前缀与单字符表达式分开：

```
['/' or '-', 'h' or '?']
```

接下来的两个 case 也对 args 的第一个元素进行求值，判断第一个字符是 / 还是 -，或者在第三个 case 中，args 的第一个元素是否以 -- 开头。在这两种情况下，如果匹配，args[0] 都被赋给 option 变量。遗憾的是，没有办法将列表剩余的元素捕获到一个变量中。列表模式匹配总是寻找确切数量的元素，或者允许使用 .. 来表示不需要对剩余元素做进一步的求值。因此，在调用 EvaluateOption() 时，我们使用范围 args[1..] 来传递除第一个之外的所有 args 数组元素 ( 有关范围的示例，请参见第 3 章 )。

第四个 case 使用 [  ] 来标识一个 0 元素的列表。这在本例中是多余的，因为 default 情况也会捕获 args 数组包含零个元素的情况。

在代码清单 7.33 的 EvaluateOption() 方法中，我们使用一个元组来先求值命令部分。元组的第二个元素则求值剩余的参数。对于 "cat" 匹配表达式，它寻找只包含单个数据项的列表，而对于 "copy" 匹配表达式，则寻找恰好有两个元素的列表。在这两种情况下，都会将数组元素捕获到变量中，并用它们来调用相应的命令方法 ( 编录只需提供一个文件名，而复制需要提供两个 )。

列表模式匹配的功能很强大，而且由于它操作的是字符串中的字符，所以无需使用正则表达式，就可以进行简单的字符串解析。

## 7.7  能利用多态性就避免模式匹配

虽然模式匹配是很重要的一个能力，但在使用它之前，应考虑涉及多态性的问题。多态性允许将一个行为扩展到其他数据类型，同时不必对定义行为的实现进行任何修改。例如，将姓名属性 Name 添加到基类 PdaItem 中，然后就可以从 PdaItem 的不同子类对象中获取不同的 Name 值。虽然也可以编写一个长长的 switch 语句或表达式，用类型模式匹配来判断一个对象属于 PdaItem 的哪一个子类，并据此返回不同的 Name 值。但两者相比，显然多态设计更好。因为前者允许从 PdaItem 任意派生出新的子类 ( 甚至可以在不同的程序集中 )，同时无须重新编译现有代码。相反，后者需要修改模式匹配代码来加入对新类型的支持。不过，多态性也不是万能的。在不适合使用多态性的时候，模式匹配 ( 特别是属性模式匹配 ) 就是一个很好的替代方案。

那么，什么时候不适合使用多态性？第一种情况是在对象层次结构无法满足程序要求的时候。例如，可能需要处理来自多个不相关系统的类。另外，在这种情况下，需要多态性的代码往往不在你的控制范围之内，而且不能修改。在代码清单 7.23 中，对日期的处理便是这样的一个例子。

第二种情况是要添加的功能并不属于这些类的核心抽象的一部分。例如，向驾驶员收取的高速费用会因车辆类型而变，但高速费用并不是车辆的核心功能。

高级主题：使用 as 操作符进行转换

除了 is 操作符，C# 还支持一个 as 操作符。相较于 is 操作符，as 操作符的一个优势在于它不仅检查操作数是否为特定类型，还会尝试将其转换为该特定数据类型，并在源类型本质上 ( 在继承链中 ) 不属于目标类型时赋值 null。除此之外，它相较于强制类型转换还有一个优势，即不会引发异常。代码清单 7.34 展示了如何使用 as 操作符。

代码清单 7.34　使用 as 操作符进行数据类型转换

```csharp
 public class PdaItem
{
    protected Guid ObjectKey { get; }
    // ...
}

public class Contact : PdaItem
{
    // ...
    public Contact(string name) => Name = name;

    public static Contact Load(PdaItem pdaItem)
    {
        Contact? contact = pdaItem as Contact;
        if (contact is not null)
        {
            Console.WriteLine(
                $"ObjectKey: {contact.ObjectKey}");
            return (Contact)pdaItem;
        }
        else
        {
            throw new ArgumentException(
                $"{nameof(pdaItem)} 不属于 {nameof(Contact)} 类型 ");
        }
    }
    // ...
}
```

使用 as 操作符可以避免用额外的 try-catch 代码来处理转换无效的情况，因为 as 操作符提供了尝试执行转型但转型失败后不引发异常的一种方式。

is 操作符相较于 as 操作符的一个优点是后者不能成功地判断基础类型。as 能在继承链中向上或向下隐式转型。和 as 操作符不同的是，is 操作符可以判断基础类型。另外，as 操作符主要支持引用类型，而 is 操作符支持所有类型。

更重要的是，as 操作符一般要求采取额外的步骤对被赋值的变量执行 null 检查。由于模式匹配 is 操作符已自动包含了该项检查，所以现在 as 操作符几乎没了用武之地，只要使用的是 C# 7.0 或更高版本。

## 7.8 小结

本章讨论了如何从一个类派生，并添加额外的方法和属性来"特化"那个类。讨论了如何使用 private 和 protected 访问修饰符控制封装级别。

本章还详细讨论了如何重写基类实现，以及如何使用 new 修饰符隐藏基类实现。C# 语言提供 virtual 修饰符来控制重写，它告诉派生类的程序员需要重写哪些成员。要完全禁止派生，需要为类使用 sealed 修饰符。类似地，为成员使用 sealed 修饰符，会禁止子类继续重写该成员。

本章简单地提到所有类型都从 object 派生。第 10 章将进一步讨论这个问题。届时会讲解 object 的三个虚方法为重写提出的具体规则和原则。但在此之前，首先要掌握在面向对象编程的基础上发展起来的另一种编程模式：接口，这是第 8 章的主题。

本章最后探讨了如何使用 is 操作符以及 switch 语句和 C# 8.0 的 switch 表达式进行模式匹配。虽然 C# 7.0 提供了最初的模式匹配支持，但直到 C# 11，才实现了对这些功能的充分扩展。

# 第 **8** 章

## 接口

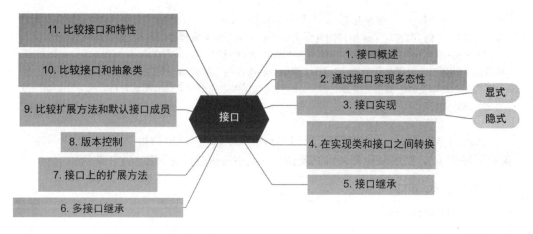

在 C# 语言中，并非只能通过继承实现多态性（像第 7 章讨论的那样），还能通过接口实现。和抽象类不同，在 C# 8.0 之前，接口不能包含任何实现。但即便是在 C# 8.0 中，除非是为了对接口进行"版本控制"，否则这个功能该不该使用都是两说。但和抽象类相似，接口也定义了一组成员，调用者可以认为这些成员都已实现。

类型通过实现接口来定义其功能。**接口实现关系**是一种"能做"(can do) 关系：类型"能做"接口所规定的事情。在"实现接口的类型"和"使用接口的代码"之间，接口订立了一个"契约"[①]。实现接口的类型必须使用接口要求的签名来定义方法。本章首先讨论了接口的实现和使用。最后，我们讨论了接口的默认实现成员，以及这一新特性所引入的多种思维模式和额外的复杂性。

---

① 译注：文档称为"协定"。

# 8.1 接口概述

 **初学者主题：为什么需要接口**

接口之所以有用，是因为和抽象类不同，它能将实现细节和所提供的服务完全隔开。接口好比电源插座。电如何输送到插座是实现细节：可能是煤电、核电或太阳能发电；发电机可能在隔壁，也可能在很远的地方。插座订立了"契约"。它以特定频率提供特定电压，要求使用该接口的电器提供兼容的插头。电器不必关心电如何输送到插座，只需提供兼容的插头。

来看看下面这个例子。目前有许多文件压缩格式，包括 .zip、.7-zip、.cab、.lha、.tar、.tar.gz、.tar、.bz2、.bh、.rar、.arj、.arc、.ace、.zoo、.gz、.bzip2、.xxe、.mime、.uue 以及 .yenc 等。如果为每种压缩格式都单独创建一个类，那么每个压缩实现都可能有不同的方法签名，无法在它们之间提供标准调用规范。虽然方法可以在基类中声明为抽象成员，但假如都从一个通用基类派生，那么会用掉唯一的基类机会 (C# 语言只允许单继承)。不同的压缩实现没什么通用的代码可以放到基类中，这使基类实现变得毫无意义。重点在于，基类除了允许共享成员签名，还允许共享实现。但是，接口只允许共享成员签名，不允许共享实现。

所以，此时不是共享一个通用基类，而是每个压缩类都实现一个通用的接口。接口订立了契约，类必须履行该契约才能与实现了该接口的其他类交互。虽然存在着多种压缩算法，但假如它们都实现了 **IFileCompression** 接口以及该接口的压缩方法 **Compress()** 和解压方法 **Uncompress()**，那么在需要压缩和解压时，只需执行到 **IFileCompression** 接口的一次转型，然后调用其成员方法即可，根本不用关心具体是哪个类在实现那些方法。这就实现了多态性：每个压缩类都有相同的方法签名，但签名的具体实现不同。

代码清单 8.1 展示了示例接口 **IFileCompression**。根据约定（该约定根深蒂固，根本不好改动），接口名称要采用 PascalCase 大小写规范，并附加一个 I 前缀。

**代码清单 8.1　定义接口**

```
interface IFileCompression
{
    void Compress(string targetFileName, string[] fileList);
    void Uncompress(
        string compressedFileName, string expandDirectoryName);
}
```

**IFileCompression** 定义了一个类为了与其他压缩类协作而必须实现的方法。接口的强大之处在于，调用者可以在不修改调用代码的情况下随便切换不同的实现。

在 C# 8.0 之前，接口的一个关键特征是不包含任何实现和数据（字段）。接口中的方法声明始终用一个分号来取代大括号。至于接口中的属性，虽然看起来像是自动实现的属性，但它没有支持字段。事实上，字段（数据）也不能在接口声明中出现。

从 C# 8.0 开始，关于接口的许多限制被放宽了。其主要目的是让接口在发布之后，仍然可以在一定限度之内做一些改变。本章要到 "C# 8.0 和更高版本的接口版本控制" 一节才开始介绍这些新特性。在此之前，我们的重点是基于接口来实现多态性。因为这才是接口最能发挥作用的地方。了解了这些传统知识之后，才能更容易地理解新的语言特性会在什么时候发挥作用。所以让我们暂时不提 C# 8.0，姑且认为接口中不能包含任何数据和实现。等到进入 C# 8.0 的领域之后再学习新规则。

　　在接口中声明的成员描述了在实现该接口的类型中必须能访问的成员。而所有非公共成员的目的都是阻止其他代码访问成员。因此，C#不允许为接口成员使用访问修饰符；相反，所有成员都自动为公共的。[①]

> ### 设计规范
> DO use PascalCasing and an "I" prefix for interface names.
> 接口名称要使用 Pascal 大小写风格，并附加"I"前缀。

## 8.2 通过接口实现多态性

　　下面来看看代码清单 8.2 展示的另一个例子，它的结果如输出 8.1 所示。任何类要通过 ConsoleListControl 类显示，就必须实现 IListable 接口所定义的成员。换言之，实现了 IListable 接口的任何类都可以用 ConsoleListControl 显示它自身。IListable 接口目前只要求只读属性 CellValues。

代码清单 8.2　实现和使用接口

```
public interface IListable
{
    // 返回一行中每个单元格的值
    string?[] CellValues { get; }
}

public abstract class PdaItem
{
    public PdaItem(string name)
    {
        Name = name;
    }

    public virtual string Name { get; set; }
}

public class Contact : PdaItem, IListable
{
    public Contact(string firstName, string lastName,
        string address, string phone)
        : base(GetName(firstName, lastName))
    {
        FirstName = firstName;
        LastName = lastName;
        Address = address;
```

---

① 在 C# 8.0 之前。

```
        Phone = phone;
    }

    public string FirstName { get; }
    public string LastName { get; }
    public string Address { get; }
    public string Phone { get; }
    public static string GetName(string firstName, string lastName)
        => $"{firstName} {lastName}";

    public string[] CellValues
    {
        get
        {
            return new string[]
            {
                FirstName,
                LastName,
                Phone,
                Address
            };
        }
    }

    public static string[] Headers
    {
        get
        {
            return new string[] {
                "First Name", "Last Name      ",
                "Phone          ",
                "Address                          " };
        }
    }
    // ...
}

public class Publication : IListable
{
    public Publication(string title, string author, int year)
    {
        Title = title;
        Author = author;
        Year = year;
    }

    public string Title { get; }
    public string Author { get; }
    public int Year { get; }

    public string?[] CellValues
    {
        get
        {
            return new string?[]
```

```
            {
                Title,
                Author,
                Year.ToString()
            };
        }
    }

    public static string[] Headers
    {
        get
        {
            return new string[] {
                "Title                                        ",
                "Author              ",
                "Year" };
        }
    }

    // ...
}

public class Program
{
    public static void Main()
    {
        Contact[] contacts = new Contact[]
        {
          new(
              "Dick", "Traci",
              "123 Main St., Spokane, WA  99037",
              "123-123-1234"),
          new(
              "Andrew", "Littman",
              "1417 Palmary St., Dallas, TX 55555",
              "555-123-4567"),
          new(
              "Mary", "Hartfelt",
              "1520 Thunder Way, Elizabethton, PA 44444",
              "444-123-4567"),
          new(
              "John", "Lindherst",
              "1 Aerial Way Dr., Monteray, NH 88888",
              "222-987-6543"),
          new(
              "Pat", "Wilson",
              "565 Irving Dr., Parksdale, FL 22222",
              "123-456-7890"),
          new(
              "Jane", "Doe",
              "123 Main St., Aurora, IL 66666",
              "333-345-6789")
        };

        // 类可以隐式转型为其支持的接口
```

```
        ConsoleListControl.List(Contact.Headers, contacts);

        Console.WriteLine();

        Publication[] publications = new Publication[3] {
            new(
                "The End of Poverty: Economic Possibilities for Our Time",
                "Jeffrey Sachs", 2006),
            new("Orthodoxy",
                "G.K. Chesterton", 1908),
            new(
                "The Hitchhiker's Guide to the Galaxy",
                "Douglas Adams", 1979)
            };
        ConsoleListControl.List(
            Publication.Headers, publications);
    }
}

public class ConsoleListControl
{
    public static void List(string[] headers, IListable[] items)
    {
        int[] columnWidths = DisplayHeaders(headers);

        for (int count = 0; count < items.Length; count++)
        {
            string?[] values = items[count].CellValues;
            DisplayItemRow(columnWidths, values);
        }
    }

    /// <summary> 显示列标题 </summary>
    /// <returns> 返回由列宽构成的一个数组 </returns>
    private static int[] DisplayHeaders(string[] headers)
    {
        // ...
    }

    private static void DisplayItemRow(
        int[] columnWidths, string?[] values)
    {
        // ...
    }
}
```

输出 8.1

```
First Name Last Name   Phone           Address
Dick       Traci       123-123-1234123 Main St., Spokane, WA  99037
Andrew     Littman     555-123-45671417 Palmary St., Dallas, TX 55555
Mary       Hartfelt    444-123-45671520 Thunder Way, Elizabethton, PA 44444
John       Lindherst   222-987-65431   Aerial Way Dr., Monteray, NH 88888
Pat        Wilson      123-456-7890565 Irving Dr., Parksdale, FL 22222
```

```
Jane        Doe          333-345-6789123  Main St., Aurora, IL 66666

Title                                               Author          Year
The End of Poverty: Economic Possibilities for Our Time  Jeffrey Sachs    2006
Orthodoxy                                           G.K. Chesterton  1908
The Hitchhiker's Guide to the Galaxy                Douglas Adams    1979
```

在代码清单 8.2 中，`ConsoleListControl` 可以显示看似无关的类 ( 即分别代表联系人和出版物的 `Contact` 和 `Publication` 类 )。一个类是否能显示，只取决于它是否实现了必要的接口。`ConsoleListControl.List()` 方法依赖多态性正确显示传给它的对象集合。每个类都有自己的 `CellValues` 实现。将类转型为 `IListable` 后，就可以调用特定的实现。

## 8.3 接口实现

声明类来实现接口，这类似于从基类派生——待实现的接口和基类名称以逗号分隔 ( 基类在前，接口顺序任意 )。类可以实现多个接口，但只能从一个基类直接派生，如代码清单 8.3 所示。

**代码清单 8.3　实现接口**

```
public class Contact : PdaItem, IListable, IComparable
{
    // ...

    #region IComparable 成员
    /// <summary>
    ///
    /// </summary>
    /// <param name="obj"></param>
    /// <returns>
    /// 小于零     该实例小于 obj
    /// 零          该实例等于 obj
    /// 大于零     该实例大于 obj
    /// </returns>
    public int CompareTo(object? obj) => obj switch
    {
        null => 1,
        Contact contact when ReferenceEquals(this, obj) => 0,
        Contact { LastName: string lastName }
            when LastName.CompareTo(lastName) != 0 =>
                LastName.CompareTo(lastName),
        Contact { FirstName: string firstName }
            when FirstName.CompareTo(firstName) != 0 =>
                FirstName.CompareTo(firstName),
        Contact _ => 0,
        _ => throw new ArgumentException(
            $" 参数不是 { nameof(Contact) } 类型的一个值 ",
            nameof(obj))
    };
    #endregion
}
```

```
    #region IListable 成员
    string?[] IListable.CellValues
    {
        get
        {
            return new string?[]
            {
                FirstName,
                LastName,
                Phone,
                Address
            };
        }
    }
    #endregion

    // ...
}
```

实现接口时，接口的所有（抽象[1]）成员都必须实现。抽象类可以提供接口成员的一个抽象实现。非抽象实现则可以在方法主体中抛出一个 NotImplementedException 异常。总之，无论如何都要为接口成员提供一个"实现"。

接口的一个重要特征是永远不能实例化。换言之，不能用 new 创建接口。因此，接口没有构造函数或终结器。只有实例化实现了接口的类型，才能使用接口实例。另外，接口不能包含静态成员[2]。接口为多态性而生，而假如没有实现接口的那个类型的实例，多态性的意义何在？

每个（未实现的[3]）接口成员都是抽象的，所有派生类都必须实现它。因此，不需要也不可能为接口成员显式添加 abstract 修饰符[4]。

在类型中实现接口成员时有两种方式：**显式**和**隐式**。之前在实现 IComparable 的 CompareTo 接口时，采用的是隐式实现，是用当前类型的 public 成员来实现接口成员。

## 8.3.1 显式成员实现

显式实现的方法只能通过接口本身调用，最典型的做法是将对象转型为接口。例如，在代码清单 8.4 中，是先将 Contact 对象转型为 IListable，然后调用 Contact 类显式实现的 CellValues 成员。

**代码清单 8.4　调用显式接口成员实现**

```
string?[] values;
Contact contact = new("Inigo Montoya");
// ...
```

① 向接口添加非抽象成员的能力是从 C# 8.0 开始才有的。本章最后才会解释，目前暂时忽略。
② 在 C# 8.0 之前。
③ 已实现的成员只有在 C# 8.0 或更高版本中才可以有。
④ 在 C# 8.0 之前。

```
// 错误：不能在 contact 上直接调用 CellValues
// values = contact.CellValues;

// 应首先转型为 IListable
values = ((IListable)contact).CellValues;

// ...
```

　　本例是在同一个语句中执行强制类型转换和调用 CellValues。但是，完全可以在调用 CellValues 之前先将 contact 赋给一个 IListable 变量。

　　为了显式实现接口成员，需要在接口成员名称前附加接口名称前缀，如代码清单 8.5 所示。

**代码清单 8.5　显式接口实现**

```
public class Contact : PdaItem, IListable, IComparable
{
    // ...
    #region IListable 成员
    string?[] IListable.CellValues
    {
        get
        {
            return new string?[]
            {
                FirstName,
                LastName,
                Phone,
                Address
            };
        }
    }
    #endregion
    // ...
}
```

　　代码清单 8.5 通过为属性名附加 **IListable** 前缀来显式实现 **CellValues**。此外，由于显式接口实现直接与接口关联，所以没必要使用 **virtual**、**override** 或者 **public** 来修饰它们。事实上，这些修饰符是不被允许的。这些成员不被视为类的公共成员，标注 **public** 有误导之嫌。

　　注意，虽然不允许用 override（重写）关键字来修饰接口，但在实现由接口定义的签名时，仍然可以把这个过程称为"重写"。

## 8.3.2　隐式成员实现

　　在代码清单 8.3 中，注意 **CompareTo()** 没有附加 **IComparable** 前缀，所以该成员是隐式实现的。要隐式实现成员，只要求成员是公共的，且签名与接口成员签名相符。接口成员实现不要求使用 **override** 关键字或者其他任何表明该成员与接口关联的指示符。此外，由于成员像其他类成员那样声明，所以可以像调用其他类成员那样直接调用隐式实现的成员：

```
result = contact1.CompareTo(contact2);
```

换言之，隐式成员实现不要求执行强制类型转换，因为成员能直接调用，没有在实现它的类型中被隐藏起来。[①]

显式实现不允许的许多修饰符对于隐式实现都是必须或可选的。例如，隐式成员实现必须是 public 的。还可以选择添加一个 virtual，但具体要取决于是否允许派生类重写实现。如果去掉 virtual，将导致成员被密封。

### 8.3.3　比较显式与隐式接口实现

隐式和显式接口成员实现之间的主要区别并不在于方法声明的语法，而在于是否能通过类型的实例直接访问该方法。对于显式实现，只能通过接口访问该方法。

建立类层次结构时，需要建模真实世界的"属于"(is a) 关系。例如，长颈鹿"属于"哺乳动物。这些是"语义"(semantic) 关系。而接口用于建模"机制"(mechanism) 关系。PdaItem "不属于"一种"可比较"(comparable) 的东西，但它仍然可以实现 IComparable 接口。该接口与语义模型无关，只是实现机制的细节。显式接口实现的目的就是将"机制问题"和"模型问题"分开。要求调用者先将对象转换为接口 ( 比如 IComparable)，然后才能认为对象"可比较"，从而显式区分你想在什么时候与模型沟通，以及想在什么时候处理实现机制。

一般来说，最好的做法是将一个类的公共层面限制成"全模型"，尽量少地涉及无关的机制。遗憾的是，有的机制在 .NET 中是不可避免的。例如，在现实世界中不能获得长颈鹿的哈希码，或者将长颈鹿转换成字符串。但在 .NET 中，可以获得 Giraffe( 长颈鹿 ) 类的哈希码 (GetHashCode())，并把它转换成字符串 (ToString())。将 object 作为通用基类，.NET 混合了模型代码和机制代码，即使混合程度仍然比较有限。

可通过回答以下问题来决定显式还是隐式实现。

- **成员是不是核心的类功能？**

  以 Contact 类的 CellValues 属性实现为例。该成员并非 Contact 类型的一个密不可分的部分，仅仅是辅助成员，可能只有 ConsoleListControl 类才会访问它。所以没必要把它设计成 Contact 对象的一个直接可见的成员，使本来就很庞大的成员列表变得更拥挤。

  作为一个反例，再来看看 IFileCompression.Compress() 成员。在 ZipCompression 类中包含隐式的 Compress() 实现是一个非常合理的选择，因为 Compress() 是 ZipCompression 类的核心功能，所以应当能从 ZipCompression 类直接访问。

---

[①] 译注：相反，显式实现的接口成员在当前类中会被隐藏，即这个实现在该类的外部不可见，不能直接访问。只有当对象被视为其接口类型时，这种成员才可以访问。

- **接口成员名称作为类成员名称是否恰当？**

  假定 ITrace 接口的 Dump() 成员将类的数据写入跟踪日志。在 Person 或者 Truck(卡车)类中隐式实现 Dump() 会混淆该方法的作用[①]。所以，更好的选择是显式实现，确保只能通过 ITrace 数据类型调用 Dump()，使该方法不会产生歧义。总之，假如成员的用途在实现类中不明确，就考虑显式实现。

- **是否已经有相同签名的类成员？**

  显式接口成员实现不会在类型的声明空间添加具名元素。所以，如果类型已存在可能冲突的成员，那么显式接口成员可与之同名、同签名。

大多数时候，我们都是凭直觉选择隐式还是显式接口成员实现。但在选择时参考上述问题可做出更稳妥的选择。由于从隐式变成显式会造成版本中断，因此较稳妥的做法是全部显式实现接口成员，使它们以后都能安全地变成隐式。另外，隐式还是显式不需要在所有接口成员之间保持一致，所以完全可以将部分成员定义成显式，将其他定义成隐式。

## 8.4　在实现类和接口之间转换

类似于派生类和基类的关系，实现类也可以隐式转换为接口，无需转型操作符。实现类的实例总是包含接口的全部成员，所以总是能成功转换为接口类型。

虽然从实现类型向接口的转换总是成功，但可能有多个类型实现了同一个接口。所以，无法保证从接口向实现类型的向下转型能成功。接口必须显式转型为它的某个实现类型。

## 8.5　接口继承

一个接口可以从另一个接口派生，派生的接口将继承"基接口"的所有成员[②]。如代码清单 8.6 所示，直接从 IReadableSettingsProvider 派生的接口是显式基接口。

**代码清单 8.6　从一个接口派生出另一个接口**

```
interface IReadableSettingsProvider
{
    string GetSetting(string name, string defaultValue);
}

interface ISettingsProvider : IReadableSettingsProvider
{
    void SetSetting(string name, string value);
}
```

---

① 译注：Dump 本来的意思是"转储"类的数据，但用于 Truck 类会把它同"卸货"联系起来，从而造成混淆。

② 从 C# 8.0 开始引入的非 private 成员除外。

```
public class FileSettingsProvider : ISettingsProvider
{
    #region ISettingsProvider 成员
    public void SetSetting(string name, string value)
    {
        // ...
    }
    #endregion

    #region IReadableSettingsProvider 成员
    public string GetSetting(string name, string defaultValue)
    {
        // ...
    }
    #endregion
}
```

本例的 **ISettingsProvider** 从 **IReadableSettingsProvider** 派生，所以会继承其成员。如后者还有一个显式基接口，那么 **ISettingsProvider** 也会继承其成员。总之，派生层次结构中的完整接口集合直接就是所有基接口的一个累积。

有趣的是，假如显式实现 **GetSetting()**，那么必须通过 **IReadableSettingsProvider** 进行。在代码清单 8.7 中，通过 **ISettingsProvider** 进行将无法编译，如输出 8.2 所示。

**代码清单 8.7　显式实现接口成员，但未提供正确的包容接口**

```
// 错误： GetSetting() 在 ISettingsProvider 上不可用
string ISettingsProvider.GetSetting(
    string name, string defaultValue)
{
    // ...
}
```

编译代码清单 8.7，会获得如输出 8.2 所示的错误信息。

**输出 8.2**

显式接口声明中的 "ISettingsProvider.GetSetting" 不是接口的成员。

伴随这个输出，还有一条错误信息指出 **IReadableSettingsProvider.GetSetting()** 尚有实现。显式实现接口成员时，必须在完全限定的接口成员名称中引用最初声明它的那个接口的名称。

即使类实现的是从基接口(**IReadableSettingsProvider**)派生的接口(**ISettings Provider**)，仍然可明确声明自己要实现这两个接口，如代码清单 8.8 所示。

**代码清单 8.8　在类声明中使用基接口**

```
public class FileSettingsProvider : ISettingsProvider,
    IReadableSettingsProvider
{
    #region ISettingsProvider 成员
```

```
    public void SetSetting(string name, string value)
    {
        // ...
    }
    #endregion

    #region IReadableSettingsProvider 成员
    public string GetSetting(string name, string defaultValue)
    {
        // ...
    }
    #endregion
}
```

在这个代码清单中，类的接口实现并无变化。虽然在类的 header 中提供额外的接口实现声明，这多少显得多余，但它带来了更好的可读性。

提供多个接口，而不是单独提供一个复合接口，这个决策在很大程度上依赖于接口设计者对实现类 (implementing class) 有什么要求。提供一个 **IReadableSettingsProvider** 接口，设计者告诉实现者只需实现一个用于检索 ( 读取 ) 设置的 setting provider，不需要实现向设置的写入，从而避免了复杂性，减轻了实现者的负担。

相反，但凡要实现 **ISettingsProvider**，任何类都不可能只支持写入而不支持读取。所以，**ISettingsProvider** 和 **IReadableSettingsProvider** 之间的继承关系强迫 **FileSettingsProvider** 类同时实现这两个接口。

最后要强调，虽然"继承"这个词用得没错，但更准确的说法是接口代表契约，而在一份契约中，可以指定另一份契约也必须遵守的条款。所以，**ISettingsProvider : IReadableSettingsProvider** 从概念上是说 **ISettingsProvider** 契约还要求遵守 **IReadableSettingsProvider** 契约，而不是说 **ISettingsProvider** "属于一种" **IReadableSettingsProvider**。话虽如此，但为了和标准的 C# 术语保持一致，本章剩余部分仍会使用继承关系术语。

## 8.6 多接口继承

就像类能实现多个接口那样，接口也能从多个接口继承，而且语法和类的继承 / 实现语法一致，如代码清单 8.9 所示。

代码清单 8.9　多接口继承

```
interface IReadableSettingsProvider
{
    string GetSetting(string name, string defaultValue);
}

interface IWriteableSettingsProvider
{
```

```
    void SetSetting(string name, string value);
}

interface ISettingsProvider : IReadableSettingsProvider,
    IWriteableSettingsProvider
{
}
```

很少出现无任何成员的接口。但是，假如要求同时实现两个接口，这就是一种合理的选择。代码清单 8.9 和代码清单 8.6 的区别在于，现在可以在不提供任何读取功能的前提下实现 IWriteableSettingsProvider。代码清单 8.6 的 FileSettingsProvider 不受影响，但假如它使用的是显式成员实现，就要以稍微不同的方式指定成员从属于哪个接口。

## 8.7  接口上的扩展方法

扩展方法的一个重要特点是除了能作用于类，还能作用于接口。语法和作用于类时一样。方法第一个参数是要扩展的接口，该参数必须附加 **this** 修饰符。代码清单 8.10 展示了在 Listable 类上声明、作用于 IListable 接口的一个扩展方法。

代码清单 8.10  接口扩展方法

```
public class Program
{
    public static void Main()
    {
        Contact[] contacts = new Contact[] {
            new(
                "Dick", "Traci",
                "123 Main St., Spokane, WA  99037",
                "123-123-1234")
            // ...
        };

        // 类隐式转换为它们支持的接口
        contacts.List(Contact.Headers);

        Console.WriteLine();

        Publication[] publications = new Publication[3] {
            new("The End of Poverty: Economic Possibilities for Our Time",
                "Jeffrey Sachs", 2006),
            new("Orthodoxy",
                "G.K. Chesterton", 1908),
            new(
                "The Hitchhiker's Guide to the Galaxy",
                "Douglas Adams", 1979)
        };
        publications.List(Publication.Headers);
```

```
    }
}

public static class Listable
{
    public static void List(
        this IListable[] items, string[] headers)
    {
        int[] columnWidths = DisplayHeaders(headers);

        for (int itemCount = 0; itemCount < items.Length; itemCount++)
        {
            if (items[itemCount] is not null)
            {
                string?[] values = items[itemCount].CellValues;

                DisplayItemRow(columnWidths, values);
            }
        }
    }
    // ...
}
```

注意，本例被扩展的不是 **IListable**( 虽然也可以 )，而是 **IListable[]**。这证明 C#
语言不仅能为特定类型的实例添加扩展方法，还允许为该类型的对象集合添加。对扩展方
法的支持是实现语言集成查询 (Language Integrated Query，LINQ) 的基础。**IEnumerable** 是
所有集合都要实现的基本接口。通过为 **IEnumerable** 定义扩展方法，所有集合都能享受
LINQ 支持。这显著改变了对象集合的编程方式，该主题将在第 15 章详细讨论。

**初学者主题：接口图示**

在 UML 风格的图中 ①，接口可能有两种形式。第一种，可以将接口显示成与类继承相似的继承关系。
在图 8.1 中，IPerson 和 IContact 之间的关系就是这样的。第二种，可以使用小圆圈显示接口，一
般将这种小圆圈称为 "棒棒糖" (lollipop)，如图 8.1 的 IPerson 和 IContact 所示。

在图 8.1 中，Contact 从 PdaItem 派生并实现 IContact。此外，它还聚合了 Person 类，后者实现
了 IPerson。虽然 Visual Studio 类设计器不支持，但接口有时也可以使用与派生关系相似的箭头来显
示。例如，在图 8.1 中，Person 可以连接一条箭头线到 IPerson，而不是画一个 "棒棒糖" 来表示。

---

① UML 是 Unified Modeling Language( 统一建模语言 ) 的简称，是一个用图来建模对象设计的标准规范。

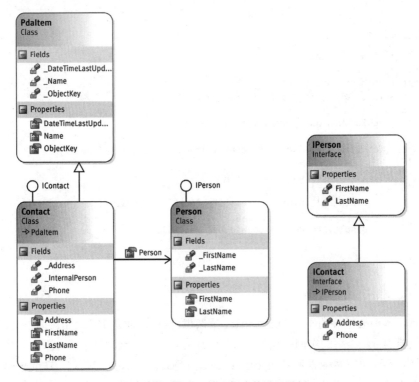

图 8.1  通过聚合和接口解决单继承限制

## 8.8  版本控制

在 C# 8.0 之前，如果创建的组件或应用程序是供其他开发人员使用的，那么在创建新版本的时候不应更改接口。接口在实现接口的类和使用接口的类之间订立了契约，修改接口相当于修改契约，会使基于接口写的代码失效。

更改或删除特定接口成员的签名显然会造成现有代码的中断，因为除非现有的代码同步修改，否则对该成员的任何调用都不再能够编译。更改类的 **public** 或 **protected** 成员签名也会这样。但和类不同，在接口中添加成员也可能造成代码无法编译——除非进行额外的修改。问题在于，实现接口的任何类都必须完整地实现，必须提供针对所有成员的实现。添加新接口成员后，编译器会要求开发人员在实现接口的类中添加新的接口成员。

从 C# 8.0 开始，"不应更改接口"规则略有变化。C# 8.0 允许在接口中为成员提供默认实现，这样就可以在接口中添加成员，同时不会在现有实现上触发编译器错误（虽然仍然不能以版本兼容的方式删除或修改现有成员）。在 C# 8.0 之前，要达到类似于更改接口的结果，只能通过添加额外的接口来实现。本节将同时讨论这两种方法。

> **设计规范**
>
> DO NOT add members without a default implementation to a published interface.
>
> 不要为已发布的接口添加没有默认实现的成员。

## 8.8.1 C# 8.0 之前的接口版本控制

来看看代码清单 8.11 的 `IDistributedSettingsProvider` 接口，它很好地演示了如何以一种版本兼容的方式扩展现有接口。假定最开始只定义了 `ISettingsProvider` 接口 ( 如代码清单 8.6 所示 )。但新版本要求设置能分布到多个资源 (URI[①])，或许每台机器都单独保存一套。为此，我们创建了 `IDistributedSettingsProvider`，它从 `ISettingsProvider` 派生。

**代码清单 8.11　一个接口从另一个派生**

```
interface IDistributedSettingsProvider : ISettingsProvider
{
    /// <summary>
    /// 获取特定 URI 的设置
    /// </summary>
    /// <param name="uri">
    /// 和设置关联的 URI 名称 </param>
    /// <param name="name"> 设置名称 </param>
    /// <param name="defaultValue">
    /// 在设置未找到的前提下返回的值 </param>
    /// <returns> 指定的设置 </returns>
    string GetSetting(
        string uri, string name, string defaultValue);

    /// <summary>
    /// 为特定 URI 进行设置
    /// </summary>
    /// <param name="uri">
    /// 和设置关联的 URI 名称 </param>
    /// <param name="name"> 设置名称 </param>
    /// <param name="value"> 要持久化存储的值 </param>
    /// <returns> 指定的设置 </returns>
    void SetSetting(
        string uri, string name, string value);
}
```

该设计的重点在于，其他实现了 `ISettingsProvider` 的程序员可选择升级自己的实现来包含 `IDistributedSettingsProvider`，也可选择忽略它。

但是，如果不是新建接口，而是在现有的 `ISettingsProvider` 接口中添加与 URI 相关的方法，那么在新的接口定义下，实现了该接口的类就不再能成功编译。这个改变造成了版本中断，不管是在二进制级别上，还是在源代码级别上。

---

① URI 是 Universal Resource Identifier 的简称。

开发阶段当然能随便更改接口，虽然开发人员可能要为此付出不少劳动（为了面面俱到）。但发布了就不要更改。相反，应创建第二个接口（可从原始接口派生）。注意，代码清单 8.11 使用了对接口成员进行描述的 XML 注释，第 10 章会详细解释这种注释。

## 8.8.2 C# 8.0 之后的接口版本控制

到目前为止，我们只提到了 C# 8.0 对接口的功能扩展，但尚未做具体介绍。本节将介绍一个新概念：**默认接口成员**。如前所述，在 C# 8.0 之前，对已发布的接口做任何更改都会导致基于该接口的程序中断。也就是说，接口一旦发布就不可更改。但是，从 C# 8.0 开始，微软引入了一个新的语言特性，允许在接口中加入成员的实现。换言之，是具体的成员，而非只是声明。代码清单 8.12 的 **CellColors** 属性展示了一个例子。

**代码清单 8.12　用默认接口成员对接口进行版本控制**

```
public interface IListable
{
    // 返回一行中每个单元格的值
    string?[] CellValues
    {
        get;
    }

    ConsoleColor[] CellColors
    {
        get
        {
            var result = new ConsoleColor[CellValues.Length];
            // 使用泛型 Array 方法来填充数组
            // （参见第 12 章）
            Array.Fill(result, DefaultColumnColor);
            return result;
        }
    }
    static public ConsoleColor DefaultColumnColor { get; set; }
}

// ...

public class Contact : PdaItem, IListable
{
    // ...

    #region IListable
    string[] IListable.CellValues
    {
        get
        {
            return new string[]
            {
                FirstName,
```

```
                    LastName,
                    Phone,
                    Address
                };
            }
        }
        // *** 未提供 CellColors 的实现 *** //
        #endregion IListable

        // ...
}

public class Publication : IListable
{
        // ...
        #region IListable
        string?[] IListable.CellValues
        {
            get
            {
                return new string[]
                {
                    Title,
                    Author,
                    Year.ToString()
                };
            }
        }
```

```
        ConsoleColor[] IListable.CellColors
        {
            get
            {
                string?[] columns = ((IListable)this).CellValues;
                ConsoleColor[] result = ((IListable)this).CellColors;
                if (columns[YearIndex]?.Length != 4)
                {
                    result[YearIndex] = ConsoleColor.Red;
                }
                return result;
            }
        }
```

```
        #endregion IListable
        // ...
}
```

　　注意，本例添加了 **CellColors** 属性的取值方法 (getter)。如你所见，尽管它是接口的成员，但还是包括了一个具体的实现。这个语言特性称为**默认接口成员**，因为它为该方法提供了一个默认实现。这样一来，任何实现该接口的类都会拥有一个默认实现，以后即使接口有了额外的成员，只要这些成员提供了默认实现，代码就会继续编译而无需任何更改。例如，**Contact** 类就没有为 **CellColors** 属性的 getter 提供实现，所以它依赖于 **IListable** 接口提供的默认实现。

当然，完全可以在实现类中重写方法的默认实现，以提供更适合该类的不同行为。这种行为与实现本章开头概述的多态性的目的是一致的。

然而，默认接口成员还具有额外的特性。其主要目的是支持默认接口成员的重构（尽管有些人会对这种解释有所争议）。将它们用于其他任何目的，都表明代码结构可能存在缺陷，因为这意味着接口被用于除了"实现多态性"以外的其他目的。表 8.1 列出了额外的语言构造及其存在的一些重要限制。[1]

表 8.1　默认接口重构特性

| C# 8.0 引入的接口构造 | 示例代码 |
|---|---|
| **静态成员**<br><br>可以在接口上定义静态成员，包括字段、构造函数和方法（甚至可以定义一个静态 Main 法，即程序的入口点）。接口上的静态成员的默认访问可访问性是 public | ```csharp<br>public interface ISampleInterface<br>{<br>    private static string? _Field;<br>    public static string? Field<br>    {<br>        get => _Field;<br>        private set => _Field = value;<br>    }<br>    static ISampleInterface() =><br>        Field = "Nelson Mandela";<br>    public static string? GetField() =><br>        Field;<br>}<br>``` |
| **已实现的实例属性和方法**<br><br>可以在接口上定义已实现的属性和成员。由于不支持实例字段，所以属性不能依赖于支持字段。另外，也不支持自动实现的属性。注意，为了访问默认实现的属性，必须把它转型为包含该成员的接口。在右边的例子中，除非 Person 类实现 IPerson 类规定的属性（名字、姓氏等），否则不可以使用默认接口成员 Name | ```csharp<br>public interface IPerson<br>{<br>    // 标准的抽象属性定义<br>    string FirstName { get; set; }<br>    string LastName { get; set; }<br>    // 已实现的实例属性和方法<br>    public string Name => GetName();<br>    public string GetName() =><br>        $"{FirstName} {LastName}";<br>}<br>public class Person : IPerson<br>{<br>    // ...<br>}<br>public class Program<br>{<br>    public static void Main()<br>    {<br>        Person inigo = new<br>            Person("Inigo", "Montoya");<br>        Console.Write(((IPerson)inigo).Name);<br>    }<br>}<br>``` |

---

[1] 译注：完整表格已在本书配套资源中提供，详情访问 *https://bookzhou.com* 或本书 GitHub 项目。

| C# 8.0 引入的接口构造 | 示例代码 |
| --- | --- |
| **public 访问修饰符**<br><br>这是所有实例接口成员的默认可访问性。人为添加此关键字，有助于澄清代码的可访问性。但要注意，无论是否有 public 访问修饰符，编译器生成的 CIL 代码都是一样的 | ```cs<br>public interface IPerson<br>{<br>    // 所有成员默认 public<br>    string FirstName { get; set; }<br>    public string LastName { get; set; }<br>    string Initials<br>        => $"{FirstName[0]}{LastName[0]}";<br>    public string Name => GetName();<br>    public string GetName()<br>        => $"{FirstName} {LastName}";<br>}<br>``` |
| **protected 访问修饰符**<br><br>只能从当前接口或派生接口中访问 | ```cs<br>public interface IPerson<br>{<br>    // ...<br>    protected void Initialize() =><br>        { /* ... */ };<br>}<br>``` |
| **private 访问修饰符**<br><br>private 访问修饰符限制成员仅在声明它的接口中可用。它设计用于支持默认接口成员的重构。所有私有成员必须包括一个实现 | ```cs<br>public interface IPerson<br>{<br>    string FirstName { get; set; }<br>    string LastName { get; set; }<br>    string Name => GetName();<br>    private string GetName() =><br>        $"{FirstName} {LastName}";<br>}<br>``` |
| **internal 访问修饰符**<br><br>internal 成员只在声明它们的同一程序集内可见 | ```cs<br>public interface IPerson<br>{<br>    string FirstName { get; set; }<br>    string LastName { get; set; }<br>    string Name => GetName();<br>    internal string GetName() =><br>        $"{FirstName} {LastName}";<br>}<br>``` |
| **protected internal 访问修饰符**<br><br>protected internal 成员是 protected 和 internal 的超集，其可见性限于同一程序集，以及从包容接口派生的其他接口。类似于 protected 成员，程序集外部的类看不到 protected internal 成员 | ```cs<br>public interface IPerson<br>{<br>    string FirstName { get; set; }<br>    string LastName { get; set; }<br>    string Name => GetName();<br>    protected internal string GetName() =><br>        $"{FirstName} {LastName}";<br>}<br>``` |

| C# 8.0 引入的接口构造 | 示例代码 |
|---|---|

**private protected 访问修饰符**

只有在当前接口或派生接口中才能访问 private protected 成员。即使实现了接口的类也无法访问 private protected 成员。在右侧的 Person 类中，PersonTitle 属性就是一个错误示范

```csharp
class Program
{
    static void Main()
    {
        IPerson? person = null;
        // 实现接口的类不能调用
        // private protected 接口成员
        _ = person?.GetName();
        Console.WriteLine(person);
    }
}
public interface IPerson
{
    string FirstName { get; }
    string LastName { get; }
    string Name => GetName();
    private protected string GetName() =>
        $"{FirstName} {LastName}";
}
public interface IEmployee : IPerson
{

    int EmployeeId
        => GetName().GetHashCode();
}

public class Person : IPerson
{
    public Person(string firstName,
        string lastName)
    {
        FirstName = firstName ??
            throw new
ArgumentNullException(nameof(firstName));
        LastName = lastName ??
            throw new
ArgumentNullException(nameof(lastName));
    }
    public string FirstName { get; }
    public string LastName { get; }

    // private protected 接口成员不能在实现
    // 该接口的类中访问。
    public string PersonTitle =>
        GetName().ToUpper();
}
```

| C# 8.0 引入的接口构造 | 示例代码 |
|---|---|
| **virtual 修饰符**<br><br>接口中已实现的成员默认 virtual，这意味着当调用接口成员时，会调用该方法具有相同签名的派生实现 (如果有的话)。但是，和 public 访问修饰符一样，可以显式地将一个成员标记为 virtual，从而增强可读性。未实现的接口成员不允许使用 virtual 修饰符。和其他时候一样，virtual 修饰符与 private、static 和 sealed 修饰符不兼容 | ```csharp
public interface IPerson
{
    // 未提供实现的接口成员不允许 virtual
    string FirstName { get; set; }
    string LastName { get; set; }
    virtual string Name => GetName();
    private string GetName() =>
        $"{FirstName} {LastName}";
}
``` |
| **sealed 修饰符**<br><br>为了防止实现接口的类重写方法，可以将其标记为 sealed，确保实现类无法修改方法实现 | ```csharp
public interface IWorkflowActivity
{
    // 私有，所以非虚
    private static void Start() =>
      Console.WriteLine(
        "IWorkflowActivity.Start()...");

    // 密封以防止重写
    sealed void Run()
    {
        try
        {

            Start();
            InternalRun();
        }
        finally
        {
            Stop();
        }
    }

    protected void InternalRun();
    // 私有，所以非虚
    private static void Stop() =>
      Console.WriteLine(
        "IWorkflowActivity.Stop()..");
}
``` |
| **abstract 修饰符**<br><br>只有未提供实现的成员才可使用 abstract 修饰符，但写等于没写，因为这种成员默认抽象。所有抽象成员都自动 virtual；将抽象成员显式声明为 virtual 会引发编译错误 | ```csharp
public interface IPerson
{
    // 没有实现的成员可以 abstract
    abstract string FirstName { get; set; }
    string LastName { get; set; }
    // 有实现的成员不允许 abstract
    string Name => GetName();
    private string GetName() =>
        $"{FirstName} {LastName}";
}
``` |
```

| C# 8.0 引入的接口构造 | 示例代码 |
|---|---|
| **分部接口和分部方法**<br><br>现在可提供方法的分部 (partial) 实现，这些方法不能有输出数据 (return 或 ref/out)，并可选择在同一接口的第二个声明中提供完全实现的方法。分部方法总是 private 的，它们不支持访问修饰符 | ```csharp
public partial interface IThing
{
    string Value { get; protected set; }
    void SetValue(string value)
    {
        AssertValueIsValid(value);
        Value = value;
    }

    static partial void
        AssertValueIsValid(string value);
}

public partial interface IThing
{
    static partial void
        AssertValueIsValid(string value)
    {
        // 值无效就抛出异常

        switch (value)
        {
          case null:
            throw new
             ArgumentNullException(
                 nameof(value));
          case "":
            throw new ArgumentException(
                "空串无效", nameof(value));
          case string _ when
            string.IsNullOrWhiteSpace(value):
              throw new ArgumentException(
                  "不能为空白字符",
                  nameof(value));
        };
    }
}
``` |

　　表 8.1 中，有几点必须注意。首先，接口不支持自动实现的属性，因为不支持实例字段 ( 自动实现属性必需的支持字段 )。这与抽象类形成了显著区别，后者支持实例字段和自动实现的属性。

　　其次，接口上的静态成员也默认公共。虽然静态成员必须有一个实现，而且在这方面完全相当于类的静态成员，但与之相反的是，接口实例成员的目的是支持多态性，因此它们默认 public。
```

## 8.8.3 受保护接口成员提供了额外的封装和多态性

创建类的时候，程序员应谨慎选择是否允许方法被重写，因为他们无法控制派生类的实现。虚方法不应包含关键代码，因为一旦派生类重写了这些方法，这些代码可能永远得不到调用。

代码清单 8.13 展示了一个名为 Run() 的虚方法。如果 WorkflowActivity 的程序员希望在调用 Run() 的时候，关键的 Start() 方法和 Stop() 方法也得到调用，那么希望可能落空，Run() 方法可能失败。

**代码清单 8.13　鲁莽地依赖虚方法实现**

```
public class WorkflowActivity
{
    private static void Start()
    {
        // 关键代码
    }
    public virtual void Run()
    {
        Start();
        // 做某事 ...
        Stop();
    }
    private static void Stop()
    {
        // 关键代码
    }
}
```

重写 Run() 方法时，开发者完全可能不会调用关键的 Start() 方法和 Stop() 方法。现在，让我们考虑一个完全实现了此场景的版本，它具有以下封装要求：

- 不允许重写 Run()；
- 不允许调用 Start() 或 Stop()，因其执行顺序完全受其包容类型 ( 我们将其命名为 IWorkflowActivity) 的控制；
- 允许替换 "做某事……" 代码块中执行的内容；
- 如果重写 Start() 和 Stop() 有合理的理由，那么实现它们的类就不应调用它们，它们成了基实现的一部分；
- 允许派生类型提供一个 Run() 方法，但在 IWorkflowActivity 上调用 Run() 时，不应调用该派生类型的 Run()。

为了满足所有这些要求，C# 8.0 提供了对 protected 接口成员的支持，它和类的 protected 成员存在一些显著的差异。代码清单 8.14 演示了这些差异，输出 8.3 展示了结果。

**代码清单 8.14　强制按要求封装 Run()**

```
public interface IWorkflowActivity
{
```

```csharp
    // 私有，因此非虚
    private static void Start() =>
        Console.WriteLine(
            "IWorkflowActivity.Start()...");

    // 密封以防止重写
    sealed void Run()
    {
        try
        {
            Start();
            InternalRun();
        }
        finally
        {
            Stop();
        }
    }

    protected void InternalRun();

    // 私有，因此非虚
    private static void Stop() =>
        Console.WriteLine(
            "IWorkflowActivity.Stop()...");
}

public interface IExecuteProcessActivity : IWorkflowActivity
{
    protected void RedirectStandardInOut() =>
        Console.WriteLine(
            "IExecuteProcessActivity.RedirectStandardInOut()...");

    // 密封的不允许重写
    void IWorkflowActivity.InternalRun()
    {
        RedirectStandardInOut();
        ExecuteProcess();
        RestoreStandardInOut();
    }
    protected void ExecuteProcess();
    protected void RestoreStandardInOut() =>
        Console.WriteLine(
            "IExecuteProcessActivity.RestoreStandardInOut()...");
}

public class ExecuteProcessActivity : IExecuteProcessActivity
{
    public ExecuteProcessActivity(string executablePath) =>
        ExecutableName = executablePath
            ?? throw new ArgumentNullException(nameof(executablePath));

    public string ExecutableName { get; }
```

```
void IExecuteProcessActivity.RedirectStandardInOut() =>
    Console.WriteLine(
        "ExecuteProcessActivity.RedirectStandardInOut()...");

void IExecuteProcessActivity.ExecuteProcess() =>
    Console.WriteLine(
        $"ExecuteProcessActivity.IExecuteProcessActivity.ExecuteProcess()...");

public static void Run()
{
    ExecuteProcessActivity activity = new("dotnet");
    // 受保护成员不可由实现类调用，
    // 即使该成员是在类中实现的。
    // ((IWorkflowActivity)this).InternalRun();
    //   activity.RedirectStandardInOut();
    //   activity.ExecuteProcess();
    Console.WriteLine(
        @$" 正在用进程 '{activity.ExecutableName}' 执行非多态性的 Run()。");
}
}

public class Program
{
    public static void Main()
    {
        ExecuteProcessActivity activity = new("dotnet");

        Console.WriteLine(
            " 正在调用 ((IExecuteProcessActivity)activity).Run()...");
        // 输出：
        // 正在调用 ((IExecuteProcessActivity)activity).Run()...
        // IWorkflowActivity.Start()...
        // ExecuteProcessActivity.RedirectStandardInOut()...
        // ExecuteProcessActivity.IExecuteProcessActivity.
        // ExecuteProcess()...
        // IExecuteProcessActivity.RestoreStandardInOut()...
        // IWorkflowActivity.Stop()..
        ((IExecuteProcessActivity)activity).Run();

        // 输出：
        // 正在调用 activity.Run()...
        // 正在用进程 'dotnet' 执行非多态性的 Run()。
        Console.WriteLine();
        Console.WriteLine(
            " 正在调用 activity.Run()...");
        ExecuteProcessActivity.Run();
    }
}
```

输出 8.3

```
正在调用 ((IExecuteProcessActivity)activity).Run()...
IWorkflowActivity.Start()...
ExecuteProcessActivity.RedirectStandardInOut()...
```

```
ExecuteProcessActivity.IExecuteProcessActivity.ExecuteProcess()...
IExecuteProcessActivity.RestoreStandardInOut()...
IWorkflowActivity.Stop()...

正在调用 activity.Run()...
正在用进程 'dotnet' 执行非多态性的 Run()。
```

注意，IWorkflowActivity.Run() 被标记为 sealed，因此非虚。这阻止了任何派生类型更改其实现。给定一个 IWorkflowActivity 类型，在它上面的任何 Run() 调用将始终执行 IWorkflowActivity 的实现。

IWorkflowActivity 的 Start() 和 Stop() 方法是私有的，所以对所有其他类型都不可见。尽管 IExecuteProcessActivity 看似有启动 / 停止类型的活动，但 IWorkflowActivity 并不允许替换其实现。

IWorkflowActivity 定义了一个受保护的 InternalRun() 方法，允许 IExecuteProcess Activity( 以及 ExecuteProcessActivity，如果需要 ) 重载它。但要注意的是，ExecuteProcessActivity 的任何成员都不能调用 InternalRun()。可能这个方法永远不应该脱离 Start() 和 Stop() 的顺序运行，所以只有层次结构中的接口 (IWorkflowActivity 或 IExecuteProcessActivity) 被允许调用受保护成员。

所有受保护接口成员都可以重写任何默认接口成员，前提是要显式地进行。例如，ExecuteProcessActivity 接口所实现的 RedirectStandardInOut() 方法和 ExecuteProcess() 方法都显式添加了 IExecuteProcessActivity 前缀。另外，与受保护的 InternalRun() 方法一样，实现接口的类型不能调用受保护成员；例如，不能在 ExecuteProcessActivity 类中调用 RedirectStandardInOut() 和 ExecuteProcess()，尽管它们是在该类中实现的。

RedirectStandardInOut() 和 RestoreStandardInOut() 虽然没有显式声明为 virtual，但它们其实都是虚方法 ( 成员除非密封，否则均默认为虚 )。因此，当 IExecuteProcessActivity.InternalRun() 调用 RedirectStandardInOut() 时，调用的是 ExecuteProcessActivity 的实现，而非 IExecuteProcessActivity 的实现。

实现接口的类型可能提供与接口中的 sealed 签名匹配的方法。例如，假定 ExecuteProcessActivity 提供了与 IWorkflowActivity 中的 sealed Run() 签名匹配的同名 Run()，那么会执行与该类型关联的实现。换言之，Program. Main() 在调用 ((IExecuteProcessActivity)activity).Run() 的时候，调用的是 IExecuteProcessActivity.Run()，而 activity.Run() 调用的是 ExecuteProessActivity.Run()——其中 activity 是 ExecuteProcessActivity 类型。

总的来说，使用受保护接口成员以及其他成员修饰符提供的封装，我们可以获得一个全面的封装机制——尽管肯定有些复杂。

## 8.9 比较扩展方法和默认接口成员

需要向一个已经发布了的接口添加功能时，相比扩展方法和派生出一个新接口，什么情况下选择添加默认接口方法更好？要对此做出明智的选择，需要考虑以下因素。

- 通过在接口的实例上实现具有相同签名的方法，都可以做到概念上"重写"。
- 扩展方法可以在任何程序集中实现，并不局限于接口所在的程序集。
- 虽然允许默认接口属性，但由于接口不允许实例字段，因此在接口中实现计算属性是比较困难的。
- 虽然不支持"扩展属性"，但可以用所谓的 getter 扩展方法（例如，GetData()）来实现计算。这样就不局限于 C# 8.0 或者 .NET Core 3.0 之后的版本了。
- 从旧接口派生出新接口，可以在其中自由添加新的功能，不仅不会引起版本不兼容的问题，而且还不受框架的限制。
- 如果选择派生出新接口，那么需要修改实现类，让它实现新接口并利用新的功能。
- 默认接口成员只能通过接口类型来调用。即使是实现了该接口的类型，除非转型为接口，否则也不能访问默认接口成员。换言之，除非在基类中提供了一个实现，否则默认接口成员的行为类似于显式实现的接口成员。
- 接口可以定义 protected virtual 成员，但这种成员只能由当前接口和派生接口使用，不能在实现了接口的类中使用。
- 实现类可以重写默认接口成员，从而允许每个类根据需要定义行为。使用扩展方法时，具体怎么绑定是基于编译时可以访问的扩展方法来解析的。结果就是，具体使用哪个实现，是在编译时而不是在运行时确定的。因此，使用扩展方法时，实现类的作者无法为从库中调用的方法提供不同的实现。例如，System.Linq.Enumerable.Count() 的作用是获取集合中的元素数量，它通过转型为基于索引的 List 来提供了一个特殊的实现，能直接计数，效率很高。结果就是，为了利用这种效率的提升，唯一的办法就是实现一个基于 List 的接口。相比之下，使用默认接口实现，任何实现类都可以重写此方法以提供更好的版本。

总之，只有通过第二个接口或者默认接口成员，才能添加属性的多态行为。当更新的接口仅包含方法而不包含属性时，优先选择扩展方法。

---

■ 设计规范

1. CONSIDER using extension methods or an additional interface in place of default interface members when adding methods to a published interface.

如果需要为已发布的接口添加新方法，要考虑使用扩展方法或派生出一个新接口，而不是使用默认接口成员。

2. DO use extension methods when the interface providing the polymorphic behavior is not under your control.

如果提供多态行为的接口不受你的控制，则要使用扩展方法。

## 8.10　比较接口和抽象类

接口引入了另一类的数据类型（是少数不扩展 System.Object 的类型之一 [1]）。但和类不同，接口永远不能实例化。只能通过对实现了接口的一个对象的引用来访问接口实例。不能用 new 操作符创建接口实例。所以，接口不能包含任何构造函数或终结器。在 C# 8.0 之前，接口不允许静态成员。

接口近似于抽象类，有一些共同点，比如都缺少实例化能力。表 8.2 对它们进行了比较。鉴于抽象类和接口各有优势和劣势，所以必须根据表 8.2 进行的比较和后续的设计规范，做出最符合成本效益的决策。

表 8.1　比较抽象类和接口

| 抽象类 | 接口 |
| --- | --- |
| 不能直接实例化，只能实例化一个非抽象的派生类 | 不能直接实例化，只能实例化一个实现类型 |
| 派生类要么自己也是抽象的，要么必须实现所有抽象成员 | 实现类型必须实例化所有接口成员 |
| 可以添加额外的非抽象成员，由所有派生类继承，不会破坏跨版本兼容性 | 从 C# 8.0/.NET Core 3.0 开始，可以添加额外的默认接口成员，由所有派生类继承，而不会中断跨版本兼容性 |
| 可以声明方法、属性和字段（以及其他所有成员类型，包括构造函数和终结器） | 实例成员限于方法和属性，不能声明字段、构造函数或终结器。静态成员则没有限制，可以声明静态构造函数、静态事件和静态字段 |
| 成员可以为实例或静态，甚至可以为抽象，非抽象成员可以提供默认实现供派生类使用 | 从 C# 8.0/.NET Core 3.0 开始，成员可以为实例、抽象或静态，甚至可以为非抽象成员提供实现供派生类使用 |
| 可以声明虚成员。不应重写的成员不要声明为 virtual（参见代码清单 8.13） | 所有（非密封）成员都是虚成员，不管是否显式声明为 virtual。因此，接口没有办法阻止重写行为 |
| 派生类只能从一个基类派生（单继承） | 实现类型可实现任意多的接口 |
| 不支持静态抽象成员 | C# 11 引入了静态抽象成员 |

---

[1] 不扩展 System.Object 的还有指针类型和"类型参数"类型。不过，每个接口类型都可以转换为 System.Object，并允许在接口的任何实例上调用 System.Object 的方法。所以，这个区别或许有点儿吹毛求疵。

　　总的来说，如果能在 .NET Core 3.0 或更高版本的框架上开发，那么 C# 8.0( 或更高版本 ) 定义的接口具有抽象类的几乎所有能力。虽然不能在接口中声明实例字段，但由于实现类型可以重写接口定义的属性以提供存储，而接口可以利用这种存储，所以接口实际上提供了抽象类所提供的所有功能的一个超集。此外，`protected` 接口成员提供了更好的封装性，并能模拟多继承。但要注意的是，默认接口成员的目的是进行版本控制而不是实现多态性，因此在需要多态性的时候，使用这种成员需谨慎。

　　C# 11 增加了对静态抽象 (`static abstract`) 成员的支持。由于这些功能在没有泛型的情况下无法完全发挥作用，因此我们将在第 12 章重拾这一话题。

## 8.11 比较接口和特性

　　有的时候，我们使用无任何成员的接口 ( 无论直接定义还是继承的成员都没有 ) 来描述关于类型的信息。例如，可以创建名为 `IObsolete` 的一个标记接口 (marker interface) 指出某类型已被另一类型取代。② 一般认为这是对接口机制的"滥用"；接口应表示类型能执行的功能，而非陈述关于类型的事实。所以这时不是使用标记接口，而是改为使用特性 (attribute)。详情参见第 18 章。

## 8.12 小结

　　接口是 C# 语言面向对象编程的关键元素，提供了和抽象类相似的多态能力。同时，由于类能同时实现多个接口，所以还不占用单继承的机会。从 C# 8.0/.NET Core 3.0 开始，

---

① 译注：例如，你可能已经有一个 `Animal` 基类和几个派生类如 `Dog` 和 `Cat`。如果想为某些动物类 ( 例如 `Bird`) 添加特定的行为 ( 例如，`IFlyable` 表示它们可以飞 )，那么定义一个接口而不是使所有动物都继承同一个"能飞的动物"基类更为合适。

② 译注：例如，假定 `OldClass` 已经废弃，不建议继续使用。如果用标记接口的方式，就是让该类从空无一物的标记接口继承。例如，`class OldClass : IObsolete{}`。但是，不建议采用这种方法，而是改为使用特性。例如，在类的声明前加一个 `[Obsolete("OldClass 已启用，改为使用 NewClass")]` 特性。

接口可以通过"默认接口成员"来包含实现，这使其几乎成为抽象类所提供的所有功能的一个超集。当然，这同时也放弃了向后兼容。

　　在 C# 语言中，接口可以显式或隐式实现，具体取决于实现类是直接公开接口成员，还是通过到接口的强制转换来公开。此外，对显式和隐式的决定是在接口成员的级别上做出的。可以隐式实现接口的一个成员，显式实现接口的另一个成员。

# 第 **9** 章

## 结构和记录

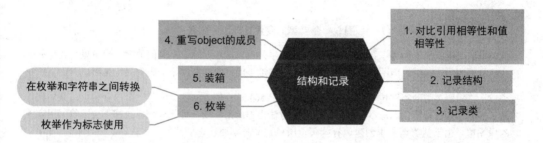

到目前为止，本书已经使用了大量值类型，例如 int。本章不仅要讨论值类型的使用，还要讨论如何自定义值类型。值类型的一个关键概念是能够比较实例是否具有相同的值，这一概念也适用于引用类型。然而，现在不必从头编码这一功能。C# 9.0 和 C# 10.0 分别引入了记录类 (record class) 和记录结构 (record struct)，从而提供了所谓的**记录构造** (record construct)，可以极大地简化编码过程。本章将探讨结构、记录和一种称为"枚举"的特殊值类型。

自定义结构要想正确实现，存在一些明显的复杂性，而且相对来说也很少需要。结构在 C# 开发中自然扮演着一个重要的角色，但与自定义类相比，开发者平时声明的自定义结构是相当少的。在需要与非托管代码互操作的代码中，才有可能需要频繁使用自定义结构。此外，除非是单个值，占用内存为 16 字节或更少，不可变，而且很少装箱，否则不宜定义结构。本章将更详细地讨论这些概念。

■ 设计规范

DO NOT define a struct unless it logically represents a single value, consumes 16 bytes or less of storage, is immutable, and is infrequently boxed.

除非结构在逻辑上代表单个值，占用内存为 16 字节或更少，不可变，而且很少发生装箱，否则**不要定义结构**。

**初学者主题：类型的分类**

迄今为止讨论的所有类型都属于两个类别之一：引用类型和值类型。两者区别在于拷贝策略。不同策略造成每种类型在内存中以不同方式存储。为巩固之前所学，这里重新总结一下值类型和引用类型，以便温故而知新。

**值类型**

**值类型**的变量直接包含数据，如图 9.1 所示。换言之，变量名直接与值的存储位置关联。因此，将原始变量的值赋给另一个变量，会在新变量的位置创建原始变量值的内存拷贝。两个值类型的变量不可能引用同一个内存位置 ( 除非其中一个或两个是 out 或 ref 参数；根据定义，这种参数是另一个变量的别名 )，所以更改一个变量的值不会影响另一个变量。

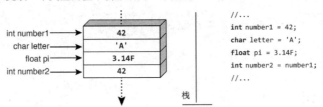

图 9.1 值类型的变量直接包含数据

值类型的变量就像上面写了数字的纸。要更改数字，可以擦除并写上不同的数字。也可以将数字从这张纸抄写到另一张纸。但两张纸显独立的。在一张纸上面擦除和替换不会影响另一张纸。

类似地，将值类型的实例传给 Console.WriteLine() 这样的方法也会创建一个内存拷贝，具体就是从实参的存储位置拷贝到形参的内存位置。在方法内部对形参变量进行任何修改都不会影响调用者中的原始值。由于值类型要求创建内存拷贝，所以定义时不要让它们消耗太多内存 ( 一般应为 16 字节或更少 )。

**设计规范**

AVOID creating value types that consume more than 16 bytes of memory.

**避免**创建占用超过 16 字节内存的值类型。

值类型的值一般只是短时间存在；通常作为表达式的一部分，或者用于激活方法。在这些情况下，值类型的变量和临时值经常存储在称为**栈 (stack)** 的临时存储池中。用词不太恰当，临时池并非一定要从栈中分配存储。事实上，它经常选择从可用的寄存器中分配存储。不过这属于实现细节。

临时池清理起来的代价低于需要垃圾回收的堆。不过，值类型要比引用类型更频繁地拷贝，会对性能造成一定影响。总之，不要觉得"值类型更快是因为能在栈上分配"。

**引用类型**

相反，引用类型变量的值是对一个对象实例的引用 ( 参见图 9.2)。引用类型的变量存储的是引用 ( 通常作为内存地址实现 )，要去那个位置才能找到对象实例的数据。因此，为了访问数据，"运行时"要从变量读取引用，进行"解引用"[①]才能到达实际包含了实例数据的内存位置。

---

① 译注：引用 (reference) 是地址；解引用 (dereference) 从地址获取资源。后者还可以说成"提领"和"用引"。

所以，引用类型的变量关联了两个存储位置：直接与变量关联的存储位置，以及由变量中存储的值引用的存储位置。

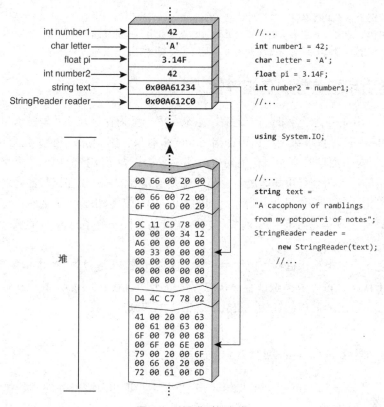

图 9.2 引用类型指向堆

引用类型的变量也像是一张上面总是写了东西的纸。例如，假定一张纸上写了家庭地址 123 Sesame Street, New York City。纸是变量，地址是对一幢建筑物的引用。纸和上面写的地址都不是建筑物本身，而且纸在哪里跟建筑物在哪里没有任何关系。在另一张纸上拷贝该引用，两张纸的内容都引用同一幢建筑物。以后将建筑物漆成绿色，可以观察到两张纸引用的建筑物都变成了绿色，因为它们引用的是同样的东西。

处理直接与变量 ( 或临时值 ) 关联的存储位置时，方式和处理与值类型变量关联的存储位置没有区别。如果已知变量仅短时间存在，那么就在临时存储池中分配。对于引用类型的变量，它的值要么是 null，要么是对需要进行垃圾回收的堆上的一个存储位置的引用。

值类型的变量直接存储实例的数据；相反，要进行一次额外的"跳转"才能访问到与引用关联的数据。首先要对引用进行"解引用"来找到实际数据的存储位置，然后才能读取或写入数据。对引用类型的值进行拷贝的时候，拷贝的只是引用，这个引用非常小。引用的大小保证不超过处理器的 bit size；32 位机器是 4 字节的引用，64 位机器是 8 字节的引用，以此类推。相反，拷贝值类型的值会拷贝所有数据，这些数据可能很大。所以，有时拷贝引用类型的效率更高。这正是设计规范要求值类型不得大于 16 字节的原因。如果拷贝值类型的代价比拷贝引用高出四倍，就应该考虑把它设计成引用类型了。

由于引用类型只拷贝对数据的引用，所以两个变量可以引用同一份数据。此外，通过一个变量对数据做出的更改可以通过另一个变量观察到。赋值和方法调用均会如此。

还是前面的例子，如果将建筑物的地址传给一个方法，那么会生成包含地址（引用）的那张纸的拷贝，并将该拷贝传给方法。方法无法更改原始纸张的内容来引用不同的建筑物。但是，如果该方法将引用的建筑物漆成别的颜色，那么当方法返回时，调用者会观察到这一变化。

## 9.1 对比引用相等性和值相等性

但是，在我们考虑实际的例子之前，先来考虑一下为什么需要实现**基于值的相等性**（或简称为**值相等性**）。如果两个引用都指向同一个对象实例，那么它们是完全相同的（**引用相等**）。另一方面，具有相同值的对象是**值相等**的。为了支持值相等，类型需要实现基于值的相等性。两个引用相等的对象显然也是值相等的——现在比较的是对同一个对象的两个引用。然而，如果两个对象之间的（相关）数据也相等，那么它们可以具有相等的值。只有引用类型才可以引用相等，它支持的是**同一性**（identity）的概念——两个引用指向同一个实例。

相比之下，值类型永远不可能引用相等。如果比较 42 是否与 42 引用相等，那么答案总是为 false。每个值类型都存储在内存中的不同位置（引用），甚至将值类型传递给方法进行比较这一简单的行为，也会创建值类型的额外拷贝。

**注意**

在值类型上调用 ReferenceEquals() 总是返回 false。

虽然值类型永远不可能引用相等，但引用类型可以为值相等的判断提供支持。object 包含一个名为 ReferenceEquals() 的静态方法，它判断两个实参是否完全相同——引用相等。另外，object 还定义了一个名为 Equals() 的虚方法，它默认依赖 ReferenceEquals() 来判断引用类型的相等性。但是，完全可以在引用类型和值类型上自定义 Equals() 方法，使其实现值相等性判断，而不是只能判断引用相等。

事实上，应该总是在值类型上重写 Equals() 方法，因为否则只能使用默认实现，该实现仅比较第一个字段来判断值相等性。但是，这通常还不够。假定一个值类型有三个属性，那么仅比较第一个属性很可能不足以检查值相等性。例如，给定一个角度对象 Angle，仅比较第一个度属性 Degrees 是不够的。两个角度只有在度和分秒数（以及 Angle 包含的其他任何属性）都相等的前提下才相等[1]。因此，几乎总是需要为值类型提供一个自定义的值相等实现。

然而，值相等性不仅限于值类型。值相等性也适用于引用类型。string 就是一个很好的例子。尽管 string 是引用类型，但假如两个字符串中的所有字母都一样，那么即使两个字符串是不同的实例，它们的比较结果也应该是相等。

---

[1] 译注：例如，一个角度可能是 30 度 15 分 45 秒。

此外，为了正确重写 Equals()，要求存在并可能被重写的一系列额外成员，具体将在后面的"实现值相等性"一节描述。这些成员包括 GetHashCode() 以及 == 和 != 操作符。然而，在此之前，让我们先深入了解如何定义一个值类型。

> **注意**
>
> object.Equals() 的实现，即在重写之前所有对象的默认实现，仅依赖于 ReferenceEquals()。所有值类型都要重写默认实现，以比较值类型的一个或多个值。引用类型也可以选择重写 Equals() 来支持值相等性判断。自定义值类型的时候，始终都要实现相等性判断。

## 9.2 结构

除了 string 和 object 是引用类型，其他所有 C# 内建类型 ( 比如 bool 和 decimal) 都是值类型。框架还提供了其他大量值类型。开发人员甚至还能定义自己的值类型。

为自定义值类型，要使用和定义类 / 接口相似的语法。区别在于值类型使用关键字 struct，如代码清单 9.1 所示。遗憾的是，方法主体中注释掉的省略号代表相当多的复杂性，本章稍后会详述。

代码清单 9.1　示例结构

```
public struct Angle
{
    // ...
}
```

### 9.2.1 记录结构

幸好，从 C# 9.0 开始，创建结构时所涉及的许多复杂性都通过一个新的上下文关键字 record 得以消除了。该关键字触发编译器生成与值类型行为相关的大部分重要且复杂的代码。代码清单 9.2 展示了一个例子。通过这个简单的语法，我们有了一个描述高精度角度的值类型，其中包括其度、分和秒 ( 一分是一度的六十分之一，一秒是一分的六十分之一 )。这个系统主要用于导航，因为它有一个好处，即在赤道上海平面上的一分弧线正好是一海里。[①]

代码清单 9.2　声明记录结构

```
// 使用 record struct 构造来声明一个值类型
public readonly record struct Angle(
    int Degrees, int Minutes, int Seconds, string? Name = null);
```

---

① 译注：具体来说，地球可以想象成一个完美球体，赤道是地球的最大圆周。赤道分成 360 度，每度又细分为 60 分。在这种度量体系中，赤道上的"一分弧线"——即赤道周长的 1/360 的 1/60——被定义为一海里。

这种语法仅用一个主构造函数便完成了整个类型的定义。但和第 6 章描述的常规主构造函数不同，记录的主构造函数还会依据 ( 可选的 ①) 位置参数生成一组初始属性 ( 直到 C# 12.0 才可用 )。因此，这个简单的代码结构，即所谓的**记录结构** (record struct)，满足了构建值类型所需的全部必要条件，包括值类型声明、通过属性来实现的数据存储、不变性、构造函数初始化、解构、相等性行为，甚至还提供了 ToString() 诊断功能。代码清单 9.3 演示了如何使用 Angle 类型。

**代码清单 9.3　使用记录结构**

```
using System.Diagnostics;

public class Program
{
    public static void Main()
    {
        (int degrees, int minutes, int seconds) = (90, 0, 0);

        // 构造函数根据位置参数来生成
        Angle angle = new(degrees, minutes, seconds);

        // 记录包含一个 ToString() 实现，它返回：
        // "Angle { Degrees = 90, Minutes = 0, Seconds = 0, Name =   }"
        Console.WriteLine(angle.ToString());

        // 记录有一个使用了位置参数的解构函数
        if (angle is (int, int, int, string) angleData)
        {
            Trace.Assert(angle.Degrees == angleData.Degrees);
            Trace.Assert(angle.Minutes == angleData.Minutes);
            Trace.Assert(angle.Seconds == angleData.Seconds);
        }

        Angle copy = new(degrees, minutes, seconds);
        // 记录提供了一个自定义的相等性操作符
        Trace.Assert(angle == copy);

        // with 操作符等价于：
        // Angle copy = new(degrees, minutes, seconds);
        copy = angle with { };
        Trace.Assert(angle == copy);

        // with 操作符支持 " 对象初始化器 " 语法，
        // 用于实例化一个修改过的拷贝。
        Angle modifiedCopy = angle with { Degrees = 180 };
        Trace.Assert(angle != modifiedCopy);
    }
}
```

① 无论位置参数还是围绕它们的圆括号都是可选的 ( 没有位置参数时，圆括号可以省略 )。虽然仅用圆括号来声明会很奇怪，但这样做其实类似于声明一个空白结构或类。那么，什么是"位置参数"？在列出一系列参数的时候，其实就已经定义了它们的"位置"。

　　从代码清单 9.2 可以看出,单纯依据位置参数,就自动生成了构造函数和解构函数。另外,还依据这些位置参数生成了属性 ( 未显示 )。如果所有属性相等,那么两个 **Angle** 的实例会被求值为相等,这种相等性判断是遵照相等性操作符 (**==**) 的重写规范来实现的。

## 9.2.2　记录结构的 CIL 代码

　　记录结构的所有功能都是在编译时由 C# 编译器生成的。代码清单 9.4 展示了与编译器生成的 CIL 代码等价的 C# 代码。

**代码清单 9.4　与记录结构 CIL 代码等价的 C# 代码**

```
using System.Runtime.CompilerServices;
using System.Text;

[CompilerGenerated]
public readonly struct Angle : IEquatable<Angle>
{
    public int Degrees { get; init; }
    public int Minutes { get; init; }
    public int Seconds { get; init; }
    public string? Name { get; init; }
    public Angle(int Degrees, int Minutes, int Seconds, string? Name)
    {
        this.Degrees = Degrees;
        this.Minutes = Minutes;
        this.Seconds = Seconds;
        this.Name = Name;
    }

    public override string ToString()
    {
        StringBuilder stringBuilder = new();
        stringBuilder.Append("Angle");
        stringBuilder.Append(" { ");
        if (PrintMembers(stringBuilder))
        {
            stringBuilder.Append(' ');
        }
        stringBuilder.Append('}');
        return stringBuilder.ToString();
    }

    private bool PrintMembers(StringBuilder builder)
    {
        builder.Append("Degrees = ");
        builder.Append(Degrees);
        builder.Append(", Minutes = ");
        builder.Append(Minutes);
        builder.Append(", Seconds = ");
        builder.Append(Seconds);
        builder.Append(", Name = ");
        builder.Append(Name);
```

```
        return true;
    }

    public static bool operator !=(Angle left, Angle right) =>
        !(left == right);

    public static bool operator ==(Angle left, Angle right) =>
        left.Equals(right);

    public override int GetHashCode()
    {
        static int GetHashCode(int integer) =>
            EqualityComparer<int>.Default.GetHashCode(integer);

        return GetHashCode(Degrees) * -1521134295
            + GetHashCode(Minutes) * -1521134295
            + GetHashCode(Seconds) * -1521134295
            + EqualityComparer<string>.Default.GetHashCode(Name!);
    }

    public override bool Equals(object? obj) =>
        obj is Angle angle && Equals(angle);

    public bool Equals(Angle other) =>
        EqualityComparer<int>.Default.Equals(Degrees, other.Degrees)
        && EqualityComparer<int>.Default.Equals(Minutes, other.Minutes)
        && EqualityComparer<int>.Default.Equals(Seconds, other.Seconds)
        && EqualityComparer<string>.Default.Equals(Name, other.Name);

    public void Deconstruct(out int Degrees, out int Minutes,
        out int Seconds, out string? Name)
            => (Degrees, Minutes, Seconds, Name) =
                (this.Degrees, this.Minutes, this.Seconds, this.Name);
}
```

如代码清单 9.4 所示，虽然代码清单 9.2 只有区区一行代码，但在编译时会生成大量代码。首先要注意的是，Angle 不是一个 class，而是一个 struct，而且用于实现"语法糖"的 record 上下文关键字被拿掉了。在 C# 语言中，自定义的值类型必须是一个 struct。而且，虽然 C# 语言允许从头开始写整个结构，但就像代码清单 9.4 演示的那样，C# 9.0 的 record 关键字会自动生成大量样板代码，使得再也没有理由不使用 record 关键字开始。更棒的是，你以后可以自定义，根据需要重写默认生成的实现。

注意，C# 9.0 只允许创建记录类，编译器只允许写一个 record 关键字，后面不能有 struct。但从 C# 10.0 开始，由于新增了用 record struct 创建记录结构的功能，所以允许显式声明 record class 来创建记录类。为了清晰起见，我们建议在创建记录类时总是使用 record class，而不要简写为 record。

> **设计规范**
>
> 1. DO use record struct when declaring a struct (C# 10.0).
>
>    在声明结构时**要使用** record struct(C# 10.0)。
>
> 2. DO use record class (C# 10.0) for clarity, rather than the abbreviated record-only syntax.
>
>    为了清晰起见，**要写** record class(C# 10.0)，**而不要**简写为 record。

所有值类型都隐式密封 ( 不能从它们派生 )。此外，除了枚举之外的所有值类型 ( 本章后面会讨论枚举 ) 都派生自 System.ValueType。因此，结构的继承链总是从 object 到 System.ValueType 再到自定义结构。

System.ValueType 通过重写 object 的所有虚方法来实现了值类型的行为。这些虚方法有三个，即 Equals(), ToString() 和 GetHashCode()。然而，这些默认实现往往还不够，因为它把进一步特化这些方法的责任留给了开发人员——当然，这是截止 C# 10.0 的情况。现在，由于引入了 record 修饰符，所以 C# 编译器生成的自定义重写更适合生产代码。记录结构提供的许多功能也适用于记录类。

## 9.3 记录类

record 修饰符一开始就是为类类型准备的 (C# 9.0)，对值类型的支持是 C# 10.0 才引入的。代码清单 9.5 展示了一个例子。

**代码清单 9.5 声明记录类**

```
// 使用 record class 构造来声明一个引用类型
public record class Coordinate(
    Angle Longitude, Angle Latitude)
```

在这个记录类中，我们使用 Angle 类型作为位置参数传入 Coordinate 类，以表示经度和纬度。

为了区分记录结构和记录类及其非记录版本，本章会把它们的非记录版本分别称为**标准结构和标准类**。在 C# 语言引入了记录类之后，我们自然会产生一个疑问，何时应该使用记录类而不是标准类，反过来呢？这里的关键在于，也或许是定义记录类唯一的原因，我们希望一个类型能够判断**值相等性**。事实上，每当一个自定义类型需要判断值相等性时 ( 值类型始终需要 )，就应该尽可能使用记录。当然，如果使用的是 C# 9.0 之前的一个版本 ( 对于引用类型 ) 或者 C# 10.0 之前的一个版本 ( 对于值类型 )，那么自然是无法享受到记录的好处的。

当基类不是记录时，也不能为一个类使用记录构造。记录类只能从另一个记录类继承，而标准类只能从另一个标准类继承。不能混合标准类和记录来搭建继承结构。

**注意**

默认情况下，引用类型应该实现为标准类，而且仅在需要判断值相等性时，才实现为记录类。

记录结构的许多特色在记录类中也有，包括简洁的声明、通过属性来提供的数据存储、构造函数初始化、解构、**ToString()** 诊断功能以及最重要的值相等性判断（而非仅仅是引用相等性）——这个功能要自己实现，就可能太麻烦了。代码清单 9.6 展示了与编译器为记录类生成的 CIL 代码等价的 C# 代码。

**代码清单 9.6  与记录类 CIL 代码等价的 C# 代码**

```csharp
using System.Runtime.CompilerServices;
using System.Text;

[CompilerGenerated]
public class Coordinate : IEquatable<Coordinate>
{

    public Angle Longitude { get; init; }
    public Angle Latitude { get; init; }

    public Coordinate(Angle Longitude, Angle Latitude) : base()
    {
        this.Longitude = Longitude;
        this.Latitude = Latitude;
    }

    public override string ToString()
    {
        StringBuilder stringBuilder = new ();
        stringBuilder.Append(" 坐标 ");
        stringBuilder.Append(" { ");
        if (PrintMembers(stringBuilder))
        {
            stringBuilder.Append(' ');
        }
        stringBuilder.Append('}');
        return stringBuilder.ToString();
    }

    protected virtual bool PrintMembers(StringBuilder builder)
    {
        RuntimeHelpers.EnsureSufficientExecutionStack();
        builder.Append(" 经度 = ");
        builder.Append(Longitude.ToString());
        builder.Append(", 纬度 = ");
        builder.Append(Latitude.ToString());
        return true;
    }

    public static bool operator !=(
        Coordinate? left, Coordinate? right) =>
            !(left == right);
```

```
public static bool operator ==(
    Coordinate? left, Coordinate? right) =>
        ReferenceEquals(left, right) ||
            (left?.Equals(right) ?? false);

public override int GetHashCode()
{
    static int GetHashCode(Angle angle) =>
        EqualityComparer<Angle>.Default.GetHashCode(angle);

    return (EqualityComparer<Type>.Default.GetHashCode(
        EqualityContract()) * -1521134295
        + GetHashCode(Longitude)) * -1521134295
        + GetHashCode(Latitude);
}

public override bool Equals(object? obj) =>
    Equals(obj as Coordinate);

public virtual bool Equals(Coordinate? other) =>
    (object)this == other || (other is not null
        && EqualityContract() == other!.EqualityContract()
        && EqualityComparer<Angle>.Default.Equals(
            Longitude, other!.Longitude)
        && EqualityComparer<Angle>.Default.Equals(
            Latitude, other!.Latitude));

public void Deconstruct(
    out Angle Longitude, out Angle Latitude)
{
    Longitude = this.Longitude;
    Latitude = this.Latitude;
}

protected virtual Type EqualityContract() => typeof(Coordinate);

public Type ExternalEqualityContract => EqualityContract();

// IL 中的实际名称是 "<Clone>$"。但是，不能
// 自行在记录中添加一个名为 Clone 的方法。
public Coordinate Clone() => new(this);

protected Coordinate(Coordinate original)
{
    Longitude = original.Longitude;
    Latitude = original.Latitude;
}
}
```

为记录结构和记录类生成的代码存在几处预料之中的差异。

首先，一些成员被标记为 virtual，包括 PrintMembers(StringBuilder builder)、Equals(Coordinate? Other) 和 EqualityContract()。相反，记录结

构中绝对不会出现 virtual 修饰符，因为所有结构 ( 值类型 ) 都隐式密封，在记录结构中使用 virtual 没有意义。

其次，记录类需要考虑 null 值的可能性。因此，== 操作符和两个相等性判断方法都需要检查参数值为 null 的情况。

> **设计规范**
>
> DO use records, where possible, if you want equality based on data rather than identity.
>
> 如果希望判断数据相等性而不是同一性 (identity)，就要尽可能使用记录。

记录结构隐式密封，所以不可能继承。与之相反，记录类支持继承。主要限制在于，记录类只能从其他记录类继承，甚至不能从标准类继承。代码清单 9.7 展示了一个例子。

**代码清单 9.7　记录类继承**

```
public record class NamedCoordinate(
    Angle Longitude, Angle Latitude, string Name) :
        Coordinate(Longitude, Latitude);
```

注意，在定义继承关系时，还可以使用跟在基类名称后面的参数来确定如何调用基类构造函数。在本例中，将 Longitude 参数和 Latitude 参数传给由 Coordinate 参数的位置参数生成的构造函数。

在本节剩余的部分，将深入探讨记录背后的编码细节，强调记录类和记录结构之间的差异，并且最重要的是深入探讨如何实现值相等性判断。我们首先讨论记录的数据存储。

## 9.3.1 用属性提供数据存储

注意，位置参数 Degree、Minutes 和 Seconds 映射到 Angle 结构的自动生成属性。Coordinate 类的 Longitude 参数和 Latitude 参数与此相似。一旦初始化完成，属性就是只读的 ( 用 init-only setter 实现，参见 6.7.5 节 )。"只读"这一事实是记录类的默认行为。声明记录结构的时候，也可以用 readonly 修饰符来指定这一行为——该修饰符可以导致值类型在初始化完成后变得**不可变** (immutable)。

记录有一个容易被忽视的特点，即根据约定，位置参数通常采用 PascalCase 大小写风格。因此，构造函数的参数也是如此。虽然编译器不要求这样做，但使用 PascalCase 大小写风格来命名位置参数，可以确保相应的属性也使用 PascalCase 大小写风格——后者在类型 API 对外公开时，就非常引人注目了。

为了自定义默认实现，可以使用相同的名称定义每个属性——也许使用一个支持字段，再加上自定义验证功能。甚至可以使用同名字段来替换属性。此外，可以编码额外的属性和字段，即使它们没有作为位置参数包含在内。唯一的限制是，由于结构的 readonly 修饰符，所有属性和字段也必须只读。

注意，自动生成的属性没有关联的验证机制。因此，非可空引用类型的位置参数不会包括一个 null 检查。出于这个原因，请考虑始终将引用类型的位置参数定义为可空，除非你提供了进行 null 检查的自定义实现。

> **设计规范**
>
> 1. DO use PascalCase for the positional parameters of the record (C# 9.0).
>
>    **要**为记录的位置参数使用 PascalCase 大小写风格 (C# 9.0)。
>
> 2. DO define all reference type positional parameters as nullable if not providing a custom property implementation that checks for null.
>
>    如果没有提供执行了 null 检查的自定义属性实现，那么**要**将所有引用类型的位置参数定义为可空。
>
> 3. DO implement custom non-nullable properties for all non-nullable positional parameters.
>
>    **要**为所有非可空位置参数实现自定义非可空属性。

## 9.3.2 不可变值类型

所有值类型和记录类的一个重要准则是不可变 (immutable)。换言之，一旦实例化了其中任何一个，实例就不能修改。该准则是出于三方面很好的理由。

首先，对于结构来说，值类型应该代表值。两个整数相加，其中任何一个都不应改变。换言之，两个加数应该不可变，而是生成第三个值作为结果。其次，由于值类型拷贝的是值而非引用，所以很容易混淆并错误地以为对一个值类型变量的更改会造成另一个值类型的更改，就像引用类型那样。

第三，无论结构还是记录类，哈希码是根据类型中存储的数据计算出来的，哈希码永远不应发生变化。参见本章后面的"高级主题：重写 GetHashCode()"。如果这些类型中的数据改变了，并且计算出新的哈希码，那么在旧哈希码存在的集合中搜索新的哈希码，可能导致值永远找不到，从而导致不正确的行为。

注意，代码清单 9.2 的 Angle 结构是不可变的，因为所有属性都是使用 init-only setter 而不是 set 来声明的自动实现只读属性[1]。为了验证自己确实遵循了"不可变"准则，可以在结构定义中 ( 无论记录结构还是标准结构 ) 使用 readonly 修饰符[2]，如代码清单 9.8 所示。

**代码清单 9.8  在结构上使用 readonly 修饰符**

```
readonly struct Angle { }
```

和记录一样，编译器现在会验证整个结构不可变。但凡发现一个非只读的字段或者有赋值方法 (setter) 的属性，编译器就会报错。但是，不可以在记录类或标准类上使用 readonly 修饰符。

---

[1] 自动实现的只读属性 ( 即用 init 关键字替代了 set) 是从 C# 6.0 开始引入的。

[2] 从 C# 7.2 开始。

在比较罕见的情况下，你可能需要更细粒度的控制，而不是将整个结构声明为只读。C# 8.0 允许将单独的结构（不是类）成员声明为只读（其中包括方法，甚至包括 getter——它们可能会修改对象的状态，尽管不应该这样）。例如，Move() 方法可以包含一个 readonly 修饰符，如代码清单 9.9 所示：

代码清单 9.9　将 struct 成员定义为只读

```
public readonly Angle Move(int degrees, int minutes, int seconds)
{
    return new Angle(
        Degrees + degrees,
        Minutes + minutes,
        Seconds + seconds);
}
```

如本例所示，如果希望在成员中修改结构，就应该像 Move() 方法那样，新建一个 Angle 实例并返回它。

任何 readonly 成员只要修改了结构数据（无论属性还是字段）或者调用了一个非只读的成员，就都会报告编译时错误。通过支持对成员的只读访问，开发人员表明了成员是否可以修改对象实例的行为意图。注意，非自动实现的属性可以在 getter 或 setter 上使用 readonly 修饰符（尽管后者可能会很奇怪）。如果想两者同时修饰，则 readonly 修饰符应该放在属性本身上，而不是分别放在 getter 和 setter 上。

虽然允许，但在结构本身只读的时候在结构成员上使用 readonly 修饰符就是多余的。不过，最好还是在结构中使用只读 ({get;}) 或者仅初始化 setter({get; init;}) 自动实现属性，而不是使用字段。

> ■ 设计规范
>
> 1. DO use the readonly modifier on a struct definition, making value types immutable
>    要在结构定义上使用 readonly 修饰符，使值类型不可变。
>
> 2. DO use read-only or init-only setter automatically implemented properties rather than fields within structs.
>    在结构中要使用只读或仅初始化 setter 自动实现属性，而不是使用字段。

值得注意的是，元组 (System.ValueTuple) 是打破不可变准则的一个例子。要了解为什么它是一个例外，请访问 *http://tinyurl.com/3mcuhepd*。

### 9.3.3　使用 with 操作符克隆记录

由于大多数记录（尤其是记录结构）都是不可变的，所以不是修改它们，而是创建一个新实例来包含修改后的数据。为此，最简单的方法是使用 C# 9.0 引入的 with 操作符。如代码清单 9.3 末尾所示，with 操作符克隆现有实例来创建一个新副本。然而，并非只能创建一个精确的副本。相反，可以使用对象初始化器形式的语法，在新实例中包含修改后数据，参见代码清单 9.10。

**代码清单 9.10　用 with 操作符克隆记录**

```
Angle angle = new(90, 0, 0, null);

// with 操作符等价于:
// Angle copy = new(degrees, minutes, seconds);
Angle copy = angle with { };
Trace.Assert(angle == copy);

// with 操作符支持用对象初始化器形式的
// 语法来实例化一个修改后的拷贝。
Angle modifiedCopy = angle with { Degrees = 180 };
Trace.Assert(angle != modifiedCopy);
```

with 操作符的源 ( 左侧 ) 操作数是源实例。虽然可以创建一个精确的克隆，但使用对象初始化器语法，可以在实例化期间修改任何可访问的成员，并将不同的值赋给它。

记录结构的克隆是一个内存复制过程，类似于以传值方式向方法传递参数。因此，不能更改被克隆的记录结构的实现。

对于记录类，过程则略有不同。C# 编译器生成了一个隐藏的 Clone() 方法 ( 如代码清单 9.6 所示 )，该方法进而调用拷贝构造函数 [1]，并将源实例作为参数传递。代码清单 9.11 重现了这部分代码。

**代码清单 9.11　编译器生成 Clone() 方法来进行对象类的克隆**

```
// IL 中的实际名称是 "<Clone>$"。但是，不能
// 自行在记录中添加一个名为 Clone 的方法。
public Coordinate Clone() => new(this);

protected Coordinate(Coordinate original)
{
    Longitude = original.Longitude;
    Latitude = original.Latitude;
}
```

注意，在使用对象初始化器语法的情况下，被赋值的属性不能是只读的，它需要一个 setter 或者 init-only setter。此外，编译器生成的 Clone() 方法使用了一个特殊的、C# 语言中非法的名称，使其只能通过 with 操作符访问。然而，如果想自定义克隆行为，可以提供自己的拷贝构造函数实现。

---

[1] 只获取一个参数的构造函数，该参数必须具有包容类型。参见第 6 章。

### 9.3.4 记录构造函数

注意，代码清单 9.2 的记录声明与代码清单 9.4 中由编译器生成的构造函数签名看起来几乎一样。类似地，代码清单 9.5 中的记录类声明也差不多等价于代码清单 9.6 中由编译器生成的构造函数。总之，记录声明及其位置参数为 C# 编译器生成的、具有等价签名的构造函数提供了一个基本结构。

和属性一样，记录的一个特别之处是位置参数根据约定采用 PascalCase 大小写风格，所以构造函数的参数也是如此。因此，在初始化属性时，生成的构造函数代码使用 `this` 限定符来区分参数和属性本身。

可以在记录的定义中添加新的构造函数。例如，可以提供一个获取字符串而不是整数作为参数的构造函数，如代码清单 9.12 所示。

**代码清单 9.12    新增记录构造函数**

```
public Angle(
    string degrees, string minutes, string seconds)
    : this(int.Parse(degrees),
           int.Parse(minutes),
           int.Parse(seconds))
{ }
```

实现附加的构造函数时，采用的是与其他任何构造函数相同的语法。唯一额外的限制是它必须调用 `this` 构造函数初始化器。换言之，必须调用记录生成的构造函数，或者借助另一个构造函数来调用记录生成的构造函数，以确保完成由位置参数生成的那些属性的初始化。

### 9.3.5 记录结构初始化

在 C# 10.0 之前，是不允许为值类型的"结构"自定义一个默认构造函数的。无论如何，只要不是通过 `new` 操作符来调用构造函数，从而显式实例化结构，那么结构内包含的所有数据都会隐式初始化为相应数据类型的默认值。具体地说，引用类型数据的字段初始化为 `null`，数字类型字段初始化为 `0`，布尔类型字段初始化为 `false`，其中包括为自动实现属性提供支持的字段。类似地，由于编译器在构造函数中注入了**声明时的字段和属性初始化**[①]（例如 `string Description { get; init; } = ""`），所以如果不是调用 `new` 操作符，那么它（声明时的初始化）是不会执行的。

意识到这一行为很重要，因为和引用类型不同，值类型通常在没有 `new` 操作符的情况下实例化。例如，如果将值类型赋值为 `default`，或者不初始化类上的一个值类型字段，那么不会执行任何构造函数，未初始化的数组项（如代码清单 9.13 所示）也是如此。

---

① 从 C# 10.0 开始支持。

代码清单 9.13　未初始化的数组项

```
Angle[] angles = new[42];
```

在这两种情况下，无论默认构造函数将数据成员初始化为什么，这些成员最终获得的都是其数据类型的默认值。有鉴于此，不要依赖默认构造函数或声明时的成员初始化（再次强调，这只是针对值类型在没有用 new 的前提下的实例化）。

在 C# 11.0 之前，结构中的每个构造函数都必须初始化结构的所有字段（以及只读的自动实现属性①）。在 C# 10.0 和更早的版本中，如果未初始化结构内的所有数据，那么会导致以下编译时错误。

CS0171：在控制返回给调用者之前，字段必须被完全赋值。考虑更新到语言版本 '11.0' 以自动设置字段的默认值。

考虑到结构的字段初始化要求，简洁的只读自动实现属性语法，以及"避免从包容属性外部访问字段"这一设计规范，我们应该优先在结构中使用只读自动实现属性而不是字段。

> ■■ 设计规范
>
> 　1. DO ensure that the default value of a struct is valid; encapsulation cannot prevent obtaining the default "all zero" value of a struct
>
> 　要确保结构的默认值是有效的；封装不能防止获取结构的默认"全零"值。
>
> 　2. DO NOT rely on either default constructors or member initialization at declaration to run on a value type.
>
> 　对于值类型，不要依赖默认构造函数或声明时的成员初始化会得到调用。

高级主题：将 new 用于值类型

为引用类型使用 new 操作符，"运行时"会在托管堆上创建对象的新实例，将所有字段初始化为默认值，再调用构造函数，将对实例的引用以 this 的形式传递。new 操作符最后返回对实例的引用，该引用被拷贝到和变量关联的内存位置。与之相反，为值类型使用 new 操作符，"运行时"会在临时存储池中创建对象的新实例，将所有字段初始化为默认值，调用构造函数，将临时存储位置作为 ref 变量以 this 的形式传递。结果是值被存储到临时存储位置，然后可将该值拷贝到和变量关联的内存位置。

和类不同的是，结构不支持终结器。结构以传值的形式拷贝，不像引用类型那样具有"引用同一性"（referential identity）。所以，难以知道什么时候能安全执行终结器并释放结构所占用的非托管资源。垃圾回收器知道在什么时候没有了对引用类型实例的"活动"引用，可在此之后的任何时间运行终结器。但是，"运行时"没有任何机制能跟踪值类型在特定时刻有多少个拷贝。

语言对比：C++ 中，struct 定义了带公共成员的类型

在 C++ 语言中，对于用 struct 和 class 声明的类型，区别在于默认的可访问性是公共还是私有。两者在 C# 中的区别则大得多，在于类型的实例是以值还是引用的形式拷贝的。

---

① 从 C# 6.0 开始，通过只读的自动实现属性进行初始化就足够了，因为支持字段是未知的，除此之外没有其他手段可以初始化它。

### 9.3.6 记录的解构函数

除了属性和构造函数，C# 编译器还会自动生成一个和位置参数对应的解析函数 (deconstructor)，如代码清单 9.14 所示。

**代码清单 9.14   记录的解构函数**

```
public void Deconstruct(
    out int Degrees, out int Minutes, out int Seconds)
{
    Degrees = this.Degrees;
    Minutes = this.Minutes;
    Seconds = this.Seconds;
}
```

这样就可以实现如代码清单 9.3 所示的模式匹配，代码清单 9.15 重现了这段代码。

**代码清单 9.15   模式匹配**

```
if (angle is (int, int, int, string) angleData)
{
    // ...
}
```

## 9.4 重写 object 的成员

第 6 章说过，object 是终极基类，所有类和结构最终都从它派生。还讨论了 object 提供的方法，并提到其中一些是虚方法。本节讨论对虚方法进行重写的细节。注意，重写这个过程对于记录来说是自动完成的。但是，通过研究它生成的代码，在自定义它生成的代码，或者重写一个非记录的类型时，我们可以理解有哪些工作是必须完成的。

### 9.4.1 重写 ToString()

如果在对象上调用 ToString()，那么会默认返回类的完全限定名称。例如，在一个 System.IO.FileStream 对象上调用 ToString()，会返回字符串 "System.IO.FileStream"。但是，对于某些类来说，ToString() 应该返回更有意义的结果。以 string 类为例，ToString() 应该返回字符串值本身。类似地，在一个 Angle 上调用 ToString() 时，会返回：

Angle { Degrees = 90, Minutes = 0, Seconds = 0, Name = }

Angle 的声明请参见代码清单 9.2，调用结果请参见代码清单 9.3。

调用 System.Console.WriteLine() 和 System.Diagnostics.Trace.Write() 等方法时，会调用一个对象的 ToString() 方法[1]。因此，应该重写该方法，输出比默

---

[1] 除非定义了一个隐式转型操作符，如稍后的高级主题"转型操作符 (())"所述。

认实现更有意义的信息。

为了重写 ToString()，只需用 override 修饰 ToString() 方法，并返回一个 string。代码清单 9.16 展示了一个例子。

代码清单 9.16　重写 ToString() 方法

```
public override string ToString()
{
    string prefix =
        string.IsNullOrWhiteSpace(Name) ? string.Empty : Name + ": ";
    return $"{prefix}{Degrees}° {Minutes}' {Seconds}\"";
}
```

无论如何，你重写的版本都不要返回空串或 null，因为缺乏输出会令人非常困惑。开发人员在 IDE 中调试或者向日志文件写入时，ToString() 非常有用，因为它能提供更详尽的信息。实现本地化重载方法和其他高级格式化功能时要小心，要确保提供适合一般终端用户的文本显示 ( 换言之，要友好 )。同时，显示的字符串不要过长 ( 不要超出屏幕宽度，否则会被截断 )——尤其是在 IDE 中调试时。

如果能输出更能说明问题的诊断信息 ( 特别是当目标用户是开发人员时 )，请考虑重写 ToString() 方法。object.ToString() 默认输出类型名称，这对用户来说并不友好。另外，从 C# 10.0 开始，可以密封 record 的 ToString() 实现，防止由派生类型重写——包括编译器生成的实现。

■ 设计规范

1. DO override ToString() whenever useful developer-oriented diagnostic strings can be returned.

　如果需要返回有用的、给开发人员看的诊断字符串，那么要重写 ToString()。

2. CONSIDER trying to keep the string returned from ToString() short.

　考虑使 ToString() 返回的字符串简短。

3. DO NOT return an empty string or null from ToString().

　不要从 ToString() 返回空串 ("") 或 null。

4. DO NOT throwing exceptions or making observable side effects (changing the object state) from ToString().

　不要从 ToString() 抛出异常或造成可观察到的副作用 ( 改变对象状态 )。

5. DO provide an overloaded ToString(string format) or implement IFormattable if the return value requires formatting or is culture-sensitive (e.g., DateTime).

　如果返回值要求格式化或者对语言文化敏感 ( 例如，DateTime)，那么要重载 ToString(string format) 或实现 IFormattable。

6. CONSIDER returning a unique string from ToString() so as to identify the object instance.

　考虑从 ToString() 返回独一无二的字符串以标识对象实例。

## 9.4.2　实现值相等性

开发者经常想当然地认为实现值相等性非常简单。毕竟,比较两个对象能有多难呢?然而,其中包含的陷阱不少,许多地方都需要仔细思考和测试。幸好,现在有两个办法可以显著简化代码。首先,如果使用记录(无论记录结构还是记录类),那么 C# 编译器会自动生成 Equals() 方法及其所有相关成员,支持对记录中所有自动实现的属性和字段的比较(无论它们是不是作为位置参数包含进来的)。其次,可以将标识数据元素 [①](identifying data elements,即自动实现的属性和字段)组合成一个元组,然后比较这些元组。在引用类型的情况下,还需要注意任何潜在的 null 值。

代码清单 9.3 展示了为记录生成的 Equals() 实现,它实现了值相等性。C# 记录的一大优势在于,它们能自动生成值相等性实现,免去你手动实现之苦,因为要实现的方法可能出乎预料地复杂,其中涉及继承、null、不同数据类型、值类型/引用类型的区别以及对实例中包含的值本身进行比较。话虽如此,如果记录自动生成的实现不符合你的需求,那么也可以自己编写方法。一种可能的情况是,你可能不希望将某些属性值纳入相等性判断。例如,在对 Angle 值进行相等性判断时,你可能不希望考虑 Angle 的 Name 属性,而是仅考虑 Degrees、Minutes 和 Seconds 等属性。代码清单 9.24 会展示一个完整的自定义记录结构。但在此之前,先来看看代码清单 9.17 的部分。

**代码清单 9.17　自定义相等性实现**

```
public bool Equals(Angle other) =>
    (Degrees, Minutes, Seconds).Equals(
        (other.Degrees, other.Minutes, other.Seconds));
```

注意,值标识属性被组合成元组,并与其他对象的相同值进行比较。另外要注意的是,这里提供的是 Equals 的一个重载。本例的实现传递了一个 Angle 参数。而 C# 编译器自动生成的实现传递的是一个 obj 参数,已经实现了其他所有值相等性功能。但是,只有记录才会这样。其他类型的情况并非如此——你必须自己提供所有这些自定义。另外,每次更新 Equals() 方法,还应考虑同时更新 GetHashCode(),以确保使用相同的数据元素。如果为 record 类型重写 Equals() 而不重写 GetHashCode(),那么会收到以下警告(反之亦然):

　　CS8851 '<类名>' 定义 'Equals',而不定义 'GetHashCode'

虽然本例看起来与代码清单 9.4 为记录自动生成的 Equals() 版本不同,但在内部,元组(System.ValueTuple<...>)也使用 EqualityComparer<T>。而 EqualityComparer<T> 依赖于 IEquatable<T> 的类型参数实现(其中只包含一个 Equals<T>(T other) 成员)。因此,为了正确重写 Equals,你需要实现 IEquatable<T>。

一旦重写了 Equals(),就可能出现不一致的问题。也就是说,两个对象可能对

---

① 译注：对于 identifying data，个人更喜欢"关键数据"这一说法。

Equals() 返回 true，但对于 == 操作符返回 false，这是由于 == 默认执行的是引用相等性检查。为了纠正这个问题，还有必要重写相等 (==) 和不相等 (!=) 操作符。当然，这些代码也会作为记录实现的一部分为你自动生成，如代码清单 9.18 所示。

**代码清单 9.18　重写 == 和 != 操作符**

```
public static bool operator ==(Coordinate? left, Coordinate? right) =>
    ReferenceEquals(left, right) || (left?.Equals(right) ?? false);
// ...
public static bool operator !=(Angle left, Angle right) =>
    !(left == right);
```

大多数时候，我们可以将这些操作符的实现逻辑委托给 Equals()，反之亦然。然而，注意不要让 == 操作符调用自身[①]而造成无限递归。在本例中，由于我们最初使用了 ReferenceEquals()，所以可以避免这种递归。如果两个值都是 null，那么操作符方法会返回 true。值类型自然不需要检查 null。有关操作符重载的更多信息，请参见第 10 章。

最后，如果自定义类型需要支持排序，那么请考虑实现 IComparable<T>。如果需要本地化，则请考虑实现 IFormattable 接口。在不使用记录结构的前提下，实现值相等性更完整的实现请参见高级主题"重写 GetHashCode()"。关于值类型，还有另外两个重要主题需要涉及。第一个是装箱，第二个是枚举，这两个都将在后续小节讨论。

**高级主题：值相等性原则**

注意，代码清单 9.24 中 Equals() 的签名与代码清单 9.19 展示的签名是不匹配的，后者使用了 object 参数。

**代码清单 9.19　不匹配的签名**
```
public override bool Equals(object? obj)
```

在类或结构 ( 非记录类型 ) 上实现 Equals() 时，还有其他几个因素需要考虑。所有这些都可以从代码清单 9.4( 记录结构 ) 和代码清单 9.6( 记录类 ) 中一探究竟 ( 它们都是因为 record 修饰符而自动生成的 )。

为了在自定义类型上实现值相等性，需要采取以下步骤。

1. 实现泛型 IEquatable<T> 接口。[②]

2. 实现 Equals(object? obj) 方法，检查 obj 是否具有与自定义类型相同的类型，并调用强类型的 Equals() 辅助方法，这样就可以将操作数视为自定义类型而不是 object( 参见代码清单 9.20)。

**代码清单 9.20　在自定义类型上实现值相等性**
```
public override bool Equals(object? obj)
{
    return Equals(obj as Foo);
}
```

3. 实现强类型的 Equals() 辅助方法，如代码清单 9.21 所示，并检查 obj 是否为 null( 仅限引用类型 )。

---

① 记住，像 operator ==(){} 这样的称为"操作符方法"。
② 我们将在第 12 章讨论泛型。

代码清单 9.21　实现强类型的 Equals

```
public bool Equals(Foo? other)
{
    if (other is null) return false;
    // 步骤 5
    // 返回 (this.Number, this.Name) == (other.Number, other.Name);
    return true;
}
```

4. 对于不从 System.Object 派生的引用类型，要检查 base.Equals()，这有利于重构。[①]

5. 比较每个标识数据成员的相等性，最好是使用元组。

6. 重写 GetHashCode()。

7. 重写 == 和 != 操作符（参见第 10 章）。

其中，步骤 3 和步骤 4 发生在 Equals() 方法的重载版本中，它专门接收自定义数据类型（例如 Coordinate）。这样一来，两个 Coordinate 的比较将完全避开 Equals(object? obj) 及其类型检查。

Equals() 方法绝不应抛出异常，因为从常理来讲，任何对象都可以和其他任何对象比较，永远都不会导致异常。

---

■　设计规范

1. DO implement GetHashCode(), Equals(), the == operator, and the != operator together—not one of these without the other three.

GetHashCode()、Equals()、== 操作符和 != 操作符**要一起实现**——不要单独实现其中一个而忽略其他三个。

2. DO use the same algorithm when implementing Equals(), ==, and !=.

要用相同的算法来实现 Equals()、== 和 !=。

3. DO NOT throw exceptions from implementations of GetHashCode(), Equals(), ==, and !=.

不要从 GetHashCode()、Equals()、== 和 != 的实现中抛出异常。

4. AVOID including mutable data when overriding the equality-related members on mutable reference types or if the implementation would be significantly slower with such overriding.

在可变（mutable）引用类型上重写与相等性相关的成员时，**避免**包含可变数据，或者如果这样的重写会使实现显著变慢。

5. DO implement all the equality-related methods when implementing IEquatable.

在实现 IEquatable 时，**要**实现所有与相等性相关的方法。

---

① 译注：这主要是考虑到继承层次结构的问题。基类可能也重写了 Equals()，所以在派生类中重写该方法时，有必要调用 base.Equals() 来包含基类的相等性逻辑。这样就不需要在每个派生类中重复基类的相等性逻辑，有利于重构。

**高级主题：重写 GetHashCode()**

如果创建的是记录 (record) 类型，那么 GetHashCode() 会作为值相等性判断的一部分自动实现 ( 参见代码清单 9.4 和代码清单 9.6)。如果创建的不是记录类型，那么只要自己定义了相等性实现，那么基本上还必须要同时实现 GetHashCode()。即使是记录，如果自定义了 Equals() 实现，那么也可以考虑重写 GetHashCode()，以使用与新的 Equals() 实现相似的值集合。如果只重写 Equals() 而不重写 GetHashCode()，那么会收到以下警告 ( 对于非 record 类型 )：

CS0659: '< 类名 >' 重写 Object.Equals(object o) 但不重写 Object.GetHashCode()

总之，在使用非记录的类型时，重写 Equals() 的同时也基本上必须重写 GetHashCode()。[1]

哈希码 (hash code) 的目的是通过生成与对象的值相对应的数字来高效*平衡哈希表*[2]。虽然目前存在许多指导原则[3]，但下面列出了最简单的做法。

第一，直接依赖编译器为记录自动生成的实现 ( 参见代码清单 9.4)。如果需要重写 Equals()，那么也大概率需要重写 GetHashCode()。所以，为什么不干脆使用记录呢？

第二，调用 System.HashCode 的 Combine() 方法，指定每个标识字段 ( 参见代码清单 9.22)。

**代码清单 9.22  使用 Combine 方法重写 GetHashCode**
```
public override int GetHashCode() =>
    HashCode.Combine(Degrees, Minutes, Seconds);
```

第三，将构成对象唯一性的字段作为元组元素，在元组上调用 ValueTuple 的 GetHashCode() 方法，如代码清单 9.23 所示。如果标识字段是数字，要注意不要错误地使用字段本身。相反，要使用它们的哈希码值。

**代码清单 9.23  在元组上调用 GetHashCode() 方法**
```
public override int GetHashCode() =>
    (Degrees, Minutes, Seconds).GetHashCode();
```

第四，ValueTuple 会自己调用 HashCode.Combine()。所以，不费脑子的做法是用同一批标识字段创建一个 ValueTuple 元组，然后调用结果元组的 GetHashCode() 成员即可。

总之，除非有非常正当的理由无法这样做 ( 例如，在 C# 较老的版本中无法使用记录 )，否则在重写 GetHashCode() 和 Equals() 的时候应该使用记录。

幸好，一旦决定重写 GetHashCode()，就可以按照以下良好的 GetHashCode() 实现原则行事。必须是指必须满足的要求，性能是指为了增强性能而需要采取的措施，安全性是指为了保障安全性而需要采取的措施。

- 必须：相等的对象必然具有相等的哈希码 ( 例如，如果 a.Equals(b)，那么 a.GetHashCode() == b.GetHashCode())。
- 必须：即使对象的数据发生了改变，GetHashCode() 也应该始终返回相同的值。许多时候，应该缓存方法的返回值来确保这一点。但是，一旦缓存了这个值，那么在检查相等性的时候就千万

---

[1] 译注：简单地说，无论如何都要确保相等性算法和对象哈希码算法一致 ( 虽然这些都是 "警告"，但请遵循 "警告即 bug" 的原则 )。

[2] 译注：也就是要提供良好的随机分布，使哈希表获得最佳的性能。

[3] 在 StackOverflow 上面有一个很好的讨论，请参见 *http://tinyurl.com/56m2jut2*。

别再用哈希码了。否则，两个完全一样的对象（其中一个具有发生了更改的标识属性的缓存哈希码）会返回错误的结果。

- 必须：`GetHashCode()` 不应抛出任何异常；`GetHashCode()` 要始终返回一个值。
- 性能：哈希码应该尽可能唯一。但是，由于哈希码只是返回一个 `int`，所以只要一种对象允许包含的值的数量超过一个 `int` 的容纳能力（这就几乎涵盖所有类型了），那么哈希码必然存在重复。一个很容易想到的例子是 `long`，因为 `long` 的取值范围大于 `int`，所以假如规定每个 `int` 值都只能标识一个不同的 `long` 值，那么肯定剩下大量 `long` 值没法标识。
- 性能：可能的哈希码应当在 `int` 的范围内平均分布。例如，创建哈希码时如果没有考虑到字符串在拉丁语言中的分布主要集中在初始的 128 个 ASCII 字符上，就会造成字符串值的分布非常不平均，所以不能算是好的 `GetHashCode()` 算法。
- 性能：`GetHashCode()` 的性能应该优化。`GetHashCode()` 通常在 `Equals()` 实现中用于"短路"一次完整的相等性比较（哈希码都不同，自然没必要进行完整的相等性比较了）。所以，当类型作为字典集合中的"键"类型使用时，会频繁调用该方法。
- 性能：两个对象的细微差异应造成哈希值的极大差异。理想情况下，1 比特的差异应造成哈希码平均 16 比特的差异。这有助于确保不管哈希表如何对哈希值进行"装桶"(bucketing)6，也能保持良好的平衡性。
- 安全性：攻击者应难以伪造具有特定哈希码的对象。攻击手法是向哈希表中填写大量哈希为同一个值的数据。如果哈希表的实现不高效，就易于受到 DOS(拒绝服务)攻击。

大家可能已经注意到，许多原则是相互冲突的。事实上，很难有一种哈希算法既快又满足所有这些原则。和任何设计问题一样，好的解决方案必然是综合考虑的结果。　　■

## 9.4.3　自定义记录的行为

C# 编译器明显为记录结构和记录类生成了大量代码。但是，所有行为其实都是可以自定义的。例如，本章前面说过，可以添加任何额外的成员，包括属性、字段、构造函数和方法等。更重要的是，可以为自动生成的成员提供自己的版本。只需自行编码具有匹配签名的记录成员，就可以用自己的行为替换系统生成的默认行为。例如，如果更喜欢只读属性而不是 **init-only setter** 属性，那么只需声明属性（或字段）来匹配位置属性的名称即可。或者，通过提供自己的拷贝构造函数，可以将自定义行为注入到 `record` 的克隆（通过 `with` 操作符）过程中。类似地，如果想改变相等性的语义（例如，只依据记录的部分属性 / 字段来判断相等性），则可以定义自己的 `Equals()` 方法。代码清单 9.24 展示了对记录进行自定义的几个例子。

**代码清单 9.24　自定义记录**

```
public readonly record struct Angle(
    int Degrees, int Minutes, int Seconds, string? Name = null)
{

    public int Degrees { get; } = Degrees;
```

```
public Angle(
    string degrees, string minutes, string seconds)
    : this(int.Parse(degrees),
           int.Parse(minutes), int.Parse(seconds))
{
}

public override readonly string ToString()
{
    string prefix =
        string.IsNullOrWhiteSpace(Name)?string.Empty : Name+": ";
    return $"{prefix}{Degrees}°  {Minutes}' {Seconds}\"";
}

// 修改 Equals() 以忽略 Name 属性
public bool Equals(Angle other) =>
    (Degrees, Minutes, Seconds).Equals(
        (other.Degrees, other.Minutes, other.Seconds));

public override int GetHashCode() =>
    HashCode.Combine(Degrees.GetHashCode(),
        Minutes.GetHashCode(), Seconds.GetHashCode);

#if UsingTupleToGenerateHashCode
public override int GetHashCode() =>
    (Degrees, Minutes, Seconds).GetHashCode();
#endif // UsingTupleToGenerateHashCode
}
```

## 9.5 装箱

我们知道，值类型的变量直接包含它们的数据，而引用类型的变量包含对另一个存储位置的引用。但是，将值类型转换成它实现的某个接口或终极基类 object 时会发生什么。结果必然是对一个存储位置的引用。该位置表面上包含引用类型的实例，但实际包含值类型的值。这种转换称为**装箱** (boxing)，它有一些特殊行为。从值类型的变量 ( 直接引用其数据 ) 转换为引用类型 ( 引用堆上的一个位置 ) 会涉及以下几个步骤。

1. 首先在堆上分配内存。它将用于存放值类型的数据以及少许额外开销 (SyncBlockIndex 和方法表指针 )。需要这些开销，对象才能看起来像引用类型的托管对象实例。

2. 接着发生一次内存拷贝动作，将当前存储位置的值类型数据拷贝到堆上分配好的位置。

3. 最后，整个转换过程的结果是对堆上新存储位置的一个引用。

相反的过程称为**拆箱** (unboxing)。具体就是核实已装箱值的类型兼容于要拆箱成的值的类型，再拷贝堆中存储的值。这个过程的结果是堆上存储的值的一个拷贝。

装箱和拆箱之所以重要，是因为装箱会影响性能和行为。除了学习如何在 C# 代码中识别它们之外，开发者还应通过查看 CIL，在一个特定的代码片段中统计 box/unbox 指令的数量。如表 9.1 所示，每个操作都有对应的指令。

表 9.1    CIL 中的装箱代码

| C# 代码 | CIL 代码 |
|---|---|
| `static void Main()` | `.method private hidebysig` |
| | `    static void Main() cil managed` |
| `{` | `{` |
| `    int number;` | `    .entrypoint` |
| `    object thing;` | `    // Code size       21 (0x15)` |
| | `    .maxstack  1` |
| `    number = 42;` | `    .locals init ([0] int32 number,` |
| | `                    [1] object thing)` |
| `    // 装箱` | `    IL_0000: nop` |
| `    thing = number;` | `    IL_0001: ldc.i4.s      42` |
| | `    IL_0003: stloc.0` |
| `    // 拆箱` | `    IL_0004: ldloc.0` |
| `    number = (int)thing;` | `    IL_0005: box            [mscorlib]System.Int32` |
| | `    IL_000a: stloc.1` |
| `return;` | `    IL_000b: ldloc.1` |
| `}` | `    IL_000c: unbox.any     [mscorlib]System.Int32` |
| | `    IL_0011: stloc.0` |
| | `    IL_0012: br.s          IL_0014` |
| | `    IL_0014: ret` |
| | `} // end of method Program::Main` |

如果装箱和拆箱不是很频繁，那么性能问题不大。但有时装箱很容易被忽视，而且非常频繁地发生，这就可能大幅影响性能。代码清单 9.25 和输出 9.1 展示了例子。**ArrayList** 类型维护着一个对象引用列表。所以，在列表中添加整数或浮点数会造成对值进行装箱以获取引用。

代码清单 9.25    容易忽视的 box 和 unbox 指令

```
public class DisplayFibonacci
{
    public static void Main()
    {
        // 故意使用 ArrayList 来演示装箱
        System.Collections.ArrayList list = new();

        Console.Write(" 输入 2 ～ 1000 的整数，我将生成这么多个斐波那契数：");
```

```
    string? inputText = Console.ReadLine();
    if (!int.TryParse(inputText, out int totalCount))
    {
        Console.WriteLine($"'{inputText}' 不是一个有效的整数。");
        return;
    }

    if (totalCount == 7)  // 用一个魔法数字来执行测试
    {
        // 如果获取的值是 double，那么会触发异常
        list.Add(0);  // 要求转型为 double，或者附加 'D' 后缀。
                      // 无论转型还是使用 'D' 后缀，生成的 CIL 都是一样的。

    }
    else
    {
        list.Add((double)0);
    }

    list.Add((double)1);

    for (int count = 2; count < totalCount; count++)
    {
        list.Add(
            (double)list[count - 1]! +
            (double)list[count - 2]!);
    }

    // 用 foreach 来澄清装箱操作，而不是使用:
    // Console.WriteLine(string.Join(", ", list.ToArray()));
    foreach (double? count in list)
    {
        Console.Write($"{count}, ");
    }
    }
}
```

**输出 9.1**

```
输入 2 ～ 1000 的整数，我将生成这么多个斐波那契数：42
0, 1, 1, 2, 3, 5, 8, 13, 21, 34, 55, 89, 144, 233, 377, 610, 987, 1597, 2584, 4181, 6765,
10946, 17711, 28657, 46368, 75025, 121393, 196418, 317811, 514229, 832040, 1346269, 2178309,
3524578, 5702887, 9227465, 14930352, 24157817, 39088169, 63245986, 102334155, 165580141,
```

代码编译后，会在 CIL 中生成 5 个 box 指令和 3 个 unbox 指令。

1. 前两个 box 指令是在对 list.Add() 的初始调用中发生的。ArrayList.Add 方法的签名是 int Add(object value)[①]。所以，传给该方法的任何值类型都会被装箱。

2. 接着是在 for 循环内部 Add() 调用中的两个 unbox 指令。ArrayList 的索引操作符 (即 [])返回的总是 object，因为那正是 ArrayList 所包含的。但为了将两个值加到一起，就需要将它们转换回 double。从 object 向值类型的转换作为 unbox 调用来实现。

---

① 这里故意使用了一个 object 类型的集合，而不是使用强类型集合，例如泛型集合 (参见第 12 章)。

3. 现在要获取加法运算的结果并将其放到 ArrayList 实例中，这再次造成一次 box 操作。注意，前两个 unbox 指令和这个 box 指令是在一次循环迭代中发生的。

4. 在后续的 foreach 循环中，我们遍历 ArrayList 中的每一项并把它们的值赋给 count。但是，ArrayList 包含的是对象引用，所以每次赋值都要执行 unbox 操作。

5. 对于 foreach 循环中调用的 Console.WriteLine() 方法，它的签名是 void Console.Write(string format, object arg)。因此，每次调用都要执行从 double 到 object 的装箱。

每次装箱都涉及内存分配和拷贝；每次拆箱都涉及类型检查和拷贝。如果所有操作都用已拆箱的类型完成，就可以避免内存分配和类型检查。显然，可以通过避免许多装箱操作来提升代码性能。例如，前面例子中的 foreach 循环完全可以使用 object 而不是 double 来改进性能。另一个改进是将 ArrayList 数据类型更改为泛型集合（参见第 12 章）。但无论如何，这里的重点在于，有的装箱操作很容易被忽视，开发人员要留意那些可能反复装箱并大幅影响性能的情况。

还有一个问题是运行时的装箱。假如，假定修改最开始的两个 Add() 调用，不是使用强制类型转换（或 double 字面值），而是直接在数组列表中插入整数。由于 int 会隐式转型为 double，所以这个修改似乎没什么大不了的。但是，在 foreach 循环中获取值以后，向 double 转型就会出问题。这相当于是在 unbox 操作后，立即执行从已装箱 int 向 double 的内存拷贝。该操作要想成功，必须先转型为 int，再转型为 double。否则，代码会在执行时引发 InvalidCastException 异常。代码清单 9.26 展示了注释掉的一个类似的错误，在它后面才是正确的转型方式。

**代码清单 9.26　必须先拆箱为基础类型**

```
// ...

int number;
object thing;
double bigNumber;


number = 42;
thing = number;
// 错误：InvalidCastException
// bigNumber = (double)thing;
bigNumber = (double)(int)thing;
// ...
```

**高级主题：lock 语句中的值类型**

C# 语言支持用于同步代码的 lock 语句。该语句实际编译成 System.Threading.Monitor 的 Enter() 和 Exit() 方法。两个方法必须成对调用。Enter() 记录由其唯一的引用类型参数传递的一个 lock，这样使用同一个引用调用 Exit() 时就可释放该 lock。值类型的问题在于装箱，所以每次调用 Enter() 或 Exit() 都会在堆上创建新值。而将一个拷贝的引用同另一个拷贝的引用比较总是返回 false。所以，无法将 Enter() 与对应的 Exit() 钩到一起。因此，不允许在 lock() 语句中使用值类型。

代码清单 9.27 揭示了更多的运行时装箱问题，输出 9.2 展示了结果。

**代码清单 9.27  容易忽视的装箱问题**

```
interface IAngle
{
    void MoveTo(int degrees, int minutes, int seconds);
}

struct Angle : IAngle
{
    // ...

    // 注意：  这会使 Angle" 可变 "，有违设计规范
    public void MoveTo(int degrees, int minutes, int seconds)
    {
        _Degrees = degrees;
        _Minutes = minutes;
        _Seconds = seconds;
    }
    // ...
}
public class Program
{
    public static void Main()
    {
        // ...

        Angle angle = new(25, 58, 23);
        // 例1: 简单装箱操作
        object objectAngle = angle;  // 装箱
        Console.Write(((Angle)objectAngle).Degrees);

        // 例2: 拆箱，修改已拆箱的值，然后丢弃值
        ((Angle)objectAngle).MoveTo
            (26, 58, 23);
        Console.Write(", " + ((Angle)objectAngle).Degrees);

        // 例3: 装箱，修改已装箱的值，然后丢弃对箱子的引用
        ((IAngle)angle).MoveTo(26, 58, 23);
        Console.Write(", " + ((Angle)angle).Degrees);

        // 例4: 直接修改已装箱的值
        ((IAngle)objectAngle).MoveTo(26, 58, 23);
        Console.WriteLine(", " + ((Angle)objectAngle).Degrees);

        // ...
    }
}
```

**输出 9.2**

```
25, 25, 25, 26
```

代码清单 9.27 使用了 Angle 结构和 IAngle 接口。还要注意的是，实现 IAngle.MoveTo() 使 Angle 成为可变 (mutable) 值类型。这带来了一些问题。通过演示这些问题，即可理解使值类型不可变 (immutable) 的重要性。

在代码清单 9.27 的例 1 中，我们在初始化 angle 后把它装箱到 objectAngle 变量中。接着，例 2 调用 MoveTo() 将 _Degrees 更改为 26。但正如输出演示的那样，这次不会发生实际的改变。这里的问题在于，为了调用 MoveTo()，编译器要对 objectAngle 进行拆箱，并且 (根据定义) 创建值的拷贝。值类型拷贝的是值，这正是它们叫*值类型*的原因。虽然结果值在执行时被成功修改，但值的这个拷贝会被丢弃。objectAngle 引用的堆位置未发生任何改变。

本章之前讲过，值类型的变量就像上面了写了值的纸。对值进行装箱相当于对纸进行复印，将复印件放到箱子中。对值进行拆箱相当于对箱子中的纸进行复印。编辑第二个复印件并不会影响箱子中的纸。

在例 3 中，类似的问题在反方向上发生。这次不是直接调用 MoveTo()，而是将值强制转换为 IAngle。转换为接口类型会对值进行装箱，所以 "运行时" 将 angle 中的数据拷贝到堆，并返回对该箱子的引用。接着，方法修改被引用的箱子中的值。angle 中的数据保持未修改状态。

最后一种情况 (例 4)，向 IAngle 的强制类型转换是引用转换而不是装箱转换。值已通过向 object 的转换而装箱了。所以，这次转换不会发生值的拷贝。对 MoveTo() 的调用将更新箱子中存储的 _Degrees 值，代码的行为符合预期。

从这个例子可以看出，可变值类型很容易使人困惑，因为往往修改的是值的拷贝，而不是真正想要修改的存储位置。如果第一时间就避免使用可变值类型，就不会有这样的困惑了。

**设计规范**

AVOID mutable value types.

避免可变值类型。

**高级主题：如何在方法调用期间避免装箱**

任何时候在值类型上调用方法，接收调用的值类型 (在方法主体中用 this 表示) 必须是变量而不是值，因为方法可能尝试修改接收者。显然，它必须修改接收者的存储位置，而不是修改接收者的值的拷贝再丢弃该拷贝。代码清单 9.27 的例 2 和例 4 演示了在已装箱值类型上调用方法时，这一事实对性能造成的影响。

在例 2 中，拆箱逻辑上生成已装箱的值，而不是生成对包含已装箱拷贝的 "堆上存储位置" (箱子) 的引用。那么，哪个存储位置作为 this 传给方法调用呢？不可能是堆上箱子的位置，因为拆箱生成的是那个值的拷贝，而不是对存储位置的引用。

在需要值类型的变量但只有一个值可用的情况下，会发生两件事之一。要么是 C# 编译器生成代码来创建一个新的临时存储位置，将值从箱子拷贝到新位置，使临时存储位置成为所需的变量；要么不允许该操作并报错。本例采用第一个策略。新的临时存储位置成为该调用的接收者。MoveTo() 方法完成修改后，该临时存储位置被丢弃。

每次 "拆箱后调用"，无论方法是否真的修改变量都会重复该过程：对已装箱值进行类型检查，拆箱以生成已装箱值的存储位置，分配临时变量，将值从箱子拷贝到临时变量，再调用方法并传递临时存储位置。显然，如果不修改变量，好多工作都可避免。但 C# 编译器不知道一个方法会不会修改接收者，所以只好"宁可错杀三千，也不可放过一个。"

在已装箱值类型上调用接口方法，所有这些开销都可避免。这时预期的接收者是箱子中的存储位置；如果接口方法要修改存储位置，那么修改的是已装箱的位置。执行类型检查、分配新的临时存储和生成拷贝的开销不再需要。相反，"运行时"直接将箱子中的存储位置作为结构的方法调用的接收者。

代码清单 9.28 调用了 int 值类型实现的 IFormattable 接口中的 ToString() 的双参数版本。在本例中，方法调用的接收者是已装箱值类型，但在调用接口方法时不会拆箱。

**代码清单 9.28　避免拆箱和拷贝**

```
int number;
object thing;
number = 42;
// 装箱
thing = number;
// 这里不会发生拆箱
string text = ((IFormattable)thing).ToString(
    "X", null);
Console.WriteLine(text);
```

有人或许会问，如果将值类型的实例作为接收者来调用 object 声明的虚方法 ToString() 会发生什么？实例会装箱、拆箱还是什么？这要视情况而定。

- 如果接收者已拆箱，而且结构重写了 ToString()，那么将直接调用重写的方法。没必要以虚方式调用，因为方法不能被更深的派生类重写了。记住，所有值类型都隐式密封。
- 如果接收者已拆箱，而且结构没有重写 ToString()，那么必须调用基类的实现，该实现预期的接收者是一个对象引用。所以，接收者被装箱。
- 如果接收者已装箱，而且结构重写了 ToString()，那么将箱子中的存储位置传给重写方法而不拆箱。
- 如果接收者已装箱，而且结构没有重写 ToString()，那么将对箱子的引用传给基类的实现，该实现预期的正是一个引用。

## 9.6 枚举

对比如代码清单 9.29 所示的两个代码片段。

**代码清单 9.29　比较整数 switch 和枚举 switch**

```
int connectionState;
// ...
switch (connectionState)
{
    case 0:
        // ...
        break;
    case 1:
        // ...
        break;
    case 2:
        // ...
```

```
        break;
    case 3:
        // ...
        break;
}

// ...
ConnectionState connectionState;
// ...
switch (connectionState)
{
    case ConnectionState.Connected:
        // 已连接
        break;
    case ConnectionState.Connecting:
        // 正在连接
        break;
    case ConnectionState.Disconnected:
        // 已断开
        break;
    case ConnectionState.Disconnecting:
        // 正在断开
        break;
}
```

两者在可读性上有显著区别。在第二个代码片段中，各个 case 一目了然。不过，两者在运行时的性能完全一样，因为第二个代码片段在每个 case 中使用了**枚举值**。

枚举是可由开发者声明的值类型。枚举的关键特征是在编译时声明了一组具名常量值，这使代码更易读。代码清单 9.30 展示了一个典型的枚举声明。

**代码清单 9.30　定义枚举**

```
enum ConnectionState
{
    Disconnected,
    Connecting,
    Connected,
    Disconnecting
}
```

 **注意**

用枚举替代布尔值能改善可读性。例如，SetState(DeviceState.On) 的可读性就明显优于 SetState(true)。

使用枚举值的话，需要为其附加枚举名称前缀。例如，使用 Connected 值的语法是 ConnectionState.Connected。不要在枚举值名称中包含枚举名称，避免出现像 ConnectionState.ConnectionStateConnected 这样啰嗦的写法。根据约定，除了位标志（稍后讨论）之外的其他所有枚举名称应该是单数形式。例如，应该是 ConnectionState 而不是 ConnectionStates。

枚举值实际是作为整数常量实现的。默认第一个枚举值是 0，后续每一项都递增 1。但可以显式地为枚举中的成员赋值，如代码清单 9.31 所示。

**代码清单 9.31　定义枚举类型**

```
enum ConnectionState : short
{
    Disconnected,
    Connecting = 10,
    Connected,
    Joined = Connected,
    Disconnecting
}
```

Disconnected 仍然具有默认值 0，Connecting 则被显式赋值为 10，所以它后面的 Connected 会被赋值为 11。随后，Joined 也被赋值为 11，也就是赋给 Connected 的值 ( 此时不需要为 Connected 附加枚举名称前缀，因为目前正处在枚举的作用域内 )。最后，Disconnecting 自动递增 1，所以值是 12。

枚举总是具有一个基础类型，可以是除 char 之外的任意整型。事实上，枚举类型的性能完全取决于基础类型的性能。默认基础类型是 int，但可以使用继承语法指定其他类型。例如在代码清单 9.31 中，使用的不是 int 而是 short。为了保持一致性，这里的语法模拟了继承的语法，但其实并没有真正建立继承关系。所有枚举的基类都是 System.Enum，后者又从 System.ValueType 派生。另外，这些类都是密封的 ( 值类型的特点 )，不能从现有枚举类型派生以添加额外成员。

---

[1] 参见本章稍后的 "枚举作为标志使用" 小节。

枚举不过是具有基础类型的一组名称，对于枚举类型的变量，它的值并不限于声明中命名的值。例如，由于整数 42 能转型为 short，所以也能转型为 ConnectionState，即使它没有对应的 ConnectionState 枚举值。值能转换成基础类型，就能转换成枚举类型。

该设计的优点在于未来可以在新的 API 版本中为枚举添加新值，同时不会破坏早期版本。另外，枚举值为已知值提供了名称，同时允许在运行时分配未知的值。该设计的缺点在于编码时须谨慎，要主动考虑到未命名值的可能性。例如，如果将 case ConnectionState.Disconnecting 替换成 default，并认定 default case 唯一可能的值就是 ConnectionState.Disconnecting，那么就是不明智的。相反，应显式处理 Disconnecting 这一 case，而让 default case 报告一个错误，或者执行其他无害的行为。然而，正如前面讲到的，从枚举转换为基础类型以及从基础类型转换为枚举类型都涉及显式转型，而不是隐式转型。例如，假定方法签名是 void ReportState(ConnectionState state)，就不能调用 ReportState(10)。唯一的例外是传递 0，因为 0 能隐式转换为任何枚举。

虽然允许在代码未来的版本中为枚举添加额外的值，但这样做时要小心。在枚举中部插入枚举值，会使其后的所有枚举值发生顺移。例如，在 Connected 之前添加 Flooded 或 Locked 值，会造成 Connected 值改变。这会影响根据新枚举来重新编译的所有版本。不过，任何基于旧枚举编译的代码都会继续使用旧值。为了避免旧的枚举值发生改变，除了在列表末尾插入新的枚举值，另一个办法就是显式赋值。

**■ 设计规范**

1. CONSIDER adding new members to existing enums, but keep in mind the compatibility risk.
   考虑在现有枚举中添加新成员，但要注意兼容性风险。

2. AVOID creating enums that represent an "incomplete" set of values, such as product version numbers.
   避免创建代表"不完整"值（如产品版本号）集合的枚举。

3. AVOID creating "reserved for future use" values in an enum.
   避免在枚举中创建"保留给将来使用"的值。

4. AVOID enums that contain a single value.
   避免包含单个值的枚举。

5. DO provide a value of 0 (none) on simple enums, knowing that 0 will be the default value when no explicit initialization is provided.
   要为简单枚举提供值 0 来代表无，强调若不显式初始化，0 就是默认值。[①]

---

① 译注：意思是说，显式地在枚举定义中包含一个值为 0 的成员（通常命名为 None 或类似的名称），以清晰地表示"没有值"或"默认状态"。好处是，即使在变量未显式初始化的情况下，枚举变量仍有一个有效且明确的值（即 0)，防止潜在的错误或未定义行为。

**高级主题：枚举之间的类型兼容性**

C# 不支持不同枚举数组之间的直接转型。但 CLR 允许，前提是两个枚举具有相同的基础类型。为了避开 C# 的限制，技巧是先转型为 System.Array，如代码清单 9.32 末尾所示。

**代码清单 9.32　枚举数组之间的转型**

```
enum ConnectionState1
{
    Disconnected,
    Connecting,
    Connected,
    Disconnecting
}

enum ConnectionState2
{
    Disconnected,
    Connecting,
    Connected,
    Disconnecting
}
public class Program
{
    public static void Main()
    {
        ConnectionState1[] states =
            (ConnectionState1[])(Array)new ConnectionState2[42];
    }
}
```

这个技巧利用了 CLR 的赋值兼容性比 C# 宽松这一事实。还可以利用相同的技巧进行非法转换，例如从 int[] 转换成 uint[]。但是，使用该技巧务必慎重，因为 C# 规范没有说这个技巧在不同 CLR 实现中都能发挥作用。

## 9.6.1　在枚举和字符串之间转换

枚举一个方便的地方是 ToString() 方法 ( 通过 System.Console.WriteLine() 这样的方法来调用 ) 会输出枚举值标识符，如代码清单 9.33 所示。

**代码清单 9.33　向 Trace Buffer 写入枚举值**

```
System.Diagnostics.Trace.WriteLine(
    $" 连接目前 {ConnectionState.Disconnecting}。");
```

以上代码将输出 9.3 的文本写入 Trace Buffer( 跟踪缓冲区 )。

**输出 9.3**

连接目前 Disconnecting。

从字符串向枚举的转换刚开始较难掌握，因为它涉及由 System.Enum 基类提供的一个静态方法。代码清单 9.34 展示了在不利用泛型 ( 参见第 12 章 ) 的前提下如何做，这个例子会输出 "Idle"。

代码清单 9.34　使用 Enum.TryParse() 将字符串转换为枚举

```
System.Diagnostics.ThreadPriorityLevel priority;
if(Enum.TryParse("Idle", out priority))
{
    Console.WriteLine(priority);
}
```

　　这个例子展示了如何在编译时确定枚举值，这类似于直接使用字面值（但实际上这里的值是通过字符串动态解析得到的）。TryParse() 方法[1]（从技术上说是 TryParse<T>()）使用了泛型，但类型参数可以推断出来。所以，可以使用代码清单 9.34 的语法转换为枚举。除此之外，还有一个等价的 Parse() 方法，会在失败时抛出异常。正是因为这个原因，所以除非肯定能成功，否则最好不要使用 Parse()。

　　不管是用 Parse 还是 TryParse 模式来编码，从字符串向枚举的转换都是不可本地化的。所以，如果本地化是一项硬性要求，仅有那些不向用户公开的消息，开发人员才可进行这种形式的转换。

> **设计规范**
>
> AVOID direct enum/string conversions where the string must be localized into the user's language.
>
> 如果字符串必须本地化成用户的语言，那么**避免**直接在枚举和字符串之间转换。

## 9.6.2　枚举作为标志使用

　　开发人员许多时候不仅希望枚举值独一无二，还希望能对其进行组合以表示复合值。以 System.IO.FileAttributes 为例。如代码清单 9.35 所示，该枚举用于表示各种文件属性：只读、隐藏、存档等。在前面定义的 ConnectionState 枚举中，每个值都是互斥的。而 FileAttributes 枚举值允许而且本来就设计为自由组合。例如，一个文件可能同时只读和隐藏。为了支持该行为，每个枚举值都是位置唯一的二进制位。

代码清单 9.35　枚举作为位标志

```
[Flags]
public enum FileAttributes
{
    None = 0,              // 000000000000000
    ReadOnly = 1 << 0,     // 000000000000001
    Hidden = 1 << 1,       // 000000000000010
    System = 1 << 2,       // 000000000000100
    Directory = 1 << 4,    // 000000000010000
    Archive = 1 << 5,      // 000000000100000
    Device = 1 << 6,       // 000000001000000
    Normal = 1 << 7,       // 000000010000000
    Temporary = 1 << 8,    // 000000100000000
    SparseFile = 1 << 9,   // 000001000000000
```

[1] 从 .NET Framework 4.0 开始提供。

```
    ReparsePoint = 1 << 10,        // 000010000000000
    Compressed = 1 << 11,          // 000100000000000
    Offline = 1 << 12,             // 001000000000000
    NotContentIndexed = 1 << 13,   // 010000000000000
    Encrypted = 1 << 14,           // 100000000000000
}
```

 **注意**

位标志枚举名称通常使用复数，因为它的值代表标志 (flags) 的一个集合。

我们使用按位 OR 操作符来连接 (join) 枚举值，使用 Enum.HasFlags() 方法或按位 AND 操作符来测试特定位是否存在。代码清单 9.36 和输出 9.4 展示了这两种情况。[①]

**代码清单 9.36　为标志枚举值使用按位 OR 和 AND**

```
using System;
using System.IO;

public class Program
{
    public static void Main()
    {
        string fileName = @".enumtest.txt";

        System.IO.FileInfo enumFile = new(fileName);
        if (!enumFile.Exists)
        {
            enumFile.Create().Dispose();
        }

        try
        {
            System.IO.FileInfo file = new(fileName)
            {
                Attributes = FileAttributes.Hidden |
                    FileAttributes.ReadOnly
            };

            Console.WriteLine($"{file.Attributes} = {(int)file.Attributes}");

            // Linux 上仅支持 ReadOnly 属性
            // (Hidden 属性在 Linux 上不起作用 )
            if (!file.Attributes.HasFlag(FileAttributes.Hidden))
            {
                throw new Exception(" 文件不是隐藏。");
            }

            if ((file.Attributes & FileAttributes.ReadOnly) !=
                FileAttributes.ReadOnly)
            {
                throw new Exception(" 文件不是只读。");
```

---

[①] 注意，FileAttributes.Hidden 这个枚举值在 Linux 上不起作用。

```
            }
        }
        finally
        {
            if (enumFile.Exists)
            {
                enumFile.Attributes = FileAttributes.Normal;
                enumFile.Delete();
            }
        }
    }
}
```

**输出 9.4**

```
ReadOnly, Hidden = 3
```

本例用按位 OR 操作符将示例文件同时设为只读和隐藏，测试完成后将文件删除。

注意，枚举中的每个值不一定只对应一个标志。完全可以主动为常用的标志组合定义额外的枚举值，如代码清单 9.37 所示。

**代码清单 9.37　为常用组合定义枚举值**

```
[Flags]
enum DistributedChannel
{
    None = 0,
    Transacted = 1,
    Queued = 2,
    Encrypted = 4,
    Persisted = 16,
    FaultTolerant =
        Transacted | Queued | Persisted
}
```

一个好习惯是在标志枚举中包含值为 0 的 None 成员，因为无论枚举类型的字段，还是枚举类型的一个数组中的元素，其初始默认值都是 0。避免最后一个枚举值对应像 Maximum(最大) 这样的东西，因为 Maximum 可能被解释成有效枚举值。要检查枚举是否包含某个值，请使用 System.Enum.IsDefined() 方法。

---

■ **设计规范**

1. DO use the FlagsAttribute to mark enums that contain flags.

   要用 FlagsAttribute 标记包含标志 (flag) 的枚举。

2. DO provide a None value equal to 0 for all flag enums.

   要为所有标志枚举提供等于 0 的 None 值。

3. AVOID creating flag enums where the zero value has a meaning other than "no flags are set".

   避免标志枚举中的零值是除了"所有标志都未设置"之外的其他意思。

4. CONSIDER providing special values for commonly used combinations of flags.

考虑为常用标志组合提供特殊值。

5. DO NOT include "sentinel" values (such as a value called `Maximum`); such values can be confusing to the user.

不要包含"哨兵"值 ( 如 Maximum)，这种值会使用户困惑。

6. DO use powers of two to ensure that all flag combinations are represented uniquely.

要用 2 的乘方确保所有标志组合都不重复。①

**高级主题：FlagsAttribute**

如果决定使用位标志枚举，那么枚举的声明应该用 **FlagsAttribute** 来标记。该特性应包含在一对方括号中 ( 关于特性的更多信息，请参见第 18 章 )，并放在枚举声明之前，如代码清单 9.38 和输出 9.5 所示。

**代码清单 9.38 使用 FlagsAttribute**

```
// FileAttributes 在 System.IO 中定义
/*
[Flags]
public enum FileAttributes
{
    ReadOnly = 0x0001,
    Hidden   = 0x0002,
    // ...
}
*/
using System;
using System.IO;

public class Program
{
    public static void Main()
    {
        string fileName = @"enumtest.txt";
        // ...
        FileInfo file = new(fileName);
        file.Open(FileMode.OpenOrCreate).Dispose();

        FileAttributes startingAttributes =
            file.Attributes;

        file.Attributes = FileAttributes.Hidden |
            FileAttributes.ReadOnly;

        Console.WriteLine(" 原本输出 \"{1}\"，替换为 \"{0}\"。",
            file.Attributes.ToString().Replace(",", " |"),
            file.Attributes);
```

---

① 译注：创建用于表示位标志 (bit flag) 的枚举时，建议使用 2 的幂 ( 即 1，2，4，8，16 等 ) 作为枚举值。这样做确保了每个枚举值都是唯一的，并且可以组合使用不同的枚举值来表示多个标志。具体就是像本例这样，每个单独的文件属性仅一个二进制位为 1 即可。

```
        FileAttributes attributes =
            (FileAttributes)Enum.Parse(typeof(FileAttributes),
            file.Attributes.ToString());

        Console.WriteLine(attributes);

        File.SetAttributes(fileName,
            startingAttributes);
        file.Delete();
    }
}
```

输出 9.5

```
原本输出 "ReadOnly, Hidden"，替换为 "ReadOnly | Hidden"。
ReadOnly, Hidden
```

该特性指出枚举值可以组合。它还改变了 ToString() 和 Parse() 方法的行为。例如，为用 FlagsAttribute 修饰的枚举调用 ToString() 方法，会为已设置的每个枚举标志输出对应的字符串。在代码清单 9.38 中，file.Attributes.ToString() 返回 ReadOnly, Hidden。而如果没有用 FlagsAttribute 修饰，返回的就是 3。如果两个枚举值相同，那么 ToString() 返回第一个。但如前所述，使用需谨慎，因为无法本地化。[①]

将值从字符串解析成枚举也是可行的。每个枚举值标识符都以逗号分隔。

注意，FlagsAttribute 不会自动分配唯一的标志值，也不会核实它们有唯一的值。那样做也没有意义，因为经常都需要重复值和组合值。相反，应该显式分配每个枚举项的值。

## 9.7 小结

本章首先对比了引用相等性和值相等性，以及在默认情况下，引用类型会在检查相等性时使用引用相等性，而值类型会检查值本身（或者对于自定义值类型，检查自定义值类型内的数据）。但要记住的是，与自定义类的数量相比，自定义值类型（即 struct）相对要少得多，通常仅限于要与非托管代码互操作的代码。

接着，我们介绍了记录结构（record struct）和记录类（record class），指出虽然编译器为两者生成的 CIL 代码大致相同，但也存在一些重要差异。最重要的是，记录结构和记录类都重写了相等性以使用值类型相等性。这个设计非常有用，因为要为某个类型实现值相等性时，自己实现既复杂又容易出错。两者 CIL 代码另一个相似之处是，它们都使用"位置参数"来生成属性、构造函数、ToString() 实现和解构函数 Deconstruct()。但是，两者的不同之处在于，默认情况下记录结构是可读写的，而记录类默认为所有位置参数（对应的属性）使用 init-only setter。话虽如此，由于"可

---

① 译注：记住，将特性应用于源代码中的目标元素时，C# 编译器允许省略 Attribute 后缀，这样可以少打一点字，并提升源代码的可读性。正是因为这个原因，所以在应用 FlagsAttribute 的时候，简单写 [Flags] 就可以了。

变"值类型很容易引入混乱或者有 bug 的代码，而且我们通常用值类型来建模"不可变"的值，所以最佳实践是用 readonly 修饰符来声明记录结构。此外，只有记录类支持继承——虽然只能从其他记录类继承。实际上，所有结构 (无论 record struct 还是传统 struct) 都不支持继承，因为所有值类型都隐式密封。

　　值类型必须作为引用类型以多态的方式处理时，会发生装箱。装箱容易使人犯迷糊，容易在执行时 ( 而非编译时 ) 出问题。虽然需要清楚认识它以避免问题，但也不必过于紧张。值类型很有用，具有性能上的优势，不要惧怕用它。值类型渗透到本书几乎每一章，容易出问题的时候并不多。虽然罗列了装箱可能发生的问题，并用代码进行了演示，但现实中其实很少遇到相同情形。只要遵守"不要创建可变值类型"这一设计规范，就可以避免其中的多数问题。而这也正是你在语言内建的值类型中没有遇到这些问题的原因。

　　或许最容易出的问题就是循环内的反复装箱操作。不过，使用泛型 ( 第 12 章 ) 可以显著减少装箱。而且即使不用泛型，该问题对性能造成的影响也微乎其微，除非你确定某个算法因为装箱而引入了性能瓶颈。

　　本章还介绍了枚举。枚举类型是许多编程语言中的标准结构。它们有助于提高 API 的可用性和代码的可读性。

　　下一章介绍更多设计规范来帮助大家创建"良好形式"(well-formed) 的值类型和引用类型。首先讨论的是如何定义操作符重载方法。该主题同时适用于结构和类，但它更重要的意义还是在于完善结构定义，使其具有"良好形式"。

# 第 **10** 章

# 良好形式的类型

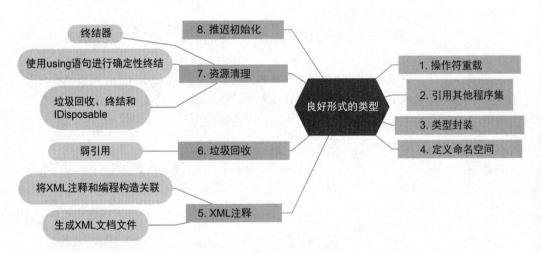

第 9 章讲述了定义结构和值类型 (**struct** 和 **enum**) 的大多数构造。但是，目前的类型定义并不完美，还缺少一些具有良好形式且完备的功能。本章讨论如何完善类型定义，其中涉及的概念包括操作符重载、引用其他库、其他访问修饰符、命名空间、XML 注释 ( 内联文档 ) 和资源管理等。

## 10.1 操作符重载

第 9 章讨论了如何实现值相等性行为，并指出类还应实现操作符 == 和 !=。实现操作符的过程称为**操作符重载** (operator overloading)。本节的内容不仅适合操作符 == 和 !=，还适合其他支持的操作符。

例如，string 支持用 + 操作符连接 ( 也称拼接 ) 两个字符串。这或许并不奇怪，string 毕竟是预定义类型，可能获得了特殊的编译器支持。但是，C# 语言允许为任何类或结构添加 + 操作符支持。事实上，除了 x.y、f(x)、new、typeof、default、checked、unchecked、delegate、is、as、= 和 => 之外，其他所有操作符都支持重载。尤其注意不能实现赋值操作符，我们无法改变 = 操作符的行为。

注意，重载的操作符无法通过 Visual Studio 的 "智能感知"(IntelliSense) 呈现 ( 不会在自动完成列表中显示 )。除非故意要使类型表现得像基元类型 ( 比如数值类型 )，否则不要仅通过重载操作符来实现你想要的行为。

## 10.1.1　比较操作符

第 9 章已经探讨了编译器为记录自动实现的 == 和 != 操作符方法，代码清单 10.1 展示了另一个例子。

**代码清单 10.1　实现操作符 == 和 !=**

```
public sealed class ProductSerialNumber
{
    // ...

    public static bool operator ==(
        ProductSerialNumber leftHandSide,
        ProductSerialNumber rightHandSide)
    {
        // 检查 leftHandSide 是否为 null，
        // ( 否则 operator == 会递归调用，最终造成栈溢出 )
        if (leftHandSide is null)
        {
            // 如果 rightHandSide 也为 null，就返回 true；
            // 否则返回 false
            return rightHandSide is null;
        }
        return (leftHandSide.Equals(rightHandSide));
    }

    public static bool operator !=(
        ProductSerialNumber leftHandSide,
        ProductSerialNumber rightHandSide)
    {
        return !(leftHandSide == rightHandSide);
    }
}
```

注意，编译器强制比较操作符成对实现，即 == 对应 !=、< 对应 >、<= 对应 >=。如代码清单 10.1 所示，成对的操作符实现了其中一个之后，另一个就可以直接调用它。另外，对于引用类型，在调用任何成员之前一定要正确进行 null 检查。永远不要从操作符重载实现中抛出异常。

> **■ 设计规范**
>
> DO NOT throw exceptions from within the implementation of operator overloading.
>
> 不要从操作符重载实现中抛出异常。

## 10.1.2  二元操作符

可以将一个 Arc 加到一个 Coordinate 上。但到目前为止，代码一直没有提供对添加操作符的支持。相反，需要自己定义，如代码清单 10.2 所示。

**代码清单 10.2  添加操作符**

```
public readonly struct Arc
{
    public Arc(
        Longitude longitudeDifference,
        Latitude latitudeDifference)
    {
        LongitudeDifference = longitudeDifference;
        LatitudeDifference = latitudeDifference;
    }

    public Longitude LongitudeDifference { get; }
    public Latitude LatitudeDifference { get; }
}

public readonly struct Coordinate
{
    // ...
    public static Coordinate operator +(
        Coordinate source, Arc arc)
    {
        Coordinate result = new(
            new Longitude(
                source.Longitude + arc.LongitudeDifference),
            new Latitude(
                source.Latitude + arc.LatitudeDifference));
        return result;
    }
    // ...
}
```

二元操作符 +、-、*、/、%、&、|、^、<< 和 >> 都作为二元静态方法实现，其中至少有一个参数的类型是包容类型（当前正在实现该操作符的类型）。方法名由操作符附加 operator 前缀构成。如代码清单 10.3 和输出 10.1 所示，定义好 - 和 + 二元操作符之后，就可以在 Coordinate 上加减 Arc 了。注意，Longitude 和 Latitude 也需要实现 + 操作符，它们由 source.Longitude + arc.LongitudeDifference 和 source.Latitude + arc.LatitudeDifference 调用。

代码清单 10.3　调用二元操作符 - 和 +

```
// 出于演示的目的，暂时禁止复合赋值的警告
#pragma warning disable IDE0054
public class Program
{
    public static void Main()
    {
        Coordinate coordinate1, coordinate2;
        coordinate1 = new Coordinate(
            new Longitude(48, 52), new Latitude(-2, -20));
        Arc arc = new(new Longitude(3), new Latitude(1));

        coordinate2 = coordinate1 + arc;
        Console.WriteLine(coordinate2);

        coordinate2 = coordinate2 - arc;
        Console.WriteLine(coordinate2);

        coordinate2 += arc;
        Console.WriteLine(coordinate2);
    }
}
```

输出 10.1

```
51°  52' 0 E -1°  -20' 0 N
48°  52' 0 E -2°  -20' 0 N
51°  52' 0 E -1°  -20' 0 N
```

　　Coordinate 的操作符 - 和 + 会在加减 Arc 后返回坐标位置。这就允许将多个操作符和操作数串联起来，例如 result = ((coordinate1 + arc1) + arc2) + arc3。另外，通过让 Arc 支持相同的操作符 ( 参见代码清单 10.4)，就连圆括号都可以省略。之所以允许这样写，是因为第一个操作数 (coordinate1 + arc1) 的结果也是 Coordinate，可以把它加到下一个 Arc 或 Coordinate 类型的操作数上。

　　相反，假定重载一个操作符 -，获取两个 Coordinate 作为参数，并返回 double 值来代表两个坐标之间的距离。由于 Coordinate 和 double 相加是未定义的，所以不能像前面那样串联多个操作符和操作数。操作符返回不同类型有违直觉，所以要当心。

## 10.1.3　二元操作符复合赋值

　　如前所述，赋值操作符不能重载。不过，只要重载了二元操作符，就自动重载了其复合赋值形式 (+=、-=、*=、/=、%=、&=、|=、^=、<<= 和 >>=)，所以能直接使用下面这样的代码 ( 基于代码清单 10.2 的定义 )：

```
coordinate += arc;
```

它等价于：

```
coordinate = coordinate + arc;
```

### 10.1.4 条件逻辑操作符

和赋值操作符相似，条件逻辑操作符 (&& 和 ||) 不能显式重载。但是，由于逻辑操作符 & 和 | 可以重载，而条件操作符由逻辑操作符构成，所以实际能间接重载条件操作符。x && y 可以作为 x & y 处理，其中 y 必须求值为 true。类似地，在 x 求值为 false 的时候，x || y 可以作为 x | y 处理。要允许将类型求值为 true 或 false( 比如在 if 语句中 )，就需要重载 true/false 一元操作符。

### 10.1.5 一元操作符

一元操作符 (+、-、!、~、++、--、true 和 false) 的重载和二元操作符很相似，但只获取一个参数，该参数也必须是包容类型 ( 正在重载操作符的类型 )。代码清单 10.4 为 Longitude 和 Latitude 重载了一元操作符 + 和 -。然后，在 Arc 中重载相同的操作符时使用了这些操作符 (方法 )。

**代码清单 10.4    重载 - 和 + 一元操作符**

```csharp
public struct Latitude
{
    // ...
    public static Latitude operator -(Latitude latitude)
    {
        return new Latitude(-latitude.Degrees);
    }
    public static Latitude operator +(Latitude latitude)
    {
        return latitude;
    }
    // ...
}

public struct Longitude
{
    // ...
    public static Longitude operator -(Longitude longitude)
    {
        return new Longitude(-longitude.Degrees);
    }
    public static Longitude operator +(Longitude longitude)
    {
        return longitude;
    }
    // ...
}

public readonly struct Arc
{
    // ...
    public static Arc operator -(Arc arc)
    {
```

```
    // 使用为 Longitude 和 Latitude 定义的一元 - 操作符
    return new Arc(-arc.LongitudeDifference,
        -arc.LatitudeDifference);
}
public static Arc operator +(Arc arc)
{
    return arc;
}
}
```

和数值类型一样，代码清单 10.4 中的一元操作符 + 没有任何实际效果，提供它只是为了保持对称。

重载 true 和 false 时多了一项要求，即两者都要重载。签名和其他操作符重载相同，但返回的必须是一个 bool 值，如代码清单 10.5 所示。

**代码清单 10.5　重载 true 和 false 操作符**

```
public static bool operator false(object item)
{
    // ...
}
public static bool operator true(object item)
{
    // ...
}
```

重载了 true 和 false 的类型可在 if、do、while 和 for 语句的控制表达式中使用。

## 10.1.6 转换操作符

目前，Longitude、Latitude 和 Coordinate 还不支持向其他类型的转换。例如，没办法将 double 转换为 Longitude 或 Latitude 实例。类似地，也不支持使用 string 向 Coordinate 赋值。幸好，C# 语言允许定义方法来处理一种类型向另一种类型的转型，还允许在方法声明中指定该转换是隐式的还是显式的。

**高级主题：转型操作符**

从技术上说，实现显式和隐式转换操作符并不是对转型操作符 (()) 进行重载。但由于效果一样，所以一般都将"实现显式或隐式转换"说成"定义转型 ( 强制类型转换 ) 操作符"。

定义转换操作符在形式上类似于定义其他操作符，只是"operator"成了转换的结果类型。另外，operator 要放在表示隐式或显式转换的 implicit 或 explicit 关键字后面，如代码清单 10.6 所示。

**代码清单 10.6　实现 Latitude 和 double 之间的隐式转换**

```
public readonly struct Latitude
{
    // ...
    public Latitude(double decimalDegrees)
```

```
{
    DecimalDegrees = Normalize(decimalDegrees);
}

public double DecimalDegrees { get; }

// ...

public static implicit operator double(Latitude latitude)
{
    return latitude.DecimalDegrees;
}
public static implicit operator Latitude(double degrees)
{
    return new Latitude(degrees);
}

// ...
}
```

定义好这些转换操作符之后，就可以将 double 隐式转型为 Latitude 对象，或者
将 Latitude 对象隐式转型为 double。假定也为 Longitude 定义了类似的转换，那么
为了创建 Coordinate 对象，可以像下面这样写：

```
coordinate = new Coordinate(43, 172);
```

 **注意**

实现转换操作符时，为了保证封装性，要么返回值、要么参数必须是包容类型。C# 不允许在被转换
类型的作用域之外指定转换。[①]

## 10.1.7 转换操作符设计规范

定义隐式和显式转换操作符的差别主要在于，后者能防止不小心执行隐式转换，造
成你不希望的行为。使用显式转换操作符通常是出于两方面的考虑。首先，会引发异
常的转换操作符始终都应该是显式的。例如，从 string 转换为 Coordinate 时，提供
的 string 不一定具有正确格式（这极有可能发生）。由于转换可能失败，所以应将转
换操作符定义为显式，从而明确要进行转换的意图，并要求用户确保格式正确，或者
由你提供代码来处理可能发生的异常。通常采用的转换模式是：一个方向（string 到
Coordinate）显式，相反方向（Coordinate 到 string）隐式。

第二个要考虑的是某些转换是有损的。例如，虽然完全可以从 float（例如，4.2）转
换成 int，但前提是用户知晓 float 小数部分会丢失这一事实。任何转换只要会丢失数据，
而且不能成功转换回原始类型，就言定义成显式转换。如刊本显式转换出乎意料持地丢
失了数据，或者转换无效，那么请考虑引发 System.InvalidCastException。

---

① 译注：换言之，转换操作符只能从它的包容类型转换为其他某个类型，或从其他某个类型转换为它
的包容类型。

设计规范

1. DO NOT provide an implicit conversion operator if the conversion is lossy.

   不要为有损转换提供隐式转换操作符。

2. DO NOT throw exceptions from implicit conversions.

   不要从隐式转换中引发异常。

## 10.2 引用其他程序集

并非一定要将所有代码都放到单独一个二进制文件中，C# 语言和底层 CLI 平台允许将代码分散到多个程序集中。这样就可在多个可执行文件中重用程序集。

**初学者主题：类库**

HelloWorld 程序是你写过的最简单的程序之一。现实世界的程序复杂得多，而且随着复杂性的增加，有必要将程序分解成多个小的部分，便于控制复杂性。为此，开发人员可以将程序的不同部分转移到单独的编译单元中，这些单元称为**类库**，或者简称为**库**。然后，程序可引用并依赖于类库来提供自己的一部分功能。这样两个程序就可依赖同一个类库，从而在两个程序中共享该类库的功能，并减少所需的编码量。

总之，特定功能只需编码一次并放到类库中。然后，多个程序可以引用同一个类库来提供该功能。以后，假如开发者修正了 bug，或者在类库中增添了新功能，那么所有程序都能获得增强的功能，因为它们现在引用的是改善过的类库。

我们写的代码通常都能使多个程序受益。例如，地图软件、支持地理位置的数码照片软件或者一个普通的命令行分析程序都可以利用之前写的 Longitude、Latitude 和 Coordinate 类。这些类只需只写一次，就可以在多个不同的程序中使用。所以，最好把它们分组到一个程序集 ( 称为库或类库 ) 中以便重用，而不是在单独一个程序中写好完事儿。

要创建库而不是控制台项目，请遵循和第 1 章描述的一样的指令，只是 Dotnet CLI 要将模板从 console 替换成 "Class library" 或 classlib。

类似地，如果使用 Visual Studio 2022，请在"创建新项目"对话框中利用"搜索"框查找"类库"，然后选择 C# 版本的类库。对当前的例子而言，项目名称可以填入 GeoCoordinates( 地理坐标 )。

接着将代码清单 10.4 中每个结构的代码放到单独文件中 ( 文件名就是结构名 )，并生成项目。这样就可以将 C# 代码编译成单独的 GeoCoordinates.dll 程序集文件，它位于 .\bin\ 的一个子目录中。

### 10.2.1 引用库

有了库之后，我们需要从程序中引用它。以代码清单 10.3 用 Program 类创建的新控制台程序为例，现在需要添加对 GeoCoordinates.dll 程序集的引用，指定库的位置，并在程序中嵌入元数据来唯一性地标识库。这可以通过几种方式实现。第一种方式是引用库项目文件 (*.csproj)，指出库的源代码在哪个项目中，并在两个项目之间建立依赖关系。编译好库之后，才能编译引用了该库的程序。该依赖关系造成在编译程序时先编译库 ( 如果还没有编译的话 )。

第二种方式是引用程序集文件本身。换言之，引用编译好的库而不是项目。如果库和程序分开编译，比如由企业内的另一个团队编译，这种方式就非常合理。

第三种方式是引用 NuGet 包，详情参见下一节。

注意，库和包并非只能由控制台程序引用。事实上，任何程序集都能引用其他任何程序集。经常是一个库引用另一个库，从而创建一个依赖链。

## 10.2.2 用 Dotnet CLI 引用项目或库

第 1 章讨论了如何创建控制台程序。这样的程序会包含一个 Main 方法 ( 程序开始执行的入口点 )。为了添加对新建程序集的引用，可以在第 1 章的操作完成后添加一条额外的命令来添加引用：

```
dotnet add .\HelloWorld\HelloWord.csproj package
.\GeoCordinates\bin\Debug\netcoreapp2.0\GeoCoordinates.dll
```

package 参数后面是要由项目引用的程序集文件路径。

也可以不引用程序集，而是引用项目文件。如前所述，这样在生成程序时会首先编译类库 ( 如果还没有编译的话 )。优点是当程序编译时，会自动寻找编译好的类库程序集 ( 无论在 debug 还是 release 目录中 )。下面是引用项目文件所需的命令行：

```
dotnet add .\HelloWorld\HelloWord.csproj reference
.\GeoCoordinates\GeoCoordinates.csproj
```

如果你拥有类库的源代码，而且这些代码经常修改，请考虑引用项目文件而不是编译好的程序集。引用了程序集之后，代码清单 10.3 的 Program 类的源代码就可以编译了。

## 10.2.3 在 Visual Studio 2022 中引用项目或库

第 1 章还讨论了如何用 Visual Studio 创建包含一个 Main 方法的控制台程序。为了添加对 GeoCoordinates 程序集的引用，可以选择"项目"｜"添加引用"菜单。单击左侧的"项目"｜"解决方案"标签，单击"浏览"来找到 GeoCoordinates 项目或 GeoCordinates.dll 并添加对它的引用。

和 Dotnet CLI 一样，随后就可以使用代码清单 10.3 的 Program 类源代码编译程序。

## 10.2.4 NuGet 打包

微软从 Visual Studio 2010 起引入了称为 NuGet 的库打包系统，目的是在项目之间和企业之间方便地共享库。库程序集通常就是一个编译好的文件。它可能关联了配置文件、附加的资源和元数据。遗憾的是，在 NuGet 问世之前，没有清单来标识所有依赖项。

除此之外，也没有标准的 provider 或者容纳了所有包的一个库来查找想引用的程序集。

NuGet( 发音是 New Get) 一并解决了这两个问题。NuGet 不仅包含一个清单来标识作者、公司、依赖项等，还在 NuGet.org 提供了一个默认包 provider 以便上传、更新、索引和下载包。现在可以在项目中引用一个 NuGet 包 (*.nupkg)，然后从你事先配置好的 NuGet provider URL 处自动安装。

NuGet 包提供了一个清单文件 (*.nuspec)，其中列出了包中所含的所有附加元数据。还提供了你可能想要的所有附加资源，包括本地化文件、配置文件、内容文件等等。最后，NuGet 包将所有单独的资源合并成单个 ZIP 文件 ( 虽然用的是 .nupkg 扩展名 )。所以，用 .ZIP 扩展名重命名文件，就可用任何常规压缩工具打开并检查文件内容。

## 10.2.5　用 Dotnet CLI 引用 NuGet 包

用 Dotnet CLI 在项目中添加 NuGet 包需要执行以下命令：

```
>dotnet add .\HelloWorld\HelloWorld.csproj package
Microsoft.Extensions.Logging.Console
```

该命令检查指定包所有注册的 "NuGet 包 provider" 并下载它。还可以使用 dotnet restore 命令显式触发下载。

可以使用 dotnet pack 命令来创建本地 NuGet 包。该命令生成 GeoCoordinates.1.0.0.nupkg 文件，然后可以使用 add ... package 命令引用它。

程序集名称后的数字对应包的版本号。要显式指定版本号，请编辑项目文件 (*.csproj)，为 PropertyGroup 元素添加一个 <Version>...</Version> 子元素。

## 10.2.6　在 Visual Studio 2022 中引用 NuGet 包

基于第 1 章创建的 HelloWorld 项目，可用 Visual Studio 2022 添加一个 NuGet 包。

1. 选择 "项目" | "管理 NuGet 程序包"，如图 10.1 所示。

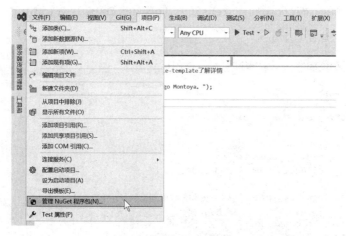

图 10.1　"项目" 菜单

2. 单击"浏览"标签，在"搜索 (Ctrl+L)"框中，输入 `Microsoft.Extensions.Logging.Console`。注意，可以只输入部分名称 ( 比如 `Logging.Console`)，如图 10.2 所示。

图 10.2 浏览 NuGet 包

3. 单击"安装"将包安装到项目。

完成这些步骤后，就可以开始使用 `Microsoft.Extensions.Logging.Console` 库及其可能有的任何依赖项了 ( 会自动添加 )。

和 Dotnet CLI 一样，可以在 Visual Studio 2022 中生成自己的 NuGet 包，方法是选择"生成"｜"打包＜项目名称＞"菜单。类似地，可以在项目属性的"包"标签页中指定包的版本号。

## 10.2.7 调用 NuGet 包

添加了对包的引用后，就好比它的所有源代码都已包含到自己的项目中。代码清单 10.7 展示了如何使用 `Microsoft.Extensions.Logging.Console` 库，输出 10.2 展示了结果。

**代码清单 10.7　调用 NuGet 包**

```
using Microsoft.Extensions.Logging;

public sealed class Program
{
    public static void Main(string[] args)
    {
        using ILoggerFactory loggerFactory =
            LoggerFactory.Create(builder =>
            builder.AddConsole().AddDebug());

        ILogger logger = loggerFactory.CreateLogger<Program>();

        logger.LogInformation($@" 医院紧急代码：= '{
            string.Join("', '", args)}'");
```

```
        // ...

        logger.LogWarning(" 测试紧急事件 ...");
        // ...
    }
}
```

输出 10.2

```
>dotnet run -- black blue brown CBR orange purple red yellow
info: Program[0]
      医院紧急代码 : = 'black', 'blue', 'brown', 'CBR', 'orange', 'purple', 'red', 'yellow'
warn: Program[0]
      测试紧急事件 ...
```

`Microsoft.Extensions.Logging.Console` NuGet 包支持将数据记录 (log) 到控制台。在本例中，我们向控制台记录了一条提示消息和一条警告。

如果还引用了 `Microsoft.Extensions.Logging.Debug` 库，那么还可以在 `AddConsole()` 调用之后或之前添加一个 `.AddDebug()` 调用。结果是输出 10.2 的内容也会出现在 Visual Studio( 选择“调试”|“窗口”|“输出”) 或 Visual Studio Code( 选择“查看”|“调试控制台”) 的调试输出窗口中。

`Microsoft.Extensions.Logging.Console` NuGet 包有多个依赖项，其中包括 `Microsoft.Extensions.Logging`。要查看这些依赖项，可以依次展开 Visual Studio 解决方案资源管理器窗口中的“依赖项”和“包”节点。每当添加一个 NuGet 包，它的所有依赖项都会自动添加。

## 10.3 类型封装

类封装行为和数据，程序集则封装一组类型。开发人员可以将一个系统分解成多个程序集，在多个应用程序之间共享，或者将它们与第三方提供的程序集集成。

### 10.3.1 类型声明中的访问修饰符 public 或 internal

不添加任何访问修饰符的类默认定义成 internal[①]。这种类无法从程序集外部访问。即使另一个程序集引用了该类所在的程序集，被引用程序集中的所有 internal 类都无法访问。

类似于为类成员使用访问修饰符 `private` 和 `protected` 来指定不同封装级别，C# 允许为类添加访问修饰符以控制类在程序集中的封装级别。可用的访问修饰符包括 `public` 和 `internal`。想在程序集外部可见的类必须标记成 `public`。所以，在编译 Coordinates.dll 程序集之前，需要像代码清单 10.8 那样将类型声明修改为 `public`。

代码清单 10.8　使类型在程序集外部可用

```
public struct Coordinate
{
```

---

① 嵌套类型除外，它们默认为 private。

```
    // ...
}

public struct Latitude
{
    // ...
}

public struct Longitude
{
    // ...
}

public struct Arc
{
    // ...
}
```

类似地，class 和 enum 声明也可以指定为 public 或 internal[①]。internal 访问修饰符不仅能修饰类型，还能修饰类型的成员。所以，可以将某个类型标记为 public，但将其中一些方法标记为 internal，确保成员只在程序集内部可用。成员的可访问性不可能比它所在的类型还要宽松。例如，将类声明为 internal，那么它的 public 成员也只能从程序集内部访问。

## 10.3.2 类型成员修饰符 protected internal

protected internal 是另一种类型成员访问修饰符。这种成员可以从其所在程序集的任何位置以及类型的派生类中访问（即使派生类在不同程序集中）。由于默认是 private，所以随便指定别的一个访问修饰符 (public 除外 )，成员的可见性都会稍微增大。类似地，添加两个修饰符，可访问性合到一起，变得更大。

**注意**

protected internal 成员可以从所在程序集的任何位置以及类型的派生类中访问，即使派生类不在同一个程序集中。

## 10.3.3 file 类型修饰符

C# 11 引入了一个新的访问修饰符，称为 file 修饰符。用它修饰的一个类型会将其可见性限制在文件内部。在一个文件中定义的 file class Thing{} 在文件外部不可见。事实上，可以在同一个项目的多个文件中定义 file class Thing{}，它们不会有任何冲突，因其彼此不可见。file 修饰符主要用于代码生成，确保出于内部目的而特别生成的类型不会影响现有代码。事实上，在多个文件中的相同代码生成会被局部封装到文件中。[②]

---

① 可以使用任何适用于类成员的访问修饰符 ( 例如，private) 来修饰嵌套类。但在类范围之外，唯一可用的访问修饰符是 public 和 internal。
② 不能将 file 用于嵌套类型声明，只有顶级定义才可以使用。

初学者主题：类型成员的可访问性修饰符

表 10.1 完整总结了可访问性修饰符。

表 10.1　可访问性修饰符

| 修饰符 | 描述 |
| --- | --- |
| public | 在当前程序集或者引用了程序集的其他任何地方都可以访问该 public 类型的成员 |
| internal | 成员只能从当前程序集中访问 |
| private | 成员可以从包容类型中访问，但其他任何地方都不能访问 |
| protected | 成员可以从包容类型及其任何派生类型中访问，即使派生类型在不同程序集中 |
| protected internal | 成员可以从包容程序集的任何地方访问，还可以从包容类型的任何派生类中访问，即使派生类在不同程序集中 |
| private protected | 成员可以从同一程序集中包容类型的任何派生类型中访问，于 C# 7.2 添加 |
| file | 成员只能从同一个文件中访问 |

## 10.4 定义命名空间

第 2 章讲过，任何数据类型都用命名空间与类型名称的组合来标识。事实上，CLR 对命名空间一无所知。类型名称都是完全限定的，其中包含命名空间。早先定义的类没有显式声明命名空间。这些类自动声明为默认的全局命名空间的成员。但是，这极有可能造成名称冲突。试图定义两个同名类时，冲突就会发生。一旦开始引用第三方程序集，名称冲突的概率就更大了。

更重要的是，CLI 框架内部有成千上万个类型，外部则更多。所以，为特定问题寻找适当的类型可能相当费劲。

解决问题的方案是组织所有类型，用命名空间对它们进行逻辑分组。例如，System 命名空间外部的类通常应该放到与公司名、产品名或者"公司名＋产品名"对应的命名空间中。例如，来自 Addison-Wesley 的类应该放到 Awl 或 AddisonWesley 命名空间中，而来自微软的类 (System 中的类除外) 应该放到 Microsoft 命名空间中。命名空间名称中可以包含一个句点，以实现类的层次结构组织。例如，所有与网络 API 相关的 System 类都在 System.Net 命名空间中，而与 Web 相关的在 System.Web 中。命名空间的第二级是不会随着版本升级而改变的稳定产品名称。事实上，稳定性在所有级别上都是关键。改变命名空间名称会影响版本兼容性，所以应该避免。有鉴于此，不要使用容易变化的名称 (组织层次结构、短期品牌等)。

命名空间的名称应使用 PascalCase 大小写形式。但是，如果你的品牌使用非传统大小写，那么也可以使用和品牌相符的大小写。一致性是关键，所以如果面临两难选择——是 PascalCase 还是品牌名称，就使用一致性最好的。

我们用 `namespace` 关键字创建命名空间，并将类分配给该命名空间，如代码清单 10.9 所示。

**代码清单 10.9　定义文件作用域命名空间**

```
// 定义命名空间 AddisonWesley.Michaelis.EssentialCSharp
namespace AddisonWesley.Michaelis.EssentialCSharp;
class Program
{
    // ...
}
```

C# 10.0 新增了**文件作用域命名空间声明**，它具有像语句一样的语法，也是以分号结束。这种声明必须位于文件中其他所有成员定义之前，而且只能有一个这样的声明。而且，在提供了这个声明后，文件中的所有成员都被自动分配到该命名空间中。例如，在代码清单 10.9 中，`Program` 被放入 `AddisonWesley.Michaelis.EssentialCSharp`命名空间，这使其完整名称变成 `AddisonWesley.Michaelis.EssentialCSharp.`
`Program`。使用 C# 10.0 或更高版本编程时，我强烈建议使用这种形式。它减少了不必要的缩进，并自动处理了命名空间声明的所有标准情况。此外，除了像 HelloWorld 这样的简单场景，应该为自己的所有类型都指定一个命名空间。

**注意**

CLR 中没有"命名空间"这种东西。类型名称必然都是完全限定的。

在 C# 10.0 之前，命名空间声明后面要加一对大括号，以标识它的作用域，如代码清单 10.10 所示。

**代码清单 10.10　定义命名空间**

```
// 定义命名空间 AddisonWesley
namespace AddisonWesley.Michaelis.EssentialCSharp
{
    class Program
    {
        // ...
    }
}
// 结束 AddisonWesley 命名空间声明
```

在命名空间声明的大括号内部，所有内容都属于该指定的命名空间。使用大括号来声明命名空间，我们可以在单个文件中声明多个命名空间。然而，考虑到文件和类型定义应该一对一的设计规范（即，一个文件一个类），所以很少需要在同一个文件中拥有多个命名空间。

**高级主题：嵌套命名空间**

和类相似，使用了大括号的命名空间也支持嵌套。到目前为止，我们只是简单地利用句点符号来定义命名空间的层次结构。但是，完全可以像类一样，通过大括号的嵌套来定义层次结构，如代码清单 10.11 所示。

**代码清单 10.11　逐级嵌套命名空间**

```
// 定义命名空间：AddisonWesley.Michaelis
namespace AddisonWesley.Michaelis
{
    // 定义命名空间：
    // AddisonWesley.Michaelis.EssentialCSharp
    namespace EssentialCSharp
    {
        // 定义类：
        // AddisonWesley.Michaelis.EssentialCSharp.Program
        class Program
        {
            // ...
        }
    }
}
// 结束 AddisonWesley 命名空间声明
```

前面三个跟命名空间相关的代码清单 ( 代码清单 10.9 ～代码清单 10.11) 都会将 `Program` 类分配给 `AddisonWesley.Michaelis.EssentialCSharp` 命名空间。

　　由于命名空间是组织类型的关键，所以经常都用命名空间组织所有类文件。具体是为每个命名空间都创建一个文件夹，将 `AddisonWesley.Fezzik.Services.Registration` 这样的类放到和名称对应的文件夹层次结构中。例如，假定项目名称是 `AddisonWesley.Fezzik`，那么可以创建子文件夹 Services，将 RegistrationService.cs 放到其中。然后创建另一个子文件夹 Data，在其中放入和程序中的实体有关的类，比如 `RealestateProperty`、`Buyer` 和 `Seller`。

**设计规范**

1. DO use file-scoped namespaces (C# 10.0or later).
   要使用文件范围命名空间 (C# 10.0 或更高版本 )。

2. DO prefix namespace names with a company name to prevent namespaces from different companies having the same name.
   要为命名空间附加公司名前缀，防止不同公司使用同一个名称。

3. DO use a stable, version-independent product name at the second level of a namespace name.
   要为命名空间二级名称使用稳定的、不随版本升级而变化的产品名称。

4. DO NOT define types without placing them into a namespace.
   不要定义没有明确放到一个命名空间中的类型。

5. CONSIDER creating a folder structure that matches the namespace hierarchy.
   考虑创建和命名空间层次结构匹配的文件夹结构。

## 10.5 XML 注释

　　第 1 章介绍了标准的 C# 语言的注释。但 XML 注释更胜一筹，它不仅仅是向其他审阅代码的程序员显示的注解。XML 注释遵循随 Java 开始流行起来的实践。虽然 C# 编译器在最终生成的可执行文件中会忽略所有注释，但利用命令行选项，开发人员可以指示编译器将 XML 注释提取到单独的 XML 文件中[①]。这样就可以根据 XML 注释直接生成 API 文档。此外，C# 编辑器可以解析代码中的 XML 注释，并对其进行分区显示（例如，可以使用有别于其他代码的一种颜色），或者解析 XML 注释数据元素并向开发人员显示。

　　图 10.3 演示了 IDE 如何利用 XML 注释向开发人员提示如何编码。这种提示能为大型应用程序的开发提供重要帮助，尤其是在由多名开发人员共享代码的时候。但为了让它起作用，开发人员必须花时间在代码中输入 XML 注释内容，然后指示编译器创建 XML 文件。下一节将解释具体如何做。

```
ZjTools.Display("Inigo Montoya");
        void ZjTools.Display(string text)
        在控制台中显示指定的文本
class ZjTo
{
    /// <summary>
    /// 在<strong>控制台</strong>中显示指定的文本
    /// </summary>
    /// <param name="text">要在控制台中显示的文本。</param>
    public static void Display(string text)
    {
        Console.WriteLine(text);
    }
}
```

图 10.3 利用 XML 注释在 Visual Studio IDE 中显示编码提示

　　从 Visual Studio 2019 开始，还可以在文档中嵌入简单 HTML，并在提示中看到实际效果。如图 10.3 所示，用 `<strong>` 和 `</strong>` 包围"控制台"，会导致"控制台"加粗显示。

### 10.5.1 将 XML 注释和编程构造关联

　　下面来看看代码清单 10.12 展示的 `DataStorage` 类。

**代码清单 10.12　为代码添加 XML 注释**

```
/// <summary>
/// DataStorage 类用于在文件中存储和检索员工数据
/// </summary>
class DataStorage
```

---

① C# 标准没有硬性规定要由 C# 编译器还是一个独立的实用程序来提取 XML 数据。但是，所有主流 C# 编译器都通过一个编译开关提供了该功能，而不是通过一个额外的实用程序。

```
{
    /// <summary>
    /// 将员工对象保存到以员工姓名命名的文件中
    /// </summary>
    /// <remarks>
    /// 该方法使用 <seealso cref="System.IO.FileStream"/>
    /// 以及
    /// <seealso cref="System.IO.StreamWriter"/>
    /// </remarks>
    /// <param name="employee">
    /// 要存储到文件中的员工 </param>
    /// <date>January 1, 2000</date>
    public static void Store(Employee employee)
    {
        // ...
    }

    /** <summary>
     * 加载员工对象。
     * </summary>
     * <remarks>
     * 该方法使用 <seealso cref="System.IO.FileStream"/>
     * 以及
     * <seealso cref="System.IO.StreamReader"/>
     * </remarks>
     * <param name="firstName">
     * 员工的名字 (first name)</param>
     * <param name="lastName">
     * 员工的姓氏 (last name)</param>
     * <returns>
     * 和姓名对应的员工对象
     * </returns>
     * <date>January 1, 2000</date> **/
    public static Employee Load(string firstName, string lastName)
    {
        // ...
    }
}

class Program
{
    // ...
}
```

　　代码清单 10.12 既使用了跨越多行的 XML 带分隔符 (/** 和 **/) 的注释，也使用了每行都要求单独使用一个 /// 分隔符的 XML 单行注释。可以看出，XML 注释和普通注释的区别就是前者多用了一个字符。例如，普通多行注释使用 /* 和 */，而单行注释使用 //。详情请参见表 1.2。

　　由于 XML 注释旨在提供 API 文档，所以一般只和 C# 声明 ( 比如代码清单 10.12 中的类或方法 ) 配合使用。如果试图写 XML 注释，但又不和一个声明关联，那么会造成编译器显示一个警告。编译器判断是否关联的依据很简单——如果 XML 注释恰好在一个声明之前，那么两者就是关联的。

虽然 C# 允许在注释中使用任意 XML 标记，但 C# 标准明确定义了一组可以使用的标记。`<seealso cref="System.IO.StreamWriter"/>` 是使用 `seealso` 标记的一个例子。该标记在文本和 `System.IO.StreamWriter` 类之间创建了一个链接。

## 10.5.2 生成 XML 文档文件

编译器检查 XML 注释是否具有良好形式，不是会显示警告。为了生成 XML 文件，需要为 `PropertyGroup` 元素添加一个 `DocumentationFile` 子元素。右击项目名称，从弹出的快捷菜单中选择“编辑项目文件”。

```
<DocumentationFile>输出路径 \ 程序集名称 .xml</DocumentationFile>
```

另外，如果已经在 `PropertyGroup` 元素中定义了 `OutputPath`，`TargetFramework` 以及 `AssemblyName` 子元素，那么也可以在 `DocumentationFile` 子元素中用代表它们的变量名来填写，如下所示。

```
<DocumentationFile>
    $(OutputPath)\$(TargetFramework)\$(AssemblyName).xml
</DocumentationFile>
```

该子元素造成在生成期间使用“*程序集名称* .xml”作为文件名，在*输出路径*生成一个 XML 文件。使用前面展示的 `DataStorage` 类，并将输出 XML 文件设为 Comment.xml，代码清单 10.13 展示了该文件最终包含的内容。

**代码清单 10.13　Comment.xml**

```xml
<?xml version="1.0"?>
<doc>
    <assembly>
        <name>DataStorage</name>
    </assembly>
    <members>
        <member name="T:DataStorage">
            <summary>
            DataStorage 类用于在文件中存储和检索员工数据
            </summary>
        </member>
        <member name="M:DataStorage.Store(Employee)">
            <summary>
            将员工对象保存到以员工姓名命名的文件中
            </summary>
            <remarks>
            该方法使用 <seealso cref="T:System.IO.FileStream"/>
            以及
            <seealso cref="T:System.IO.StreamWriter"/>
            </remarks>
            <param name="employee">
            要存储到文件中的员工 </param>
            <date>January 1, 2000</date>
```

```
        </member>
        <member name="M:DataStorage.Load(System.String,System.String)">
            <summary>
            加载员工对象。
            </summary>
            <remarks>
            该方法使用 <seealso cref="T:System.IO.FileStream"/>
            以及
            <seealso cref="T:System.IO.StreamReader"/>
            </remarks>
            <param name="firstName">
            员工的名字 (first name)</param>
            <param name="lastName">
            员工的姓氏 (last name)</param>
            <returns>
            和姓名对应的员工对象
            </returns>
            <date>January 1, 2000</date> *
        </member>
    </members>
</doc>
```

在文件中，只包含了将元素关联回对应的 C# 声明所需的最基本的元数据。这一点需要注意，因为为了生成任何有意义的文档，一般都有必要将 XML 输出和生成的程序集配合起来使用 ①。幸运的是，可以利用一些工具 ( 比如免费的 GhostDoc② 和开源项目 NDoc③) 来生成真正的 API 文档。

> **■ 设计规范**
>
> DO provide XML comments on public APIs when they provide more context than the API signature alone. This includes member descriptions, parameter descriptions, and examples for calling the API.
>
> 如果签名不能完全说明问题，就要为公共 API 提供 XML 文档，其中包括成员说明、参数说明和 API 调用示例。

## 10.6 垃圾回收和弱引用

垃圾回收 (Garbage Collection，GC) 是"运行时"的核心功能，旨在回收不再被引用的对象所占用的内存。这句话的重点是"内存"和"引用"。垃圾回收器只回收内存，不处理其他资源，比如数据库连接、句柄 ( 文件、窗口等 )、网络端口以及硬件设备 ( 比如串口 )。此外，垃圾回收器根据是否存在任何引用来决定要清理什么。这暗示垃圾回

---

① 译注：作者的意思是说，虽然这些 XML 文档提供了与代码元素相关的注释和描述，但它们本身不足以产生完整的、有意义的文档。原因是显而易见的，它不包含更广泛的上下文信息、使用示例、详细的视图或其他更丰富的文档元素。除此之外，还缺乏结构化，阅读起来不方便。总之，不适合作为最终的 API 文档使用。

② *https://submain.com/*。

③ *https://ndoc.sourceforge.net/*。

收器处理的是引用对象，只回收堆上的内存。另外，还意味着假如维持对一个对象的引用，就会阻止垃圾回收器重用对象所用的内存。

**高级主题：.NET 中的垃圾回收**

垃圾回收器的许多细节都依赖于 CLI 框架，所以各不相同。本节讨论最常见的 Microsoft .NET 框架实现。

.NET 的垃圾回收器采用 mark-and-compact 算法[①]。一次垃圾回收周期开始时，它识别对象的所有**根引用**。根引用是来自静态变量、CPU 寄存器以及局部变量或参数实例（以及本节稍后会讲到的 f-reachable 对象）的任何引用。基于该列表，垃圾回收器可以遍历每个根引用所标识的树形结构，并递归确定所有根引用指向的对象。这样，垃圾回收器就能识别出所有**可达** (reachable) 对象。

执行垃圾回收时，垃圾回收器不是枚举所有访问不到的对象；相反，它将所有可达对象紧挨着放到一起（这个过程就是 compact)，从而覆盖不可访问的对象（也就是垃圾，或者不可达对象）所占用的内存。

为了定位和移动所有可达对象，系统要在垃圾回收器运行期间维持状态的一致性。为此，进程中的所有托管线程都会在垃圾回收期间暂停。这显然会造成应用程序出现短暂的停顿。不过，除非垃圾回收周期特别长，否则这个停顿是不太引人注意的。为了尽量避免在不恰当的时间执行垃圾回收，`System.GC` 对象包含一个 `Collect()` 方法。可以在执行关键代码之前调用它（表明在执行这些关键代码时，你不希望 GC 运行）。这样做不会完全阻止垃圾回收器运行，但会显著减小它运行的可能性——前提是关键代码执行期间不会发生内存被大量消耗的情况。

.NET 垃圾回收的特别之处在于，并非所有垃圾都一定会在一个垃圾回收周期中清除。研究对象的生存期，会发现相较于长期存在的对象，最近创建的对象更有可能需要垃圾回收。为此，.NET 垃圾回收器支持"代" (generation) 的概念，它会以更快的频率尝试清理生存时间较短的对象（新生对象）。而那些已在一次垃圾回收中"存活"下来的对象（老对象）会以较低的频率清除。具体地说，共有 3 代对象。从第零代开始，一个对象每次在一个垃圾回收周期中存活下来，它就会移动到下一代，直至最终移动到第二代。相较于第二代对象，垃圾回收器会以更快的频率对第零代的对象执行垃圾回收。

在 .NET 的 beta 测试阶段，一些舆论认为它的性能比不上非托管代码，但时间已经证明一切，.NET 的垃圾回收机制是相当高效的。更重要的是，它带来了开发过程的总体效率的提高——虽然在极少数情况下，因为要优先特定算法的性能而不得不放弃托管代码。

关于 CLR 的垃圾回收机制以及对各种术语的解释，强烈推荐阅读《深入 CLR》（第 4 版）的第 21 章。

迄今为止，我们讨论的所有引用都是**强引用**，因其维持着对象的可访问性，阻止垃圾回收器清理对象占用的内存。此外，框架还支持**弱引用**。弱引用不阻止对对象进行垃圾回收，但会维持一个引用。这样一来，对象在被垃圾回收器清理之前可以重用。

弱引用是为创建起来代价较高（开销很大），维护成本特别昂贵的对象而设计的。例如，假定要从一个数据库加载一个很大的对象列表，并向用户显示。在这种情况下，加载列表的代价是很高的。一旦列表被用户关闭，就应该可以进行垃圾回收。但是，假

---

① 译注：所谓 mark-and-compact 算法，其中的 mark 是指先确定所有可达对象，compact 是指移动这些对象，使它们紧挨着存放。整个过程有点儿像磁盘碎片整理。注意，微软文档将 compact 不恰当地翻译成"压缩"。

如用户多次请求该列表，那么每次都要执行代价高昂的加载动作。解决方案就是使用弱引用。这样就可以使用代码检查列表是否已被清理。如果尚未清理，就重新引用同一个列表。这样，弱引用就相当于对象的一个内存缓存。缓存中的对象可被快速获取。但是，假如垃圾回收器已回收了这些对象的内存，那么还是要重新创建它们。

如果认为对象(或对象集合)应该被设计为弱引用，就把它赋给 System.WeakReference( 参见代码清单 10.14)。

代码清单 10.14　使用弱引用

```
public static class ByteArrayDataSource
{
    private static byte[] LoadData()
    {
        // 想象一个大得多的数
        byte[] data = new byte[1000];
        // 加载数据
        // ...
        return data;
    }

    private static WeakReference<byte[]>? Data { get; set; }

    public static byte[] GetData()
    {
        byte[]? target;
        if (Data is null)
        {
            target = LoadData();
            Data = new WeakReference<byte[]>(target);
            return target;
        }
        else if (Data.TryGetTarget(out target))
        {
            return target;
        }
        else
        {
            // 先重新加载数据并赋值 ( 以创建一个强引用 )，
            // 然后才能设置 WeakReference 的 Target 并返回它。
            target = LoadData();
            Data.SetTarget(target);
            return target;
        }
    }
}

// ...
```

注意，本例使用了第 12 章才会讨论的泛型。不过，无论是在声明 Data 属性时还是在赋值时，都可以暂时安全地忽略 <byte[]> 文本。虽然 WeakReference 也提供了非泛型版本，但现在几乎没有用它的理由了。[①]

本例的主要逻辑出现在 GetData() 方法中。这个方法的目的是始终返回数据的实例——无论是从缓存中，还是通过重新加载。GetData() 首先检查 Data 属性是否为 null。如果是，就加载数据，并赋给一个名为 target 的局部变量。这样就创建了对数据的引用，阻止垃圾回收器清理它。接着，我们实例化一个 WeakReference，并传递一个对已加载数据的引用。这样，WeakReference 对象就有了一个到数据的句柄（它的目标）。然后，如有必要，可以选择返回该实例。注意，不要向 WeakReference 的构造函数传递一个没有事先用局部变量进行了引用的实例，因为在有机会返回它之前，它就可能被 GC 清理掉了，换言之，不要直接调用 new WeakReference<byte[]>(LoadData())。

如果 Data 属性已经有了一个 WeakReference 的实例，那么代码调用 TryGetTarget()，如果有实例，就把它赋给 target，从而创建一个引用，这样垃圾收集器就不再清理数据了。

最后，如果 WeakReference 的 TryGetTarget() 方法返回 false，那么代码会加载数据，通过调用 SetTarget() 对引用进行赋值，并返回新实例化的对象。

## 10.7 资源清理

垃圾回收是"运行时"的重要职责。但要注意，垃圾回收旨在提高内存利用率，而非清理文件句柄、数据库连接字符串、端口或其他有限的资源。

### 10.7.1 终结器

终结器 (finalizer) 允许程序员写代码来清理类的资源。但和使用 new 显式调用构造函数不同，终结器不能从代码中显式调用。并不存在和 new 对应的一个操作符（比如 delete）。相反，是垃圾回收器负责为对象实例调用终结器。因此，开发人员不能在编译时确定终结器的执行时间。唯一确定的是终结器会在对象最后一次使用之后，并在应用程序正常关闭前的某个时间运行。（如果进程异常终止，终结器将不会运行。例如，计算机断电或进程被强行终止，就会阻止终结器的运行。）然而，在 .NET Core 中，即使在正常情况下，终结器也可能在应用程序关闭之前得不到处理。如下一节所述，因此可能需要采取额外的行动，向其他机制登记终结活动。

 **注意**
编译时不能确定终结器的确切运行时间。

终结器的声明与 C++ 析构器的语法完全一致。如代码清单 10.15 所示，终结器声明要求在类名之前添加一个字符 ~。

___
① 除非在 .NET Framework 4.5 或更早的框架上编程。

代码清单 10.15　定义终结器

```csharp
using System.IO;

public class TemporaryFileStream
{
    public TemporaryFileStream(string fileName)
    {
        File = new FileInfo(fileName);
        // 更好的方案是使用 FileOptions.DeleteOnClose
        Stream = new FileStream(
            File.FullName, FileMode.OpenOrCreate,
            FileAccess.ReadWrite);
    }

    public TemporaryFileStream()
        : this(Path.GetTempFileName())
    { }

    // 终结器
    ~TemporaryFileStream()
    {
        try
        {
            Close();
        }
        catch (Exception )
        {
            // 将事件写入日志或 UI
            // ...
        }
    }

    public FileStream? Stream { get; private set; }
    public FileInfo? File { get; private set; }

    public void Close()
    {
        Stream?.Dispose();
        try
        {
            File?.Delete();
        }
        catch(IOException exception)
        {
            Console.WriteLine(exception);
        }
        Stream = null;
        File = null;
    }
}
```

终结器不允许传递任何参数，所以不可重载。此外，终结器不能显式调用。调用终结器的只能是垃圾回收器。因此，为终结器添加访问修饰符没有意义（也不支持）。基类中的终结器作为对象终结调用的一部分被自动调用。

**注意**

终结器不能显式调用，只能由垃圾回收器调用。

由于垃圾回收器负责所有内存管理，所以终结器不负责回收内存。相反，它们负责释放像数据库连接和文件句柄这样的资源，这些资源必须通过一次显式的行动来进行清理，而垃圾回收器并不知道具体如何采取这些行动。

在代码清单 10.15 展示的终结器中，我们首先对 FileStream 进行 dispose[①]。这一步是可选的，因为 FileStream 本身就有自己的终结器，提供了与 Dispose() 相同的功能。现在调用 Dispose() 的目的是确保它在 TemporaryFileStream 被终结时也得到清理，因为后者负责实例化前者。如果不显式调用 Stream?.Dispose()，那么垃圾收集器会在 TemporaryFileStream 对象被垃圾回收并释放了其对 FileStream 对象的引用后，独立地清理这个 FileStream。话虽如此，如果不需要终结器来清理资源，那么仅仅为了调用 FileStream.Dispose() 就定义一个终结器是没有意义的。事实上，一个重要的设计规范是，只应该为需要进行资源清理，但运行时并不知道这一点的对象（也就是那些没有终结器的资源）提供终结器，这显著减少了需要实现终结器的场景。

在代码清单 10.15 中，终结器的目的是删除文件[②]——在这种情况下是一个非托管资源。因此，我们执行了 File?.Delete() 调用。现在，当终结器执行时，文件会被正确地清理。

注意，终结器在自己的线程中执行，这使它们的执行变得更不确定。这种不确定性使终结器中（调试器外）的一个未处理的异常变得难以诊断，因为造成异常的情况是不明朗的。从用户的角度看，未处理异常的引发时机显得相当随机，跟用户当时执行的任何操作都没有太大关系。有鉴于此，一定要在终结器中避免异常。为此，需要采取一些防御性编程技术，比如空值检查（在代码清单 10.15 中，我们使用了空条件操作符，即 ?. 操作符，它会在操作数不为 null 的前提下才调用其成员）。

实际上，通常应该在终结器中捕捉所有可能发生的异常，并通过其他途径进行汇报（比

---

① 译注：文档将 disposal 和 dispose 翻译成"释放"。这里解释一下为什么不赞成这个翻译。在英语中，这个词的意思是"摆脱"或"除去"(get rid of) 一个东西，尤其是在这个东西很难除去的情况下。之所以认为"释放"不恰当，除了和 release 一词冲突，还因为 dispose 强调了"清理"和"处置"，而且在完成（对象中包装的）资源的清理之后，对象占用的内存还暂时不会释放。所以，"dispose 一个对象"真正的意思是：清理或处置对象中包装的资源（比如它的字段引用的对象），然后等着在一次垃圾回收之后回收该对象占用的托管堆内存（此时才释放）。为避免误解，本书保留了 dispose 和 disposal 的原文。

② 代码清单 10.20 这个例子有点牵强，因为在实例化 FileStream 的时候，实际是可以设置一个 FileOptions.DeleteOnClose 选项的，会在 FileStream 关闭时自动触发文件的删除。

如记录到日志，或者在 UI 上显示 )，而不是放任这些异常逃逸，成为"未处理异常"。正是考虑到这一设计规范，所以我们才在本例中将对 Delete() 的调用包围在一个 try/catch 块中。

除了强迫执行终结器，另一个选择是调用 System.GC.WaitForPendingFinalizers()。它迫使当前线程暂停，在没人引用的所有对象的终结器都执行完毕后，才恢复运行。

## 10.7.2　使用 using 语句进行确定性终结

终结器的问题在于，它们不支持**确定性终结** ( 也就是预知终结器在何时运行 )。相反，终结器是资源清理的一种后备机制。假如类的使用者忘记显式调用必要的清理代码，就需要依赖终结器来清理资源。

例如，假定 TemporaryFileStream 不仅包含终结器，还包含 Close() 方法。该类使用了一个可能大量占用磁盘空间的文件资源。使用 TemporaryFileStream 的开发人员可以显式调用 Close() 来回收磁盘空间。

很有必要提供进行确定性终结的方法，避免依赖"在不确定的时间执行终结器"这一行为。即使开发者忘记显式调用 Close()，终结器也会调用它。虽然终结器会运行得晚一些 ( 相较于显式调用 Close())，但该方法肯定会得到调用。

由于确定性终结的重要性，基类库为这个使用模式包含了特殊接口，而且 C# 已将这个模式集成到语言中。在 IDisposable 接口中，语言用名为 Dispose() 的方法定义了该模式的细节。开发人员可以为资源类调用该方法，从而清理 (dispose) 当前占用的资源。代码清单 10.16 演示了 IDisposable 接口以及调用它的一些代码。

**代码清单 10.16　使用 IDisposable 清理资源**

```
using System;
using System.IO;

public static class Program
{
    // ...
    public static void Search()
    {
        TemporaryFileStream fileStream =
            new();

        // 使用临时文件流
        // ...

        fileStream.Dispose();

        // ...
    }
}

class TemporaryFileStream : IDisposable
{
```

```csharp
public TemporaryFileStream(string fileName)
{
    File = new FileInfo(fileName);
    Stream = new FileStream(
        File.FullName, FileMode.OpenOrCreate,
        FileAccess.ReadWrite);
}

public TemporaryFileStream()
    : this(Path.GetTempFileName()) { }

~TemporaryFileStream()
{
    Dispose(false);
}

public FileStream? Stream { get; private set; }
public FileInfo? File { get; private set; }

#region IDisposable Members
public void Dispose()
{
    Dispose(true);

    // 取消向终结队列的登记（暂时不调用终结器）
    System.GC.SuppressFinalize(this);
}
#endregion

public void Dispose(bool disposing)
{
    // 设计规范：避免为自带终结器的对象调用 Dispose()。相反，依赖终结队列清理实例。
    // 具体的解释是：调用 Dispose 方法时，如果 disposing 参数为 false，
    // 那么表明它是由终结器调用的，而不是通过程序代码显式调用的。
    // 在这种情况下，应该只清理非托管资源（例如文件），因为垃圾收集器
    // 会自动处理托管资源。加了这个判断后，可以避免在终结器和 Dispose
    // 方法之间发生资源重复清理的问题。
    // 总之，仅在 disposing 为 true 的时候才释放托管资源，而其他任何时候都
    // 只释放非托管资源，这才是 Dispose 模式的正确姿势
    if (disposing)
    {
        Stream?.Dispose();
    }

    try
    {
        File?.Delete();
    }

    catch (IOException exception)
    {
        Console.WriteLine(exception);
    }
    Stream = null;
```

```
        File = null;
    }
}
```

Program.Search() 在用完 TemporaryFileStream 之后显式调用 Dispose()。Dispose() 负责清理和内存无关的资源 ( 本例是一个文件，是一种非托管资源 )，这些资源不会由垃圾回收器隐式清理。但在执行过程中，仍有一个漏洞可能阻止 Dispose() 的执行：在实例化 TemporaryFileStream 后，并在调用 Dispose() 前，有可能发生一个异常。这会造成 Dispose() 得不到调用，资源清理将不得不依赖于终结器。为了避免这个问题，调用者需要自己实现一个 try/finally 块。但是，开发人员现在不需要显式地写一个这样的块。因为 C# 语言提供 using 语句来用于同样的目的。最终简化后代码如代码清单 10.17 所示。

**代码清单 10.17　使用 using 语句**

```
public static class Program
{
    public static void Search()
    {
        // C# 8.0 之前
        using (TemporaryFileStream fileStream2 =
            new(), fileStream3 = new())
        {
            // 使用临时文件流
        }

        // C# 8.0
        using TemporaryFileStream fileStream1 = new();
    }
}
```

在第一个突出显示的代码片段中，生成的 CIL 代码与程序员自己写 try/finally 块是一样的，会自动在 finally 块中调用 fileStream.Dispose()。换言之，using 语句为复杂的 try/finally 块提供了一个 "语法糖"。

可以在 using 语句内实例化多个变量，只需用逗号分隔每个变量即可。关键是所有变量都必须具有相同的类型，而且都实现了 IDisposable[①]。为了强制使用同一类型，数据类型只能指定一次，而不是在每个变量声明之前都指定一次。

C# 8.0 进一步简化了资源清理。如代码清单 10.17 第二个突出显示的代码片段所示，可以在声明一个 disposable 资源 ( 即实现了 IDisposable 接口的资源 ) 的时候，使用 using 关键字作为前缀。和 using 语句的情况一样，这会自动生成 try/finally 行为，finally 块被放置在变量即将超出作用域之前 ( 在本例是，是在 Search() 方法的结束大括号之前 )。using 声明还存在另一个限制，即要求变量只读，不能为它赋一个不同的值。

---

① 译注：只要实现了 IDisposable 接口，就相当于实现了 "Dispose 模式"。

### 10.7.3 垃圾回收、终结和 IDisposable

代码清单 10.16 还有另外几个值得注意的地方。首先，IDisposable.Dispose() 方法包含对 System.GC.SuppressFinalize() 的调用，作用是从终结 (f-reachable) 队列中移除 TemporaryFileStream 类实例。这是因为所有清理都在 Dispose() 方法中完成了，而不是等着终结器执行。

如果不调用 SuppressFinalize()，那么对象的实例会包括到 f-reachable 队列中。该队列中的对象已差不多准备好了进行垃圾回收，只是它们还有终结方法没有运行。这种对象只有在其终结方法被调用之后，才能由"运行时"进行垃圾回收。但是，垃圾回收器本身并不会调用终结方法。相反，对这种对象的引用会添加到 f-reachable 队列中，并由一个额外的线程根据执行上下文，挑选合适的时间进行处理。讽刺的是，这造成了托管资源的垃圾回收时间的推迟——而许多这样的资源本应更早一些清理的。推迟是由于 f-reachable 队列是"引用"列表。所以，对象只有在它的终结方法得到调用，而且对象引用从 f-reachable 队列中删除之后，才会真正变成"垃圾"。

 **注意**

有终结器的对象如果不显式清理 (dispose)，其生存期会被延长，因为即使对它的所有显式引用都不存在了，f-reachable 队列仍然包含对它的引用，使对象一直生存，直至 f-reachable 队列处理完毕。 ■

正是由于这个原因，所以 Dispose() 才调用 System.GC.SuppressFinalize 告诉"运行时"不要将该对象添加到 f-reachable 队列，而是允许垃圾回收器在对象没有任何引用 (其中也包括任何 f-reachable 引用) 时清除对象。

我们在 Dispose() 中调用了 Dispose(bool disposing) 方法，并传递实参 true。结果是为 Stream 调用 Dispose() 方法 (清理它的托管资源并阻止进入终结队列)。接着，临时文件 (非托管资源) 在调用 Dispose() 后立即删除。这个重要的调用避免了一定要等待终结队列处理完毕才能清理资源。

终结器 (~TemporaryFileStream()) 现在不是调用 Close()，而是调用 Dispose (bool disposing)，并传递实参 false。结果是即使文件被删除，Stream 也不会关闭 (disposed)。原因是从终结器中调用 Dispose(bool disposing) 时，Stream 实例本身还在等待终结 (或者已经终结，系统会以任意顺序终结对象)。所以，在执行终结器时，拥有托管资源的对象不应清理，那应该是终结队列的职责。

同时创建 Close() 和 Dispose() 方法需谨慎。只看 API 并不知道 Close() 会调用 Dispose()。所以开发人员搞不清楚是不是需要显式调用 Close() 和 Dispose()。

在进程关闭之前，为了提高终结器中定义的功能在 .NET Core 中执行的可能性，应该向 AppDomain.CurrentDomain.ProcessExit 事件处理程序登记自己的代码。任何向这个事件处理程序登记的终结代码都会得到调用，除非因为异常而造成进程终止，具体将在下一节中讨论。

■ 设计规范

1. DO implement the dispose pattern on objects with resources that are scarce or expensive.

　　要为使用了稀缺或昂贵资源的对象实现 Dispose 模式 ( 即实现 IDisposable 接口 )。

2. DO implement IDisposable to support deterministic finalization on classes with finalizers

　　要为有终结器的类实现 IDisposable 接口以支持确定性终结。

3. DO implement finalizer methods only on objects with resources that don't have finalizers but still require cleanup.

　　只有使用了资源，但本身又没有终结器的类，才要为其实现终结器方法。

4. DO refactor a finalization method to call the same code as IDisposable, perhaps simply calling the Dispose() method.

　　要重构终结器方法来调用与 IDisposable 相同的代码，可能就是调用一下 Dispose() 方法。

5. DO NOT throw exceptions from finalizer methods.

　　不要在终结器方法中抛出异常。

6. CONSIDER registering the finalization code with the AppDomain.CurrentDomain.ProcessExit to increase the probability that resource cleanup will execute before the process exits.

　　考虑向 AppDomain.CurrentDomain.ProcessExit 事件登记终结代码，提高在进程退出时执行资源清理的可能性。

7. DO unregister any AppDomain.CurrentDomain.ProcessExit events during dispose.

　　资源清理 (dispose) 期间，要撤销所有向 AppDomain.CurrentDomain.ProcessExit 事件的登记。

8. DO call System.GC.SuppressFinalize() from Dispose() to avoid repeating resource cleanup and delaying garbage collection on an object.

　　要从 Dispose() 中调用 System.GC.SuppressFinalize()，使垃圾回收更快地发生，并避免重复性的资源清理。

9. DO ensure that Dispose() is reentrant (it should be possible to call Dispose() multiple times).

　　要保证 Dispose() 可以重入 ( 可以多次调用 )。

10. DO keep Dispose() simple, focusing on resource cleanup required by finalization.

　　要保持 Dispose() 的简单性，把重点放在终结所要求的资源清理上。

11. AVOID calling Dispose() on owned objects that have a finalizer. Instead, rely on the finalization queue to clean up the instance.

　　避免为自带终结器的对象调用 Dispose()。相反，依赖终结队列清理实例。

12. AVOID referencing other objects that are not being finalized during finalization.

　　避免在终结方法中引用未被终结的其他对象。

13. DO invoke a base class's dispose method when overriding Dispose().

　　要在重写 Dispose() 时调用基类的实现。

14. CONSIDER ensuring that an object becomes unusable after `Dispose()` is called. After an object has been disposed, methods other than `Dispose()` (which could potentially be called multiple times) should throw an `ObjectDisposedException`.

考虑在调用 Dispose() 后将对象状态设为不可用。对象被 dispose 之后，调用除 Dispose() 之外的方法应引发 ObjectDisposedException 异常。Dispose() 应该能多次调用。

15. DO implement `IDisposable` on types that own disposable fields (or properties) and dispose of those instances.

要为含有可 dispose 字段（或属性）的类型实现 IDisposable 接口，并 dispose 这些字段引用的实例。

16. DO invoke a base class's `Dispose()` method from the `Dispose(bool disposing)` method if one exists.

在 Dispose(bool disposing) 方法中，要调用基类的 Dispose() 方法（如果有的话）。

**语言对比：C++ 的确定性析构**

虽然终结器类似于 C++ 的析构器，但由于编译时无法确定终结器的执行时间，因此两者实际存在相当大的差别。垃圾回收器调用 C# 终结器是在对象最后一次使用之后、应用程序关闭之前的某个时间。相反，只要对象（而非指针）超出作用域，C++ 析构器就会自动调用。

虽然运行垃圾回收器可能代价相当高，但事实上垃圾回收器拥有足够的判断力，会一直等到处理器占用率较低的时候才运行。在这一点上，我们认为它优于确定性析构器。确定性析构器会在编译时定义的位置运行——即使当前处理器处于重负荷下。

**高级主题：进程退出前强制资源清理**

从 .NET Core 开始，有可能直到程序结束，终结器也得不到调用。若要提高终结器被调用的可能性，需要对相应的代码进行登记（或注册），确保它们在进程[①]终止前得到调用。有鉴于此，在代码清单 10.18 中，请注意在 SampleUnmanagedResource( 示例非托管资源 ) 类的构造函数中涉及 ProcessExit 的代码。在输出 10.3 中，展示了在不向程序传递任何实参的情况下的结果。这个例子用到了 LINQ、事件登记和一些特殊的 attribute[②]，具体将分别在第 12 章、第 14 章和第 18 章介绍。

**代码清单 10.18　向 ProcessExit 事件登记**

```
using System.IO;
using System.Linq;
using System.Runtime.CompilerServices;
using static ConsoleLogger;

public static class Program
{
    public static void Main(string[] args)
    {
        WriteLine(" 开始 ...");
```

---

① 从技术上说，是 App Domain 而非进程，至少对 .NET Framework 项目来说是这样的。
② 具体参见作为本书配套来提供的代码。

```csharp
        DoStuff();
        if (args.Any(arg => arg.ToLower() == "-gc"))
        {
            GC.Collect();
            GC.WaitForPendingFinalizers();
        }
        WriteLine("退出 ...");
    }

    public static void DoStuff()
    {
        // ...

        WriteLine("开始 ...");
        SampleUnmanagedResource? sampleUnmanagedResource = null;

        try
        {
            sampleUnmanagedResource =
                new SampleUnmanagedResource();
            // 使用非托管资源
            // ...
        }
        finally
        {
            if (Environment.GetCommandLineArgs().Any(
                arg => arg.ToLower() == "-dispose"))
            {
                sampleUnmanagedResource?.Dispose();
            }
        }

        WriteLine("退出 ...");

        // ...
    }
}

class SampleUnmanagedResource : IDisposable
{
    public SampleUnmanagedResource(string fileName)
    {
        WriteLine("开始 ...",
            $"{nameof(SampleUnmanagedResource)}.ctor");

        WriteLine("创建托管资源 ...",
            $"{nameof(SampleUnmanagedResource)}.ctor");
        WriteLine("创建非托管资源 ...",
            $"{nameof(SampleUnmanagedResource)}.ctor");

        WeakReference<IDisposable> weakReferenceToSelf =
            new(this);
        ProcessExitHandler = (_, __) =>
        {
            WriteLine("开始 ...", "ProcessExitHandler");
```

```
        if (weakReferenceToSelf.TryGetTarget(
            out IDisposable? self))
        {
            self.Dispose();
        }
        WriteLine(" 退出 ...", "ProcessExitHandler");
    };
    AppDomain.CurrentDomain.ProcessExit
        += ProcessExitHandler;
    WriteLine(" 退出 ...",
        $"{nameof(SampleUnmanagedResource)}.ctor");
}

// 将进程退出委托存储下来，以便在已经调用
// Dispose() or Finalize() 的前提下移除它
private EventHandler ProcessExitHandler { get; }

public SampleUnmanagedResource()
    : this(Path.GetTempFileName()) { }

~SampleUnmanagedResource()
{
    WriteLine(" 开始 ...");
    Dispose(false);
    WriteLine(" 退出 ...");
}

public void Dispose()
{
    Dispose(true);
    // ...
}

public void Dispose(bool disposing)
{
    WriteLine(" 开始 ...");

    // 设计规范：避免为自带终结器的对象调用 Dispose()。相反，依赖终结队列清理实例。
    // 具体的解释是：调用 Dispose 方法时，如果 disposing 参数为 false，
    // 那么表明它是由终结器调用的，而不是通过程序代码显式调用的。
    // 在这种情况下，应该只清理非托管资源（例如文件），因为垃圾收集器
    // 会自动处理托管资源。加了这个判断后，可以避免在终结器和 Dispose
    // 方法之间发生资源重复清理的问题。
    // 总之，仅在 disposing 为 true 的时候才释放托管资源，而其他任何时候都
    // 只释放非托管资源，这才是 Dispose 模式的正确姿势。
    if (disposing)
    {
        WriteLine(" 正在 dispose 托管资源 ...");
    }

    AppDomain.CurrentDomain.ProcessExit -=
        ProcessExitHandler;

    WriteLine(" 正在 dispose 非托管资源 ...");
```

```
        WriteLine(" 退出 ...");
    }
}
```

**输出 10.3**

```
Main: 开始 ...
DoStuff: 开始 ...
SampleUnmanagedResource.ctor: 开始 ...
SampleUnmanagedResource.ctor: 创建托管资源 ...
SampleUnmanagedResource.ctor: 创建非托管资源 ...
SampleUnmanagedResource.ctor: 退出 ...
DoStuff: 退出 ...
Main: 退出 ...
ProcessExitHandler: 开始 ...
Dispose: 开始 ...
Dispose: 正在 dispose 托管资源 ...
Dispose: 正在 dispose 非托管资源 ...
Dispose: 退出 ...
ProcessExitHandler: 退出 ...
```

暂时不要管到处都是的 WriteLine() 语句，代码从对 DoStuff() 的调用开始，该方法实例化一个 SampleUnmanagedResource。

在实例化 SampleUnmanagedResource 时，我们使用简单的 WriteLine() 调用来模拟托管和非托管资源的实例化。接着，我们声明了一个将在进程退出时执行的**委托**——称为事件处理程序。该事件处理程序利用了一个对 SampleUnmanagedResource 实例的 WeakReference( 弱引用 )，并在仍有实例可调用时调用其 Dispose()。使用 WeakReference 是必要的，目的是确保 ProcessExit 事件处理程序不会维持对实例的一个强引用 ( 这会妨碍垃圾回收器在非托管资源超出作用域，并在终结器开始运行后清理非托管资源 )。该处理程序向 AppDomain.CurrentDomain.ProcessExit 登记，并保存到 ProcessExitHandler 属性中。后面这一步是必要的，这样就可以在 Dispose() 执行时从 AppDomain.CurrentDomain.ProcessExit 事件中移除事件处理程序 ( 的登记 )，而不是让 Dispose() 重复且不必要地执行。

回到 DoStuff() 方法，我们检查是否在启动程序时指定了命令行参数 -dispose。如果是，那么会调用 Dispose()，这时既不会调用终结器，也不会调用 ProcessExit 事件处理程序。从 DoStuff() 退出时，SampleUnmanagedResource 的实例不再存在任何根引用。然而，当垃圾回收器运行时，它会看到终结器，并将资源添加到终结队列中。

当进程开始关闭时，假设 SampleUnmanagedResource 实例上的 Dispose() 或终结器都没有执行，那么会触发 AppDomain.CurrentDomain.ProcessExit 事件，并开始调用事件处理程序，该事件处理程序进而会调用 Dispose()。与清单 10.16 中的 Dispose() 方法的关键区别在于，我们会向 AppDomain.CurrentDomain.ProcessExit 事件注销登记，确保在进程退出期间，如果之前已调用过 Dispose()，那么就不会再次调用 Dispose()。

注意，虽然可以调用 GC.Collect()，然后调用 GC.WaitForPendingFinalizers()，从而强制执行已不存在根引用的所有对象的终结器，理论上甚至可以在进程退出前立即这样做，但这种做法是不可靠的。第一个警告是，库项目不能在进程退出前立即调用这些方法，因为没有 Main() 的实例。第二个警告是，即使像静态引用这样简单的东西也是根引用，因此静态对象实例得不到清理。有鉴于此，ProcessExit 事件处理程序才是最稳妥的方案。

**高级主题：从构造函数传播的异常**

即使有异常从构造函数传播出来，对象仍会实例化，只是没有新实例从 new 操作符返回。如果类型定义了终结器，那么对象一旦准备好进行垃圾回收，就会运行该方法（即使对象只构造了一部分，终结方法也会运行）。另外要注意，如果构造函数过早共享它的 this 引用，即使构造函数引发异常，也能访问该引用。不要让这种情况发生。

**高级主题：对象复活**

调用对象的终结方法（终结器）时，对该对象的引用都已消失。垃圾回收前唯一剩下的步骤就是运行终结代码。但是，完全可能无意中重新引用一个待终结的对象。这样一来，被重新引用的对象就不再是不可访问的，所以不能作为垃圾被回收掉。但是，假如对象的终结方法已经运行，那么除非重新显式标记为待终结（使用 GC.ReRegisterFinalize() 方法），否则终结方法不会再次运行。

显然，像这样的对象复活是非常罕见的，而且通常应该避免发生。终结代码应该保持简单，只清理它引用的资源。

## 10.8　推迟初始化

上一节讨论了如何用 using 语句来确定性地 dispose 对象，以及在没有进行确定性 dispose 的时候终结队列如何清理资源。

与之相关的一个模式称为**推迟初始化**或者**推迟加载**。使用推迟初始化，可以在需要时才创建（或获取）对象，而不是提前创建好。特别是，假如永远都用不到，那么提前创建是没有任何好处的。我们来考虑代码清单 10.19 中的 FileStream 属性。

**代码清单 10.19　推迟加载属性**

```
class DataCache
{
    // ...

    public TemporaryFileStream FileStream =>
        InternalFileStream ??=
            new TemporaryFileStream();

    private TemporaryFileStream? InternalFileStream
        { get; set; } = null;


    // ...
}
```

在 FileStream 表达式主体属性中，我们在直接返回 InternalFileStream 的值之前检查它是否为 null。如果为 null，就先实例化 TemporaryFileStream 对象，在返回新实例前先把它赋给 InternalFileStream。这样一来，以后只有在调用 FileStream 属性的 get 取值方法时，才会实例化属性所要求的 TemporaryFileStream

对象。get 取值方法永不调用，`TemporaryFileStream` 对象便永不实例化。这样就可以省下进行实例化所需的时间。显然，如果实例化代价微不足道或者不可避免 ( 而且不适合推迟这件必然要做的事情 )，那么应该直接在声明时或者在构造函数中赋值。

**高级主题：为泛型和 Lambda 表达式使用推迟加载**

从 C# 4.0 和 .NET Framework 4.0 开始，CLR 新增了一个类来帮助进行推迟初始化，这个类就是 `System.Lazy<T>`。代码清单 10.20 演示了如何使用。

**代码清单 10.20　使用 `System.Lazy<T>` 推迟加载属性**

```
class DataCache
{
    // ...

    public TemporaryFileStream FileStream =>
        InternalFileStream.Value;
    private Lazy<TemporaryFileStream> InternalFileStream { get; }
        = new Lazy<TemporaryFileStream>(
            () => new TemporaryFileStream() );

    // ...
}
```

`System.Lazy<T>` 获取一个类型参数 (T)，该参数标识了 `System.Lazy<T>` 的 Value 属性要返回的类型。不是将一个完全构造好的 `TemporaryFileStream` 赋给属性的支持字段 `_FileStream`。相反，赋给它的是 `Lazy<TemporaryFileStream>` 的一个实例 ( 一个轻量级的调用 )，将 `TemporaryFileStream` 本身的实例化推迟到访问 Value 属性 ( 进而访问 FileStream 属性 ) 的时候才进行。

如果除了类型参数 ( 泛型 ) 还使用了委托，那么甚至可以提供一个函数，指定在访问 Value 属性值时如何初始化对象。代码清单 10.20 演示了如何将委托 ( 本例是一个 Lambda 表达式 ) 传给 `System.Lazy<T>` 的构造函数。

注意，Lambda 表达式本身，即 `() => new TemporaryFileStream()`，是直到调用 Value 时才执行的。Lambda 表达式使我们能为将来发生的事情传递指令，但除非显式请求，否则那些指令不会执行。

一个显而易见的问题是，相较于代码清单 10.19 的那种方式，什么时候使用 `System.Lazy<T>` 更佳？两者的差异很小。事实上，在不考虑并行执行的情况下，代码清单 10.19 的那种方式还要更简单一些。但是，它的实例化操作在涉及多线程的时候可能会引起竞态条件 (race condition)。在代码清单 10.19 中，在实例化之前，可能有多个线程进行 null 检查，造成创建多个实例。`System.Lazy<T>` 则没有这个问题，它提供了一个线程安全机制，会确保只创建一个对象。

## 10.9　小结

本章围绕如何构建健壮的类库展开了全面讨论。所有主题也适用于企业的内部开发，但它们更重要的作用是构建健壮的类。最终目标是构建更健壮、可编程性更好的 API。同时涉及健壮性和可编程性的主题包括"命名空间"和"垃圾回收"。涉及可编程性的其他主题还有"操作符重载"和"用 XML 注释来编档"。

　　异常处理通过定义一个异常层次结构，并强迫自定义异常进入该层次结构，从而充分地利用了继承。此外，C# 编译器利用继承来验证 catch 块顺序。下一章将解释继承为什么是异常处理的核心。

# 第 **11** 章

## 异常处理

第 5 章讨论了如何使用 **try/catch/finally** 块执行标准异常处理。在那一章中，catch 块主要捕捉 **System.Exception** 类型的异常。本章讨论了异常处理的更多细节，包括其他异常类型、定义自定义异常类型以及用于处理多种异常类型的多个 **catch** 块。本章还详细描述了异常对继承的依赖。

## 11.1 多异常类型

代码清单 11.1 抛出 **System.ArgumentException** 而不是第 5 章演示的 **System.Exception**。C# 允许代码抛出从 **System.Exception** 直接或间接派生的任何异常类型。我们用关键字 **throw** 抛出异常实例。所选的异常类型应该能最好地说明发生异常的背景。例如，考虑代码清单 11.1 中的 **TextNumberParser.Parse()** 方法。

**代码清单 11.1  抛出异常**

```
public sealed class TextNumberParser
{
    public static int Parse(string textDigit)
    {
        string[] digitTexts =
            { "zero", "one", "two", "three", "four",
              "five", "six", "seven", "eight", "nine" };
```

```
        int result = Array.IndexOf(
            digitTexts,
            // 利用 C# 2.0 的 null 合并操作符
            (textDigit ??
             // 利用 C# 7.0 的 throw 表达式
             throw new ArgumentNullException(nameof(textDigit))
            ).ToLower());

        if (result < 0)
        {
            // 利用 C# 6.0 的 nameof 操作符
            throw new ArgumentException(
                "传递的实参不是数位", nameof(textDigit));
        }
        return result;
    }
}
```

调用 Array.IndexOf() 时，我们在 textDigit 为 null 的前提下利用了 C# 7.0 的 throw 表达式功能。C# 7.0 之前不支持 throw 表达式，只支持 throw 语句，所以需要两个单独的语句：一个进行 null 检查，另一个抛出异常；这样就无法在同一个语句中嵌入 throw 和空合并操作符 (??)。

程序不是抛出 System.Exception，而是抛出更恰当的 ArgumentException，因为光看类型本身，就知道什么地方出错（参数异常）。除此之外，它还包含了特殊的参数来指出具体是哪一个参数出错。

ArgumentNullException 和 NullReferenceException 这两个异常很相似。前者应在错误传递了 null 值时抛出。null 值是无效参数的特例。非 null 的无效参数则应抛出 ArgumentException 或 ArgumentOutOfRangeException。

一般情况下，只有在底层"运行时"试图解引用 null 值（想调用对象的成员，但发现对象的值为空）时才抛出 NullReferenceException。开发人员不要自己抛出 NullReferenceException。相反，应在访问参数前检查它们是否为空，为空就抛出 ArgumentNullException，这样能提供更具体的上下文信息，比如参数名等。如果在实参为 null 时可以无害地继续，请一定使用自 C# 6.0 引入的空条件操作符 (?.) 来避免"运行时"抛出 NullReferenceException。

与参数异常有关的类型（包括 ArgumentNullException、ArgumentNullException 和 ArgumentOutOfRangeException）的一个重要特点在于，构造函数支持用一个字符串参数来标识参数名。在 C# 6.0 之前，则需要硬编码一个字符串（例如 "textDigit"）来标识参数名。参数名一旦发生更改，开发人员就必须手动更新该字符串。幸好，C# 6.0 增加了一个 nameof 操作符，它获取参数名标识符，并在编译时生成参数名，如代码清单 11.1 的 nameof(textDigit) 所示。它的好处在于，现在 IDE 可以利用重构工具（比如自动重命名）自动更改标识符，包括在作为实参传给 nameof 操作符的时候。另外，如果参

数名发生更改 ( 不是通过重构工具 )，那么在传给 nameof 操作符的标识符不复存在时会报告编译错误。从 C# 6.0 起，我们的设计规范是在抛出涉及参数的异常时，总是为参数名使用 nameof 操作符。第 18 章完整解释了 nameof 操作符。目前只需知道 nameof 返回所标识的实参的名称。

还有几个直接或间接从 System.SystemException 派生的异常仅供 "运行时" 抛出，其中包括：

- System.StackOverflowException
- System.OutOfMemoryException
- System.Runtime.InteropServices.COMException
- System.ExecutionEngineException
- System.Runtime.InteropServices.SEHException

不要自己抛出这些异常。类似地，应该避免抛出 System.Exception 或 System.ApplicationException。它们过于宽泛，为问题的解决提供不了太多帮助。相反，要抛出最能说明问题的异常。虽然开发人员应避免创建可能造成系统错误的 API，但假如代码的执行达到一种再执行就会不安全或者不可恢复的状态，就应该果断地调用 System.Environment.FailFast()。这会向 Windows Application 事件日志写入一条消息，然后立即终止进程。如果用户事先进行了设置，消息还会发送到 "Windows 错误报告"。

---

**■ 设计规范**

1. DO throw ArgumentException or one of its subtypes if bad arguments are passed to a member. Prefer the most derived exception type (ArgumentNullException, for example), if applicable.

要在向成员传递了错误参数时抛出 ArgumentException 或者它的某个子类型。抛出尽可能具体的异常 ( 例如 ArgumentNullException)。

2. DO NOT throw a NullReferenceException. Instead, throw ArgumentNullException when a value is unexpectedly null.

不要抛出 NullReferenceException。相反，在值意外为空时抛出 ArgumentNullException。

3. DO NOT throw a System.SystemException or an exception type that derives from it.

不要抛出 System.SystemException 或者从它派生的一个异常类型。

4. DO NOT throw a System.Exception, System.NullReferenceException, or System.ApplicationException.

不要抛出 System.Exception，System.NullReferenceException 或 System.ApplicationException 异常。

5. CONSIDER terminating the process by calling System.Environmnt.FailFast() if the program encounters a scenario where it is unsafe for further execution.

考虑在程序继续执行会变得不安全时调用 System.Environment.FailFast() 来终止进程。

6. DO use nameof for the `paramName` argument passed into argument exception types that take such a parameter. Examples of such exceptions include `ArgumentException`, `ArgumentOutOfRangeException`, and `ArgumentNullException`.

要为传给参数异常类型的 paramName 实参使用 nameof 操作符。接收这种实参的参数异常类型包括 ArgumentException，ArgumentOutOfRangeException 和 ArgumentNullException。

## 11.2 捕捉异常

可以通过捕捉特定的异常类型来识别并解决问题。换言之，不需要捕捉异常并使用一个 switch 语句，根据异常消息来决定要采取的操作。相反，C# 语言允许使用多个 catch 块，每个块都面向一个具体的异常类型，如代码清单 11.2 所示。

代码清单 11.2　捕捉不同的异常类型

```
using System;

public sealed class Program
{
    public static void Main(string[] args)
    {
        try
        {
            // ...
            throw new InvalidOperationException(
                " 任意异常 ");
            // ...
        }
        catch(Win32Exception exception)
            when(exception.NativeErrorCode   == 42)
        {
            // 处理 ErrorCode 为 42 的 Win32Exception
        }
        catch (ArgumentException exception)
        {
            // 处理 ArgumentException
        }
        catch(InvalidOperationException exception)
        {
            bool exceptionHandled = false;
            // 处理 InvalidOperationException
            // ...
            if(!exceptionHandled)
            {
                throw;
            }
        }
        catch(Exception exception)
        {
            // 处理所有异常的基类：Exception
        }
```

```
    finally
    {
        // 在这里写资源清理代码, 因为
        // 不管是否发生异常, 这里的代码
        // 都会执行。
        // ...
    }
  }
}
```

代码清单 11.2 总共有 5 个 catch 块, 每个处理一种异常类型。发生异常时, 会跳转到与异常类型最匹配的 catch 块执行。匹配度由继承链决定。例如, 即使抛出的是 System.Exception 类型的异常, 由于 System.InvalidOperationException 派生自 System.Exception, 因此 InvalidOperationException 与抛出的异常匹配度最高。最终, 将由 catch(InvalidOperationException...) 捕捉到异常, 而不是由 catch(Exception ...) 块捕捉。

从 C# 6.0 起, catch 块支持一个额外的条件表达式。不是只根据异常类型来匹配, 现在可以添加 when 子句来提供一个 Boolean 表达式。条件为 true, catch 块才处理异常。在代码清单 11.2 中, when 子句中使用的是一个相等性比较操作符。但是, 完全可以在这里使用任何条件表达式。例如, 可以执行一次方法调用来验证条件。

当然, 也可以在 catch 主体中用 if 语句执行条件检查。但这样做会造成该 catch 块先成为异常的 “处理程序”, 再执行条件检查, 造成难以在条件不满足时改为使用一个不同的 catch 块。不过, 使用异常条件表达式, 就可以先检查程序状态 (包括异常), 而不需要先捕捉再重新抛出异常。

条件子句的使用须谨慎; 如果条件表达式本身抛出异常, 那么新异常会被忽略, 而且条件被视为 false。所以, 要避免异常条件表达式抛出异常。

catch 块必须按从最具体到最常规的顺序排列以避免编译错误。例如, 将 catch (Exception ...) 块移到其他任何一种异常之前都会造成编译错误。因为之前的所有异常都直接或间接从 System.Exception 派生。

catch 块并非一定需要具名参数, 例如 catch (SystemException){}。事实上, 如下一节所述, 最后一个 catch 甚至连类型参数都可以不要。

## 11.3 重新抛出异常

注意, 在捕捉 InvalidOperationException 的 catch 块中, 虽然当前 catch 块的范围内有一个异常实例 (exception) 可供重新抛出, 但还是使用了一个未注明要抛出什么异常的 throw 语句 (一个独立的 throw 语句)。相反, 如果选择抛出具体异常, 那么会更新所有栈信息来匹配新的抛出位置。这会造成指示异常最初发生位置的所有栈信息丢失, 使问题变得更难诊断。有鉴于此, 从 C# 7.0 开始支持不指定具体异常、但只能在 catch 块中使用的 throw 语句。这使代码可以检查异常, 判断是否能完整处理该异常, 不能就重新抛出异常 (虽然没有显式指定这个动作)。结果是异常似乎从未捕捉, 也没有任何栈信息被替换。

**高级主题：抛出现有异常而不替换栈信息**

C# 5.0 新增了一个机制，允许抛出之前抛出的一个异常，同时不会丢失原始异常中的栈跟踪信息。这样一来，即使在 catch 块外部也能重新抛出异常，而不是像以前那样只能在 catch 块内部使用 throw; 语句来重新抛出。虽然很少需要这样做，但偶尔需要包装或保存异常，直到程序执行离开 catch 块。例如，多线程代码可能用 AggregateException 包装异常。.NET 4.5 Framework 提供了 System.Runtime.ExceptionServices.ExceptionDispatchInfo 类来专门处理这种情况。你需要使用它的静态方法 Capture() 和实例方法 Throw()。代码清单 11.3 演示了如何在不重置栈跟踪 (stack trace) 信息或者使用空 throw 语句的前提下重新抛出异常。

**代码清单 11.3　使用 ExceptionDispatchInfo 重新抛出异常**

```
using System;
using System.Runtime.ExceptionServices;
using System.Threading.Tasks;
using System.Net;
using System.Linq;
using System.IO;
// ...
    Task task = WriteWebRequestSizeAsync(url);
    try
    {
        while (!task.Wait(100))
        {
            Console.Write(".");
        }
    }

    catch (AggregateException exception)
    {
        exception = exception.Flatten();
        ExceptionDispatchInfo.Capture(
            exception.InnerException ?? exception).Throw();
    }
```

ExceptionDispatchInfo.Throw() 值得注意的一个地方是，编译器不认为它是像普通 throw 语句那样的一个返回语句。例如，如果方法签名要求返回一个值，但又没有值从 ExceptionDispatchInfo.Throw() 所在的代码路径返回，那么编译器会报错，指出没有返回值。所以，开发人员有时不得不在 ExceptionDispatchInfo.Throw() 后面跟随一个 return 语句，即使该语句在运行时永远不会执行 (因为会抛出异常代替返回值的动作 )。

**语言对比：Java 的异常指示符**

C# 语言没有与 Java 异常指示符 (exception specifiers) 对应的东西。通过异常指示符，Java 编译器可验证一个函数 ( 或函数的调用层次结构 ) 中抛出的所有可能的异常要么已被捕捉到，要么被声明为可以重新抛出。C# 团队考虑过这种设计，但认为它的好处不足以抵消维护所带来的负担。所以，最终的决定是没必要维持一个特定调用栈上所有可能异常的列表。当然，这也造成不能轻松判断所有可能的异常。事实上，Java 语言也做不到这一点。由于可能调用虚方法或使用晚期绑定 ( 比如反射 )，所以在编译的时候，事实上也不可能做到完整分析一个方法可能抛出的异常。

## 11.4　常规 catch 块

C# 语言要求代码抛出的任何对象都必须从 System.Exception 派生。但是，并非所有语言都如此要求。例如，C/C++ 允许抛出任意对象类型，其中包括不是从 System.Exception 派生的托管异常。从 C# 2.0 开始，不管是不是从 System.Exception 派生的所有异常，在进入程序集之后，都会被 "包装" 成从 System.Exception 派生。结果是捕捉 System.Exception 的 catch 块现在可捕捉前面的块没有捕捉到的所有异常。

C# 语言还支持**常规 catch 块**，即 catch{}，其行为和 catch(System.Exception exception) 块完全一致，只是没有类型名或变量名。此外，常规 catch 块必须是所有 catch 块的最后一个。由于常规 catch 块在功能上完全等价于 catch(System.Exception exception) 块，而且必须放在最后，所以在同一个 try/catch 语句中，假如这两个 catch 块同时出现，编译器就会显示一条警告消息，因为常规 catch 块永远得不到调用。

**高级主题：常规 catch 块的内部原理**

事实上，为常规 catch 块生成的 CIL 代码是一个 catch(object) 块。这意味着不管抛出什么类型，空 catch 块都能捕捉到它。有趣的是，不能在 C# 代码中显式声明 catch(object) 块。所以，没有办法捕捉一个非 System.Exception 派生的异常，并拿一个异常实例仔细检查问题。

事实上，来自 C++ 等语言的非托管异常通常会造成 System.Runtime.InteropServices.SEHException 类型的异常，该异常从 System.Exception 派生。所以，常规 catch 块不仅能捕捉非托管类型的异常，还能捕捉非 System.Exception 托管类型的异常，比如 string 类型。　■

## 11.5　异常处理设计规范

异常处理为其上一代语言 ( 例如，C++) 的错误处理机制提供了更先进的结构。但是，若使用不当，仍有可能造成一些令人不快的后果。以下设计规范是异常处理的最佳实践。

### 1. 只捕捉能处理的异常

通常，一些类型的异常能处理，但另一些不能。例如，试图打开使用中的文件进行独占式读 / 写访问会抛出一个 System.IO.IOException。捕捉这种类型的异常，代码可以向用户报告该文件正在使用，并允许用户选择取消或重试。只应该捕捉那些已知怎么处理的异常。其他异常类型应留给栈中较高的调用者去处理。

### 2. 不要隐藏 (bury) 不能完全处理的异常

新手程序员常犯的错误是捕捉所有异常，然后假装什么都没有发生，而不是向用户报告未处理的异常。这可能导致严重的系统问题逃过检测。除非代码执行显式的操作来处理异常，或显式确定异常无害，否则 catch 块应重新抛出异常，而不是在捕捉了之后在调用者面前隐藏它们 ( 把它们 "埋葬" )。catch(System.Exception) 和常规 catch 块大多数时候应放到调用栈中较高的位置，除非在块的末尾重新抛出异常。

### 3. 尽量少用 System.Exception 和常规 catch 块

几乎所有异常都从 System.Exception 派生。但是，某些 System.Exception 的最佳处理方式是根本不进行处理，或者尽快得体地关闭应用程序。这些异常包括 System.OutOfMemoryException 和 System.StackOverflowException 等。

幸好，这些异常默认为"不可恢复"状态，所以假如捕捉它们但不重新抛出，会导致 CLR 无论如何都会重新抛出它们[①]。这些异常是运行时异常，开发人员根本不可能写代码从中恢复。因此，最好的应对措施就是关闭应用程序——这是"运行时"会强制采取的行动。

### 4. 避免在调用栈较低的位置报告或记录异常

新手程序员倾向于异常一发生就记录它，或者向用户报告。但是，由于当前正处在调用栈中较低的位置，而这些位置很少能完整处理异常，所以只好重新抛出异常。像这样的 catch 块不应记录异常，也不应向用户报告。如果异常被记录，又被重新抛出（调用栈中较高的调用者可能做同样的事情），就会造成重复出现的异常记录项。更糟的是，取决于应用程序的类型，向用户显示异常可能并不合适。例如，在 Windows 应用程序中使用 System.Console.WriteLine()，用户将永远看不到显示的内容。类似地，在无人值守的命令行进程中显示对话框，可能根本不会被人看到，而且可能使应用程序冻结在这个位置。日志记录和与异常相关的用户界面应保留到调用栈中较高的位置。

### 5. 在 catch 块中使用 throw; 而不是 throw <异常对象> 语句

可以在 catch 块中重新抛出异常。例如，可以在 catch(ArgumentNullException exception) 的实现中包含一个 throw exception 调用。但是，像这样重新抛出，会将栈追踪重置为重新抛出的位置，而不是重用原始抛出位置。所以，只要不是重新抛出不同的异常类型，或者不是想故意隐藏原始调用栈，就应该使用 throw; 语句，允许相同的异常在调用栈中向上传播。

### 6. 想好异常条件，以免在 catch 块中重新抛出异常

如果发现会捕捉到不能恰当处理而需要重新抛出的异常，那么最好优化异常条件，从一开始就避免捕捉。

### 7. 避免在异常条件表达式中抛出异常

如果提供了异常条件表达式，那么应该避免在表达式中抛出异常，否则会造成条件变成 false，新异常被忽略。因此，可以考虑在一个单独的方法中执行复杂的条件检查，用 try/catch 块包装该方法调用来显式处理异常。

### 8. 避免以后可能变化的异常条件表达式

如果异常条件可能因本地化等情况而改变，那么预期的异常条件将得不到捕捉，进而改变业务逻辑。因此，要确保异常条件不会随时间而变。

---

[①] 从 CLR 4 开始支持这个操作。在 CLR 4 之前，代码如果要捕捉这种异常，那么也只应执行清理或紧急代码（比如保存任何易失的数据），然后应该马上关闭应用程序，或者使用 throw; 语句重新抛出异常。

#### 9. 重新抛出不同异常时要当心

在 catch 块中重新抛出不同的异常，不仅会重置抛出点，还会隐藏原始异常。要保留原始异常，需设置新异常的 InnerException 属性 ( 该属性通常可以通过构造函数来赋值 )。只有以下情况才可重新抛出不同的异常：

- 更改异常类型可以更好地澄清问题，例如，在对 Logon(User user) 的一个调用中，如果遇到用户列表文件不能访问的情况，那么重新抛出一个不同的异常类型，要比传播 System.IO.IOException 更合适；

- 私有数据是原始异常的一部分，在上例中，如果文件路径包含在原始的 System.IO.IOException 中，就会暴露敏感的系统信息，所以应该使用其他异常类型来包装它 ( 当然前提是原始异常没有设置 InnerException 属性 )，有趣的是，CLR v1 的一个非常早的版本 ( 比 alpha 还要早的一个版本 ) 有一个异常会报告这样的消息："安全性异常：无足够权限确定 c:\temp\foo.txt 的路径"；

- 异常类型过于具体，以至于调用者不能恰当地处理，例如，不要抛出数据库系统的专有异常，而应该抛出一个较常规的异常，避免在调用栈较高的位置写数据库的专有代码。

---

■ 设计规范

1. AVOID exception reporting or logging lower in the call stack.

　　避免在调用栈较低的位置报告或记录异常。

2. DO NOT over-catch. Exceptions should be allowed to propagate up the call stack unless it is clearly understood how to programmatically address the error lower in the stack.

　　不该捕捉的异常不要捕捉。要允许异常在调用栈中向上传播，除非能通过程序准确处理栈中较低位置的错误。

3. CONSIDER catching a specific exception when you understand why it was thrown in a given context and can respond to the failure programmatically.

　　如果理解特定异常在给定上下文中为何发生，并能通过程序处理错误，就考虑捕捉该异常。

4. AVOID catching System.Exception or System.SystemException except in top-level exception handlers to make perform final cleanup operations before rethrowing the exception.

　　避免捕捉 System.Exception 或 System.SystemException，除非是先在顶层异常处理程序中先执行最终的清理操作，再重新抛出异常。

5. DO use throw; rather than throw <exception object>; inside a catch block.

　　要在 catch 块中使用 throw; 而不是 throw < 异常对象 >; 语句。

6. DO use exception conditions to avoid rethrowing an exception from within a catch block.

　　要先想好异常条件，避免在 catch 块重新抛出异常。

7. DO use caution when rethrowing different exceptions.

要当心重新抛出不同的异常。

8. AVOID throwing exceptions from exception conditionals.

避免在异常条件表达式中抛出异常。

9. AVOID exception conditionals that might change over time.

避免以后可能变化的异常条件表达式。

## 11.6 自定义异常

必须抛出异常时,应该首选框架内建的异常,因其得到良好的构建,很容易理解。例如,首选的不是抛出自定义的"无效参数"异常,而是抛出 System.ArgumentException。但是,假如使用特定 API 的开发人员需要采取特殊行动 (例如要用不同逻辑处理错误),就适合定义一个自定义异常。例如,某个地图 API 接收到邮编无效的地址时,不要抛出 System.ArgumentException,而应抛出自定义的 InvalidAddressException。这里的关键在于,调用者是否愿意编写专门的 InvalidAddressException catch 块来进行特殊处理,而不是用一个常规 System.ArgumentException catch 块。

如果真的要定义自定义异常,那么从 System.Exception 或者其他异常类型派生就可以了。代码清单 11.4 展示了一个例子。

代码清单 11.4    创建自定义异常

```
class DatabaseException : Exception
{
    public DatabaseException(
        string? message,
        System.Data.SqlClient.SQLException? exception)
        : base(message, innerException: exception)
    {
        // ...
    }

    public DatabaseException(
        string? message,
        System.Data.OracleClient.OracleException? exception)
        : base(message, innerException: exception)
    {
        // ...
    }

    public DatabaseException()
    {
        // ...
    }

    public DatabaseException(string? message)
```

```
      : base(message)
    {
        // ...
    }

    public DatabaseException(
        string? message, Exception? exception)
        : base(message, innerException: exception)
    {
        // ...
    }
    //...
}
```

可以使用该自定义异常来包装多个专有的数据库异常。例如，由于 Oracle 和 SQL Server 会为类似的错误抛出不同的异常，所以可以创建自定义异常，将数据库专有的异常标准化到一个通用的异常包装器中，使应用程序能以标准方式处理。这样不管应用程序的后端数据库是 Oracle 还是 SQL Server，都可在调用栈较高的位置用同一个 catch 块处理。

自定义异常唯一的要求是必须从 System.Exception 或者它的某个子类派生。此外，使用自定义异常时应遵守以下最佳实践。

1. 所有异常都应该使用 "Exception" 后缀，彰显其用途。

2. 所有异常通常都应包含以下三个构造函数：无参构造函数、获取一个 string 参数的构造函数以及同时获取一个字符串和一个内部异常作为参数的构造函数。另外，由于异常通常在抛出它们的那个语句中构造，所以还应允许其他任何异常数据成为构造函数的一部分。当然，假如特定数据是必须的，而某个构造函数无法满足要求，则不应创建该构造函数。

3. 避免使用深的继承层次结构 ( 一般应小于 5 级 )。

如果需重新抛出与捕捉到的不同的异常，内部异常将发挥重要作用。例如，假定一个数据库调用抛出了 System.Data.SqlClient.SqlException，但该异常在数据访问层捕捉到，并作为一个 DatabaseException 重新抛出，那么获取 SqlException( 或内部异常 ) 的 DatabaseException 构造函数会将原始 SqlException 保存到 InnerException 属性中。这样，在请求与原始异常有关的附加细节时，开发者就可以从 InnerException 属性 ( 例如 exception.InnerException) 中获取异常。

■ 设计规范

1. AVOID deep exception hierarchies.

**避免**异常继承层次结构过深。

2. DO NOT create a new exception type if the exception would not be handled differently than an existing CLR exception. Throw the existing framework exception instead.

如果异常不以有别于现有 CLR 异常的方式处理，就**不要**创建新异常。相反，应抛出现有的框架异常。

3. DO create a new exception type to communicate a unique program error that cannot be communicated using an existing CLR exception and can be programmatically handled in a different way than any other existing CLR exception type.

要创建新异常类型来描述特别的程序错误。这种错误无法用现有的 CLR 异常来描述，而且需要采取有别于现有 CLR 异常的方式以程序化的方式处理。

4. DO provide a parameterless constructor on all custom exception types. Also provide constructors that take a message and an inner exception.

要为所有自定义异常类型提供无参构造函数。还要提供获取消息和内部异常的构造函数。

5. DO name exception class names with the "Exception" suffix.

要为异常类的名称附加 Exception 后缀。

6. DO make exceptions runtime-serializable.

要使异常能由"运行时"序列化。

7. CONSIDER providing exception properties for programmatic access to extra information relevant to the exception.

考虑为异常提供属性，以便通过程序访问关于异常的额外信息。

 **高级主题：可序列化异常**

"运行时"可以将**可序列化对象** (serializable object) 持久化到一个流（例如文件流）中，然后基于这个流来重新实例化。某些分布式通信技术可能要求异常使用该技术。为了支持序列化，异常声明应包含 System.SerializableAttribute 特性或实现 ISerializable。除此之外，必须包含一个构造函数来获取 System.Runtime.Serialization.SerializationInfo 和 System.Runtime.Serialization. StreamingContext。代码清单 11.5 展示了使用 System.SerializableAttribute 的一个例子。

**代码清单 11.5   定义可序列化异常**

```
// 通过一个特性来支持序列化
[Serializable]
class DatabaseException : Exception
{
    // ...

    // 用于反序列化异常
    public DatabaseException(
        SerializationInfo serializationInfo,
            StreamingContext context)
        : base(serializationInfo, context)
    {
        // ...
    }
}
```

这个 DatabaseException 例子演示了可序列化异常对特性和构造函数的要求。

注意在 .NET Core 的情况下，直到它支持 .NET Standard 2.0 才可使用 `System.SerializableAttribute`。如果代码要实现跨框架编译 ( 包括低于 2.0 的某个 .NET Standard 版本 )，请考虑将自己的 `System.SerializableAttribute` 定义成一个 polyfill。polyfill 是技术的某个早期版本的 "填空" 代码，目的是添加功能，或至少为缺失的东西提供一个 shim[①]。

## 11.7　重新抛出包装的异常

有时，栈中较低位置抛出的异常在高处捕捉到时已没有意义。例如，假定服务器上因磁盘空间耗尽而抛出 `System.IO.IOException`。客户端捕捉到该异常，却理解不了为什么居然会有 I/O 活动发生。类似地，假定一个请求地理坐标的 API 抛出 `System.UnauthorizedAccessException`( 该异常和调用的 API 完全无关 )，调用者理解不了 API 调用和安全性有什么关系。从调用 API 的代码的角度看，这些异常带来的更多是困扰而不是帮助。所以不是向客户端公开这些异常，而是捕捉异常，并抛出一个不同的异常，比如 InvalidOperationException( 或者你的自定义异常 )，从而告诉用户系统处于无效状态。这种情况下一定要设置 "包装异常" (wrapping exception) 的 `InnerException` 属性 ( 一般是通过构造函数调用，例如 `new InvalidOperationException(String, Exception)`)。这样，就有一个额外的上下文供更接近所调用框架的人进行诊断。

包装并重新抛出异常时要记住，原始栈跟踪 (stack trace，即提供了 "原始异常" 抛出位置的上下文 ) 将被替换成新的栈跟踪 ( 提供了 "包装异常" 抛出位置的上下文 )。幸好，将原始异常嵌入包装异常，原始栈跟踪仍然可用。

最后，记住异常的目标接收者是写代码来调用 ( 可能以不正确的方式调用 ) 你的 API 的程序员。所以，要提供尽量多的信息来描述他哪里做错了以及如何修正 ( 后者可能更重要 )。异常类型是这个沟通机制的重要一环。所以，要精心选择类型。

■　设计规范

1. CONSIDER wrapping specific exceptions thrown from the lower layer in a more appropriate exception if the lower-layer exception does not make sense in the context of the higher-layer operation.

如果低层抛出的特定异常在高层的运行上下文中没有意义，考虑将低层异常包装到更恰当的异常中。

2. DO specify the inner exception when wrapping exceptions.

要在包装异常时设置内部异常属性。

---

① 译注：polyfill 和 shim 这两个术语源自 JavaScript。shim 是一个库，用于将新 API 引入旧环境，但只使用该环境已有的技术。而 polyfill 是一段代码 ( 或插件 )，用于提供开发人员希望环境原生支持的技术，从而丰富 API。所以，一个 polyfill 就是环境 API 的一个 shim。通常我们检查环境是否支持一个 API，不支持就加载一个 polyfill。这样在两种情况下都可使用 API。两个词都是家装术语，polyfill 是腻子 ( 把缺损的地方填充抹平 )，shim 是垫圈或垫片——截取 API 调用、修改传入参数，最后自行处理对应操作或者将操作交由其它地方执行。垫片可以在新环境中支持老 API，也可以在老环境里支持新 API。一些程序并没有针对某些平台开发，也可以通过使用垫片来辅助运行。

3. DO target developers as the audience for exceptions, identifying both the problem as well as the mechanism to resolve it, where possible.

**要将开发人员作为异常的接收者，尽量说清楚问题和解决问题的办法。**

 **初学者主题：checked 和 unchecked 转换**

正如第 2 章的高级主题"checked 和 unchecked 转换"讨论的那样，C# 提供了特殊的关键字来标识代码块，指出假如目标数据类型太小，以至于容不下所赋的数据，那么"运行时"应该怎么办。默认情况下，假如目标数据类型容不下所赋的数据，那么数据会被截短，数据会悄悄地"溢出"。代码清单 11.6 和输出 11.1 展示了例子。

**代码清单 11.6　整数值溢出**
```
// int.MaxValue 等于 2147483647
int n = int.MaxValue;
n = n + 1;
Console.WriteLine(n);
```

**输出 11.1**
```
-2147483648
```

代码清单 11.6 的代码会在控制台上显示值 -2147483648。但是，如果将代码放到 checked 块中，或者在编译时使用 checked 选项，就会造成"运行时"抛出 System.OverflowException 异常。checked 块使用关键字 checked，如代码清单 11.7 和输出 11.2 所示。注意，如果计算只涉及常量，那么计算默认就是 checked 的。

**代码清单 11.7　checked 块示例**
```
checked
{
    // int.MaxValue 等于 2147483647
    int n = int.MaxValue;
    n = n + 1;
    Console.WriteLine(n);
}
```

**输出 11.2**
```
未处理的异常：  System.OverflowException: 算术运算导致溢出。
   在 Program.Main() 位置 ...Program.cs: 行号 12
```

如输出 11.2 所示，在 checked 块内的赋值如果在运行时发生溢出，就会抛出异常。此外，依据 Windows 版本以及是否安装了调试器，可能会出现一个对话框，提示用户选择向微软发送错误信息、检查解决方案或者对应用程序进行调试。另外，只有在执行调试编译时，才会显示位置信息 (Program.cs: 行号 X)。为了进行调试编译，可以使用编译器的 /Debug 选项。

要将整个项目更改为 unchecked 或 checked，可以在项目文件 (.csproj) 中将 CheckForOverflowUnderflow 属性分别设为 false 或 true。

```
<PropertyGroup>
    <CheckForOverflowUnderflow>true</CheckForOverflowUnderflow>
</PropertyGroup>
```

除此之外，C# 还支持 unchecked 块，它会悄悄地将数据截短，不会报告溢出错误，如代码清单 11.8 和输出 11.3 所示。

**代码清单 11.8　unchecked 块示例**

```
unchecked
{
    // int.MaxValue 等于 2147483647
    int n = int.MaxValue;
    n = n + 1;
    Console.WriteLine(n);
}
```

**输出 11.3**

```
-2147483648
```

即编译时开启了 checked 选项，以上代码执行期间，unchecked 关键字也会阻止"运行时"抛出异常。

如果不允许使用语句 ( 比如在初始化字段的时候 )，那么可以使用 checked 和 unchecked 表达式，如下例所示。

```
int number = unchecked(int.MaxValue + 1);
```

## 11.8　小结

抛出异常会显著影响性能。发生异常时，需要加载和处理大量额外的运行时栈信息，整个过程会花费可观的时间。正如第 5 章指出的那样，只应使用异常处理"异常"情况。API 的设计者应提供方式让调用者能够检查某个操作是否会成功，而不是迫使调用者执行操作并处理可能抛出的异常。记住一个原则，凡是能事先预料到的错误，就不要使用异常机制。

下一章介绍泛型，这是自 C# 2.0 引入的功能。事实上，它使 System.Collections 命名空间几乎完全失去用处，而 2.0 之前的几乎每个项目都使用了该命名空间。

# 第 12 章

## 泛型

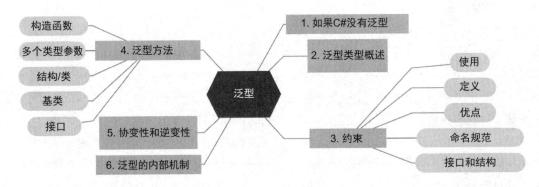

随着项目日趋复杂，需要更好的方式重用和定制现有软件。C# 语言通过**泛型**来促进代码重用，尤其是算法重用。

从 C# 2.0 开始引入的泛型在词义上等价于 Java 泛型类型和 C++ 模板。在三种语言中，该功能都使算法和模式只需实现一次，而不必为算法所操作的每种类型都单独实现一次。但是，在实现细节和对类型系统的影响方面，C# 泛型和 Java 泛型 /C++ 模板有很大的不同。就像方法因为可以接受参数而强大一样，能够接受类型参数的类型和方法提供了更多的功能性。

## 12.1 如果 C# 语言没有泛型

开始讨论泛型前，先看看一个没有使用泛型的类 System.Collections.Stack。它表示一个对象集合，加入集合的最后一项是从集合中获取的第一项 (称为 "后入先出" 或 LIFO)。Push() 和 Pop() 是 Stack 类的两个主要方法，分别用于在栈中添加 (入栈) 和移除 (出栈) 数据项。代码清单 12.1 展示了 Stack 类 Pop() 方法和 Push() 方法的声明。

代码清单 12.1　System.Collections.Stack 类的方法签名

```
public class Stack
{
    public virtual object Pop()
    {
        // ...
    }
    public virtual void Push(object obj)
    {
        // ...
    }
    // ...
}
```

程序经常使用栈类型的集合实现多次撤消 (undo) 操作。例如，代码清单 12.2 利用
Stack 类在 Etch A Sketch 游戏程序中执行撤消。输出 12.1 展示了结果。

代码清单 12.2　在 Etch A Sketch 游戏程序中支持撤消操作

```
public class Program
{
    // ...

    public static void Sketch()
    {
        Stack<Cell> path = new();
        Cell currentPosition;
        ConsoleKeyInfo key;
        // ...

        do
        {
            // 根据用户所按箭头键的方向进行绘制
            key = Move();

            switch (key.Key)
            {
                case ConsoleKey.Z:
                    // 撤消上一次移动
                    if (path.Count >= 1)
                    {
                        currentPosition = (Cell)path.Pop();
                        Console.SetCursorPosition(
                            currentPosition.X, currentPosition.Y);
                        // ...
                        Undo();
                    }
                    break;
                case ConsoleKey.DownArrow:
                    // ...
                case ConsoleKey.UpArrow:
                    // ...
                case ConsoleKey.LeftArrow:
```

```
            // ...
        case ConsoleKey.RightArrow:
            // SaveState()
            if (Console.CursorLeft < Console.WindowWidth - 2)
            {
                currentPosition = new Cell(
                    Console.CursorLeft + 1, Console.CursorTop);
            }
            path.Push(currentPosition);
            // ...
            break;

        default:
            Console.Beep();
            break;
        }
    }
    while (key.Key != ConsoleKey.X);  // 按 X 退出
    }
    // ...
}

public struct Cell
{
    public int X { get; }
    public int Y { get; }

    public Cell(int x, int y)
    {
        X = x;
        Y = y;
    }
}
```

输出 12.1

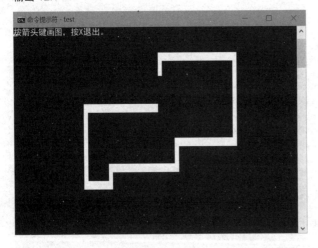

path 是声明为 System.Collections.Stack 的一个变量。为了利用 path 保存上一次移动，只需使用 path.Push(currentPosition) 方法，将一个自定义类型 Cell 传入 Stack.Push() 方法。如果用户输入 Z( 或按 Ctrl+Z)，表明需要撤消上一次移动。为此，程序使用一个 Pop() 方法获取上一次移动，将光标位置设为上一个位置，然后调用 Undo()。

虽然代码能正常工作，但 System.Collections.Stack 类存在重大缺陷。如代码清单 12.1 所示，Stack 类收集 object 类型的值。由于 CLR 的每个对象都从 object 派生，所以 Stack 无法验证放到其中的元素是不是希望的类型。例如，传递的完全可能不是 currentPosition 而是 string，其中 X 和 Y 坐标通过小数点连接。不过，编译器必须允许不一致的数据类型。因为栈类设计成获取任意对象，包括较具体的类型。

此外，使用 Pop() 方法从栈中获取数据时，必须将返回值转型为 Cell。但假如 Pop() 返回的不是 Cell，就会引发异常。通过强制类型转换将类型检查推迟到运行时进行，程序变得更脆弱。在不用泛型的情况下创建支持多种数据类型的类，根本的问题在于它们必须支持一个公共基类 ( 或接口 )——这通常是 object。

为使用 object 的方法使用 struct 或整数这样的值类型，情况会变得更糟。将值类型的实例传给 Stack.Push() 方法，"运行时"将自动对它进行装箱。类似地，获取值类型的实例时需要显式拆箱，将从 Pop() 获取的对象引用转型为值类型。引用类型转换为基类或接口对性能的影响可忽略不计，但值类型装箱的开销较大，因为必须分配内存、拷贝值以及进行垃圾回收。

C# 语言是倡导"类型安全"的。许多类型错误 ( 比如将整数赋给 string 变量 ) 能在编译时捕捉到。目前的根本问题是 Stack 类不是类型安全的。在不使用泛型的前提下，要修改 Stack 类来确保类型安全，强迫它存储特定的数据类型，只能创建如代码清单 12.3 所示的一个特化的栈类。

**代码清单 12.3 定义特化的栈类**

```
public class CellStack
{
    public virtual Cell Pop() { return new Cell(); } // 返回最后一个添加的 cell，
                                                      // 并把它从栈中移除。
    public virtual void Push(Cell cell) { }
    // ...
}
```

由于 CellStack 只能存储 Cell 类型的对象，所以这个解决方案要求为栈的各个方法提供自定义的实现，所以不是最理想的解决方案。例如，为了实现类型安全的整数栈，就需要另一个自定义实现。所有实现看起来都差不多。最终将产生大量重复的、冗余的代码。

**初学者主题：另外一个例子是可空值类型**

第 3 章讲过，在声明值类型变量时，可以使用可空修饰符 ( 即 ?) 来声明允许包含 null 值的变量。C# 语言从 2.0 才支持该功能，因其需要泛型才能正确实现。在引入泛型之前，程序员主要有两个选择。

第一个选择是为需要处理 null 值的每个值类型都声明可空数据类型，如代码清单 12.4 所示。

**代码清单 12.4    为各种值类型声明可以存储 null 的版本**
```
struct NullableInt
{
    /// <summary>
    /// 在 HasValue 返回 true 时提供值
    /// </summary>
    public int Value { get; private set; }

    /// <summary>
    /// 该属性指出是真的有一个值，还是值为 "null"
    /// </summary>
    public bool HasValue { get; private set; }

    // ...
}

struct NullableGuid
{
    /// <summary>
    /// 在 HasValue 返回 true 时提供值
    /// </summary>
    public Guid Value { get; private set; }

    /// <summary>
    /// 该属性指出是真的有一个值，还是值为 "null"
    /// </summary>
    public bool HasValue { get; private set; }

    // ...
}

// ...
```

代码清单 12.4 只显示 NullableInt 和 NullableGuid 类型的实现。如果程序需要更多可空值类型，那么就得创建更多 struct，并修改属性来使用所需的值类型。如果可空值类型的实现发生改变（例如，为了支持从基础类型向可空类型的隐式转换），就得修改所有可空类型声明。

为了在不使用泛型的前提下实现可空类型，第二个选择是只声明一个类型，但在其中包含 object 类型的一个 Value 属性，如代码清单 12.5 所示。

**代码清单 12.5    声明单个可空类型，在其中包含 object 类型的 Value 属性**
```
struct Nullable
{
    /// <summary>
    /// 在 HasValue 返回 true 时提供值
    /// </summary>
    public object Value { get; private set; }

    /// <summary>
    /// 该属性指出是真的有一个值，还是值为 "null"
    /// </summary>
    public bool HasValue { get; private set; }
```

```
        // ...
    }
```

虽然这个方案只需要可空类型的一个实现,但"运行时"在设置 Value 属性时总是对值类型装箱。另外,从 Nullable.Value 获取基础值需要一次强制类型转换,而该操作在运行时可能无效。

两个方案都不理想。为了解决问题,C# 2.0 引入了泛型。事实上,可空类型是作为泛型类型 Nullable<T> 实现的。

## 12.2 泛型类型概述

可以利用泛型创建一个数据结构,该数据结构可以特化以处理特定类型。程序员定义这种**参数化类型**,使泛型类型的每个变量都有相同的内部算法,但数据类型和方法签名可以随为类型参数提供的类型实参而变。

为了减轻开发人员的学习负担,C# 语言的设计者选择了与 C++ 模板相似的语法。所以,C# 语言的泛型类和结构要求用尖括号声明泛型类型参数以及提供泛型类型实参[①]。

### 12.2.1 使用泛型类

代码清单 12.6 展示了如何指定泛型类使用的实际类型。为了指示 path 变量是"由 Cell 类型的实例构成的一个栈",在实例化和声明语句中都要用尖括号记号法指定 Cell。换言之,声明泛型类型的变量(本例是 path)时,要指定泛型类型使用的类型实参。代码清单 12.6 展示了新的泛型 Stack 类,输出 12.2 展示了结果。

**代码清单 12.6 使用泛型 Stack 类实现撤消**

```
using System.Collections.Generic;

public class Program
{
    // ...

    public static void Sketch()
    {
        Stack<Cell> path = new();
        Cell currentPosition;
        ConsoleKeyInfo key;
        // ...

        do
        {
            // 根据用户所按箭头键的方向进行绘制
            key = Move();

            switch (key.Key)
            {
                case ConsoleKey.Z:
```

---

① 译注:本章很少区分类型参数和类型实参(实际上作者也不是特别严格),因为不影响理解。

```
                        // 撤消上一次移动
                        if (path.Count >= 1)
                        {
                            // 不需要转型
                            currentPosition = path.Pop();
                            Console.SetCursorPosition(
                            currentPosition.X, currentPosition.Y);
                            FillCell(currentPosition, ConsoleColor.Black);
                            Undo();
                        }
                        break;
                    case ConsoleKey.DownArrow:
                    // ...
                    case ConsoleKey.UpArrow:
                    // ...
                    case ConsoleKey.LeftArrow:
                    // ...
                    case ConsoleKey.RightArrow:
                        // SaveState()
                        if (Console.CursorLeft < Console.WindowWidth - 2)
                        {
                            currentPosition = new Cell(
                                Console.CursorLeft + 1, Console.CursorTop);
                        }
                        // 调用 Push() 时只允许传递 Cell 类型
                        path.Push(currentPosition);
                        FillCell(currentPosition);
                        break;
                    default:
                        Console.Beep();
                        break;
            }
        }
    while (key.Key != ConsoleKey.X); // 按 X 退出
    }
    // ...
}
```

输出 12.2

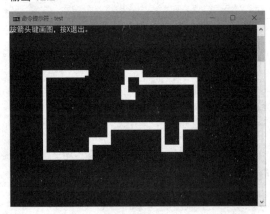

代码清单 12.6 声明并初始化 System.Collections.Generic.Stack<Cell> 类型的 path 变量。在尖括号中，我们指定栈中的元素类型为 Cell。结果是添加到 path 以及从 path 取回的每个对象都是 Cell 类型。所以，不再需要对 path.Pop() 的返回值进行转型，也不需要在 Push() 方法中确保只有 Cell 类型的对象才能添加到栈 path。

## 12.2.2　定义一个简单的泛型类

泛型允许开发人员创建算法和模式，并为不同数据类型重用同一份代码。代码清单 12.7 创建泛型 Stack<T> 类，它与代码清单 12.6 使用的 System.Collections.Generic.Stack<T> 类相似。在类名之后，需要在一对尖括号中指定**类型参数**（本例中是 T）。以后可以向泛型 Stack<T> 提供**类型实参**来 "替换" 类中出现的每个 T。这样一来，栈就可以存储指定的任何类型的数据项，不需要重复代码，也不需要将数据项转换成 object。在代码清单 12.7 中，InternalItems 数组、Push() 方法的参数类型以及 Pop() 方法的返回类型都使用了类型参数 T。

**代码清单 12.7　声明泛型类 Stack<T>**

```
public class Stack<T>
{
    public Stack(int maxSize)
    {
        InternalItems = new T[maxSize];
    }

    private T[] InternalItems { get; }

    public void Push(T data)
    {
        //...
    }

    public T Pop()
    {
        // ...
    }
}
```

## 12.2.3　泛型的优点

使用泛型类而不是非泛型版本（比如使用 System.Collections.Generic.Stack<T> 类，而不是使用原始的 System.Collections.Stack 类型）有以下优势。

- 泛型促进了类型安全。它确保在参数化的类中，只有成员明确希望的数据类型才允许使用。在代码清单 12.7 中，参数化栈类限制 Stack<Cell> 的所有实例都使用 Cell 数据类型。例如，执行 path.Push("garbage") 会造成编译时错误，指出没有 System.Collections.Generic.Stack<T>.Push(T) 方法的重载版本能处理字符串 "garbage"，因其不存在向 Cell 的隐式转型。

- 编译时类型检查减小了在运行时发生 InvalidCastException 异常的几率。
- 为泛型类成员使用值类型，不再造成到 object 的装箱转换。例如，path. Pop() 和 path.Push() 不需要在添加一个项时装箱，或者在移除一个项时拆箱。
- C# 泛型缓解了代码膨胀。泛型类型既保持了具体类版本的优势，又没有具体类版本的开销（例如，没必要定义像 CellStack 这样的一个具体类）。
- 性能得以提高。一个原因是不再需要从 object 的强制转换，从而避免了类型检查。另一个原因是不需要为值类型装箱。
- 内存消耗减少。由于避免了装箱，因此减少了堆上的内存消耗。
- 代码可读性更好。一个原因是转型检查次数变少了。另一个原因是减少了针对具体类型的实现。
- 支持"智能感知"的代码编辑器现在能直接处理来自泛型类的返回参数。没必要为了使"智能感知"工作起来而对返回数据执行转型。

最核心的是，泛型允许写代码来实现一种**模式**，并在以后出现这种模式的时候重用那个实现。模式描述并解决了在代码中反复出现的一种问题，而泛型类型为这些反复出现的模式提供了单一的实现。

## 12.2.4 类型参数命名规范

和方法参数的命名相似，类型参数的命名应尽量具有描述性。另外，为了强调它是类型参数，名称应附加一个 T 前缀，例如 EntityCollection<TEntity>。

唯一不需要使用描述性类型参数名称的时候是描述没有意义的时候。例如，在 Stack<T> 中使用 T 就够了，因为 T 足以说明问题——栈适合任意类型。

12.3 节将介绍约束。一个好的实践是使用对约束进行描述的类型名称。例如，假定约束类型参数必须实现 IComponent，那么类型名称可以是 TComponent。

---

**设计规范**

1. DO choose meaningful names for type parameters and prefix the name with "T".
   要为类型参数选择有意义的名称，并为名称附加 T 前缀。

2. CONSIDER indicating a constraint in the name of a type parameter.
   考虑在类型参数的名称中指明约束。

---

## 12.2.5 泛型接口和结构

C# 语言全面支持泛型，其中包括接口和结构。它们的语法和类的语法完全一样。要声明泛型接口，将类型参数放到接口名称后的一对尖括号中即可，比如代码清单 12.8 中的 IPair<T>。

代码清单 12.8　声明泛型接口

```
interface IPair<T>
{
    T First { get; set; }
    T Second { get; set; }
}
```

　　该接口代表一个 Pair，或者说一对相似的对象，比如一个点的平面坐标、一个人的亲身父母，或者二叉树的一个节点，等等。每个 Pair 中的两个数据项必须具有相同的类型。

　　实现接口的语法与实现非泛型类的语法相同。如代码清单 12.9 所示，一个泛型类型的类型参数是另一个泛型类型的类型参数是合法的，甚至是常见的。在本例中，接口的类型参数就是类声明的类型参数。此外，本例使用结构 (struct) 而不是类 (class)，目的是演示 C# 对自定义泛型值类型的支持。

代码清单 12.9　实现泛型接口

```
public struct Pair<T> : IPair<T>
{
    public T First { get; set; }
    public T Second { get; set; }
}
```

　　对集合类来说，对泛型接口的支持尤为重要。使用泛型最多的地方就是集合类。假如没有泛型，开发者就要依赖 System.Collections 命名空间中的一系列接口。和它们的实现类一样，这些接口只能使用 object 类型，结果是进出这些集合类的所有访问都要执行转型。使用类型安全的泛型接口，就可以避免转型。

**高级主题：在类中多次实现同一个接口**

相同泛型接口的不同构造被视为不同类型，所以类或结构能多次实现"同一个"泛型接口。下面来看看代码清单 12.10 展示的例子。

代码清单 12.10　在类中多次实现接口

```
public interface IContainer<T>
{
    ICollection<T> Items { get; set; }
}

public class Person : IContainer<Address>,
IContainer<Phone>, IContainer<Email>
{
    ICollection<Address> IContainer<Address>.Items
    {
        get
        {
            // ...
        }
        set
```

```
        {
            //...
        }
    }
    ICollection<Phone> IContainer<Phone>.Items
    {
        get
        {
            // ...
        }
        set
        {
            //...
        }
    }
    ICollection<Email> IContainer<Email>.Items
    {
        get
        {
            // ...
        }
        set
        {
            //...
        }
    }
}
```

在本例中，`Items` 属性在显式接口实现中出现了多次，每次类型参数都不同。如果没有泛型，这是不可能的。在没有泛型的情况下，编译器只允许一个显式的 `IContainer.Items` 属性。

但像这样实现"同一个"接口的多个版本是不好的编码风格，因为它会造成混淆（尤其是在接口允许协变或逆变转换的情况下）。此外，`Person` 类的设计似乎也有问题，因为一般不会认为人是"能提供一组电子邮件地址"的东西。与其实现接口的三个版本，还不如实现三个属性：`EmailAddresses`、`PhoneNumbers` 和 `MailingAddresses`，每个属性都返回泛型接口的相应构造。

> ■ 设计规范
>
> AVOID implementing multiple constructions of the same generic interface in one type.
>
> **避免**在类型中实现同一泛型接口的多个构造。

## 12.2.6 定义构造函数和终结器

令人惊讶的是，泛型类或结构的构造函数（和终结器）不要求类型参数。换言之，不要求写成 `Pair<T>(){...}` 这样的形式。在代码清单 12.11 的 `Pair` 例子中，构造函数声明为 `public Pair(T first, T second)`。

**代码清单 12.11　声明泛型类型的构造函数**

```
public struct Pair<T> : IPair<T>
{
```

```csharp
    public Pair(T first, T second)
    {
        First = first;
        Second = second;
    }

    public T First { get; set; }
    public T Second { get; set; }
}
```

## 12.2.7　指定默认值

代码清单 12.11 的构造函数获取 First 和 Second 的初始值，并将其赋给 First 和 Second。由于 Pair<T> 是结构，所以提供的任何构造函数都必须初始化所有字段和自动实现的属性。但这带来一个问题。假定有一个 Pair<T> 的构造函数，它在实例化时只完成了 Pair 一半的初始化。

如代码清单 12.12 所示，定义这样的构造函数会造成编译错误，因为在构造结束时，字段 Second 仍处于未初始化的状态。[①]

**代码清单 12.12　不初始化所有字段会造成编译错误 ( 仅限 C# 11.0 之前的版本 )**

```csharp
public struct Pair<T> : IPair<T>
{
    // 错误：字段 'Pair<T>.Second' 必须赋值，控制才能返回调用方
    // public Pair(T first)
    // {
    //     First = first;
    // }

    // ...
}
```

但是，对 Second 进行初始化会出现一个问题，因为不知道 T 的数据类型。引用类型能初始化成 null。但是，如果 T 是不允许为空的值类型，那么 null 就不合适。为了解决这个问题，C# 提供了 default 操作符。例如，可以使用 default(int) 指定 int 的默认值。相应地，可以使用 default(T) 来初始化 Second，如代码清单 12.13 所示。

**代码清单 12.13　用 default 操作符初始化字段**

```csharp
public struct Pair<T> : IPair<T>
{
    public Pair(T first)
    {
        First = first;
        // ...
        Second = default;
    }
```

---

① 译注：只有 C# 11.0 之前的版本才存在这个问题。C# 11.0 引入了"自动默认结构"，任何未由构造函数初始化的字段或自动属性都会由编译器自动初始化。

```
        // ...
    }
    // ...
}
```

default 操作符可以为任意类型提供默认值，包括类型参数。

从 C# 7.1 起，只要能推断出数据类型，那么使用 default 时就可以不指定参数。例如，在变量初始化或赋值时，可用 Pair<T> pair = default 代替 Pair<T> pair = default(Pair<T>)。另外，如果方法返回 int，那么直接写 return default 就可以了，编译器能从方法返回类型中推断出应返回一个 default(int)。其他能进行这种推断的场合包括默认参数（可选）值以及方法调用中传递的实参。

注意，所有可空类型的默认值都是 null，可空泛型类型（如 default(T?)）也是如此。此外，所有引用类型的默认值都是 null。因此，如果从 C# 8.0 开始启用了可空引用类型，那么将 default 赋给非可空引用类型将会导致警告。在 C# 8.0 之前（当然也包括之后），除非预期 null 就是一个有效的值，否则应避免将 default 或 null 赋给引用类型①。应尽可能保留变量的未初始化状态，直到有一个有效的值可供赋值。在代码清单 12.13 这样的情况下，构造函数不知道 Second 适当的值是什么。所以，对于引用类型或可空值类型，Second 最终将是 null；因此，当将 default（可能是 null）赋给泛型类型 T 的一个属性时，会出现警告。为了正确解决这个警告，需要将 Second 属性声明为 T? 类型，并根据 "struct/class 约束" 一节的描述，事先指定 T 是引用类型还是值类型。事实上，这导致了更一般的设计规范：除非将类型约束为类或结构，否则不要将 default 赋给泛型类型。

## 12.2.8 多个类型参数

泛型类型可以使用任意数量的类型参数。前面的 Pair<T> 例子只包含一个类型参数。为了存储不同类型的两个对象，比如一个 "名称 / 值" 对，可以创建类型的新版本来声明两个类型参数，如代码清单 12.14 所示。

**代码清单 12.14    声明具有多个类型参数的泛型**

```
interface IPair<TFirst, TSecond>
{
    TFirst First { get; set; }
    TSecond Second { get; set; }
}

public struct Pair<TFirst, TSecond> : IPair<TFirst, TSecond>
{
    public Pair(TFirst first, TSecond second)
    {
        First = first;
```

① 在 C# 7.0 或更早的版本中，将 default 赋给一个引用类型会造成警告。

```
        Second = second;
    }

    public TFirst First { get; set; }
    public TSecond Second { get; set; }
}
```

使用 Pair<TFirst, TSecond> 类时，只需要在声明和实例化语句的尖括号中指定多个类型参数。调用方法时，则提供与方法参数匹配的类型。如代码清单 12.15 所示。

代码清单 12.15　使用具有多个类型参数的类型

```
Pair<int, string> historicalEvent =
    new(1914,
        "沙克尔顿乘坐 " 坚忍号 " 前往南极。");

Console.WriteLine("{0}: {1}",
    historicalEvent.First, historicalEvent.Second);
```

类型参数的数量 ( 或者称为元数，即 arity) 区分了同名类。例如，由于类型参数的数量不同，所以可以在同一命名空间中定义 Pair<T> 和 Pair<TFirst, TSecond>。此外，由于在语义上的密切联系，仅元数不同的泛型应放到同一个 C# 文件中。

> **设计规范**
>
> DO place multiple generic semantically equivalent classes into a single file if they differ only by the number of generic parameters.
>
> 要将多个语义上等价、仅泛型参数数量不同的泛型类放到同一个文件中。

初学者主题：元组，无尽的元数

第 3 章提到，自 C# 7.0 起支持元组语法。在其内部，实现元组语法的底层类型实际是泛型，具体说就是 System.ValueTuple。和 Pair<...> 一样，同一个名字可因元数不同而重用 ( 每个类都有不同数量的类型参数 )，如代码清单 12.16 所示。

代码清单 12.16　通过元数的区别来重载类型定义

```
public class ValueTuple
{
    // ...
}
public class ValueTuple<T1> // : IStructuralEquatable,
                            // IStructuralComparable, IComparable
{
    // ...
}
public class ValueTuple<T1, T2> // : IStructuralEquatable,
                                // IStructuralComparable, IComparable
{
    // ...
}
public class ValueTuple<T1, T2, T3> // : IStructuralEquatable,
```

```
                                     // IStructuralComparable, IComparable
{
    // ...
}
public class ValueTuple<T1, T2, T3, T4> // : IStructuralEquatable,
                                  // IStructuralComparable, IComparable
{
    // ...
}
public class ValueTuple<T1, T2, T3, T4, T5> // : IStructuralEquatable,
                                       // IStructuralComparable,
                                       // IComparable
{
    // ...
}
public class ValueTuple<T1, T2, T3, T4, T5, T6>
    // : IStructuralEquatable, IStructuralComparable, IComparable
{
    // ...
}
public class ValueTuple<T1, T2, T3, T4, T5, T6, T7>
    // : IStructuralEquatable, IStructuralComparable, IComparable
{
    // ...
}
public class ValueTuple<T1, T2, T3, T4, T5, T6, T7, TRest>
    // : IStructuralEquatable, IStructuralComparable, IComparable
{
    // ...
}
```

这一组 ValueTuple<...> 类出于和 Pair<T> 与 Pair<TFirst, TSecond> 类相同的目的而设计，只是它们加起来最多能同时处理 8 个类型参数。但是，使用代码清单 12.16 的最后一个 ValueTuple，可以在 TRest 中存储另一个 ValueTuple。这样元数实际就是无限的。

在这一组元组类中，无类型参数的 ValueTuple 或 Tuple 类很有意思。它们有 8 个静态工厂方法[1]用于实例化各个泛型元组类型。虽然每个泛型类型都可以使用自己的构造函数直接实例化，但工厂方法 Create() 方法具有推断类型参数的能力。代码清单 12.17 演示了 Create() 方法如何结合类型推断使用。

**代码清单 12.17　比较 System.ValueTuple 的不同实例化途径**
```
#if !PRECSHARP7
(string, Contact) keyValuePair;
keyValuePair =
    ("555-55-5555", new Contact("Inigo Montoya"));
#else // C# 7.0 以前使用 System.Tuple<string, Contact>
        Tuple<string, Contact> keyValuePair;
        keyValuePair =
            Tuple.Create(
                "555-55-5555", new Contact("Inigo Montoya"));
        keyValuePair =
```

---

[1] 译注："生产"对象的方法就是"工厂"方法。另外，作者说有 8 个，但实际上有 9 个。还有一个是无参的 Create()。

```
                new Tuple<string, Contact>(
                    "555-55-5555", new Contact("Inigo Montoya"));
#endif // !PRECSHARP7
```

显然，当元数增大时，如果不用 Create() 工厂方法，要指定的类型参数的数量会变得非常恐怖。

注意，C# 4.0 引入了一个类似的元组类 System.Tuple。但自 C# 7.0 起基本用不着它了 ( 除非要向后兼容 )，因为元组语法实在太好用了，而且底层的 System.ValueTuple 是值类型，性能上也获得了大幅提高。

基于框架库声明了 8 个不同 System.ValueTuple 类型这一事实 ( 为了支持 C# 7.0 新增的元组语法 )，可以推断 CLR 类型系统并不支持所谓的 "元数可变" 泛型类型。方法可以通过 "参数数组" 获取任意数量的实参，但泛型类型不可以；每个泛型类型的元数都必须固定。

### 12.2.9　嵌套泛型类型

嵌套类型自动获得包容类型的类型参数。例如，如果包容类型声明类型参数 T，那么所有嵌套类型都是泛型，也可以使用类型参数 T。如果嵌套类型包含自己的类型参数 T，它会隐藏包容类型的类型参数 T。在嵌套类型中引用 T，引用的是嵌套类型的 T 类型参数。幸好，在嵌套类型中重用相同的类型参数名，会造成编译器报告一条警告消息，防止开发者因为不慎而使用了同名参数，如代码清单 12.18 所示。

代码清单 12.18　嵌套泛型类型

```
public class Container<T, U>
{
    // 嵌套类已继承了类型参数。
    // 重用这些类型参数会显示警告。
    public class Nested<U>
    {
        static void Method(T param0, U param1)
        {
        }
    }
}
```

包容类型的类型参数能从嵌套类型中访问，这类似于能从嵌套类型中访问包容类型的成员。规则很简单：在声明类型参数的那个类型的主体的任何地方，都能访问该类型参数。

■　设计规范

　　AVOID shadowing a type parameter of an outer type with an identically named type parameter of a nested type.

　　避免在嵌套类型中用同名参数隐藏外层类型的类型参数。

## 12.3　约束

泛型允许为类型参数定义约束 (constraints)，强迫作为类型实参提供的类型遵守各种规则。下面来看看代码清单 12.19 的无约束的 BinaryTree<T> 类。

代码清单 12.19　声明无约束的 BinaryTree<T> 类

```
public class BinaryTree<T>
{
    public BinaryTree(T item)
    {
        Item = item;
    }

    public T Item { get; set; }
    public Pair<BinaryTree<T>> SubItems { get; set; }
}
```

　　有趣的是，BinaryTree<T> 内部使用了 Pair<T>。而能够这样做的原因很简单，因为 Pair<T> 本质上还是一种类型！

　　现在，假定当 Pair<T> 中的值赋给 SubItems 属性的时候，你希望二叉树对这些值进行排序。为了实现排序，SubItems 的赋值方法（称为 setter）使用当前所提供的键的 CompareTo() 方法，如代码清单 12.20 所示。

代码清单 12.20　类型参数应支持特定接口

```
public class BinaryTree<T>
{
    public BinaryTree(T item)
    {
        Item = item;
    }

    public T Item { get; set; }
    public Pair<BinaryTree<T>> SubItems
    {
        get { return _SubItems; }
        set
        {
            IComparable<T> first;
            // 错误：不支持类型隐式转换 ...
            //first = value.First;  // 需要显式转型

            // if(first.CompareTo(value.Second) < 0)
            // {
            //     // first 小于 second
            //     //...
            // }
            // else
            // {
            //     // first 和 second 相等，或者
            //     // second 小于 first
            //     //...
            // }
            _SubItems = value;
        }
    }
}
```

```
    private Pair<BinaryTree<T>> _SubItems;
}
```

编译时，类型参数 T 是无约束的泛型。所以，编译器认为 T 唯一拥有的成员只有从基类型 object 继承的那些，因为 object 是所有类型的终极基类（换言之，只能为类型参数 T 的实例调用像 ToString() 这样已由 object 定义的方法）。结果是编译器显示一个编译错误，因为 object 类型没有定义 CompareTo() 方法。

可以将 T 参数强制转换为 IComparable<T> 接口来访问 CompareTo() 方法，如代码清单 12.21 所示。

**代码清单 12.21　类型参数需要支持接口，否则会引发异常**

```
public class BinaryTree<T>
{
    public BinaryTree(T item)
    {
        Item = item;
    }

    public T Item { get; set; }
    public Pair<BinaryTree<T>?>? SubItems
    {
        get { return _SubItems; }
        set
        {
            switch (value)
            {
                // C# 8.0 应该使用模式匹配 (is null)。
                // 但在 C# 8.0 之前，只能这样检查 null
                // ...
                    break;
                case
                {
                    First: {Item: IComparable<T> first },
                    Second: {Item: T second } }:
                if (first.CompareTo(second) < 0)
                {
                    // first 小于 second
                }
                else
                {
                    // second 小于或等于 first
                }
                break;
                default:
                throw new InvalidCastException(
                    @$" 不能对 items 排序，因为 {
                        typeof(T) } 不支持 IComparable<T> 接口。");
            };
            _SubItems = value;
        }
```

```
    }
private Pair<BinaryTree<T>?>? _SubItems;
}
```

遗憾的是，现在如果声明一个 BinaryTree<SomeType> 类的变量，但类型实参 (SomeType) 没有实现 IComparable<SomeType> 接口，就会发生运行时错误。具体地说，会抛出 InvalidCastException 异常。这就失去了用泛型增强类型安全的意义。

为了避免该异常，代之以报告编译时错误，C# 允许为泛型类中声明的每个类型参数提供可选的约束列表。**约束**描述了泛型要求的类型参数的特征。声明约束需要使用 where 关键字，后跟一对"参数：要求"。其中，"参数"必须是泛型类型中声明的一个参数，而"要求"描述了类型参数要能转换成的类或接口，是否必须有默认构造函数，或者是引用还是值类型。

## 12.3.1 接口约束

二叉树节点为了正确排序，需要使用 BinaryTree 类的 CompareTo() 方法。为此，最高效的做法是为 T 类型参数施加约束，规定 T 必须实现 IComparable<T> 接口。具体语法如代码清单 12.22 所示。

**代码清单 12.22　声明接口约束**

```
public class BinaryTree<T>
    where T : System.IComparable<T>
{
    public BinaryTree(T item)
    {
        Item = item;
    }

    public T Item { get; set; }
    public Pair<BinaryTree<T>?> SubItems
    {
        get { return _SubItems; }
        set
        {
            switch (value)
            {
                // C# 8.0 应该使用模式匹配 (is null)。
                // 但在 C# 8.0 之前，只能这样检查 null
                // ...
                case
                {
                    First: { Item: T first },
                    Second: { Item: T second }
                }:
                    if (first.CompareTo(second) < 0)
                    {
                        // first 小于 second
```

```
            }
            else
            {
                // second 小于或等于 first
            }
            break;
        default:
            throw new InvalidCastException(
                @$"不能对 items 排序，因为 {typeof(T)}不支持 IComparable<T>接口。");
        };
        _SubItems = value;
    }
}
private Pair<BinaryTree<T>?> _SubItems;
}
```

虽然代码的改动不大，但它能在编译时发现错误，而不是推迟到运行时。而这是一个非常重大的改进。代码清单 12.22 添加了接口约束之后，编译器会确保每次使用 **BinaryTree** 类的时候，所提供的类型参数 ( 类型实参 ) 都实现了 **IComparable<T>** 接口。此外，调用 **CompareTo()** 方法的时候，不需要先将变量显式转型为 **IComparable<T>** 接口。即使访问显式实现的接口成员，也不需要转型，其他情况下若不转型会造成成员被隐藏。调用 **T** 的某个方法时，编译器会检查它是否与作为约束的任何接口中的任何方法匹配。

例如，试图使用 **System.Text.StringBuilder** 作为类型参数来创建一个 **BinaryTree<T>** 变量，会报告一个编译错误，因为 **StringBuilder** 没有实现 **IComparable<T>**。输出 12.3 展示了这样的一个错误。

**输出 12.3**

```
error CS0311: 不能将类型 "System.Text.StringBuilder" 用作泛型类型或方法 "BinaryTree<T>" 中的类型
参数 "T"。  没有从 "System.Text.StringBuilder" 到
"System.IComparable<System.Text.StringBuilder>" 的隐式引用转换。
```

为了规定某个数据类型必须实现某个接口，需要声明一个接口约束。这种约束避免了非要转型才能调用一个显式的接口成员实现。

## 12.3.2 类型参数约束

有的时候，要求能够将类型实参转换为特定的类型。这是用**类型参数约束** (type parameter constraint) 来完成的，如代码清单 12.23 所示。

**代码清单 12.23  声明类型参数约束**

```
public class EntityDictionary<TKey, TValue>
    : System.Collections.Generic.Dictionary<TKey, TValue>
    where TKey : notnull
    where TValue : EntityBase
{
    // ...
}
```

EntityDictionary <TKey, TValue> 要求为类型参数 TValue 提供的所有类型实参都能隐式转换为 EntityBase 类。这样就可以在泛型实现中为 TValue 类型的值使用 EntityBase 的成员，因为约束已确保所有类型实参都能隐式转换为 EntityBase 类。

类型参数约束的语法和接口约束基本相同。但假如同时指定了多个约束，那么类型参数约束必须第一个出现（这类似于在类声明中，基类必须先于所实现的接口出现）。和接口约束不同的是，不允许多个类型参数约束，因为不可能从多个不相关的类派生。类似地，类型参数约束不能指定密封类或者不是类的类型。例如，C# 语言不允许将类型参数约束为 string 或 System.Nullable<T>。否则只有单一类型实参可供选择，那么还有什么"泛型"可言？如果类型参数被约束为单一类型，类型参数就没有存在的必要了，直接使用那个类型即可。

一些"特殊"类型不能作为类类型约束，详情参见稍后的"高级主题：约束的限制"。

从 C# 7.3 开始，可以使用 System.Enum 作为约束，确保类型参数是枚举。但是，不能指定 System.Array 作为约束。不过，后者的限制影响不大，因为就像第 15 章会讲到的那样，应该首选其他集合类型和接口。

**高级主题：委托约束**

从 C# 7.3 开始，我们可以使用 System.Delegate 和 System.MulticastDelegate，以一种类型安全的方式来组合（使用静态 Combine() 方法）和分离（使用静态 Remove() 方法）委托。没有一种强类型的方式可以让泛型类型调用委托，但 DynamicInvoke() 方法可以实现这一点。该方法在内部使用了反射。尽管泛型类型不能直接调用委托（只能通过 DynamicInvoke()），但在编译时通过对 T 的一个直接引用是可以做到这一点的。例如，可以调用 Combine() 方法并转换为预期类型，如代码清单 12.24 中的模式匹配所示。

**代码清单 12.24　声明带有 MulticastDelegate 约束的泛型**

```
public static object? InvokeAll<TDelegate>(
    object?[]? args, params TDelegate[] delegates)
    // 不允许约束为 Action/Func 类型
    where TDelegate : System.MulticastDelegate
{
  switch (Delegate.Combine(delegates))
  {
      case Action action:
          action();
          return null;
      case TDelegate result:
          return result.DynamicInvoke(args);
      default:
          return null;
  };
}
```

在本例中，我们尝试在调用结果之前将其转换为 Action。如果尝试不成功，就将其转换为 TDelegate，并在它上面通过 DynamicInvoke() 来 Invoke。

注意，在泛型外部，我们已经知道 T 的类型，所以可以在调用 Combine() 之后直接 Invoke：

```
public static void InvokeAll(params Action?[] actions)
{
    Action? result = (Action?)Delegate.Combine(actions);
    result?.Invoke();
}
```

注意代码清单 12.24 中的注释。虽然可以约束为 System.Delegate 和 System.MulticastDelegate，但不能指定一种具体的委托类型，例如 Action、Func<T> 或其某个相关类型。 ◾

## 12.3.3 unmanaged 约束

从 C# 7.3 开始引入的 unmanaged( 非托管 ) 约束将类型参数限制为 sbyte、byte、short、ushort、int、uint、long、ulong、char、float、double、decimal、bool、枚举、指针以及内部所有字段都为非托管类型的结构。这样一来，就可以更轻松地用 C# 编写一些低级的互操作代码。例如，可以在 unmanaged 约束的类型参数上使用 sizeof 操作符 ( 或者 stackalloc 操作符，详情参见第 22 章 )。

在 C# 8.0 之前，unmanaged 约束将类型参数限制为所谓的 "已构造的结构类型" (constructed struct types)，即非泛型的值类型。但从 C# 8.0 开始已取消了这一限制。现在，即使 Thing<T> 对 T 有一个 unmanaged 约束，也可以声明一个类型为 Thing<Thing<int>> 的变量。

## 12.3.4 notnull 约束

在之前的代码清单 12.23 中，我们展示了如何使用上下文关键字 notnull 进行非空约束。以后，一旦为用 notnull 修饰的类型参数指定了可空类型，这个约束就会触发警告。例如，在这种情况下，声明 EntityDictionary<string?, EntityBase> 将导致以下警告：类型参数 'string?' 的可空性与 'notnull' 约束不匹配。

notnull 关键字不能与 struct 或 class 约束结合使用，后面这两种约束默认不可空 ( 稍后详述 )。

## 12.3.5 struct/class 约束

另一个重要的泛型约束是将类型参数限制为任何非可空值类型或任何引用类型。如代码清单 12.25 所示，我们在这里不是指定 T 必须从中派生的一个类，而是直接使用关键字 struct 或 class。

**代码清单 12.25  规定类型参数必须是值类型**

```
public struct Nullable<T> :
    IFormattable, IComparable,
    IComparable<Nullable<T>>, INullable
where T : struct
{
```

```
// ...
public static implicit operator Nullable<T>(T value) => new(value);
public static explicit operator T(Nullable<T> value) => value!.Value;
// ...
}
```

注意，class 约束将类型参数限制为包括接口、委托或数组类型在内的引用类型，所以，其实并不是像 class 关键字所暗示的那样，只限制为类这一类型。

从 C# 8.0 开始，class 约束默认为不可空 ( 当然，前提是启用了可空引用类型。换言之，在项目文件 .csproj 中，将 Nullable 元素设为 enable)。基于这个约束，如果指定一个可空引用类型参数，将触发编译器的警告。可以在 class 约束上包含可空修饰符来更改泛型类型，以允许可空引用类型。以第 10 章介绍过的 WeakReference<T> 类为例，由于只有引用类型会被垃圾回收，所以该类型包含了以下 class 约束：

```
public sealed partial class WeakReference<T> : ISerializable
    where T : class?
{ ... }
```

这个限制类型参数 T 必须是引用类型而且是可空的。

与 class 约束不同，struct 约束不允许使用可空修饰符。相反，可以在使用参数时指定可空性。例如，在代码清单 12.25 中，隐式和显式转型操作符使用 T 和 T? 来确定是允许非可空还是可空的 T 版本。因此，类型参数是在成员声明中具体使用时才被约束的，而不是通过类型来约束。

class 约束要求引用类型，struct 和 class 约束一起使用会产生冲突，所以是不允许的。

struct 约束有一个很特别的地方：可空值类型不符合条件。为什么？可空值类型作为泛型 Nullable<T> 来实现，而后者本身向 T 应用了 struct 约束。如果可空值类型符合条件，那么就可定义毫无意义的 Nullable<Nullable<int>> 类型。双重可空的整数自然是没有意义的。如同预期的那样，像 int?? 这样的"语法糖"是不存在的。

## 12.3.6　多个约束

可以为任意类型参数指定任意数量的接口约束，但类型参数约束只能指定一个 ( 这类似于类可以实现任意数量的接口，但只从一个类派生 )。所有约束都在一个以逗号分隔的列表中声明。约束列表跟在泛型类型名称和一个冒号之后。如果有多个类型参数，那么每个类型参数前面都要附加 where 关键字。在代码清单 12.26 中，泛型 EntityDictionary 类声明了两个类型参数：TKey 和 TValue。TKey 类型参数有两个接口约束，而 TValue 类型参数有一个类型参数约束。

代码清单 12.26　指定多个约束

```
public class EntityDictionary<TKey, TValue>
    : Dictionary<TKey, TValue>
    where TKey : IComparable<TKey>, IFormattable
```

```
    where TValue : EntityBase
{
    // ...
}
```

本例的 TKey 有多个约束，而 TValue 只有一个。一个类型参数的多个约束默认存在 AND 关系。例如，假定提供类型 C 作为 TKey 的类型实参，那么 C 必须同时实现 IComparable<C> 和 IFormattable。

注意，两个 where 子句之间是没有逗号的。

### 12.3.7 构造函数约束

有的时候，我们需要在泛型类中创建类型实参的实例。例如，在代码清单 12.27 中，EntityDictionary<TKey, TValue> 类的 MakeValue() 方法必须创建与类型参数 TValue 对应的类型实参的一个实例。

代码清单 12.27　用约束规定必须有默认构造函数

```
public class EntityBase<TKey>
    where TKey: notnull
{
    public EntityBase(TKey key)
    {
        Key = key;
    }

    public TKey Key { get; set; }
}

public class EntityDictionary<TKey, TValue> :
    Dictionary<TKey, TValue>
    where TKey : IComparable<TKey>, IFormattable
    where TValue : EntityBase<TKey>, new()
{
    public TValue MakeValue(TKey key)
    {
        TValue newEntity = new()
        {
            Key = key
        };
        Add(newEntity.Key, newEntity);
        return newEntity;
    }

    // ...
}
```

并非所有对象都肯定有公共默认构造函数，所以编译器不允许为未约束的类型参数调用默认构造函数。为克服编译器的这一限制，需要在指定了其他所有约束之后添加一个

new()。这就是所谓的**构造函数约束**，它要求类型实参必须有一个 public 或 internal 默认构造函数。注意，只能对默认构造函数进行约束。不能为有参构造函数指定约束。

代码清单 12.27 展示了一个构造函数约束，它要求为 TValue 提供的类型实参必须有一个无参构造函数（即默认构造函数）。但是，无法进一步要求类型实参的构造函数必须再提供一个有参构造函数。例如，你可能想要求 TValue 类的构造函数接收一个 TKey 类型的实参，但目前无法做到这一点。代码清单 12.28 展示了假如在 EntityDictionary 类中添加一个获取参数的构造函数会怎样。

**代码清单 12.28　构造函数约束只能要求默认构造函数**

```
public TValue New(TKey key)
{
    // 错误：'TValue' 在创建变量类型的实例时不能提供参数
    TValue newEntity = null;
    // newEntity = new TValue(key);
    Add(newEntity.Key, newEntity);
    return newEntity;
}
```

为了克服该限制，一个办法是提供**工厂接口**来包含对类型进行实例化的一个方法。实现接口的工厂负责实例化实体而不是 EntityDictionary 本身（参见代码清单 12.29)。

**代码清单 12.29　使用工厂接口代替构造函数约束**

```
public class EntityBase<TKey>
{
    public EntityBase(TKey key)
    {
        Key = key;
    }
    public TKey Key { get; set; }
}

public class EntityDictionary<TKey, TValue, TFactory> :
  Dictionary<TKey, TValue>
    where TKey : IComparable<TKey>, IFormattable
    where TValue : EntityBase<TKey>
    where TFactory : IEntityFactory<TKey, TValue>, new()
{
    // ...

    public TValue New(TKey key)
    {
        TFactory factory = new();
        TValue newEntity = factory.CreateNew(key);
        Add(newEntity.Key, newEntity);
        return newEntity;
    }
    //...
```

```
}
```

```
public interface IEntityFactory<TKey, TValue>
{
    TValue CreateNew(TKey key);
}
```

　　像这样声明，就可将新 **key** 传给一个要获取参数的 **TValue** 工厂方法 ( 而不是只能依赖无参的默认构造函数 )。本例不再为 **TValue** 使用构造函数约束，因为现在由 **TFactory** 负责实例化值。还可以修改代码清单 12.29 来保存对工厂的引用 ( 如需多线程支持，就可以利用 **Lazy<T>**)。这样就可以重用工厂，不必每次都重新实例化。

　　声明 **EntityDictionary<TKey, TValue, TFactory>** 类型的变量，会得到与代码清单 12.30 的 **Order** 实体类似的实体声明。

代码清单 12.30　声明在 **EntityDictionary<...>** 中使用的实体

```
public class Order : EntityBase<Guid>
{
    public Order(Guid key) :
        base(key)
    {
        // ...
    }
}

public class OrderFactory : IEntityFactory<Guid, Order>
{
    public Order CreateNew(Guid key)
    {
        return new Order(key);
    }
}
```

## 12.3.8　约束继承

　　无论泛型类型参数还是它们的约束，都不会被派生类继承，因为泛型类型参数不是成员。记住：类继承的特点在于派生类具有基类的所有成员。我们经常需要让新的泛型类型从其他泛型类型派生。在这种情况下，由于派生的泛型类型的类型参数现在是泛型基类的类型实参，所以类型参数必须具有等同 ( 或更强 ) 于基类的约束。是不是很拗口？来看看代码清单 12.31 的例子。

代码清单 12.31　显式指定继承的约束

```
public class EntityBase<T> where T : IComparable<T>
{
    // ...
}
```

```
// 错误：
// 类型 'U' 不能用作泛型类型或方法 'EntityBase<T>'
// 中的类型参数 'T'。没有从 'U' 到 'System.IComparable<U>'
// 的装箱转换或类型参数转换。
// class Entity<U> : EntityBase<U>
// {
//     ...
// }
```

在代码清单 12.31 中，**EntityBase<T>** 要求为 **T** 提供的类型实参 **U** 实现 **IComparable<U>**，所以子类 **Entity<U>** 也要对 **U** 进行相同的约束，否则会造成编译时错误。这就迫使程序员在使用派生类时注意到基类的约束，避免在使用派生类的时候发现了一个约束，却不知道该约束来自哪里。

本章要到后面才会具体讲解泛型方法。但简单地说，方法也可以泛型，也可以向类型参数应用约束。那么，当虚泛型方法被继承并重写时，约束是如何来处理的呢？和泛型类声明的类型参数相反，重写虚泛型方法时，或者创建显式接口方法实现时[①]，约束是隐式继承的，不可以重新声明。代码清单 12.32 对此进行了演示。

**代码清单 12.32　禁止虚成员重复指定继承的约束**

```
public class EntityBase
{
    public virtual void Method<T>(T t)
        where T : IComparable<T>
    {
        // ...
    }
}
public class Order : EntityBase
{
    public override void Method<T>(T t)
    //     重写成员时，约束不可以重复
    //     where T : IComparable<T>
    {
        // ...
    }
}
```

在泛型类继承的情况下，不仅可以保留基类本来的约束（这是必须的），还可以添加额外的约束，从而对派生类的类型参数进行更大的限制。但在重写虚泛型方法时，需要遵守和基类方法完全一样的约束。额外的约束会破坏多态性，所以不允许新增约束。另外，重写版本的类型参数约束是隐式继承的。

---

① 译注：如第 8 章所述，显式接口方法实现 (Explicit Interface Method Implementation，EIMI) 是指在方法名前附加接口名前缀。

高级主题：约束的限制

约束做了一些适当的限制，以避免产生无意义的代码。例如，进行类型参数约束 (12.3.2 节)，就不能再进行 struct/class 约束。进行了 struct/class 约束，就不能再进行 notnull 约束。另外，不能约束为从一些特殊类型继承，包括 object、数组或 System.ValueType。[①] 另外，不能约束为一种具体的委托类型，例如 Action、Func<T> 或者与它们相关的其他类型。

某些时候，我们希望对类型参数进行更多的约束，但目前这些约束还不被 C# 语言支持。例如，目前只能约束为提供一个默认构造函数，但这恐怕还不够。下面讨论了另一些不支持的约束。

**不支持操作符约束**

所有泛型都隐式允许 == 和 != 比较，并支持隐式转型为 object，因为一切都是对象。但是，不能将类型参数约束为一种必须实现特定方法或操作符的类型 ( 前面提到的两个操作符除外 )。相反，只能通过接口约束 ( 用于限制方法 ) 和类型参数约束 ( 用于限制方法和操作符 ) 来提供不完整的支持。正是因为这个原因，所以代码清单 12.33 的泛型 Add() 方法是不能工作的。

**代码清单 12.33 约束表达式不能提出对操作符的要求**

```
public abstract class MathEx<T>
{
    public static T Add(T first, T second)
    {
        // 错误：操作符 '+' 无法应用于 'T' 和 'T' 类型的操作数
        return first + second;
    }
}
```

在这个例子中，方法假定操作符 + 可以在为 T 提供的所有类型实参上使用。但是，没有约束能限制类型实参必须支持操作符 +，所以发生了一个错误。在这种情况下，只能使用一个类型参数约束，限制从已实现了操作符 + 的类继承。

在更常规的意义上，不能限制类型必须有一个静态方法。

**不支持 OR 条件**

假如为一个类型参数提供多个接口约束，编译器认为不同约束之间总是存在一个 AND 关系。例 如，where TKey : IComparable<T>，IFormattable 要求同时支持 IComparable<T> 和 IFormattable。不能在约束之间指定 OR 关系。因此，代码清单 12.34 的写法是不允许的。

**代码清单 12.34 不允许使用 OR 来合并两个约束**

```
public class BinaryTree<T>
    // 错误：不支持 OR
    where T: IComparable<T> || IFormattable
{
    // ...
}
```

如果支持 OR，编译器就无法在编译时判断要调用哪一个方法。

---

[①] 从 C# 7.3 开始，可以约束为 System.Enum( 枚举 )、System.Delegate 和 System.MulticastDelegate。在此之前这是不允许的。

## 12.4 泛型方法

通过前面的学习，已经知道可以在泛型类中轻松添加方法来使用类型声明的泛型类型参数。在迄今为止的所有泛型类例子中，一直是这样做的。但这些不是泛型方法。

泛型方法要使用泛型类型参数，这一点和泛型类型一样。在泛型或非泛型类型中都能声明泛型方法。在泛型类型中声明，其类型参数要和泛型类型的类型参数有区别。为了声明泛型方法，要按照与泛型类型一样的方式指定泛型类型参数，也就是在方法名之后添加类型参数声明，例如代码清单 12.35 中的 MathEx.Max\<T\> 和 MathEx.Min\<T\>。

**代码清单 12.35　定义泛型方法**

```
public static class MathEx
{
    public static T Max<T>(T first, params T[] values)
        where T : IComparable<T>
    {
        T maximum = first;
        foreach(T item in values)
        {
            if(item.CompareTo(maximum) > 0)
            {
                maximum = item;
            }
        }
        return maximum;
    }

    public static T Min<T>(T first, params T[] values)
        where T : IComparable<T>
    {
        T minimum = first;

        foreach(T item in values)
        {
            if(item.CompareTo(minimum) < 0)
            {
                minimum = item;
            }
        }
        return minimum;
    }
}
```

本例声明的是静态方法，但这并非必须。注意，和泛型类型相似，泛型方法也可以包含多个类型参数。类型参数的数量（元数）可用于区分方法签名。换言之，两个方法可以有相同的名称和形参类型，只要类型参数的数量不同。再次提醒大家注意，方法的返回类型不计入方法签名之内。

## 12.4.1 泛型方法类型推断

在使用泛型类型时，是在类型名称之后提供类型实参。类似地，在调用泛型方法时，是在方法名之后提供类型实参。代码清单 12.36 展示了用于调用 Min<T> 和 Max<T> 方法的代码，输出 12.4 展示了结果。

代码清单 12.36　显式提供类型实参

```
Console.WriteLine(
    MathEx.Max<int>(7, 490));
Console.WriteLine(
    MathEx.Min<string>(" 中国 ", " 中国人 "));
```

输出 12.4

```
490
中国
```

int 和 string 是调用泛型方法时提供的类型实参。但类型实参纯属多余，因为编译器能根据传给方法的实参推断类型。为了避免多余的编码，调用时可以不指定类型实参。这称为**方法类型推断**。代码清单 12.37 展示了一个例子，结果如输出 12.5 所示。

代码清单 12.37　根据方法实参推断类型

```
Console.WriteLine(
    MathEx.Max(7, 490)); // 没有提供类型实参
Console.WriteLine(
    MathEx.Min(" 中国 ", " 中国人 "));
```

输出 12.5

```
490
中国
```

方法类型推断要想成功，实参类型必须与泛型方法的形参"匹配"以推断出正确的类型实参。一个有趣的问题是，推断自相矛盾怎么办？例如，使用 MathEx.Max(7.0, 490) 调用 Max<T>，从第一个方法实参推断出类型实参是 double，从第二个推断出是 int，自相矛盾。在 C# 2.0 中这确实会造成错误。但更全面地分析，就知道这个矛盾能够解决。因为每个 int 都能转换成 double，所以 double 是类型实参的最佳选择。从 C# 3.0 开始改进了方法类型推断算法，允许编译器进行这种更全面的分析。

如果分析仍然不够全面，不能推断出正确类型，那么要么对方法实参进行强制类型转换，向编译器澄清推断时应使用的参数类型，要么放弃类型推断，显式指定类型实参。

还要注意，推断时算法只考虑泛型方法的实参、实参类型以及形参类型。本来其他因素也可考虑在内，比如方法的返回类型、方法返回值所赋给的变量的类型以及对方法的泛型类型参数的约束。但这些都被算法忽视了。

## 12.4.2 指定约束

泛型方法的类型参数也允许指定约束，这和泛型类型的约束方式是一样的。例如，可以指定类型参数必须实现某个接口，或者必须能转换成某个类类型。约束在参数列表和方法主体之间指定，如代码清单 12.38 所示。

代码清单 12.38　约束泛型方法的类型参数

```
public class ConsoleTreeControl
{
    // Generic method Show<T>
    public static void Show<T>(BinaryTree<T> tree, int indent)
        where T : IComparable<T>
    {
        Console.WriteLine("\n{0}{1}",
            "+ --".PadLeft(5 * indent, ' '),
            tree.Item.ToString());
        if(tree.SubItems.First is not null)
            Show(tree.SubItems.First, indent + 1);
        if(tree.SubItems.Second is not null)
            Show(tree.SubItems.Second, indent + 1);
    }
}
```

注意，Show<T> 的实现没有直接使用 IComparable<T> 接口的任何成员，所以你可能奇怪为什么需要约束。记住，BinaryTree<T> 类需要这个接口 ( 参见代码清单 12.39)。

代码清单 12.39　BinaryTree<T> 需要 IComparable<T> 类型参数

```
public class BinaryTree<T>
    where T : System.IComparable<T>
{
    //...
}
```

因为 BinaryTree<T> 类为 T 施加了这个约束，而 Show<T> 使用了 BinaryTree<T>，所以 Show<T> 也需要提供约束。

高级主题：泛型方法中的转型

使用泛型的时候，有时要非常小心——例如，在使用它会造成一次转型操作被"隐藏"(bury) 的时候。来看看下面这个方法，它的作用是将一个流转换成给定类型的对象：

```
public static T Deserialize<T>(
    Stream stream, IFormatter formatter)
{
    return (T)formatter.Deserialize(stream);
}
```

formatter 负责将数据从流中移除，把它转换成 object。为 formatter 调用 Deserialize()，会返回 object 类型的数据。如果使用 Deserialize() 的泛型版本进行调用，那么会写出下面这样的代码：

```
string greeting =
```

```
Deserialization.Deserialize<string>(stream, formatter);
```

以上代码的问题在于，对于方法的调用者来说，`Deserialize<T>()` 似乎类型安全。但事实上，仍然会为调用者隐式 ( 而非显式 ) 执行一次转型。下面是等价的非泛型调用：

```
string greeting =
    (string)Deserialization.Deserialize(stream, formatter);
```

运行时的转型可能失败；所以方法不像表面上那样类型安全。`Deserialize<T>` 方法是纯泛型的，会向调用者隐藏转型动作，这存在一定风险。更好的做法是使方法成为非泛型的，返回 `object`，使调用者注意到它不是类型安全的。开发者在泛型方法中执行转型时，假如没有约束来验证转型的有效性，那么一定要非常小心。

> **设计规范**
>
> AVOID misleading the caller with generic methods that are not as type-safe as they appear.
> 避免用假装类型安全的泛型方法误导调用者。

## 12.5 协变性和逆变性

刚接触泛型类型的人经常问一个问题：为什么不能将 `List<string>` 类型的表达式赋给 `List<object>` 类型的变量。既然 `string` 能转换成 `object`，`string` 列表不是也应该兼容于 `object` 列表吗？但实际情况并非如此，这个赋值动作既不类型安全，也不合法。用不同类型参数声明同一个泛型类的两个变量，这两个变量不是类型兼容的——即使是将一个较具体的类型赋给一个较泛化的类型。也就是说，它们不是**协变量** (covariant)。

"协变量"是借鉴自范畴论的术语，意思很容易明白。假定两个类型 X 和 Y 具有特殊关系，即每个 X 类型的值都能转换成 Y 类型。如果 `I<X>` 和 `I<Y>` 也总是具有同样的特殊关系，就说 "`I<T>` 对 T 协变"。使用仅一个类型参数的泛型类型时，可以简单地说 "`I<T>` 是协变的"。从 `I<X>` 向 `I<Y>` 的转换称为协变转换。

例如，泛型类 `Pair<Contact>` 和 `Pair<PdaItem>` 的实例就不是类型兼容的，即使两者的类型实参兼容。换言之，编译器禁止隐式或显式地将 `Pair<Contact>` 转换为 `Pair<PdaItem>`，即使 `Contact` 从 `PdaItem` 派生。类似地，从 `Pair<Contact>` 转换为接口类型 `IPair<PdaItem>` 也会失败，如代码清单 12.40 所示。

**代码清单 12.40　在类型参数不同的泛型之间转换**

```
// ...
// 错误：不能转换类型 ...
Pair<PdaItem> pair = (Pair<PdaItem>)new Pair<Contact>();
IPair<PdaItem> duple = (IPair<PdaItem>)new Pair<Contact>();
```

但为什么不合法？为什么 `List<T>` 和 `Pair<T>` 不是协变的？代码清单 12.41 展示了 C# 语言允许不受限制的泛型协变性的话会怎样。

**代码清单 12.41　禁止协变性以维持同质性 (homogeneity)**

```
// ...
Contact contact1 = new("Princess Buttercup");
Contact contact2 = new("Inigo Montoya");
Pair<Contact> contacts = new(contact1, contact2);

// 会报告错误：不能转换类型 ...
// 但假定不报错
IPair<PdaItem> pdaPair = (IPair<PdaItem>) contacts;
// 这完全合法，但不是类型安全的
pdaPair.First = new Address("123 Sesame Street");
```

虽然在一个 IPair<PdaItem> 中可以包含地址，但对象实际是一个 Pair<Contact>，它只能包含联系人，不能包含地址。这意味着如果允许不受限制的协变，那么也许会将一个 Pair<Contact> 错误地视为可以包含地址的 IPair<PdaItem>，从而破坏了类型安全。

现在应该很清楚为什么字符串 List 不能作为对象 List 使用了。在字符串 List 中不能插入整数，但在对象 List 中可以，所以从字符串 List 转换成对象 List 一定要被视为非法，使编译器能预防错误。

## 12.5.1　使用 out 类型参数修饰符允许协变性

你或许已经注意到，不限制协变性之所以会造成刚才描述的问题，是因为泛型 Pair<T> 和泛型 List<T> 都允许写入。但是，如果创建只读 IReadOnlyPair<T> 接口，只允许 T 从接口中"出来"（换言之，作为方法或只读属性的返回类型），永远不"进入"接口（换言之，不作为形参或可写属性的类型），那么就不会出问题了，如代码清单 12.42 所示。

**代码清单 12.42　理论上的协变性**

```
interface IReadOnlyPair<T>
{
    T First { get; }
    T Second { get; }
}

interface IPair<T>
{
    T First { get; set; }
    T Second { get; set; }
}

public struct Pair<T> : IPair<T>, IReadOnlyPair<T>
{
    // ...
}

public class Program
{
    static void Main()
    {
```

```
//  使用 out 类型参数才可以：
// Pair<Contact> contacts =
//     new Pair<Contact>(
//         new Contact("Princess Buttercup"),
//         new Contact("Inigo Montoya"));
// IReadOnlyPair<PdaItem> pair = contacts;
// PdaItem pdaItem1 = pair.First;
// PdaItem pdaItem2 = pair.Second;
    }
}
```

通过限制泛型类型声明，让它只向接口的外部公开数据，编译器就没理由禁止协变性了。在 IReadOnlyPair<PdaItem> 实例上进行的所有操作都将 Contact( 从原始 Pair<Contact> 对象 ) 向上转换为基类 PdaItem——这是完全有效的转换。没有办法将地址"写入"实际是一对联系人的对象，因为接口没有公开任何可写属性。

代码清单 12.42 的代码仍然编译不了。但是，从 C# 4 开始加入了对安全协变性的支持。要指出泛型接口应该对它的某个类型参数协变，就用 out 修饰符来修饰该类型参数。代码清单 12.43 展示了如何修改接口声明，指出它应该允许协变。

**代码清单 12.43　用 out 类型参数修饰符实现协变**

```
interface IReadOnlyPair<out T>
{
    T First { get; }
    T Second { get; }
}
```

用 out 修饰 IReadOnlyPair<out T> 接口的类型参数，会导致编译器验证 T 真的只用作"输出"——方法的返回类型和只读属性的返回类型——永远不会用于形参或属性的赋值方法。只要验证通过，编译器就会放行对接口的任何协变转变。代码清单 12.42 在进行了这个修改之后，就能成功编译和执行了。

协变转换有一些重要的限制。

- 只有泛型接口和泛型委托 ( 第 13 章 ) 才可以协变。泛型类和结构永远不是协变的。
- 提供给"来源"和"目标"泛型类型的类型实参必须是引用类型，不能是值类型。例如，一个 IReadOnlyPair<string> 能协变转换为 IReadOnlyPair<object>，因为 string 和 object 都是引用类型。但一个 IReadOnlyPair<int> 不能转换为 IReadOnlyPair<object>，因为 int 不是引用类型。
- 接口或委托必须声明为支持协变，编译器必须验证协变所针对的类型参数确实只用在"输出"位置。

## 12.5.2　使用 in 类型参数修饰符允许逆变性

协变性在反方向上称为**逆变性** (contravariance)。同样地，假定 X 和 Y 类型存在特殊关系，每个 X 类型的值都能转换成 Y 类型。如果 I<X> 和 I<Y> 类型总是具有相反的特殊关系——

也就是说，I<Y> 类型的每个值都能转换成 I<X> 类型，那么就说"I<T> 对 T 逆变"。

大多数人都觉得相较于协变，逆变理解起来比较困难。事实上，编程中经常要用到的"比较器"(comparer) 就是逆变的典型例子。假定有一个派生类型 Apple( 苹果 ) 和一个基类型 Fruit( 水果 )。它们明显具有特殊关系，即 Apple 类型的每个值都能转换成 Fruit。

现在，假定有一个接口 ICompareThings<T>，它包含方法 bool FirstIsBetter(T t1, T t2) 来获取两个 T，返回一个 bool 指明第一个是否比第二个好。

在我们提供类型实参时会发生什么？ ICompareThings<Apple> 的方法获取两个 Apple 并比较它们。ICompareThings<Fruit> 的方法获取两个 Fruit 并比较它们。由于所有 Apple 都是 Fruit，所以凡是需要一个 ICompareThings<Apple> 的地方，都可以安全地使用 ICompareThings<Fruit> 类型的值。转换方向变反了，这正是"逆变"一词的由来。

毫不奇怪，为了安全地进行逆变，对协变接口的限制必须反着来。对某个类型参数逆变的接口只能在"输入"位置使用那个类型参数。这种位置主要就是形参，极少见的是只写属性的类型。如代码清单 12.44 所示，我们用 in 修饰符声明类型参数，从而将接口标记为逆变 ( 同样从 C# 4.0 开始支持 )。

**代码清单 12.44  使用 in 类型参数修饰符指定逆变性**

```csharp
class Fruit { }
class Apple : Fruit { }
class Orange : Fruit { }

interface ICompareThings<in T>
{
    bool FirstIsBetter(T t1, T t2);
}

public class Program
{
    private class FruitComparer : ICompareThings<Fruit>
    {
        // ...
    }
    static void Main()
    {
        ICompareThings<Fruit> fc = new FruitComparer();

        Apple apple1 = new();
        Apple apple2 = new();
        Orange orange = new();

        // 一个水果 comparer 可以比较苹果与桔子 :
        bool b1 = fc.FirstIsBetter(apple1, orange);
        // 或者苹果与苹果 :
        bool b2 = fc.FirstIsBetter(apple1, apple2);
        // 这是合法的，因为接口是逆变的
```

```
    ICompareThings<Apple> ac = fc;
    // 这实际是一个水果 comparer，所以仍然可以比较两个苹果
    bool b3 = ac.FirstIsBetter(apple1, apple2);
  }
}
```

注意，和协变性相似，逆变性要求在声明接口的类型参数时使用修饰符 in。它指示编译器核对 T 未在属性的取值方法 (getter) 中使用，也没有作为方法的返回类型使用。核对无误，就启用接口的逆变转换。

逆变转换存在与协变转变相似的限制：只有泛型接口和委托类型才能逆变，发生变化的类型实参只能是引用类型，而且编译器必须能验证接口的安全逆变。

接口允许一个类型参数协变，另一个逆变。但是，除了委托之外，其实很少需要这样做。例如，对于 Func<A1, A2, ..., R> 系列委托来说，它们是返回类型 R 协变，而所有实参类型逆变。

最后要注意，编译器要在整个源代码的范围内检查协变性和逆变性类型参数修饰符的有效性。以代码清单 12.45 的 PairInitializer<in T> 接口为例。

**代码清单 12.45　可变性的编译器验证**

```
// 错误：  无效可变性，类型参数 'T' 变型无效
interface IPairInitializer<in T>
{
    void Initialize(IPair<T> pair);
}
// 假定以上代码合法，那么看看会在什么地方出错：
public class FruitPairInitializer : IPairInitializer<Fruit>
{
    // 初始化由一个苹果和一个桔子构成的 pair
    public void Initialize(IPair<Fruit> pair)
    {
        pair.First = new Orange();
        pair.Second = new Apple();
    }
}

// ... 然后 ...
// ...
        var f = new FruitPairInitializer();
        // 如果逆变性合法，那么以下代码合法：
        IPairInitializer<Apple> a = f;
        // 现在，将一个桔子写入一对苹果中：
        a.Initialize(new Pair<Apple>());
        // ...
```

如果对协变性和逆变性理解得不是很透彻，那么可能以为由于 IPair<T> 只是一个输入参数，所以在 IPairInitializer 上将 T 限制为 in 是有效的。但是，IPair<T> 接口不能安全变化，所以不能用可以变化的类型实参构造它。由于不是类型安全的，所以编译器一开始就不允许将 IPairInitializer<T> 接口声明为逆变。

### 12.5.3　数组对不安全协变性的支持

之前一直将协变性和逆变性描述成泛型类型的特点。在所有非泛型类型中，数组最像泛型。如同平时思考泛型"list of T"或泛型"pair of T"一样，也可以用相同的模式思考"array of T"。由于数组同时支持读取和写入，基于刚学到的协变和逆变知识，你可能以为数组既不能安全逆变，也不能安全协变。换言之，只有在从不写入时才能安全协变，只有在从不读取时才能安全逆变——但是，这两个限制似乎都不现实。作为数组，怎么可能从不写入或读取呢？总之，只读的协变数组和只写的逆变数组都不符合数组的实际使用情况。

遗憾的是，C# 确实支持数组协变，即使这样做并不是类型安全的。例如，`Fruit[] fruits = new Apple[10]` 在 C# 中完全合法。但如果接着写 `fruits[0] = new Orange();`，"运行时"就会引发异常来报告违反了类型安全性。将 `Orange` 赋给 `Fruit` 数组并非总是合法（因为后者实际可能是一个 `Apple` 数组），这对开发人员造成了极大的困扰。但这个问题并非只是 C# 才有。事实上，使用了"运行时"所实现的数组的 CLR 支持的所有语言都存在相同的问题。

尽量避免使用不安全的数组协变。每个数组都能转换成只读（进而安全协变）的 `IEnumerable<T>` 接口。换言之，`IEnumerable<Fruit> fruits = new Apple[10]` 既类型安全又合法，因为在只有一个只读接口的前提下，是无法在数组中插入一个 `Orange` 的。

> **设计规范**
>
> AVOID unsafe array covariance. Instead, CONSIDER converting the array to the read-only interface `IEnumerable<T>`, which can be safely converted via covariant conversions.
>
> **避免**不安全的数组协变。相反，**考虑**将数组转换成只读接口 `IEnumerable<T>`，以便通过协变转换来安全地转换。

## 12.6　泛型的内部机制

在之前的章节中，我们描述了对象在 CLI 类型系统中的广泛应用。所以，假如告诉你泛型也是对象，相信你一点儿都不会觉得奇怪。事实上，泛型类的"类型参数"成了元数据，"运行时"在需要时会利用它们构造恰当的类。所以，泛型支持继承、多态性以及封装。可以使用泛型来定义方法、属性、字段、类、接口和委托等。

为此，泛型需要来自底层"运行时"的支持。将泛型引入 C# 语言，编译器和平台需共同发力。例如，为了避免装箱，对于基于值的类型参数，其泛型实现和引用类型参数的泛型实现是不同的。

**高级主题：泛型的 CIL 表示**

泛型类编译后与普通类并无太大差异。编译结果无非就是元数据和 CIL。CIL 是参数化的，接受在代码中别的地方由用户提供的类型。代码清单 12.46 声明了一个简单的 Stack 类。

**代码清单 12.46　Stack<T> 声明**

```
public class Stack<T> where T : IComparable
{
    private T[] _Items;
    // 类的其余部分在这里
    // ...
}
```

编译类这个类，生成的 CIL 会参数化，如代码清单 12.47 所示。

**代码清单 12.47　Stack<T> 的 CIL 代码**

```
.class private auto ansi beforefieldinit
Stack'1<([mscorlib]System.IComparable)T>
extends [mscorlib] System.Object
{
    // ...
}
```

首先要注意第二行 Stack 之后的 '1。这是元数 ( 参数数量 )，声明了泛型类要求的类型实参的数量。对于像 EntityDictionary<TKey, TValue> 这样的声明，元数是 2。

此外，在生成的 CIL 中，第二行显示了施加在类上的约束。可以看出 T 类型参数有一个 IComparable 约束。

继续研究 CIL 代码，会发现类型 T 的 items 数组声明进行了修改，使用"感叹号表示法"包含了一个类型参数，这是自 CIL 开始支持泛型后引入的新功能。感叹号指出为类指定的第一个类型参数的存在，如代码清单 12.48 所示。

**代码清单 12.48　CIL 用感叹号表示法来支持泛型**

```
.class public auto ansi beforefieldinit
'Stack'1'<([mscorlib]System.IComparable) T>
extends [mscorlib] System.Object
{
    .fie.ld private !0[ ] _Items...
    // ...
}
```

除了在类的头部 (header) 中包含元数和类型参数，并在代码中用感叹号指出存在类型参数之外，泛型类和非泛型类的 CIL 代码并无太大差异。

**高级主题：实例化基于值类型的泛型**

用值类型作为类型参数首次构造一个泛型类型时，"运行时"会将指定的类型参数放到 CIL 中合适的位置，从而创建一个特化的泛型类型。总之，"运行时"会针对每个新的"参数值类型"创建一个新的特化泛型类型。

例如，假定声明一个整数 Stack，如代码清单 12.49 所示。

**代码清单 12.49　Stack<int> 定义**

```
Stack<int> stack;
```

第一次使用 Stack<int> 类型时，"运行时"会生成 Stack 类的一个特化版本，用 int 替换它的类型参数。以后，每当代码使用 Stack<int> 的时候，"运行时"都重用已生成的特化 Stack<int> 类。代码清单 12.50 声明 Stack<int> 的两个实例，两个实例都使用已由"运行时"为 Stack<int> 生成的代码。

**代码清单 12.50　声明 Stack<T> 类型的变量**

```
Stack<int> stackOne = new();
Stack<int> stackTwo = new();
```

以后在代码中创建另一个 Stack，但用不同的值类型作为它的类型参数（比如 long 或自定义结构），"运行时"就会生成泛型类型的另一个版本。使用特化的值类型的类，好处在于能获得较好的性能。另外，代码能避免转换和装箱，因为每个特化的泛型类都原生包含值类型。

**高级主题：实例化基于引用类型的泛型**

对于引用类型，泛型的工作方式稍有不同。使用引用类型作为类型参数首次构造一个泛型类型时，"运行时"会在 CIL 代码中用 object 引用替换类型参数来创建一个特化的泛型类型（而不是基于所提供的类型实参来创建一个特化的泛型类型）。以后，每次用引用类型参数实例化一个构造好的类型，"运行时"都重用之前生成好的泛型类型的版本——即使提供的引用类型与第一次不同。

例如，假定现在有两个引用类型，一个 Customer 类和一个 Order 类，而且创建了 Customer 类型的一个 EntityDictionary，如下例所示：

```
EntityDictionary<Guid, Customer> customers;
```

访问这个类之前，"运行时"会生成 EntityDictionary 类的一个特化版本。它不是将 Customer 作为指定的数据类型来存储，而是存储 object 引用。假定以下代码创建 Order 类型的一个 EntityDictionary：

```
EntityDictionary<Guid, Order> orders =
    new EntityDictionary<Guid, Order>();
```

和值类型不同，不会为使用 Order 类型的 EntityDictionary 创建 EntityDictionary 类的一个新的特化版本。相反，会实例化基于 object 引用的 EntityDictionary 的一个实例，orders 变量将引用该实例。

为了确保类型安全性，会分配 Order 类型的一个内存区域，用于替换类型参数的每个 object 引用都指向该内存区域。

假定随后用一行代码来实例化 Customer 类型的 EntityDictionary：

```
customers = new EntityDictionary<Guid, Customer>();
```

和之前使用 Order 类型来创建 EntityDictionary 类一样，现在会实例化基于 object 引用的、已特化的 EntityDictionary 的另一个实例，其中包含的指针被设为引用一个 Customer 类型。由于编译器为引用类型的泛型类创建的特化类被减少到了一个，所以泛型极大减少了代码量。

引用类型的类型参数在发生变化时，"运行时"使用的是相同的内部泛型类型定义。但是，假如类型参数是值类型，就不是这个行为了。例如，Dictionary<int, Customer>、Dictionary<Guid, Order> 和 Dictionary<long, Order> 要求不同的内部类型定义。

**语言对比：Java 的泛型**

Java 语言完全是在编译器中实现泛型，而不是在 JVM(Java 虚拟机 ) 中实现。这样做是为了防止因为使用了泛型而需要分发新的 JVM。

Java 语言的实现使用了与 C++ 语言中的"模板"和 C# 中的"泛型"相似的语法，其中包括类型参数和约束。但是，由于它不区分对待值类型和引用类型，所以未修改的 JVM 不能为值类型支持泛型。因此，Java 语言中的泛型不具有 C# 语言那样的执行效率。Java 编译器需要返回数据的时候，都会插入来自指定约束的自动向下转型 ( 如果声明了这样的一个约束 )，或者插入基本 Object 类型 ( 如果没有声明约束 )。此外，Java 编译器在编译时生成一个特化类型，它随即用于实例化任何已构造类型。最后，由于 JVM 没有提供对泛型的原生支持，所以在执行时无法确定一个泛型类型实例的类型参数，"反射"的其他运用也受到了严重限制。

## 12.7 小结

在现代 C# 程序中，凡是平时用到 object 的地方 ( 特别是在任何集合类型的上下文中 )，都应考虑问题是否可以通过泛型来更好地解决。通过消除转型 ( 强制类型转换 ) 而增强安全性，通过消除装箱而避免性能惩罚，以及减少重复代码，泛型可以显著改进我们的代码。

第 15 章将讨论最常用的泛型命名空间 System.Collections.Generic。从名字就可以看出，该命名空间几乎完全由泛型类型构成。它清楚演示了如何修改最初使用 object 的那些类型来使用泛型。但是，在深入接触这些主题之前，先要探讨一下 Lambda 表达式。作为 C# 3.0 最引人注目的增强特性，它显著地改进了操作集合的方式。

# 第 **13** 章

## 委托和 Lambda 表达式

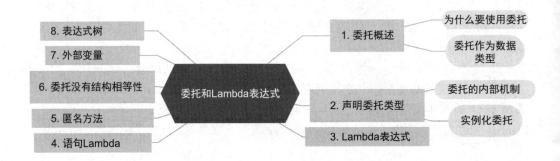

前几章全面讨论如何创建类来封装数据和操作。随着创建的类越来越多，会发现它们的关系存在一些通用的模式。一个通用模式是向方法传递对象，该方法再调用对象的一个方法。例如，向方法传递一个 `IComparer<int>` 引用，该方法本身可以在你提供的对象上调用 `Compare()` 方法。在这种情况下，接口的作用只不过是传递一个方法引用。第二个例子是在调用新进程时，不是阻塞或反复检查（轮询）进程是否完成。理想情况是让方法异步运行并调用一个**回调**函数，当异步调用结束时通过该函数来通知调用者。

似乎不需要每次传递一个方法引用时都定义新接口。本章首先讲述如何创建和使用称为委托的特殊类，它允许像处理其他任何数据那样处理对方法的引用。然后讲述如何使用Lambda 表达式快速和简单地创建自定义委托实例。

本章有一节 (13.5 节) 专门讲述如何使用遗留 C# 2.0 代码所需要的"匿名方法"。如果只需要和较新的代码打交道，那么可以安全地忽略这个主题。①

本章最后讨论表达式树，它允许在运行时使用编译器对 Lambda 表达式的分析。

---

① Lambda 表达式自 C# 3.0 引入。C# 2.0 及之前更早的版本使用匿名方法来创建自定义委托。

## 13.1　委托概述

经验丰富的 C 和 C++ 程序员长期以来利用“函数指针”将对方法的引用作为实参传给另一个方法。C# 使用**委托** (delegate) 提供相似的功能。委托允许捕捉对方法的引用，并像传递其他对象那样传递该引用，像调用其他方法那样调用被捕捉的方法。来看看下面的例子。

### 13.1.1　背景

虽然效率不行，但冒泡排序或许是最简单的排序算法了。代码清单 13.1 展示了 BubbleSort() 方法。

代码清单 13.1　BubbleSort() 方法

```
public static class SimpleSort1
{
    public static void BubbleSort(int[] items)
    {
        int i;
        int j;
        int temp;

        if(items is null)
        {
            return;
        }

        for(i = items.Length - 1; i >= 0; i--)
        {
            for(j = 1; j <= i; j++)
            {
                if(items[j - 1] > items[j])
                {
                    temp = items[j - 1];
                    items[j - 1] = items[j];
                    items[j] = temp;
                }
            }
        }
    }
    // ...
}
```

该方法对整数数组执行升序排序。

为了能选择升级或降序，有两个方案：一是复制以上代码，将大于操作符替换成小于操作符，但复制这么多代码只是为了改变一个操作符，似乎不是一个好主意；二是传递一个附加参数，指出如何排序，如代码清单 13.2 所示。

代码清单 13.2  BubbleSort() 方法，升序或降序

```
public class SimpleSort2
{
    public enum SortType
    {
        Ascending,
        Descending
    }

    public static void BubbleSort(int[] items, SortType sortOrder)
    {
        int i;
        int j;
        int temp;

        if(items is null)
        {
            return;
        }

        for(i = items.Length - 1; i >= 0; i--)
        {
            for(j = 1; j <= i; j++)
            {

                bool swap = false;
                switch(sortOrder)
                {
                    case SortType.Ascending:
                        swap = items[j - 1] > items[j];
                        break;

                    case SortType.Descending:
                        swap = items[j - 1] < items[j];
                        break;
                }

                if(swap)
                {
                    temp = items[j - 1];
                    items[j - 1] = items[j];
                    items[j] = temp;
                }
            }
        }
    }
    // ...
}
```

　　但是，以上代码只照顾到了两种可能的排序方式。如果想按字典顺序排序（即
1, 10, 11, 12, 2, 20, …），或者按其他方式排序，那么 SortType 值以及对应的 switch
case 的数量很快就会变得非常"恐怖"。

## 13.1.2　委托数据类型

为了增强灵活性并减少重复代码，可以将比较方法作为参数传给 BubbleSort()
方法。为了能将方法作为参数传递，要有一个能表示方法的数据类型。该数据类型就是
委托，因为它将调用"委托"给对象引用的方法。可以将方法名作为委托实例。从 C#
3.0 开始还可使用 Lambda 表达式作为委托来内联一小段代码，而不必非要为其创建方
法。从 C# 7.0 开始，则支持创建本地函数 ( 嵌套方法 ) 并将函数名用作委托。代码清单
13.3 修改 BubbleSort() 方法来获取一个 Lambda 表达式参数。本例的委托数据类型是
Func<int, int, bool>。

代码清单 13.3　带委托参数的 BubbleSort() 方法

```csharp
public class DelegateSample
{
    // ...

    public static void BubbleSort(
        int[] items, Func<int, int, bool> compare)
    {
        int i;
        int j;
        int temp;

        if(compare is null)
        {
            throw new ArgumentNullException(nameof(compare));
        }

        if(items is null)
        {
            return;
        }

        for(i = items.Length - 1; i >= 0; i--)
        {
            for(j = 1; j <= i; j++)
            {
                if (compare(items[j - 1], items[j]))
                {
                    temp = items[j - 1];
                    items[j - 1] = items[j];
                    items[j] = temp;
                }
            }
        }
    }
    // ...
}
```

Func<int, int, bool> 类型的委托代表对两个整数进行比较的方法。在
BubbleSort() 方法中，可用由 compare 参数引用的 Func<int, int, bool> 实例来

判断哪个整数更大。由于 compare 代表方法，所以调用它的语法与调用其他任何方法无异。在本例中，Func<int, int, bool> 委托获取两个整数参数，返回一个 bool 值来指出第一个整数是否大于第二个。

```
if (compare(items[j - 1], items[j])) { ... }
```

注意，Func<int, int, bool> 委托是强类型的，代表返回 bool 值并正好接受两个整数参数的方法。和其他任何方法调用一样，对委托的调用也是强类型的。如果实参数据类型不兼容，C# 编译器会报错。

## 13.2  声明委托类型

前面描述了如何定义一个方法来使用委托，展示了如何将委托变量当作方法来发出对委托的调用。但是，还必须学习如何声明委托类型。声明委托类型要使用 delegate 关键字，后跟像是方法声明的东西。该方法的签名就是委托能引用的方法的签名。正常方法声明中的方法名要替换成委托类型的名称。例如，代码清单 13.3 的 Func<...> 是下面这样声明的：

```
public delegate TResult Func<in T1, in T2, out TResult>(in T1 arg1, in T2 arg2)
```

in/out 类型修饰符是从 C# 4.0 引入的，本章稍后会讨论。

### 13.2.1  常规用途的委托类型：System.Func 和 System.Action

幸好，从 C# 3.0 开始很少需要（甚至根本不需要）自己声明委托。为了减少定义自己的委托类型的必要，.NET 3.5 "运行时" 库（对应 C# 3.0）包含一组常规用途的委托，其中大多为泛型。System.Func 系列委托代表有返回值的方法，而 System.Action 系列代表返回 void 的方法。代码清单 13.4 展示了这些委托的签名。

**代码清单 13.4　Func 和 Action 委托声明**

```
public delegate void Action();
public delegate void Action<in T>(T arg);
public delegate void Action<in T1, in T2>(
    T1 arg1, T2 arg2);
public delegate void Action<in T1, in T2, in T3>(
    T1 arg1, T2 arg2, T3 arg3);
public delegate void Action<in T1, in T2, in T3, in T4>(
    T1 arg1, T2 arg2, T3 arg3, T4 arg4);

    ...

public delegate void Action<
    in T1, in T2, in T3, in T4, in T5, in T6, in T7, in T8,
    in T9, in T10, in T11, in T12, in T13, in T14, in T15, in T16>(
        T1 arg1, T2 arg2, T3 arg3, T4 arg4,
```

```
    T5 arg5, T6 arg6, T7 arg7, T8 arg8,
    T9 arg9, T10 arg10, T11 arg11, T12 arg12,
    T13 arg13, T14 arg14, T15 arg15, T16 arg16);
public delegate TResult Func<out TResult>();
public delegate TResult Func<in T, out TResult>(T arg);
public delegate TResult Func<in T1, in T2, out TResult>(
    T1 arg1, T2 arg2);
public delegate TResult Func<in T1, in T2, in T3, out TResult>(
    T1 arg1, T2 arg2, T3 arg3);
public delegate TResult Func<in T1, in T2, in T3, in T4,
    out TResult>(T1 arg1, T2 arg2, T3 arg3, T4 arg4);

...

public delegate TResult Func<
    in T1, in T2, in T3, in T4, in T5, in T6, in T7, in T8,
    in T9, in T10, in T11, in T12, in T13, in T14, in T15, in T16,
    out TResult>(
        T1 arg1, T2 arg2, T3 arg3, T4 arg4,
        T5 arg5, T6 arg6, T7 arg7, T8 arg8,
        T9 arg9, T10 arg10, T11 arg11, T12 arg12,
        T13 arg13, T14 arg14, T15 arg15, T16 arg16);

public delegate bool Predicate<in T>( T obj)
```

由于是泛型委托定义，所以可用它们代替自定义委托 ( 稍后详述 )。

代码清单 13.4 的第一组委托类型是 Action<...>，代表无返回值并支持最多 16 个参数的方法。如果需要返回结果，那么应该使用第二组 Func<...> 委托。Func<...> 的最后一个类型参数是 TResult，即返回值的类型。Func<...> 的其他类型参数按顺序对应委托参数的类型。例如，代码清单 13.3 的 BubbleSort 方法要求返回 bool 并获取两个 int 参数的一个委托。

代码清单 13.4 中最后一个委托是 Predicate<in T>。若用一个 Lambda 返回 bool，则该 Lambda 称为谓词 (predicate)。通常用谓词筛选或识别集合中的数据项。换言之，向谓词传递一个数据项，它返回 true 或 false 指出该项是否符合条件。而在我们的 BubbleSort() 例子中，是接收两个参数来比较它们，所以要用 Func<int, int, bool> 而不是谓词。

---

**设计规范**

CONSIDER whether the readability benefit of defining your own delegate type outweighs the convenience of using a predefined generic delegate type.

考虑定义自己的委托类型对于可读性的提升是否比使用预定义泛型委托类型所带来的便利性更重要。

**高级主题：声明委托类型**

如前所述，借助从 Microsoft .NET Framework 3.5 开始提供的 Func 和 Action 委托，许多时候都无需定义自己的委托类型。但是，如果能显著提高代码可读性，还是应该考虑声明自己的委托类型。例如，名为 Comparer( 比较器 ) 的委托使人对其用途一目了然，而 Func<int, int, bool> 这种呆板的名字只能看出委托的参数和返回类型。代码清单 13.5 展示了如何声明获取两个 int 并返回一个 bool 的 Comparer 委托类型。

**代码清单 13.5　声明委托类型**

```
public delegate bool Comparer(
    int first, int second);
```

基于新的委托数据类型，可用 Comparer 替换 Func<int, int, bool> 来更新代码清单 13.3 的方法签名：

```
public static void BubbleSort(int[] items, Comparer compare)
```

就像类能嵌套在其他类中一样，委托也能嵌套在类中。如果委托声明出现在另一个类的内部，委托类型就成为嵌套类型，如代码清单 13.6 所示。

**代码清单 13.6　声明嵌套委托类型**

```
public class DelegateSample
{
    public delegate bool ComparisonHandler(
        int first, int second);
}
```

本例声明委托数据类型 DelegateSample.ComparisonHandler，因其被定义成 DelegateSample 中的嵌套类型。如果只打算在包容类中使用，就应该考虑嵌套。

## 13.2.2 实例化委托

在使用委托来实现 BubbleSort() 方法的最后一步中，我们将学习如何调用方法并传递委托实例 ( 即 Func<int, int, bool> 类型的一个实例 )。实例化委托需要和委托类型自身签名对应的一个方法。方法名无关紧要，但签名剩余部分必须兼容委托签名。代码清单 13.7 展示了与委托类型兼容的 GreaterThan() 方法。

**代码清单 13.7　声明与 Func<int, int, bool> 兼容的方法**

```
public class DelegateSample
{
    public static void BubbleSort(
        int[] items, Func<int, int, bool> compare)
    // ...
    public static bool GreaterThan(int first, int second)
    {
        return first > second;
    }

    // ...
}
```

定义好方法后，就可以调用 BubbleSort()，并传递要由委托捕捉的方法的名称作为实参，如代码清单 13.8 所示。

代码清单 13.8　方法名作为实参

```
public class DelegateSample
{
    public static void BubbleSort(
        int[] items, Func<int, int, bool> compare)
// ...

public static bool GreaterThan(int first, int second)
    {
        return first > second;
    }

    public static void Main()
    {
        int[] items = new int[5];
        for (int i = 0; i < items.Length; i++)
        {
            Console.Write(" 请输入一个整数 : ");
            string? text = Console.ReadLine();
            if (!int.TryParse(text, out items[i]))
            {
                Console.WriteLine($"'{text}' 不是一个有效的整数。");
                return;
            }
        }

        BubbleSort(items, GreaterThan);

        for (int i = 0; i < items.Length; i++)
        {
            Console.WriteLine(items[i]);
        }
    }
}
```

注意，委托是引用类型，但不需要用 new 实例化。从 C# 2.0 开始，从方法组 ( 为方法命名的表达式 )[①] 向委托类型的转换会自动创建一个新的委托对象。

**高级主题：C# 1.0 中的委托实例化**

在代码清单 13.8 中，调用 BubbleSort() 时，传递方法名 (GreaterThan) 即可实例化委托。C# 语言的第一个版本要求如代码清单 13.9 所示的较复杂的语法来实例化委托。

---

① 译注：方法组命名了 "一组方法"。例如，从理论上说，ToString 方法可以有多个重载 ( 还可以有扩展方法 )。所以 ToString 这个名称其实就是一个 "方法组"。方法组通常用于委托、事件处理和 Lambda 表达式等情况，用来引用方法而不执行它们。当你将方法组分配给委托时，它表示委托可以调用其中的任何一个方法。方法组是 C# 中的一个重要概念，允许以一种灵活的方式处理方法的引用和调用。

代码清单 13.9    C# 1.0 将委托作为参数传递

```
BubbleSort(items,
    new Comparer(GreaterThan));
```

本例使用 Comparer 而非 Func<int, int, bool>，因为后者在 C# 1.0 中不可用。之后的版本同时支持两种语法，但本书只使用更现代、更简洁的语法。

 高级主题：委托的内部机制

委托实际是特殊的类。虽然 C# 标准没有明确说明类的层次结构，但委托必须直接或间接派生自 System.Delegate。事实上，在 .NET 中，委托类型总是派生自 System.MulticastDelegate，后者又从 System.Delegate 派生，如图 13.1 所示。

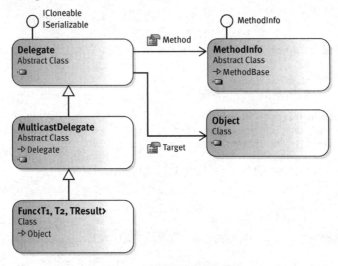

图 13.1  委托类型的对象模型

第一个属性是 System.Reflection.MethodInfo 类型。MethodInfo 描述方法签名，包括名称、参数和返回类型。除了 MethodInfo，委托还需要一个对象实例来包含要调用的方法。这正是第二个属性 Target 的作用。在静态方法的情况下，Target 对应于类型自身。MulticastDelegate 类的作用将在下一章详细描述。

注意，所有委托都不可变 (immutable)。换言之，委托创建好后无法更改。如果变量包含委托引用，并想引用不同的方法，那么只能创建新委托，再把它赋给变量。

虽然所有委托数据类型都间接从 System.Delegate 派生，但 C# 编译器不允许声明直接 / 间接从 System.Delegate 或者 System.MulticastDelegate 派生的类。代码清单 13.10 的代码无效。

代码清单 13.10    System.Delegate 不能是显式的基类

```
// 错误：Func<T1, T2, TResult> 无法从特殊类 'System.Delegate' 派生
public class Func<T1, T2, TResult>: System.Delegate
{
    // ...
}
```

通过传递委托来指定排序方式，这显然比本章开头展示的方式灵活得多。例如，要改为按字母排序，只需要添加一个委托，比较时将整数转换为字符串。代码清单 13.11 是按字母排序的完整代码，输出 13.1 展示了结果。

代码清单 13.11　使用其他与 Func<int, int, bool> 兼容的方法

```csharp
using System;

public class DelegateSample
{
    public static void BubbleSort(
        int[] items, Func<int, int, bool> compare)
    {
        int i;
        int j;
        int temp;

        for(i = items.Length - 1; i >= 0; i--)
        {
            for(j = 1; j <= i; j++)
            {
                if(compare(items[j - 1], items[j]))
                {
                    temp = items[j - 1];
                    items[j - 1] = items[j];
                    items[j] = temp;
                }
            }
        }
    }

    public static bool GreaterThan(int first, int second)
    {
        return first > second;
    }

    public static bool AlphabeticalGreaterThan(
        int first, int second)
    {
        int comparison;
        comparison = (first.ToString().CompareTo(
            second.ToString()));

        return comparison > 0;
    }

    public static void Main()
    {
        int[] items = new int[5];

        for(int i = 0; i < items.Length; i++)
        {
```

```
        Console.Write(" 请输入一个整数 : ");
        string? text = Console.ReadLine();
        if (!int.TryParse(text, out items[i]))
        {
            Console.WriteLine($"'{text}' 不是一个有效的整数。");
            return;
        }
    }

    BubbleSort(items, AlphabeticalGreaterThan);

    for (int i = 0; i < items.Length; i++)
    {
        Console.WriteLine(items[i]);
    }
}
}
```

输出 13.1

```
请输入一个整数 : 1
请输入一个整数 : 12
请输入一个整数 : 13
请输入一个整数 : 5
请输入一个整数 : 4

1
12
13
4
5
```

　　按字母排序与按数值排序的结果不同。和本章开头描述的方式相比，现在添加一个附加的排序机制实在是太简单！要按字母排序，唯一要修改的就是添加 AlphabeticalGreaterThan 方法，在调用 BubbleSort() 的时候传递该方法。

## 13.3 Lambda 表达式

　　代码清单 13.7 和代码清单 13.11 展示了如何将表达式 GreaterThan 和 AlphabeticalGreaterThan 转换成与这些具名方法的参数类型和返回类型兼容的委托类型。大家可能已注意到，GreaterThan 方法的声明(public static bool GreaterThan(int first, int second))比主体(return first > second;)冗长多了。这么简单的方法居然需要如此复杂的准备，这实在说不过去，而这些"前戏"的目的只是为了能转换成委托类型。

　　为了解决问题，C# 2.0 引入了非常精简的语法创建委托，C# 3.0 则引入了更精简的。C# 2.0 的称为匿名方法，C# 3.0 的则称为 Lambda 表达式。这两种语法统称为**匿名函数**。两种都合法，但新代码应优先使用 Lambda 表达式。除非要专门讲述 C# 2.0 匿名方法，否则本书都使用 Lambda 表达式。①

Lambda 表达式本身又分为两种：**语句 Lambda 和表达式 Lambda**。图 13.2 展示了这些术语的层次关系。

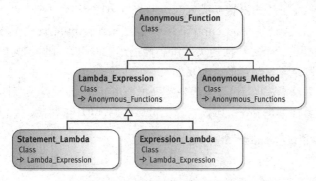

图 13.2　与匿名函数有关的术语

## 语句 Lambda

Lambda 表达式的目的是在需要基于很简单的方法生成委托时，避免声明全新成员的麻烦。Lambda 表达式有几种不同的形式。例如，语句 Lambda 由形参列表、Lambda 操作符 => 和代码块构成。

代码清单 13.12 展示了和代码清单 13.8 的 BubbleSort 调用等价的代码，只是用语句 Lambda 代表比较方法，而不是创建完整的 GreaterThan 方法。可见，语句 Lambda 包含 GreaterThan 方法声明中的大多数信息：形参和代码块都在，但方法名和修饰符没有了。

**代码清单 13.12　用语句 Lambda 创建委托**

```
//...

BubbleSort(items,
    (int first, int second) =>
    {
        return first < second;
    }
);
```

阅读含有 Lambda 操作符的代码时，可以自己在脑海中将该操作符替换成"用于"(go/goes to)。例如在代码清单 13.12 中，可以将 BubbleSort() 的第二个参数理解成"将整数 first 和 second 用于返回 (first 小于 second) 的结果"。

---

① 译注：作者在这里有意区分了匿名函数和匿名方法。一般情况下，两者可以互换着使用。如果非要区分，那么编译器生成的全都是"匿名函数"，这才是最开始的叫法。从 C# 2.0 开始引入了"匿名方法"，它的作用就是简化生成匿名函数而需要写的代码。在新的 C# 版本中 (3.0 和以后 )，更是建议用 Lambda 表达式来进一步简化语法，不再建议使用 C# 2.0 引入的"匿名方法"。但归根结底，所有这些语法糖都是为了更简单地生成匿名函数。

如你所见，代码清单 13.12 的语法和代码清单 13.8 几乎完全一样，只是比较方法现在合理地出现在转换成委托类型的地方，而不是随便出现在别的地方并只能按名称来查找。方法名不见了，这正是此类方法称为"匿名函数"的原因。返回类型不见了，但编译器知道 Lambda 表达式要转换成返回类型为 bool 的一个委托。编译器会检查语句 Lambda 的代码块，验证每个 return 语句都返回 bool。public 修饰符不见了，因为方法不再是包容类的一个可访问成员，没必要描述它的可访问性。类似地，static 修饰符也不见了。围绕方法进行的"前戏"大大减少了。

但语法还能更精简。前面已经从委托类型推断出 Lambda 表达式返回 bool。类似地，还能推断出两个参数都是 int，所以它们也可以省略，如代码清单 13.13 所示。

**代码清单 13.13　在语句 Lambda 中省略参数类型**

```
0//...
DelegateSample.BubbleSort(items,
    (first, second) =>
    {
        return first < second;
    }
);
//...
```

通常，只要编译器能从 Lambda 表达式所转换成的委托推断出类型，所有 Lambda 表达式都不需要显式声明参数类型。不过，若指定类型能使代码更易读，C# 语言也允许这样做。在不能推断的情况下，C# 语言要求显式指定 Lambda 参数类型。如果显式指定一个 Lambda 参数类型，那么所有参数类型都必须显式指定，而且必须和委托参数类型完全一致。

> **设计规范**
>
> CONSIDER omitting the types from lambda formal parameter lists when the types are obvious to the reader, or when they are an insignificant detail.
>
> 如果类型对于读者显而易见，或者是无关紧要的细节，就考虑在 Lambda 形参列表中省略类型。

语法或许还能进一步精简，如代码清单 13.14 所示。假如只有单个参数，且类型可以推断，那么 Lambda 表达式可以拿掉围绕参数列表的圆括号。但是，假如无参，参数不止一个，或者包含显式指定了类型的单个参数，那么 Lambda 表达式要求必须将参数列表放到圆括号中。

**代码清单 13.14　单个输入参数的语句 Lambda**

```
using System.Collections.Generic;
using System.Diagnostics;
using System.Linq;
```

```
// ...
IEnumerable<Process> processes = Process.GetProcesses().Where(
    process => { return process.WorkingSet64 > 1000000000; });
// ...
#endregion INCLUDE
```

在代码清单 13.14 中，`Where()` 返回对物理内存占用超过 1GB 的进程的一个查询。

从 C# 9.0 开始，可以为所有匿名函数的一个或多个参数使用弃元（即 `_`），前提是它们在当前实现中不需要。注意，如果仅一个参数，那么下划线会导致一个变量声明，这是为了保持向后兼容。

代码清单 13.15 包含的则是一个无参语句 Lambda。注意，空参数列表要求圆括号。还要注意，代码清单 13.15 的语句 Lambda 主体包含多个语句（放在一个用 { 和 } 界定的代码块中）。虽然语句 Lambda 允许包含任意数量的语句，但一般都限制在两三个语句之内。

**代码清单 13.15　无参的语句 Lambda**

```
//...
Func<string> getUserInput =
    () =>
    {
        string? input;
        do
        {
            input = Console.ReadLine();
        }
        while(!string.IsNullOrWhiteSpace(input));
        return input!;
    };
//...
```

## 13.4　表达式 Lambda

语句 Lambda 的语法比完整的方法声明简单得多，可以不指定方法名、可访问性和返回类型，有时甚至可以不指定参数类型。表达式 Lambda 则更进一步。在代码清单 13.12 ～代码清单 13.15 中，所有语句 Lambda 的代码块都只有一个 `return` 语句。其实在这种 Lambda 块中，唯一需要的就是要返回的表达式。这正是表达式 Lambda 的作用，它只包含要返回的表达式，完全没有语句块。代码清单 13.16 等价于代码清单 13.12，只是使用了表达式 Lambda 而不是语句 Lambda。

**代码清单 13.16　使用表达式 Lambda 传递委托**

```
//...
DelegateSample.BubbleSort
    (items, (first, second) => first < second);
//...
```

通常，可以像阅读语句 Lambda 那样将表达式 Lambda 中的 => 理解成"用于"。但在委托作为"谓词"使用时（返回布尔值），将 => 理解成"满足……条件"(such that 或 where) 会更清楚一些。所以，代码清单 13.16 的 Lambda 可以这样读："first 和 second 满足 first 小于 second 的条件。"

类似于 null 字面值，匿名函数不和任何类型关联。其类型由转换成的类型决定。也就是说，目前为止的所有 Lambda 表达式并非天生就是 Func<int, int, bool> 或 Comparer 类型。它们只是与那个类型兼容，能转换成它。所以，不能对匿名方法使用 typeof() 操作符。另外，只有在将匿名方法转换成具体类型后才能调用 GetType()。

表 13.1 总结了关于 Lambda 表达式的其他注意事项。[①]

表 13.1　Lambda 表达式的注意事项和例子

| 注意事项 | 例子 |
|---|---|
| 从 C# 9.0 开始，Lambda 表达式支持弃元参数。为了保持向后兼容，如果仅一个参数，那么弃元会导致一个变量声明。 | `Action<int, int> x = (_, _) =>`<br>`Console.WriteLine(" 这是一个测试。");` |
| 从 C# 10.0 开始，Lambda 表达式具有一个确定性的类型，所以它们可以和匿名类型声明一起使用 | `// 从 C# 10 开始，可以将 Lambda 表达式`<br>`// 赋给一个隐式类型的局部变量。`<br>`var v = (int x) => x;` |
| 从 C# 10.0 开始，lambda 表达式可以具有返回类型，甚至可以是 void 类型。这在无法推断委托类型的情况下特别有用，例如在可能返回 null 时 | `Action action = void () => { };`<br>`var func = short? (long number) =>`<br>`  number <= short.MaxValue ?`<br>`  (short)number : null;` |
| 不存在能直接从 Lambda 表达式中访问的成员，就连 object 定义的那些方法也不存在 | `// 错误：操作符 '.' 无法应用于`<br>`// 'lambda 表达式 ' 类型的操作数`<br>`string s = ((int x) => x).ToString();` |
| 由于 Lambda 表达式没有类型，所以不能出现在 is 操作符的左侧 | `// 错误：'is' 或 'as' 操作符的第一个操作数`<br>`// 不能是 Lambda 表达式、匿名方法或方法组`<br>`bool b = ((int x) => x)`<br>`    is Func<int, int>;` |
| Lambda 表达式只能转换成兼容委托类型。在例子中，返回 int 的 Lambda 不能转换成代表"返回 bool 的方法"的委托类型 | `// 错误：Lambda 表达式不兼容于`<br>`// Func<int, bool> 类型`<br>`Func<int, bool> f = (int x) => x;` |

---

① 译注：此表格中的代码已随同本书配套代码提供，详情请访问 *https://bookzhou.com*，后同。

续表

| 注意事项 | 例子 |
|---|---|
| C# 语言不允许在 Lambda 表达式内部使用跳转语句 (break 语句、goto 语句和 continue 语句 ) 跳转到 Lambda 表达式外部；反之亦然。在例子中，Lambda 中的 break 语句试图跳转到 Lambda 外部的 switch 语句末尾 | `// 错误：控制不能离开匿名方法体`<br>`// 或 Lambda 表达式体`<br>`// Func<int, bool> 类型`<br>`string[] args;`<br>`Func<string> f;`<br>`switch (args[0])`<br>`{`<br>`    case "/File":`<br>`        f = () =>`<br>`        {`<br>`            if (!File.Exists(args[1]))`<br>`                break;`<br>`            return args[1];`<br>`        };`<br>`        // ...`<br>`}` |
| 对于由 Lambda 表达式引入的参数和局部变量，其作用域仅限于 Lambda 主体 | `// 错误：当前上下文中不存在`<br>`// 名称 'first'`<br>`Func<int, int, bool> expression =`<br>`    (first, second) => first > second;`<br>`first++;` |
| 编译器的确定性赋值分析机制在 Lambda 表达式内部检测不到对 "外部" 局部变量进行初始化的情况 | `int number;`<br>`Func<string, bool> f =`<br>`text => int.TryParse(text, out number);`<br>`if (f("1"))`<br>`{`<br>`    // 错误：使用了未赋值的局部变量`<br>`    System.Console.Write(number);`<br>`}` |

## 13.5 匿名方法

　　C# 2.0 不支持 Lambda 表达式，而是使用称为**匿名方法**的语法。匿名方法像语句 Lambda，但缺少使 Lambda 变得简洁的许多功能。匿名方法必须显式指定每个参数的类型，而且必须有代码块。参数列表和代码块之间不使用 Lambda 操作符 =>。相反，是在参数列表前添加关键字 delegate，强调匿名方法必须转换成委托类型。代码清单 13.17 展示了如何重写代码清单 13.7、代码清单 13.12 和代码清单 13.15 来使用匿名方法。

代码清单 13.17　在 C# 2.0 中传递匿名方法

```
//...
DelegateSample.BubbleSort(items,
    delegate(int first, int second)
    {
        return first < second;
    }
);
//...
```

但是，有一点是匿名方法支持但 Lambda 表达式不支持的：匿名方法在某些情况下能完全省略参数列表（就连空白的一对圆括号都不需要）。

> **设计规范**
>
> AVOID the anonymous method syntax in new code; prefer the more compact lambda expression syntax.
>
> 避免在新写的代码中使用匿名方法语法，优先使用更简洁的 Lambda 表达式语法。

**高级主题：无参匿名方法**

和 Lambda 表达式不同，匿名方法允许完全省略参数列表，前提是匿名方法主体不使用任何参数，而且委托类型只要求"值"参数。也就是说，不要求将参数标为 out 或 ref。例如，对于以下匿名方法表达式：

```
delegate { return Console.ReadLine() != ""; }
```

它可以转换成任意要求返回 bool 的委托类型，不管委托需要多少个参数。这个功能较少使用，但阅读遗留代码时可能用得着。

**高级主题：Lambda 的源起**

"匿名方法"挺好理解。看起来和普通的方法声明相似，只是没有方法名。但是，Lambda 是怎么来的？

Lambda 表达式的概念来自阿隆佐·邱奇，他于上个世纪 30 年代发明了用于函数研究的 λ 演算 (lambda calculus) 系统。用邱奇的记号法，如果函数要获取参数 x，最终的表达式是 y，就将希腊字母 λ 作为前缀，再用点号分隔参数和表达式。所以，C# 语言的 Lambda 表达式 x=>y 用邱奇的记号法应写成 λx.y。

由于在 C# 代码中不便输入希腊字母，而且点号在 C# 中有太多其他含义，所以 C# 语言委托选择"胖箭头" (fat arrow) 符号 =>。Lambda 表达式提醒人们匿名函数的理论基础是 λ 演算，即使根本没有使用希腊字母 λ（因为 λ 的发音就和 Lambda 一样）。

## 13.6 委托没有结构相等性

.NET 委托类型不具备**结构相等性** (structural equality)。也就是说，不能将一个委托类型的对象引用转换成一个不相关的委托类型，即使两者的形参和返回类型完全一致。

例如，不能将一个 Comparer 引用赋给一个 Func<int, int, bool> 类型的变量，即使两者都代表获取两个 int 并返回一个 bool 的方法。非常遗憾，如果需要结构一致但不相关的新委托类型，为了使用该类型的委托，唯一的办法就是创建新委托并让它引用旧委托的 Invoke 方法。例如，假定有 Comparer 类型的变量 c，需要把它的值赋给 Func<int, int, bool> 类型的变量 f，那么可以这样写：f = c.Invoke;。

但是，通过 C# 4.0 添加的对可变性（协变和逆变）的支持，现在可在某些委托类型之间进行引用转换。我们来考虑逆变的一个例子：由于 void Action<in T>(T arg) 有 in 类型参数修饰符，所以可以将 Action<object> 委托引用赋给 Action<string> 类型的一个变量。

许多人都觉得委托的逆变不好理解。只需记住，适合任何对象的行动必定适合任何字符串。反之则不然，适合字符串的行动不一定适合每个对象。类似地，Func 系列委托类型对它的返回类型协变，这通过 TResult 的 out 类型参数修饰符来指示。所以，Func<string> 委托引用可以赋给 Func<object> 类型的变量。代码清单 13.18 展示了委托的协变和逆变

**代码清单 13.18　委托的可变性**

```
// 逆变
Action<object> broadAction =
    (object data) =>
    {
        Console.WriteLine(data);
    };

Action<string> narrowAction = broadAction;

// 协变
Func<string?> narrowFunction =
    () => Console.ReadLine();
Func<object?> broadFunction = narrowFunction;

// 同时使用逆变和协变
Func<object, string?> func1 =
    (object data) => data.ToString();

Func<string, object?> func2 = func1;
```

代码清单最后一部分在一个例子中合并了两种可变性的概念，演示假如同时涉及类型参数 in 和 out，那么协变性和逆变性是如何同时发生的。

实现泛型委托类型的引用转换，是 C# 4.0 添加协变和逆变转换的关键原因之一。另一个原因是为 IEnumerable<out T> 提供协变支持。

**高级主题：Lambda 表达式和匿名方法的内部机制**

CLR 不知道何谓 Lambda 表达式（和匿名方法）。相反，编译器遇到匿名方法时，会把它转换成特殊的隐藏类、字段和方法，从而实现你希望的语义。也就是说，C# 编译器为这个模式生成实现代码，避免开发人员自己去实现。例如，给定代码清单 13.12、13.13、13.16 或 13.17，C# 编译器生成的代码如代码清单 13.19 所示。

**代码清单 13.19　与 Lambda 表达式的 CIL 代码等价的 C# 代码**

```
public class DelegateSample
{
    // ...

    public static void Main()
    {
        int[] items = new int[5];

        for(int i = 0; i < items.Length; i++)
        {
            Console.Write("请输入一个整数：");
            string? text = Console.ReadLine();
            if (!int.TryParse(text, out items[i]))
            {
                Console.WriteLine($"'{text}' 不是一个有效的整数。");
                return;
            }
        }

        BubbleSort(items,
            __AnonymousMethod_00000000);

        for (int i = 0; i < items.Length; i++)
        {
            Console.WriteLine(items[i]);
        }

    }
    private static bool __AnonymousMethod_00000000(
        int first, int second)
    {
        return first < second;
    }
}
```

在本例中，匿名方法被转换成单独的、由编译器内部声明的静态方法。该静态方法再实例化成一个委托并作为参数传递。毫不奇怪，编译器生成的代码有点像代码清单 13.8 的原始代码，也就是后来用匿名函数进行简化的代码。但在涉及 "外部变量" 时，编译器执行的代码转换要复杂得多，不是只将匿名函数重写成静态方法那样简单。

## 13.7 外部变量

在 Lambda 表达式外部声明的局部变量（包括包容方法的参数）称为那个 Lambda 的**外部变量**（outer variable）。注意，**this** 引用虽然技术上说不是变量，但也被视为外部变量。如果 Lambda 表达式主体使用了一个外部变量，就说该变量被该 Lambda 表达式**捕捉**或**闭合**。代码清单 13.20 利用外部变量统计 BubbleSort() 执行了多少次比较。输出 13.2 展示了结果。

代码清单 13.20　在 Lambda 表达式中使用外部变量

```
public class Program
{
    public static void Main()
    {
        int[] items = new int[5];
        int comparisonCount = 0;

        for (int i = 0; i < items.Length; i++)
        {
            Console.Write(" 请输入一个整数 : ");
            string? text = Console.ReadLine();
            if (!int.TryParse(text, out items[i]))
            {
                Console.WriteLine($"'{text}' 不是一个有效的整数。");
                return;
            }
        }

        DelegateSample.BubbleSort(items,
            (int first, int second) =>
            {
                comparisonCount++;
                return first < second;
            }
        );

        for (int i = 0; i < items.Length; i++)
        {
            Console.WriteLine(items[i]);
        }

        Console.WriteLine("items 被比较了 {0} 次。",
            comparisonCount);
    }
}
```

输出 13.2

```
请输入一个整数 : 5
请输入一个整数 : 1
请输入一个整数 : 4
请输入一个整数 : 2
请输入一个整数 : 3
5
4
3
2
1
items 被比较了 10 次。
```

comparisonCount 在 Lambda 表达式外部声明，其内部递增。完成对排好序的 items 数组的输出后，在控制台上输出 comparisonCount 的值。

局部变量的生存期一般和它的作用域绑定；一旦控制离开作用域，变量的存储位置就不再有效。但是，如果从 Lambda 表达式创建的委托捕捉了外部变量，该委托就可能具有比局部变量一般情况下更长（或更短）的生存期。委托每次被调用时，都必须能安全地访问外部变量。在这种情况下，被捕捉的变量的生存期被延长了。这个生存期至少和存活时间最长的委托对象一样长。或许更长；编译器如何生成代码来延长外部变量的生存期是一种实现细节，可能会发生变化。

总之，是由 C# 编译器负责生成 CIL 代码，在匿名函数和声明它的方法之间共享 comparisonCount。

### 静态匿名函数

为了避免匿名函数因为捕捉外部数据可能带来的任何意外后果，C# 9.0 允许在声明中使用 static 修饰符。这会导致编译器验证匿名函数没有从外部捕捉一个数据闭包。这与函数本身是实例方法还是静态方法无关。要观察这种行为，请参见代码清单 13.21。

**代码清单 13.21　声明静态匿名函数**

```
int comparisonCount = 0;

DelegateSample.BubbleSort(items,
    static (int first, int second) =>
    {
        // 错误 CS8820：静态匿名函数不能包含对 comparisonCount 的引用。
        comparisonCount++;
        return first < second;
    }
);

for (int i = 0; i < items.Length; i++)
{
    Console.WriteLine(items[i]);
}

Console.WriteLine("items 被比较了 {0} 次。",
    comparisonCount);
```

一般应默认使用静态局部函数声明，只有在需要捕获外部数据的时候，才切换到较不受限制的版本，从而明确自己想要使用"闭包"的意图（稍后会详细描述闭包）。

**高级主题：外部变量的 CIL 实现**

C# 编译器为捕捉外部变量的匿名函数而生成的 CIL 代码更为复杂（相比为什么都不捕捉的简单匿名方法生成的 CIL 代码）。编译器会为代码清单 13.20 的外部变量生成相应的 CIL 代码，等价的 C# 代码如代码清单 13.22 所示。

代码清单 13.22　与外部变量 CIL 代码对应的 C# 代码

```csharp
public class Program
{
    // ...

    private sealed class __LocalsDisplayClass_00000001
    {
        public int comparisonCount;
        public bool __AnonymousMethod_00000000(
            int first, int second)
        {
            comparisonCount++;
            return first < second;
        }
    }

    public static void Main()
    {
        __LocalsDisplayClass_00000001 locals = new();
        locals.comparisonCount = 0;
        int[] items = new int[5];

        for (int i = 0; i < items.Length; i++)
        {
            Console.Write(" 请输入一个整数：");
            string? text = Console.ReadLine();
            if (!int.TryParse(text, out items[i]))
            {
                Console.WriteLine($"'{text}' 不是一个有效的整数。");
                return;
            }
        }

        DelegateSample.BubbleSort
            (items, locals.__AnonymousMethod_00000000);
        for (int i = 0; i < items.Length; i++)
        {
            Console.WriteLine(items[i]);
        }

        Console.WriteLine("items 被比较了 {0} 次。",
            locals.comparisonCount);
    }
}
```

注意，被捕捉的局部变量永远不会被"传递"或"拷贝"到别的地方。相反，被捕捉的局部变量 (comparisonCount) 作为实例字段 ( 而非局部变量 ) 实现，从而延长了其生存期。所有使用局部变量的地方都改为使用那个字段。

自动生成的 __LocalsDisplayClass 类就是所谓的**闭包** (closure)，它是一个数据结构 ( 一个 C# 类 )，其中包含一个表达式以及对表达式进行求值所需的变量 (C# 语言中的公共字段 )。

**高级主题：不小心捕捉循环变量**

思考一下代码清单 13.23 的输出结果。

**代码清单 13.22　在 C# 5.0 中捕捉循环变量**

```
public class CaptureLoop
{
    public static void Main()
    {
        var items = new string[] { "Moe", "Larry", "Curly" };
        var actions = new List<Action>();
        foreach(string item in items)
        {
            actions.Add(() => { Console.WriteLine(item); });
        }
        foreach(Action action in actions)
        {
            action();
        }
    }
}
```

大多数人都觉得结果应该如输出 13.3 所示。在 C# 5.0 中确实如此。但在之前的 C# 各个版本中，结果如输出 13.4 所示。

**输出 13.3　C# 5.0 的输出**

```
Moe
Larry
Curly
```

**输出 13.4　C# 4.0 的输出**

```
Curly
Curly
Curly
```

Lambda 表达式捕捉变量并总是使用其最新的值——而不是捕捉并保留变量在委托创建时的值。这通常正是你希望的行为。例如，代码清单 13.20 捕捉变量 comparisonCount，目的正是确保递增时使用其最新的值。循环变量没什么两样；捕捉循环变量时，每个委托都捕捉同一个循环变量。循环变量发生变化时，捕捉它的每个委托都看到了变化。如此一来，其实无法指责 C# 4.0 的行为，这基本上不是代码作者的本意。

C# 5.0 对此进行了更改，认为每一次循环迭代，foreach 循环变量都应该是"新"变量。所以，每次创建委托，捕捉的都是不同的变量，不再共享同一个变量。但要注意的是，这个更改不适用于 for 循环。用 for 循环写类似的代码，for 语句头中声明的任何循环变量在被捕捉时，都被看成是同一个外部变量。在 C# 5.0 之前的版本中，为了实现和新版本 C# 语言行为一致的代码，请使用如代码清单 13.24 所示的模式。

**代码清单 13.24　C# 5.0 之前的循环变量捕捉方案**

```
public class DoNotCaptureLoop
{
    public static void Main()
    {
        var items = new string[] { "Moe", "Larry", "Curly" };
```

```
var actions = new List<Action>();
foreach(string item in items)
{
    string _item = item;
    actions.Add(
        () => { Console.WriteLine(_item); });
}
foreach(Action action in actions)
{
    action();
}
}
}
```

这样就可以保证每次循环迭代都有一个新变量，每个委托捕捉的都是一个不同的变量。

**设计规范**

AVOID capturing loop variables in anonymous functions.

**避免**在匿名函数中捕捉循环变量。

## 13.8  表达式树

Lambda 表达式提供了一种简洁的语法来定义代码中"内联"的方法，使其能转换成委托类型。表达式 Lambda( 但不包括语句 Lambda 和匿名方法 ) 还能转换成**表达式树**。委托是对象，允许像传递其他任何对象那样传递方法，并在任何时候调用该方法。表达式树也是对象，允许传递编译器对 Lambda 表达式的分析。但这个分析有什么用呢？显然，编译器的分析在生成 CIL 时对编译器有用。但是，在程序执行时，开发人员拿代表这种分析的一个对象干什么呢？下面看一个例子。

### 13.8.1  Lambda 表达式作为数据使用

下面来看看以下代码中的 Lambda 表达式：

```
persons.Where(
    person => person.Name.ToUpper() == "INIGO MONTOYA");
```

假定 persons 是一个 Person 数组，而且 Where 方法和 Lambda 表达式实参对应的形参具有委托类型 Func<Person, bool>。编译器生成方法来包含 Lambda 表达式主体代码，再创建委托实例来代表所生成的方法，并将该委托传给 Where 方法。Where 方法返回一个查询对象；一旦执行查询，就将委托应用于数组的每个成员来判断查询结果。

现在，假定 persons 不是 Person[] 类型，而是代表远程数据库表的对象，表中含有数百万人的数据。表中每一行的信息都可以从服务器传输到客户端，客户端可以创建一个 Person 对象来代表那一行。调用 Where 将返回代表查询的一个对象。现在客户端如何请求查询结果？

一个技术是将几百万行数据从服务器传输到客户端。为每一行都创建 Person 对象，根据 Lambda 来创建委托，再针对每个 Person 执行委托。概念上和数组的情况一致，但代价过于高昂。

第二个技术则要好很多，它将 Lambda 的含义 ( 筛选掉姓名不是 Inigo Montoya 的每一行 ) 发送给服务器。数据库服务器本来就很擅长快速执行这种筛选。然后，服务器只将符合条件的少数几行传输到客户端；而不是先创建几百万个 Person 对象，再把它们几乎全部否决。客户端只创建服务器判断与查询匹配的对象。但是，如何将 Lambda 的含义发送给服务器呢？

这正是要在语言中添加表达式树的原因。转换成表达式树的 Lambda 表达式对象代表的是对 Lambda 表达式进行描述的数据，而不是编译好的、用于实现匿名函数的代码。由于表达式树代表数据而非编译好的代码，所以能在执行时分析 Lambda，用分析得到的数据来构造一个针对数据库执行的查询。如代码清单 13.25 所示，Where() 方法获得的表达式树可以转换成 SQL 查询并传给数据库。

**代码清单 13.25　将表达式树转换成 SQL where 子句**

```
表达式树:
    persons.Where(
        person => person.Name.ToUpper() == "INIGO MONTOYA");

SQL where 子句:
    select * from Person where upper(Name) = 'INIGO MONTOYA';
```

传给 Where() 的表达式树指出 Lambda 实参由以下几部分构成：

- 对 Person 的 Name 属性的读取；
- 对 string 的 ToUpper() 方法的调用；
- 常量值 "INIGO MONTOYA"；
- 相等性操作符 ==。

Where() 方法获取这些数据，检查数据，构造 SQL 查询字符串，将这些数据转换成 SQL where 子句。但是，表达式树并非只能转换成 SQL 语句。完全可以构造一个表达式树计算程序 (evaluator)，将表达式转换成任意查询语言。

## 13.8.2 表达式树作为对象图使用

在执行时，转换成表达式树的 Lambda 成为一个对象图，其中包含来自 System.Linq.Expressions 命名空间的对象。图中的"根"对象代表 Lambda 本身，该对象引用代表参数、返回类型和主体表达式的对象，如图 13.3 所示。在对象图中，包含编译器根据 Lambda 推断出来的所有信息。执行时可以利用这些信息创建查询。另外，根 Lambda 表达式有一个 Compile 方法，能动态生成 CIL 并创建实现了指定 Lambda 的委托。

图 13.4 展示了一个 Lambda 主体中的一元和二元表达式的对象图中的类型。

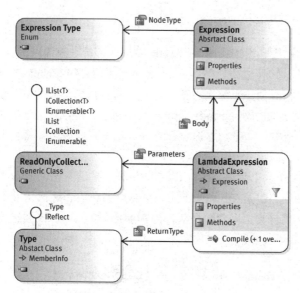

图 13.3 Lambda 表达式树类型

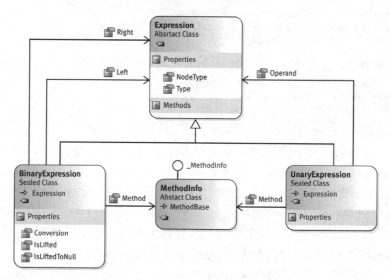

图 13.4 一元和二元表达式树类型

UnaryExpression( 一元表达式 ) 代表 -count 这样的表达式。它是单子的，即 Expression 类型的 Operand( 操作数 )。BinaryExpression( 二元表达式 ) 则有两个子表达式，即 Left 和 Right。上述两种类型都通过一个 NodeType 属性来标识具体的操作符，而且两者都从基类 Expression 派生。除此之外，还有其他 30 多种表达式类型，包括 NewExpression、ParameterExpression、MethodCallExpression、LoopExpression 等，能表示 C# 语言和 Visual Basic 语言中的几乎所有表达式。

### 13.8.3 对比委托和表达式树

无论转换成委托还是表达式树，Lambda 表达式都会在编译时进行全面的语义分析，从而验证其有效性。转换成委托的 Lambda 造成编译器将 Lambda 作为方法生成，而且会生成代码，在执行时创建对那个方法的委托。转换成表达式树的 Lambda 则造成编译器生成代码，在执行时创建 LambdaExpression 的一个实例。但在使用 LINQ 时，编译器怎么知道是生成委托，是在本地执行查询，还是生成表达式将查询信息发送给远程数据库服务器呢？

像 Where() 这样用于生成 LINQ 查询的方法是扩展方法。扩展 IEnumerable<T> 接口的获取委托参数，扩展 IQueryable<T> 接口的获取表达式树参数。所以，编译器能根据查询的目标集合类型来判断是从作为实参提供的 Lambda 创建委托还是创建表达式树。例如以下 Where() 方法：

```
persons.Where(
    person => person.Name.ToUpper() == "INIGO MONTOYA");
```

在 System.Linq.Enumerable 类中声明的扩展方法签名如下：

```
public IEnumerable<TSource> Where<TSource>(
    this IEnumerable<TSource> collection,
    Func<TSource, bool> predicate);
```

在 System.Linq.Queryable 类中声明的扩展方法签名如下：

```
public IQueryable<TSource> Where<TSource>(
    this IQueryable<TSource> collection,
    Expression<Func<TSource, bool>> predicate);
```

编译器根据 persons 在编译时的类型决定使用哪个扩展方法；如果是能转换成 IQueryable<Person> 的一个类型，就选择来自 System.Linq.Queryable 的方法。该方法将 Lambda 转换成表达式树。执行时，persons 引用的对象接收表达式树数据，用那些数据构造 SQL 查询，在请求查询结果时将查询传给数据库。所以，调用 Where 的结果是一个对象。一旦在该对象上请求查询结果，就会将查询发送给数据库并生成结果。

如果 persons 不能隐式转换成 IQueryable<Person>，但能隐式转换成 IEnumerable<Person>，就选择来自 System.Linq.Enumerable 的方法。该方法将 Lambda 转换成委托。所以，调用 Where 的结果是一个对象。一旦在该对象上请求查询结果，就将生成的委托作为谓词应用于集合的每个成员，生成与谓词匹配的结果。

### 13.8.4 解析表达式树

如前所述，如果将 Lambda 表达式转换成 Expression<TDelegate>，那么将创建表达式树而非委托。本章前面讲过如何将 (x,y)=>x>y 这样的 Lambda 转换成像 Func<int, int, bool> 这样的委托类型。要将同一个 Lambda 转换成表达式树，只需把它转换成 Expression<Func<int, int, bool>>，如代码清单 13.26 所示。然后就可检查生成的对象，显示和它的结构相关的信息，并且可以显示更复杂的表达式树的信息。

**代码清单 13.26　解析表达式树**

```csharp
using System;
using System.Linq.Expressions;
using static System.Linq.Expressions.ExpressionType;

public class Program
{
    public static void Main()
    {
        Expression<Func<int, int, bool>> expression;
        expression = (x, y) => x > y;
        Console.WriteLine("------------- {0} -------------",
            expression);
        PrintNode(expression.Body, 0);
        Console.WriteLine();
        Console.WriteLine();
        expression = (x, y) => x * y > x + y;
        Console.WriteLine("------------- {0} -------------",
            expression);
        PrintNode(expression.Body, 0);
    }

    public static void PrintNode(Expression expression,
        int indent)
    {
        if (expression is BinaryExpression binaryExpression)
            PrintNode(binaryExpression, indent);
        else
            PrintSingle(expression, indent);
    }

    private static void PrintNode(BinaryExpression expression,
      int indent)
    {
        PrintNode(expression.Left, indent + 1);
        PrintSingle(expression, indent);
        PrintNode(expression.Right, indent + 1);
    }

    private static void PrintSingle(
            Expression expression, int indent) =>
        Console.WriteLine("{0," + indent * 5 + "}{1}",
          "", NodeToString(expression));

    private static string NodeToString(Expression expression) =>
        expression.NodeType switch
        {
            // 使用静态 ExpressionType
            Multiply => "*",
            Add => "+",
            Divide => "/",
            Subtract => "-",
            GreaterThan => ">",
            LessThan => "<",
            _ => expression.ToString() +
```

```
        " (" + expression.NodeType.ToString() + ")",
    };
```

注意，将表达式树的实例传给 Console.WriteLine() 方法，会自动将表达式树转换成一个描述性的字符串。为表达式树生成的所有对象都重写了 ToString()，以便在调试时能一眼看出表达式树的内容。

如输出 13.5 所示，Main() 中的 Console.WriteLine() 语句将表达式树主体打印成文本。

输出 13.5

```
------------ (x, y) => (x > y) --------------
    x (Parameter)
>
    y (Parameter)


------------ (x, y) => ((x * y) > (x + y)) --------------
        x (Parameter)
    *
        y (Parameter)
>
        x (Parameter)
    +
        y (Parameter)
```

这里重点在于，表达式树本质上是数据集合，可以通过遍历数据将其转换成另一种格式。本例是将表达式树转换成描述性字符串，但完全可以转换成另一种查询语言中的表达式。

PrintNode() 方法使用递归证明表达式树由零个或者多个其他表达式树构成。代表 Lambda 的"根"树通过其 Body 属性引用 Lambda 的主体。每个表达式树节点都包含具有枚举类型 ExpressionType 的一个 NodeType 属性，描述了它是哪一种表达式。有多种表达式，例如 BinaryExpression、ConditionalExpression、LambdaExpression、MethodCallExpression、ParameterExpression 和 ConstantExpression。每种类型都从 Expression 派生。

注意，虽然表达式树库包含的对象能表示 C# 和 Visual Basic 的大多数语句，但这两种语言都不支持将语句 Lambda 转换成表达式树。只有表达式 Lambda 才能转换成表达式树。

## 13.9 小结

本章首先讨论委托以及如何把它作为方法引用或回调来使用。这一强大的概念使你能够传递一组指令，在不同的位置调用这些指令，而不是在编写指令的位置立即调用。换言之，以写一些代码（作为指令），并通过委托将这些代码传递给其他代码，在那里这些指令将在合适的时机被调用。这种方式为编程提供了极大的灵活性，允许代码在不同的上下文中以不同的方式被重用和执行。

　　Lambda 表达式语法取代 ( 但不是消除 ) 了 C# 2.0 的匿名方法语法。无论使用哪种语法，程序员都可以直接将一组指令赋给变量，而不必显式定义一个包含这些指令的方法。这使程序员能在方法内部动态地编写指令——这是一个很强大的概念，它通过 LINQ API 大幅简化了对集合的编程。

　　本章最后讨论了表达式树的概念，描述了它们如何编译成对象来表示对 Lambda 表达式的语义分析，而不是表示委托实现本身。该功能用于支持像 Entity Framework 和 LINQ to XML 这样的库。这些库解释表达式树，并在除了匿名函数的其他上下文中使用它。

　　Lambda 表达式这个术语兼具语句 Lambda 和表达式 Lambda 的意思。换言之，语句 Lambda 和表达式 Lambda 都是 Lambda 表达式。

　　本章提到但并未详述的一个概念是多播委托。下一章将介绍如何利用它来实现事件的"发布 - 订阅"模式。

# 第 **14** 章

## 事件

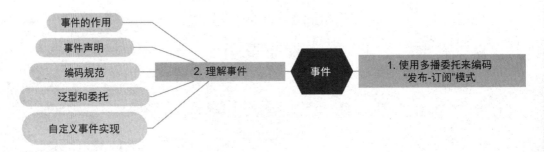

事件的作用

事件声明

编码规范 —— 2. 理解事件 —— 事件 —— 1. 使用多播委托来编码
"发布-订阅"模式

泛型和委托

自定义事件实现

　　第 13 章讲述了如何用委托类型的实例来引用一个方法，并通过委托调用那个方法。委托本身又是一个更大的模式 (pattern) 的基本构建单位，该模式称为"发布 - 订阅" (publish-subscribe) 或者"观察者" (observer)。[1] 本章重点讨论如何将委托用于"发布 - 订阅"模式。虽然本章描述的几乎所有内容都能仅用委托完成，但本章强调的"事件"构造提供了额外的封装性，使"发布 - 订阅"模式更容易实现，更不容易出错。

　　第 13 章的所有委托都只引用一个方法。但一个委托值是可以引用一系列方法的，这些方法将顺序调用。这样的委托称为**多播委托** (multicast delegate)。这样一来，就可以将单一事件 ( 比如对象状态的改变 ) 的通知发布给多个订阅者。

　　泛型显著改变了编码规范，因为使用泛型委托数据类型意味着不再需要为每种可能的事件签名声明一个委托。[2]

---

① 译注：C# 语言的多播委托实现是一个通用模式，目的是避免大量手动编码。该模式称为 observer 或者 publish-subscribe，它应对的是要将单一事件的通知 ( 比如对象状态发生的一个变化 ) 广播给多个订阅者 (subscriber) 的情况。

② 本章从 C# 2.0 讲起。

## 14.1 使用多播委托来编码发布 – 订阅模式

我们来考虑一个温度控制的例子。一个加热器 (Heater) 和一个冷却器 (Cooler) 连接到同一个恒温器 (Thermostat)。为了控制设备的开和关，需要向它们通知温度变化。恒温器将温度变化发布给多个订阅者——也就是加热器和冷却器。下一节研究具体代码。[①]

### 14.1.1 定义订阅者方法

首先定义 Heater 和 Cooler 对象，如代码清单 14.1 所示。

**代码清单 14.1　Heater 和 Cooler 事件订阅者的实现**

```
public class Cooler
{
    public Cooler(float temperature)
    {
        Temperature = temperature;
    }

    // 当环境温度高于此值时，冷却器启动
    public float Temperature { get; set; }

    // 当这个实例的温度发生变化时通知
    public void OnTemperatureChanged(float newTemperature)
    {
        if(newTemperature > Temperature)
        {
            System.Console.WriteLine("冷却器 : On");
        }
        else
        {
            System.Console.WriteLine("冷却器 : Off");
        }
    }
}

public class Heater
{
    public Heater(float temperature)
    {
        Temperature = temperature;
    }

    // 当环境温度低于此值时，加热器启动
    public float Temperature { get; set; }

    // 当这个实例的温度发生变化时通知
    public void OnTemperatureChanged(float newTemperature)
    {
```

---

[①] 本例使用"调温器" (thermostat) 这个词，因为人们习惯于在加热或冷却系统中使用该词。但从技术上说，"温度计" (thermometer) 一词更恰当。

```
    if(newTemperature < Temperature)
    {
        System.Console.WriteLine(" 加热器 : On");
    }
    else
    {
        System.Console.WriteLine(" 加热器 : Off");
    }
    }
}
```

除了温度比较，两个类几乎完全一样 ( 事实上，在 OnTemperatureChanged 方法中使用一个对比较方法的一个委托，两个类还能再减少一个 )。每个类都存储了启动设备所需的温度。此外，两个类都提供了 OnTemperatureChanged() 方法。调用 OnTemperatureChanged() 方法的目的是向 Heater 和 Cooler 类指出温度已发生改变。在方法的实现中，用 newTemperature 同存储好的触发温度进行比较，从而决定是否让设备启动。

在本例中，两个 OnTemperatureChanged() 方法都是订阅者 ( 或侦听者 ) 方法，其参数和返回类型必须与来自 Thermostat 类的委托匹配。Thermostat 类的详情马上讨论。

## 14.1.2 定义发布者

Thermostat 类负责向 heater 和 cooler 对象实例报告温度变化。代码清单 14.2 展示了 Thermostat 类。

代码清单 14.2    定义事件发布者 Thermostat

```
public class Thermostat
{
    // 定义事件发布者 ( 最开始没有 sender)
    public Action<float>? OnTemperatureChange { get; set; }

    public float CurrentTemperature { get; set; }
}
```

Thermostat 类包含一个名为 OnTemperatureChange 的属性，它具有 Action<float> 委托类型。OnTemperatureChange 存储了订阅者列表。注意，只需一个委托属性，即可存储所有订阅者。换言之，来自一个发布者的温度变化通知会同时被 Cooler 和 Heater 实例接收。

Thermostat 的最后一个成员是 CurrentTemperature 属性。该属性负责设置和获取由 Thermostat 类报告的当前温度值。

## 14.1.3 连接发布者和订阅者

最后将所有这些东西都放到一个 Main() 方法中。示例参见代码清单 14.3。

**代码清单 14.3　连接发布者和订阅者**

```
public class Program
{
    public static void Main()
    {
        Thermostat thermostat = new();
        Heater heater = new(60);
        Cooler cooler = new(80);

        thermostat.OnTemperatureChange +=
            heater.OnTemperatureChanged;
        thermostat.OnTemperatureChange +=
            cooler.OnTemperatureChanged;

        Console.Write(" 输入温度 : ");
        string? temperature = Console.ReadLine();
        if (!int.TryParse(temperature, out int currentTemperature))
        {
            Console.WriteLine($"'{temperature}' 不是一个有效的整数。");
            return;
        }
        thermostat.CurrentTemperature = currentTemperature;
    }
}
```

代码使用操作符 += 来直接赋值，从而向 OnTemperatureChange 委托注册了两个订阅者，即 heater.OnTemperatureChanged 和 cooler.OnTemperatureChanged。

从用户获取的值用于设置 thermostat( 恒温器 ) 的 CurrentTemperature( 当前温度 )。但是，目前尚未编写任何代码将温度变化事件发布给订阅者。

## 14.1.4 调用委托

每当 Thermostat 类的 CurrentTemperature 属性发生变化，你都希望调用委托[①]向订阅者 (heater 和 cooler) 通知温度的变化。为此，需要修改 CurrentTemperature 属性来保存新值，并向每个订阅者发出通知，如代码清单 14.4 所示。

**代码清单 14.4　调用委托 ( 尚未检查 null 值 )**

```
public class Thermostat
{
    // ...
    public float CurrentTemperature
    {
        get { return _CurrentTemperature; }
        set
        {
```

---

① 译注：记住以前说过的 invoke 和 call 的区别。"调用委托"是指 invoke the delegate，理解为"唤出一个委托"更佳。

```
            if (value != CurrentTemperature)
            {
                _CurrentTemperature = value;

                // 调用订阅者;
                // 未完成，需要进行 null 检查
                // ...
                OnTemperatureChange(value);
                // ...
            }
        }
    }
    private float _CurrentTemperature;
}
```

现在，CurrentTemperature 的赋值包含向订阅者通知 CurrentTemperature 变化的特殊逻辑。只需执行 C# 语句 OnTemperatureChange(value); 即可向所有订阅者发出通知。该语句将温度的变化发布给 cooler 和 heater 对象。执行一个调用，即可向多个订阅者发出通知——这正是"多播委托"的由来。

注意，从 C# 8.0 开始，直接调用 CurrentTemperature 委托会触发一个"解引用可能出现空引用"警告，指出需要检查 null 值。

## 14.1.5 检查空值

代码清单 14.4 遗漏了事件发布代码的一个重要部分。假如当前没有订阅者注册接收通知，则 OnTemperatureChange 为 null，此时执行 OnTemperatureChange(value) 语句会抛出 NullReferenceException 异常。为了避免该问题，需要在触发事件之前检查 null 值。代码清单 14.5 演示了如何在调用 Invoke() 前使用 C# 6.0 的空条件操作符来达成目标。

代码清单 14.5  调用委托

```
public class Thermostat
{
    // 定义事件发布者
    public Action<float>? OnTemperatureChange { get; set; }

    public float CurrentTemperature
    {
        get { return _CurrentTemperature; }
        set
        {
            if(value != CurrentTemperature)
            {
                _CurrentTemperature = value;
                // 如果存在任何订阅者，就调用
                // 它们注册的委托，将温度的变化
                // 通知它们。
                OnTemperatureChange?.Invoke(value);        // C# 6.0
            }
```

```
        }
    }

    private float _CurrentTemperature;
}
```

注意，必须在空条件检测后再调用 `Invoke()`。虽然可以拿掉问号，只用点操作符来调用该方法，但这样做意义不大，因为那样相当于直接调用委托 ( 参考代码清单 14.4 的 `OnTemperatureChange(value)`)。空条件操作符的优点在于，它采用特殊逻辑防范在执行空检查后，订阅者调用一个过时处理程序 ( 空检查后有变 ) 而造成委托再度为空。

> **设计规范**
>
> 1. DO check that the value of a delegate is not null before invoking it.
>    要在调用委托前确认它的值非空。
>
> 2. DO use the null conditional operator prior to calling `Invoke()` starting in C# 6.0.
>    从 C# 6.0 起就要在调用 `Invoke()` 前使用空条件操作符。

**高级主题：线程安全的委托调用**

由于订阅者可由不同线程从委托中增删，所以有必要像前面描述的那样条件性地调用委托，或者在空检查前将委托引用拷贝到局部变量中。虽然这样能防范调用空委托，但不能防范所有可能的竞态条件。例如，一个线程拷贝委托，另一个将委托重置为 `null`，然后原始线程调用委托之前的值 ( 该值已过时 )，向一个已经不在列表中的订阅者发送通知。在多线程程序中，订阅者应确保在这种情况下的健壮性，随时做好调用一个"过时"订阅者的准备。

## 14.1.6　委托操作符

合并 `Thermostat` 例子中的两个订阅者要使用操作符 `+=`。它获取第一个委托并将第二个委托添加到委托链。第一个委托的方法返回后会调用第二个委托。从委托链中删除委托则要使用操作符 `-=`，如代码清单 14.6 和输出 14.1 所示。

**代码清单 14.6　使用 += 和 -= 委托操作符**

```
//...
Thermostat thermostat = new();
Heater heater = new(60);
Cooler cooler = new(80);

Action<float> delegate1;
Action<float> delegate2;
Action<float>? delegate3;

delegate1 = heater.OnTemperatureChanged;
delegate2 = cooler.OnTemperatureChanged;

Console.WriteLine(" 同时调用两个委托 :");
```

```
delegate3 = delegate1;
delegate3 += delegate2;
delegate3(90);

Console.WriteLine(" 只调用 delegate2");
delegate3 -= delegate1;
delegate3!(30);
```

输出 14.1

```
同时调用两个委托 :
加热器 : Off
冷却器 : On
只调用 delegate2
冷却器 : Off
```

如代码清单 14.7 所示，还可以使用操作符 + 和 - 合并委托。

代码清单 14.7    使用 + 和 - 委托操作符

```
//...
Thermostat thermostat = new();
Heater heater = new(60);
Cooler cooler = new(80);

Action<float> delegate1;
Action<float> delegate2;
Action<float> delegate3;

delegate1 = heater.OnTemperatureChanged;
delegate2 = cooler.OnTemperatureChanged;

Console.WriteLine(" 使用 + 操作符合并委托 :");
delegate3 = delegate1 + delegate2;
delegate3(60);

Console.WriteLine(" 使用 - 操作符取消合并委托 :");
delegate3 = (delegate3 - delegate2)!;
delegate3(60);
//...
```

使用赋值操作符，会清除之前的所有订阅者，允许用新订阅者替换。这是委托很容易让人犯错的一个设计，因为在本来应该使用操作符 += 的时候，很容易就会错误地写成 =。解决方案是使用本章稍后要讲述的事件。

操作符 + 和 - 及其复合赋值版本 (+= 和 -=)，内部都用静态方法 System.Delegate. Combine() 和 System.Delegate.Remove() 来实现。两个方法都获取 delegate 类型的两个参数。第一个方法 Combine() 连接两个参数，将两个委托的调用列表按顺序连接到一起。第二个方法 Remove() 则搜索由第一个参数指定的委托链，删除由第二个参数指定的委托。另外，由于 Remove() 方法可能返回 null，所以从 C# 8.0 开始，可以使用空包容操作符 ( 即一元后缀！操作符 ) 告诉编译器我们确定这是一个有效的委托实例。

Combine() 方法一个有趣的地方在于，它的两个参数都可以为 null。任何参数为 null，Combine() 返回非空的那个。两个都为 null，Combine() 返回 null。这解释了为什么调用 thermostat.OnTemperatureChange += heater.OnTemperatureChanged; 不会引发异常（即使 thermostat.OnTemperatureChange 的值仍然为 null）。

## 14.1.7　顺序调用

图 14.1 展示了 heater 和 cooler 的顺序通知。

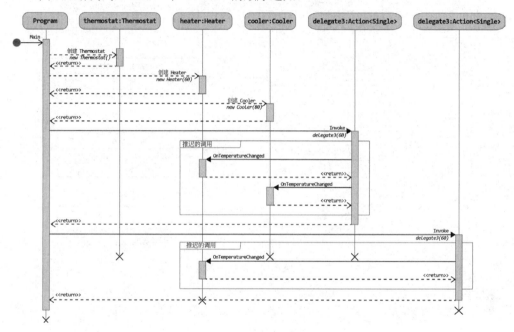

图 14.1　委托调用顺序图

虽然代码中只是一个简单的 OnTemperatureChange() 调用，但这个调用会广播给两个订阅者，使 cooler 和 heater 都会收到温度发生变化的通知。添加更多订阅者，它们都会收到通知。

虽然一个 OnTemperatureChange() 调用造成每个订阅者都收到通知，但它们仍然是顺序调用的，而不是同时，因为它们全都在一个执行线程上调用。

**高级主题：多播委托的内部机制**

要理解事件是如何工作的，需要复习 13.2 节，那里第一次在"高级主题"中探讨了 System. Delegate 类型的内部机制。13.2 节讲过，delegate 关键字是 System.MulticastDelegate 的一个派生类型的别名。System.MulticastDelegate 则从 System.Delegate 派生，后者由一个对象引用（以满足非静态方法的需要）和一个方法引用构成。创建委托时，编译器自动使用 System.MulticastDelegate 类型而不是 System.Delegate 类型。MulticastDelegate 类包含对象引用和方法引用，这和它的 Delegate 基类一样。但除此之外，它还包含对另一个 System. MulticastDelegate 对象的引用。

向多播委托添加方法时，MulticastDelegate 类会创建委托类型的一个新实例，在新实例中为新增的方法存储对象引用和方法引用，并在委托实例列表中添加新的委托实例作为下一项。如此一来，MulticastDelegate 类事实上维护着一个 Delegate 对象链表。图 14.2 展示了恒温器的概念图。

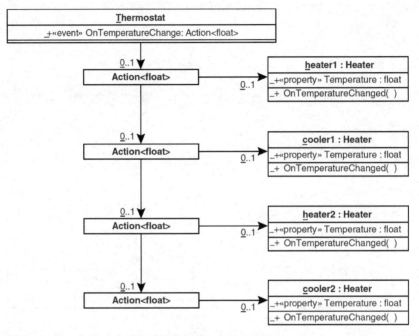

图 14.2　链接到一起的多播委托

调用多播委托时，链表中的委托实例被顺序调用。通常，委托按它们添加的顺序调用，但 CLI 规范并未对此做出硬性规定，而且该顺序可能被覆盖，所以程序员不应依赖特定调用顺序。

## 14.1.8　错误处理

错误处理凸显了顺序通知潜在的问题。一个订阅者引发异常，链中的后续订阅者就收不到通知。例如，修改 Heater 的 OnTemperatureChanged() 方法使其引发异常会怎样？如代码清单 14.8 所示。

代码清单 14.8　OnTemperatureChanged() 引发异常

```
public class Program
{
    public static void Main()
    {
        Thermostat thermostat = new();
        Heater heater = new(60);
        Cooler cooler = new(80);

        thermostat.OnTemperatureChange +=
            heater.OnTemperatureChanged;
```

```
        thermostat.OnTemperatureChange +=
            (newTemperature) =>
                {
                    throw new InvalidOperationException();
                };
        thermostat.OnTemperatureChange +=
            cooler.OnTemperatureChanged;

        Console.Write(" 输入温度 : ");
        string? temperature = Console.ReadLine();
        if (!int.TryParse(temperature, out int currentTemperature))
        {
            Console.WriteLine($"'{temperature}' 不是一个有效的整数。");
            return;
        }
        thermostat.CurrentTemperature = currentTemperature;
    }
}
```

图 14.3 是更新过的顺序图。虽然 cooler 和 heater 已订阅接收消息，但 Lambda 表达式异常中止了链，造成 cooler 对象收不到通知。

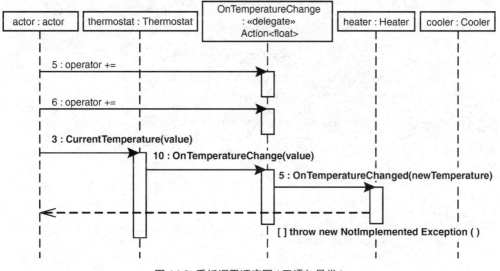

图 14.3 委托调用顺序图 ( 已添加异常 )

为了避免该问题，使所有订阅者都能收到通知 ( 不管之前的订阅者有过什么行为 )，必须手动遍历订阅者列表，并单独调用它们。代码清单 14.9 展示了需要在 CurrentTemperature 属性中进行的更新。结果如输出 14.2 所示。

**代码清单 14.9　处理来自订阅者的异常**

```
public class Thermostat
{
    // 定义事件发布者
```

```csharp
public Action<float>? OnTemperatureChange;

public float CurrentTemperature
{
    get { return _CurrentTemperature; }
    set
    {
        if(value != CurrentTemperature)
        {
            _CurrentTemperature = value;
            Action<float>? onTemperatureChange
                = OnTemperatureChange;
            if (onTemperatureChange is not null)
            {
                List<Exception> exceptionCollection =
                    new();
                foreach(
                    Delegate handler in
                        onTemperatureChange.GetInvocationList())
                {
                    try
                    {
                        ((Action<float>)handler)(value);
                    }
                    catch(Exception exception)
                    {
                        exceptionCollection.Add(exception);
                    }
                }
                if(exceptionCollection.Count > 0)
                {
                    throw new AggregateException(
                        " 有异常从 " +
                        "OnTemperatureChange 事件订阅者抛出。",
                        exceptionCollection);
                }
            }
        }
    }
    private float _CurrentTemperature;
}
```

**输出 14.2**

```
输入温度：45
加热器：On
冷却器：Off
有异常从 OnTemperatureChange 事件订阅者抛出。(Operation is not valid due to the current
state of the object.)
```

　　代码清单 14.9 演示了可以从委托类的 **GetInvocationList()** 方法获得一份订阅者列表。枚举列表中的每一项以返回单独的订阅者。随后将每个订阅者调用都放到一个 try/catch 块中，这样就可以先处理好任何出错的情形，再继续循环迭代。本例即使订阅者引发异常，cooler 仍能收到温度变化通知。所有通知都发送完毕之后，代码清单 14.10 通过引发 AggregateException 来报告所有已发生的异常。AggregateException 包装一个异常集合，集合中的异常可通过 InnerException 属性访问。结果是所有异常都得到报告，同时所有订阅者都不会错过通知。

## 14.1.9  方法返回值和传引用

还有一种情形需要遍历委托调用列表而非直接调用一个委托。这种情形涉及的委托要么不返回 void，要么具有 ref 参数或 out 参数。在恒温器的例子中，OnTemperatureChange 委托是 Action<float> 类型，它返回 void，而且没有 ref 或 out 参数。结果是没有数据返回给发布者。这一点相当重要，因为调用委托可能将一个通知发送给多个订阅者。如每个订阅者都返回值，就无法确定应该使用哪个订阅者的返回值。

如果修改 OnTemperatureChange，让它不是返回 void，而是返回枚举值，指出设备是否因温度的改变而启动，新的委托就应该是 Func<float, Status>，其中 Status 是包含元素 On 和 Off 的枚举。由于所有订阅者方法都要使用和委托一样的方法签名，所以都必须返回状态值。由于 OnTemperatureChange 可能和一个委托链对应，所以需要遵循和错误处理一样的模式。也就是说，必须使用 GetInvocationList() 方法遍历每一个委托调用列表来获取每一个单独的返回值。类似地，使用 ref 和 out 参数的委托类型也需要特殊对待。虽然极少数情况下需采取这样的做法，但一般原则是通过只返回 void 来彻底避免该情形。

## 14.2  理解事件

我们到目前为止使用的委托存在两个重要问题。C# 语言使用关键字 event( 事件 ) 来解决这些问题。本节描述了如何使用事件，以及它们是如何工作的。

### 14.2.1  事件的作用

本章前面已全面描述了委托是如何工作的。遗憾的是，委托结构中存在的缺陷可能造成程序员在不经意中引入 bug。问题和封装有关，无论事件的订阅还是发布，都不能得到充分的控制。具体来说，使用事件，我们限制外部类仅能通过操作符 += 向发布者添加订阅方法，然后通过操作符 -= 取消订阅。除此之外，还确保了对事件调用的完全控制，只有定义该事件的类才能决定何时以及是否触发事件。

#### 1. 对订阅的封装

如前所述，可以使用赋值操作符将一个委托赋给另一个。遗憾的是，这可能造成 bug。下面来看看代码清单 14.10 的例子。

代码清单 14.10　错误使用赋值操作符 "=" 而不是 "+="

```
public class Program
{
    public static void Main()
    {
        Thermostat thermostat = new();
        Heater heater = new(60);
        Cooler cooler = new(80);

        thermostat.OnTemperatureChange =
            heater.OnTemperatureChanged;

        // Bug: 赋值操作符覆盖了之前的赋值
        thermostat.OnTemperatureChange =
            cooler.OnTemperatureChanged;

        Console.Write(" 输入温度 : ");
        string? temperature = Console.ReadLine();
        if (!int.TryParse(temperature, out int currentTemperature))
        {
            Console.WriteLine($"'{temperature}' 不是一个有效的整数。");
            return;
        }
        thermostat.CurrentTemperature = currentTemperature;
    }
}
```

代码清单 14.10 和代码清单 14.6 几乎完全一样，只是不是使用操作符 +=，而是使用简单赋值操作符 =。其结果就是，当代码将 cooler.OnTemperatureChanged 赋给 OnTemperatureChange 时，heater.OnTemperatureChanged 会被清除，因为一个全新的委托链替代了之前的链。在本该使用操作符 += 的地方使用了赋值操作符 =，由于这是一个十分容易犯的错误，所以最好的解决方案是根本不要为包容类外部的对象提供对赋值操作符的支持。event 关键字的作用就是提供额外的封装，避免不小心取消其他订阅者。

### 2. 对发布的封装

委托和事件的第二个重要区别在于，事件确保只有包容类才能触发事件通知。来看看代码清单 14.11 的例子。

代码清单 14.11　从事件包容类的外部触发事件

```
public class Program
{
    public static void Main()
    {
        Thermostat thermostat = new();
        Heater heater = new(60);
        Cooler cooler = new(80);

        thermostat.OnTemperatureChange +=
```

```
        heater.OnTemperatureChanged;

    thermostat.OnTemperatureChange +=
        cooler.OnTemperatureChanged;

    // Bug: 不应允许这样做
    thermostat.OnTemperatureChange(42);
    }
}
```

代码清单 14.11 的问题在于，即使 thermostat 的 CurrentTemperature 没有变化，Program 也能调用 OnTemperatureChange 委托。所以 Program 触发了对所有 thermostat 订阅者的一个通知，告诉它们温度发生变化——即使 thermostat 的温度没有变化。和之前一样，委托的问题在于封装不充分。Thermostat 应使用事件而不是公开委托，从而禁止其他任何类调用 OnTemperatureChange 委托。

## 14.2.2 声明事件

C# 语言用 event 关键字解决上述两个问题。虽然看起来像是一个字段修饰符，但 event 定义了一种新的成员类型，如代码清单 14.12 所示。

**代码清单 14.12　为 Event-Coding( 事件编码 ) 模式使用 event 关键字**

```
public class Thermostat
{
    public class TemperatureArgs : System.EventArgs
    {
        public TemperatureArgs(float newTemperature)
        {
            NewTemperature = newTemperature;
        }

        public float NewTemperature { get; set; }
    }

    // 定义事件发布者
    public event EventHandler<TemperatureArgs> OnTemperatureChange =
        delegate { };

    public float CurrentTemperature
    //...
    {
        get { return _CurrentTemperature; }
        set { _CurrentTemperature = value; }
    }
    private float _CurrentTemperature;
}
```

新的 Thermostat 类进行了 4 处修改。首先，OnTemperatureChange 属性被移除了。相反，OnTemperatureChange 被声明为公共字段。从表面上看，这似乎并不是在解决早先描述的封装问题，因为现在需要的是增强封装，而不是让字段变成公共来削弱封装。但是，我们进行的第二处修改是在字段声明前添加 event 关键字。这一处简单修改提供了所需要的全部封装。添加 event 关键字后，会禁止为公共委托字段使用赋值操作符（比如 thermostat.OnTemperatureChange = cooler.OnTemperatureChanged）。此外，只有包容类才能调用委托向所有订阅者发出事件触发通知（例如，不允许在类的外部执行 thermostat.OnTemperatureChange (42)）。换言之，event 关键字提供了必要的封装来防止任何外部类发布一个事件或删除之前不是由其添加的订阅者。这样就完美解决了普通委托存在的两个问题，而这正是在 C# 语言提供 event 关键字的关键原因之一。

普通委托另一个不好的地方在于，很容易忘记在调用委托前检查 null 值（从 C# 6.0 开始应使用空条件操作符）。这可能造成非预期的 NullReferenceException 异常。幸好，如代码清单 14.12 所示，通过 event 关键字提供的封装，可以在声明时（或在构造函数中）采用一个替代方案。注意，在声明事件时，我赋的值是 delegate { }，这是一个空白委托，代表包含零个订阅者的一个集合。通过赋值空白委托，就可引发事件而不必检查是否有任何订阅者。该行为类似于向变量赋一个包含零个元素的数组，这样调用一个数组成员时就不必先检查变量是否为 null。当然，如委托存在被重新赋值为 null 的任何可能，那么仍需进行 null 值检查。但由于 event 关键字限制赋值只能在类中发生，所以要重新对委托进行赋值，只能在类中进行。如果从未在类中赋过 null 值，就不必在每次调用委托时检查 null。[①]

## 14.2.3　编码规范

为了获得希望的功能性，唯一要做的就是将原始委托变量声明更改为字段并添加 event 关键字。完成这两处修改后，就可以提供全部必要的封装，其他功能没有变化。但在代码清单 14.12 中，委托声明还进行了另一处修改。为了遵循标准的 C# 编码规范，要将 Action<float> 替换成新的委托类型 EventHandler<TemperatureArgs>，这是一个 CLR 类型，其声明如代码清单 14.13 所示。

**代码清单 14.13　泛型 EventHandler 类型**

```
public delegate void EventHandler<TEventArgs>(
    object sender, TEventArgs e)
    where TEventArgs : EventArgs;
```

结果是 Action<TEventArgs> 委托类型中的单个温度参数被替换成两个新参数，一个代表发送者（发布者），一个代表事件数据。这一处修改并不是 C# 编译器强制的。但声明准备作为事件使用的委托时，约定就是传递这些类型的两个参数。

第一个参数 sender 应包含调用委托的那个类的实例。如果一个订阅者方法注

---

① 虽然很少见，但请注意，当事件包含在结构中时，此模式不起作用。

册了多个事件，该参数就尤其有用。例如，假定两个 Thermostat 实例都注册了 heater.OnTemperatureChanged 事件，那么任何一个 Thermostat 实例都可能触发对 heater.OnTemperatureChanged 的调用。为了判断具体是哪个 Thermostat 实例触发了事件，要在 Heater.OnTemperatureChanged() 内部利用 sender 参数进行判断。当然，静态事件无法做出这种判断，此时要为 sender 传递 null 值。

　　第二个参数 TEventArgs e 是 Thermostat.TemperatureArgs 类型。TemperatureArgs 的重点在于它从 System.EventArgs 派生。事实上，一直到 .NET Framework 4.5，都通过一个泛型约束来强制从 System.EventArgs 派生。System.EventArgs 唯一重要的属性是 Empty，用于指出没有事件数据。但从 System.EventArgs 派生出 TemperatureArgs 时添加了一个属性，名为 NewTemperature，用于将温度从恒温器传递给订阅者。

　　简单总结一下事件的编码规范：第一个参数 sender 是 object 类型，包含对调用委托的那个对象的一个引用 ( 静态事件则为 null)。第二个参数是 System.EventArgs 类型 ( 或者从 System.EventArgs 派生，但包含了事件的附加数据 )。调用委托的方式和以前几乎完全一样，只是要提供附加的参数。代码清单 14.14 展示了一个例子。

**代码清单 14.14　触发事件通知**

```
public class Thermostat
// ...

    public float CurrentTemperature
    {
        get { return _CurrentTemperature; }
        set
        {
            if(value != CurrentTemperature)
            {
                _CurrentTemperature = value;
                // 如果存在任何订阅者，就调用
                // 它们注册的委托，将温度的变化
                // 通知它们。
                OnTemperatureChange?.Invoke(
                    this, new TemperatureArgs(value));
            }
        }
    }
    private float _CurrentTemperature;
}
```

　　通常将 sender 指定为容器类 (this)，因为只有它才能为事件调用 (invoke) 委托。

　　在本例中，订阅者除了通过 TemperatureArgs 实例来访问当前温度，还可以将 sender 参数强制转型为 Thermostat 来访问当前温度。但是，Thermostat 实例上的当前温度可能由另一个线程改变。如果因为状态改变而触发事件，那么常见编程模式是连同新值传递旧值，这样可以控制允许哪些状态变化。

■ 设计规范

1. DO check that the value of a delegate is not `null` before invoking it (possibly by using the null conditional operator in C# 6.0).

要在调用委托前验证它的值不为 null。C# 6.0 起应使用空条件操作符。

2. DO pass the instance of the class as the value of the sender for nonstatic events.

要为非静态事件的 `sender` 传递类的实例。

3. DO pass `null` as the sender for static events.

要为静态事件的 sender 传递 `null` 值。

4. DO NOT pass `null` as the value of eventArgs argument.

不要为 eventArgs 传递 `null` 值。

5. DO use `System.EventArgs` or a type that derives from `System.EventArgs` for a TEventArgs type.

要为 TEventArgs 使用 `System.EventArgs` 类型或者它的派生类型。

6. CONSIDER using a subclass of System.EventArgs as the event argument type (TEventArgs) unless you are sure the event will never need to carry any data.

考虑使用 `System.EventArgs` 的子类作为事件参数类型 (TEventArgs)，除非确定事件永远不需要携带任何数据。

 高级主题：事件的内部机制

如前所述，为了提供封装性，事件限制外部类只能通过操作符 += 向发布者添加订阅方法，用操作符 -= 取消订阅。此外，还禁止除包容类之外的其他任何类调用事件。为此，C# 编译器获取带有 event 修饰符的 public 委托变量，在内部将委托声明为 private，并添加了两个方法和两个特殊的事件块。简单地说，event 关键字是编译器生成合适封装逻辑的 C# "语法糖"。下面来看代码清单 14.15 的示例事件声明。

代码清单 14.15　声明 OnTemperatureChange 事件

```
public class Thermostat
// ...
    public event EventHandler<TemperatureArgs>? OnTemperatureChange;
}
```

C# 编译器在遇到 event 关键字后，生成的 CIL 代码等价于代码清单 14.16 的 C# 代码。

代码清单 14.16　与编译器生成的事件 CIL 代码等价的 C# 代码

```
public class Thermostat

    // ...

    // 声明委托字段来保存订阅者列表
    private EventHandler<TemperatureArgs>? _OnTemperatureChange;

    public void add_OnTemperatureChange(
```

```
    EventHandler<TemperatureArgs> handler)
{
    System.Delegate.Combine(_OnTemperatureChange, handler);
}

public void remove_OnTemperatureChange(
    EventHandler<TemperatureArgs> handler)
{
    System.Delegate.Remove(_OnTemperatureChange, handler);
}

#if ConceptualEquivalentCode
public event EventHandler<TemperatureArgs> OnTemperatureChange
{
    // 会造成编译错误
    add
    {
        add_OnTemperatureChange(value);
    }
    // 会造成编译错误
    remove
    {
        remove_OnTemperatureChange(value);
    }
}
#endif // ConceptualEquivalentCode
```

换言之，代码清单 14.15 的代码会造成编译器自动对代码进行扩展，生成大致如代码清单 14.16 所示的代码。"大致"一词不可或缺，因为为了简化问题，和线程同步有关的细节从代码清单中拿掉了。

C# 编译器首先获取原始事件定义，原地定义一个私有委托变量。结果是从任何外部类中都无法使用该委托，即使是从派生类中。

接着，C# 编译器定义 add_OnTemperatureChange() 和 remove_OnTemperatureChange() 方法。其中，OnTemperatureChange 后缀是从事件的原始名称中截取的。这两个方法分别实现赋值操作符 += 和 -=。如代码清单 14.16 所示，这两个方法是使用本章前面讨论的静态方法 System.Delegate.Combine() 和 System.Delegate.Remove() 来实现的。传给方法的第一个参数是私有的 EventHandler<TemperatureArgs> 委托实例 OnTemperatureChange。

在从 event 关键字生成的代码中，或许最奇怪的就是最后一部分。其语法与属性的取值和赋值方法非常相似，只是方法名变成 add 和 remove。其中，add 块负责处理操作符 +=，将调用传给 add_OnTemperatureChange()。类似地，remove 块负责处理操作符 -=，将调用传给 remove_OnTemperatureChange()。

必须重视这段代码与属性代码的相似性。本书之前讲过，C# 在实现属性时会创建 get_< 属性名 > 和 set_< 属性名 >，然后将对 get 和 set 块的调用传给这些方法。显然，事件的语法与此极为相似。

另外要注意，最终的 CIL 代码仍然保留了 event 关键字。换言之，事件是 CIL 代码能够显式识别的一样东西，并非只是一个 C# 构造。在 CIL 代码中保留等价的 event 关键字，所有语言和编辑器都能将事件识别为一个特殊的类成员并对应进行正确处理。

### 14.2.4 实现自定义事件

编译器为操作符 += 和 -= 生成的代码是可以自定义的。例如，假定改变 OnTemperatureChange 委托的作用域，使它成为 protected 而不是 private。这样从 Thermostat 派生的类也能直接访问委托，而无需受到和外部类一样的限制。为此，C# 允许使用和代码清单 14.16 一样的属性语法。换言之，C# 语言允许添加自定义的 add 和 remove 块，为事件封装的各个组成部分提供自己的实现。代码清单 14.17 展示了一个例子。

代码清单 14.17　自定义 add 和 remove 处理程序

```
public class Thermostat
{
    public class TemperatureArgs : System.EventArgs
    {
        // ...
    }

    // 定义事件发布者
    public event EventHandler<TemperatureArgs> OnTemperatureChange
    {
        add
        {
            _OnTemperatureChange =
                (EventHandler<TemperatureArgs>)
                    System.Delegate.Combine(value, _OnTemperatureChange);
        }
        remove
        {
            _OnTemperatureChange =
                (EventHandler<TemperatureArgs>?)
                    System.Delegate.Remove(_OnTemperatureChange, value);
        }
    }
    protected EventHandler<TemperatureArgs>? _OnTemperatureChange;

    public float CurrentTemperature
    {
        // ...
    }
    private float _CurrentTempe;
}
```

在本例中，存储每个订阅者的委托 _OnTemperatureChange 变成了 protected。此外，add 块的实现交换了两个委托存储的位置，使添加到链中的最后一个委托是接收通知的第一个委托。不过，本例仅供演示，代码不应依赖这个实现。

## 14.3　小结

本章完成了对事件的讨论。注意，在除了事件之外的上下文中，通常建议只有在需要引用方法时才使用委托变量。换言之，由于事件提供了额外的封装性，而且允许在必要时自定义实现，所以最佳实践是始终为"发布 - 订阅"模式使用事件。

可能需要一段时间的练习，才能脱离示例代码熟练进行事件编程。但只有熟练之后，才能更好地理解本书以后要讲述的异步、多线程编码。

# 第 15 章

## 支持标准查询操作符的集合接口

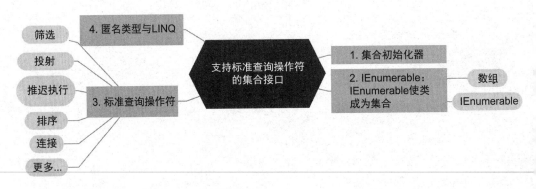

集合在 C# 3.0 中通过称为**语言集成查询** (Language Integrated Query，LINQ) 的一套编程 API 进行了大刀阔斧的改革。通过一系列扩展方法和 Lambda 表达式，LINQ 提供了一套功能超凡的 API 来操纵集合。事实上，在本书前几版中，"集合"这一章是被放在"泛型"和"委托"这两章之间的。但是，由于 Lambda 表达式是 LINQ 的重中之重，现在只有先理解了委托 (Lambda 表达式的基础 )，才能更好地展开对集合的讨论。前两章已为理解 Lambda 表达式打下了良好基础。从现在起，将连续用三章的篇幅来详细讨论集合。

本章的重点是标准**查询操作符**，它们通过直接调用扩展方法来发挥 LINQ 的作用。

在介绍了集合初始化器 (collection initializer) 之后，本章探讨了各种集合接口及其相互关系。这是理解集合的基础，请务必掌握。在讲解集合接口的同时，还介绍了 C# 3.0 新增的、为 `IEnumerable<T>` 定义的扩展方法，这些方法是标准查询操作符的基础。

有两套与集合相关的类和接口：支持泛型的和不支持泛型的。本章主要讨论泛型集合接口。通常，只有在组件需要和老版本"运行时"进行互操作时，才使用不支持泛型的集合类。这是由于任何非泛型的东西，现在都有了一个强类型的泛型替代物。虽然要讲的概念同时适合两种形式，但我们不会专门讨论非泛型版本 ( 事实上，.NET Standard 和 .NET Core 甚至没有包括非泛型集合 )。

　　本章最后将深入讨论匿名类型，该主题仅在第 3 章的几个"高级主题"中进行了简单介绍。有趣的是，匿名类型目前已因 C# 7.0 引入的"元组"而失色。章末将进一步讨论元组。

## 15.1　集合初始化器

　　**集合初始化器** (collection initializer)[①] 允许采用与数组声明相似的方式，在集合实例化期间用一组初始成员构造该集合。不用集合初始化器，就只能在集合实例化好之后，再将成员显式添加到集合——使用像 System.Collections.Generic. ICollection<T> 的 Add() 方法那样的东西。相反，使用集合初始化器，Add() 调用将由 C# 编译器自动生成，不必由开发人员显式编码。代码清单 15.1 展示了如何用集合初始化器初始化集合。

**代码清单 15.1　集合初始化**

```
using System;
using System.Collections.Generic;

public class Program
{
    public static void Main()
    {
        List<string> sevenWorldBlunders;
        sevenWorldBlunders = new List<string>()
        {
            // 所谓 " 甘地的名言 "( 世界七大错 )
            " 没有辛劳的财富 ",
            " 没有良心的享乐 ",
            " 没有品格的知识 ",
            " 没有道德的商业 ",
            " 没有人性的科学 ",
            " 没有牺牲的崇拜 ",
            " 没有原则的政治 "
        };

        Print(sevenWorldBlunders);
    }

    private static void Print<T>(IEnumerable<T> items)
    {
        foreach(T item in items)
        {
            Console.WriteLine(item);
        }
    }
}
```

---

[①] 译注：也称为"集合初始化列表"，文档中使用的是"集合初始值设定项"。

该语法不仅和数组初始化的语法相似，也和对象初始化器（参见 6.7.4 节）的语法相似，都是在构造函数调用的后面添加一对大括号 ({})，再在大括号内添加初始化列表。如果调用构造函数时不传递参数，那么数据类型名称之后的圆括号是可选（和对象初始化器一样）。

成功编译集合初始化器需要满足几个基本条件。理想情况下，集合初始化器所应用于的集合类型应实现 **System.Collections.Generic.ICollection\<T>** 接口，从而确保集合包含 **Add()** 方法，以便由编译器生成的代码调用。但这个要求可以放宽，集合类型可以定义一个或多个 **Add()** 方法来扩展 **IEnumerable\<T>** 接口，也可以实现 **IEnumerable** 而不实现 **IEnumerable\<T>**，并在类型中将 **Add()** 方法作为实例方法来定义。当然，无论如何，**Add()** 方法要能获取与集合初始化器中指定的值兼容的参数。

字典的集合初始化语法稍微复杂一些，因为字典中的每个元素都同时要求键 (key) 和值 (value)。代码清单 15.2 展示了语法。

**代码清单 15.2    用集合初始化器初始化一个 Dictionary\<>**

```csharp
using System;
using System.Collections.Generic;
// ...
#if !PRECSHARP6
    Dictionary<string, ConsoleColor> colorMap = new()
        {
            ["Error"] = ConsoleColor.Red,
            ["Warning"] = ConsoleColor.Yellow,
            ["Information"] = ConsoleColor.Green,
            ["Verbose"] = ConsoleColor.White
        };
#else
    Dictionary<string, ConsoleColor> colorMap =
        new Dictionary<string, ConsoleColor>
        {
            {"Error", ConsoleColor.Red },
            {"Warning", ConsoleColor.Yellow },
            {"Information", ConsoleColor.Green },
            {"Verbose", ConsoleColor.White}
        };
#endif
```

代码清单 15.2 使用了两个版本的初始化。第一个演示 C# 6.0 引入的新语法，它通过赋值操作符明确哪个值与哪个键关联，准确传达"名称/值"对的意图。第二个语法 (C# 6.0 起仍支持) 使用大括号关联名称和值。

之所以允许为不支持 **ICollection\<T>** 的集合使用初始化器，是出于两方面的原因。首先，大多数集合（实现了 **IEnumerable\<T>** 的类型）都没有同时实现 **ICollection\<T>**，这使集合初始化器的作用大打折扣。其次，由于要匹配方法名，而且方法的签名要和集合的初始化项兼容，所以可以在集合中初始化更加多样化的数据项。例如，初始化器现在支持 new DataStore(){ a, {b, c}}——前提是一个 **Add()** 方法的签名兼容于 a，而另一个 **Add()** 方法兼容于 b, c。

## 15.2　IEnumerable 使类成为集合

根据定义，.NET 的"集合"是最起码实现了 IEnumerable 接口的一个类。这个接口很关键，因为要想遍历集合，最起码的要求就是实现 IEnumerable 所规定的方法。

第 4 章讲述了如何用 foreach 语句遍历由多个元素构成的数组。foreach 的语法很简单，而且不用事先知道有多少个元素。但"运行时"根本不知 foreach 语句为何物。相反，正如下面要描述的那样，C# 编译器会对代码进行必要的转换。

### 15.3.1　将 foreach 用于数组

代码清单 15.3 演示了一个简单的 foreach 循环，它遍历一个整数数组并打印每个整数。

**代码清单 15.3　将 foreach 用于数组**

```
int[] array = new int[] { 1, 2, 3, 4, 5, 6 };

foreach(int item in array)
{
    Console.WriteLine(item);
}
```

C# 编译器在生成 CIL 时，为这段代码创建了一个等价的 for 循环，如代码清单 15.4 所示。

**代码清单 15.4　编译器实现的数组 foreach 操作**

```
int[] tempArray;
int[] array = new int[] { 1, 2, 3, 4, 5, 6 };

tempArray = array;
for(int counter = 0; (counter < tempArray.Length); counter++)
{
    int item = tempArray[counter];

    Console.WriteLine(item);
}
```

在本例中，注意 foreach 要依赖对 Length 属性和数组索引操作符 ([]) 的支持。知道 Length 属性的值之后，C# 编译器才可以用 for 语句遍历数组中的每一个元素。

### 15.3.2　将 foreach 用于 IEnumerable<T>

代码清单 15.4 的代码对数组来说没有任何问题，因为数组长度固定，而且肯定支持索引操作符 ([])。但是，并非所有类型的集合都包含已知数量的元素。另外，包括 Stack<T>，Queue<T> 以及 Dictionary<Tkey, Tvalue> 在内的许多集合类都不支持按索引检索元素。因此，需要以一种更常规的方式遍历元素集合。**迭代器** (iterator) 模式应运而生。只要能确定第一个、下一个和最后一个元素，就不需要事先知道元素总数，也不需要按索引获取元素。

　　System.Collections.Generic.IEnumerator<T> 和 非 泛 型 System.Collections.IEnumerator 接口的设计目标就是允许以迭代器模式遍历元素集合，而不是使用如代码清单 15.4 所示的长度 - 索引 (Length-Index) 模式。图 15.1 的类关系图展示了它们的关系。

　　IEnumerator<T> 从 IEnumerator 派生，后者包含三个成员。第一个成员 bool MoveNext() 从集合的一个元素移动到下一个元素，同时检测是否已遍历完集合中的每个元素。第二个成员是只读属性 Current，用于返回当前元素。Current 在 IEnumerator<T> 中进行了重载，提供了类型特有的实现。利用集合类的这两个成员，只需用一个 while 循环即可遍历集合，如代码清单 15.5 所示，Reset() 方法一般抛出 NotImplementedException 异常，所以永远都不应调用它。要重新开始枚举，只需要创建一个新的枚举器[①]。

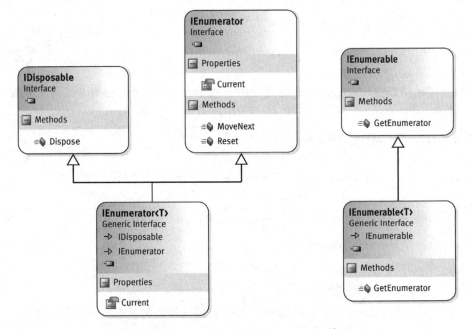

图 15.1 IEnumerator<T> 和 IEnumerator 接口

**代码清单 15.5　使用 while 遍历集合**

```
System.Collections.Generic.Stack<int> stack = new();
int number;
// ...
```

---

[①] 译注：文档将 enumerator 翻译为"枚举数"。但一般都说成"枚举器"。枚举器在最开始的时候定位在集合第一个元素前。

```
// 概念性代码，非实际代码
#if ConceptualCode
while(stack.MoveNext())
{
    number = stack.Current();
    Console.WriteLine(number);
}
#endif // ConceptualCode
```

在代码清单 15.5 中，`MoveNext()` 方法在越过集合末尾之后将会返回 `false`，这样一来，就免除了循环时维护一个元素计数的必要性。

代码清单 15.5 使用的集合类型是 `System.Collections.Generic.Stack<T>`。还有其他许多集合类型。`Stack<T>` 是"后入先出"(last in, first out，LIFO) 的集合。注意类型参数 `T` 标识集合项的类型。泛型集合的一个关键特点是集合中存储的都是某一特定类型的对象。程序员在添加、删除或访问集合中的数据项时，必须理解这些项的数据类型是什么。

本例只是演示了 C# 编译器生成的代码的要点，但和真实的 CIL 代码并不完全一致，因其遗漏了两个重要的实现细节：交错 (interleaving) 和错误处理 (error handling)。

### 状态共享

代码清单 15.5 的问题在于，如果同时有两个这样的循环交错遍历同一个集合 ( 一个 `foreach` 嵌套了另一个 `foreach`，两者都使用同一个集合 )，那么集合必须维持当前元素的一个状态指示器，确保调用 `MoveNext()` 时能正确定位下一个元素。但现在的问题是，交错的循环可能相互干扰——循环由多个线程执行时，也会有同样的问题。

为了解决该问题，集合类不直接支持 `IEnumerator<T>` 和 `IEnumerator` 接口。如图 15.1 所示，还有第二个接口 `IEnumerable<T>`，它唯一的方法就是 `GetEnumerator()`。该方法的作用是返回支持 `IEnumerator<T>` 的一个对象。在这里，不是由集合类来维持状态。相反，是由一个不同的类(通常是嵌套类,以便访问集合内部)来支持 `IEnumerator<T>`接口，并负责维护循环遍历的状态。枚举器 (enumerator) 相当于一个"游标"或"书签"。可以有多个书签，每个书签都独立于其他书签。移动一个书签来遍历集合不会干扰到其他书签。基于这个模式，代码清单 15.6 展示了与 `foreach` 循环等价的 C# 代码。

**代码清单 15.6　循环遍历期间，由一个单独的枚举器来维持状态**

```
System.Collections.Generic.Stack<int> stack = new();
int number;
System.Collections.Generic.Stack<int>.Enumerator
  enumerator;

// ...

// 如果显式实现 IEnumerable<T>，那么需要一次强制类型转换
// ((IEnumerable<int>)stack).GetEnumerator();
enumerator = stack.GetEnumerator();
```

```
while(enumerator.MoveNext())
{
    number = enumerator.Current;
    Console.WriteLine(number);
}
```

**高级主题：退出循环后的状态清理**

由于是由实现了 IEnumerator<T> 接口的类负责状态维护，所以在退出循环之后，有时需要对状态进行清理——之所以退出循环，要么是由于所有循环迭代都已结束，要么是中途抛出了异常。为此，IEnumerator<T> 接口从 IDisposable 派生。实现 IEnumerator 的枚举器不一定要实现 IDisposable。但只要实现了 IDisposable，Dispose() 方法也会得到调用——Dispose() 在 foreach 循环退出后调用。代码清单 15.7 展示了和最终的 CIL 代码等价的 C# 代码。

**代码清单 15.7  对集合执行 foreach 的编译结果**

```
System.Collections.Generic.Stack<int> stack = new();
System.Collections.Generic.Stack<int>.Enumerator enumerator;
IDisposable disposable;

enumerator = stack.GetEnumerator();
try
{
    int number;
    while (enumerator.MoveNext())
    {
        number = enumerator.Current;
        Console.WriteLine(number);
    }
}
finally
{
    // 枚举器需要显式转型为 IDisposable
    disposable = (IDisposable)enumerator;
    disposable.Dispose();

    // 除非编译时已知支持 IDisposable，否则应该使用
    // as 操作符将枚举器转型为 IDisposable
    // disposable = (enumerator as IDisposable);
    // if (disposable is not null)
    // {
    //     disposable.Dispose();
    // }
}
```

注意，由于 IEnumerator<T> 支持 IDisposable 接口，所以可用 using 关键字简化代码清单 15.7 的 C# 代码，如代码清单 15.8 所示。

**代码清单 15.8  使用 using 简化错误处理和资源清理**

```
System.Collections.Generic.Stack<int> stack = new();
int number;

using (
    System.Collections.Generic.Stack<int>.Enumerator
```

```
            enumerator = stack.GetEnumerator())
{
    while (enumerator.MoveNext())
    {
        number = enumerator.Current;
        Console.WriteLine(number);
    }
}
```

但要记住的是，CIL 本身并不懂得什么是 using 关键字，所以实际上代码清单 15.7 的 C# 代码才更准确地对应于为 foreach 生成的 CIL 代码。

**高级主题：没有 IEnumerable 的 foreach**

为了对一个数据类型进行 foreach 遍历，C# 编译器并不要求一定要实现 IEnumerable/IEnumerable<T> 接口。相反，编译器采用称为"鸭子类型"(Duck typing) 的概念[①]。换言之，它会查找返回"包含 Current 属性和 MoveNext() 方法的一个类型"的 GetEnumerator() 方法。这个技术是按名称查找方法，而不依赖接口或显式方法调用。"鸭子类型"的名称来源于一种异想天开的想法，即要被视为鸭子，对象只需实现一个嘎嘎叫的 Quack() 方法，不需要实现 IDuck 接口。只有"鸭子类型"找不到可枚举模式的恰当实现，编译器才会检查集合是否实现了接口。此外，即使方法或接口都不存在，从 C# 9.0 开始，编译器还将寻找实现 GetEnumerator() 签名的扩展方法，并在可用时使用它。

## 15.3.3 foreach 循环期间不要修改集合

第 4 章讲过，编译器禁止对 foreach 循环变量 (number) 赋值。如代码清单 15.7 所示，向 number 的赋值并不会改变集合元素本身。所以，为了避免产生混淆，C# 编译器干脆禁止了此类赋值。

另外，在 foreach 循环执行期间，无论集合元素计数还是集合项本身通常都不能修改。例如，假定在 foreach 循环中调用 stack.Push(42)，那么枚举器应该忽略还是集成对 stack 的更改？或者说，枚举器应该枚举新添加的项，还是应该忽略该项并假定状态没变 ( 仍为迭代器当初实例化时的状态 )？

由于存在上述歧义，所以假如在 foreach 循环期间对集合进行修改，重新访问枚举器就会抛出 System.InvalidOperationException 异常，指出在枚举器实例化之后，集合已发生了变化。

## 15.3 标准查询操作符

将 System.Object 的方法排除在外，实现 IEnumerable<T> 的任何类型只需实现 GetEnumerator() 这一个方法。但是，看问题不能只看表面。事实上，任何类型在实现 IEnumerable<T> 之后，都有超过 50 个方法可供使用，其中还不包括重载版本。

---

① 译注：鸭子类型 (duck typing) 在程序设计中是动态类型的一种风格。在这种风格中，一个对象有效的语义，不是由继承自特定的类或实现特定的接口，而是由当前方法和属性的集合决定。——维基百科

而为了享受到所有这一切，除了 GetEnumerator() 之外，根本不需要显式实现其他任何方法。附加功能由 C# 3.0 开始引入的扩展方法提供，所有方法都在 System.Linq. Enumerable 类中定义。所以，为了使用这些方法，只需简单地添加以下指令：

```
using System.Linq;
```

IEnumerable<T> 上的每个方法都是**标准查询操作符**，用于为所操作的集合提供查询功能。后续小节将探讨一些最重要的标准查询操作符。许多例子都要依赖于代码清单 15.9 定义的 Inventor 和 / 或 Patent 类。输出 15.1 展示了结果。

**代码清单 15.9　用于演示标准查询操作符的示例类**

```csharp
using System;
using System.Collections.Generic;

public class Program
{
    public static void Main()
    {
        IEnumerable<Patent> patents = PatentData.Patents;
        Print(patents);

        Console.WriteLine();

        IEnumerable<Inventor> inventors = PatentData.Inventors;
        Print(inventors);
    }

    private static void Print<T>(IEnumerable<T> items)
    {
        foreach(T item in items)
        {
            Console.WriteLine(item);
        }
    }
}
```

**输出 15.1**

```
双焦点眼镜 (1784)
留声机 (1877)
活动电影机 (1888)
电报 (1837)
飞机 (1903)
蒸汽机车 (1815)
液滴沉积装置 (1989)
无背式胸罩 (1914)

本杰明·富兰克林（费城，PA）
奥维尔·莱特（基蒂霍克，NC）
威尔伯·莱特（基蒂霍克，NC）
塞缪尔·莫尔斯（纽约，NY）
```

乔治·斯蒂芬森（怀拉姆，诺森伯兰）
约翰·迈克利斯（芝加哥，IL）
玛丽·菲尔普斯·雅各布（纽约，NY）

## 15.3.1　使用 Where() 来筛选

为了从集合中筛选数据，需要提供一个筛选器方法来返回 **true** 或 **false**，以指明特定元素是否应被包含。获取一个实参并返回 Boolean 值的委托表达式称为**谓词**(predicate)。集合的 Where() 方法依据谓词来确定筛选条件。代码清单 15.10 展示了一个例子。从技术上说，Where() 方法的结果是一个对象，它封装了根据一个给定谓词对一个给定序列进行筛选的操作。输出 15.2 展示了结果。

**代码清单 15.10　使用 System.Linq.Enumerable.Where() 来筛选**

```
using System;
using System.Collections.Generic;
using System.Linq;

public class Program
{
    public static void Main()
    {
        IEnumerable<Patent> patents = PatentData.Patents;
        patents = patents.Where(
            patent => patent.YearOfPublication.StartsWith("18"));
        Print(patents);
    }
    // ...
}
```

**输出 15.2**

```
留声机 (1877)
活动电影机 (1888)
电报 (1837)
蒸汽机车 (1815)
```

注意，代码将 Where() 的输出赋给 IEnumerable<T>。换言之，IEnumerable<T>.Where() 输出的是一个新的 IEnumerable<T> 集合。具体到代码清单 15.10，就是 IEnumerable<Patent>。

许多人都不知道，Where() 方法的表达式实参并非一定会在赋值时完成求值。这一点适合许多标准查询操作符。在 Where() 的情况下，表达式传给集合，"保存"起来但不马上执行。相反，只有在稍后需要遍历集合中的项时，才会真正对表达式进行求值。例如，foreach 循环（例如代码清单 15.9 的 Print() 方法中的那一个）会造成表达式针对集合中的每一项进行求值。至少从概念上说，应认为 Where() 方法只是描述了集合中应该有什么，而没有描述具体应该如何遍历数据项并生成新集合（并在其中填充筛选后数量可能减少了的数据项）。

## 15.3.2 使用 Select() 来投射

由于 IEnumerable<T>.Where() 输出的是一个新的 IEnumerable<T> 集合，所以完全可以在这个集合的基础上再调用另一个标准查询操作符。例如，从原始集合中筛选好数据后，可以接着对这些数据进行转换，如代码清单 15.11 所示。

代码清单 15.11　使用 System.Linq.Enumerable.Select() 来投射

```
using System;
using System.Collections.Generic;
using System.Linq;

public class Program
{
    public static void Main()
    {
        IEnumerable<Patent> patents = PatentData.Patents;
        IEnumerable<Patent> patentsOf1800 = patents.Where(
            patent => patent.YearOfPublication.StartsWith("18"));
        IEnumerable<string> items = patentsOf1800.Select(
            patent => patent.ToString());
        Print(items);
    }
    // ...
}
```

代码清单 15.11 创建了一个新的 IEnumerable<string> 集合。虽然添加了一个 Select() 调用，但并未造成输出有任何改变。但这纯属巧合，因为 Print() 中的 Console.WriteLine() 调用恰好会使用 ToString()。事实上，针对每个数据项都会发生一次转换：从原始集合的 Patent 类型转换成 items 集合的 string 类型。

代码清单 15.12 展示了使用 System.IO.FileInfo 的一个例子。

代码清单 15.12　使用 System.Linq.Enumerable.Select() 和 new 来投射

```
//...
IEnumerable<string> fileList = Directory.EnumerateFiles(
    rootDirectory, searchPattern);
IEnumerable<FileInfo> files = fileList.Select(
    file => new FileInfo(file));
//...
```

fileList 是 IEnumerable<string> 类型。但利用 Select 的投射功能，可以将集合中的每一项都转换为 System.IO.FileInfo 对象。

最后关注一下元组。创建 IEnumerable<T> 集合时，T 可以是一个元组，如代码清单 15.13 和输出 15.3 所示。

代码清单 15.13　投射成元组

```
//...
```

```
IEnumerable<string> fileList = Directory.EnumerateFiles(
    rootDirectory, searchPattern);
IEnumerable<(string FileName, long Size)> items = fileList.Select(
    file =>
    {
        FileInfo fileInfo = new(file);
        return (
            FileName: fileInfo.Name,
            Size: fileInfo.Length
        );
    });
//...
```

输出 15.3

```
FileName = Chapter15.deps.json, Size = 419
FileName = Chapter15.dll, Size = 49664
FileName = Chapter15.exe, Size = 140800
FileName = Chapter15.pdb, Size = 25496
FileName = Chapter15.runtimeconfig.json, Size = 268
```

在为匿名类型生成的 **ToString()** 方法中,会自动添加用于显示属性名称及其值的代码。

使用 select() 进行 "投射" 是很强大的一个功能。上一节讲述如何用 Where() 标准查询操作符在 "垂直" 方向上筛选集合 ( 减少集合项数量 )。现在使用 Select() 标准查询操作符,还可以在 "水平" 方向上减小集合规模 ( 减少列的数量 ) 或者对数据进行完全转换。可以综合运用 Where() 和 Select() 来获得原始集合的子集,从而满足当前算法的要求。这两个方法各自提供了一个功能强大的、对集合进行操纵的 API。以前要获得同样的效果,必须手动写大量难以阅读的代码。

**高级主题:并行运行 LINQ 查询**

现在大多数 PC 配备的都是多核处理器,人们迫切希望能简单地利用这些额外的处理能力。为此,需要修改程序来支持多线程,使工作可以在计算机的不同内核上同时进行。代码清单 15.14 演示了使用并行 LINQ(PLING) 来达到这个目标的一种方式。

**代码清单 15.14　并行执行 LINQ 查询**

```
//...
IEnumerable<string> fileList = Directory.EnumerateFiles(
    rootDirectory, searchPattern);
var items = fileList.AsParallel().Select(
    file =>
    {
        FileInfo fileInfo = new(file);
        return new
        {
            FileName = fileInfo.Name,
            Size = fileInfo.Length
        };
    });
//...
```

在代码清单 15.14 中，简单修改代码即可实现并行。唯一要做的就是利用 .NET Framework 4 引入的标准查询操作符 AsParallel()，它是静态类 System.Linq.ParallelEnumerable 的成员。使用这个简单的扩展方法，"运行时"一边遍历 fileList 中的数据项，一边返回结果对象；两个操作并行发生。本例中的每个并行操作开销不大（虽然只是相对于其他正在进行的操作），但在执行 CPU 密集型处理时（比如加密或压缩），累积起来的开销还是相当大的。在多个 CPU 之间并行执行，执行时间将根据 CPU 的数量成比例缩短（理论上）。

但有一点很重要（这也是为什么将 AsParallel() 放到"高级主题"而不是正文中讨论的原因），并行执行可能引入竞态条件 (race conditions)。也就是说，一个线程上的一个操作可能会与一个不同的线程上的一个操作混合，造成数据被破坏。为了避免该问题，需要向多个线程共享访问的数据应用同步机制，在必要时强迫操作的原子性。但同步本身可能引入死锁，造成执行被"冻结"，使并行编程变得更复杂。

第 19 章～第 22 章将进一步讨论该问题和其他多线程主题。

### 15.3.3 使用 Count() 对元素进行计数

对数据项集合执行的另一个常见操作是获取计数。LINQ 为此提供了 Count() 扩展方法。

代码清单 15.15 演示如何使用重载的 Count() 来统计所有元素的数量（无参）或者获取一个谓词作为参数，只对谓词表达式所标识的数据项进行计数。

**代码清单 15.15　用 Count() 进行元素计数**

```
using System;
using System.Collections.Generic;
using System.Linq;

public class Program
{
    public static void Main()
    {
        IEnumerable<Patent> patents = PatentData.Patents;
        Console.WriteLine($" 专利数量 : { patents.Count() }");
        Console.WriteLine($@"19 世纪专利数量 : {
            patents.Count(patent =>
                patent.YearOfPublication.StartsWith("18"))}");
    }
}
```

尽管调用 Count() 方法看起来很简单直接，但如果在 IEnumerable<T> 类型上使用，它并没有改变 IEnumerable<T> 的本质特征——即该方法在内部实际上会遍历集合中的所有项来进行计数。如果集合提供了 Count 属性，那么应首选该属性，而不要用 LINQ 的 Count() 方法（这是一个容易忽视的差异）。幸好，ICollection<T> 包含了 Count 属性。所以，如果集合支持 ICollection<T>，那么在它上面调用 Count() 方法会对集合进行转型，并直接调用 Count。但是，如果不支持 ICollection<T>，Enumerable.Count() 就会枚举集合中的所有项，而不是调用内建的 Count 机制。如果计数的目的只是为了看这个计数是否大于 0(if(patents.Count() > 0){...})，那么首选做法是使用 Any() 操作符 (if(patents.Any()) {...})。Any() 只尝试遍历集合中的一个项，成功就返回 true，而不会遍历整个序列。

> **■ 设计规范**
>
> 　1. DO use System.Linq.Enumerable.Any() rather than calling Count() when checking whether there are more than zero items.
>
> 　　要在检查是否有任何项时使用 System.Linq.Enumerable.Any() 而不是调用 Count() 方法。
>
> 　2. DO use a collection's Count property (if available) instead of calling the System.Linq.Enumerable.Count() method.
>
> 　　要使用集合的 Count 属性 ( 如果有的话 )，而不是调用 System.Linq.Enumerable.Count() 方法。

## 15.3.4　推迟执行

　　使用 LINQ 时要记住的一个重要概念是推迟执行。下面来看看代码清单 15.16 和输出 15.4。

代码清单 15.16　使用 System.Linq.Enumerable.Where() 来筛选

```
using System;
using System.Collections.Generic;
using System.Linq;

public class Program
{
    public static void Main()
    {
        IEnumerable<Patent> patents = PatentData.Patents;
        bool result;
        patents = patents.Where(
            patent =>
            {
                if(result =
                    patent.YearOfPublication.StartsWith("18"))
                {
                    // 谓词应该只做判断，尽量避免下面这样在谓词中的副作用
                    Console.WriteLine("\t" + patent);
                }
                return result;
            });

        Console.WriteLine("1. 20 世纪之前的专利清单之一 :");
        foreach(Patent patent in patents)
        {
        }

        Console.WriteLine();
        Console.WriteLine(
```

```
                    "2. 20 世纪之前的专利清单之二 :");
            Console.WriteLine(
                $@"    20 世纪之前总共有 { patents.Count()
                    } 个专利。");

            Console.WriteLine();
            Console.WriteLine(
                "3. 18 世纪之前的专利清单之三 :");
            patents = patents.ToArray();
            Console.Write("    20 世纪之前总共有 ");
            Console.WriteLine(
                $"{ patents.Count() } 个专利。");

            //...
        }
    }
```

**输出 15.4**

```
1. 20 世纪之前的专利清单之一 :
        留声机 (1877)
        活动电影机 (1888)
        电报 (1837)
        蒸汽机车 (1815)

2. 20 世纪之前的专利清单之二 :
        留声机 (1877)
        活动电影机 (1888)
        电报 (1837)
        蒸汽机车 (1815)
    20 世纪之前总共有 4 个专利。

3. 18 世纪之前的专利清单之三 :
        留声机 (1877)
        活动电影机 (1888)
        电报 (1837)
        蒸汽机车 (1815)
    20 世纪之前总共有 4 个专利。
```

　　注意，Console.WriteLine("1. 20 世纪之前…) 这行代码被故意放到 Lambda 表达式后面，却先于 Lambda 表达式执行。这是很容易被人忽视的一个地方。任何谓词通常都只应做一件事情：对一个条件进行求值。它不应该有任何"副作用"——即使是像本例这样打印到控制台的动作，如代码注释所示。

　　为了理解背后发生的事情，记住 Lambda 表达式是可以四处传递的委托——是方法引用。在 LINQ 和标准查询操作符的背景下，每个 Lambda 表达式都构成了要执行的总体查询的一部分。

　　Lambda 表达式在声明时不执行。事实上，Lambda 表达式中的代码只有在 Lambda 表达式被调用时才开始执行。图 15.2 展示了操作的具体顺序。

　　如图 15.2 所示，代码清单 15.16 中的三个调用都触发了 Lambda 表达式的执行，每次都不是很明显。假如 Lambda 表达式执行的代价比较高 ( 比如查询数据库 )，那么为了优化代码，很重要的一点就是尽量减少 Lambda 表达式的执行。

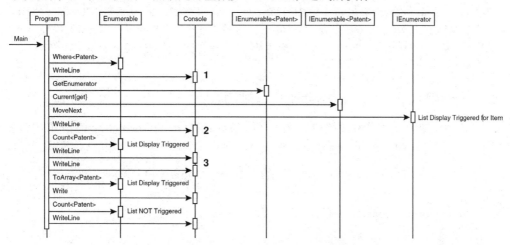

图 15.2　调用 Lambda 表达式时的操作顺序

首先，foreach 循环触发了 Lambda 表达式的执行。本章前面说过，foreach 循环被分解成一个 MoveNext() 调用，而且每个调用都会造成对原始集合中的一项执行 Lambda 表达式。在循环迭代期间，"运行时"为每一项调用 Lambda 表达式，判断该项是否满足谓词。

其次，调用 Enumerable 的 Count() 方法，会再次为每一项触发 Lambda 表达式。这同样很容易被人忽视，因为以前可能习惯了使用 Count 属性。

最后，调用 ToArray()( 或 ToList()、ToDictionary() 或 ToLookup()) 会为每一项触发 Lambda 表达式。但是，使用这些 ToXXX 方法来转换集合是相当有用的。这样返回的是已由标准查询操作符处理过的集合。在代码清单 15.16 中，转换成数组意味着在最后一个 Console.WriteLine() 语句中调用 Length 时，patents 指向的基础对象实际是一个数组 ( 它显然实现了 IEnumerable<T> )，所以调用的 Length 由 System.Array 实现，而不是由 System.Linq.Enumerable 实现。因此，用 ToXXX 方法转换成集合类型之后，一般可以安全地操纵集合 ( 直接调用另一个标准查询操作符 )。但注意这会造成整个结果集都加载到内存 ( 在此之前可能驻留在一个数据库或文件中 )。除此之外，ToXXX 方法会创建基础数据的"快照"，所以重新查询 ToXXX 方法的结果时，不会返回新的结果。

强烈建议好好体会一下图 15.2 展示的顺序图，拿实际的代码去对照一下，理解由于标准查询操作符存在"推迟执行"的特点，所以可能在不知不觉间触发标准查询操作符。开发者应提高警惕，防止出乎预料的调用。查询对象代表的是查询而非结果。向查询要结果时，整个查询都会执行 ( 甚至可能是再次执行 )，因为查询对象不确定结果和上次执行的结果 ( 如果存在的话 ) 是不是一样。

**注意**

为了避免反复执行，一个查询在执行之后，有必要把它获取的数据缓存起来。为此，可以使用一个"ToXXX"方法（比如 **ToArray()**）将数据赋给一个本地集合。将"ToXXX"方法的返回结果赋给一个集合，显然会造成查询的执行。但在此之后，对已赋好值的集合进行遍历，就不会再涉及查询表达式。一般情况下，如果"内存中的集合快照"是你所想要的，那么最好的做法就是将查询表达式赋给一个缓存的集合，避免不必要的、重复的查询。

## 15.3.5 使用 OrderBy() 和 ThenBy() 来排序

另一个常见的集合操作是排序。这涉及对 **System.Linq.Enumerable** 的 **OrderBy()** 的调用，如代码清单 15.17 和输出 15.5 所示。

**代码清单 15.17  使用 System.Linq.Enumerable.OrderBy()/ThenBy() 排序**

```csharp
using System;
using System.Collections.Generic;
using System.Linq;

// ...
IEnumerable<Patent> items;
Patent[] patents = PatentData.Patents;
items = patents.OrderBy(
    patent => patent.YearOfPublication).
    ThenBy(patent => patent.Title);
Print(items);
Console.WriteLine();

items = patents.OrderByDescending(
        patent => patent.YearOfPublication)
    .ThenByDescending(patent => patent.Title);
Print(items);
//...
```

**输出 15.5**

```
双焦点眼镜 (1784)
蒸汽机车 (1815)
电报 (1837)
留声机 (1877)
活动电影机 (1888)
飞机 (1903)
无背式胸罩 (1914)
液滴沉积装置 (1989)

液滴沉积装置 (1989)
无背式胸罩 (1914)
飞机 (1903)
活动电影机 (1888)
```

留声机 (1877)
电报 (1837)
蒸汽机车 (1815)
双焦点眼镜 (1784)

OrderBy() 获取一个 Lambda 表达式，该表达式标识了要据此进行排序的键。在代码清单 15.17 中，第一次排序使用专利的发布年份 (YearOfPublication) 作为键。

但要注意，OrderBy() 只获取一个称为 keySelector 的参数来排序。要依据第二个列来排序，需要使用一个不同的方法 ThenBy()。类似地，更多的排序要使用更多的 ThenBy()。

OrderBy() 返回的是一个 IOrderedEnumerable<T>，而不是一个 IEnumerable<T>。此外，IOrderedEnumerable<T> 从 IEnumerable<T> 派生，所以能为 OrderBy() 的返回值使用所有标准查询操作符 (包括 OrderBy())。但是，假如重复调用 OrderBy()，会撤消上一个 OrderBy() 的工作，只有最后一个 OrderBy() 的 keySelector 才真正起作用。所以，注意不要在上一个 OrderBy() 调用的基础上再调用 OrderBy()。

指定额外排序条件需要使用扩展方法 ThenBy()。ThenBy() 扩展的不是 IEnumerable<T>而是 IOrderedEnumerable<T>。该方法也在 System.Linq.Enumerable 中定义，声明如下：

```
public static IOrderedEnumerable<TSource> ThenBy<TSource, TKey>(
    this IOrderedEnumerable<TSource> source, Func<TSource, TKey> keySelector)
```

总之，要先使用 OrderBy()，再执行零个或多个 ThenBy() 调用来提供额外的排序"列"。OrderByDescending() 和 ThenByDescending() 提供了相同的功能，只是变成按降序排序。升序和降序方法混用没有问题，但进一步排序就要用一个 ThenBy()调用，无论升序还是降序。

关于排序，还有两个重要问题需要注意。首先，要等到开始访问集合中的成员时，才会实际开始排序，那时整个查询都会得到处理。显然，除非拿到所有需要排序的项，否则无法排序，因为无法确定是否已获得第一项。排序被推迟到开始访问成员时才开始，这要归功于本章前面讨论的"推迟执行"。其次，执行后续的数据排序调用时 (例如，先调用 Orderby()，再调用 ThenBy()，再调用 ThenByDescending())，会再次调用之前的 keySelector Lambda 表达式。换言之，如果先调用 OrderBy()，那么在遍历集合时，会调用对应的 keySelector Lambda 表达式。如果接着调用 ThenBy()，会造成那个 OrderBy() 的 keySelector 被再次调用。

■ 设计规范

DO NOT call an OrderBy() following a prior OrderBy() method call. Use ThenBy() to sequence items by more than one value.

不要为 OrderBy() 的结果再次调用 OrderBy()。附加的排序依据用 ThenBy() 指定。

**初学者主题：连接[1](join) 操作**

下面来考虑两个对象集合，如图 15.3 的维恩图[2] 所示。左边的圆包含所有发明者，右边的圆包含所有专利。交集中既有发明者也有专利。另外，凡是发明者和专利存在一个匹配，就用一条线来连接。如图所示，每个发明者都可能有多项专利，而每项专利可能有一个或者多个发明者。每项专利至少有一个发明者，但某些情况下，一个发明者可能还没有任何专利。

在交集中将发明者与专利匹配，这称为**内连接** (inner join)。结果是一个"发明者 - 专利"集合，在每一对"发明者 - 专利"中，专利和发明者都同时存在。**左外连接** (left outer join) 包含左边那个圆中的所有项，不管它们是否有一项对应的专利。在本例中，**右外连接** (right outer join) 和内连接一样，因为所有专利都有发明者。此外，谁在左边，谁在右边，这是任意指定的，所以左外连接和右外连接实际并无区别。但是，如果执行**全外连接** (full outer join)，就需同时包含来自两侧的记录，只是极少需要执行这种连接罢了。

对于发明者和专利的关系，另一个重要特点在于它是"多对多"关系。每一项专利都可能有一个或多个发明者 ( 例如飞机由莱特兄弟发明 )。此外，每个发明者都可能有一项或多项专利 ( 本杰明·富兰克林发明了双焦距眼镜和留声机 )。

还有一种常见的关系是"一对多"关系。例如，公司的一个部门可能有多个员工。但每个员工同时只能隶属于一个部门。然而，在"一对多"关系中引入时间因素，就可使之成为"多对多"关系。例如，一名员工可能从一个部门调换到另一个部门，所以随着时间的推移，他可能和多个部门关联，形成"多对多"关系。

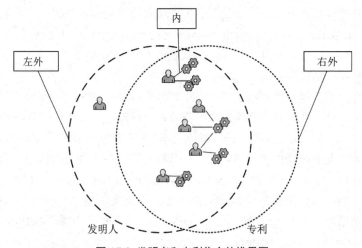

图 15.3　发明者和专利集合的维恩图

代码清单 15.18 用于输出示例员工和部门数据，结果如输出 15.6 所示。

**代码清单 15.18　示例员工和部门数据**

```
public class Program
```

---

① 译注：又称为"联接"。

② 译注：也称为文氏图，用于展示在不同的事物群组 ( 集合 ) 之间的数学或逻辑联系，尤其适合用来表示集合 ( 或 ) 类之间的"大致关系"，也常常用来帮助推导 ( 或理解推导过程 ) 关于集合运算 ( 或类运算 ) 的一些规律。

```
{
    public static void Main()
    {
        IEnumerable<Department> departments =
            CorporateData.Departments; // 部门
        Print(departments);

        Console.WriteLine();

        IEnumerable<Employee> employees =
            CorporateData.Employees; // 员工
        Print(employees);
    }

    private static void Print<T>(IEnumerable<T> items)
    {
        foreach(T item in items)
        {
            Console.WriteLine(item);
        }
    }
}
```

输出 15.6

```
Corporate
人力资源
工程
IT
慈善
市场

Mark Michaelis（首席电脑发烧友）
Michael Stokesbary（高级电脑巫师）
Brian Jones（企业集成大师）
Anne Beard（人力资源总监）
Pat Dever（企业架构师）
Kevin Bost（杰出程序员）
Thomas Heavey（软件架构师）
Eric Edmonds（慈善协调员）
```

后面在讨论如何连接 (join) 数据时会用到这些数据。

## 15.3.6 使用 Join() 执行内连接

在客户端一侧，对象和对象的关系一般都已经建立好了。例如，文件和其所在目录的关系是由 DirectoryInfo.GetFiles() 方法和 FileInfo.Directory 方法预先建立好的。但从非对象存储 (nonobject store) 加载的数据则一般不是这种情况。相反，这些数据需要连接到一起，以适合数据的方式从一种对象类型切换到下一种。

以员工和公司部门为例。代码清单 15.19 将每个员工都连接到他 / 她的部门，然后列出每个员工及其对应部门。由于每个员工都只隶属于一个 ( 而且只有一个 ) 部门，所以列表中的数据项的总数等于员工总数——每个员工保证只出现一次（每个员工都被正规化了，即 normalized)。这段代码的结果如输出 15.7 所示。

代码清单 15.19　使用 System.Linq.Enumerable.Join() 进行内连接

```
using System;
using System.Collections.Generic;
using System.Linq;
//...
        Department[] departments = CorporateData.Departments;
        Employee[] employees = CorporateData.Employees;

        IEnumerable<(int Id, string Name, string Title,
            Department Department)> items =
                employees.Join(
                    departments,
                    employee => employee.DepartmentId,
                    department => department.Id,
                    (employee, department) => (
                        employee.Id,
                        employee.Name,
                        employee.Title,
                        department
                )
            ));

        foreach ((int Id, string Name, string Title, Department Department) item in items)
        {
            Console.WriteLine(
                $"{item.Name} ({item.Title})");
            Console.WriteLine("\t" + item.Department);
        }
    }
    //...
```

输出 15.7

```
Mark Michaelis（首席电脑发烧友）
        Corporate
Michael Stokesbary（高级电脑巫师）
        工程
Brian Jones（企业集成大师）
        工程
Anne Beard（人力资源总监）
        人力资源
Pat Dever（企业架构师）
        IT
Kevin Bost（杰出程序员）
        工程
Thomas Heavey（软件架构师）
        工程
Eric Edmonds（慈善协调员）
        慈善
```

　　Join() 的第一个参数称为 inner，指定了 employees 要连接到的集合，即 departments。接着两个参数都是 Lambda 表达式，指定两个集合要如何连接。第一个 Lambda

表达式是 employee => employee.DepartmentId，这个参数称为 outerKeySelector，指定每个员工的键是 DepartmentId。下一个 Lambda 表达式是 department => department.Id，将 Department 的 Id 属性指定为键。换言之，每个员工都连接到 employee.DepartmentId 等于 department.Id 的部门。最后一个参数指定最终要选择的结果项。本例是一个元组，包含员工的 Id( 最后未打印 )、Name、Title 和部门名称。

　　注意在输出结果中，"工程"多次出现，工程部的每个员工都会显示一次。在本例中，调用 Join() 生成了所有部门和所有员工的一个**笛卡儿乘积**；换言之，假如一条记录在两个集合中都能找到，且指定的部门 ID 相同，就创建一条新记录。这种类型的连接是内连接。

　　也可以反向连接，即将部门连接到每个员工，从而列出所有"部门 - 员工"匹配。注意输出的记录数要多于部门数，因为每个部门都可能包含多个员工，而每个匹配的情形都要输出一条记录。和前面一样，工程部会多次显示——为每个在这个部门的员工显示一次。

　　代码清单 15.20( 输出 15.8) 和代码清单 15.19( 输出 15.7) 相似，区别在于两者的对象 (Departments 和 Employees) 反转了。Join() 的第一个参数变成了 employees，表明 departments 要连接到 employees。接着两个参数是 Lambda 表达式，指定了两个集合如何连接，其中，department => department.Id 针对的是 departments，而 employee => employee.DepartmentId 针对的是 employees。和之前一样，凡是 department.Id 等于 employee.EmployeeId 的情形，都会发生一次连接。最后的元组参数指定了一个包含 int Id，string Name 和 Employee: employee 的一个类 ( 冒号前的名称可以拿掉，放在这里只是为了澄清 )。

代码清单 15.20　使用 System.Linq.Enumerable.Join() 执行的另一个内连接

```
using System;
using System.Collections.Generic;
using System.Linq;
//...
        Department[] departments = CorporateData.Departments;
        Employee[] employees = CorporateData.Employees;

        IEnumerable<(long Id, string Name, Employee Employee)> items =
            departments.Join(
                employees,
                department => department.Id,
                employee => employee.DepartmentId,
                (department, employee) => (
                    department.Id,
                    department.Name,
                    Employee: employee)
                );

        foreach ((long Id, string Name, Employee Employee) item in items)
        {
            Console.WriteLine(item.Name);
```

```
        Console.WriteLine("\t" + item.Employee);
    }
    //...
```

输出 15.8

```
Corporate
        Mark Michaelis（首席电脑发烧友）
人力资源
        Anne Beard（人力资源总监）
工程
        Michael Stokesbary（高级电脑巫师）
工程
        Brian Jones（企业集成大师）
工程
        Kevin Bost（杰出程序员）
工程
        Thomas Heavey（软件架构师）
IT
        Pat Dever（企业架构师）
慈善
        Eric Edmonds（慈善协调员）
```

## 15.3.7  使用 GroupBy 分组结果

除了排序和连接对象集合，经常还要对具有相似特征的对象进行分组。对于员工数据，可以考虑按部门、地区、职务等对员工进行分组。代码清单 15.21 展示如何使用 GroupBy() 标准查询操作符进行分组，输出 15.9 展示了结果。

代码清单 15.21  使用 System.Linq.Enumerable.GroupBy() 对数据项进行分组

```csharp
using System;
using System.Collections.Generic;
using System.Linq;
//...
    IEnumerable<Employee> employees = CorporateData.Employees;

    IEnumerable<IGrouping<int, Employee>> groupedEmployees =
        employees.GroupBy((employee) => employee.DepartmentId);

    foreach(IGrouping<int, Employee> employeeGroup in
        groupedEmployees)
    {
        Console.WriteLine();
        foreach(Employee employee in employeeGroup)
        {
            Console.WriteLine(employee);
        }
        Console.WriteLine(
          "\t 计数：" + employeeGroup.Count());
    }
    //...
```

输出 15.9

```
Mark Michaelis ( 首席电脑发烧友 )
        计数：1

Michael Stokesbary ( 高级电脑巫师 )
Brian Jones ( 企业集成大师 )
Kevin Bost ( 杰出程序员 )
Thomas Heavey ( 软件架构师 )
        计数：4

Anne Beard ( 人力资源总监 )
        计数：1

Pat Dever ( 企业架构师 )
        计数：1

Eric Edmonds ( 慈善协调员 )
        计数：1
```

　　注意，GroupBy() 返回的是 IGrouping<TKey, TElement> 类型的数据项，该类型有一个属性指定了作为分组依据的键 (employee.DepartmentId)。但是，没有为分组中的数据项准备一个专门的属性。相反，由于 IGrouping<TKey, TElement> 从 IEnumerable<T> 派生，所以可以使用 foreach 语句来枚举分组中的项，或者将数据聚合成像计数这样的东西 (employeeGroup.Count())。

## 15.3.8　使用 GroupJoin() 实现一对多关系

　　代码清单 15.19 和代码清单 15.20 几乎完全一致。改变一下元组定义，两个 Join() 调用就可产生相同的输出。如果要创建员工列表，代码清单 15.19 提供了正确结果。在代表所连接员工的两个元组中，department 都是其中一个数据项。但是，代码清单 15.20 不是特别理想。既然支持集合，表示部门的理想方案是显示一个部门的所有员工的集合，而不是为每个部门 - 员工关系都创建一个元组。代码清单 15.22 展示了具体如何做，输出 15.10 展示了结果。

代码清单 15.22　使用 System.Linq.Enumerable.GroupJoin() 创建子集合

```
using System;
using System.Collections.Generic;
using System.Linq;
//...
        Department[] departments = CorporateData.Departments;
        Employee[] employees = CorporateData.Employees;

        IEnumerable<(long Id, string Name, IEnumerable<Employee> Employees)> items =
            departments.GroupJoin(
                employees,
                department => department.Id,
                employee => employee.DepartmentId,
```

```
        (department, departmentEmployees) => (
            department.Id,
            department.Name,
            departmentEmployees
        ));

    foreach (
        (_, string name, IEnumerable<Employee> employeeCollection) in items)
    {
        Console.WriteLine(name);
        foreach (Employee employee in employeeCollection)
        {
            Console.WriteLine("\t" + employee);
        }
    }
    //...
```

输出 15.10

```
Corporate
        Mark Michaelis（首席电脑发烧友）
人力资源
        Anne Beard（人力资源总监）
工程

        Michael Stokesbary（高级电脑巫师）
        Brian Jones（企业集成大师）
        Kevin Bost（杰出程序员）
        Thomas Heavey（软件架构师）
IT

        Pat Dever（企业架构师）
慈善

        Eric Edmonds（慈善协调员）
```

　　为了获得理想的结果，要使用 System.Linq.Enumerable 的 GroupJoin() 方法。参数和代码清单 15.19 差不多，区别在于最后一个元组参数。在代码清单 15.22 中，Lambda 表达式的类型是 Func<Department, IEnumerable<Employee>, (long Id, string Name, IEnumerable<Employee> Employees)>。注意，是用第二个类型参数 (IEnumerable<Employee>) 将每个部门的员工集合投射到结果的部门元组中。这样在最终生成的集合中，每个部门都包含一个员工列表。

　　熟悉 SQL 的读者会注意到，和 Join() 不同，SQL 中没有与 GroupJoin() 等价的东西，这是由于 SQL 返回的数据基于记录，不分层次结构。

**高级主题：使用 GroupJoin() 实现外连接**

　　前面描述的内连接称为同等连接 (equi-join)，因为它们基于同等的键求值——只有在两个集合中都有的对象，它们的记录才会出现在结果集中。但在某些情况下，即使对应的对象不存在，也有必要创建一条记录。例如，虽然市场部还没有员工，但在最终的部门列表中，是不应该把它忽略掉的。更好的做法是列出这个部门的名称，同时显示一个空白员工列表。为此，可以执行一次左外连接，这是通过组合使用 GroupJoin()、SelectMany() 和 DefaultIfEmpty() 来实现的，如代码清单 15.23 和输出 15.11 所示。

代码清单 15.23　使用 GroupJoin() 和 SelectMany() 实现外连接

```
using System;
using System.Linq;
//...
        Department[] departments = CorporateData.Departments;
        Employee[] employees = CorporateData.Employees;

        var items = departments.GroupJoin(
            employees,
            department => department.Id,
            employee => employee.DepartmentId,
            (department, departmentEmployees) => new
            {
                department.Id,
                department.Name,
                Employees = departmentEmployees
            }).SelectMany(
                departmentRecord =>
                    departmentRecord.Employees.DefaultIfEmpty(),
                (departmentRecord, employee) => new
                {
                    departmentRecord.Id,
                    departmentRecord.Name,
                    departmentRecord.Employees
                }).Distinct();

        foreach (var item in items)
        {
            Console.WriteLine(item.Name);
            foreach (Employee employee in item.Employees)
            {
                Console.WriteLine("\t" + employee);
            }
        }
        //...
```

输出 15.11

```
Corporate
        Mark Michaelis（首席电脑发烧友）
人力资源
        Anne Beard（人力资源总监）
工程
        Michael Stokesbary（高级电脑巫师）
        Brian Jones（企业集成大师）
        Kevin Bost（杰出程序员）
        Thomas Heavey（软件架构师）
IT
        Pat Dever（企业架构师）
慈善
        Eric Edmonds（慈善协调员）
市场
```

### 15.3.9　调用 SelectMany()

偶尔需要处理集合的集合。代码清单 15.24 展示了一个例子。**teams** 数组包含两个球队，各个球队都包含一个球员字符串数组。

**代码清单 15.24　调用 SelectMany()**

```csharp
using System;
using System.Collections.Generic;
using System.Linq;
//...
    (string Team, string[] Players)
        [] worldCup2006Finalists = new[]
    {
        (
            TeamName: " 法国 ",
            Players: new string[]
            {
                "Fabien Barthez", "Gregory Coupet",
                "Mickael Landreau", "Eric Abidal",
                "Jean-Alain Boumsong", "Pascal Chimbonda",
                "William Gallas", "Gael Givet",
                "Willy Sagnol", "Mikael Silvestre",
                "Lilian Thuram", "Vikash Dhorasoo",
                "Alou Diarra", "Claude Makelele",
                "Florent Malouda", "Patrick Vieira",
                "Zinedine Zidane", "Djibril Cisse",
                "Thierry Henry", "Franck Ribery",
                "Louis Saha", "David Trezeguet",
                "Sylvain Wiltord",
            }
        ),
        (
            TeamName: " 意大利 ",
            Players: new string[]
            {
                "Gianluigi Buffon", "Angelo Peruzzi",
                "Marco Amelia", "Cristian Zaccardo",
                "Alessandro Nesta", "Gianluca Zambrotta",
                "Fabio Cannavaro", "Marco Materazzi",
                "Fabio Grosso", "Massimo Oddo",
                "Andrea Barzagli", "Andrea Pirlo",
                "Gennaro Gattuso", "Daniele De Rossi",
                "Mauro Camoranesi", "Simone Perrotta",
                "Simone Barone", "Luca Toni",
                "Alessandro Del Piero", "Francesco Totti",
                "Alberto Gilardino", "Filippo Inzaghi",
                "Vincenzo Iaquinta",
            }
        )
    };

    IEnumerable<string> players =
        worldCup2006Finalists.SelectMany(
```

```
            team => team.Players);

        Print(players);
        //...
```

在输出中，按每个球员在代码中出现的顺序逐行显示其姓名。`Select()` 和 `SelectMany()` 的区别在于，`Select()` 会返回两个球员数组，每个都对应原始集合中的球员数组。`Select()` 可以一边投射一边转换，但项的数量不会发生改变。例如，`teams.Select(team => team.Players)` 会返回一个 `IEnumerable<string[]>`。

相反，`SelectMany()` 遍历由 Lambda 表达式 ( 之前由 `Select()` 选择的数组 ) 标识的每一项，并将每一项都放到一个新集合中。新集合整合了子集合中的所有项。所以，不像 `Select()` 那样返回两个球员数组，`SelectMany()` 是将选择的每个数组都整合起来，把其中的项整合到一个集合中。

## 15.3.10　更多标准查询操作符

代码清单 15.25 展示了如何使用由 `Enumerable` 提供的一些更简单的 API；输出 15.12 展示了结果。

代码清单 15.25　更多的 `System.Linq.Enumerable` 方法调用

```csharp
using System;
using System.Collections.Generic;
using System.Linq;

public class Program
{
    public static void Main()
    {
        IEnumerable<object> stuff =
            new object[] { new(), 1, 3, 5, 7, 9,
                "\" 东西 \"", Guid.NewGuid() };
        Print(" 杂物 : {0}", stuff);

        IEnumerable<int> even = new int[] { 0, 2, 4, 6, 8 };
        Print(" 偶数 : {0}", even);

        IEnumerable<int> odd = stuff.OfType<int>();
        Print(" 奇数 : {0}", odd);

        IEnumerable<int> numbers = even.Union(odd);
        Print(" 奇数和偶数的并集 : {0}", numbers);

        Print(" 与偶数的并集 : {0}", numbers.Union(even));
        Print(" 与奇数合成超集 : {0}", numbers.Concat(odd));
        Print(" 与偶数的交集 : {0}",
            numbers.Intersect(even));
        Print(" 去重 : {0}", numbers.Concat(odd).Distinct());

        if (!numbers.SequenceEqual(
```

```
            numbers.Concat(odd).Distinct()))
    {
        throw new Exception("Unexpectedly unequal");
    }
    else
    {
        Console.WriteLine(
            @"Collection ""SequenceEquals""" +
            $" {nameof(numbers)}.Concat(odd).Distinct())");
    }
    Print(" 反转: {0}", numbers.Reverse());
    Print(" 平均: {0}", numbers.Average());
    Print(" 总和: {0}", numbers.Sum());
    Print(" 最大: {0}", numbers.Max());
    Print(" 最小: {0}", numbers.Min());
}

private static void Print<T>(
        string format, IEnumerable<T> items)
        where T : notnull =>
    Console.WriteLine(format, string.Join(
        ", ", items));
    // ...
}
```

输出 15.12

```
杂物 : System.Object, 1, 3, 5, 7, 9, " 东西 ", 131ae6ea-540b-4bea-99d3-62ae0dac6e46
偶数 : 0, 2, 4, 6, 8
奇数 : 1, 3, 5, 7, 9
奇数和偶数的并集 : 0, 2, 4, 6, 8, 1, 3, 5, 7, 9
与偶数的并集 : 0, 2, 4, 6, 8, 1, 3, 5, 7, 9
与奇数合并成超集 : 0, 2, 4, 6, 8, 1, 3, 5, 7, 9, 1, 3, 5, 7, 9
与偶数的交集 : 0, 2, 4, 6, 8
去重 : 0, 2, 4, 6, 8, 1, 3, 5, 7, 9
Collection "SequenceEquals" numbers.Concat(odd).Distinct()
反转 : 9, 7, 5, 3, 1, 8, 6, 4, 2, 0
平均 : 4.5
总和 : 45
最大 : 9
最小 : 0
```

在代码清单 15.25 中，所有 API 调用都不需要 Lambda 表达式。表 15.1 和表 15.2 对这些方法进行了总结。System.Linq.Enumerable 提供了一系列聚合函数（表 15.2），它们能枚举集合并计算结果。本章已利用了其中一个聚合函数 Count()。

注意，表 15.1 和表 15.2 列出的所有方法都会触发"推迟执行"。

表 15.1　更简单的查询操作符

| 方法 | 描述 |
| --- | --- |
| OfType<T>() | 构造查询来查询集合，只返回特定类型的项，类型由 OfType<T>() 的类型参数指定 |

续表

| 方法 | 描述 |
|---|---|
| Union() | 合并两个集合，生成两个集合中的所有项的超集。结果集合不包含重复的项，即使同一个项在两个集合中都存在 |
| Concat() | 合并两个集合，生成两个集合的超集。重复项不从结果集中删除。Concat() 会保留原先的顺序。也就是说，{A, B} 和 {C, D} 连接，结果是 {A, B, C, D} |
| Intersect() | 生成交集，在结果集合中填充两个原始集合中都有的项 |
| Distinct() | 筛选集合中重复的项，使结果集合中的每一项都是不重复的 |
| SequenceEquals() | 比较两个集合，返回 Boolean 值来指出集合是否一致，项的顺序也作比较依据之一（这有助于测试结果是否符合预期） |
| Reverse() | 反转集合中各个项的顺序，以便在遍历集合时，以相反的顺序进行遍历 |

**表 15.2　System.Linq.Enumerable 提供的聚合函数**

| 聚合函数 | 描述 |
|---|---|
| Count() | 返回集合中的项的总数 |
| Average() | 计算数值集合的平均值 |
| Sum() | 数值集合求和 |
| Max() | 判断数值集合的最大值 |
| Min() | 判断数值集合最小值 |

### 高级主题：IQueryable<T> 的 Queryable 扩展

有个接口几乎和 IEnumerable<T> 完全一样，这就是 IQueryable<T>。由于 IQueryable<T> 是从 IEnumerable<T> 派生的，所以它有 IEnumerable<T> 的"全部"成员，但只有那些直接声明的，例如 GetEnumerator()。扩展方法是不会继承的。所以，IQueryable<T> 没有 Enumerable 的任何扩展方法。但它有一个类似的扩展类，称为 System.Linq.Queryable。Enumerable 为 IEnumerable<T> 添加的几乎所有方法，Queryable 都会为 IQueryable<T> 添加。所以，IQueryable<T> 提供了一个非常相似的编程接口。

那么，是什么使 IQueryable<T> 显得与众不同呢？答案是可通过它实现自定义的 LINQ Provider(LINQ 提供程序）。LINQ Provider 将表达式分解成各个组成部分。一经分解，表达式就可以转换成另一种语言，可以序列化以便远程执行，可以通过异步执行模式来注入，等等。简单地说，LINQ Provider 允许开发人员在标准集合 API 的基础上加入一个拦截机制，可以用来修改或扩展标准的数据查询和处理行为。

例如，可以利用 LINQ Provider 将查询表达式从 C# 转换成 SQL，然后在远程数据库中执行。这样 C# 程序员就可以继续使用他 / 她熟悉的面向对象语言，将向 SQL 的转换留给底层的 LINQ Provider 去完成。通过这种类型的表达式，程序语言可轻松协调"面向对象编程"和"关系数据库"。

在 IQueryable<T> 的情况下，尤其要警惕推迟执行的问题。例如，假定一个 LINQ Provider 负责从数据库返回数据，那么不是不顾选择条件，直接从数据库中获取数据。相反，Lambda 表达式应提供 IQueryable<T> 的一个实现，其中可能要包含上下文信息，比如连接字符串，但不要包含数据。除非调用 GetEnumerator()（甚至 MoveNext()），否则不会发生真正的数据获取操作。

然而，GetEnumerator() 调用一般是隐式发生的，比如在用 foreach 遍历集合，或者调用一个 Enumerable 方法时（比如 Count<T>() 或 Cast<T>()）。很明显，针对此类情况，开发人员需提防在不知不觉中反复调用代价高昂的、可能涉及推迟执行的操作。例如，假定调用 GetEnumerator() 会造成通过网络来分布式地访问数据库，就应避免因调用 Count() 或 foreach 而不经意地造成对集合的重复遍历。

## 15.4 匿名类型与 LINQ

C# 3.0 通过 LINQ 显著增强了集合处理。令人印象深刻的是，为了支持这个高级 API，语言本身只进行了 8 处增强。而正是由于这些增强，才使 C# 3.0 成为语言发展史上的一个重要里程碑。其中两处增强是匿名类型和隐式（类型的）局部变量。但随着 C# 7.0 元组语法的发布，匿名类型终于也要"功成身退"了。事实上，从《C# 7.0 本质论》开始，本书之前所有使用匿名类型的 LINQ 例子都已更新为使用元组。

不过，本节仍然保留了对匿名类型的讨论。如果不用 C# 7.0（或更高版本），或者要处理 C# 7.0 之前写的代码，那么仍然可以通过本节了解一下匿名类型。

### 15.3.1 匿名类型

匿名类型是编译器声明的数据类型，而不是像第 6 章那样通过显式的类定义来声明。和匿名函数相似，当编译器看到匿名类型时，会执行一些后台操作来生成必要的代码，允许像显式声明的那样使用它。代码清单 15.26 展示了这样的一个声明，输出 15.13 展示了结果。

**代码清单 15.26　使用匿名类型的隐式局部变量**

```
using System;

public class Program
{
    public static void Main()
    {
        var patent1 =
            new
            {
                Title = " 双焦点眼镜 ",
                YearOfPublication = "1784"
            };
        var patent2 =
            new
            {
                Title = " 留声机 ",
                YearOfPublication = "1877"
            };
        var patent3 =
            new
            {
                patent1.Title,
                // 重命名以演示属性命名
```

```
                    Year = patent1.YearOfPublication
            };

        Console.WriteLine(
            $"{ patent1.Title } ({ patent1.YearOfPublication })");
        Console.WriteLine(
            $"{ patent2.Title } ({ patent2.YearOfPublication })");


        Console.WriteLine();
        Console.WriteLine(patent1);
        Console.WriteLine(patent2);

        Console.WriteLine();
        Console.WriteLine(patent3);
    }
}
```

输出 15.13

```
双焦点眼镜 (1784)
留声机 (1877)

{ Title = 双焦点眼镜 , YearOfPublication = 1784 }
{ Title = 留声机 , YearOfPublication = 1877 }

{ Title = 双焦点眼镜 , Year = 1784 }
```

　　匿名类型纯粹是一项 C# 语言功能，不是"运行时"中的新类型。编译器遇到匿名类型时会自动生成 CIL 类，其属性对应于在匿名类型声明中命名的值和数据类型。

### 初学者主题：隐式类型的局部变量 (var)

由于匿名类型没有名称，所以不可能将局部变量显式声明为匿名类型。相反，局部变量的类型要替换成 var。但是，这不是说隐式类型的变量就没有类型了。相反，只是说它们的类型在编译时确定为所赋值的数据类型。将匿名类型赋给隐式类型的变量，在为局部变量生成的 CIL 代码中，它的数据类型就是编译器生成的类型。类似地，将一个 string 赋给隐式类型的变量，在最终生成的 CIL 中，变量的数据类型就是 string。事实上，对于隐式类型的变量，假如赋给它的是非匿名的类型 ( 比如 string)，那么最终生成的 CIL 代码和直接声明为 string 类型并无区别。如果声明语句是：

string text = " 这是一个测试 ...";

那么和以下隐式类型的声明相比：

var text = " 这是一个测试 ...";

最终生成的 CIL 代码完全一样。遇到隐式类型的变量时，编译器根据所赋的数据类型来确定该变量的数据类型。遇到显式类型的局部变量时 ( 而且声明的同时已赋值 )，比如：

string s = "hello";

编译器首先根据左侧明确声明的类型来确定 s 的类型，然后分析右侧的表达式，验证右侧的表达式是否适合赋给那个类型的变量。但对于隐式类型的局部变量，这个过程是相反的：首先分析右侧的表达式，确定它的类型，再用这个类型替换"var"( 在逻辑上 )。

虽然 C# 匿名类型没有名称，但它仍然是强类型的。例如，类型的属性完全可以访问。在代码清单 15.26 中，Console.WriteLine 语句在内部调用 patent1.Title 和 patent2.YearOfPublication。调用不存在的成员会造成编译时错误。在 IDE 中，就连"智能感知"功能都能很好地支持匿名类型。

隐式类型的变量要少用。匿名类型确实无法事先指定数据类型，只能使用 var。但将非匿名类型的数据赋给变量时，首选的还是显式数据类型，而不要什么都用 var。一般原则是在让编译器验证变量是你希望的类型的同时，保证代码的易读性。因此，应该只有在赋给变量的类型是显而易见的前提下，才使用隐式类型的局部变量。例如在以下语句中：

```
var items = new Dictionary<string, List<Account>>();
```

可以清楚地看出赋给 items 变量的数据是什么类型，所以像这样编码显得简洁和易读。相反，假如类型不是那么容易看出，例如将方法的返回值赋给变量，那么最好还是使用显式类型的变量：

```
Dictionary<string, List<Account>> dictionary = GetAccounts();
```

## 15.3.2 用 LINQ 投射成匿名类型

可以基于匿名类型来创建一个 IEnumerable<T> 集合，其中 T 是匿名类型，如代码清单 15.27 和输出 15.14 所示。

**代码清单 15.27    投射成匿名类型**

```
//...
IEnumerable<string> fileList = Directory.EnumerateFiles(
    rootDirectory, searchPattern);
var items = fileList.Select(
    file =>
    {
        FileInfo fileInfo = new(file);
        return new
        {
            FileName = fileInfo.Name,
            Size = fileInfo.Length
        };
    });
//...
```

**输出 15.14**

```
{ FileName = Chapter15.deps.json, Size = 419 }
{ FileName = Chapter15.dll, Size = 49152 }
{ FileName = Chapter15.exe, Size = 140800 }
{ FileName = Chapter15.pdb, Size = 25496 }
{ FileName = Chapter15.runtimeconfig.json, Size = 268 }
```

通过为匿名类型生成的 ToString() 方法，输出匿名类型会自动列出属性名及其值。

用 Select() 进行"投射"是很强大的一个功能。之前讲述了如何用 Where() 标准查询操作符在"垂直"方向上筛选集合（减少集合项数量）。现在使用 Select() 标准查询操作符，还可在"水平"方向上减小集合规模（减少列的数量）或者对数据进行完全转换。利用匿名类型，可以对任意对象执行 Select() 操作，只提取原始集合中满足当前算法的内容，而不必声明一个新类来专门包含这些内容。

### 15.3.3　匿名类型和隐式局部变量的更多注意事项

在代码清单 15.26 中，匿名类型的成员名称通过 patent1 和 patent2 中的赋值来显式确定 (例如 Title = "Phonograph")。但假如所赋的值是属性或字段调用，就无需指定名称。相反，名称将默认为字段或属性名。例如，定义 patent3 时使用了属性名称 Title，而不是赋值给显式指定的名称。如输出 15.13 所示，最终获得的属性名称由编译器决定，这些名称与从中获取值的属性是匹配的。

patent1 和 patent2 使用了相同的属性名称和相同的数据类型。所以，C# 编译器只为这两个匿名类型声明生成一个数据类型。但 patent3 迫使编译器创建第二个匿名类型，因为用于存储专利年份的属性名 (Year) 有别于 patent1 和 patent2 使用的名称 (YearOfPublication)。除此之外，如果 patent1 和 patent2 中的两个属性的顺序发生交换，那么这两个匿名类型就不再是“类型兼容”的。换言之，两个匿名类型要在同一个程序集中做到类型兼容，属性名、数据类型和属性顺序都必须完全匹配。只要满足这些条件，类型就是兼容的，即使它们出现在不同的方法或类中。代码清单 15.28 演示了类型不兼容的情况。

代码清单 15.28　类型安全性和匿名类型的“不可变”性质

```
public class Program
{
    public static void Main()
    {
        var patent1 =
            new
            {
                Title = "双焦点眼镜",
                YearOfPublication = "1784"
            };

        var patent2 =
            new
            {
                YearOfPublication = "1877",
                Title = "留声机"
            };

        var patent3 =
            new
            {
                patent1.Title,
                Year = patent1.YearOfPublication
            };
```

```
        // 错误：无法将类型 'AnonymousType#2' 隐式转换为 'AnonymousType#1'
        // patent1 = patent2; // 撤消注释将无法编译

        // 错误：无法将类型 'AnonymousType#3' 隐式转换为 'AnonymousType#1'
        // patent1 = patent3; // 撤消注释将无法编译

        // 错误：无法为属性或索引器 'AnonymousType#1.Title' 赋值 -- 它是只读的
        // patent1.Title = "瑞士奶酪"; // 撤消注释将无法编译
    }
}
```

前两个编译错误证明类型不兼容，无法从一个转换成另一个。第三个编译错误是由
于重新对 Title 属性进行赋值造成的。匿名类型"不可变"(immutable)，一旦实例化，
如果再更改它的某个属性，就会造成编译错误。

虽然代码清单 15.28 没有显示，但记住无法声明具有隐式数据类型参数 (var) 的方
法。所以，在创建匿名类型的那个方法的内部，只能以两种方式将匿名类型的实例传
到外部。首先，如果方法参数是 object 类型，那么匿名类型的实例可传到方法外部，因
为匿名类型将隐式转换。第二种方式是使用方法类型推断；在这种情况下，匿名类型的
实例以一个方法的"类型参数"的形式传递，编译器能成功推断具体类型。所以，使用
Function(patent1) 调用 void Method<T>(T parameter) 会成功编译——尽管在
Function() 内部，parameter 允许的操作仅限于 object 支持的那些。

虽然 C# 支持像代码清单 15.26 那样的匿名类型，但一般不建议像那样定义它们。
匿名类型与 C# 3.0 新增的"投射"(projection) 功能相配合，能提供许多重要的功能，
比如本章之前讨论的集合连接 / 关联 (joining/associating)。但除非真的需要 ( 比如聚合
来自多个类型的数据 )，否则一般不要定义匿名类型。

伴随匿名方法的推出，语言的开发者有了一个重大突破，现在能动态声明临时类型
而不必显式声明一个完整类型。虽然如此，正如之前描述的那样，它还是存在几处缺陷。
幸好，C# 7.0 元组没有这些缺陷，而且事实上，它们从根本上消除了再用匿名类型的必
要。具体地说，相较于匿名类型，元组具有以下优点：

- 提供具名类型，任何能使用类型的地方都能使用元组，包括声明和类型参数；
- 实例化元组的方法外部也能使用该元组；
- 避免虽然生成了但很少使用的类型造成类型"污染"。

元组和匿名类型的一个区别在于，匿名类型实际上是引用类型，而元组是值类型。
哪个有利取决于类型的使用模式。如果类型经常拷贝，且内存足迹超过 128 位，那么引
用类型可能更佳。否则元组更佳，也是更好的默认选择。

**高级主题：匿名类型的生成**

虽然 Console.WriteLine() 的实现是调用 ToString()，但注意在代码清单 15.26 中，Console.
WriteLine() 的输出并不是默认的 ToString()(默认的 ToString() 输出的是完全限定的数据类型
名称 )。相反，现在输出的是一对对的 *PropertyName = value*，匿名类型的每个属性都有一对这样

的输出。之所以会得到这样的结果，是因为编译器在生成匿名类型的代码时重写了 ToString() 方法，对输出进行了格式化。类似地，生成的类型还重写了 Equals() 和 GetHashCode() 的实现。

正是由于 ToString() 会被重写，所以一旦属性的顺序发生了变化，就会造成最终生成一个全新的数据类型。假如不是这样设计，而是为属性顺序不同的两个匿名类型 ( 它们可能在完全不同的类型中，甚至可能在完全不同的命名空间中 ) 生成同一个 CIL 类型，那么一个实现在属性顺序上发生的变化，就会对另一个实现的 ToString() 输出造成显著的甚至可能是令人无法接受的影响。此外，程序执行时可能反射一个类型，并检查类型的成员——甚至动态调用成员 ( 所谓动态调用成员，是指在程序运行期间，根据具体情况决定调用哪个成员 )。两个貌似相同的类型在成员顺序上有所区别，就可能造成出乎预料的结果。为了避免这些问题，C# 的设计者决定：如果属性顺序不同，就生成两个不同的类型。

**高级主题：集合初始化器与匿名类型**

匿名类型不能使用集合初始化器，因为集合初始化器要求执行一次构造函数调用，但根本没办法命名这个构造函数。解决方案是定义像下面这样的方法：

```
static List<T> CreateList<T>(T t) {.return new List<T>(); }
```

由于能进行方法类型推断，因此类型参数可以隐式，不用显式指定。所以，采用这个方案，就可成功创建匿名类型的集合。

初始化匿名类型的集合的另一个方案是使用数组初始化器。由于无法在构造函数中指定数据类型，因此匿名数组初始化器允许使用 new[] 来实现数组初始化语法，如代码清单 15.29 所示。

**代码清单 15.29　初始化匿名类型数组**

```
using System;
using System.Collections.Generic;

public class Program
{
    public static void Main()
    {
        var worldCup2006Finalists = new[]
        {
            new
            {
                TeamName = " 法国 ",
                Players = new string[]
                {
                    "Fabien Barthez", "Gregory Coupet",
                    "Mickael Landreau", "Eric Abidal",
                    // ...
                }
            },
            new
            {
                TeamName = " 意大利 ",
                Players = new string[]
                {
                    "Gianluigi Buffon", "Angelo Peruzzi",
                    "Marco Amelia", "Cristian Zaccardo",
                    // ...
                }
```

```
        }
    };

    Print(worldCup2006Finalists);
}

private static void Print<T>(IEnumerable<T> items)
{
    foreach(T item in items)
    {
        Console.WriteLine(item);
    }
}
}
```

最终的变量是由匿名类型的项构成的数组。由于是数组，所以每一项的类型必须相同。

## 15.5 小结

　　本章描述了 foreach 循环的内部工作机制以及为了执行它需要什么接口。此外，开发人员经常都要筛选集合来减少数据项的数量。另外，还经常要对集合进行投射，为数据项改换一种不同的格式。针对这些问题，本章讨论了如何用标准查询操作符（通过 LINQ 引入的在 System.Linq.Enumerable 类上的扩展方法）来执行集合处理。

　　介绍标准查询操作符时，我们详细解释了推迟执行的原理，并提醒开发者注意这个问题。一个不经意的调用可能重新执行表达式，造成无谓地枚举集合内容。推迟执行会造成标准查询操作符被"隐式"地执行。这是影响代码执行效率的一个重要因素，尤其是查询开销比较大的时候。程序员应将查询对象视为查询而不是结果。而且，即使查询已经执行过，它也有可能要再次从头执行，因为查询对象不知道结果是否和上次执行的一样。

　　之所以将代码清单 15.23 放到"高级主题"，是因为连续调用多个标准查询操作符有一定的复杂性。虽然可能经常遇到这样的需求，但并非一定要直接依赖标准查询操作符。从 C# 3.0 开始支持"查询表达式"。这是一种类似于 SQL 的语法，可利用它来更方便地操纵集合，关键是写出来的代码更容易理解。这将是下一章的主题。

　　本章最后详细讨论了匿名类型，解释了为什么说 C# 7.0 之后改为元组的话会更好。

# 第 **16** 章

## 使用查询表达式的 LINQ

| 2. 查询表达式只是方法调用 | 使用查询表达式的LINQ | 1.查询表达式概述 |

投射
筛选
排序
分组

第 15 章的代码清单 15.23 展示了一个同时使用标准查询操作符 GroupJoin()、SelectMany() 和 Distinct() 的查询。结果是一个跨越多行的语句——相较于只用老版本 C# 的功能来写的语句，它显得更复杂，更不好理解。但是，处理富数据集的现代程序经常需要这种复杂的查询，所以语言本身花些功夫把它们变得更易读就好了。像 SQL 这样的专业查询语言虽然容易阅读和理解，但又缺乏 C# 语言的完整功能。这正是 C# 语言的设计者决定在 C# 3.0 中添加**查询表达式**语法的原因，它使许多标准查询操作符都能转换成更易读的、SQL 风格的代码。

本章将介绍查询表达式，并用它们改写第 15 章的许多查询。

## 16.1 查询表达式概述

开发者经常对集合进行**筛选**来删除不想要的项，以及对集合进行**投射**将其中的项变成其他形式。例如，可以筛选一个文件集合来创建新集合，其中只包含 .cs 文件，或者只包含大小超过 1 MB 的文件。还可以投射文件集合来创建新集合，其中只包含两项数据：文件的目录路径以及目录的大小。查询表达式为这两种常规操作提供了直观易懂的语法。代码清单 16.1 展示了用于筛选字符串集合的一个查询表达式，输出 16.1 展示了结果。

代码清单 16.1    简单查询表达式

```csharp
public static class CSharp
{
    public static readonly ReadOnlyCollection<string> Keywords =
        new(
            new string[]
            {
                "abstract","add*","alias*","as","ascending*",
                "async*","await*","base","bool","break",
                "by*","byte","case","catch","char","checked",
                "class","const","continue","decimal","default",
                "delegate","descending*","do","double","dynamic*",
                "else","enum","equals*","event","explicit",
                "extern","false","finally","fixed","float","for",
                "foreach","from*","get*","global*","goto","group*",
                "if","implicit","in","int","interface","internal",
                "into*","is","join*","let*","lock","long",
                "nameof*", "namespace","new","nonnull*","null",
                "object","on*","operator","orderby*","out",
                "override","params","partial*","private",
                "protected","public","readonly","ref","remove*",
                "return","sbyte","sealed","select*","set*","short",
                "sizeof","stackalloc","static","string","struct",
                "switch","this","throw","true","try","typeof",
                "uint","ulong","unchecked","unsafe","ushort",
                "using","value*","var*","virtual","void","volatile",
                "when*","where*","while","yield*"
            }
        );
}

// ...
using System;
using System.Collections.Generic;
using System.Linq;
// ...
    private static void ShowContextualKeywords()
    {
        IEnumerable<string> selection =
            from word in CSharp.Keywords
            where !word.Contains('*')
            select word;

        foreach (string keyword in selection)
        {
            Console.Write(keyword + " ");
        }
    }
//...
```

输出 16.1

```
abstract as base bool break byte case catch char checked class const continue decimal
default delegate do double else enum event explicit extern false finally fixed float for
```

```
foreach goto if implicit in int interface internal is lock long namespace new null object
operator out override params private protected public readonly ref return sbyte sealed short
sizeof stackalloc static string struct switch this throw true try typeof uint ulong
unchecked unsafe ushort using virtual void volatile while
```

这个查询表达式将 C# 语言的保留关键字集合赋给 selection。where 子句筛选出其中的非上下文关键字 ( 不含星号的那些 )。

查询表达式总是以 "from 子句" 开始，以 "select 子句" 或者 "group...by 子句" 结束。这些子句分别用上下文关键字 from、select 或 group...by 标识。from 子句中的标识符 word 称为**范围变量** (range variable)，代表集合中的每一项；这类似于 foreach 循环变量代表集合中的每一项。

熟悉 SQL 的开发人员会发现，查询表达式采用了和 SQL 非常相似的语法。这个设计是故意的，目的是使 SQL 的熟手很容易掌握 LINQ。但两者存在一些明显区别。其中最明显的是 C# 查询的子句顺序是 from，where 和 select。而对应的 SQL 查询是首先 SELECT 子句，然后 FROM 子句，最后 WHERE 子句。

之所以采用这个设计，一个目的是支持 IDE 的 "智能感知" 功能，以便通过界面元素 ( 比如下拉列表 ) 描述给定对象的成员。由于最开始出现的是 from，并将字符串数组 Keywords 指定为数据源，所以代码编辑器推断出范围变量 word 是 string 类型。这样 Visual Studio IDE 的 "智能感知" 功能就可立即发挥作用——在 word 后输入成员访问操作符 ( 一个圆点符号 )，将只显示 string 的成员。

相反，如果 from 子句出现在 select 之后 ( 就像 SQL 那样 )，会导致 from 子句之前的任何圆点操作符无法确定 word 的数据类型是什么，所以无法显示 word 的成员列表。例如在代码清单 16.1 中，就无法预测到 Contains() 是 word 的一个成员。

C# 查询表达式的顺序其实更接近各个操作在逻辑上的顺序。对查询进行求值时，首先指定集合 (from 子句 )，再筛选出想要的项 (where 子句 )，最后描述希望的结果 (select 子句 )。

最后，C# 查询表达式的顺序确保范围变量的作用域规则与局部变量的规则一致。例如，子句 ( 一般是 from 子句 ) 必须先声明范围变量，然后才能使用它。这类似于局部变量必须先声明再使用。

## 16.1.1　投射

查询表达式的结果是 IEnumerable<T> 或 IQueryable<T> 类型的集合[①]。T 的实际类型从 select 或 group by 子句推断。例如在代码清单 16.1 中，编译器知道 keywords 是 string[] 类型，能转换成 IEnumerable<string>，所以推断 word 是

---

[①] 在实际应用中，查询表达式输出的几乎总是 IEnumerable<T> 或者它的某个派生类型。但理论上不一定非要如此。完全可以实现查询方法来返回其他类型。语言不要求查询表达式的结果必须能转换成 IEnumerable<T>。

string 类型。查询以 select word 结尾，所以查询表达式的结果肯定是字符串集合，所以查询表达式的类型是 IEnumerable<string>。

在本例中，查询的"输入"和"输出"都是字符串集合。但"输出"类型可以有别于"输入"类型，select 子句中的表达式可以是完全不同的类型。代码清单 16.2 和输出 16.2 展示了例子。

**代码清单 16.2    使用查询表达式来投射**

```csharp
using System;
using System.Collections.Generic;
using System.IO;
using System.Linq;
// ...
    public static void List1
        (string rootDirectory, string searchPattern)
    {
        IEnumerable<string> fileNames = Directory.GetFiles(
            rootDirectory, searchPattern);

        IEnumerable<FileInfo> fileInfos =
            from fileName in fileNames
            select new FileInfo(fileName);

        foreach (FileInfo fileInfo in fileInfos)
        {
            Console.WriteLine(
                $@"{ fileInfo.Name } ({
                    fileInfo.LastWriteTime })");
        }
    }
//...
```

**输出 16.2**

```
Chapter16.deps.json (2024/1/21 3:15:44)
Chapter16.dll (2024/1/21 3:15:42)
Chapter16.exe (2024/1/21 3:15:42)
Chapter16.pdb (2024/1/21 3:15:42)
Chapter16.runtimeconfig.json (2024/1/21 3:15:44)
```

查询表达式的结果是一个 IEnumerable<FileInfo>，而不是 Directory.GetFiles() 返回的 IEnumerable<string> 数据类型。查询表达式的 select 子句将 from 子句的表达式所收集到的东西投射到完全不同的数据类型中。

本例之所以选择 FileInfo，是因为它恰好有两个字段能生成我们想要的输出：文件名和上一次写入时间。但是，如果想要输出 FileInfo 对象没有提供的信息，就可能找不到现成的类型。这时可以考虑元组 (C# 7.0 之前则使用匿名类型 )，它能简单、方便地投射你需要的数据，同时不必寻找或创建一个显式的类型。代码清单 16.3 产生的输出和代码清单 16.2 相似，但它采用了元组语法而不是 FileInfo。

代码清单 16.3　在查询表达式中使用元组

```
using System;
using System.IO;
using System.Linq;
//...
    public static void List2
        (string rootDirectory, string searchPattern)
    {
        var fileNames = Directory.EnumerateFiles(
            rootDirectory, searchPattern);
        var fileResults =
            from fileName in fileNames
            select
            (
                Name: fileName,
                LastWriteTime: File.GetLastWriteTime(fileName)
            );

        foreach (var fileResult in fileResults)
        {
            Console.WriteLine(
                $@"{ fileResult.Name } ({
                    fileResult.LastWriteTime })");
        }
    }
    //...
```

本例在查询结果中只投射出了文件名和它的上一次写入时间。如果处理的数据规模不大(比如 **FileInfo**),像代码清单 16.3 这样的投射对效率的提升并不是特别明显。但是,如果数据量非常大,而且检索这些数据的代价非常高 ( 例如要通过 Internet 从一台远程计算机上获取 ),那么像这样在"水平"方向上投射,从而减少与集合中每一项关联的数据量,效率的提升将非常显著。使用元组 (C# 7.0 之前使用匿名类型 ),执行查询时可以不必获取全部数据。相反,在集合中存储和获取真正需要的那一部分数据即可。

例如,假定大型数据库的一些表包含 30 个以上的列。不用元组,开发人员要么使用含有大量不需要的信息的对象,要么定义一些小的特化类,只在其中存储需要的特定数据。相反,元组允许由编译器 ( 动态 ) 定义类型,其中只包含当前情况所需的数据。其他情况则投射其他情况需要的属性。

### 初学者主题：查询表达式和推迟执行

上一章已经讲过"推迟执行"的主题,同样的道理也适用于查询表达式。下面来考虑代码清单 16.1 中对 selection 的赋值。创建查询和向变量赋值不会执行查询;相反,只是生成代表查询的对象。换言之,查询对象创建时不会调用 word.Contains("*") 方法。查询表达式只是存储了一个选择条件 ( 查询标准 )。以后在遍历由 selection 变量所标识的集合时会用到这个条件。

为了体验这具体是如何发生的,我们来看看代码清单 16.4 和输出 16.3。

代码清单 16.4    推迟执行和查询表达式（例 1）

```csharp
using System;
using System.Collections.Generic;
using System.Linq;
// ...
    private static void ShowContextualKeywords2()
    {
        IEnumerable<string> selection = from word in CSharp.Keywords
                                        where IsKeyword(word)
                                        select word;
        Console.WriteLine("已创建查询。");
        foreach (string keyword in selection)
        {
            // 这里不输出空格
            Console.Write(keyword);
        }
    }


    // 在谓词中包含了控制台输出的副作用;
    // 目的是演示推迟执行。但是，有副作用
    // 的谓词在生产代码中是一个不好的实践。
    private static bool IsKeyword(string word)
    {
        if (word.Contains('*'))
        {
            // 在这里输出空格
            Console.Write(" ");
            return true;
        }
        else
        {
            return false;
        }
    }
    //...
}
```

输出 16.3

```
已创建查询。
 add* alias* ascending* async* await* by* descending* dynamic* equals* from* get* global*
 group* into* join* let* nameof* nonnull* on* orderby* partial* remove* select* set* value*
 var* when* where* yield*
```

注意，在代码清单 16.4 中，foreach 循环内部是没有输出空格的。上下文关键字之间的空格是在 IsKeyword() 方法中输出的，这证明了只有在代码遍历 selection 的时候，IsKeyword() 方法才会得到调用，而不是在对 selection 赋值的时候就调用。所以，虽然 selection 是集合（毕竟它的类型是 IEnumerable<T>），但在赋值时，from 子句之后的一切只是构成了选择条件。遍历 selection 的时候，才会真正应用这些条件。

下面来考虑第二个例子，如代码清单 16.5 和输出 16.4 所示。

**代码清单 16.5 推迟执行和查询表达式 ( 例 2)**

```
using System;
using System.Collections.Generic;
using System.Linq;
// ...
    private static void CountContextualKeywords()
    {
        int delegateInvocations = 0;
        string func(string text)
        {
            delegateInvocations++;
            return text;
        }

        IEnumerable<string> selection =
            from keyword in CSharp.Keywords
            where keyword.Contains('*')
            select func(keyword);

        Console.WriteLine(
            $"1. delegateInvocations={delegateInvocations}");

        // 执行 Count()，会为每个选定的项调用一次 func
        Console.WriteLine(
            $"2. 上下文关键字数量 ={selection.Count()}");

        Console.WriteLine(
            $"3. delegateInvocations={delegateInvocations}");

        // 执行 Count()，会为每个选定的项调用一次 func
        Console.WriteLine(
            $"4. 上下文关键字数量 ={selection.Count()}");

        Console.WriteLine(
            $"5. delegateInvocations={delegateInvocations}");

        // 缓存这个值，使未来的计数不会触发查询的另一次调用
        List<string> selectionCache = selection.ToList();

        Console.WriteLine(
            $"6. delegateInvocations={delegateInvocations}");

        // 从缓存的集合中获取计数
        Console.WriteLine(
            $"7. selectionCache 数量 ={selectionCache.Count}");
```

```
    Console.WriteLine(
        $"8. delegateInvocations={delegateInvocations}");
}
//...
```

**输出 16.4**

```
1. delegateInvocations=0
2. 上下文关键字数量 =29
3. delegateInvocations=29
4. 上下文关键字数量 =29
5. delegateInvocations=58
6. delegateInvocations=87
7. selectionCache 数量 =29
8. delegateInvocations=87
```

代码清单 16.5 不是定义一个单独的方法，而是用一个语句 Lambda 来统计方法调用次数。

输出中有两个地方值得注意。首先，注意在 selection 被赋值之后，delegateInvocations( 我们用这个变量跟踪委托的调用次数 ) 保持为零。在向 selection 进行赋值时，还没有发生对 Keywords 的遍历。如果 Keywords 是属性，那么属性调用会发生；换言之，from 子句会在赋值时执行。但除非代码开始遍历 selection 中的值，否则无论投射、筛选还是 from 子句之后的一切都不会执行。与其说对 selection 进行赋值，不如说只是用它定义了一个查询。所以说，作为一个名词，selection 这个名称目前其实是不太恰当的。

但是，一旦开始调用 Count()，那么 selection 或者 items 等暗示容器或集合的名称就显得恰当了，因为现在要开始对集合中的项进行计数。换言之，变量 selection 扮演着双重角色，第一是保存查询，第二是作为可以从中获取数据的容器。

第二个要注意的地方是，每次为 selection 调用 Count()，都会对每个被选择的项执行 func。由于 selection 兼具查询和集合的双重角色，所以请求计数要求再次执行查询，遍历 selection 引用的 IEnumerable<string> 集合并统计数据项个数。C# 编译器不知道是否有人修改了数组中的字符串而造成计数发生变化，所以每次都要重新计数，保证答案总是正确和最新的。类似地，对 selection 执行 foreach 循环，也会针对 selection 中的每一项调用 func。调用 System.Linq.Enumerable 提供的其他所有扩展方法时，这个道理也是适用的。

**高级主题：实现推迟执行**

推迟执行通过委托和表达式树来实现。委托使我们可以创建和操作方法引用，方法中包含可以在以后调用的表达式 [①]。类似地，表达式树使我们可以创建和操作与表达式有关的信息，这些信息可以在以后检查和修改。

在代码清单 16.5 中，where 子句的谓词表达式和 select 子句的投射表达式由编译器转换成表达式 Lambda，再转换成委托。查询表达式的结果是包含了委托引用的对象。只有在遍历查询结果时，查询对象才实际地执行委托。

---

[①] 译注：这在某些 LINQ Provider 的实现 ( 如 LINQ to SQL 或 LINQ to Entities) 中尤为重要，因为它们需要将 LINQ 查询转换成另一种形式 ( 如 SQL 查询 )。

## 16.1.2　筛选

代码清单 16.1 用 **where** 子句筛选掉除了上下文关键字 ( 加了星号的那些 ) 之外的其他 C# 关键字。**where** 子句在 "垂直" 方向上筛选集合，结果集合将包含较少的项 ( 每个数据项都相当于数据表中的一行记录 )。筛选条件用**谓词**表示。所谓谓词，本质上就是返回 **bool** 值的 Lambda 表达式，例如 **word.Contains()**( 代码清单 16.1) 或者 **File.GetLastWriteTime(file) <DateTime.Now.AddMonths(-1)**( 代码清单 16.6 和输出 16.5)。

**代码清单 16.6　用 where 子句进行筛选** [①]

```csharp
using System;
using System.Collections.Generic;
using System.IO;
using System.Linq;
// ...

    // 查找一个月前的文件
    public static void FindMonthOldFiles(
        string rootDirectory, string searchPattern)
    {
        IEnumerable<FileInfo> files =
            from fileName in Directory.EnumerateFiles(
                rootDirectory, searchPattern)
            where File.GetLastWriteTime(fileName) <
                DateTime.Now.AddMonths(-1)
            select new FileInfo(fileName);

        foreach(FileInfo file in files)
        {
            //   为了简化，假定当前目录是根目录下的一个子目录
            //   ( 译注：其实就是为了避免判断是否要先显示一个点号 )
            string relativePath = file.FullName.Substring(
                Directory.GetCurrentDirectory().Length);
            Console.WriteLine(
                $".{ relativePath } ({ file.LastWriteTime })");
        }
    }
    //...
```

**输出 16.5**

```
.\Microsoft.Extensions.Configuration.Abstractions.dll (2023/10/31 22:59:08)
.\Microsoft.Extensions.Configuration.Binder.dll (2023/10/31 22:59:26)
.\Microsoft.Extensions.Configuration.dll (2023/10/31 22:59:20)
.\Microsoft.Extensions.DependencyInjection.Abstractions.dll (2023/10/31 22:58:56)
.\Microsoft.Extensions.DependencyInjection.dll (2023/10/31 22:59:00)
.\Microsoft.Extensions.Logging.Abstractions.dll (2023/10/31 22:59:12)
.\Microsoft.Extensions.Logging.Configuration.dll (2023/10/31 22:59:42)
```

----

① 译注：这个程序列出当前目录中修改时间为上个月或更早的文件。所以，为了体会实际效果，请将程序放到一个存在此类文件的目录中运行。另外，也正是这个原因，所以每个人的输出可能不同于这里的输出。

```
.\Microsoft.Extensions.Logging.Console.dll (2023/10/31 22:59:44)
.\Microsoft.Extensions.Logging.Debug.dll (2023/10/31 22:59:30)
.\Microsoft.Extensions.Logging.dll (2023/10/31 22:59:24)
.\Microsoft.Extensions.Options.ConfigurationExtensions.dll (2023/10/31 22:59:38)
.\Microsoft.Extensions.Options.dll (2023/10/31 22:59:06)
.\Microsoft.Extensions.Primitives.dll (2023/10/31 22:58:52)
```

## 16.1.3 排序

在查询表达式中对数据项进行排序的是 orderby 子句，如代码清单 16.7 所示。

**代码清单 16.7　使用 orderby 子句进行排序**

```csharp
using System;
using System.Collections.Generic;
using System.Linq;
using System.IO;
//...
    public static void ListByFileSize1(
        string rootDirectory, string searchPattern)
    {
        IEnumerable<string> fileNames =
            from fileName in Directory.EnumerateFiles(
                rootDirectory, searchPattern)
            orderby (new FileInfo(fileName)).Length descending, fileName
            select fileName;

        foreach(string fileName in fileNames)
        {
            Console.WriteLine(fileName);
        }
    }
    //...
```

代码清单 16.7 使用 orderby 子句来排序由 Directory.EnumerateFiles()[①] 返回的文件，首先按文件长度降序排序，再按文件名升序排序。多个排序条件以逗号分隔。在本例中，如果两个文件的长度相同，就再按文件名排序。ascending 和 descending 是上下文关键字，分别指定以升序或降序排序。将排序顺序指定为升序或降序是可选的（例如，filename 就没有指定）。没有指定排序顺序就默认为 ascending。

## 16.1.4 let 子句

代码清单 16.8 的查询与代码清单 16.7 的查询非常相似，只是 IEnumerable<T> 的类型实参是 FileInfo。注意该查询有一个问题：FileInfo 要创建两次（在 orderby 和 select 子句中）。

---

[①] 译注：注意这里使用了 Directory.EnumerateFiles() 方法而不是 Directory.GetFiles() 方法（本书之前大量使用的是后者）。两者的区别在于，EnumerateFiles() 返回一个 IEnumerable<String>，可以推迟到以后再求值，而 GetFiles() 返回一个 string[]，必须在返回之前完全填充好。

**代码清单 16.8　投射一个 FileInfo 集合并按文件长度排序**

```
using System;
using System.Collections.Generic;
using System.Linq;
using System.IO;
//...
    public static void ListByFileSize2(
        string rootDirectory, string searchPattern)
    {
        IEnumerable<FileInfo> files =
            from fileName in Directory.EnumerateFiles(
                rootDirectory, searchPattern)
            orderby new FileInfo(fileName).Length, fileName
            select new FileInfo(fileName);

        foreach (FileInfo file in files)
        {
            //    为了简化，假定当前目录是根目录下的一个子目录
            //（译注：其实就是为了避免判断是否要先显示一个点号）
            string relativePath = file.FullName.Substring(
                Directory.GetCurrentDirectory().Length);
            Console.WriteLine(
                $".{ relativePath }({ file.Length })");
        }
    }
//...
```

遗憾的是，虽然结果正确，但代码清单 16.8 会为来源集合中的每一项都实例化 FileInfo 对象两次。可以使用 let 子句避免这种无谓的、可能非常昂贵的开销，如代码清单 16.9 所示。

**代码清单 16.9　用 let 避免多余的实例化**

```
//...
IEnumerable<FileInfo> files =
    from fileName in Directory.EnumerateFiles(
        rootDirectory, searchPattern)
    let file = new FileInfo(fileName)
    orderby file.Length, fileName
    select file;
//...
```

let 子句引入了一个新的范围变量，它容纳的表达式值可在查询表达式剩余部分使用。可以添加任意数量的 let 表达式，只需把它放在第一个 from 子句之后、最后一个 select/group by 子句之前。

## 16.1.5　分组

另一个常见的数据处理情形是对相关数据项进行分组。在 SQL 中，这通常涉及对数据项进行聚合以生成摘要（即 summary，例如平均值、中位数等）、总计（即 total，

用于所有可以累加的数据）或其他聚合值 (aggregate value)。但 LINQ 的表达力更强一些。LINQ 表达式允许将单独的项分组到一系列子集合中，还允许那些组与所查询的集合中的项关联。例如，可以将 C# 的上下文关键字和普通关键字分成两组，并自动将单独的单词与这两个组关联。代码清单 16.10 和输出 16.6 对此进行了演示。

**代码清单 16.10　分组查询结果**

```
using System;
using System.Collections.Generic;
using System.Linq;
//...
    private static void GroupKeywords1()
    {
        IEnumerable<IGrouping<bool, string>> selection =
            from word in CSharp.Keywords
            group word by word.Contains('*');

        foreach(IGrouping<bool, string> wordGroup
            in selection)
        {
            Console.WriteLine(Environment.NewLine + "{0}:",
                wordGroup.Key ?
                    " 上下文关键字 " : " 关键字 ");
            foreach(string keyword in wordGroup)
            {
                Console.Write(" " +
                    (wordGroup.Key ?
                        keyword.Replace("*", null) : keyword));
            }
        }
    }
    //...
```

**输出 16.6**

```
关键字 :
 abstract as base bool break byte case catch char checked class const continue decimal
default delegate do double else enum event explicit extern false finally fixed float for
foreach goto if implicit in int interface internal is lock long namespace new null object
operator out override params private protected public readonly ref return sbyte sealed short
sizeof stackalloc static string struct switch this throw true try typeof uint ulong
unchecked unsafe ushort using virtual void volatile while
上下文关键字 :
 add alias ascending async await by descending dynamic equals from get global group into
join let nameof nonnull on orderby partial remove select set value var when where yield
```

代码清单 16.10 有几个地方需要注意。首先，查询结果是一系列 IGrouping<bool, string> 类型的元素。第一个类型实参指出 by 关键字后的 group key( 分组依据 ) 表达式是 bool 类型，第二个类型实参指出 group 关键字后的 group element( 分组元素 ) 表达式是 string 类型。也就是说，查询将生成一系列分组，将同一个布尔类型的 key( 是否包含星号 ) 应用于组内的每个 string。

由于含有 **group by** 子句的查询会生成一系列集合，所以对结果进行遍历的常用模式是创建嵌套 foreach 循环。在代码清单 16.10 中，外层循环遍历各个分组，打印关键字的类型 ( 上下文关键字还是普通关键字 ) 作为标题。嵌套的 **foreach** 循环则在标题下打印组中的每个关键字。

由于这个查询表达式的结果本身是一个序列，所以可以像查询其他任何序列那样查询它。代码清单 16.11 和输出 16.7 展示了如何创建附加的查询，为生成一系列分组的查询增加投射。下一节会讨论**查询延续**，将展示如何采用更顺眼的语法为一个完整的查询添加额外的查询子句。

**代码清单 16.11　在 group by 子句后面选择一个元组**

```csharp
using System;
using System.Collections.Generic;
using System.Linq;
//...
    private static void GroupKeywords1()
    {
        IEnumerable<IGrouping<bool, string>> keywordGroups =
            from word in CSharp.Keywords
            group word by word.Contains('*');

        IEnumerable<(bool IsContextualKeyword,
            IGrouping<bool, string> Items)> selection =
            from groups in keywordGroups
            select
            (
                IsContextualKeyword: groups.Key,
                Items: groups
            );

        foreach (
            (bool isContextualKeyword, IGrouping<bool, string> items)
                in selection)
        {

            Console.WriteLine(Environment.NewLine + "{0}:",
                isContextualKeyword ?
                    "上下文关键字" : "关键字");
            foreach (string keyword in items)
            {
                Console.Write(" " + keyword.Replace("*", null));
            }
        }
    }
    //...
```

**输出 16.7**

```
关键字:
 abstract as base bool break byte case catch char checked class const continue decimal
```

```
default delegate do double else enum event explicit extern false finally fixed float for
foreach goto if implicit in int interface internal is lock long namespace new null object
operator out override params private protected public readonly ref return sbyte sealed short
sizeof stackalloc static string struct switch this throw true try typeof uint ulong
unchecked unsafe ushort using virtual void volatile while
上下文关键字：
 add alias ascending async await by descending dynamic equals from get global group into
join let nameof nonnull on orderby partial remove select set value var when where yield
```

group by 子句使查询生成由 IGouping<TKey, TElement> 对象构成的集合——
这和第 15 章讲过的 GroupBy() 标准查询操作符一致。接着的 select 子句用元组将
IGrouping<TKey, TElement>.Key 重命名为 IsContextualKeyword，并命名了子
集合属性 Items。完成这些修改后，嵌套的 foreach 循环就可以使用 wordGroup.
Items，而不必像代码清单 16.10 那样直接使用 wordGroup。另外，有的人认为还可
以在元组中添加一个属性来表示子集合中的数据项的个数。但这个功能已由 LINQ 的
wordGroup.Items.Count() 方法提供，所以直接把它添加到元组中是没有必要的。

## 16.1.6 使用 into 实现查询延续

如代码清单 16.11 所示，一个现有的查询可作为第二个查询的输入。但是，要将一
个查询的结果作为另一个的输入，其实没必要写全新的查询表达式。相反，可以使用上
下文关键字 into，通过**查询延续子句**来扩展任何查询。查询延续是一种语法糖，能简
单地表示"创建两个查询并将第一个用作第二个的输入"。into 子句引入的范围变量 (代
码清单 16.11 中的 groups) 成为查询剩余部分的范围变量；之前的任何范围变量在逻辑
上是之前查询的一部分，不可在查询延续中使用。代码清单 16.12 展示了如何重写代码
清单 16.11 来使用查询延续，而不是使用两个查询。

**代码清单 16.12　用查询延续子句扩展查询**

```
using System;
using System.Collections.Generic;
using System.Linq;
//...
    private static void GroupKeywords1()
    {
        IEnumerable<(bool IsContextualKeyword,
            IGrouping<bool, string> Items)> selection =
            from word in CSharp.Keywords
            group word by word.Contains('*')
                into groups
                select
                (
                    IsContextualKeyword: groups.Key,
                    Items: groups
                );
        //...
```

```
}
//...
```

使用 into 在现有查询结果上运行附加查询，这不是只有以 group 子句结尾的查询才有的福利。相反，它可用于所有查询表达式。查询延续简单地实现了在查询表达式中使用其他查询表达式的结果。into 相当于一个管道操作符，它将第一个查询的结果"管道传送"给第二个查询。采取这种方式，可以将任意数量的查询链接到一起。

## 16.1.7　用多个 from 子句"扁平化"序列的序列

经常需要将一个序列的序列"扁平化"(flatten) 成单个序列。例如，一系列客户中的每个客户都可能关联一系列订单，或者一系列目录中的每个目录都关联一系列文件。SelectMany 序列操作符 ( 第 15 章讨论过 ) 可以连接所有子序列；要用查询表达式语法做相同的事情，则可以使用多个 from 子句，如代码清单 16.13 所示。

**代码清单 16.13　多个选择**

```
var selection =
    from word in CSharp.Keywords
    from character in word
    select character;
```

以上查询生成字符序列 a,b,s,t,r,a,c,t,a,d,d,*,a,l,i,a,…。还可以使用多个 from 子句生成**笛卡尔乘积**——几个序列所有可能的组合，如代码清单 16.14 所示。

**代码清单 16.14　笛卡尔乘积**

```
var numbers = new[] { 1, 2, 3 };
IEnumerable<(string Word, int Number)> product =
    from word in CSharp.Keywords
    from number in numbers
    select (word, number);
```

这样生成的是一系列 pair，包括 (abstract, 1)，(abstract, 2)，(abstract, 3)，(as, 1)，(as, 2)，…。

**初学者主题：不重复的成员**

经常需要在集合中只保留不重复的项——丢弃重复项 ( 去重 )。查询表达式没有专门的语法来做到这一点。但如上一章所述，可以通过查询操作符 Distinct() 来实现这个功能。为了向查询表达式应用查询操作符，表达式必须放到圆括号中，防止编译器以为对 Distinct() 的调用是 select 子句的一部分。代码清单 16.15 和输出 16.8 展示了例子。

**代码清单 16.15　从查询表达式获取不重复的成员**

```
using System;
using System.Linq;
using System.Collections.Generic;
//...
```

```
public static void ListMemberNames()
{
    IEnumerable<string> enumerableMethodNames = (
        from method in typeof(Enumerable).GetMembers(
            System.Reflection.BindingFlags.Static |
            System.Reflection.BindingFlags.Public)
        orderby method.Name
        select method.Name).Distinct();
    foreach(string method in enumerableMethodNames)
    {
        Console.Write($"{ method }, ");
    }
}
//...
```

输出 16.8

```
Aggregate, All, Any, Append, AsEnumerable, Average, Cast, Chunk, Concat, Contains, Count,
DefaultIfEmpty, Distinct, DistinctBy, ElementAt, ElementAtOrDefault, Empty, Except,
ExceptBy, First, FirstOrDefault, GroupBy, GroupJoin, Intersect, IntersectBy, Join, Last,
LastOrDefault, LongCount, Max, MaxBy, Min, MinBy, OfType, Order, OrderBy,
OrderByDescending, OrderDescending, Prepend, Range, Repeat, Reverse, Select, SelectMany,
SequenceEqual, Single, SingleOrDefault, Skip, SkipLast, SkipWhile, Sum, Take, TakeLast,
TakeWhile, ThenBy, ThenByDescending, ToArray, ToDictionary, ToHashSet, ToList, ToLookup,
TryGetNonEnumeratedCount, Union, UnionBy, Where, Zip,
```

在这个例子中，typeof(Enumerable).GetMembers() 返回 System.Linq.Enumerable 的所有成员
（方法和属性等）的列表。但许多成员是重载的，有的甚至不止一次。为避免同一个成员多次显示，
我们为查询表达式调用了 Distinct()。这样就可以避免在列表中显示重复名称。typeof() 和反射
的详情将在第 18 章讲述。

## 16.2 查询表达式只是方法调用

令人惊讶的是，C# 3.0 引入查询表达式并未对 CLR 或 CIL 进行任何改动。相反，
是由 C# 编译器将查询表达式转换成一系列方法调用。代码清单 16.16 摘录了代码清单
16.1 的查询表达式。

代码清单 16.16　简单查询表达式

```
private static void ShowContextualKeywords1()
{
    IEnumerable<string> selection =
        from word in CSharp.Keywords
        where !word.Contains('*')
        select word;
    //...
}
```

编译完成之后，代码清单 16.16 的表达式会转换成一个由 System.Linq.
Enumerable 提供的 IEnumerable<T> 扩展方法调用，如代码清单 16.17 所示。

**代码清单 16.17  查询表达式转换成标准查询操作符语法**

```
private static void ShowContextualKeywords2()
{
    IEnumerable<string> selection =
        CSharp.Keywords.Where(word => !word.Contains('*'));
    // ...
}
```

如第 15 章所述，Lambda 表达式随后由编译器进行转换来生成一个方法。方法主体就是 Lambda 的主体，使用时会分配一个对该方法的委托。

每个查询表达式都能 ( 而且必须能 ) 转换成方法调用，但不是每一系列的方法调用都有对应的查询表达式。例如，扩展方法 TakeWhile<T>(Func<T, bool> predicate) 就没有与之等价的查询表达式。只要谓词返回 true，该扩展方法就反复返回集合中的项。

如果一个查询既有方法调用形式，也有查询表达式形式，那么哪个更好？这个问题没有固定答案，有的更适合使用查询表达式，有的使用方法调用反而更易读。

---

**■ 设计规范**

1. DO use query expression syntax to make queries easier to read, particularly if they involve complex from, let, join, or group clauses.

要用查询表达式使查询更易读，尤其是在涉及复杂的 from、let、join 或 group 子句时。

2. CONSIDER using the standard query operators (method call form) if the query involves operations that do not have a query expression syntax, such as Count(), TakeWhile(), or Distinct().

考虑在查询所涉及的操作没有对应的查询表达式语法时使用标准查询操作符 ( 方法调用形式 )，例如 Count()、TakeWhile() 或者 Distinct()。

---

## 16.3  小结

本章介绍了一种称为查询表达式的新式语法。熟悉 SQL 的读者很快就会看出查询表达式和 SQL 共通的地方。但是，查询表达式引入一些额外的功能，比如分组成一套层次化的新对象集合，这是 SQL 不支持的。查询表达式的所有功能都可以通过第 15 章介绍的标准查询操作符 ( 方法调用 ) 来提供，但查询表达式往往提供了更简洁的语法。无论是使用标准查询操作符还是查询表达式语法，最终的结果都是显著改进了开发人员编码集合 API 的方式——这为面向对象语言与关系数据库的接口方式提供了一种思维模式的转变。

下一章继续讨论集合，将讨论一些具体的 .NET Framework 集合类型，并解释如何创建自定义集合。

# 第 **17** 章

## 构建自定义集合

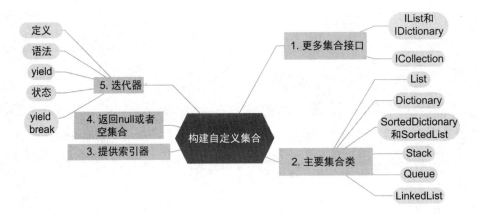

第 15 章讨论了标准查询操作符,它们本质上是对 `IEnumerable<T>` 进行扩展的一套方法,适用于所有集合。但是,这并不意味着每种集合都同样适合执行所有类型的任务。不同的集合在处理特定任务时的适用性和效率各不相同。有的集合适合根据键来查找,有的则适合根据位置来访问。有的集合像"队列"(先入先出),有的则像"栈"(后入先出)。还有一些根本没有顺序。

.NET Framework 针对各种场景提供了丰富的集合类型。本章将介绍其中部分集合类型及其实现的接口。还介绍了如何创建支持标准集合功能(比如索引)的自定义集合。还讨论了如何用 `yield return` 语句创建类和方法来实现 `IEnumerable<T>`。利用这个 C# 2.0 引入的功能,可以简单地实现能由 `foreach` 语句枚举(遍历)的集合。

.NET Framework 有许多非泛型集合类和接口,但它们主要是为了向后兼容。泛型集合类不仅更快(因为避免了装箱开销),还更加类型安全。所以,新开发的代码应该总是使用泛型集合类。本书假定大家主要使用泛型集合类型。

## 17.1　更多集合接口

前面讨论了集合如何实现 `IEnumerable<T>`，后者是实现集合元素遍历 ( 枚举 ) 功能的主要接口。更复杂的集合还实现了其他许多接口。图 17.1 展示了集合类所实现的接口的层次结构。

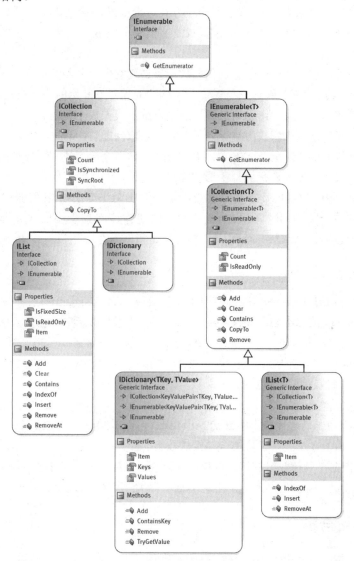

图 17.1　泛型集合接口层次结构

这些接口提供了一种标准的方式来执行常规任务，包括遍历、索引和计数。本节将讨论这些接口 ( 至少所有泛型的那些 )，先从图 17.1 底部的接口开始，逐渐上移。

### 17.1.1 IList<T> 和 IDictionary<TKey, TValue>

可以将英语字典看成是一个定义集合；查找"键"（单词）即可快速找到定义。类似地，字典集合类是值的集合；每个值都可以通过关联的、唯一的键来快速访问。但要注意，英语字典一般按照"键"的字母顺序存储定义。字典类也可以选择这样，但一般都不会。除非文档专门指定了排序方式，否则最好将字典集合看成是键及其关联值的无序列表。类似地，一般不说查找"字典中的第 6 个定义"；字典类一般只按键索引，不按位置。

列表则相反，它按特定顺序存储值并按位置访问它们。从某种意义上说，列表是字典的一个特例，其中"键"总是一个整数，"键集"总是从 0 开始的非负整数的连续集合。但由于两者存在重大差异，所以有必要用完全不同的类来表示列表。

所以，选择集合类来解决数据存储或者数据获取问题时，首先要考虑的两个接口就是 IList<T> 和 IDictionary<TKey, TValue>。这两个接口决定了集合类型是侧重于通过位置索引来获取值，还是侧重于通过键来获取值。

实现这两个接口的类都必须提供索引器。对于 IList<T>，索引器的操作数是要获取的元素的位置：索引器获取一个整数，以便你访问列表中的第 $n$ 个元素。对于 IDictionary<TKey, TValue>，索引器的操作数是和一个值关联的键，以便你访问那个值。

### 17.1.2 ICollection<T>

IList<T> 和 IDictionary<TKey, TValue> 都实现了 ICollection<T>。此外，即使集合没有实现 IList<T> 或 IDictionary<TKey, TValue>，也极有可能实现了 ICollection<T>（但并非绝对，因为集合可以实现要求较少的 IEnumerable 或 IEnumerable<T>）。ICollection<T> 是 IEnumerable<T> 的派生接口，包含两个成员：Count 和 CopyTo()。

- Count 属性返回集合中的元素总数。你可能以为有了元素总数，就可以用一个 for 循环遍历集合中的每个元素。但要真正做到这一点，集合还必须支持按索引来获取（检索）值，而这个功能是 ICollection<T> 接口不包括的（虽然 IList<T> 包括）。
- CopyTo() 方法提供了将集合转换成数组的能力。该方法包含一个 index 参数，允许指定在目标数组的什么位置插入元素。注意，要使用这个方法，必须初始化目标数组，其容量足以从指定的 index 开始容下 ICollection<T> 中的所有元素。

## 17.2 主要集合类

一共有 5 种主要的集合类，区别在于数据的插入、存储以及获取方式。所有泛型类都位于 System.Collections.Generic 命名空间，等价的非泛型版本位于 System. Collections 命名空间。

## 17.2.1 列表集合: List<T>

List<T> 类的性质和数组相似。关键区别是随着元素增多，这种类会自动扩展 ( 与之相反，数组长度固定 )。此外，列表可以通过显式调用 TrimToSize() 或 Capacity 来缩小 ( 参见图 17.2)。

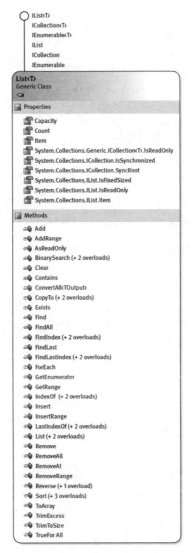

**图 17.2 List<> 类关系图**

这种类称为**列表集合**，其独特之处在于，和数组一样，每个元素都可以根据索引来单独访问。因此，可以使用索引操作符来设置和访问列表元素，索引参数值就是元素在集合中的位置。代码清单 17.1 展示了一个例子，结果如输出 17.1 所示。

代码清单 17.1   使用 List<T>

```csharp
using System;
using System.Collections.Generic;

public class Program
{
    public static void Main()
    {
        // 七个小矮人
        List<string> list = new() { "Sneezy", "Happy", "Dopey",  "Doc",
                                    "Sleepy", "Bashful",  "Grumpy"};

        list.Sort();

        Console.WriteLine(
            $" 按字母顺序，{ list[0] }是第一个小矮人，"
            + $" 而{ list[^1] }是最后一个。");

        list.Remove("Grumpy");
    }
}
```

输出 17.1

按字母顺序，Bashful 是第一个小矮人，而 Sneezy 是最后一个。

C# 语言的索引基于零；因此，代码清单 17.1 中的索引 0 对应第一个元素，而索引 ^1 对应最后一个元素（要想进一步了解索引操作符 ^，请参见 3.5 节）。按索引获取元素不会造成一次查找动作，而只需简单直接地"跳转"到一个内存位置。

List<T> 是有序（已排序）集合。Add() 方法将指定项添加到列表末尾。所以在代码清单 17.1 中，在调用 Sort() 之前，"Sneezy" 是第一项，而 "Grumpy" 是最后一项。调用 Sort() 之后，列表按字母顺序排序，而不是按添加时的顺序。有的集合能在元素添加时自动排序，但 List<T> 不能；显式调用 Sort() 后，元素才变得有序。

移除元素使用的是 Remove() 方法或 RemoveAt() 方法，它们分别移除指定元素或移除指定索引位置的元素。

高级主题：自定义集合排序

你可能好奇代码清单 17.1 的 List<T>.Sort() 方法如何知道按字母顺序排序列表元素？string 类型实现了 IComparable<string> 接口，它有一个 CompareTo() 方法。该方法返回一个整数来指出所传递的元素是大于、小于还是等于当前元素。如果元素类型实现了泛型 IComparable<T> 接口或非泛型 IComparable 接口，排序算法默认就会用它决定排序顺序。

但如果元素类型没有实现 IComparable<T> 或者默认的比较逻辑不符合要求，又该怎么办？指定非默认排序顺序可调用 List<T>.Sort() 的一个重载版本，它获取一个 IComparer<T> 作为实参。

IComparable<T> 和 IComparer<T> 的区别很细微，却很重要。前者说"我知道如何将我自己和我的类型的另一个实例进行比较"，后者说"我知道如何比较给定类型的两个实例"。

如果可以采取多种方式对一个数据类型进行排序，但没有一种占绝对优势，就适合使用 IComparer<T> 接口。例如，Contact( 联系人 ) 对象集合可以按姓名、地点、生日、地区或者其他许多条件来排序。这时就不应该固定一个排序策略并让 Contact 类实现 IComparable<Contact>，而应创建几个不同的类来实现 IComparer<Contact>。代码清单 17.2 展示了先比较 LastName 然后再比较 FirstName 的示例实现。

代码清单 17.2　实现 IComparer<T>

```
using System;
using System.Collections.Generic;
// ...
public class Contact
{
    public string FirstName { get; private set; }
    public string LastName { get; private set; }

    public Contact(string firstName, string lastName)
    {
        this.FirstName = firstName;
        this.LastName = lastName;
    }
}
public class NameComparison : IComparer<Contact>
{
    public int Compare(Contact? x, Contact? y)
    {
        if(Object.ReferenceEquals(x, y))
            return 0;
        if(x is null)
            return 1;
        if(y is null)
            return -1;
        int result = StringCompare(x.LastName, y.LastName);
        if(result == 0)
            result = StringCompare(x.FirstName, y.FirstName);
        return result;
    }

    private static int StringCompare(string? x, string? y)
    {
        if(Object.ReferenceEquals(x, y))
            return 0;
        if(x is null)
            return 1;
        if(y is null)
            return -1;
        return x.CompareTo(y);
    }
}
```

像这样实现了比较器之后，为了先按 LastName，再按 FirstName 对一个 List<Contact> 进行排序，调用 contactList.Sort(new NameComparison()) 即可。

## 17.2.1 全序

实现 **IComparable<T>** 或 **IComparer<T>** 时必须生成一个**全序** (total order)。
CompareTo 的实现必须为任何可能的数据项排列组合提供一致的排序结果。排序必须满足一些基本条件。例如，每个元素都和它自己相等。如果元素 X 等于元素 Y，元素 Y 等于元素 Z，那么全部三个元素 (X，Y，Z) 都必须互等。如果元素 X 大于 Y，那么 Y 必须小于 X。而且不能存在"传递悖论"；不能 X 大于 Y，Y 大于 Z，但 Z 大于 X。没有提供全序，排序算法的行为就是"未定义"的，可能产生令人不解的排序结果，可能崩溃，可能进入无限循环，等等。

例如，观察代码清单 17.2 的**比较器** (comparer) 是如何确保全序的，它连实参是 null 的情况都考虑到了。不能"任何一个元素为 null 就返回零"，否则可能出现两个非 null 元素等于 null 但不互等的情况。

> **设计规范**
>
> DO ensure that custom comparison logic produces a consistent "total order."
> 要确保自定义比较逻辑产生一致的"全序"。

## 17.2.3 查找 List<T>

为了在 List<T> 中查找特定元素，可以使用 Contains()，IndexOf()，LastIndexOf() 和 BinarySearch() 方法。前三个除了 LastIndexOf() 从最后一个元素开始之外，其他都从第一个元素开始查找。它们检查每个元素，直到发现目标元素。这些算法的执行时间与发现匹配项之前实际查找的元素数量成正比。注意，集合类不要求所有元素都唯一。如果集合中有两个或更多元素相同，那么 IndexOf() 返回第一个索引，LastIndexOf() 返回最后一个。

BinarySearch() 采用快得多的二叉查找算法，但要求元素事先排好序。BinarySearch() 方法的一个有用的功能是假如元素没有找到，那么会返回一个负整数。该值的按位取反 (~) 结果是"大于被查找元素的下一个元素"的索引；没有更大的值，则是元素的总数。这样就可以在列表的特定位置方便地插入新值，同时还能保持已排序状态，如代码清单 17.3 所示。

**代码清单 17.3    对 BinarySearch() 的结果进行按位取反**

```
using System;
using System.Collections.Generic;

public class Program
{
    public static void Main()
    {
        List<string> list = new();
        int search;
```

```
        list.Add("public");
        list.Add("protected");
        list.Add("private");

        list.Sort();

        search = list.BinarySearch("protected internal");
        if(search < 0)
        {
            list.Insert(~search, "protected internal");
        }

        foreach(string accessModifier in list)
        {
            Console.WriteLine(accessModifier);
        }
    }
}
```

注意，假如列表事先没有排好序，那么不一定能找到指定元素，即使它确实在列表中。代码清单 17.3 的结果如输出 17.2 所示。

**输出 17.2**

```
private
protected
protected internal
public
```

**高级主题：使用 FindAll() 查找多个数据项**

有的时候，我们必须在列表中找到多个符合条件的项，而且查找条件要比查找一个特定的值复杂得多。为此，System.Collections.Generic.List<T> 包含了一个 FindAll() 方法。FindAll() 获取 Predicate<T> 类型的一个参数，这是一个"委托"（一个方法引用）。代码清单 17.4 演示了如何使用 FindAll() 方法。

**代码清单 17.4　演示 FindAll() 及其谓词参数**

```
using System;
using System.Collections.Generic;

public class Program
{
    public static void Main()
    {
        List<int> list = new();
        list.Add(1);
        list.Add(2);
        list.Add(3);
        list.Add(2);

        List<int> results = list.FindAll(Even);

        foreach (int number in results)
```

```
        {
            Console.WriteLine(number);
        }
    }
    public static bool Even(int value) =>
        (value % 2) == 0;
}
```

在代码清单 17.4 中，我们在调用 FindAll() 时传递了一个委托实例 Even()，后者在整数实参是偶数的前提下返回 true。FindAll() 获取该委托实例，并为列表中的每一项调用 Even()( 此时利用了从 C# 2.0 开始引入的委托类型推断 )。每次返回值为 true 时，相应的项就添加到一个新的 List<T> 实例中。检查完列表中的每一项之后就返回该实例。第 13 章已详细讨论了委托。 ∎

## 17.2.4 字典集合 Dictionary<TKey, TValue>

另一种主要集合类是字典，具体就是 Dictionary<Tkey, Tvalue>( 参见图 17.3)。和列表集合不同，字典类存储的是 "名称 / 值" 对。其中，名称相当于独一无二的键，可以利用它像在数据库中利用主键来访问一条记录那样查找对应的元素。这为访问字典元素带来了一定的复杂性，但由于利用键来进行查找效率非常高，所以这种集合是非常有用的。注意，键可为任意数据类型，而非仅能为字符串或数值。

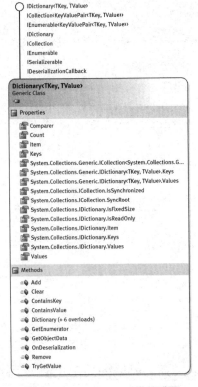

图 17.3  Dictionary 类关系图

要在字典中插入元素，一个选择是使用 **Add()** 方法，向它同时传递键和值，如代码清单 17.5 所示。

**代码清单 17.5　向 Dictionary<TKey, TValue> 添加项**

```
using System;
using System.Collections.Generic;

public class Program
{
    public static void Main()
    {
        var colorMap = new Dictionary<string, ConsoleColor>
        {
            ["Error"] = ConsoleColor.Red,
            ["Warning"] = ConsoleColor.Yellow,
            ["Information"] = ConsoleColor.Green
        };
        colorMap.Add("Verbose", ConsoleColor.White);
        // ...
    }
}
```

代码清单 17.5 通过自 C# 6.0 引入的字典初始化语法（参见 15.1 节）初始化字典，为 "Verbose" 这个键插入值 ConsoleColor.White。如果存在已具有该键的元素，将抛出 **System.ArgumentException** 异常。添加元素的另一个选择是使用索引器[①]，如代码清单 17.6 所示。

**代码清单 17.6　使用索引器在 Dictionary<TKey, TValue> 中插入项**

```
using System;
using System.Collections.Generic;

public class Program
{
    public static void Main()
    {
        var colorMap = new Dictionary<string, ConsoleColor>
            {
                ["Error"] = ConsoleColor.Red,
                ["Warning"] = ConsoleColor.Yellow,
                ["Information"] = ConsoleColor.Green
            };

        colorMap["Verbose"] = ConsoleColor.White;
        colorMap["Error"] = ConsoleColor.Cyan;

        // ...
    }
}
```

① 译注：索引器即索引操作符，即 []。

在代码清单 17.6 中，要注意的第一件事情是索引器不要求整数。相反，索引器的操作数的类型由第一个类型实参 (string) 指定。索引器设置或获取的值的类型由第二个类型实参 (ConsoleColor) 指定。

要注意的第二件事情是同一个键 ("Error") 使用了两次。第一次赋值时，还不存在与指定键对应的字典值，所以字典集合类插入具有指定键的新值。第二次赋值时，具有指定键的元素已经存在，所以此时不是插入新元素，而是删除旧值 ConsoleColor. Red，将新值 ConsoleColor.Cyan 与键关联。

从字典读取键不存在的值将引发 KeyNotFoundException 异常。可用 ContainsKey() 方法在访问与一个键对应的值之前检查该键是否存在，以免引发异常。

Dictionary<TKey, TValue> 作为"哈希表"实现；根据键来查找值的时候，这种数据结构的速度非常快——无论字典中存储了多少值。相反，检查字典集合中是否存在特定的值时，会花费相当多的时间，其性能和查找无序列表一样是"线性"的；该操作使用 ContainsValue() 方法，它顺序搜索集合中的每个元素。

移除字典元素用 Remove() 方法，要向它传递键，而不是元素的值。

由于在字典中添加一个值同时需要键和值，所以 foreach 循环变量必须是一个 KeyValuePair<TKey, TValue>。代码清单 17.7 演示了如何用 foreach 遍历字典中的键和值，输出 17.3 展示了结果[①]。

**代码清单 17.7　使用 foreach 遍历 Dictionary<TKey, TValue>**

```csharp
using System;
using System.Collections.Generic;

public class Program
{
    public static void Main()
    {
        var colorMap = new Dictionary<string, ConsoleColor>
            {
                ["Error"] = ConsoleColor.Red,
                ["Warning"] = ConsoleColor.Yellow,
                ["Information"] = ConsoleColor.Green,
                ["Verbose"] = ConsoleColor.White
            };

        Print(colorMap);
    }

    private static void Print(
      IEnumerable<KeyValuePair<string, ConsoleColor>> items)
    {
        foreach (KeyValuePair<string, ConsoleColor> item in items)
        {
            Console.ForegroundColor = item.Value;
```

———————————

① 译注：根据设计，在控制台上输出时，这个例子会显示彩色标注的文本。

```
        Console.WriteLine(item.Key);
        }
    }
}
```

输出 17.3

```
Error
Warning
Information
Verbose
```

注意，数据项的显示顺序是它们添加到字典的顺序，与添加到列表一样。字典的实现通常按添加时的顺序枚举键和值，但并非必须如此，也没有被编入文档，所以不要依赖它。

### 设计规范

DO NOT make any unwarranted assumptions about the order in which elements of a collection will be enumerated. If the collection is not documented as enumerating its elements in a particular order, it is not guaranteed to produce elements in any particular order.

不要对集合元素的顺序进行任何假定。如果集合的文档没有指明它按特定顺序枚举，就不能保证以任何特定顺序生成元素。

可以利用 Keys 属性和 Values 属性只处理字典类中的键或值。返回的数据类型是 ICollection<T>。注意，返回的是对原始字典集合中的数据的引用，而不是返回拷贝。字典中的变化会在 Keys 和 Values 属性返回的集合中自动反映。

### 高级主题：自定义字典相等性

为了判断指定的键是否与字典中现有的键匹配，字典必须能比较两个键的相等性。这就像列表必须能比较两个项来判断其顺序 ( 参见本章前面的 "高级主题：自定义集合排序" )。值类型的两个实例进行比较，默认是检查两者是否包含了一样的数据。引用类型的实例则是检查是否引用同一个对象。但偶尔即使两个实例不包含相同的值，或者不引用同一样东西，也需要判定它们相等。

例如，你可能想用代码清单 17.2 的 Contact 类型创建一个 Dictionary<Contact, string>，并希望假如两个 Contact 对象具有相同的 FirstName 和 LastName，就判定两者相等——无论两个对象是否引用相等。以前是通过实现 IComparer<T> 来对列表进行排序。类似地，可以提供 IEqualityComparer<T> 的一个实现来判断两个键是否相等。该接口要求两个方法：一个返回 bool 值指出两个项是否相等，另一个返回 "哈希码" 来实现字典的快速索引。代码清单 17.8 展示了一个例子。

代码清单 17.8　实现 IEqualityComparer<T>

```
using System.Collections.Generic;

public class ContactEquality : IEqualityComparer<Contact>
{
    public bool Equals(Contact? x, Contact? y)
    {
        if(object.ReferenceEquals(x, y))
```

```
            return true;
        if(x is null || y is null)
            return false;
        return x.LastName == y.LastName &&
            x.FirstName == y.FirstName;
    }

    public int GetHashCode(Contact x)
    {
        if(x is null)
            return 0;

        int h1 = x.FirstName is null ? 0 : x.FirstName.GetHashCode();
        int h2 = x.LastName is null ? 0 : x.LastName.GetHashCode();
        return h1 * 23 + h2;
    }
}
```

调用构造函数 new Dictionary<Contact, string>(new ContactEquality)，即可创建使用了该相等性比较器的字典。

**初学者主题：相等性比较的要求**

如第 9 章所述，相等性和哈希码算法有几条重要的规则。集合更需要遵守这些规则。就像列表排序要求自定义的比较器提供"全序"，哈希表也对自定义的相等性比较提出了一些要求。其中最重要的是如果 Equals() 为两个对象返回 true，那么 GetHashCode() 也必须为同样的对象返回相同的值。反之则不然：两个不相等的项可能具有相同的哈希码。事实上，一定有两个不相等的项具有相同的哈希码，因为总共也只有 $2^{32}$ 个可能的哈希码，但不相等的对象远超这个数目！

第二个重要的要求是，至少当数据项在哈希表中的时候，每次对其的 GetHashCode() 调用必须生成相同的结果。但要注意的是，在程序两次运行期间，两个"看起来相等"的对象并不一定产生相同的哈希码。例如，可以今天为指定联系人分配一个哈希码，两周后当程序再次运行时，为该联系人分配不同的哈希码。这完全合法。不要将哈希码持久存储到数据库中，并指望每次运行程序都不变。

理想情况下，GetHashCode() 的结果应该是"随机"的。也就是说，输入的小变化应该引起输出的大的变化，结果应在整数区间大致均匀分布。但是，很难设计出既快且分布又好的输出，应尝试在两者之间取得平衡。

最后，GetHashCode() 和 Equals() 千万不能抛出异常；例如，代码清单 17.8 就非常小心地避免了对空引用进行解引用。

下面总结一些基本要点：
- 相等的对象必然有相等的哈希码；
- 实例生存期间（至少当其在哈希表中的时候），其哈希码应一直不变；
- 哈希算法应快速生成具有良好分布的哈希码；
- 哈希算法应避免在所有可能的对象状态中引发异常。

## 17.2.5 已排序集合：SortedDictionary<TKey，TValue> 和 SortedList<T>

在已排序 ( 有序 ) 集合类中 ( 参见图 17.4)，元素已经事先排好序。具体地说，对于 SortedDictionary<TKey， TValue>，元素是按照键排序的；对于 SortedList<T>，元素则是按照值排序的。

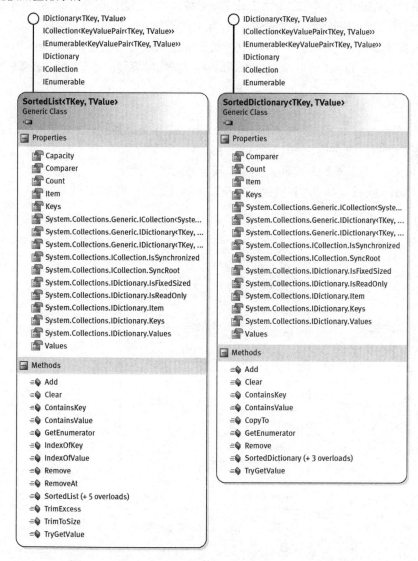

图 17.4 SortedList<> 和 SortedDictionary<> 类关系图

如果修改代码清单 17.7 的代码，将 Dictionary<string， ConsoleColor> 替换成 SortedDictionary<string， ConsoleColor>，则会获得如输出 17.4 所示的结果。

**输出 17.4**

```
Error
Information
Verbose
Warning
```

注意，元素按键而不是按值排序。由于要保持集合中元素的顺序，所以相对于无序字典，已排序集合插入和删除元素要稍慢一些。由于已排序集合必须按特定顺序存储数据项，所以既可按键访问，也可按索引访问。按索引访问请使用 **Keys** 属性和 **Values** 属性[①]，它们分别返回 **IList<TKey>** 实例和 **IList<TValue>** 实例，结果集合可像其他列表那样索引。

## 17.2.6 栈集合：Stack<T>

第 12 章已经讨论了栈集合类 ( 如图 17.5 所示 )。栈集合类被设计成后入先出 (LIFO)集合。两个关键的方法是 Push() 和 Pop()：

- Push() 将元素送入集合 ( 入栈 )，元素不必唯一；
- Pop() 按照与添加时相反的顺序获取并移除元素 ( 出栈 )。

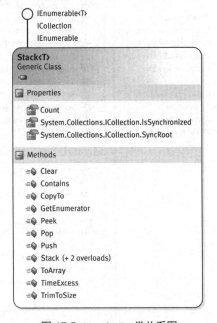

图 17.5 Stack<T> 类关系图

为了在不修改栈的前提下访问栈中的元素，要使用 Peek() 和 Contains() 方法。Peek() 返回的元素与 Pop() 返回的是一样的 ( 栈顶的那个元素 )，只是不会修改栈 ("我只是偷偷地瞄一眼" )。

———————

① 译注：例如，sortedList.Keys[1] 或者 sortedList.Values[1]。

和大多数集合类一样，`Contains()` 判断一个元素是否在栈的某个地方。和所有集合一样，还可以用 `foreach` 循环来遍历栈中的元素，以访问栈中任何地方的值。但要注意，用 `foreach` 循环访问值不会把它从栈中删除。只有 `Pop()` 才会。

## 17.2.7 队列集合：`Queue<T>`

如图 17.6 所示，队列集合类与栈集合类基本相同，只是遵循先入先出 (FIFO) 排序模式。代替 `Pop()` 和 `Push()` 的分别是 `Enqueue()` 和 `Dequeue()` 方法，前者称为入队方法，后者称为出队方法。队列集合像是一个"管道"。`Enqueue()` 方法在队列的一端将对象放入队列，`Dequeue()` 从另一端移除它们。和栈集合类一样，对象不必唯一。另外，队列集合类会根据需要自动扩充。队列缩小时，不一定会回收之前使用的存储空间，因为这会使插入新元素的动作变得很昂贵。如果确定队列将长时间大小不变，那么可以使用 `TrimToSize()` 方法提醒它你希望回收存储空间。

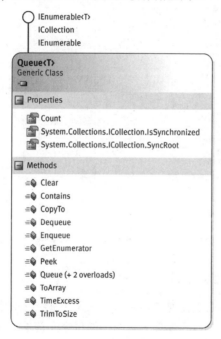

图 17.6 Queue<T> 类关系图

## 17.2.8 链表：`LinkedList<T>`

`System.Collections.Generic` 还支持一个链表集合，允许正向和反向遍历。图 17.7 展示了类关系图。注意，没有对应的非泛型类型。

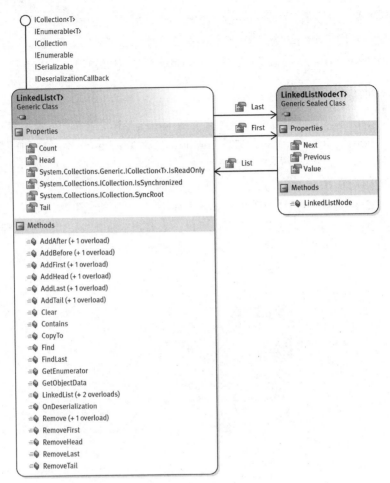

图 17.7 LinkedList<T> 和 LinkedListNode<T> 类关系图

## 17.2.9 Span<T> 和 ReadOnlySpan<T>

另一种值得注意的集合类型是 Span<T>。它是一种特殊的集合类型，用于访问现有数组中的一个元素序列，同时不需要为数组中的每个元素重新分配内存。例如，给定一个 int[] 实例，我们可以创建一个 Span<int> 实例，它引用原始数组的一个切片 (slice)，而无需将每个元素复制到 Span<int> 集合中。这使 Span<int> 成为处理现有集合的切片的一种高效的方式。切片所占用的内存实际与原始数组的内存重叠——Span<T> 引用原始集合中的元素，而不是将它们复制到新的集合中。代码清单 17.9 提供了一个例子，并演示了 Span<T> 引用的数据就是原始数组所指向的数据。

代码清单 17.9　Span<T> 的例子

```
string[] languages = new [] {
```

```
          "C#", "COBOL", "Java",
          "C++", "TypeScript", "Python",};

// 用数组的前三个元素创建一个 Span<string>，这是一个 " 切片 "
Span<string> languageSpan = languages.AsSpan(0, 2);
languages[0] = "R";
Assert(languages[0] == languageSpan[0]);
Assert("R" == languageSpan[0]);
languageSpan[0] = "Lisp";
Assert(languages[0] == languageSpan[0]);
Assert("Lisp" == languages[0]);

int[] numbers = languages.Select(item => item.Length).ToArray();
// 用数组的前三个元素创建一个 Span<int>
Span<int> numbersSpan = numbers.AsSpan(0, 2);
Assert(numbers[1] == numbersSpan[1]);
numbersSpan[1] = 42;
Assert(numbers[1] == numbersSpan[1]);
Assert(42 == numbers[1]);

const string bigWord = "supercalifragilisticexpialidocious";
// 用单词的一个后缀部分创建一个 Span<char>
#if NET8_0_OR_GREATER
ReadOnlySpan<char> expialidocious = bigWord.AsSpan(20..);
#else // NET8_0_OR_GREATER
ReadOnlySpan<char> expialidocious = bigWord.AsSpan(20, 14);
#endif // NET8_0_OR_GREATER
Assert(expialidocious.ToString() == "expialidocious");
```

　　为了演示共享内存的行为，请注意向 languages[0] 赋一个新值后，相应的 languageSpan 中的元素也会更新，反之亦然。此外，无论使用引用类型的集合还是值类型的集合，这种行为都适用。

　　还有一种相似的集合类型是 ReadOnlySpan<T>，它特别适合对不可变的 string 进行切片，同时不分配一个全新的字符串。需要原始数组的一个只读切片时，这种集合的性能更佳。[①]

　　在内部，Span<T> 使用了一个 ref struct( 自 C# 7.2 加入 )。这意味着它只能存在于栈上，而不是在堆上。因此，它可以用作局部变量，但不能作为类或普通结构上的静态成员或实例成员。如果想获得类似的功能，但又不想有这个限制，那么可以使用 Memory<T> 类型。

## 17.3　提供索引器

　　数组、字典和列表都提供了**索引器** (indexer)，以便根据键或索引来获取 / 设置成员。如前所述，为了使用索引器，只需将索引放到集合后的一对方括号中。可以定义自己的索引器，代码清单 17.10 用 Pair<T> 展示了一个例子。

---

① 译注：注意，是获得一个只读的切片，虽然不能在这个切片上修改，但原始数组的修改会反映到切片上。

**代码清单 17.10　定义索引器**

```
interface IPair<T>
{
    T First { get; }
    T Second { get; }
    T this[PairItem index] { get; }
}

public enum PairItem
{
    First,
    Second
}

public struct Pair<T> : IPair<T>
{
    public Pair(T first, T second)
    {
        First = first;
        Second = second;
    }

    public T First { get; }
    public T Second { get; }

    public T this[PairItem index]
    {
        get
        {
            switch (index)
            {
                case PairItem.First:
                    return First;
                case PairItem.Second:
                    return Second;
                default:
                    throw new NotImplementedException(
                        $"尚未实现 { index.ToString() }枚举。");

            }
        }
        // ...
    }
}
```

　　索引器的声明和属性很相似；但不是使用属性名，而是使用关键字 this，后跟方括号中的参数列表。主体也像属性，也有 get 和 set 块。如代码清单 17.10 所示，参数不一定是 int。事实上，索引可以获取多个参数，甚至可以重载。本例使用一个枚举 (enum) 防止调用者为不存在的项提供索引。

　　C# 编译器为索引器创建的 CIL 代码是名为 Item 的特殊属性，它获取一个实参。接收实参的属性不可以在 C# 中显式创建，所以 Item 属性在这方面相当特殊。使用了

标识符 **Item** 的其他任何成员，即使它有完全不同的签名，都会和编译器创建的成员冲突，所以不允许。

**高级主题：使用 IndexerName 指定索引器属性名称**

如前所述，索引器 ([]) 的 CIL 属性名称默认为 Item。但是，可以使用 IndexerNameAttribute 特性来指定一个不同的名称。代码清单 17.11 将名称更改为 "Entry"。

**代码清单 17.11　更改索引器的默认名称**

```
[System.Runtime.CompilerServices.IndexerName("Entry")]
public T this[PairItem index]
{
    // ...
}
```

这个更改对于索引的 C# 调用者来说没有任何区别，它只是为不直接支持索引器的语言指定了名称。

**IndexerNameAttribute** 特性只是一个编译器指令，指示为索引器使用不同的名称。特性不会实际进入编译器生成的元数据，所以不能通过反射获得这个名称。

**高级主题：定义参数可变的索引操作符**

索引器还可获取一个可变的参数列表。例如，代码清单 17.12 为第 12 章讨论 ( 下一节也会讨论 ) 的 BinaryTree<T> 定义了一个索引器。

**代码清单 17.12　定义接受可变参数的索引器**

```
using System;

public class BinaryTree<T>
{
    // ...
    public BinaryTree<T> this[params PairItem[]? branches]
    {
        get
        {
            BinaryTree<T> currentNode = this;

            // 允许使用空数组或 null 来引用根节点
            int totalLevels = branches?.Length ?? 0;
            int currentLevel = 0;

            while (currentLevel < totalLevels)
            {
                System.Diagnostics.Debug.Assert(branches is not null,
                    $"{nameof(branches)} 不为 null");

                currentNode = currentNode.SubItems[
                    branches[currentLevel]];
                if (currentNode is null)
                {
                    // 此位置的二叉树为 null
                    throw new IndexOutOfRangeException();
                }
```

```
                currentLevel++;
            }
            return currentNode;
        }
    }
    // ...
}
```

这个例子描述了肯尼迪家族的简单族谱，如下所示：

```
John Fitzgerald Kennedy( 这是大家熟知的美国总统肯尼迪 )
  Joseph Patrick Kennedy( 肯尼迪的老爸 )
    Patrick Joseph Kennedy( 肯尼迪的祖父 )
    Mary Augusta Hickey( 肯尼迪的祖母 )
  Rose Elizabeth Fitzgerald( 肯尼迪的老妈 )
    John Francis Fitzgerald( 肯尼迪的外祖父 )
    Mary Josephine Hannon( 肯尼迪的外祖母 )
```

branches 参数数组中的每一项都是一个 PairItem，指出在二叉树中应该向下导航到哪个分支；每多一项，就多深入一级。例如，以下表达式：

```
jfkFamilyTree[PairItem.Second, PairItem.First].Value
```

会先访问 Rose Elizabeth Fitzgerald( 作为 John Fitzgerald Kennedy 的第二个子节点 )，然后访问 John Francis Fitzgerald( 作为 Rose Elizabeth Fitzgerald 的第一个子节点 )。记住，二叉树每个分支最多两个节点。

## 17.4 返回 null 或者空集合

返回数组或集合时，必须允许返回 null，或者返回不含任何数据项的集合实例，从而指出包含零个数据项的情况。通常，更好的选择是返回不含数据项的集合实例。这样我可能要避免强迫调用者在遍历集合前检查 null 值。例如，假定现在有一个长度为零的 IEnumerable<T> 集合，调用者可以立即用一个 foreach 循环来安全遍历集合，不必担心生成的 GetEnumerator() 调用会抛出 NullReferenceException 异常。考虑使用 Enumerable.Empty<T>() 方法来简单地生成给定类型的空集合。

但这个准则也有例外的时候，比如 null 被有意用来表示有别于"零个项目"的情况。例如，网站用户名集合可能用 null 表示出于某种原因未能获得最新集合，在语义上有别于空集合。

### 设计规范

1. DO NOT represent an empty collection with a null reference.

   不要用 null 引用表示空集合。

2. CONSIDER using the Enumerable.Empty<T>() method instead.

   考虑改为使用 Enumerable.Empty<T>() 方法。

## 17.5　迭代器

第 15 章详细探讨了 foreach 循环的内部工作方式。本节将讨论如何利用**迭代器** (iterator) 为自定义集合实现自己的 IEnumerator<T>、IEnumerable<T> 和对应的非泛型接口。迭代器用清楚的语法描述了如何循环遍历 ( 也就是迭代 ) 集合类中的数据，尤其是如何使用 foreach 来遍历。迭代器使集合的用户能遍历集合的内部结构，同时不必了解那个结构的内部实现。

**高级主题：迭代器的产生**

1972 年，麻省理工学院的芭芭拉·利斯科夫 (Barbara Liskov，2008 年图灵奖得主 ) 和一组科学家开始研究新的编程方法，他们将重点放在对用户自定义数据的抽象上。为了检验他们的大多数工作，他们创建了一种名为 CLU 的语言。这种语言提出了一个名为 "群集" (cluster，注意前三个字母是 CLU) 的概念，这是当今程序员使用的主要数据抽象概念——对象——的前身。

在研究过程中，团队意识到 CLU 语言虽然能从最终用户使用的类型中抽象出一些数据表示，但经常都不得不揭示数据的内部结构，其他人才能正确使用它。为了摆脱这方面的困扰，他们创建了一种名为迭代器的语言结构。当年由 CLU 提出的许多概念最终都在面向对象编程中成为非常基本的东西。■

类要支持用 foreach 进行迭代，就必须实现枚举器 (enumerator) 模式。如第 15 章所述，C# foreach 循环结构被编译器扩展成 while 循环结构，它以从 IEnumerable<T> 接口获取的 IEnumerator<T> 接口为基础。[①]

枚举器模式的问题在于，手动实现它比较麻烦，因为必须维护对集合中的当前位置进行描述所需的全部状态。对于列表集合类型，这个内部状态可能比较简单，当前位置的索引就足够。但是，对于需要以递归方式遍历的数据结构 ( 比如二叉树 )，状态就可能相当复杂了。为此，C# 2.0 引入了迭代器的概念，它使一个类可以更容易地描述 foreach 循环如何遍历它的内容。

### 17.5.1　定义迭代器

迭代器方便我们实现类的方法，是更复杂的 "枚举器模式" 的语法糖。C# 编译器遇到迭代器时，会把它的内容扩展为实现了枚举器模式的 CIL 代码。因此，迭代器的实现对 "运行时" 没有特别的依赖。由于只是语法上的简化，所以在使用迭代器之后，并不会带来运行时性能的提升。不过，选择使用迭代器，而不是手动实现枚举器模式，能显著提高程序员的编程效率。先看看迭代器在代码中如何定义。

---

① 译注：要记住 IEnumerable<T> 和 IEnumerator<T> 的关系很简单，前者定义了一个 GetEnumerator() 方法 ( 而且只定义了这个方法 ) 来返回后者。

## 17.5.2 迭代器语法

迭代器提供了迭代器接口（也就是 **IEnumerable<T>** 和 **IEnumerator<T>** 这两个接口的组合）的一个快捷实现。代码清单 17.12 通过创建一个 GetEnumerator() 方法为泛型 **BinaryTree<T>** 类型声明了一个迭代器。接着，我们要具体实现迭代器接口。

**代码清单 17.13   迭代器接口模式**

```csharp
using System.Collections;
using System.Collections.Generic;

public class BinaryTree<T> :
    IEnumerable<T>
{
    public BinaryTree(T value)
    {
        Value = value;
    }

    #region IEnumerable<T> 的成员
    public IEnumerator<T> GetEnumerator()
    {
        // 在这里实现 GetEnumerator() 方法来返回一个 IEnumerator<T>
    }
    #endregion IEnumerable<T> 的成员

    public T Value { get; }
    public Pair<BinaryTree<T>> SubItems { get; set; }
}

public struct Pair<T>
{
    public Pair(T first, T second) : this()
    {
        First = first;
        Second = second;
    }
    public T First { get; }
    public T Second { get; }
}
```

如代码清单 17.13 所示，我们需要为 GetEnumerator() 方法提供一个实现。

## 17.5.3 从迭代器生成值

迭代器类似于函数，但它不是返回 (return) 一个值，而是生成 (yield) 一系列值。在 **BinaryTree<T>** 的情况下，迭代器生成的值的类型是提供给 **T** 的类型实参。如果使用 **IEnumerator** 的非泛型版本，生成的值就是 **object** 类型。

为了正确实现迭代器模式，需要维护一些内部状态，以便在枚举集合时跟踪记录当前位置。在 **BinaryTree<T>** 的情况下，要记录的是树中哪些元素已被枚举，哪些还没有。

迭代器由编译器转换成一个"状态机"以跟踪记录当前位置，它还知道如何将自己移动到下一个位置。

迭代器每次遇到 yield return 语句，都会生成一个值；控制立即返回到请求数据项的调用者。有趣的是，控制真的是立即返回的，这跟表面上"立即返回"的 return 语句不同，return 语句在返回过程中还会先执行一下 finally 块；yield return 则不会。然后，当调用者请求下一项时，会紧接在上一个 yield return 语句之后执行。代码清单 17.14 顺序返回 C# 语言内建的数据类型关键字，结果如输出 17.5 所示。

**代码清单 17.14　顺序生成 C# 语言的一些关键字**

```
using System;
using System.Collections.Generic;

public class CSharpBuiltInTypes : IEnumerable<string>
{
    public IEnumerator<string> GetEnumerator()
    {
        yield return "object";
        yield return "byte";
        yield return "uint";
        yield return "ulong";
        yield return "float";
        yield return "char";
        yield return "bool";
        yield return "ushort";
        yield return "decimal";
        yield return "int";
        yield return "sbyte";
        yield return "short";
        yield return "long";
        yield return "void";
        yield return "double";
        yield return "string";
    }

    // 还需要实现 IEnumerable.GetEnumerator 方法，因为
    // IEnumerable<T> 是从 IEnumerable 派生的
    System.Collections.IEnumerator
        System.Collections.IEnumerable.GetEnumerator()
    {
        // 直接调用上述 IEnumerator<string> GetEnumerator()
        return GetEnumerator();
    }
}
public class Program
{
    public static void Main()
    {
        var keywords = new CSharpBuiltInTypes();
        foreach (string keyword in keywords)
        {
```

```
            Console.WriteLine(keyword);
        }
    }
}
```

输出 17.5

```
object
byte
uint
ulong
float
char
bool
ushort
decimal
int
sbyte
short
long
void
double
string
```

## 17.5.4 迭代器和状态

GetEnumerator() 在 foreach 语句（比如代码清单 17.14 的 foreach (string keyword in keywords)）中首次被调用时，会创建一个迭代器对象，其状态被初始化为特殊的"起始"状态，表示迭代器尚未执行代码，所以尚未生成任何值。只要 foreach 语句继续，迭代器就会一直维护其状态。循环每次请求下一个值，控制就会进入迭代器，从上一次离开的位置继续。该位置是根据迭代器对象中存储的状态信息来判断的。foreach 语句终止，迭代器的状态就不再保存了。

总是可以安全地再次调用迭代器，如有必要，还会创建新的枚举器对象。

图 17.8 展示了所有事件的发生顺序。记住，MoveNext() 方法是由 IEnumerator<T> 接口提供的。

在代码清单 17.14 中，foreach 语句在名为 keywords 的一个 CSharpBuiltInTypes 实例上发起对 GetEnumerator() 的调用。获得该方法返回的迭代器实例后，foreach 的每次循环迭代都以一个 MoveNext() 调用开始。迭代器在内部生成 (yield) 一个值，并把它返回给 foreach 语句。执行 yield return 语句之后，GetEnumerator() 方法暂停并等待下一个 MoveNext() 请求。现在，控制返回循环主体，foreach 语句在屏幕上显示生成的值。然后，它开始下一次循环迭代，再次在迭代器上调用 MoveNext()。注意第二次循环执行的是第二个 yield return 语句。同样地，foreach 在屏幕上显示 CSharpBuiltInTypes 所 yield 的值，并开始下一次循环迭代。这个过程会一直继续下去，直至迭代器中没有更多的 yield return 语句。届时 foreach 循环将终止，因为 MoveNext() 返回 false。

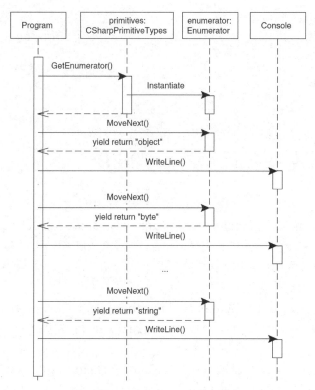

图 17.8　yield return 顺序示意图

## 17.5.5　更多的迭代器例子

修改 BinaryTree<T> 以实现对它的 foreach 遍历之前，必须先修改 Pair<T> 以使用迭代器来支持 IEnumerable<T> 接口。代码清单 17.15 展示了如何 yield Pair<T> 中的每个元素——其实就只有两个元素，分别是 First 和 Second。

代码清单 17.15　使用 yield return 来实现对 BinaryTree<T> 的遍历

```csharp
public struct Pair<T> : IPair<T>,
IEnumerable<T>
{
    public Pair(T first, T second) : this()
    {
        First = first;
        Second = second;
    }
    public T First { get; }
    public T Second { get; }
    // ...
    #region IEnumerable<T> 的成员
    public IEnumerator<T> GetEnumerator()
    {
```

```
        yield return First;
        yield return Second;
    }
    #endregion IEnumerable<T> 的成员

    #region IEnumerable 的成员
    System.Collections.IEnumerator
        System.Collections.IEnumerable.GetEnumerator()
    {
        return GetEnumerator();
    }
    #endregion IEnumerable 的成员
}
```

在代码清单 17.15 中，Pair<T> 数据类型会发生两次迭代。第一次通过 yield return First，第二次则通过 yield return Second。在 GetEnumerator() 中第一次遇到 yield return 语句，状态会被保存，而且执行似乎"跳出" GetEnumerator() 方法的上下文并返回循环主体。第二次循环迭代开始时，GetEnumerator() 从 yield return Second 语句恢复执行。

System.Collections.Generic.IEnumerable<T> 从 System.Collections.IEnumerable 继承。所以实现 IEnumerable<T> 还需实现 IEnumerable。在代码清单 17.15 中，这个实现是显式进行的。不过这个实现很简单，就是调用了一下 IEnumerable<T> 的 GetEnumerator() 实现。由于 IEnumerable<T> 和 IEnumerable 之间的类型兼容性（通过继承），所以从 IEnumerable.GetEnumerator() 中调用 IEnumerable<T>.GetEnumerator() 肯定是合法的。由于两个 GetEnumerator() 的签名完全一致（返回类型不是签名的区分因素），所以要么必须一个实现是显式的，要么必须两个都是显式的。考虑到 IEnumerable<T> 的版本提供了额外的类型安全性，所以选择显式实现 IEnumerable 的。

代码清单 17.16 使用 Pair<T>.GetEnumerator() 方法在连续两行上显示 "Inigo" 和 "Montoya"。

**代码清单 17.16　通过 foreach 来使用 Pair<T>.GetEnumerator()**

```
var fullName = new Pair<string>("Inigo", "Montoya");
foreach(string name in fullName)
{
    Console.WriteLine(name);
}
```

注意，对 GetEnumerator() 的调用在 foreach 循环中是隐式进行的。

## 17.5.6 将 yield return 语句放到循环中

在前面的 CSharpBuiltInTypes 和 Pair<T> 中，是对每个 yield return 语句都进行硬编码。但实际上不需要如此。完全可以使用 yield return 语句从一个循环结构中返回值。在代码清单 17.17 中，`GetEnumerator()` 中的 `foreach` 每一次执行都会返回下一个值。

**代码清单 17.17 将 `yield return` 语句放入循环**

```
public class BinaryTree<T> : IEnumerable<T>
{
    // ...
    #region IEnumerable<T> 的成员
    public IEnumerator<T> GetEnumerator()
    {
        // 返回这个节点的 item
        yield return Value;

        // 遍历 pair 的每个元素
        foreach (BinaryTree<T>? tree in SubItems)
        {
            if(tree is not null)
            {
                // 由于 pair 中的每个元素都是树,
                // 所以遍历树, 并 yield 每个元素。
                foreach(T item in tree)
                {
                    yield return item;
                }
            }
        }
    }
    #endregion IEnumerable<T> 的成员

    #region IEnumerable 的成员
    System.Collections.IEnumerator
        System.Collections.IEnumerable.GetEnumerator()
    {
        return GetEnumerator();
    }
    #endregion
    // ...
}
```

在代码清单 17.17 中，第一次循环迭代会返回二叉树的根元素。第二次循环迭代时，将遍历由两个子元素构成的一个 pair。假如子元素 pair 包含非空的值，就进入子节点，并生成它的元素。注意 `foreach(T item in tree)` 是对子节点的递归调用。

和 `CSharpBuiltInTypes` 和 `Pair<T>` 的情况一样，现在可以使用 `foreach` 循环来遍历一个 `BinaryTree<T>`。代码清单 17.18 对此进行了演示，结果如输出 17.6 所示。

**代码清单 17.18 将 `foreach` 用于 `BinaryTree<string>`**

```
// JFK( 肯尼迪 ) 家族族谱
var jfkFamilyTree = new BinaryTree<string>(
    "John Fitzgerald Kennedy")
{
```

```
    SubItems = new Pair<BinaryTree<string>>(
        new BinaryTree<string>("Joseph Patrick Kennedy")
        {
            // 祖父母（父亲那边）
            SubItems = new Pair<BinaryTree<string>>(
                new BinaryTree<string>("Patrick Joseph Kennedy"),
                new BinaryTree<string>("Mary Augusta Hickey"))
        },
        new BinaryTree<string>("Rose Elizabeth Fitzgerald")
        {
            // 外祖父母（母亲那边
            SubItems = new Pair<BinaryTree<string>>(
                new BinaryTree<string>("John Francis Fitzgerald"),
                new BinaryTree<string>("Mary Josephine Hannon"))
        })
};
```

```
foreach (string name in jfkFamilyTree)
{
    Console.WriteLine(name);
}
```

**输出 17.6**

```
John Fitzgerald Kennedy
Joseph Patrick Kennedy
Patrick Joseph Kennedy
Mary Augusta Hickey
Rose Elizabeth Fitzgerald
John Francis Fitzgerald
Mary Josephine Hannon
```

 **高级主题：递归迭代器的危险性**

代码清单 17.17 在遍历二叉树时创建新的"嵌套"迭代器。这意味着当值由一个节点生成 (yield) 时，值由节点的迭代器生成，再由父的迭代器生成，再由父的迭代器生成……直到最后由根的迭代器生成。如果有 n 级深度，值就要在包含 $n$ 个迭代器的一个链条中向上传递。对于很浅的二叉树，这一般不是问题。但不平衡的二叉树可能相当深，造成递归迭代的高昂成本。

■ **设计规范**

CONSIDER using nonrecursive algorithms when iterating over potentially deep data structures.

考虑在迭代较深的数据结构时使用非递归算法。

 **初学者主题：struct 与 class**

将 Pair<T> 定义成一个 struct 而不是 class，会造成一个有趣的副作用：SubItems.First 和 SubItems.Second 不能被直接赋值——即使赋值方法是 public 的。若将赋值方法修改为 public，以下代码会造成编译错误，指出 SubItems 不能被修改，"因为它是只读的"：

```
jfkFamilyTree.SubItems.First = new BinaryTree<string>("Joseph Patrick Kennedy");
```

以上代码的问题在于，SubItems 是 Pair<T> 类型的属性，是一个 struct。因此，当属性返回值时，会生成 SubItems 的一个拷贝，该拷贝在语句执行完毕之后就会丢失。所以，对一个马上就要丢失的拷贝上的 First 进行赋值，显然会引起误解。幸好，C# 编译器禁止这样做。

为了解决该问题，可以选择不赋值 First( 代码清单 17.18 用的就是这种方式 )，为 Pair<T> 使用 class 而不是 struct，不创建 SubItems 属性而改为使用字段，或者在 BinaryTree<T> 中提供属性以直接访问 SubItems 的成员。

## 17.5.7　取消更多的迭代：yield break

有时需要取消更多的迭代。为此，可以包含一个 if 语句，不执行代码中余下的语句。但是，也可使用 yield break 使 MoveNext() 返回 false，使控制立即返回调用者并终止循环。代码清单 17.19 展示了一个例子。

代码清单 17.19　用 yield break 取消迭代

```
public System.Collections.Generic.IEnumerable<T> GetNotNullEnumerator()
{
    if ((First is null) || (Second is null))
    {
        yield break;
    }
    yield return Second;
    yield return First;
}
```

以上代码中，Pair<T> 类中的任何一个元素为 null，都会取消迭代。

yield break 语句类似于在函数顶部放一个 return 语句，判断函数无事可做的时候就执行。执行该语句可避免进行更多迭代，同时不必使用 if 块来包围余下的所有代码。另外，它使设置多个出口成为可能，所以使用需谨慎，因为阅读代码时如果不小心，就可能错过某个靠前的出口。

高级主题：迭代器是如何工作的

C# 编译器遇到一个迭代器时，会依据枚举器模式 (enumerator pattern) 将代码展开成恰当的 CIL。在生成的代码中，C# 编译器首先创建一个嵌套的私有类来实现 IEnumerator<T> 接口，以及它的 Current 属性和 MoveNext() 方法。Current 属性返回与迭代器的返回类型对应的一个类型。在代码清单 17.15 中，Pair<T> 包含的迭代器能返回一个 T 类型。C# 编译器检查包含在迭代器中的代码，并在 MoveNext 方法和 Current 属性中创建必要的代码来模拟它的行为。对于 Pair<T> 迭代器，C# 编译器生成的是大致一一对应的代码 ( 参见代码清单 17.20)。

代码清单 17.20　与迭代器的 CIL 代码等价的 C# 代码

```
using System;
using System.Collections;
using System.Collections.Generic;
// ...
    [NullableContext(1)]
    [Nullable(0)]
    public struct Pair<[Nullable(2)] T> :
```

```
        IPair<T>, IEnumerable<T>, IEnumerable
    {
        public Pair(T first, T second)
        {
            First = first;
            Second = second;
        }

        public T First { get; }

        public T Second { get; }

        public T this[PairItem index]
        {
            get
            {
                PairItem pairItem = index;
                PairItem pairItem2 = pairItem;
                T result;
                if (pairItem2 != PairItem.First)
                {
                    if (pairItem2 != PairItem.Second)
                    {
                        throw new NotImplementedException(
                            string.Format(
                                " 尚未实现 {0} 枚举 ",
                                index.ToString()));
                    }
                    result = Second;
                }
                else
                {
                    result = First;
                }
                return result;
            }
        }

        public IEnumerator<T> GetEnumerator()
        {
            yield return First;
            yield return Second;
            yield break;
        }

        IEnumerator IEnumerable.GetEnumerator()
        {
            return GetEnumerator();
        }
    }
}
```

因为编译器在遇到 yield return 语句时自动生成的类和手动编写的类基本一致，所以 C# 迭代器的
性能与手动实现枚举器模式一致。虽然性能没有提升，但开发效率显著提高了。

**高级主题：上下文关键字**

C# 语言的许多关键字都是 "保留" 的，除非附加 @ 前缀，否则不可以作为标识符使用。yield 关键字是上下文关键字，不是保留关键字。可以合法地声明名为 yield 的局部变量 (虽然这样会令人混淆)。事实上，C# 1.0 之后加入的所有关键字都是上下文关键字，这是为了防止升级老程序来使用语言的新版本时出问题。

如果 C# 语言的设计者为迭代器选择使用 yield value; 而不是 yield return value;，就会造成歧义。例如，yield(1+2); 是生成值，还是将值作为实参传给一个名为 yield 的方法呢？

由于以前本来就不能在 return 或 break 之前添加标识符 yield，所以 C# 编译器知道在这样的 "上下文" 中，yield 必然是关键字而非标识符。

## 17.5.8　在类中创建多个迭代器

之前的迭代器例子实现了 IEnumerable<T>.GetEnumerator()。这是 foreach 要隐式寻找的方法。有的时候，我们需要不同的迭代顺序，比如逆向迭代、筛选结果或者遍历一个对象投射等。为了在类中声明额外的迭代器，可以把它们封装到返回一个 IEnumerable<T> 或 IEnumerable 的属性或方法中。例如，要逆向遍历 Pair<T> 中的元素，可以提供如代码清单 17.21 所示的 GetReverseEnumerator() 方法。

**代码清单 17.21　在返回 IEnumerable<T> 的方法中使用 yield return**

```csharp
public struct Pair<T> : IPair<T>, IEnumerable<T>
{
    // ...
    public IEnumerable<T> GetReverseEnumerator()
    {
        yield return Second;
        yield return First;
    }
    // ...
    public static void Main()
    {
        var game = new Pair<string>("Redskins", "Eagles");
        foreach (string name in game.GetReverseEnumerator())
        {
            Console.WriteLine(name);
        }
    }
}
```

注意，返回的是 IEnumerable<T>，而不是 IEnumerator<T>。这显然有别于 IEnumerable<T>.GetEnumerator()，后者返回的是 IEnumerator<T>。Main() 中的代码演示了如何使用 foreach 循环来调用 GetReverseEnumerator()。

## 17.5.9　yield 语句的要求

只有在返回 IEnumerator<T> 或者 IEnumerable<T> 类型 (或者它们的非泛型版本) 的成员中，才能使用 yield return 语句。主体包含 yield return 语句的成员不能包含一个简单 return 语句（也就是普通的、没有添加 yield 的 return 语句）。如果成员使用了 yield return 语句，C# 编译器会生成必要的代码来维护迭代器的状态。相反，如果方法使用 return 语句而非 yield return，就要由程序员负责维护自己的状态机，并返回其中一个迭代器接口的实例。另外，我们知道，在有返回类型的方法中，所有代码路径都必须用一个 return 语句返回值（前提是代码路径中没有引发异常）。类似地，迭代器中的所有代码路径都必须包含一个 yield return 语句（如果这些代码路径要返回任何数据的话）。

yield 语句的其他限制包括如下方面（违反将造成编译错误）：

- yield 语句只能在方法、用户自定义操作符或者索引器 / 属性的 get 访问器方法（取值方法）中出现。成员不可获取任何 ref 或 out 参数；
- yield 语句不能在匿名方法或 Lambda 表达式（参见第 13 章）中出现；
- yield 语句不能在 try 语句的 catch 和 finally 块中出现，而且，yield 语句出现在 try 块中的前提是没有 catch 块。

## 17.6 小结

本章讨论了一些关键的集合类，并解释了它们如何根据它们支持的接口进行归类。每个类都专注于依据键、索引或先入先出 / 后入先出等条件来插入和检索（获取）数据项。我们还讨论了如何遍历集合。另外，本章解释了如何使用自定义迭代器来创建自定义集合。迭代器的作用就是遍历集合中的每一项。迭代器涉及上下文关键字 yield，C# 一旦看到它，就会生成底层 CIL 代码来实现 foreach 循环所用的迭代器模式。

下一章将讨论反射。以前简单地接触过它，但几乎没怎么解释。可以通过反射在运行时检查 CIL 代码中的某个类型的结构。

# 第 **18** 章

# 反射、特性和动态编程

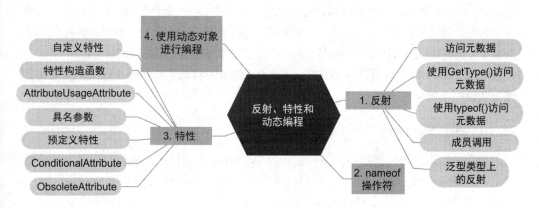

**特性** (attribute) 的作用是在程序集中插入额外元数据,将元数据与编程构造 (比如类、方法或者属性) 关联。本章讨论框架内建特性的细节,并讨论如何创建自定义特性。自定义特性要想用起来,就必须能被识别。这是通过反射 (reflection) 来实现的。

本章首先讨论反射,其中包括如何用它在运行时实现动态绑定——依据的是编译时按成员名称 (或元数据) 的成员调用。像代码生成器这样的工具会频繁用到反射。此外,在执行时调用目标未知的情况下,也要用到反射。

本章最后讨论动态编程,这是从 C# 4.0 开始增加的一项功能,可以利用它简化对动态数据的处理 (这种动态数据要求执行时而非编译时绑定)。

## 18.1 反射

可以利用反射做下面的事情:

- 访问程序集内部的类型的元数据,其中包括像完整类型名和成员名这样的构造,以及对一个构造进行修饰的任何特性;

- 使用元数据在运行时动态调用类型的成员，而不是使用编译时绑定。

**反射**是指对程序集中的元数据进行检查的过程。传统意义上，当代码编译成一种机器语言时，关于代码的所有元数据（比如类型和方法名）都会被丢弃。相反，当 C# 编译成 CIL 时，它会维持关于代码的大部分元数据。此外，可以利用反射来枚举程序集中的所有类型，找出满足特定条件的那些。我们是通过 System.Type 的实例来访问类型的元数据，该对象包含了对类型实例的成员进行枚举的方法。此外，可以在被检查类型的特定对象上调用那些成员。

人们基于反射发展出了一系列前所未有的编程模式。例如，反射允许枚举程序集中的所有类型及其成员。可以在此过程中创建对程序集 API 进行编档所需的存根 (stub)。然后，可以将通过反射获取的元数据与通过 XML 注释（使用 /doc 开关）创建的 XML 文档合并，从而创建 API 文档。类似地，程序员可以利用反射元数据来生成代码，从而将业务对象 (business object) 持久化（序列化）到数据库中。还可以在显示一个对象集合的列表控件中使用反射。基于该集合，列表控件可通过反射来遍历集合中的一个对象的所有属性，并在列表中为每个属性都定义一个列。此外，通过调用每个对象的每个属性，列表控件可以利用对象中包含的数据来填充每一行和每一列——即使对象的数据类型在编译时未知。

.NET Framework 所提供的 XmlSerializer、ValueType 和 DataBinder 类也在其部分实现中利用了反射技术。

## 18.1.1 使用 System.Type 访问元数据

为了读取类型的元数据，关键在于获得 System.Type 的一个实例，它代表了目标类型实例。System.Type 方便我们获取各种类型信息，可以用它回答以下问题：

- 类型的名称是什么 (Type.Name)?
- 类型是 public 的吗 (Type.IsPublic)?
- 类型的基类型是什么 (Type.BaseType)?
- 类型支持任何接口吗 (Type.GetInterfaces())?
- 类型在哪个程序集中定义 (Type.Assembly)?
- 类型的属性、方法、字段是什么 (Type.GetProperties()、Type.GetMethods()、Type.GetFields())?
- 都有什么特性在修饰一个类型 (Type.GetCustomAttributes())?

还有其他成员未能一一列出，但总而言之，它们都提供了与特定类型有关的信息。很明显，现在的关键是获得对类型的 Type 对象的引用。这主要通过 object.GetType() 和 typeof() 来实现。

注意，GetMethods() 调用不能返回扩展方法，扩展方法只能作为实现类型的静态成员使用。

### 18.1.1.1 GetType()

object 包含一个 GetType() 成员。因此所有类型都包含该方法。调用 GetType() 可以获得与原始对象对应的 System.Type 实例。代码清单 18.1 对此进行了演示，它使用来自 DateTime 的一个 Type 实例。输出 18.1 展示了结果。

代码清单 18.1 使用 Type.GetProperties() 获取对象的 public 属性

```
DateTime dateTime = new();

Type type = dateTime.GetType();
foreach(
    System.Reflection.PropertyInfo property in
        type.GetProperties())
{
    Console.WriteLine(property.Name);
}
```

输出 18.1

```
Date
Day
DayOfWeek
DayOfYear
Hour
Kind
Millisecond
Microsecond
Nanosecond
Minute
Month
Now
Second
Ticks
TimeOfDay
Today
Year
UtcNow
```

程序在调用 GetType() 后遍历 Type.GetProperties() 返回的每个 System.Reflection.PropertyInfo 实例并显示属性名。成功调用 GetType() 的关键在于获得一个对象实例。但有时这样的实例无法获得。例如，静态类无法实例化，无法调用 GetType()。

### 18.1.1.2 typeof()

获得 Type 对象的另一种方式是使用 typeof 表达式。typeof 在编译时绑定到特定的 Type 实例，并直接获取类型作为参数。但是，编译时绑定不适用于泛型类型的类型参数，因为它要在运行时才能确定。代码清单 18.2 演示了如何为 Enum.Parse() 使用 typeof。

代码清单 18.2 使用 typeof() 创建 System.Type 实例

```
using System.Diagnostics;
```

```
//...
        ThreadPriorityLevel priority;
        priority = (ThreadPriorityLevel)Enum.Parse(
                typeof(ThreadPriorityLevel), "Idle");
        //...
```

在这个代码清单中，Enum.Parse() 获取标识了一个枚举的 Type 对象，然后将一个字符串转换成特定的枚举值。在本例中，它将 "Idle" 转换成 System.Diagnostics.ThreadPriorityLevel.Idle。

类似地，下一节的代码清单 18.3 在 CompareTo(object obj) 方法中使用 typeof 表达式验证 obj 参数的类型符合预期：

```
if(obj.GetType() != typeof(Contact)) { ... }
```

typeof 表达式在编译时求值，使一次类型比较（例如与 GetType() 调用所返回的类型进行比较）能判断对象是否具有希望的类型。

## 18.1.2 成员调用

反射并非仅可用于获取元数据。基于获取的元数据，我们可以动态调用它引用的成员。假定现在定义一个类来代表应用程序的命令行，并把它命名为 CommandLineInfo[①]。对于这个类来说，最困难的地方在于如何在类中填充启动应用程序时实际提供的命令行数据。但利用反射，可将命令行选项映射到属性名，并在运行时动态设置属性。代码清单 18.3 对此进行了演示。

**代码清单 18.3　动态调用成员**

```
using System.Diagnostics;
using System.IO;
using System.Reflection;

public partial class Program
{
    public static void Main(string[] args)
    {
        CommandLineInfo commandLine = new();
        if(!CommandLineHandler.TryParse(
            args, commandLine, out string? errorMessage))
        {
            Console.WriteLine(errorMessage);
            DisplayHelp();
        }
        else if (commandLine.Help || string.IsNullOrWhiteSpace(commandLine.Out))
        {
            DisplayHelp();
        }
```

---

① .NET Standard 1.6 添加了 CommandLineUtils NuGet 包来提供命令行解析机制。详情参见 *http://t.cn/EZsdDn9*。

```
        else
        {
            if(commandLine.Priority !=
                ProcessPriorityClass.Normal)
            {
                // 更改线程优先级
            }
            // ...
        }
    }

    private static void DisplayHelp()
    {
        // 显示命令行帮助
        Console.WriteLine(
            "Compress.exe /Out:< 文件名 > /Help "
            + "/Priority:RealTime | High | "
            + "AboveNormal | Normal | BelowNormal | Idle");

    }
}

public partial class Program
{
    private class CommandLineInfo
    {
        public bool Help { get; set; }

        public string? Out { get; set; }

        public ProcessPriorityClass Priority { get; set; }
            = ProcessPriorityClass.Normal;
    }

}

public class CommandLineHandler
{
    public static void Parse(string[] args, object commandLine)
    {
        if (!TryParse(args, commandLine, out string? errorMessage))
        {
            throw new InvalidOperationException(errorMessage);
        }
    }

    public static bool TryParse(string[] args, object commandLine,
        out string? errorMessage)
    {
        bool success = false;
        errorMessage = null;
        foreach(string arg in args)
        {
            string option;
            if(arg[0] == '/' || arg[0] == '-')
```

```
{
    string[] optionParts = arg.Split(
        new char[] { ':' }, 2);

    // 删除斜杠或短画线
    option = optionParts[0].Remove(0, 1);
    PropertyInfo? property =
        commandLine.GetType().GetProperty(option,
            BindingFlags.IgnoreCase |
            BindingFlags.Instance |
            BindingFlags.Public);
    if(property is not null)
    {
        if(property.PropertyType == typeof(bool))
        {
            // 最后一个参数用于处理属性是索引器的情形
            property.SetValue(
                commandLine, true, null);
            success = true;
        }
        else if(
            property.PropertyType == typeof(string))
        {
            property.SetValue(
                commandLine, optionParts[1], null);
            success = true;
        }
        else if (
            // property.PropertyType.IsEnum 也是支持的
            property.PropertyType ==
                typeof(ProcessPriorityClass))
        {
            try
            {
                property.SetValue(commandLine,
                    Enum.Parse(
                        typeof(ProcessPriorityClass),
                        optionParts[1], true),
                    null);
                success = true;
            }
            catch (ArgumentException)
            {
                success = false;
                errorMessage =
                    $@"选项 '{optionParts[1]
                    }' 对 '{ option }' 无效。";
            }
        }
        else
        {
            success = false;
            errorMessage =
                $@" 不支持 { commandLine.GetType()
                    } 上的数据类型 '{property.PropertyType}'。";
```

```
                }
            }
            else
            {
                success = false;
                errorMessage =
                    $" 不支持 '{ option }' 选项。";
            }
        }
    }
    return success;
}
```

　　虽然程序有点长，但代码结构还是相当简单的。Main() 首先实例化一个
CommandLineInfo 类。这个类型专门用来包含当前程序的命令行数据。每个属性都对
应程序的一个命令行选项，支持的命令行选项如输出 18.2 所示。[①]

输出 18.2

```
Compress.exe /Out:< 文件名 > /Help /Priority:RealTime | High | AboveNormal | Normal |
BelowNormal | Idle
```

　　CommandLineInfo 对象被传给 CommandLineHandler 的 TryParse() 方法。该
方法首先枚举每个选项，并分离出选项名 ( 比如 Help 或 Out)。确定名称后，代码在
CommandLineInfo 对象上执行反射，查找同名的一个实例属性。找到属性就通过一个
SetValue() 调用并指定与属性类型对应的数据来完成对属性的赋值。SetValue() 的
参数包括要设置值的对象、新值以及一个额外的 index 参数 ( 除非属性是索引器，否
则该参数为 null)。以上代码能处理三种属性类型：bool、string 和枚举。在枚举的
情况下，要解析选项值，并将与文本等价的枚举等价值赋给属性。如果 TryParse() 调
用成功，方法会退出，用来自命令行的数据初始化 CommandLineInfo 对象。

　　有趣的是，虽然 CommandLineInfo 是嵌套在 Program 中的一个 private 类，
但 CommandLineHandler 在它上面执行反射却没有任何问题，甚至可以调用它的
成员。换言之，只要设置了恰当的权限，反射就可以绕过可访问性规则。例如，如
果 Out 是 private 的，TryParse() 方法仍可向其赋值。考虑到这一点，可以将
CommandLineHandler 转移到一个单独的程序集中，并在多个程序之间共享，每个程
序都有它们自己的 CommandLineInfo 类。

　　本例用 PropertyInfo.SetValue() 调用 CommandLineInfo 的一个成员。
PropertyInfo 还包含一个 GetValue() 方法，用于从属性中获取数据。对于方法，
则有一个 MethodInfo 类可供利用，它提供了一个 Invoke() 成员。MethodInfo 和
PropertyInfo 都从 MemberInfo 派生 ( 虽然并非直接 )，如图 18.1 所示。

[①] 译注：直接运行这个程序而不提供任何选项，就会显示这些帮助信息。本例硬编码了 Compress.exe
程序名，但实际应当视具体的项目名称而定。

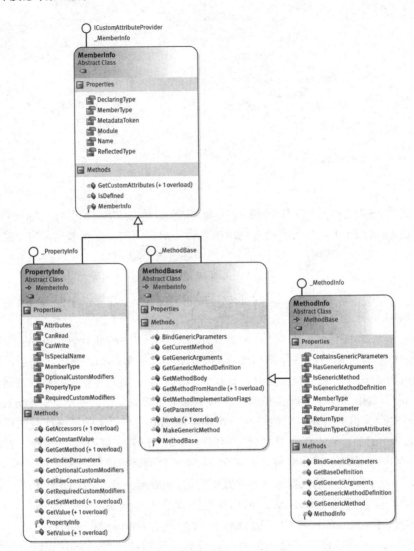

图 18.1 MemberInfo 的派生类

## 18.1.3 泛型类型上的反射

CLR 2.0 引入了泛型类型，这需要额外的反射功能。在泛型类型上执行运行时反射，可以判断类或方法是否包含泛型类型，以及它可能包含的任何类型参数 / 类型实参。

### 18.1.3.1 判断类型参数的类型

我们曾向非泛型类型使用 typeof 操作符来获取 System.Type 的实例。类似地，也可以向泛型类型或泛型方法中的类型参数应用 typeof 操作符。在代码清单 18.4 中，我们对 Stack 类的 Add 方法的类型参数应用了 typeof 操作符。

代码清单 18.4　声明 Stack<T> 类

```
public class Stack<T>
{
    //...
    public void Add(T i)
    {
        //...
        Type t = typeof(T);
        //...
    }
    //...
}
```

　　拿到类型参数的 **Type** 对象实例以后，就可以在类型参数上执行反射来确定其行为，针对具体类型对 **Add** 方法进行调整，使其能够更有效地支持这种类型。

### 18.1.3.2　判断类或方法是否支持泛型

　　CLR 2.0 的 **System.Type** 类新增了一系列方法来判断给定类型是否支持泛型参数和泛型实参。泛型实参是在实例化泛型类时提供的类型参数。如代码清单 18.5 和输出 18.3 所示，可以查询 **Type.ContainsGenericParameters** 属性来判断类或方法是否包含尚未设置的泛型参数。

代码清单 18.5　泛型反射

```
public class Program
{
    public static void Main()
    {
        Type type;
        type = typeof(System.Nullable<>);
        Console.WriteLine($"System.Nullable<> 是否包含泛型参数：" +
            $"{type.ContainsGenericParameters}");
        Console.WriteLine($"System.Nullable<> 是否泛型类型：" +
            $"{type.IsGenericType}");

        type = typeof(System.Nullable<DateTime>);
        Console.WriteLine($"System.Nullable<DateTime> 是否包含泛型参数：" +
            $"{type.ContainsGenericParameters}");
        Console.WriteLine($"System.Nullable<DateTime> 是否泛型类型：" +
            $"{type.IsGenericType}");
    }
}
```

输出 18.3

```
System.Nullable<> 是否包含泛型参数：True
System.Nullable<> 是否泛型类型：True
System.Nullable<DateTime> 是否包含泛型参数：False
System.Nullable<DateTime> 是否泛型类型：True
```

　　注意，**Type.IsGenericType** 是指示类型是否泛型的一个 **Boolean** 属性。

### 18.1.3.3　为泛型类或方法获取类型参数

可以调用 GetGenericArguments() 方法从泛型类获取泛型实参（或类型参数）的一个列表。这样得到的是由 System.Type 实例构成的一个数组，这些实例的顺序就是它们作为泛型类的类型参数被声明的顺序。代码清单 18.6 反射一个泛型类型，获取它的每个类型参数。输出 18.4 展示了结果。

代码清单 18.6　泛型类型反射

```
public class Program
{
    public static void Main()
    {
        Stack<int> s = new();

        Type t = s.GetType();

        foreach(Type type in t.GetGenericArguments())
        {
            System.Console.WriteLine(
                "类型参数 : " + type.FullName);
        }
        //...
    }
}
```

输出 18.4

```
类型参数 : System.Int32
```

## 18.2　nameof 操作符

第 11 章简单介绍了 nameof 操作符，当时是用它在参数异常中提供参数名：

```
throw new ArgumentException(
    "传递的实参不是数位", nameof(textDigit));
```

从 C# 6.0 开始引入的这个上下文关键字会生成一个常量字符串来包含被指定为实参的任何程序元素的非限定名称。在本例中，textDigit 是方法实参，所以 nameof(textDigit) 返回 "textDigit"（由于这个行动在编译时发生，所以 nameof 技术上说不是反射。之所以要在这里介绍它，是因为它最终接收的是关于程序集及其结构的数据）。

有人可能觉得好奇，为什么要用 nameof(textDigit) 而不是简单地写 "textDigit"（尤其是后者似乎更容易看懂）。这样做有两方面的好处。

- C# 编译器确保 nameof 操作符的实参是有效程序元素，所以如果程序元素名称发生变化或者出现拼写错误，编译时就能知道出错；

● 相较于字符串字面值，IDE 工具使用 nameof 操作符能工作得更好，例如，"查找所有引用"工具能找到 nameof 表达式中提到的程序元素，在字符串字面值中就不行，另外，自动重命名机制也能更好地工作。

在前面的代码中，nameof(textDigit) 生成的是参数名，但它实际支持作用域内的任何程序元素。事实上，从 C# 11 开始，甚至可以在对方法进行修饰的特性 (attribute) 中，为方法的参数名使用 nameof 操作符。例如，代码清单 18.7 用 nameof 将属性名传给 INotifyPropertyChanged.PropertyChanged。

代码清单 18.7　动态调用成员

```
using System.ComponentModel;

public class Person : INotifyPropertyChanged
{
    public event PropertyChangedEventHandler? PropertyChanged;
    public Person(string name)
    {
        Name = name;
    }
    private string _Name = string.Empty;
    public string Name
    {
        get { return _Name; }
        set
        {
            if (_Name != value)
            {
                _Name = value;
                PropertyChanged?.Invoke(
                    this,
                    new PropertyChangedEventArgs(
                        nameof(Name)));
            }
        }
    }
    // ...
}
```

注意，无论只提供非限定名称 Name( 因其在作用域中 )，还是使用完全 ( 或部分 ) 限定名称 Person.Name，结果都是最后一个标识符 (Person.Name 就只取 Name)。

现在，仍然可以使用 C# 5.0 的 CallerMemberName 参数特性来获取属性名。

## 18.3 特性

在详细讨论特性 (attribute) 编程之前，先来研究一个演示其用途的例子。在代码清单 18.3 的 CommandLineHandler 示例中，我们是根据与属性名匹配的命令行选项来动态设置类的属性。但是，假如命令行选项是无效属性名，这个办法就失效了。例如，无

法支持 /? 这个命令行选项。另外，也没办法指出某个选项是必需还是可选。

特性完美解决了该问题，它不依赖于选项名与属性名的完全匹配。可以利用特性指定与被修饰的构造（本例就是命令行选项）有关的额外元数据。可用特性将一个属性修饰为 Required（必需），并提供 /? 选项别名。换言之，特性是将额外数据关联到属性（以及其他构造）的一种方式。

特性要放到所修饰的构造前的一对方括号中。例如，代码清单 18.8 修改 CommandLineInfo 类来包含特性。

**代码清单 18.8　用特性修饰属性**

```
public class CommandLineInfo
{
    [CommandLineSwitchAlias("?")]
    public bool Help { get; set; }

    [CommandLineSwitchRequired]
    public string? Out { get; set; }

    public System.Diagnostics.ProcessPriorityClass Priority
    { get; set; } =
        System.Diagnostics.ProcessPriorityClass.Normal;
}
```

在代码清单 18.8 中，Help 和 Out 属性均用特性进行修饰。这些特性的目的是允许使用别名 /? 来取代 /Help 以及指出 /Out 是必需的参数。思路是从 CommandLineHandler.TryParse() 方法中启用对选项别名的支持。另外，如果解析成功，可以检查是否指定了所有必须要有的开关。

要想为同一构造关联多个特性，我们可以采用两个办法。一个办法是在同一对方括号中以逗号分隔多个特性。另一个办法是将每个特性放在它自己的一对方括号中，如代码清单 18.9 所示。

**代码清单 18.9　用多个特性来修饰一个属性**

```
[CommandLineSwitchRequired, CommandLineSwitchAlias("FileName")]
public string? Out { get; set; }
```

除了修饰属性，特性还可以修饰程序集、类、构造函数、委托、枚举、事件、字段、泛型参数、接口、方法、模块、参数、返回值和结构。大多数构造都可以像代码清单 18.9 那样使用方括号语法来应用特性。但该语法不适用于返回值、程序集和模块。

程序集的特性用于添加有关程序集的额外元数据。例如，Visual Studio 针对 .NET Framework 项目的"项目向导"会生成一个 AssemblyInfo.cs 文件，其中包含了与程序集有关的大量特性（.NET Core 项目的情况稍有不同，稍后详述）。代码清单 18.10 展示了该文件的一个例子。

**代码清单 18.10   AssemblyInfo.cs 中保存的程序集特性**

```
using System.Reflection;
using System.Runtime.CompilerServices;
using System.Runtime.InteropServices;

// 有关程序集的一般信息由以下
// 特性控制。更改这些特性值可
// 以修改与程序集关联的信息。
[assembly: AssemblyTitle("Bookzhou.com")]
[assembly: AssemblyDescription("")]
[assembly: AssemblyConfiguration("")]
[assembly: AssemblyCompany("")]
[assembly: AssemblyProduct("Bookzhou.com")]
[assembly: AssemblyCopyright("Copyright ©  2024")]
[assembly: AssemblyTrademark("")]
[assembly: AssemblyCulture("")]

// 将 ComVisible 设置为 false 会使此程序集中的类型对 COM
// 组件不可见。如果需要从 COM 访问此程序集中的类型，请将
// 此类型的 ComVisible 特性设置为 true。
[assembly: ComVisible(false)]

// 如果此项目向 COM 公开，则下列 GUID 用于类型库的 ID
[assembly: Guid("8709b811-b000-412c-a4b5-5021c64ae15d")]

// 程序集的版本信息由下列四个值组成：
//
//      主版本
//      次版本
//      生成号
//      修订号
//
// 可以指定所有这些值，也可以使用 " 生成号 " 和 " 修订号 " 的默认值
// 通过使用 "*"，如下所示：
// [assembly: AssemblyVersion("1.0.*")]
[assembly: AssemblyVersion("1.0.0.0")]
[assembly: AssemblyFileVersion("1.0.0.0")]
```

　　**assembly** 特性定义的是像公司、产品和程序集版本号这样的东西。类似地，作用于模块的特性需要使用 module: 前缀。**assembly** 和 **module** 特性的限制是它们必须在 **using** 指令之后，并在任何命名空间或类声明之前。代码清单 18.10 的特性由 MSBuild 自动生成，所有项目都应包括，以便使用与可执行文件或 DLL 的内容有关的信息来标记生成的二进制文件。

　　**return** 特性 ( 如代码清单 18.11 所示 ) 出现在方法声明之前，语法没有变。

**代码清单 18.11   指定 return 特性**

```
[return: Description(
    " 如果对象处于有效状态，就返回 true。")]
public bool IsValid()
{
    // ...
```

```
    return true;
}
```

除了 assembly: 和 return:，C# 还允许显式指定 module:、class: 和 method: 等目标，分别对应于修饰模块、类和方法的特性。但正如前面展示的那样，class: 和 method: 是可选的。

使用特性的一个便利是，语言会自动照顾到特性的命名规范，也就是"名称必须以 Attribute 结束"。前面所有例子都没有主动添加该后缀——但事实上，所用的每个特性都符合命名规范。虽然在应用特性的时候，也完全可以使用全名 (DescriptionAttribute、AssemblyVersionAttribute 等 )，但 C# 规定后缀可选。应用特性时，我们一般都不添加该后缀；只有在自己定义特性或者以内联方式使用特性时才需添加后缀，例如 typeof(DescriptionAttribute)。

注意，基于 .NET Core 的程序不会生成 AssemblyInfo.cs 文件。相反，现在可以直接在 *.csproj 项目文件中指定关于程序集的信息。例如，代码清单 18.12 的 *.csproj 文件会在编译时向基于 .NET Core 的项目注入程序集特性，结果如输出 18.5 所示。

**代码清单 18.12　添加自定义特性**

```
<Project>
  <PropertyGroup>
    <Company> 清华大学出版社 </Company>
    <Copyright>Copyright © 清华大学出版社 2024</Copyright>
    <Product>C# 12.0 本质论 </Product>
    <Version>12.0</Version>
  </PropertyGroup>
</Project>
```

**输出 18.5**

```
[assembly: AssemblyCompany(" 清华大学出版社 ")]
[assembly: AssemblyCopyright("Copyright ©清华大学出版社 2024")]
[assembly: AssemblyFileVersion("12.0.0.0")]
[assembly: AssemblyInformationalVersion("12.0")]
[assembly: AssemblyProduct("C# 12.0 本质论 ")]
[assembly: AssemblyVersion("12.0.0.0")]
```

■　设计规范

1. DO apply AssemblyVersionAttribute to assemblies with public types.

   要向有公共类型的程序集应用 AssemblyVersionAttribute。

2. CONSIDER applying the AssemblyFileVersionAttribute and AssemblyCopyrightAttribute to provide additional information about the assembly.

   考虑应用 AssemblyFileVersionAttribute 和 AssemblyCopyrightAttribute 以提供有关程序集的附加信息。

## 18.3.1　自定义特性

很容易创建自定义特性。特性是对象，所以定义特性要定义类。从 System. Attribute 派生后，一个普通的类就变成特性。代码清单 18.13 创建一个 CommandLin eSwitchRequiredAttribute 类。

代码清单 18.13　定义自定义特性

```
public class CommandLineSwitchRequiredAttribute : Attribute
{
}
```

有了这个简单的定义之后，就可以像代码清单 18.8 演示的那样使用该特性。但到目前为止，还没有为这个特性提供对应的代码。所以，应用了该特性的 Out 属性暂时无法影响命令行解析。

> ■ 设计规范
>
> DO name custom attribute classes with the suffix Attribute.
>
> 要在为自定义特性类命名时添加 Attribute 后缀。

## 18.3.2　查找特性

除了提供用于反射类型成员的属性，Type 还提供了一些方法来获取对那个类型进行修饰的特性。类似地，所有反射类型 ( 比如 PropertyInfo 和 MethodInfo) 都包含成员来获取对类型进行修饰的特性列表。代码清单 18.14 定义了一个方法来返回命令行上遗漏的、但必须提供的一个开关的列表。

代码清单 18.14　查找自定义特性

```
using System.Reflection;
using System.Collections.Generic;

public class CommandLineSwitchRequiredAttribute : Attribute
{
    public static string[] GetMissingRequiredOptions(
        object commandLine)
    {
        List<string> missingOptions = new();
        PropertyInfo[] properties =
            commandLine.GetType().GetProperties();

        foreach(PropertyInfo property in properties)
        {
            Attribute[] attributes =
                (Attribute[])property.GetCustomAttributes(
                    typeof(CommandLineSwitchRequiredAttribute),
                    false);
            if (attributes.Length > 0 &&
```

```
                property.GetValue(commandLine, null) is null)
            {
                missingOptions.Add(property.Name);
            }
        }
        return missingOptions.ToArray();
    }
}
```

　　用于查找特性的代码很简单。给定一个 **PropertyInfo** 对象（通过反射来获取），调用 **GetCustomAttributes()**，指定要查找的特性，并指定是否检查任何重载的方法。另外，也可以调用 **GetCustomAttributes()** 方法而不指定特性类型，从而返回所有特性。

　　虽然可以将用于查找 **CommandLineSwitchRequiredAttribute** 特性的代码直接放到 **CommandLineHandler** 的代码中，但为了获得更好的对象封装，应将代码放到 **CommandLineSwitchRequiredAttribute** 类自身中。这是自定义特性的常见模式。对于查找特性的代码来说，还有什么地方比特性类的静态方法中更好呢？

### 18.3.3 使用构造函数初始化特性

　　调用 **GetCustomAttributes()** 返回的是一个 **object** 数组，该数组能成功转型为 **Attribute** 数组。由于本例的特性没有任何实例成员，所以在返回的特性中，唯一提供的元数据信息就是它是否存在。但是，完全可以在特性中封装数据。代码清单 18.15 定义了一个 **CommandLineSwitchAliasAttribute** 特性。该自定义特性用于为命令行选项提供别名。例如，既可输入 /Help，也可输入缩写 /?。类似地，可将 /S 指定为 /Subfolders 的别名，指示命令遍历所有子目录。

代码清单 18.15　提供特性构造函数

```
public class CommandLineSwitchAliasAttribute : Attribute
{
    public CommandLineSwitchAliasAttribute(string alias)
    {
        Alias = alias;
    }
    public string Alias { get; }
}
public class CommandLineInfo
{
    [CommandLineSwitchAlias("?")]
    public bool Help { get; set; }

    // ...
} ❶
```

　　为了支持这个功能，需要为特性提供一个构造函数。具体地说，针对别名，需要提供构造函数来获取一个 **string** 参数。类似地，如果希望允许多个别名，构造函数要获取 **params string** 数组作为参数。

向某个构造应用特性时，只有常量值和 **typeof** 表达式才允许作为实参。这是为了确保它们能序列化到编译器生成的 CIL 中。这意味着特性构造函数应要求获取恰当类型的参数。例如，提供构造函数来获取 **System.DateTime** 类型的实参没有多大意义，因为 C# 没有 **System.DateTime** 常量。

从 **PropertyInfo.GetCustomAttributes()** 返回的对象会使用指定的构造函数实参来初始化，如代码清单 18.16 所示。

**代码清单 18.16　获取特性实例并检查其初始化**

```
PropertyInfo property =
    typeof(CommandLineInfo).GetProperty("Help")!;
CommandLineSwitchAliasAttribute? attribute =
    (CommandLineSwitchAliasAttribute?)
        property.GetCustomAttribute(
        typeof(CommandLineSwitchAliasAttribute), false);
if(attribute?.Alias == "?")
{
    Console.WriteLine("Help(?)");
};
```

此外，如代码清单 18.17 和代码清单 18.18 所示，可以在 **CommandLineSwitchAliasAttribute** 的 **GetSwitches()** 方法中使用类似的代码返回由所有开关 ( 包括来自属性名的那些 ) 构成的一个字典集合，将每个名称同命令行对象的对应特性关联。

**代码清单 18.17　获取自定义特性实例**

```
using System.Reflection;
using System.Collections.Generic;

public class CommandLineSwitchAliasAttribute : Attribute
{
    public CommandLineSwitchAliasAttribute(string alias)
    {
        Alias = alias;
    }

    public string Alias { get; set; }

    public static Dictionary<string, PropertyInfo> GetSwitches(
        object commandLine)
    {
        PropertyInfo[] properties;
        Dictionary<string, PropertyInfo> options = new();

        properties = commandLine.GetType().GetProperties(
            BindingFlags.Public | BindingFlags.Instance);
        foreach(PropertyInfo property in properties)
        {
            options.Add(property.Name, property);
            foreach (CommandLineSwitchAliasAttribute attribute in
                property.GetCustomAttributes(
```

```
                    typeof(CommandLineSwitchAliasAttribute), false))
            {
                options.Add(attribute.Alias.ToLower(), property);
            }
        }
        return options;
    }
}
```

代码清单 18.18　更新 CommandLineHandler.TryParse() 以处理别名

```
using System.Reflection;
using System.Collections.Generic;
using System.Diagnostics;

public class CommandLineHandler
{
    // ...
    public static bool TryParse(
        string[] args, object commandLine,
        out string? errorMessage)
    {
        bool success = false;
        errorMessage = null;

        Dictionary<string, PropertyInfo> options =
            CommandLineSwitchAliasAttribute.GetSwitches(
                commandLine);

        foreach (string arg in args)
        {
            string option;
            if(arg[0] == '/' || arg[0] == '-')
            {
                string[] optionParts = arg.Split(
                    new char[] { ':' }, 2);
                option = optionParts[0].Remove(0, 1).ToLower();

                if (options.TryGetValue(option, out PropertyInfo? property))
                {
                    success = SetOption(
                        commandLine, property,
                        optionParts, ref errorMessage);
                }
                else
                {
                    success = false;
                    errorMessage =
                        $" 不支持 '{option}' 选项。";
                }
            }
        }
        return success;
```

```csharp
}

private static bool SetOption(
    object commandLine, PropertyInfo property,
    string[] optionParts, ref string? errorMessage)
{
    bool success;

    if(property.PropertyType == typeof(bool))
    {
        // 最后一个参数用于处理属性是索引器的情形
        property.SetValue(
            commandLine, true, null);
        success = true;
    }
    else
    {

        if (optionParts.Length < 2
            || optionParts[1] == "")
        {
            // 没有为开关提供设置
            success = false;
            errorMessage =
                $" 必须为 { property.Name } 选项提供值。";
        }
        else if(
            property.PropertyType == typeof(string))
        {
            property.SetValue(
                commandLine, optionParts[1], null);
            success = true;
        }
        else if(
            // property.PropertyType.IsEnum 也是支持的
            property.PropertyType ==
                typeof(ProcessPriorityClass))
        {
            success = TryParseEnumSwitch(
                commandLine, optionParts,
                property, ref errorMessage);
        }
        else
        {
            success = false;
            errorMessage =
                $@" 不支持 { commandLine.GetType().ToString()
                }上的数据类型 '{property.PropertyType.ToString()}'。 ";
        }
    }
    return success;
}
```

> **设计规范**
>
> 1. DO provide get-only properties (without public setters) on attributes with required property values.
>
>    如果特性有必须要有的属性值，那么要提供只能取值的属性 ( 无公共赋值方法 )。
>
> 2. DO provide constructor parameters to initialize properties on attributes with required properties. Each parameter should have the same name (albeit with different casing) as the corresponding property.
>
>    要为具有必需属性的特性提供构造函数参数来初始化这些属性。每个参数的名称都和对应的属性同名 ( 大小写不同 )。
>
> 3. AVOID providing constructor parameters to initialize attribute properties corresponding to the optional arguments (and therefore, avoid overloading custom attribute constructors).
>
>    避免提供构造函数参数来初始化和可选参数对应的特性的属性 ( 所以还要避免重载自定义特性构造函数 )。

### 18.3.4 System.AttributeUsageAttribute

大多数特性只修饰特定构造。例如，用 CommandLineOptionAttribute 修饰类或程序集没有意义。为了避免不恰当地使用特性，可以使用 System.AttributeUsageAttribute 修饰自定义特性 ( 是的，特性可以修饰自定义特性 )。代码清单 18.19 演示了如何限制一个特性 ( 即 CommandLineOptionAttribute) 的使用。

**代码清单 18.19　限制特性能修饰哪些构造**

```
[AttributeUsage(AttributeTargets.Property)]
public class CommandLineSwitchAliasAttribute : Attribute
{
    // ...
}
```

如代码清单 18.20 和输出 18.6 所示，只要特性使用不当，就会导致编译时错误。

**代码清单 18.20　AttributeUsageAttribute 限制了特性能应用于的目标**

```
// 错误：已限制该特性只能用于属性
[CommandLineSwitchAlias("?")]
class CommandLineInfo
{
}
```

**输出 18.6**

```
error CS0592: 特性 "CommandLineSwitchAlias" 对此声明类型无效。它仅对 " 属性、索引器 " 声明有效。
```

AttributeUsageAttribute 的构造函数获取一个 AttributesTargets 标志 (flag)。该枚举提供了 "运行时" 允许特性修饰的所有目标的列表。例如，要允许用

CommandLineSwitchAliasAttribute 修饰字段，应该像代码清单 18.21 那样更新
AttributeUsageAttribute 类。

**代码清单 18.21 使用 AttributeUsageAttribute 限制特性的使用**

```
// 限制该特性只能用于属性和字段
[AttributeUsage(
  AttributeTargets.Field | AttributeTargets.Property)]
public class CommandLineSwitchAliasAttribute : Attribute
{
   // ...
}
```

> **设计规范**
>
> DO apply the **AttributeUsageAttribute** class to custom attributes.
>
> 要向自定义特性应用 AttributeUsageAttribute。

## 18.3.5 具名参数

AttributeUsageAttribute 除了能限制特性所修饰的目标，还可以指定是否允许
特性多次应用于同一个构造[①]。代码清单 18.22 展示了具体的语法。

**代码清单 18.22 使用具名参数**

```
[AttributeUsage(AttributeTargets.Property, AllowMultiple = true)]
public class CommandLineSwitchAliasAttribute : Attribute
{
   // ...
}
```

该语法有别于之前讨论的构造函数初始化语法。AllowMultiple 是**具名参数** (named
parameter)，它类似于 C# 4.0 为可选方法参数引入的 "具名参数" 语法。具名参数在特性
构造函数调用中设置特定的公共属性和字段——即使构造函数不包括对应的参数。具名
参数虽然可选，但它允许设置特性的额外实例数据，同时无须提供对应的构造函数参数。
在本例中，AttributeUsageAttribute 包含一个名为 AllowMultiple 的公共成员。所
以在使用特性时，可以通过一次具名参数赋值来设置该成员。对具名参数的赋值只能放
到构造函数的最后一部分进行。任何显式声明的构造函数参数都必须在它之前完成赋值。

通过具名参数，我们直接对特性的数据进行赋值，而不必为特性属性的每一种组合
都提供对应的构造函数。由于一个特性的许多属性都是可选的，所以具名参数许多时候
都非常好用。

---

① 译注：就本例来说，将 AllowMultiple 设为 true，就可以向一个属性多次应用该特性，从而为一
  个命令行选项设置多个别名。

**初学者主题：FlagsAttribute**

第 9 章讲述了枚举，并用一个高级主题介绍了 FlagsAttribute。这是由框架定义的特性，应用于包含一组标志 (flag) 值的枚举。这里要复习 FlagsAttribute，先从代码清单 18.23 开始，它的结果如输出 18.7 所示。[①]

**代码清单 18.23　使用 FlagsAttribute**

```
/*
[Flags]
public enum FileAttributes
{
    ReadOnly = 0x0001,
    Hidden   = 0x0002,
    // ...
}
*/

public class Program
{
    public static void Main()
    {
        // ...
        string fileName = @"enumtest1.txt";
        FileInfo file = new(fileName);
        file.Open(FileMode.OpenOrCreate).Dispose();

        file.Attributes = FileAttributes.Hidden |
            FileAttributes.ReadOnly;

        Console.WriteLine(" 原本输出 \"{1}\"，替换为 \"{0}\"。",
            file.Attributes.ToString().Replace(",", " |"),
            file.Attributes);

        FileAttributes attributes =
            (FileAttributes)Enum.Parse(typeof(FileAttributes),
            file.Attributes.ToString());

        Console.WriteLine(attributes);

        // ...
    }
}
```

**输出 18.7**

```
原本输出 "ReadOnly, Hidden"，替换为 "ReadOnly | Hidden"。
ReadOnly, Hidden
```

作为标志的枚举值可以组合使用。此外，它改变了 ToString() 和 Parse() 方法的行为。例如，为 FlagsAttribute 所修饰的枚举调用 ToString()，会为已设置的每个枚举标志输出对应字符串。在代码清单 18.23 中，file.Attributes.ToString() 返回 "ReadOnly, Hidden"。相反，如果没有 FlagsAttribute 标志，返回的就是 3。如果两个枚举值相同，ToString() 返回第一个。然而，正

---

[①] 译注：在本书的配套代码中，提供了针对本例的一个更好的版本。

如第 9 章说过的那样，使用需谨慎，这样转换得到的文本是无法本地化的。

将值从字符串解析成枚举也是可行的，只要每个枚举值标识符都以一个逗号分隔即可。

需要注意的是，`FlagsAttribute` 并不会自动分配唯一的标志值，也不会检查它们是否具有唯一值。还是必须为每个枚举项显式赋值。

## 18.3.6　预定义特性

`AttributeUsageAttribute` 特性有一个特点是本书迄今为止创建的所有自定义特性都不具备的。该特性会影响编译器的行为，造成编译器会视情况报告错误。和早先用于获取 `CommandLineSwitchRequiredAttribute` 和 `CommandLineSwitchAliasAttribute` 的反射代码不同，`AttributeUsageAttribute` 没有运行时代码；而是由编译器内建了对它的支持。

`AttributeUsageAttribute` 是**预定义特性**。这种特性不仅提供了与它们修饰的构造有关的额外元数据，而且"运行时"和编译器在利用这种特性的功能时，行为也有所不同。`AttributeUsageAttribute`、`FlagsAttribute`、`ObsoleteAttribute` 和 `ConditionalAttribute` 等都是预定义特性。它们都包含了只有 CLI 提供者 (CIL provider) 或编译器才可以提供的特定行为。相反，自定义特性是完全被动的，它们可以附加到代码元素上，为这些元素提供额外的元数据，但它们本身不改变代码的编译方式或运行时行为。

我们之前已经演示了前两个预定义特性，第 19 章还会演示另外几个。

## 18.3.7　System.ConditionalAttribute

在一个程序集中，`System.Diagnostics.ConditionalAttribute` 特性的行为有点儿像 `#if/#endif` 预处理器标识符。但是，使用 `System.Diagnostics.ConditionalAttribute` 并不能从程序集中清除 CIL 代码。我们是用它为一个调用赋予**无操作** (no-op) 行为。换言之，使其成为一个什么都不做的指令。代码清单 18.24 演示了这个概念，结果如输出 18.7 所示。

**代码清单 18.24　使用 System.ConditionalAttribute 清除调用**

```
#define CONDITION_A
// ...
using System.Diagnostics;

public class Program
{
    public static void Main()
    {
        Console.WriteLine(" 开始 ...");
        MethodA();
        MethodB();
        Console.WriteLine(" 结束 ...");
    }
```

```
[Conditional("CONDITION_A")]
public static void MethodA()
{
    Console.WriteLine("MethodA() 正在执行 ...");
}

[Conditional("CONDITION_B")]
public static void MethodB()
{
    Console.WriteLine("MethodB() 正在执行 ...");
}
}
```

输出 18.7

```
开始 ...
MethodA() 正在执行 ...
结束 ...
```

本例定义了 CONDITION_A，所以 MethodA() 正常执行。但没有使用 #define 或 csc.exe /Define 选项来定义 CONDITION_B。所以，在这个程序集中，对 Program.MethodB() 的所有调用都会"什么都不做"。

从功能上讲，ConditionalAttribute 类似于用一对 #if/#endif 把方法调用包围起来。但它的语法显得更清晰，因为开发人员只需为目标方法添加 ConditionalAttribute 特性，无需对调用者本身进行任何修改。

在编译时，C# 编译器会注意到被调用方法上的特性设置，如果不存在指定的预处理器标识符，就会移除所有对该方法的调用。还要注意，ConditionalAttribute 不影响目标方法本身已编译的 CIL 代码（除了在其中加入特性元数据）。ConditionalAttribute 会在编译时通过移除调用的方式来影响调用点。这进一步澄清了跨程序集调用时 ConditionalAttribute 和 #if/#endif 的区别。由于被这个特性修饰的方法仍会进行编译，并包含在目标程序集中，所以具体是否调用一个方法，不是取决于被调用者所在程序集中的预处理器标识符，而是取决于调用者所在程序集中的预处理器标识符。换言之，如果创建第二个程序集，并在其中定义 CONDITION_B，那么第二个程序集中对 Program.MethodB() 的任何调用都会执行。需要进行跟踪和测试时，这是一个很好用的功能。事实上，对 System.Diagnostics.Trace 和 System.Diagnostics.Debug 的调用就是利用了这一点（ConditionalAttribute 和 TRACE/DEBUG 预处理器标识符配合使用）。

由于只要预处理器标识符没有定义，方法便不会执行，所以假如一个方法包含了 out 参数，或者返回类型不为 void，就不能使用 ConditionalAttribute，否则会造成编译时错误。之所以要进行这个限制，是因为假如不限制的话，被这个特性修饰的方法可能根本不会执行（若调用程序集未定义要求的预处理器标识符）。在这种情况下，就不知道该将什么返回给调用者。类似地，属性也不能用 ConditionalAttribute 修饰。ConditionalAttribute 的 AttributeUsage( 参见上一节 ) 设为 AttributeTargets.Class( 从 .NET Framework 2.0 开始 ) 和 AttributeTargets.Method。这允许将该特性应用于方法或类。但应用于类时比较特殊，因为只允许向 System.Attribute 的派生类应用 ConditionalAttribute。

　　用 ConditionalAttribute 修饰自定义特性时，只有在调用程序集中定义了条件字符串的前提下，才能通过反射来获取那个自定义特性。没有这样的条件字符串，就不能通过反射来查找自定义特性。

## 18.3.8　System.ObsoleteAttribute

　　前面讲过，预定义特性会影响编译器和 / 或" 运行时 "的行为。ObsoleteAttribute 是特性影响编译器行为的另一个例子。ObsoleteAttribute 用于版本控制，向调用者指出一个特定的成员或类型已过时 ( 弃用 )。代码清单 18.25 展示了该特性的一个例子。如输出 18.9 所示，一个成员在使用 ObsoleteAttribute 修饰之后，对调用它的代码进行编译，会造成编译器显示一条警告 ( 也可选择报错 )。

**代码清单 18.25　使用 ObsoleteAttribute**

```
public class Program
{
    public static void Main()
    {
        ObsoleteMethod();
    }

    [Obsolete]
    public static void ObsoleteMethod()
    {
    }
}
```

**输出 18.9**

```
c:\SampleCode\ObsoleteAttributeTest.cs(24,17) warning CS0612:
'Program.ObsoleteMethod()' 已过时
```

　　本例的 ObsoleteAttribute 只是显示警告。但该特性还提供了另外两个构造函数。第一个是 ObsoleteAttribute(string message)，能在编译器生成的报告过时的消息上附加额外的消息。最好是在消息中告诉用户用什么来替代已过时的代码。第二个是 ObsoleteAttribute(string, Boolean)，其中的 Boolean 参数指定是否强制将警告视为错误。

　　第三方厂商可以利用 ObsoleteAttribute 向开发人员通知某 API 已过时。警告 ( 而不是错误 ) 使原来的 API 可以继续发挥作用，直至开发人员更新其调用代码为止。

### 18.3.9 泛型特性

从 C# 11.0 开始支持泛型特性，例如代码清单 18.26 中的 ExpectedException <TException> 自定义特性。

代码清单 18.26　泛型特性

```
public class SampleTests
{
    [ExpectedException<DivideByZeroException>]
    public static void ThrowDivideByZeroExceptionTest()
    {
        var result = 1/"".Length;
    }
}

[AttributeUsage(AttributeTargets.Method)]
public class ExpectedException<TException> :
    Attribute where TException : Exception
{
    public static TException AssertExceptionThrown(Action testMethod)
    {
        try
        {
            testMethod();
            throw new InvalidOperationException(
                $" 没有抛出预期的异常 {typeof(TException).FullName }。");
        }
        catch (TException exception)
        {
            return exception;
        }
    }

    // 特性检测
    // ...
}
```

本例用一个泛型特性来修饰测试方法。这个测试方法要想测试通过，必须抛出类型为 TException 的异常。在代码清单 18.26 中，预期 ThrowsDivideByZeroException Test() 这个测试方法会抛出一个 DivideByZeroException，并且通过修饰它的 Expe ctedException<DivideByZeroException> 来识别它。

### 18.3.10 Caller* 特性

C# 10.0 引入了 Caller* 特性（常常被称为 CallerArgumentExpression 特性，或者"调用者实参表达式"特性）。有了这个特性，编译器会将调用方传递的参数值注入被调用的方法中，方便我们了解调用方的信息。例如，来考虑一下以下对 AssertExceptionThrown() 方法的调用：

```
ExpectedException<DivideByZeroException>.AssertExceptionThrown(
```

```
() => throw new Exception(),
"() => throw new Exception()",
nameof(Method),
"./FileName.cs");
```

注意，除了为预期的异常类型提供一个类型实参，还有一个表达式及其字符串形式的重复，以及作为调用方的方法名和文件名。如果 **AssertExceptionThrown()** 方法的目的是在未抛出预期异常时提供完整的诊断信息，同时不借助任何额外的语言支持，那么所有这些实参都是必须提供的。尽管除了初始表达式之外的所有值显然都很容易自动确定 ( 在这种情况下，表达式字符串的重复尤其令人烦恼 )，但为了让被调用的方法拥有提供详细错误信息所需的全部信息，仍然需要提供所有这些参数 ( 参见代码清单 18.27)。

**代码清单 18.27　示例 CallerArgumentExpression 特性**

```csharp
public class SampleTests
{
    [ExpectedException<DivideByZeroException>]
    public static void ThrowArgumentNullExceptionTest()
    {
        var result = 1 / "".Length;
    }
}


[AttributeUsage(AttributeTargets.Method)]
public class ExpectedException<TException> :
    Attribute where TException : Exception
{
    public static TException AssertExceptionThrown(
        Action testAction,
        [CallerArgumentExpression(nameof(testAction))]
            string testExpression = null!,
        [CallerMemberName] string testActionMemberName = null!,
        [CallerFilePath] string testActionFileName = null!
        )
    {
        try
        {
            testAction();
            throw new InvalidOperationException(
                $" 在 '{testActionFileName}' 文件的 '{testActionMemberName
                }' 方法中，表达式 '{testExpression
                }' 没有抛出预期的异常 {typeof(TException).FullName}。");
        }
        catch (TException exception)
        {
            return exception;
        }
    }

    // 特性检测
    // ...
}
```

注意，除了 testAction 参数外，所有参数都包含一个特性和一个默认值。这些特性向编译器提供元数据，指出哪些参数值不应由调用方指定，而应由编译器提供。因此，方法的调用大大简化了，如代码清单 18.28 所示。

代码清单 18.28　调用 Caller* 特性方法

```
ExpectedException<DivideByZeroException>.AssertExceptionThrown(
    () => throw new DivideByZeroException());
```

现在，即使在源代码中没有为 testActionMemberName 参数提供任何实参，代表调用方 (Caller) 的方法名 ( 一个字符串值 ) 仍然会被注入，并可在 AssertExceptionThrown() 方法中使用。显然，如表 18.1 所示，这样的 Caller* 特性数量不会太多。[①]

表 18.1　Caller* 特性

| 特性 | 描述 | 类型 |
| --- | --- | --- |
| CallerFilePathAttribute | 调用方所在源文件的完整路径。注意，完整路径是编译时的路径 | string |
| CallerLineNumberAttribute | 调用方在源文件中的行号 | System.Int32 |
| CallerMemberNameAttribute | 调用方的方法名或属性名 | string |
| CallerArgumentExpressionAttribute | 参数表达式的字符串表示 | string |

所有 Caller* 特性都只能应用于参数构造，而且从代码清单 18.27 来看，它们在大多数情况下都是不言而喻的。唯一例外的是 CallerArgumentExpressionAttribute，因为它需要自己的参数。CallerArgumentExpressionAttribute 以文本形式标识用于方法内另一个参数的表达式。例如，在代码清单 18.28 中，表达式 () => throw new DivideByZeroException() 是为 testAction 这个形参传递的参数值 ( 实参 )。另外，由于修饰 testExpression 参数的 CallerArgumentExpressionAttribute 特性有一个 nameof(testAction) 特性参数 ( 因此标识了 testAction 形参 )，所以编译器会注入字符串 "() => throw new DivideByZeroException()" 来作为 testExpression 参数的值。从 C# 11.0 起，允许将 nameof 作为特性的参数来引用同一方法签名中的一个参数。总之，CallerArgumentExpressionAttribute 修饰 testExpression 参数，并获取它自己的参数 ( 一个标识了 testAction 的字符串 )，它应该提取表达式，并将其作为文本提供给 testExpression 参数。如果 CallerArgumentExpressionAttribute 指向的参数是一个扩展方法，那么允许使用 this。

需要注意的是，对于用 Caller* 特性修饰的参数，要想让编译器允许不为其显式提供实参，就必须为它们提供一个默认值。尽管参数的数据类型理论上来说应该是非可空的——目的是阻止调用者显式提供一个 null 值，并覆盖由编译器注入的有效值——

---

[①] *https://learn.microsoft.com/zh-cn/dotnet/csharp/language-reference/attributes/caller-information*

但唯一合理的默认值就是 null。因此，这在某种程度上造成了一种矛盾的情况。一方面，被 Caller* 特性修饰的字符串参数是非可空的，但却被赋予了 null 值和一个"空包容操作符"(即一元后缀！操作符)。这样做的目的是告诉编译器："我知道这个参数理论上是非可空的，但出于语法的原因，我需要为它指定一个默认值，我选择 null，并且我知道实际运行时它不会是 null，因为编译器会提供一个非 null 的值。"

---

■ 设计规范

1. DO NOT explicitly pass arguments for Caller* attribute decorated parameters.

不要为 Caller* 特性所修饰的参数显式传递实参。①

2. DO use non-nullable string for the data type of Caller* attribute decorated string parameters.

对于用 Caller* 特性修饰的字符串参数，要为数据类型使用非可空字符串。②

3. DO assign null! for the default value of Caller* attribute decorated string parameters.

对于用 Caller* 特性修饰的字符串参数，要将默认值设为 null!。③

---

## 18.4 使用动态对象进行编程

随着 C# 4.0 开始引入动态对象，许多编程情形都得到了简化，以前无法实现的一些编程情形现在也能实现了。从根本上说，使用动态对象进行编程，开发人员可通过动态调度机制对设想的操作进行编码。"运行时"会在程序执行时对这个机制进行解析，而不是由编译器在编译时验证和绑定。

为什么要推出动态对象？从较高的级别上说，经常都有对象天生就不适合赋予一个静态类型。例子包括从 XML/CSV 文件、数据库表、Internet Explorer DOM 或者 COM 的 IDispatch 接口加载(动态)数据，或者调用用动态语言写的代码(比如调用 IronPython 对象中的代码)。C# 4.0 新增的动态对象提供了一个通用解决方案与"运行时"环境对话。这种对象在编译时不一定有定义好的结构。在 C# 4.0 的动态对象的初始实现中，提供了以下几种绑定方式。

- 针对底层 CLR 类型使用反射；
- 调用自定义 IDynamicMetaObjectProvider，它使一个 DynamicMetaObject 变得可用；

---

① 译注：记住，Caller* 特性的目的是让编译器自动提供特定的信息，如调用者的文件路径、行号、成员名称或调用的实际参数表达式。如果手动为这些由 Caller* 特性修饰的参数传递值，那么会覆盖编译器为你自动提供的这些信息，这通常是不必要的，而且可能导致混淆或错误。

② 译注：在 C# 语言中，字符串类型默认可空 (nullable)，意味着它们可以接受 null 值。但是，对于由 Caller* 特性修饰的参数，编译器会自动填充它们的值(例如，调用者的文件路径、行号、成员名称或参数表达式)。这些自动填充的值理论上是不会为 null 的，因为编译器总是会提供一个有效的值。

③ 译注：这就是正文中所述的"矛盾"情况。注意 null 后面的感叹号。

- 通过 COM 的 `IUnknown` 和 `IDispatch` 接口来调用；
- 调用由动态语言 ( 比如 IronPython) 定义的类型。

我们将讨论前两种方式。其基本原则也适用于余下的情况——COM 互操作性和动态语言互操作性。

## 18.4.1　使用 dynamic 调用反射

反射的关键功能之一就是动态查找和调用特定类型的成员。这要求在执行时识别成员名或其他特征，比如一个特性 ( 参见代码清单 18.3)。但是，C# 4.0 新增的动态对象提供了更简单的办法来通过反射调用成员。但是，该技术的限制在于，编译时需要知道成员名和签名 ( 参数个数，以及指定的参数是否和签名类型兼容 )。代码清单 18.29( 输出 18.10) 展示了一个例子。

代码清单 18.29　使用 "反射" 进行动态编程

```
// ...
dynamic data = "Hello!  My name is Inigo Montoya";
Console.WriteLine(data);
data = (double)data.Length;
data = data * 3.5 + 28.6;
if(data == 2.4 + 112 + 26.2)
    // 长途铁人三项 (Ironman Triathlon) 包括以下三个部分的总里程：
    // 游泳：2.4 英里 ( 约 3.86 公里 )
    // 自行车骑行：112 英里 ( 约 180.25 公里 )
    // 跑步：26.2 英里 ( 即一个马拉松距离，约 42.2 公里 )
{
    Console.WriteLine(
        $"{data} 英里，这是长途铁人三项的总里程。");
}
else
{
    // 以下方法不存在，但编译时不会检测
    data.NonExistentMethodCallStillCompiles();
}
// ...
```

输出 18.10

```
Hello!  My name is Inigo Montoya
140.6 英里，这是长途铁人三项的总里程。
```

在这个例子中，不是用显式的代码判断对象类型，查找特定 `MemberInfo` 实例并调用它。相反，`data` 声明为 `dynamic` 类型，并直接在它上面调用方法。编译时不检查指定成员是否可用，甚至不检查 `dynamic` 对象的基础类型是什么。所以，只要语法有效，编译时就可以发出任何调用。在编译时，是否真的存在对应的成员是无关紧要的。

但是，类型安全也没有被完全放弃。对于标准 CLR 类型 ( 比如代码清单 18.29 使用的那些 )，在执行时，平常在编译时针对非 `dynamic` 类型调用的类型检查器会针对 `dynamic` 类型调用。所以，若在执行时发现事实上没有这个成员，调用该成员就会抛

出一个 `Microsoft.CSharp.RuntimeBinder.RuntimeBinderException`。

注意，这个技术不如本章早些时候描述的反射技术灵活，虽然它的 API 无疑要简单一些。使用动态对象时，一个关键区别在于需要在编译时识别签名，而不是在运行时再判断这些东西 ( 比如成员名 )，就像之前解析命令行实参时所做的那样。

## 18.4.2　dynamic 的原则和行为

代码清单 18.29 以及我们对它的描述揭示了 dynamic 数据类型的几个特征。

- dynamic 是告诉编译器自动生成一些代码的指令

  dynamic 涉及一个解释机制。当"运行时"遇到 dynamic 调用时，可以将请求编译成 CIL，然后调用新编译的调用 ( 参见稍后的"高级主题：dynamic 揭秘" )。将类型指定成 dynamic，相当于从概念上"包装" (wrap) 了原始类型。这样便不会发生编译时验证。此外，在运行时调用一个成员时，"包装器" (wrapper) 会解释调用，并相应调度 ( 或拒绝 ) 它。在 dynamic 对象上调用 GetType() 可以揭示出 dynamic 实例的基础类型——它不会将 dynamic 作为一个真实存在的类型返回。

- 任何能转换成 object 的类型都能转换成 dynamic[①]

  代码清单 18.29 能成功地将一个值类型 (double) 和一个引用类型 (string) 转型为 dynamic。事实上，所有能转换成 object 的类型都能成功转换成 dynamic 对象。存在从任何引用类型到 dynamic 的一个隐式转换。类似地，存在从值类型到 dynamic 的一个隐式转换 ( 装箱转换 )。此外，从 dynamic 到 dynamic 也存在隐式转换。这看起来可能很明显，但 dynamic 不是简单地将"指针" ( 地址 ) 从一个位置复制到另一个位置，它要复杂得多。

- 从 dynamic 到一个替代类型的成功转换要依赖于基础类型的支持

  从 dynamic 对象转换成标准 CLR 类型是显式转型，例如 (double)data. Length。一点都不奇怪，如果目标类型是值类型，那么需要一次拆箱转换。如果基础类型支持向目标类型的转换，那么对 dynamic 执行的转换也会成功。

- dynamic 类型的基础类型在每次赋值时都可能改变

  隐式类型的变量 (var) 不能重新赋值成一个不同的类型。但和它不同，dynamic 涉及一个拦截机制，要先编译再执行基础类型的代码。因此，可以将基础类型实例更换为一个完全不同的类型。这会造成另一个拦截调用点 (interception call site)，需在调用前编译它。

- 验证基础类型上是否存在指定签名要推迟到运行时才进行——但至少会进行

  以方法调用 data.NonExistentMethodCallStillCompiles() 为例，编译器几乎不会验证 dynamic 类型是否真的是存在这样的一个操作[②]。这个验证要等到代码执行时，由"运行时"执行。如果代码永不执行，即使它的外层代码已

---

[①] 因为要求任何能转换成 object 的类型，所以要排除 unsafe 指针、Lambda 以及方法组。

[②] 译注：这个方法是作者杜撰的，是不存在的，但仍然能通过编译。

经执行（比如 data.NonExistentMethodCallStillCompiles() 的情况），也不会发生验证和对成员的绑定。

- 任何 dynamic 成员调用的结果都是编译时的一个 dynamic 对象
  调用 dynamic 对象的任何成员都将返回一个 dynamic 对象。例如，data.ToString() 会返回一个 dynamic 对象而不是基础的 string 类型。但在执行时，在 dynamic 对象上调用 GetType() 会返回代表运行时类型的一个对象。
- 如果在运行时发现指定的成员不存在，那么会抛出 Microsoft.CSharp.RuntimeBinder.RuntimeBinderException 异常
  执行时试图调用一个成员，"运行时"会验证成员调用有效（例如，在反射的情况下，签名是类型兼容的）。如果方法签名不兼容，那么"运行时"会抛出 Microsoft.CSharp.RuntimeBinder.RuntimeBinderException。
- 用 dynamic 实现的反射不支持扩展方法
  和使用 System.Type 实现的反射一样，用 dynamic 实现的反射也不支持扩展方法。仍然只有在实现类型（比如 System.Linq.Enumerable）上才可以调用扩展方法，不能直接在被扩展的类型上调用。
- 究其根本，dynamic 是一个 System.Object
  由于任何对象都能成功转换成 dynamic，而 dynamic 能显式转换成一个不同的对象类型，所以 dynamic 在行为上就像 System.Object。类似于 System.Object，它甚至会为它的默认值返回 null(default(dynamic))，表明它是引用类型。dynamic 特殊的动态行为仅在编译时出现，这个行为是将它同一个 System.Object 区分开的关键。

**高级主题：dynamic 揭密**

ILDASM 揭示出在 CIL 中，dynamic 类型实际是一个 System.Object。事实上，如果没有任何调用，dynamic 类型的声明和 System.Object 没有区别。但一旦调用它的成员，区别就变得明显了。

为了调用成员，编译器要声明 System.Runtime.CompilerServices.CallSite<T> 类型的一个变量。T 视成员签名而定。但是，即使简单如 ToString() 这样的调用，也需要实例化 CallSite<Func<CallSite, object, string>> 类型。另外还会动态定义一个方法，该方法可以通过参数 CallSite site，object dynamicTarget 和 string result 进行调用。其中，site 是调用点本身。dynamicTarget 是要在上面调用方法的 object，而 result 是从 ToString() 方法调用中获得的底层返回值。注意不是直接实例化 CallSite<Func<CallSite site, object dynamicTarget, string result>>，而是通过一个 Create() 工厂方法来实例化它。Create() 获取一个 Microsoft.CSharp.RuntimeBinder.CSharpConvertBinder 类型的参数。在得到 CallSite<T> 的一个实例后，最后一步是调用 CallSite<T>.Target() 来调用实际的成员。

在执行时，框架会在幕后通过"反射"来查找成员，并验证签名是否匹配。然后，"运行时"生成一个表达式树，它代表由调用点定义的动态表达式。表达式树编译好后，就得到了和本来应由编译器生成的结果相似的 CIL。这些 CIL 代码在调用点缓存下来，并通过一个委托调用来实际地触发调用。由于 CIL 现已缓存于调用点，所以后续调用不会再产生反射和编译的开销。■

### 18.4.3 为什么需要动态绑定

除了反射，还可以定义动态调用的自定义类型。例如，假定需要通过动态调用来获取一个 XML 元素的值。可以不使用代码清单 18.30 的强类型语法，而是像代码清单 18.31 那样通过动态调用来调用 person.FirstName 和 person.LastName。

代码清单 18.30　不用 dynamic 在运行时绑定到 XML 元素

```
using System.Xml.Linq;

public class Program
{
    public static void Main()
    {
        XElement person = XElement.Parse(
            @"<Person>
                    <FirstName>Inigo</FirstName>
                    <LastName>Montoya</LastName>
                </Person>");
        Console.WriteLine($"{ person.Descendants("FirstName").First().Value }" +
        $"{ person.Descendants("LastName").First().Value }");
        //...
    }
}
```

虽然代码清单 18.30 的代码看起来并不复杂，但和代码清单 18.31 相比就显得比较“难看”了。代码清单 18.31 使用动态类型的对象来达到和代码清单 18.30 一样的目的。

代码清单 18.31　使用 dynamic 在运行时绑定到 XML 元素

```
public class Program
{
    public static void Main()
    {
        dynamic person = DynamicXml.Parse(
         @"<Person>
                    <FirstName>Inigo</FirstName>
                    <LastName>Montoya</LastName>
                </Person>");

        Console.WriteLine(
            $"{ person.FirstName } { person.LastName }");
        //...
    }
}
```

优势非常明显，但这是不是说动态编程肯定就优于静态编译呢？

### 18.4.4 比较静态编译和动态编程

代码清单 18.31 的功能和代码清单 18.30 一样，但有一个很重要的区别。代码清单 18.30 是完全静态类型的。也就是说，所有类型及其成员签名在编译时都得到了验证。

方法名必须匹配，而且所有参数都要通过类型兼容性检查。这是 C# 语言的一项关键特色，也是全书一直在强调的。

相反，代码清单 18.31 几乎没有静态类型的代码，person 变量是 dynamic 类型。所以，不会在编译时验证 person 真是否真的有一个 FirstName 或 LastName 属性（或其他成员）。此外，在 IDE 中写代码时，没有"智能感知"功能可以帮你判断 person 的任何成员。

类型变得不确定，似乎会造成功能的显著削弱。作为 C# 4.0 的新增功能，为什么 C# 语言会允许出现这样的情况？让我们再次研究代码清单 18.30。注意用于获取 "FirstName" 元素的调用：

```
XML 元素 .Descendants("FirstName").First().Value
```

在这个代码清单中，是用一个字符串 ("FirstName") 标识元素名。但编译时没有验证该字符串是否正确。如果大小写和元素名不一致，或者名称存在一个空格，编译还是会成功（即使调用 Value 属性时会抛出一个 NullReferenceException）。除此之外，编译器根本不会验证真的存在一个 "FirstName" 元素；如果不存在，那么也会抛出 NullReferenceException。换言之，虽然有编译时类型安全性的好处，但在访问 XML 元素中存储的动态数据时，这种类型安全性没有多大优势。

在编译时对所获取元素的验证方面，代码清单 18.31 并不见得比代码清单 18.30 更好。如果发生大小写不匹配，或者不存在 FirstName 元素的情况，仍然会抛出一个异常[①]。但是，将代码清单 18.31 用于访问名字的调用 (person.FirstName) 和代码清单 18.30 的调用进行比较，前者显然更简洁。

总之，在某些情况下，类型安全性不会（而且也许也不能）进行很具体的检查。在这种情况下，仅在运行时进行验证（而不是同时在编译时验证）的动态调用代码显得更易读、更简洁。当然，如果能在编译时验证，静态类型的编程就是首选的，因为也许可以为其选用一些易读的、简洁的 API。但是，当静态类型的编程作用不大的时候，就可考虑利用 C# 4.0 新增的动态功能写更简单的代码，而不必刻意追求纯粹的类型安全性。

## 18.4.5　实现自定义动态对象

代码清单 18.31 包含一个 DynamicXml.Parse(...) 方法调用，它本质上是 DynamicXml 的一个工厂方法调用。DynamicXml 是自定义类型，而不是 CLR 框架的内建类型。但是，DynamicXml 没有实现 FirstName 或 LastName 属性。实现这两个属性会破坏在执行时从 XML 文件获取数据的动态支持（我们的目的不是访问 XML 元素基于编译时的实现）。换言之，DynamicXml 不是用反射来访问它的成员，而是根据 XML 内容动态绑定到值。

---

① 不能在 FirstName 属性调用中使用空格。不过，XML 本身也不支持在元素名中使用空格，所以这个问题可以放到一边。

　　定义自定义动态类型的关键是实现 **System.Dynamic.IDynamicMetaObjectProvider**
接口。但不必从头实现接口。相反，首选方案是从 **System.Dynamic.DynamicObject**
派生出自定义的动态类型。这样会为众多成员提供默认实现，你只需重写那些不合适的。
代码清单 18.32 展示了完整实现。

**代码清单 18.32　实现自定义动态对象**

```
using System.Dynamic;
using System.Linq;
using System.Xml.Linq;

public class DynamicXml : DynamicObject
{
    private XElement Element { get; set; }

    public DynamicXml(System.Xml.Linq.XElement element)
    {
        Element = element;
    }

    public static DynamicXml Parse(string text)
    {
        return new DynamicXml(XElement.Parse(text));
    }

    public override bool TryGetMember(
        GetMemberBinder binder, out object? result)
    {
        bool success = false;
        result = null;
        XElement? firstDescendant =
            Element.Descendants(binder.Name).FirstOrDefault();
        if(firstDescendant is not null)
        {
            if(firstDescendant.Descendants().Any())
            {
                result = new DynamicXml(firstDescendant);
            }
            else
            {
                result = firstDescendant.Value;
            }
            success = true;
        }
        return success;
    }

    public override bool TrySetMember(
        SetMemberBinder binder, object? value)
    {
        bool success = false;
        XElement? firstDescendant =
            Element.Descendants(binder.Name).FirstOrDefault();
```

```
        if(firstDescendant is not null)
        {
            if(value?.GetType() == typeof(XElement))
            {
                firstDescendant.ReplaceWith(value);
            }
            else
            {
                firstDescendant.Value = value?.ToString() ?? string.Empty;
            }
            success = true;
        }
        return success;
    }
}
```

本例要实现的核心动态方法是 **TryGetMember()** 和 **TrySetMember()**（假定还要对元素进行赋值）。只需实现这两个方法，就可以支持对动态取值和赋值属性的调用。实现起来还相当简单。首先检查包含的 **XElement**，查找和 **binder.Name**（要调用的成员名称）同名的一个元素。如果存在一个对应的 XML 元素，就取回（或设置）值。如果元素存在，返回值设为 **true**，否则设为 **false**。如果返回值为 **false**，会立即导致"运行时"在进行动态成员调用的调用点处抛出一个 **Microsoft.CSharp.RuntimeBinder.RuntimeBinderException**。

如果还需要其他动态调用，那么可以利用 **System.Dynamic.DynamicObject** 支持的其他虚方法。代码清单 18.33 展示了所有可重写 (override) 的成员。

**代码清单 18.33    System.Dynamic.DynamicObject 的可重写成员**

```
using System.Collections.Generic;
using System.Dynamic;

public class DynamicObject : IDynamicMetaObjectProvider
{
    protected DynamicObject();

    public virtual IEnumerable<string> GetDynamicMemberNames();
    public virtual DynamicMetaObject GetMetaObject(
        Expression parameter);
    public virtual bool TryBinaryOperation(
        BinaryOperationBinder binder, object arg,
            out object result);
    public virtual bool TryConvert(
        ConvertBinder binder, out object result);
    public virtual bool TryCreateInstance(
        CreateInstanceBinder binder, object[] args,
            out object result);
    public virtual bool TryDeleteIndex(
        DeleteIndexBinder binder, object[] indexes);
    public virtual bool TryDeleteMember(
        DeleteMemberBinder binder);
```

```
public virtual bool TryGetIndex(
    GetIndexBinder binder, object[] indexes,
        out object result);
public virtual bool TryGetMember(
    GetMemberBinder binder, out object result);
public virtual bool TryInvoke(
    InvokeBinder binder, object[] args, out object result);
public virtual bool TryInvokeMember(
    InvokeMemberBinder binder, object[] args,
        out object result);
public virtual bool TrySetIndex(
    SetIndexBinder binder, object[] indexes, object value);
public virtual bool TrySetMember(
    SetMemberBinder binder, object value);
public virtual bool TryUnaryOperation(
    UnaryOperationBinder binder, out object result);
}
```

如代码清单 18.33 所示，几乎一切都有对应的成员实现——从转型和各种运算，一直到索引调用。此外，还有一个 `GetDynamicMemberNames()` 方法用于获取所有可能的成员名。

## 18.5 小结

本章讨论了如何利用反射来读取已编译成 CIL 的元数据。可以利用反射执行所谓的**晚期绑定**；换言之，在执行时而非编译时定义要调用的代码。虽然完全可以利用反射来部署一个动态系统，但相较于静态链接的 ( 在编译时链接 )、定义好的代码，它的速度要慢得多。因此，它更适合在性能不那么关键的开发工具中使用。

还可利用反射获取以特性的形式对各种构造进行修饰的附加元数据。通常，自定义特性是使用反射来查找的。可以定义自己的特性，将自选的附加元数据插入 CIL 中。然后在运行时获取这些元数据，并在编程逻辑中使用它们。

许多人都认为，正是因为特性的出现，才使得 "面向方面的编程" (aspect-oriented programming) 这一概念变得清晰起来。这种编程模型使用像特性这样的构造来添加额外功能 ( 术语叫 "横切关注点" )，平常只关注主要功能 ( 术语叫主关注点 )。C# 要实现真正的 "面向方面编程" 还需要假以时日。但是，特性指明了一个清晰的方向。朝着这个方向前进，可以在不损害语言稳定性的同时，享受各种各样的新功能。

本章最后一节讲解了从 C# 4.0 开始引入的功能——使用新的 `dynamic` 类型进行动态编程。这一节讨论了静态绑定在处理动态数据时存在的局限 ( 不过，在 API 是强类型的前提下，静态绑定仍是首选 )。

下一章将开始讨论多线程处理，到时候会将特性用于线程同步。

# 第19章

## 多线程处理

4. 使用 System.Threading

3. 取消任务

多线程处理

1. 多线程处理基础

2. 异步任务

任务延续

未处理异常

过去十年里，有两个重要的趋势对软件开发产生了巨大影响。第一，不再通过时钟速度和晶体管密度来降低计算成本(如图19.1所示)。相反，现在是通过制造包含多处理器(多核)的硬件来降低成本。

其次，现在的计算会遭遇各种延迟。简单地说，**延迟**(latency)是获得结果所需的时间。延迟主要有两个原因。处理复杂的计算任务时产生**处理器受限延迟**(processor-bound latency)；假定一个计算需要执行120亿次算术运算，而总共的处理能力是每秒6亿次，那么从请求结果到获得结果至少有2秒钟的处理器受限延迟。相反，**I/O受限延迟**(I/O-bound latency)是从外部来源(如磁盘驱动器、Web服务器等)获取数据所产生的延迟。[①]任何计算要从远程Web服务器获取数据，至少都会产生相当于几百万个处理器周期的延迟。

这两种延迟为软件开发人员带来了巨大的挑战。既然现在算力大增，如何在有效利用它们快速获得结果的同时不损害用户体验？如何防止创建不科学的UI，在执行高延迟的操作时发生卡顿？另外，如何在多个处理器之间分配CPU受限的工作来缩短计算时间？

---

① 译注：一个操作如果因为处理器或I/O的限制而不得不等待，就称为处理器(计算)受限或I/O受限的操作。那么，为什么不是"计算密集型"和"I/O密集型"？虽然20世纪八九十年代的教科书大量采用这种说法，但除了有专门的称呼来描述"密集型"，即CPU-intensive和I/O-intensive，这样说还并不准确。这些操作之所以最好以异步的方式来做，不是因为它们很"密集"，而是因为设备(CPU、存储设备等)本身能力有限，限制了一个操作的快速完成。例如，某个操作需要长时间占用某个外设来完成任务，这个时候的瓶颈在于I/O系统的速度。

为了保证 UI 响应迅速，同时高效利用 CPU，标准技术是写多线程程序，"并行"执行多个计算。遗憾的是，多线程逻辑很难写好，我们将用两章的篇幅讨论多线程处理的困难性，以及如何使用高级抽象和新的语言功能来减轻负担。

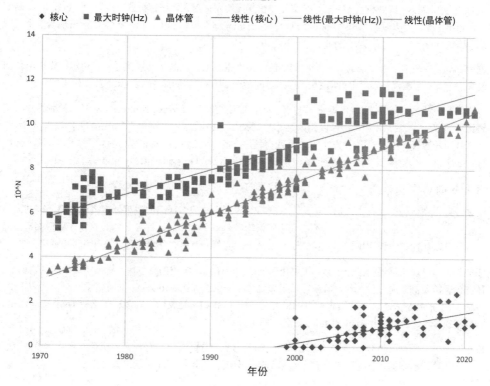

图 19.1　时钟速度发展史

第一个高级抽象是随同 .NET 4.0 发布的并行扩展库。它包括两个基本组件：TPL(Task Parallel Library，任务并行库 )，将在本章讨论；以及 PLINQ(Parallel LINQ，并行 LINQ)，将在下一章讨论。第二个高级抽象是 TAP(Task-based Asynchronous Pattern，基于任务的异步模式 ) 以及配套的 C# 5.0( 及更高版本 ) 语言支持。

虽然强烈建议使用这些高级抽象，但本章最后仍会花一些篇幅讲解老版本 .NET "运行时"支持的低级线程处理 API。此外，可以从本书配套网站下载额外的、C#5.0 之前的多线程模式，还可以下载《C# 3.0 本质论》( 英文版 ) 的相关章节，网址是 *http://IntelliTect.com/EssentialCSharp*。老的内容在今天仍有意义，仍然重要，因为好多人都享受不到只为最新版框架写代码的"奢侈"。

本章首先是为多线程编程新手提供的一系列"初学者主题"。

# 19.1 多线程处理基础

**初学者主题：多线程术语**

多线程处理术语太多，容易混淆，所以要先把它们定义好。

**CPU**( 中央处理器 ) 或者**核心 / 内核**① 是实际执行程序的硬件单元。每台机器至少一个 CPU，但多 CPU 机器也不少见。许多现代 CPU 都支持同时多线程 (Intel 称为超线程 )，使一个 CPU 能表现为多个 "虚拟" CPU。

**进程** (process) 是某个程序当前正在执行的实例；操作系统的一项基本功能就是管理进程。每个进程都包含一个或多个线程。程序中可用 System.Diagnostics 命名空间的 Process 类的实例来访问进程。

在语句和表达式的级别上，C# 编程本质上就是在描述**控制流** (flow of control)。本书到目前为止一直假设程序仅一个 "控制点"。可以想象当程序启动后，控制点像 "游标"(cursor) 一样进入 Main 方法，并随着各种条件、循环、方法等的执行在程序中移动。**线程** (thread) 就是这个控制点。System. Threading 命名空间包含用于处理线程 ( 具体就是 System.Threading.Thread 类 ) 的 API。

**单线程**程序的进程仅包含一个线程。**多线程**程序的进程则包含两个或更多线程。

在多线程程序中运行具有正确的行为，就说代码是**线程安全**的。代码的**线程处理模型**是指代码向调用者提出的一系列要求，只有满足这些要求才能保障线程安全。例如，许多类的线程处理模型都是 "静态方法可以从任意线程调用，但实例方法只能从分配实例 ( 为实例分配内存 ) 的那个线程调用。"

**任务**是可能出现高延迟的工作单元，作用是产生结果值或者你希望的副作用。任务和线程的区别在于，任务代表需要执行的一件工作，而线程代表做这件工作的**工作者** (worker)。任务的意义在于其副作用，由 Task 类的实例表示。生成给定类型的值的任务用 Task<T> 类表示，后者从非泛型 Task 类型派生。它们都在 System.Threading.Tasks 命名空间中。

**线程池**是多个线程的集合，通过一定逻辑决定如何为线程分配工作。有任务要执行，它就调度池中的一个工作者线程来执行任务，并在任务结束后解除分配，以便将来能调度给其他工作。

**初学者主题：多线程处理的目标和实现**

多线程处理主要用于两个方面：实现多任务和解决延迟。

用户随随便便就会同时运行几十乃至上百个进程。可能一边编辑 PPT 和电子表格，一边在网上浏览、听音乐、接收即时通信和电子邮件通知，还不时看一看角落的小时钟。每个进程都在干活，谁都不是机器唯一关注的任务。这种多任务处理通常在进程级实现，但有时也需要在一个进程中进行这样的多任务处理。

考虑到本书的目的，我们主要用多线程技术解决延迟问题。例如，为了在导入大文件时允许用户点击 "取消"，开发者可以创建一个额外的线程来执行导入。这样，用户随时都能点击 "取消"，不必冻结 UI 直至导入完成。

如果核心数量足够，每个线程都能分配到一个，那么每个线程都相当于在一台单独的机器上运行。但大多数时候都是线程多核心少。即使目前流行的多核机器也只有屈指可数的核心，而每个进程都可能运行数十个线程。

---

① 从技术上说，"CPU" 总是指物理芯片，而 "核心" 或 "内核" 可以指物理 CPU，也可以指虚拟 CPU。在本书中两者的区别并不重要，两个词都能用。

为缓解粥 (CPU 核心 ) 少僧 ( 线程 ) 多的矛盾，操作系统通过称为**时间分片** (time slicing) 的机制来模拟多个线程并发运行。操作系统以极快的速度从一个线程切换到另一个，给人留下所有线程都在同时执行的错觉。处理器执行一个线程的时间周期称为**时间片** (time slice) 或**量 / 量程** (quantum)。在某个核心上更改执行线程的行动称为**上下文切换** (context switch)。

该技术的效果和光纤电话线相似。光纤线相当于处理器，每个通话都相当于一个线程。一条 ( 单模式 ) 光纤电话线每次只能发送一个信号，但同时可以有许多人通过同一条电话线打电话。由于光纤信道的速度极快，所以能在不同的对话之间快速切换，使人感觉不到自己的对话有中断的现象。类似地，一个多线程进程所包含的每个线程都能 "不中断" 地一起运行。

无论是真正的多核并行运行，还是使用时间分片技术来模拟，我们说 "一起" 进行的两个操作是**并发** (concurrent) 的。实现这种并发操作需要以异步方式调用它。对于被调用的操作来说，它的执行和完成都独立于调用它的那个控制流。异步分配的工作与当前控制流并行执行，就实现了并发性。**并行编程** (parallel programming) 是指将一个问题分解成较小的部分，**异步** (asynchronously) 发起对每一部分的处理，最终使它们全部都并发执行。

**初学者主题：性能问题**

执行 I/O 受限操作的线程会被操作系统忽略 ( 称为**阻塞** )，直至 I/O 子系统准备好结果。所以，从 I/O 受限线程切换到处理器受限线程能提高处理器利用率，防止处理器在等待 I/O 操作完成期间闲置。

但是，上下文切换是有代价的；必须将 CPU 当前的内部状态保存到内存，还必须加载与新线程关联的状态。类似地，如果线程 A 正在用一些内存做大量工作，线程 B 正在用另一些内存做大量工作，在两者之间进行上下文切换，可能造成从线程 A 加载到缓存的全部数据被来自线程 B 的数据替换 ( 或相反 )。如果线程太多，切换开销就会开始显著影响性能。添加更多线程会进一步降低性能，直到最后处理器的大量时间被花在从一个线程切换到另一个线程上，而不是主要花在线程的执行上。

即使忽略上下文切换的开销，时间分片本身对性能也有巨大影响。例如，假定有两个处理器受限的高延迟任务，分别计算 10 亿个数的平均值。假定处理器每秒能执行 10 亿次运算。如果两个任务分别和一个线程关联，而且两个线程分别使用一个处理器核心，那么显然能在 1 秒钟之内获得两个结果。但是，假如一个处理器由两个线程共享，时间分片将在一个线程上执行几十万次操作，再切换到另一个线程，再切换回来，如此反复。每个任务都要消耗总共 1 秒钟的处理器时间，所以两个结果都要在 2 秒钟之后才能获得，造成平均完成时间是 2 秒。同样，这里忽略了上下文切换的开销。

但是，假如将两个任务都分配给一个线程，而且严格按前后顺序执行，那么第一个任务的执行结果在 1 秒后获得，第二个在第 2 秒后获得，造成平均完成时间是 1.5 秒。一个任务要么 1 秒完成，要么 2 秒完成，所以平均 1.5 秒完成。

**■ 设计规范**

1. DO NOT fall into the common error of believing that more threads always make code faster.

不要以为多线程必然会使代码更快。

2. DO carefully measure performance when attempting to speed up processor-bound problems through multithreading.

要在通过多线程来加快解决处理器受限问题时谨慎衡量性能。

**初学者主题：线程处理的问题**

前面说过，多线程的程序写起来既复杂又困难，但未曾提及原因。其实根本原因在于单线程程序中一些成立的假设在多线程程序中变得不成立了。问题包括缺乏原子性、竞态条件、复杂的内存模型以及死锁。

### 1. 大多数操作都不是原子性的

任何原子操作要么尚未开始，要么已经完成。从外部看，其状态永远不会是"进行中"。例如以下代码：

```
if (bankAccounts.Checking.Balance >= 1000.00m)
{
    bankAccounts.Checking.Balance -= 1000.00m;
    bankAccounts.Savings.Balance += 1000.00m;
}
```

以上代码检查银行账户余额，条件符合就从中取钱，向另一个账户存钱。这个操作必须是原子性的。换言之，为了使代码能正确执行，永远不能发生操作只是部分完成的情况。例如，假定两个线程同时运行，可能两个都验证账户有足够的余额，所以两个都执行转账，而剩余的资金其实只够进行一次转账。事实上，局面会变得更糟。在以上代码中，没有任何一个操作是原子性的。就连复合加 / 减（或读 / 写）decimal 类型的 Balance 属性在 C# 语言中都不属于原子操作。因此，它们在多线程的情况下全都属于"部分完成"——只是部分递增或递减。因部分完成的非原子操作而造成不一致状态，这是**竞态条件** (race condition) 的一种特例。

### 2. 竞态条件所造成的不确定性

如前所述，一般通过时间分片来模拟并发性。在缺少第 22 章要详细讨论的线程同步构造的情况下，操作系统会在它认为合适的任何时间在任何两个线程之间切换上下文。结果是当两个线程访问同一个对象时，无法预测哪个线程"竞争胜出"并抢先运行。例如，假定有两个线程运行以上代码段，可能一个胜出并一路运行到尾，第二个线程甚至还没有开始。也可能在第一个执行完余额检查后立即发生上下文切换，第二个胜出，一路运行到结尾。

对于包含竞态条件的代码，其行为取决于上下文切换时机。这造成了程序执行的不确定性。一个线程中的指令相对于另一个线程中的指令，两者的执行顺序是未知的。最糟的情况是包含竞态条件的代码99.9% 的时间都具有正确行为。1000 次只有那么一次，另一个线程在竞争中胜出。正是这种不确定性使多线程编程显得很难。

由于竞态条件难以重现，所以为了保证多线程代码的品质，主要依赖于长期压力测试、专业的代码分析工具以及专家对代码进行的大量分析和检查。此外，比这些更重要的是"越简单越好"原则。为了追求极致性能，本来一个锁就能搞定的事情，有的开发人员会诉诸于像互锁 (Interlocked 类) 和易变 (Volatile 类) 这样的更低级的基元构造。这会使局面复杂化，代码更容易出错。在好的多线程编程中，"越简单越好"或许才是最重要的原则。

第 22 章会介绍一些应对竞态条件的技术。

### 3. 内存模型的复杂性

竞态条件（两个控制点以无法预测且不一致的速度"竞争"代码的执行）本来就很糟了，但还有更糟的。假定两个线程在两个不同的进程中运行，但都要访问同一个对象中的字段。现代处理器不会在每次要用一个变量时都去访问主内存。相反，是在处理器的"高速缓存" (cache) 中生成本地拷贝。该缓存定时与主内存同步。这意味着在两个不同的处理器上，两个线程以为自己在读写同一个位置，实际看到的可能不是对方对那个位置的实时更新，获得的结果可能不一致。简单地说，这里是因为处理器同步缓存的时机而产生了竞态条件。

### 4. 锁定造成死锁

显然，肯定有什么机制能将非原子操作转变成原子操作，要求操作系统对线程进行调度以防止竞态条件，并确保处理器的高速缓存在必要时同步。C# 程序解决所有这些问题的主要机制是 lock 语句。它允许开发者将一部分代码设为"关键"(critical)[①] 代码，一次只能有一个线程执行它。如果多个线程试图进入关键区域，那么操作系统只允许一个，其他将被挂起[②]。操作系统还确保在遇到锁的时候处理器高速缓存正确同步。

但是，锁本身也存在问题(另外还有性能开销)。最容易想到的是，假如不同线程以不同顺序来获取锁，就可能发生死锁。这时线程会被冻结，彼此等待对方释放它们的锁，如图 19.2 所示。

图 19.2　死锁时间线

此时，每个线程都只有在对方释放了锁之后才能继续，线程阻塞，造成代码彻底死锁。下一章将讨论各种锁定技术。

---

**设计规范**

　　1. DO NOT make an unwarranted assumption that any operation that is atomic in regular code will be atomic in multithreaded code.

　　**不要**无根据地以为普通代码中的原子性操作在多线程代码中也是。

　　2. DO NOT assume that all threads will observe all side effects of operations on shared memory in a consistent order.

　　**不要**以为所有线程看到的都是一致的共享内存。

　　3. DO ensure that code that concurrently holds multiple locks always acquires them in the same order.

　　**要**确保同时拥有多个锁的代码总是以相同的顺序获取它们。

　　4. AVOID all race conditions—that is, conditions where program behavior depends on how the operating system chooses to schedule threads.

　　**避免**所有竞态条件，换言之，程序行为不能受操作系统调度线程的方式的影响。

## 19.2　异步任务

多线程编程的复杂性来自以下几个方面。

- 监视异步操作的状态，知道它于何时完成。为了判断一个异步操作在什么时候完成，最好不要采取轮询线程状态的办法，也不要采取阻塞并等待的办法。

---

① 译注：文档如此。更好的翻译是"临界"。例如，critical region 的传统说法是"临界区"。
② 使得线程睡眠、自旋或者先自旋再恢复睡眠模式进而再如此反复。

- 线程池。线程池避免了启动和终止线程的巨大开销。此外，线程池避免了创建太多线程，防止系统将大多数时间花在线程的切换而不是运行上。
- 避免死锁。在防止数据同时被两个不同的线程访问的同时避免死锁。
- 为不同的操作提供原子性并同步数据访问。为不同的操作组（指令序列）提供同步，可以确保将一系列操作作为整体来执行，并可由另一个线程恰当地中断。锁定机制防止两个不同的线程同时访问数据。

此外，任何时候只要有需要长时间运行的方法，就可能需要多线程编程——即异步调用该方法。[①]

随着编写的多线程代码越来越多，开发人员总结出了一系列常见情形以及应对这些情形的编程模式。另外，为了简化编程模型，从 C# 5.0 开始引入了一个新的线程类型，即 `System.Threading.Tasks.Task`，它利用来自 .NET 4.0 的 TPL（任务并行库），并通过新增语言构造的方式，对其中一个称为 TAP（基于任务的异步模式）的模式进行了增强，改进了它的可编程性。本节和下一节将详细讨论 TPL，然后讨论如何利用上下文关键字 async/await 简化 TAP 编程。

## 19.2.1  为什么要用 TPL

创建线程代价高昂，而且每个线程都要占用大量虚拟内存（例如 Windows 系统下，默认为 1 MB）。前面说过，更有效的做法是使用线程池：需要时分配线程，为线程分配异步工作，运行至完成，再为后续异步工作重用线程，而不是在工作结束后销毁再重新创建线程。

在 .NET Framework 4 和后续版本中，TPL 不是每次开始异步工作时都创建一个线程，而是创建一个 Task，并告诉任务调度器有异步工作要执行。此时任务调度器可能采取多种策略，但默认是从线程池请求一个工作者线程。线程池会自行判断怎么做最高效。可能在当前任务结束后再运行新任务，或者将新任务的工作者线程调度给特定处理器。线程池还会判断是创建全新线程，还是重用之前已结束运行的现有线程。

通过将异步工作的概念抽象到 Task 对象中，TPL 提供了一个能代表异步工作的对象，还提供了面向对象的 API 与工作交互。通过提供代表工作单元的对象，TPL 使我们能通过编程将小任务合并成大任务，从而建立起一个工作流，稍后讨论详情。

任务是对象，其中封装了以异步方式执行的工作。这听起来有点儿耳熟，委托不也是封装了代码的对象吗？区别在于，委托是同步的，而任务是异步的。如果执行委托（例如一个 Action），当前线程的控制点会立即转移到委托的代码；除非委托结束，否则控制不会返回调用者。相反，启动任务，控制几乎立即返回调用者，无论任务要执行多少工作。任务通常在另一个线程上异步执行（本章稍后会讲到，也可只用一个线程来异步执行任务，而且这样还有一些好处）。简而言之，任务将委托从同步执行模式转变成异步。[②]

---

① 在 C# 5.0 之前，编写多线程程序需要一个比较底层的 API，即 `System.Threading.Thread` 类。

② 译注：注意区分 synchronous（同步）和 asynchronous（异步）。同步意味着一个操作开始后必须等待它完成；异步则意味着不用等它完成，可立即返回做其他事情。切记，千万不要把编程中的"同步"理解为"同时"。

## 19.2.2 理解异步任务

之所以知道当前线程上执行的委托于何时完成，是因为除非委托完成，否则调用者什么也做不了。但是，怎么知道任务于何时完成，怎么获得结果 ( 如果有的话 ) ？下面来看一个将同步委托转换成异步任务的例子。工作者线程向控制台写入连字号，同时主线程写入加号。

启动任务将从线程池获取一个新线程，创建第二个"控制点"，并在那个线程上执行委托。如代码清单 19.1 所示，主线程上的控制点在启动任务 (Task.Run()) 后就不管它了，一如既往。

**代码清单 19.1  调用异步任务**

```
using System;
using System.Threading.Tasks;

public class Program
{
    public static void Main()
    {
        const int repetitions = 10000;
        // .NET 4.5 之前 Task.Run() 不可用，要改为使用
        // Task.Factory.StartNew<string>()
        Task task = Task.Run(() =>
            {
                for(int count = 0; count < repetitions; count++)
                {
                    Console.Write('-');
                }
            });
        for(int count = 0; count < repetitions; count++)
        {
            Console.Write('+');
        }

        // 等待任务完成
        task.Wait();
    }
}
```

新线程要运行的代码由传给 Task.Run() 方法的委托 ( 本例是 Action 类型 ) 来定义。该委托 ( 以 Lambda 表达式的形式 ) 在控制台上反复打印连字号。主线程的循环几乎完全一样，只是它打印加号。

注意，一旦调用 Task.Run()，作为实参传递的 Action 几乎立即开始执行。这称为"热"任务，意味着它已触发并开始执行。"冷"任务则相反，需要在显式触发之后才开始异步工作。

虽然一个 Task 也可通过 Task 构造函数实例化成"冷"状态，但这样做通常只适合作为某些 API 的内部实现细节：创建一个 Task 对象，这个任务最初处于"冷"状态，以后再调用 Task.Start() 来启动它。

注意，调用 Run() 之后将无法确定"热"任务的确切状态。具体行为取决于操作系统、它当前的负载以及配套任务库的具体实现。该组合决定了 Run() 是立即执行任务的工作者线程，还是推迟到资源有富余的时候。事实上，当调用线程再次获得执行机会时，由 Run() 启动的"热"任务说不定已经完成了。调用 Wait() 将强制主线程等待，直到分配给该任务的所有工作都执行完毕。这意味着即使任务的执行是异步开始的，主线程也会停下来，等待任务完成，确保在进行下一步之前所有前置任务都已经完成。

本例仅一个任务，但完全可能有多个任务异步执行。一个常见情况是要等待一组任务完成，或等待其中一个完成，当前线程才能继续。这分别用 Task.WaitAll() 和 Task.WaitAny() 方法实现。

前面描述了任务如何获取一个 Action 并以异步方式运行它。但是，假如任务执行的工作要返回结果呢？这时可用 Task<T> 类型来异步运行一个 Func<T>。我们知道，以同步方式执行委托时，除非获得结果，否则控制不会返回。而异步执行 Task<T>，可以从一个线程轮询它，看它是否完成，完成就获取结果[①]。代码清单 19.2 演示了如何在一个控制台应用程序中做这件事情。注意，这个例子用到了 PiCalculator. Calculate() 方法，该方法的详情将在第 21 章的"并行迭代"小节讲述。

代码清单 19.2　轮询一个 Task<T>

```
using System;
using System.Threading.Tasks;
using AddisonWesley.Michaelis.EssentialCSharp.Shared;

public class Program
{
    public static void Main()
    {
        // .NET 4.5 之前 Task.Run() 不可用，要改为使用
        // Task.Factory.StartNew<string>()
        Task<string> task =
            Task.Run<string>(
                () => PiCalculator.Calculate(100));

        foreach(
            char busySymbol in Utility.BusySymbols())
        {
            if(task.IsCompleted)
            {
                Console.Write('\b');
                break;
            }
```

---

① 使用轮询须谨慎。像本例这样从一个委托创建任务，任务会被调度给线程池的一个工作者线程。这意味着当前线程会一直循环，直到工作者线程上的工作结束。虽然这个技术可行，但可能无谓地耗费 CPU 资源。如果不是将任务调度给工作者线程，而是将任务调度给当前线程在未来某个时间执行，那么这样的轮询技术就会变得非常危险。当前线程将一直处于对任务进行轮询的循环中。之所以会成为无限循环，是因为除非当前线程退出循环，否则任务不会结束。

```
            Console.Write(busySymbol);
        }

        Console.WriteLine();

        Console.WriteLine(task.Result);
        if (!task.IsCompleted)
        {
            throw new Exception(" 任务应该已经完成了 ");
        }
    }
}
// ...
public class PiCalculator
{
    public static string Calculate(int digits = 100)
    {
        //...
    }
}
public class Utility
{
    public static IEnumerable<char> BusySymbols()
    {
        string busySymbols = @"-\|/-\|/";
        int next = 0;
        while (true)
        {
            yield return busySymbols[next];
            next = next + 1) % busySymbols.Length;
            yield return '\b';
        }
    }
}
// ...
```

在这个代码清单中，任务的数据类型是 Task<string>。该泛型类型包含一个
Result 属性，可以从中获取由 Task<string> 执行的 Func<string> 的返回值。

注意，代码清单 19.2 没有调用 Wait()。相反，读取 Result 属性自动造成当前线
程阻塞，直到结果可用 ( 如果还不可用的话 )。在本例中，我们知道在获取结果时，结
果肯定已经准备好了。

除了 Task<T> 的 IsCompleted 和 Result 属性，还有其他几个地方需要注意。

- 任务完成后，IsCompleted 属性被设 true——不管是正常结束还是出错 ( 即抛出
  异常并终止 )。更详细的任务状态信息可以通过读取 Status 属性来获得，该属性
  返回 TaskStatus 类型的值，可能的值包括 Created, WaitingForActivation,
  WaitingToRun, Running, WaitingForChildrenToComplete,
  RanToCompletion, Canceled 和 Faulted。任何时候只要 Status 为
  RanToCompletion、Canceled 或者 Faulted，IsCompleted 就为 true。当然，如

果任务在另一个线程上运行，读取的状态值是"正在运行"，那么任何时候状态都可能变成"已完成"，甚至可能刚读取属性值就变。其他许多状态也是如此，就连 `Created` 都可能变化（如果由一个不同的线程启动它）。只有 `RanToCompletion`，`Canceled` 和 `Faulted` 可被视为最终状态，不会再变。

- 任务可用 `Id` 属性的值来唯一性地标识。静态 `Task.CurrentId` 属性返回当前正在执行的 `Task`（发出 `Task.CurrentId` 调用的那个任务）的标识符。这些属性在调试时特别有用。

- 可以使用 `AsyncState` 为任务关联额外的数据。例如，假定要用多个任务计算一个 `List<T>` 中的值。为此，每个任务都将值的索引包含到 `AsyncState` 属性中。这样当任务结束后，代码可用 `AsyncState`（先转型成 `int`）访问列表中的特定索引位置。[①]

还有一些有用的属性将在本章稍后关于任务取消的一节进行讨论。

## 19.2.3 任务延续

前面多次提到程序的"控制流"，但一直没有把控制流最根本的地方说出来：**控制流决定了接着发生的事情**。对于 `Console.WriteLine(x.ToString());` 这样一个简单的控制流，它指出如果 `ToString` 正常结束，接着发生的事情就是调用 `WriteLine`，将刚才的返回值作为实参传给它。"接着发生的事情"就是一个**延续**(continuation)。控制流中的每个控制点都有一个延续。在前面的例中，`ToString` 的延续是 `WriteLine`（`WriteLine` 的延续是下一个语句运行的代码）。延续的概念对于 C# 编程来过于平常，大多数程序员根本没意识到它，不知不觉就用了。C# 编程其实就是在延续的基础上构造延续，直至整个程序的控制流结束。

注意，在普通 C# 程序中，给定代码的延续会在该代码完成后立即执行。一旦 `ToString()` 返回，当前线程的控制点立即执行对 `WriteLine` 的同步调用[②]。还要注意，任何给定的代码实际都有两个可能的延续："正常"延续和"异常"延续。如果当前代码抛出异常，执行的就是后者。

而异步方法调用（比如开始一个 `Task`）会为控制流添加一个新维度。执行异步 `Task` 调用，控制流立即转到 `Task.Start()` 之后的语句。与此同时，`Task` 委托的主体也开始执行了。换言之，在涉及异步任务的时候，"接着发生的事情"是多维的。发生异常时的延续仅仅是一个不同的执行路径。相反，异步延续是多了一个并行的执行路径。

异步任务使我们能将较小的任务合并成较大的任务，只需描述好异步延续就可以了。和普通控制流一样，任务可以使用多个不同的延续来处理错误情形；而通过操纵延续，可以将多个任务合并到一起。有几个技术可以实现这个目标，最显而易见的就是 `ContinueWith()` 方法，如代码清单 19.3 和输出 19.1 所示。

---

① 用任务异步修改集合需谨慎。任务可能在不同的工作者线程上运行，而集合可能不是线程安全的。更安全的做法是任务完成后在主线程填充集合。

② 译注：记住之前说过的同步和异步的区别。

代码清单 19.3　调用 Task.ContinueWith()

```
using System;
using System.Threading.Tasks;

public class Program
{
    public static void Main()
    {
        Console.WriteLine(" 开始之前 ");
        // .NET 4.5 之前 Task.Run() 不可用，要改为使用
        // Task.Factory.StartNew<string>()
        Task taskA =
            Task.Run(() =>
                Console.WriteLine(" 开始 ..."))
            .ContinueWith(antecedent =>
                Console.WriteLine(" 继续 A..."));
        Task taskB = taskA.ContinueWith(antecedent =>
            Console.WriteLine(" 继续 B..."));
        Task taskC = taskA.ContinueWith(antecedent =>
            Console.WriteLine(" 继续 C..."));
        Task.WaitAll(taskB, taskC);
        Console.WriteLine(" 结束 !");
    }
}
```

输出 19.1

```
开始之前
开始 ...
继续 A...
继续 C...
继续 B...
结束 !
```

可以使用 ContinueWith() "链接" 两个任务，这样当**先行任务**[①]完成后，第二个任务 (**延续任务**) 自动以异步方式开始。例如在代码清单 19.3 中，Console.WriteLine(" 开始 ...") 是先行任务的主体，而 Console.WriteLine(" 继续 A...") 是它的延续任务主体。延续任务获取一个 Task 作为实参 (antecedent)，这样才能从延续任务的代码中访问先行任务的完成状态。先行任务完成后，延续任务自动开始，异步执行第二个委托，刚才完成的先行任务作为实参传给那个委托。此外，由于 ContinueWith() 方法也返回一个 Task，所以自然可以作为另一个 Task 的先行任务使用。以此类推，由此就可以建立起任意长度的连续任务链。

为同一个先行任务调用两次 ContinueWith()( 例如在代码清单 19.3 中，taskB 和 taskC 都是 taskA 的延续任务)，先行任务 (taskA) 就有两个延续任务。先行任务完成后，两个延续任务将异步执行。注意，同一个先行任务的多个延续任务无法在编译时确定执

① 译注：antecedent( 先行任务 ) 也称为先驱任务、前置任务等。文档中使用的 "先行任务"。

行顺序。输出 19.1 只是恰巧 taskC 先于 taskB 执行。再次运行程序就不一定了。不过，taskA 总是先于 taskB 和 taskC 执行，因为它们是 taskA 的延续任务，它们不可能在 taskA 完成前开始。类似地，肯定是 Console.WriteLine(" 开始 ...") 委托先完成，再执行 taskA(Console.WriteLine(" 继续 A..."))，因为后者是前者的延续任务。此外，" 结束！"总是最后显示，因为对 Task.WaitAll(taskB, taskC) 的调用阻塞了控制流，直到 taskB 和 taskC 都完成才能继续。

　　ContinueWith() 有许多重载版本，有的要获取一个 TaskContinuationOptions 值，以便对延续链的行为进行调整。这些值都是位标志，可用逻辑 OR 操作符 (|) 组合。表 19.1 列出了部分标志值，详情参见文档。[①]

表 19.1　TaskContinuationOptions 枚举值列表

| 枚举值 | 说明 |
|---|---|
| 无 | 这是默认行为：先行任务完成后，不管任务状态是什么，延续任务都将执行 |
| PreferFairness | 如果两个任务一前一后异步开始，那么不保证先开始的先运行。这个标志告诉任务调度器尽量公平地调度任务。换言之，较早调度的任务可能运行得更早，而较晚调度的任务可能运行得更晚。特别适合两个任务从不同线程池线程创建的情况 |
| LongRunning | 告诉任务调度器这可能是一个 I/O 受限的高延迟任务，调度器可以处理队列中的其他工作，不至于因为等待耗时的工作而"饥饿"。该选项要少用 |
| AttachedToParent | 指定任务连接到任务层次结构中的一个父任务 |
| DenyChildAttach(.NET 4.5) | 试图创建子任务将抛出异常。如果延续任务的代码试图使用 AttachedToParent，会表现得像是没有父任务一样 |
| NotOnRanToCompletion* | 指定假如延续任务的先行任务成功完成，就不应调度该延续任务。该选项对多任务延续无效 |
| NotOnFaulted* | 指定假如延续任务的先行任务抛出一个未处理的异常，就不应调度该延续任务。该选项对多任务延续无效 |
| OnlyOnCanceled* | 指定仅在延续任务的先行任务被取消的情况下，才调度该延续任务。该选项对多任务延续无效 |
| NotOnCanceled* | 指定假如延续任务的先行任务被取消，就不应调度该延续任务。该选项对多任务延续无效 |
| OnlyOnFaulted* | 指定仅在延续任务的先行任务抛出一个未处理异常的情况下，才调度该延续任务。该选项对多任务延续无效 |

[①] 网址是 *http://t.cn/EAvbLNI*。

| 枚举值 | 说明 |
| --- | --- |
| OnlyOnRanToCompletion* | 指定仅在延续任务的先行任务成功完成的情况下，才调度该延续任务。该选项对多任务延续无效 |
| ExecuteSynchronously | 指定延续任务应同步执行。若指定该选项，延续任务会尝试在造成先行任务转变成它的最终状态的那个线程上运行。创建延续任务时，如果先行任务已完成，就在创建延续任务的那个线程上运行延续任务① |
| HideScheduler(.NET 4.5) | 在创建的任务中隐藏当前线程调度器。这意味着在创建好的任务中，Run/StartNew 和 ContinueWith 等操作看到的当前线程调度器是 TaskScheduler.Default( 即 null)。如果延续任务需要在特定调度器上运行，但调用了不应该由同一个调度器调度的代码，就适合采用该技术。该选项确保了在任务延续内部进行的任务调度不会意外地使用创建它们的调度器。这对于控制和隔离任务的执行环境非常有帮助，尤其是在复杂的任务调度和执行环境中。 |
| LazyCancellation(.NET 4.5) | 造成延续任务将监视取消标记 (cancellation token) 的时间推迟到先行任务结束之后。假定有任务 t1，t2 和 t3，后者是前者的延续。假如 t2 在 t1 完成前取消，那么 t3 可能在 t1 还没有完成的时候就开始了。设置 LazyCancellation 的话，则可以避免这一点 |
| RunContinuationsAsynchronously(.NET 4.6) | 用 RunContinuationsAsynchronously 选项创建的任务强迫其延续任务异步运行。若任务本身就是延续任务，该选项将不会影响任务的运行，而是只影响它后面的延续任务的运行。延续任务可用两个选项创建：TaskContinuationOptions.ExecuteSynchronously 和 TaskContinuationOptions.RunContinuationsAsynchronously。前者造成延续任务在其先行任务完成后同步运行 ( 在同一个线程上一前一后地运行 )，后者造成延续任务的延续任务在前者完成后异步运行 |

在表 19.1 中，带星号 (*) 的项代表延续任务的不同执行条件。可以利用它们创建类似于 "事件处理程序" 的延续任务，根据先行任务的行为来执行后续操作。代码清单 19.4 演示了如何为先行任务准备多个延续任务，根据先行任务的完成情况来有条件地执行。

代码清单 19.4　用 ContinueWith() 登记事件通知

```
using System;
using System.Threading.Tasks;
using AddisonWesley.Michaelis.EssentialCSharp.Shared;

public class Program
{
    public static void Main()
```

```
{
    // .NET 4.5 之前 Task.Run() 不可用，要改为使用
    // Task.Factory.StartNew<string>()
    Task<string> task =
        Task.Run<string>(
            () => PiCalculator.Calculate(10));
    Task faultedTask = task.ContinueWith(
        (antecedentTask) =>
        {
            if(!antecedentTask.IsFaulted)
            {
                throw new Exception("先行任务出错了 (Faulted)");
            }
            Console.WriteLine(
                "任务状态：Faulted");
        },
        TaskContinuationOptions.OnlyOnFaulted);

    Task canceledTask = task.ContinueWith(
        (antecedentTask) =>
        {
            if (!antecedentTask.IsCanceled)
            {
                throw new Exception("先行任务取消了 (Canceled)");
            }
            Console.WriteLine(
                "任务状态：Canceled");
        },
        TaskContinuationOptions.OnlyOnCanceled);

    Task completedTask = task.ContinueWith(
        (antecedentTask) =>
        {
            if (!antecedentTask.IsCompleted)
            {
                throw new Exception("先行任务完成了 (Completed)");
            }
            Console.WriteLine(
                "任务状态：Completed");
        }, TaskContinuationOptions.
                OnlyOnRanToCompletion);

    completedTask.Wait();
    }
}
```

这个代码清单实际是为先行任务上的"事件"登记"侦听者"。事件 ( 任务正常或异常完成 ) 一旦发生，就执行特定的"侦听"任务。这是很强大的功能，尤其是对于那些 fire-and-forget[①] 的任务——任务开始，和延续任务挂钩，然后就可以不管不问了。

在代码清单 19.4 中，注意最后的 Wait() 调用在 completedTask 上发生，而

---

① 译注：军事术语，导弹发射后便不再理会，自动寻的。

不是在 task 上 (task 是用 Task.Run() 创建的原始先行任务)。虽然每个委托的 antecedentTask 都是对先行任务 (task) 的引用,但在委托侦听者外部,实际可以丢弃对原始 task 的引用。然后只依赖以异步方式开始执行的延续任务,不需要后续代码来检查原始 task 的状态。

本例是调用 completedTask.Wait(),确保主线程不会在输出"任务完成"信息前退出,如输出 19.2 所示。

**输出 19.2**

```
任务状态: Completed
```

调用 completedTask.Wait() 显得有点不自然,因为我们知道原始任务能成功完成。但是,在 canceledTask 或 faultedTask 上调用 Wait() 会抛出异常。那些延续任务仅在先行任务取消或抛出异常时才会运行。但是,那些事件在本例中不可能发生,所以任务永远不会安排运行。如果等待它们完成将抛出异常。代码清单 19.4 的延续选项恰好互斥,所以当先行任务运行完成,而且与 completedTask 关联的任务开始执行时,任务调度器会自动取消与 canceledTask 和 faultedTask 关联的任务。取消的任务的最终状态是 Canceled。所以,在这两种任务上调用 Wait()( 或者其他会导致当前线程等待任务完成的方法 ) 将抛出一个异常,指出任务已取消。

要使编码显得更自然,一个办法或许是调用 Task.WaitAny(completedTask, canceledTask, faultedTask),它能抛出一个 AggregateException 以便处理。[1]

## 19.2.4　用 AggregateException 处理任务的未处理异常

同步调用的方法可包装到 try 块中,用 catch 子句告诉编译器发生异常时应执行什么代码。但异步调用不能这么做。不能用 try 块包装 Start() 调用来捕捉异常,因为控制会立即从调用返回,然后控制会离开 try 块,而此时距离工作者线程发生异常可能还有好久。一个解决方案是将任务的委托主体包装到 try/catch 块中。异常由工作者线程抛出并捕捉,这不会有任何问题,因为 try 块在工作者线程上能正常地工作。但是,未处理的异常就麻烦了,工作者线程不会捕捉它们。

自 CLR 2.0 起[2],任何线程上的未处理异常都被视为严重错误,会触发"Windows 错误报告"对话框,并造成应用程序异常中止。所有线程上的所有异常都必须被捕捉;否则,应用程序不允许继续。要想了解处理未处理异常的高级技术,请参见稍后的"高级主题:处理 Thread 上的未处理异常"。幸好,异步任务中的未处理异常有所不同。在这种情况下,任务调度器会用一个"catchall"( 全部捕捉,一个都不漏 ) 异常处理程

---

[1] 译注:注意是 Task.WaitAny() 而不是 task.WaitAny(),静态 WaitAny() 方法只能在类上调用。

[2] 在 CLR 1.0 中,工作者线程上的未处理异常会终止线程,但不终止应用程序。这样一来,有 bug 的应用程序可能所有工作者线程都死了,主线程却还活着——即使程序已经不再做任何事情。这为用户带来了困扰。更好的策略是通知用户应用程序处于不良状态并在它造成损害前终止。

序来包装委托。如果任务抛出未处理的异常，那么该处理程序会捕捉并记录异常细节，避免 CLR 自动终止进程。

　　如代码清单 19.4 所示，为了处理出错 (faulted) 的任务，一个技术是显式创建延续任务作为那个任务的"错误处理程序"(event handler)。检测到先行任务抛出未处理的异常，任务调度器会自动调度延续任务。但是，如果没有这种处理程序，同时在出错的任务上执行 Wait()( 或其他试图获取 Result 的动作 )，就会抛出一个 AggregateException，如代码清单 19.5 和输出 19.3 所示。

**代码清单 19.5　处理任务的未处理异常**

```
using System;
using System.Threading.Tasks;

public static class Program
{
    public static void Main()
    {
        // .NET 4.5 之前 Task.Run() 不可用，要改为使用
        // Task.Factory.StartNew<string>()
        Task task = Task.Run(() =>
        {
            throw new InvalidOperationException();
        });
        try
        {
            task.Wait();
        }
        catch(AggregateException exception)
        {
            exception.Handle(eachException =>
            {
                Console.WriteLine(
                    $" 错误 : { eachException.Message }");
                return true;
            });
        }
    }
}
```

**输出 19.3**

```
错误 : Operation is not valid due to the current state of the object.
```

　　之所以称为"集合异常"(AggregateException)，是因为它可能包含从一个或多个出错的任务收集到的异常。例如，假定异步执行 10 个任务，但其中 5 个抛出异常，那么为了报告所有 5 个异常并用一个 catch 块处理，框架用 AggregateException 来收集这些异常，并把它们当作一个异常来报告。另外，由于编译时不知道工作者任务将抛出一个还是多个异常，所以未处理的出错任务总是抛出一个 AggregateException。代码清单 19.5 和输出 19.3 演示了这一行为。虽然工作者线程上抛出的未处理异常是 InvalidOperationException 类型，

但主线程捕捉到的仍然是一个 **AggregateException**。另外，如预期的那样，捕捉异常需要一个 **AggregateException catch** 块。

　　**AggregateException** 包含的异常列表通过 **InnerException** 属性获取。可以遍历该属性来检查每个异常，并采取相应的措施。另外，如代码清单 19.5 所示，可以使用 **AggregateException.Handle()** 方法为 **AggregateException** 中的每个异常都指定一个要执行的表达式。但要注意，**Handle()** 方法的重要特点在于它是谓词（会返回一个 **bool**）。所以，针对 **Handle()** 委托成功处理的任何异常，谓词应返回 **true**。任何异常处理调用若为一个异常返回 **false**，那么 **Handle()** 方法将抛出新的 **AggregateException**，其中包含由这种异常构成的列表。

　　还可以查看任务的 **Exception** 属性来了解出错任务的状态，这样不会造成在当前线程上重新抛出异常。在代码清单 19.6 中，一个任务已知会抛出异常，我们通过在它的延续任务上等待 [①] 来进行演示。

**代码清单 19.6　使用 ContinueWith() 观察未处理的异常**

```
using System;
using System.Threading.Tasks;

public class Program
{
    public static void Main()
    {
        bool parentTaskFaulted = false;
        Task task = new(() =>
            {
                throw new InvalidOperationException();
            });
        Task continuationTask = task.ContinueWith(
            (antecedentTask) =>
            {
                parentTaskFaulted =
                    antecedentTask.IsFaulted;
            }, TaskContinuationOptions.OnlyOnFaulted);
        task.Start();
        continuationTask.Wait();
        if (!parentTaskFaulted)
        {
            throw new Exception("父任务出错了 (faulted)");
        }
        if (!task.IsFaulted)
        {
            throw new Exception("任务出错了 (faulted)");
        }

        task.Exception!.Handle(eachException =>
        {
            Console.WriteLine(
```

① 如前所述，一般都不等待出错时才执行的延续，因为大多数时候都不会安排它运行。代码仅供演示。

```
                    $" 错误 : { eachException.Message }");
            return true;
        });
    }
}
```

注意，为了获取原始任务上的未处理异常，我们使用了 Exception 属性 ( 并用空包容操作符进行解引用，因为我们知道值不可能为 null)。本例的结果和输出 19.3 是一样的。如果任务中发生的异常完全没有被观察到——也就是说：a) 它没有在任务中被捕捉到；b) 完全没有观察到任务完成，例如没有通过 Wait()、Result 或访问 Exception 属性来观察；c) 完全没有观察到出错的 ContinueWith()——那么异常可能完全未处理，最终成为进程级的未处理异常。在 .NET 4.0 中，像这样的异常会由终结器线程重新抛出，并可能造成进程崩溃。但在 .NET 4.5 中，这个崩溃被阻止了 ( 虽然可以配置 CLR，但还是会像以前那样崩溃 )。

无论哪种情况，都可以通过 TaskScheduler.UnobservedTaskException 事件来登记未处理的任务异常 ( 的响应机制 )。

**高级主题：处理 Thread 上的未处理异常**

如前所述，任何线程上的未处理异常默认都会造成应用程序终止。未处理异常代表严重的、事前没意识到的 bug，而且异常可能因为关键数据结构损坏而发生。由于不知道程序在发生异常后可能干什么，所以最安全的策略是立即关闭整个程序。

理想情况是在任何线程上都不抛出未处理异常。否则表明程序存在 bug，最好在交付客户前修复。但是，有的人认为在发生未处理异常时，不是马上关闭程序，而是先保存工作数据，并且 / 或者记录异常以方便进行错误报告和调试。这要求用一个机制来登记未处理异常通知。

在 Microsoft .NET Framework 和 .NET Core 2.0( 和之后的版本 ) 中，每个 AppDomain 都提供了这样的一个机制。为了观察 AppDomain 中的未处理异常，必须添加一个 UnhandledException 事件处理程序。无论主线程还是工作者线程，AppDomain 中的线程发生的所有未处理异常都会触发 UnhandledException 事件。注意该机制的目的只是通知，不允许应用程序从未处理异常中恢复并继续执行。事件处理程序运行完毕，应用程序会显示 "Windows 错误报告" 对话框并退出 ( 如果是控制台应用程序，异常详细信息还会在控制台上显示 )。

代码清单 19.7 展示了如何创建另一个线程来抛出异常，并由 AppDomain 的未处理异常事件处理程序进行处理。由于只是演示，为了确保不受到线程计时问题的干扰，我们使用 Thread.Sleep 插入了一定人工延迟。结果如输出 19.4 所示。

**代码清单 19.7　登记未处理异常**
```
using System;
using System.Diagnostics;
using System.Threading;

public class Program
{
    private static Stopwatch Clock { get; } = new Stopwatch();
```

```
    public static void Main()
    {
        try
        {
            Clock.Start();
            // 注册一个回调，以便接收任何
            // 未处理异常的通知。

            AppDomain.CurrentDomain.UnhandledException +=
              (s, e) =>
              {
                  Message(" 正在启动事件处理程序 .");
                  Delay(4000);
              };
            Thread thread = new(() =>
            {
                Message(" 抛出异常。");
                throw new Exception();
            });
            thread.Start();

            Delay(2000);
        }
        finally
        {
            Message(" 正在运行 finally 块。");
        }
    }

    static void Delay(int i)
    {
        Message($" 睡眠 {i} 毫秒 ");
        Thread.Sleep(i);
        Message(" 唤醒 ");
    }

    static void Message(string text)
    {
        Console.WriteLine("{0}:{1:0000}:{2}",
            Environment.CurrentManagedThreadId,
            Clock.ElapsedMilliseconds, text);
    }
}
```

**输出 19.4**

```
7:0045: 抛出异常。
1:0045: 睡眠 2000 毫秒
7:0109: 正在启动事件处理程序 .
7:0109: 睡眠 4000 毫秒
1:2108: 唤醒
1:2109: 正在运行 finally 块。
7:4120: 唤醒
Unhandled exception. System.Exception: Exception of type 'System.Exception' was thrown.
```

如输出 19.4 所示，新线程分配线程 ID 7，主线程分配线程 ID 1（每次运行这个程序，分配的线程 ID 都可能不同）。操作系统调度线程 7 运行一会儿，主动抛出未处理异常，调用事件处理程序，然后进入睡眠。很快，操作系统意识到线程 1 可以调度了，但它的代码是立即睡眠。线程 1 先醒来并运行 finally 块，两秒钟后线程 7 醒来，未处理线程终于使进程崩溃。注意，输出中的 4 位数字是"毫秒"数。

执行事件处理程序，进程等处理程序完成后再崩溃，这是很典型的一个顺序，却无法保证。一旦程序发生未处理异常，一切都会变得难以预料；程序现在处于一种未知的、不稳定的状态，其行为可能出乎意料。在这个例子中，CLR 允许主线程继续运行并执行它的 finally 块，即使它知道当控制进入 finally 块时，另一个线程正处于 AppDomain 的未处理异常事件处理程序中。

要更深刻地理解这个事实，可试着修改延迟，使主线程睡眠得比事件处理程序长一些。这样 finally 块将不会运行！线程 1 被唤醒前，进程就因为未处理的异常而销毁了。取决于抛出异常的线程是不是由线程池创建的，还可能得到不同的结果。因此，最佳实践就是避免所有未处理异常，不管在工作者线程中，还是在主线程中。

这跟任务有什么关系？如果关机时有未完成的任务将系统挂起怎么办？下一节将讨论任务取消。

---

### 设计规范

1. AVOID writing programs that produce unhandled exceptions on any thread.
避免程序在任何线程上产生未处理异常。

2. CONSIDER registering an unhandled exception event handler for debugging, logging, and emergency shutdown purposes.
考虑登记"未处理异常"事件处理程序以进行调试、记录和紧急关闭。

## 19.3 取消任务

本章之前描述了为什么野蛮中断线程来取消正由该线程执行的任务不是一个好的选择。TPL 使用的是**协作式取消**(cooperative cancellation)，一种得体的、健壮的和可靠的技术来安全地取消不再需要的任务。支持取消的任务需监视一个 `CancellationToken` 对象（位于 `System.Threading` 命名空间）。任务定期轮询它，检查是否发出了取消请求。代码清单 19.8 演示了取消请求和对请求的响应，结果如输出 19.5 所示。

代码清单 19.8　使用 CancellationToken 取消任务

```
using System;
using System.Threading;
using System.Threading.Tasks;
using AddisonWesley.Michaelis.EssentialCSharp.Shared;

public class Program
{
    public static void Main()
    {
        string stars =
```

```
    "*".PadRight(Console.WindowWidth - 1, '*');
Console.WriteLine(" 按 Enter 键退出。 ");

CancellationTokenSource cancellationTokenSource = new();
// .NET 4.5 之前 Task.Run() 不可用，要改为使用
// Task.Factory.StartNew<string>()
Task task = Task.Run(
    () =>
        WritePi(cancellationTokenSource.Token),
            cancellationTokenSource.Token);

// 等待用户的输入
Console.ReadLine();

cancellationTokenSource.Cancel();
Console.WriteLine(stars);
task.Wait();
Console.WriteLine();
}

private static void WritePi(
    CancellationToken cancellationToken)
{
    const int batchSize = 1;
    string piSection = string.Empty;
    int i = 0;

    while (!cancellationToken.IsCancellationRequested
        || i == int.MaxValue)
    {
        piSection = PiCalculator.Calculate(
            batchSize, (i++) * batchSize);
        Console.Write(piSection);
    }
}
}
```

**输出 19.5**

```
按 Enter 键退出。
3.14159265358979323846264338327950288419716939937510582097494459230781640628620899862
80348253421170679821480865132823066470938446095505822317253594081284811174502841027019
3852110555964462294895493038196442881097566593344612847564823378678316527121201909145648
56692346034861045432664821339360726024914127372458700660631558817488152092096282925
409171536436789259036001133053054882204
****************************************************************************************
6
```

　　启动任务后，一个 Console.Read() 会阻塞主线程。与此同时，任务继续执行，计算并打印圆周率 pi 的下一位。用户按 Enter 键后，执行就会遇到一个 CancellationTokenSource.Cancel() 调用。在代码清单 19.8 中，对 task. Cancel() 的调用和对 task.Wait() 的调用是分开的，两者之间会打印一行星号。目的

是证明在观察到取消标记①之前，极有可能发生一次额外的循环迭代。如输出 19.5 所示，星号后多输出了一个 2。之所以会出现这个 2，是因为 CancellationTokenSource.Cancel() 不是"野蛮"地中断正在执行的 Task。任务会继续运行，直到它检查标记，发现标记的所有者已请求取消任务，这时才会得体地关闭任务。

调用 Cancel() 实际会在从 CancellationTokenSource.Token 复制的所有取消标记上设置 IsCancellationRequested 属性。但是，要注意下面几点。

- 提供给异步任务的是 CancellationToken 而不是 CancellationTokenSource。CancellationToken 使我们能轮询取消请求，而 CancellationTokenSource 负责提供标记 (token)，并在它被取消时发出通知，如图 19.3 所示。通过传递 CancellationToken 而 不 是 CancellationTokenSource，我 们 不 需 要 担 心 CancellationTokenSource 上的线程同步问题，因为后者只能被原始线程访问。

- CancellationToken 是 结 构 (struct)，是 值 类 型，所 以 复 制 的 是值。CancellationTokenSource.Token 返 回 的 是 标 记 的 副 本。由 于 CancellationToken 是值类型，创建的是副本，所以能以线程安全的方式访问 CancellationTokenSource.Token——只能从 WritePi() 方法内部访问。

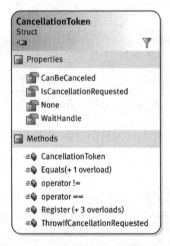

图 19.3 CancellationTokenSource 和 CancellationToken 类关系图

为了监视 IsCancellationRequested 属性，CancellationToken 的一个副本 ( 从 CancellationTokenSource.Token 获取 ) 传给任务。代码清单 19.7 每计算一位就检查一下 CancellationToken 参数上的 IsCancellationRequested 属性。如果该属性返回 true，那么 while 循环退出。线程中断 (abort) 是在一个随机位置抛出异常。和它不同的是，这里是用正常控制流退出循环。通过频繁的轮询，我们可以保证代码能及时响应取消请求。

----

① 译注：文档确实将 token 翻译为"标记"，而不是"令牌"。

关于 CancellationToken，要注意的另一个要点是重载的 Register() 方法。可以通过该方法登记在标记 (token) 取消时立即执行的一个行动。换言之，可以调用 Register() 方法在 CancellationTokenSource 的 Cancel() 上登记一个侦听器委托。

在代码清单 19.7 中，由于在任务完成前取消任务是预料之中的行为，所以并没有抛出 System.Threading.Tasks.TaskCanceledException。因此，task.Status 会返回 TaskStatus.RanToCompletion，没有任何迹象显示任务的工作实际已被取消了。虽然本例不需要这样的报告，但需要的话 TPL 也能提供。如果取消任务确实会在某些方面造成破坏 ( 例如，造成无法返回一个有效的结果 )，那么 TPL 为了报告这个问题，采用的模式就是抛出一个 TaskCanceledException( 派生自 System.OperationCanceledException)。注意，不是显式抛出异常，而是由 CancellationToken 包含一个 ThrowIfCancellationRequested() 方法来更容易地报告异常，前提是有一个可用的 CancellationToken 实例。

在抛出 TaskCanceledException 的任务上调用 Wait()( 或获取 Result)，结果和在任务中抛出其他任何异常一样：这个调用会抛出 AggregateException。该异常意味着任务的执行状态可能不完整。在成功完成的任务中，所有预期的工作都成功执行。相反，被取消的任务可能只部分工作完成——工作的状态不可信。

本例演示了一个耗时的处理器受限操作 (pi 可以无限地计算下去 ) 如何监视取消请求并做出相应的反应。但某些时候，即使目标任务没有显式编码也能取消。例如，第 21 章讨论的 Parallel 类就默认提供了这样的行为。

> **设计规范**
>
> DO cancel unfinished tasks rather than allowing them to run during application shutdown.
> 要取消未完成的任务而不要在程序关闭期间允许其运行。

## 19.3.1 Task.Run() 是 Task.Factory.StartNew() 的简化形式

.NET 4.0 获取任务的一般方式是调用 Task.Factory.StartNew()。.NET 4.5 提供了更简单的调用方式，即 Task.Run()。和 Task.Run() 相似，Task.Factory.StartNew() 在 C# 4.0 中用于调用需创建一个额外线程的 CPU 密集型方法。

从 .NET 4.5(C# 5.0) 开始，则应默认使用 Task.Run()，除非它满足不了一些特殊要求。例如，要用 TaskCreationOptions 控制任务，要指定其他调度器，或者出于性能考虑要传递对象状态——这些时候就应考虑 Task.Factory.StartNew()。只有需要将创建和调度分开 ( 这种情况很少见 )，才应考虑在用构造函数实例化线程后添加一个 Start() 调用。

代码清单 19.9 展示了 Task.Factory.StartNew() 的一个例子。

代码清单 19.9    使用 Task.Factory.StartNew()

```
public static Task<string> CalculatePiAsync(int digits)
{
    return Task.Factory.StartNew<string>(
        () => Program.CalculatePi(digits));
}
private static string CalculatePi(int digits)
{
    // ...
}
```

## 19.3.2  长时间运行的任务

线程池假设工作项是处理器受限的，而且运行时间较短。这些假设的目的是控制创建的线程数量，防止因为过多分配昂贵的线程资源以及超额预订处理器而导致过于频繁的上下文切换和时间分片。

但是，如果事先知道一个任务要长时间运行，会长时间"霸占"一个底层线程资源，就可通知调度器任务不会太快结束工作。这个通知有两方面的作用。首先，它提醒调度器或许应该为该任务创建专用线程（而不是使用来自线程池的）。其次，它提醒调度器可能应当调度比平时更多的线程。这会造成更多的时间分片，但这是好事。我们不想长时间运行的任务霸占整个处理器，让其他短时间的任务没机会运行。短时间运行的任务能利用分配到的时间片在短时间内完成大部分工作，而长时间运行的任务基本注意不到因为和其他任务共享处理器而产生的些许延迟。为此，需要在调用 **StartNew()** 时使用 **TaskCreationOptions.LongRunning** 选项（注意，Task.Run() 不支持 **TaskCreationOptions** 参数），如代码清单 19.10 所示。

代码清单 19.10    协作执行耗时任务

```
using System.Threading;
using System.Threading.Tasks;
// ...
    Task task = Task.Factory.StartNew(
        () => WritePi(cancellationTokenSource.Token),
        TaskCreationOptions.LongRunning);
    //...
```

■   设计规范

1. DO inform the task factory that a newly created task is likely to be long-running so that it can manage it appropriately.

要告诉任务工厂新建的任务可能长时间运行，使其能恰当地管理它。

2. DO use TaskCreationOptions.LongRunning sparingly.

要少用 TaskCreationOptions.LongRunning。

### 19.3.3 对任务进行资源清理

注意，Task 还支持 IDisposable。这是必要的，因为 Task 可能在等待完成时分配一个 WaitHandle。由于 WaitHandle 支持 IDisposable，所以依照最佳实践，Task 也支持 IDisposable。但要注意的是，之前的示例代码既没有包含一个 Dispose() 调用，也没有通过 using 语句来隐式调用。相反，依赖的是程序退出时的一个自动 WaitHandle 终结器调用。

这造成了两个后果。首先，句柄存活时间变长了，因而会消耗更多资源。其次，垃圾回收器的效率变低了，因为被终结的对象存活到了下一代。但在 Task 的情况下，除非要终结大量任务，否则这两方面的问题都不大。因此，虽然从技术上说所有代码都应该对任务进行 dispose ( 资源清理 )，但除非对性能的要求极为严格，而且做起来很容易 ( 换言之，确定任务已经结束，而且没有其他代码在使用它们 )，否则就不必如此麻烦了。

## 19.4 使用 System.Threading

任务并行库 (TPL) 相当有用，因为它允许使用更高级的抽象——任务，而不必直接和线程打交道。但有的时候，要处理的代码是在 TPL 和 PLINQ 问世之前 (.NET 4.0 之前 ) 写的。也有可能某个编程问题不能直接用它们解决。为此，可以使用 System.Threading 命名空间中的 Thread 类以及相关的 API。System.Threading.Thread 代表程序中的一个控制点，它包装了操作系统线程。与此同时，命名空间还提供了额外的插入 API 来帮助你管理那些线程。

Thread 的一个常用的方法是 Sleep()；然而，虽然用起来很方便，但平常应该避免。Thread.Sleep() 方法使当前线程进入睡眠——其实就是告诉操作系统在指定时间内不要为该线程调度任何时间片，直到 ( 至少 ) 经过了指定的时间为止。这个设计表面合理，实则不然，值得好好想想自己的程序是不是可以采用更好的设计。让线程进入睡眠是一个不好的编程实践，因为之所以分配像线程这样的昂贵资源，就是想使资源的价值最大化的。没有哪个老板愿意花钱聘请一个员工来打卡睡觉；类似地，不应花费高昂的代价来分配线程，而目的只是让它将大量处理器周期 "睡" 过去。

不过，Thread.Sleep() 在以下两个场合还是有一定用处的。首先，将线程睡眠时间设为零，相当于告诉操作系统："当前线程剩下的时间片就送给其他线程了。"然后，该线程可以被正常调度，不会发生更多的延迟。其次，测试代码经常用 Thread.Sleep() 模拟高延迟操作，同时不必让处理器真的去做一些无意义的运算。除了上述两个场合，在生产代码中使用该方法都应仔细权衡，想想是否有更好的替代方案。

System.Threading 中的另一个类型是 ThreadPool( 线程池 )，它旨在限制线程数量限制，以防对性能产生负面影响。线程是昂贵的资源，线程上下文切换一点都不 "便宜"，通过时间切片来模拟两个任务 "并行" 运行，可能比一前一后运行还要慢。虽然线程池在完成其本职工作时具有不错的表现，但它没有提供服务来处理需要长时间运行的作业或需要与主线程或相互之间同步的作业。我们真正需要的是构建一个更高级别的抽象，将线程和线程池作为它的实现细节来使用。由于 TPL( 任务并行库 ) 提供了这种抽象，所以现在实际上可以完全放弃线程池，改为使用基于 TPL 的 API。

要想进一步了解在 .NET 4 之前如何管理工作线程，可以参考 *https://intellitect.com/ EssentialCSharp* 提供的英文版 *Essential C# 3.0* 中对多线程的讨论。

---

■ 设计规范

1. AVOID calling `Thread.Sleep()` in production code.

避免在生产代码中调用 `Thread.Sleep()`。

2. DO use tasks and related APIs in favor of `System.Threading` classes such as `Thread` and `ThreadPool`.

要使用任务和相关 API 来取代 `System.Threading` 命名空间中的类，比如 `Thread` 和 `ThreadPool`。

---

要想进一步了解 `System.Threading.ThreadPool` 和 `System.Threading.Thread` 的 `Sleep()` 方法，请参见 *https://intellitect.com/legacy-system-threading* 提供的文章。

## 19.5 小结

本章开头简单提及了开发多线程程序时面临的困难：原子性、死锁以及为多线程程序带来不确定性和错误行为的其他"竞态条件"。然后，我们深入探讨了任务并行库 (TPL)，这是一个用于创建和调度由 `Task` 对象表示的工作单元的新 API。然后，我们讨论了如何通过"延续"来链接多个较小的任务，以组合成一个较大的任务，从而简化多线程编程。在第 20 章和第 21 章中，将介绍覆盖更多场景的额外高级抽象，并进一步简化异步编程模式。

在第 22 章，我们将重点讨论如何同步对共享资源的访问而不引入死锁，从而避免原子性问题。一个操作或一系列操作需要作为一个不可分割的整体来执行时，我们就可以说这个操作或操作序列是"原子性"的。

# 第 **20** 章

## 基于任务的异步模式编程

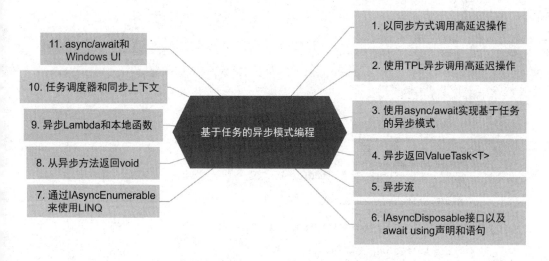

11. async/await和 Windows UI

10. 任务调度器和同步上下文

9. 异步Lambda和本地函数

8. 从异步方法返回void

7. 通过IAsyncEnumerable 来使用LINQ

基于任务的异步模式编程

1. 以同步方式调用高延迟操作

2. 使用TPL异步调用高延迟操作

3. 使用async/await实现基于任务 的异步模式

4. 异步返回ValueTask<T>

5. 异步流

6. IAsyncDisposable接口以及 await using声明和语句

如第 19 章所述，任务为异步工作的操控提供了抽象。任务自动调度给正确数量的线程，大任务可以通过链接小任务来组成，就像大程序可以由多个小方法组成一样。

然而，任务也有一些缺点。任务的主要难题在于它们将程序逻辑"颠倒"。为了说明这一点，我们首先介绍一个同步方法，它在一个 I/O 受限、高延迟的操作上被阻塞——一个 Web 请求。然后，我们利用自 C# 5.0 引入的 async/await 上下文关键字修改这个方法，它们显著简化了异常代码的编写，并大幅提升了可读性。

本章最后讨论如何利用 C# 8.0 引入的异步流来定义和利用异步迭代器。

## 20.1 以同步方式调用高延迟操作

在代码清单 20.1 中，我们使用一个 HttpClient 来下载指定的网页，在其中搜索特定文本，并报告它出现了多少次。输出 20.1 展示了示例结果。

代码清单 20.1　一个同步的 Web 请求

```
using System;
using System.IO;
using System.Net;

public static class Program
{
    public static HttpClient HttpClient { get; set; } = new();
    public const string DefaultUrl = "https://bookzhou.com";

    public static void Main(string[] args)
    {
        if (args.Length == 0)
        {
            Console.WriteLine(" 错误：没有输入要搜索的文本。");
            return;
        }
        string findText = args[0];

        string url = DefaultUrl;
        if (args.Length > 1)
        {
            url = args[1];
            // 最多取两个命令行参数，忽略更多的命令行参数
        }
        Console.WriteLine(
            $" 从网址 '{url}' 搜索 '{findText}'。");

        Console.WriteLine(" 正在下载 ...");
        byte[] downloadData =
            HttpClient.GetByteArrayAsync(url).Result;

        Console.WriteLine(" 正在搜索 ...");
        int textOccurrenceCount = CountOccurrences(
            downloadData, findText);

        Console.WriteLine(
            @$"'{findText}' 在网址 '{url}' 出现了 {
                textOccurrenceCount} 次。");
    }

    private static int CountOccurrences(byte[] downloadData, string findText)
    {
        int textOccurrenceCount = 0;

        using MemoryStream stream = new(downloadData);
        using StreamReader reader = new(stream);

        int findIndex = 0;
        int length = 0;
```

```
do
{
    char[] data = new char[reader.BaseStream.Length];
    length = reader.Read(data);
    for (int i = 0; i < length; i++)
    {
        if (findText[findIndex] == data[i])
        {
            findIndex++;
            if (findIndex == findText.Length)
            {
                // 未找到要搜索的文本
                textOccurrenceCount++;
                findIndex = 0;
            }
        }
        else
        {
            findIndex = 0;
        }
    }
}
while (length != 0);

return textOccurrenceCount;
    }
}
```

**输出 20.1**

```
从网址 'https://bookzhou.com' 搜索 'C#'。
正在下载 ...
正在搜索 ...
'C#' 在网址 'https://bookzhou.com' 出现了 70 次。
```

代码清单 20.1 的逻辑非常简单直接——使用的是 C# 惯用法。在确定了 url 和 findText 的值之后，Main() 在一个现有的 HttpClient 实例上调用异步方法 GetByteArrayAsync() 来下载目标 URL 处的内容。它访问 .Result 属性，强制异步方法同步执行并返回结果。不推荐像这样以同步方式运行异步方法，因为它可能导致死锁。拿到下载的数据后，它将这些数据传递给 CountOccurrences()，该方法将数据加载到一个 MemoryStream 中，并利用 StreamReader 的 Read() 方法来检索数据块并搜索 findText 值。我们使用 GetByteArrayAsync() 方法而不是更简单的 GetStringAsync() 方法，以便在代码清单 20.2 和 20.3 中演示读取流时的额外异步调用。

这种程序设计的一个问题在于，调用线程会被阻塞，直到 I/O 操作完成；这浪费了一个可以在 I/O 执行时做其他有用工作的线程。采用这个设计，我们不能在等待 I/O 结果的时候执行任何其他代码，例如异步指示进度的代码。换句话说，"正在下载 ..."和"正在搜索 ..."是在相应操作之前调用的，而不是在操作期间调用的。虽然本例这么做可能无关紧要，但假如我们想同时执行额外的工作，或者至少提供一个动态的忙碌指示器呢？

## 20.2 使用 TPL 异步调用高延迟操作

为了解决并行执行其他工作的问题，代码清单 20.2 采用了一种类似的方式，但改为通过 TPL 来使用基于任务的异步操作。

代码清单 20.2　异步 Web 请求

```csharp
using System;
using System.IO;
using System.Net;
using System.Runtime.ExceptionServices;
using System.Threading.Tasks;

public static class Program
{
    public static HttpClient HttpClient { get; set; } = new();
    public const string DefaultUrl = "https://bookzhou.com";

    public static void Main(string[] args)
    {
        if (args.Length == 0)
        {
            Console.WriteLine(" 错误：没有输入要搜索的文本。");
            return;
        }
        string findText = args[0];

        string url = DefaultUrl;
        if (args.Length > 1)
        {
            url = args[1];
            // 最多取两个命令行参数，忽略更多的命令行参数
        }
        Console.WriteLine(
            $" 从网址 '{url}' 搜索 '{findText}'。");

        Console.WriteLine(" 正在下载 ...");
        Task task = HttpClient.GetByteArrayAsync(url)
            .ContinueWith(antecedent =>
            {
                byte[] downloadData = antecedent.Result;
                Console.Write($"{Environment.NewLine} 正在搜索 ...");
                return CountOccurrencesAsync(
                    downloadData, findText);
            })
            .Unwrap()
            .ContinueWith(antecedent =>
            {
                int textOccurrenceCount = antecedent.Result;
                Console.WriteLine(
                    @$"{Environment.NewLine}'{findText}' 在网址 '{url}' 出现了 {
                        textOccurrenceCount} 次。");

            });
```

```
    try
    {
        while (!task.Wait(100))
        {
            Console.Write(".");
        }
    }
    catch (AggregateException exception)
    {
        exception = exception.Flatten();
        try
        {
            exception.Handle(innerException =>
            {
                // 重新抛出，而不是使用 if 条件来判断类型
                ExceptionDispatchInfo.Capture(
                    innerException)
                    .Throw();
                return true;
            });
        }
        catch (HttpRequestException)
        {
            // ...
        }
        catch (IOException)
        {
            // ...
        }
    }
}


private static async Task<int> CountOccurrencesAsync(
    byte[] downloadData, string findText)
{
    // ...
}
}
```

本例的输出与输出 20.1 基本一样，除了在显示"正在下载..."和"正在搜索..."之后，根据这些操作的执行时间，可能会不断显示额外的句点。

代码清单 20.2 在执行时，会在下载页面时向控制台打印"正在下载..."和额外的句点；"正在搜索..."也是类似的情况。结果是，代码清单 20.2 不仅仅简单地向控制台打印三个句点 (...)，而且能在下载文件和搜索文本的过程中不断打印句点。

遗憾的是，这种异步性以复杂性为代价。代码中穿插着与 TPL 相关的代码，这打断了控制流。代码不是在 **HttpClient.GetByteArrayAsync(url)** 调用之后紧接着统计目标文本的出现次数 ( 调用 **CountOccurrences()** 的异步版本 )。相反，异步版本的代码需要 **ContinueWith()** 语句、为了简化而调用的 **Unwrap()** 以及一个复杂的 **try/catch** 处

理系统。具体的细节在下面的"高级主题：使用 TPL 进行异步请求的复杂性"中描述。可以说，大家以后会打心眼里感谢基于任务的异步模式与 async/await[①]。

**高级主题：使用 TPL 进行异步请求的复杂性**

第 一 个 ContinueWith() 语 句 确 定 在 HttpClient.GetByteArrayAsync(url) 之 后 要 执 行 什么。注意，第一个 ContinueWith() 语句中的 return 语句返回 CountOccurrencesAsync(downloadData，findText)，返回的是另一个任务，具体来说就是一个 Task<int>。因此，第一个 ContinueWith() 语句的返回类型是 Task<Task<byte[]>>。

在这个时候，Unwrap() 调用就派上用场了。如果没有 Unwrap()，第二个 ContinueWith() 语句中的先驱任务 (antecedent) 就是一个 Task<Task <byte[]>>，看看这个就知道它有多复杂了。这种情况必须调用 Result 两次，一次直接在 antecedent 上调用，一次在 antecedent.Result 返回的 Task<byte[]>.Result 属性上调用，后者会阻塞到 GetByteArrayAsync() 操作结束。为了避免复杂的 Task<Task<TResult>> 结构，可以在调用 ContinueWith() 之前调用 Unwrap()，这样就可以脱掉外层 Task 并相应地处理任何错误或取消请求。

而且不仅仅是 Task 和 ContinueWith() 在搅局，异常处理使局面变得更复杂。本章前面说过，TPL 通常抛出 AggregateException 异常，这是因为异步操作可能出现多个异常，需要包装一下。但是，由于是从 ContinueWith() 块中调用 Result 属性，所以工作者线程中也可能抛出 AggregateException。

我们之前说过，可以用很多种方式处理这些异常。

第一，可以为返回一个 Task 的所有 \*Async 方法和 ContinueWith() 方法都添加延续任务。但是，这样就无法很流畅地将多个 ContinueWith() 链接起来了。此外，还会被迫将错误处理逻辑嵌入控制流中，而不是简单地依赖异常处理。这样会打乱控制流，在每个 ContinueWith() 中都处理上个 ContinueWith() 可能发生的错误。

第二，用 try/catch 块包围每个委托主体，确保任务中没有异常会逃脱，变成"未处理异常"。遗憾的是，这个方式也不甚理想。首先，有的异常 (比如调用 antecedent.Result 所触发的那些) 会抛出一个 AggregateException，需要对 InnerException 进行 unwrap( 解包 ) 才能单独处理这些异常。解包时，要么重新抛出以便捕捉特定类型的异常，要么单独使用其他 catch 块 ( 甚至针对同一个类型的多个 catch 块 ) 条件性地检查异常类型。其次，每个委托主体都需要自己的 try/catch 处理程序，即使块和块之间的有些异常类型是相同的。最后，Main() 中的 task.Wait() 调用仍会抛出异常，因为 HttpClient.GetByteArrayAsync() 或者 CountOccurrencesAsync() 可能抛出异常，而且没有办法用 try/catch 块来包围它。因此，没有办法在 Main() 中消除围绕 task.Wait() 的 try/catch 块。

第三，在代码清单 20.2 中，我们没有捕捉从 GetByteArrayAsync() 抛出的任何异常。相反，我们只依赖包围着 Main() 中的 task.Wait() 的 try/catch 块。由于异常必然是一个 AggregateException，所以 catch 它就好。catch 块调用 AggregateException.Handle() 来处理异常，并用 ExceptionDispatchInfo 对象重新抛出每个异常，以保留原始栈跟踪。这些异常随即由预期的异常处理程序捕获和处理。但要注意的是，在处理 AggregateException 的各个 InnerException 之前，要先调用 AggregateException.Flatten()。这是因为在 AggregateException 中包装的内部异常也是 AggregateException 类型 ( 以此类推 )。调用 Flatten() 之后，所有异常都跑到第一级 ( 这正是 Flatten 一词的来历，即扁平化 )，包含的所有 AggregateException 都被删除。

---

① 自 C# 5.0 引入。

如代码清单 20.2 所示，第三种方式或许是最好的，因为它在很大程度上使得异常处理独立于控制流。虽然不能完全消除错误处理的复杂性，却在很大程度上防止了在正常控制流中零散地嵌入异常处理。

总之，代码清单 20.2 的异步版本和代码清单 20.1 的同步版本具有几乎完全一样的控制流逻辑，两个版本都试图从服务器下载资源，下载成功就返回结果，失败就检查异常类型来确定对策。但是，异常版本明显较难阅读、理解和更改。同步版本使用标准控制流语句，而异步处理被迫创建多个 Lambda 表达式，以委托的形式表达延续逻辑。

而这还只是一个相当简单的例子！想象一下，假定要用循环重试三次 ( 如果访问 URL 失败的话 )、要访问多个服务器、要获取一个资源集合而不是单个资源或者要将所有这些功能都集成到一起。用同步代码实现这些功能很简单，但用异步代码来实现就非常复杂。为每个任务显式指定延续，从而将同步方法重写成异步方法，整个项目很快就会变得无法驾驭——即使同步延续看起来像是一个非常简单的控制流。■

## 20.3　使用 async/await 实现基于任务的异步模式

为了降低复杂性，代码清单 20.3 虽然执行的也是异步操作，但采用的却是 "基于任务的异步模式" (Task-Based Asynchronous Pattern，TAP)，这是使用自 C# 5.0 引入的 async/await 来实现的。使用 async/await，编译器会负责处理复杂性，让开发人员专注于业务逻辑。不用担心链接 ContinueWith() 语句、获取 antecedent.Result、调用 Unwrap()、复杂的错误处理等。相反，async/await 允许用简单的语法修饰代码，告诉编译器它应该处理这些复杂性。此外，当一个任务完成并且需要执行额外代码时，编译器会自动负责在适当的线程上调用剩余代码。例如，在单线程 UI 平台上，尝试从非 UI 线程更新 UI 控件可能会导致程序崩溃或产生不可预测的行为。但是，async/await 解决了这个问题。即使代码在后台线程上运行，也可以像在 UI 线程上一样安全地更新 UI，async/await 会在幕后处理线程切换。本章后面会专门用一个小节讲述如何在 Windows UI 中使用 async/await。

总之，async/await 语法告诉编译器在编译时重新组织代码 ( 即使代码表面上看似很简单 )，并解决开发人员否则必须亲自处理的诸多复杂性。

**代码清单 20.3　通过 TAP 进行异步高延迟调用**

```csharp
using System;
using System.IO;
using System.Threading.Tasks;

public static class Program
{
    public static HttpClient HttpClient { get; set; } = new();
    public const string DefaultUrl = "https://bookzhou.com ";

    public static async Task Main(string[] args)
    {
        if (args.Length == 0)
        {
            Console.WriteLine(" 错误：没有输入要搜索的文本。");
```

```
            return;
        }
        string findText = args[0];

        string url = DefaultUrl;
        if (args.Length > 1)
        {
            url = args[1];
            // 最多取两个命令行参数，忽略更多的命令行参数
        }
        Console.WriteLine(
            $" 从网址 '{url}' 搜索 '{findText}'。");

        Task<byte[]> taskDownload =
            HttpClient.GetByteArrayAsync(url);

        Console.Write(" 正在下载 ...");
        while (!taskDownload.Wait(100))
        {
            Console.Write(".");
        }

        byte[] downloadData = await taskDownload;

        Task<int> taskSearch = CountOccurrencesAsync(
          downloadData, findText);

        Console.Write($"{Environment.NewLine} 正在搜索 ...");

        while (!taskSearch.Wait(100))
        {
            Console.Write(".");
        }

        int textOccurrenceCount = await taskSearch;

        Console.WriteLine(
            @$"{Environment.NewLine}'{findText}' 在网址 '{
                url}' 出现了 {textOccurrenceCount} 次。");
    }


    private static async Task<int> CountOccurrencesAsync(
        byte[] downloadData, string findText)
    {
        int textOccurrenceCount = 0;
        using MemoryStream stream = new(downloadData);
        using StreamReader reader = new(stream);

        int findIndex = 0;
        int length = 0;
        do
        {
            char[] data = new char[reader.BaseStream.Length];
```

```
            length = await reader.ReadAsync(data);
            for (int i = 0; i < length; i++)
            {
                if (findText[findIndex] == data[i])
                {
                    findIndex++;
                    if (findIndex == findText.Length)
                    {
                        // 未找到要搜索的文本
                        textOccurrenceCount++;
                        findIndex = 0;
                    }
                }
                else
                {
                    findIndex = 0;
                }
            }
        }
        while (length != 0);

        return textOccurrenceCount;
    }
}
```

注意，代码清单 20.3 和代码清单 20.1( 同步版本 ) 的差异相当小。另外，虽然每次执行都会显示数量不等的句点符号，但它的输出和代码清单 20.1 基本一致。这反映了 async/await 模式的一个重要优势，即只需要做很小的改动，就能以与编写同步代码相似的方式来编写异步代码。

为了理解这个模式，让我们先看看 CountOccurrencesAsync() 方法与代码清单 20.1 的同名方法的差异。首先，在方法声明中添加了新的上下文关键字 async 作为修饰符，表明该方法会以异步方式执行。其次，该方法返回的是一个 Task<int> 而不是单纯的 int。任何用 async 关键字修饰的方法都必须返回一个有效的**异步返回类型**。这可以是 void( 表示不返回任何结果 )，或者是 Task、Task<T>、从 C# 7.0 开始支持的 ValueTask<T> 以及从 C# 8.0 开始支持的 IAsyncEnumerable<T>/IAsyncEnumerator<T>[①]。在本例中，由于 CountOccurrencesAsync() 方法的目的是返回关键词出现的次数，因此它返回 Task<int>，使得调用方可以从中获取结果。即使一个异步方法实际上不返回数据，返回 Task 也是有用的，因为它至少能让调用者了解异步操作的状态，例如检查任务是否已经完成。此外，按照惯例，异步方法的名称以 "Async" 为后缀，以表明该方法可以通过一个 await 操作符以异步方式调用。最后，在 CountOccurrencesAsync() 方法内部，当需要等待另一个异步方法的任务完成时，我们也使用 await 操作符。在本例中，这适用于调用 reader.ReadAsync()，因为

---

[①] 从技术上说，可以返回实现了 GetAwaiter() 方法的任何类型。具体请参见本章稍后的高级主题"扩充有效的异步返回类型"。

StreamReader.ReadAsync() 与 CountOccurrencesAsync() 一样，是一个 async 方法。

回到 Main() 方法，可以观察到类似的差异。当调用 CountOccurrencesAsync() 方法时，使用上下文关键字 await，这有效地隐藏了与异步任务相关的复杂性。使用 await 直接调用异步方法时，可以直接将返回值赋给一个变量，变量类型为该异步方法逻辑上的返回类型，如本例中的 int（而不是 Task<int>）。如果一个异步方法返回的是无类型参数的 Task，那么可以认为该方法实际上不返回任何数据。

注意，CountOccurrencesAsync() 方法是下面这样声明的：

```
private static async Task<int> CountOccurrencesAsync(
    byte[] downloadData, string findText)
```

虽然该方法返回 Task<int>，但当使用 await 操作符调用时，它返回的是 int：

```
int textOccurrenceCount = await CountOccurrencesAsync(
    downloadData, findText);
```

这展示了 await 的一个重要特点：它自动从 Task 中提取结果，并直接返回这个结果。

如果希望在异步操作执行期间执行一些代码，那么可以推迟 await 调用，直到并行工作（例如，向控制台写入）完成。本例对 HttpClient.GetByteArrayAsync(url) 的调用即是如此。不是立即通过 await 赋值给 byte[] 并等待操作完成。相反，代码在控制台并行输出句点，推迟对 await 的调用。这样就实现了在异步下载数据的同时并行执行其他任务（本例就是在控制台上显示进度）。

```
Task<byte[]> taskDownload =
    HttpClient.GetByteArrayAsync(url);

Console.Write(" 正在下载 ...");
while (!taskDownload.Wait(100))
{
    Console.Write(".");
}

byte[] downloadData = await taskDownload;
```

除了提取任务的结果，await 操作符还会指示 C# 编译器生成代码，确保在 await 调用之后的代码在适当的线程上执行。这是 await 的一个关键优势，它避免了可能难以发现的 bug。

为了更好地理解控制流，图 20.1 展示了每个任务中的控制流（每个任务一列）。

图 20.1 很好地澄清了两个错误观念。

- 错误观念 #1：用 async 关键字修饰的方法一旦调用，就自动在一个工作者线程上执行。这绝对不成立；方法在调用线程上正常执行。在方法的实现中，如果没有 await 任何未完成的可 await 的任务，那么该方法会在同一个线程上以同步方式完成。方法的实现决定了是否启动任何异步工作。仅仅使用 async 关键字，改变不了方法代码的执行线程。此外，从调用者的角度看，对 async 方法

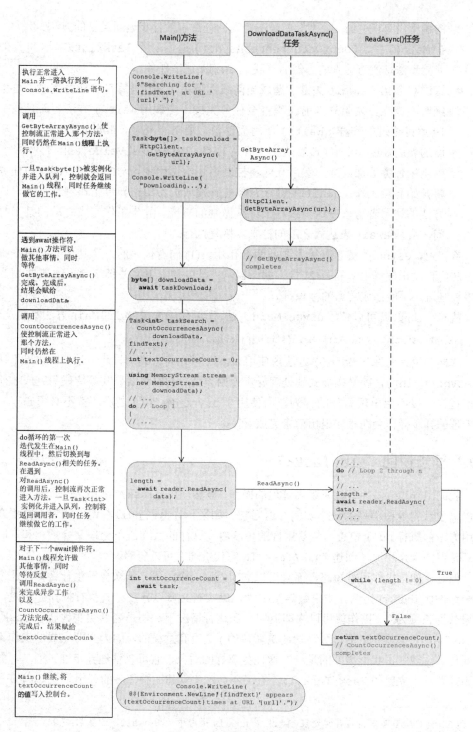

图 20.1　每个任务中的控制流

的调用没有任何特别之处，就是一个返回任意有效异步返回类型的方法。例如，在 Main() 中，CountOccurrencesAsync() 返回一个 Task<int>，这和其他非异步法是没有区别的。然后，我们 await 这个任务。

- **错误观念 #2：await 关键字造成当前线程阻塞，直到被等待的任务完成。**这也绝对不成立。要阻塞当前线程直至任务完成，应调用 Wait() 方法。而且像第 19 章讨论过的那样，Wait() 使用需谨慎，要防止死锁。await 关键字对它后面的表达式进行求值（该表达式一般是 Task、Task<T> 或 ValueTask<T> 类型），为结果任务添加延续，然后立即将控制返还给调用者。与此同时，创建的任务将开始异步工作；await 关键字意味着开发人员希望在异步工作进行期间，该方法的调用者可以在这个线程上继续做别的事情。异步工作完成之后的某个时间，会从 await 表达式之后的控制点恢复执行。

事实上，async 关键字有最主要的两个作用：(1) 向看代码的人清楚说明它所修饰的方法将自动由编译器重写；(2) 告诉编译器，方法中的上下文关键字 await 要被视为异步控制流，不能当成普通的标识符。

从 C# 7.1 起，就可以使用 async Main 方法，所以代码清单 20.3 的 Main 方法签名是：

```
private static async Task Main(string[] args)
```

这样的设计允许在 Main() 方法内使用 await 操作符来调用异步方法。[①] 如果不使用 async Main()，就必须显式地处理异步返回类型，同时还要显式等待任务完成才能退出程序，以避免出现意外的行为。而使用了 async Main() 之后，就不必担心在后台处理的异步操作会在程序退出前未完成。

## 20.4 异步返回 ValueTask<T>

我们用异步方法执行耗时和高延迟的操作。显然，由于 Task/Task<T> 是返回类型，所以需要获得这些类型的一个实例并返回它。如果允许返回 null，调用者就不得不在调用方法前执行 null 检查。从易用性的角度看，这样的 API 既不合理又麻烦。和耗时和高延迟的操作相比，创建 Task/Task<T> 的代价通常可以忽略。

但是，如果操作可被短路，而且可以立即返回一个结果，那么会发生什么？以压缩一个缓冲区 (buffer) 为例。如果数据量很大，确实有必要以异步方式执行操作。但是，如果数据长度为 0，操作就可以立即返回。在这种情况下，还是老老实实地获取 Task/Task<T> 的一个实例（不管缓存的还是新建的）是没有意义的，因为立即完成的操作不需要任务。现在，我们需要的是一个像任务那样的对象，它可以管理异步性。但是，如果不需要一个完整的 Task/Task<T>，它又不会产生创建完整任务的开销。从 C# 7.0 开

---

① C# 5.0 和 C# 6.0 不支持在异常处理 catch 或 finally 语句中使用 await。但从 C# 7.0 开始，这个限制已经取消了。

始，语言允许返回实现了 **GetAwaiter()** 方法的任意类型，具体请参见稍后的高级主题"扩充有效的异步返回类型"。[①]

代码清单 20.4 展示了一个文件压缩的例子，如果压缩可被短路，就通过 **ValueTask<T>** 退出。

**代码清单 20.4　从 async 方法返回 ValueTask<T>**

```
using System.IO;
using System.IO.Compression;
using System.Threading.Tasks;

public static class Program
{
    public static async ValueTask<byte[]> CompressAsync(byte[] buffer)
    {
        if (buffer.Length == 0)
        {
            return buffer;
        }
        using MemoryStream outputMemoryStream = new();
        using (GZipStream gZipStream = new(
            outputMemoryStream, CompressionMode.Compress))
        {
            await gZipStream.WriteAsync(buffer.AsMemory(0, buffer.Length));
        }

        return outputMemoryStream.ToArray();
    }
// ...
}
```

注意，尽管像 **GZipStream.WriteAsync()** 这样的异步方法可以返回一个 **Task<T>**，但 **await** 的实现在返回一个 **ValueTask<T>** 的方法中仍然生效。例如，在代码清单 20.4 中，如果将返回类型从 **ValueTask<T>** 修改成 **Task<T>**，那么不要求对方法的其他代码进行任何改动。

那么，分别在什么时候使用 **ValueTask<T>** 和 **Task/Task<T>** 呢？如果操作不返回值，那么直接使用 **Task** 就好 (**ValueTask<T>** 没有非泛型版本，因为没有意义 )。类似地，如果操作可能异步完成，或者不可能为常规结果值缓存任务，那么首选 **Task<T>**。例如，我们一般会返回 **Task<bool>** 而不是 **ValueTask<bool>**，因为可以为 **true** 和 **false** 值轻松缓存一个 **Task<bool>**。事实上，**async** 基础结构会自动做这件事情。换言之，如果返回一个异步 **Task<bool>** 的方法以同步方式完成，那么无论如

---

[①] 从 C# 7.0 开始支持 ValueTask<T>，这是一种值类型。当你有一个可能很快就能完成的异步操作时，使用 ValueTask<T> 可以减少内存分配和任务管理的开销。例如，假定一个操作在多数情况下能够同步快速完成，就可以返回一个 ValueTask<T>，从而缩减规模，以实现轻量级的实例化。只有在必要的时候，才转换成真正的 Task。

何都会返回一个缓存的结果 Task<bool>。但是，如果操作很可能同步完成，而且无法合理地缓存所有常见的返回值，那么 ValueTask<T> 就可能更恰当。①

**初学者主题：常见的异步返回类型**

跟在 await 关键字后面的表达式一般为 Task、Task<T> 或 ValueTask<T> 类型。从语法的角度来看，对 Task 类型的 await 操作本质上等同于一个返回 void 的表达式。实际上，由于编译器甚至不知道任务是否返回结果，更不用说它是哪种类型，因此执行这种表达式等同于调用返回 void 的方法，也就是说，你只能在单行语句中使用它。代码清单 20.5 展示了一些 await 语句表达式。

**代码清单 20.5　一些 await 表达式**

```
public async Task<int> DoStuffAsync()
{
    await DoSomethingAsync();
    await DoSomethingElseAsync();
    return await GetAnIntegerAsync() + 1;
}
```

本例假设前两个方法返回的是 Task，而非 Task<T> 或 ValueTask<T>。由于前两个任务没有关联的结果值且 await 不会产生值，所以表达式必须以单行语句的形式出现。第三个任务则假定为 Task<int> 类型，而且它的值可以在 DoStuffAsync() 返回的任务的值的计算式中使用（本例中，是和 1 相加，并返回结果）。②

## 20.5　异步流

从 C# 8.0 开始支持**异步流** (async streams) 编程，本质上是将异步模式与迭代器相结合。如第 15 章所述，C# 中的集合都是基于 IEnumerable<T> 和 IEnumerator<T> 构建的，前者唯一的方法就是 GetEnumerator<T>()，它返回一个实现了 IEnumerator<T> 的对象。可以使用该对象对集合进行枚举（遍历）。另外，当构建一个带有 yield return 的迭代器时，方法需要返回 IEnumerable<T> 或 IEnumerator<T>。相反，有效的异步返回类型必须支持 GetAwaiter() 方法，就像 Task、Task<T> 和 ValueTask<T> 所做的那样③。这便产生了冲突，因为不能同时拥有一个 async 方法和一个迭代器。例如，在遍历一个集合时调用 async 方法，便不能在所有预期的迭代完成之前将结果 yield return 给调用函数。

为了解决这些问题，C# 团队从 C# 8.0 开始引入了对异步流的支持，是专门设计用

---

① 译注：如果可以预测方法的返回值，并且这些返回值是有限且重复使用的，就可以通过缓存这些值来优化性能，尤其是在异步编程中。然而，如果返回值的范围很广或者不可预测（例如，基于用户输入或外部资源的数据），缓存所有常见返回值可能就不太可行或高效了。在这种情况下，使用 ValueTask<T> 可能更合适，因为它对于这些不适合缓存的场景提供了更优的性能表现。

② 译注：记住，Task 类型用于没有返回值的异步操作，而 Task<T> 和 ValueTask<T> 用于有返回值的异步操作。await 一个 Task 时，只是等待操作完成，不期望得到结果。而当 await 一个 Task<T> 或 ValueTask<T> 时，是等待操作完成，并获取一个结果值。

③ 也可以返回 void，虽然并不建议。

于实现异步迭代的，允许使用 `yield return` 来构建异步集合以及返回一个可枚举类型的方法。

　　例如，假定要用 async 方法 `EncryptFilesAsync()` 加密指定目录 ( 默认为当前目录 ) 中的文件。代码清单 20.6 展示了代码。

**代码清单 20.6　异步流**

```
using System.IO;
using System.Linq;
using System.Threading.Tasks;
using System.Collections.Generic;
using System.Threading;
using System.Runtime.CompilerServices;
using AddisonWesley.Michaelis.EssentialCSharp.Shared;

public static class Program
{
    public static async void Main(params string[] args)
    {
        string directoryPath = Directory.GetCurrentDirectory();
        string searchPattern = "*";
        // ...
        using Cryptographer cryptographer = new();

        IEnumerable<string> files = Directory.EnumerateFiles(
            directoryPath, searchPattern);

        // 创建一个 cancellation token source，如果
        // 操作耗时超过 1 分钟就取消。
        using CancellationTokenSource cancellationTokenSource =
            new(1000*60);

        await foreach ((string fileName, string encryptedFileName)
            in EncryptFilesAsync(files, cryptographer)
            .Zip(files.ToAsyncEnumerable())
            .WithCancellation(cancellationTokenSource.Token)
            )
        {
            Console.WriteLine($"{fileName}=>{encryptedFileName}");
        }
    }

    public static async IAsyncEnumerable<string> EncryptFilesAsync(
        IEnumerable<string> files, Cryptographer cryptographer,
        [EnumeratorCancellation] CancellationToken cancellationToken = default)
    {
        foreach (string fileName in files)
        {
            yield return await EncryptFileAsync(fileName, cryptographer);
            cancellationToken.ThrowIfCancellationRequested();
        }
    }
}
```

```csharp
private static async ValueTask<string> EncryptFileAsync(
    string fileName, Cryptographer cryptographer)
{
    string encryptedFileName = $"{fileName}.encrypt";
    await using FileStream outputFileStream =
        new(encryptedFileName, FileMode.Create);

    string data = await File.ReadAllTextAsync(fileName);

    await cryptographer.EncryptAsync(data, outputFileStream);

    return encryptedFileName;
}
// ...
}
```

代码清单 20.6 从一个 Main() 方法开始，其中使用了一个 C# 8.0 引入的 async foreach 语句，用于遍历一个异步方法 EncryptFilesAsync()。(稍后会讨论 WithCancellation() 调用。)EncryptFilesAsync() 方法使用 foreach 循环遍历指定的每个文件。对每个指定的文件，都调用另一个异步方法 EncryptFileAsync() 方法进行处理 (注意是 File 而不是 Files)。在后者的 foreach 循环内部发生了两个 async 方法调用。第一个是对 File.ReadAllTextAsync() 的调用，它读取文件的所有内容。一旦内容在内存中可用，代码就调用 EncryptAsync() 方法对其进行加密，然后通过 yield return 语句返回加密后的文件名。因此，该方法展示了一个例子，说明需要向调用者提供一个异步迭代器。实现这一点的关键在于，EncryptFilesAsync() 要用 async 修饰，而且要返回 IAsyncEnumerable<T>( 本例中的 T 是一个字符串 )。

给定一个返回 IAsyncEnumerable<T> 的方法，就像代码清单 20.6 中 Main 方法所演示的那样，可以使用 await foreach 语句来消费它。因此，这个示例程序既生产又消费了一个异步流。

GetAsyncEnumerator() 的签名包括一个 CancellationToken 参数。await foreach 循环会生成调用 GetAsyncEnumerator() 的代码，但它本身并没有直接的机制来传递一个 CancellationToken。为了解决这个问题，可以使用 WithCancellation() 扩展方法。这个方法扩展了 IAsyncEnumerable<T>，允许在开始异步遍历之前，将一个 CancellationToken 注入到异步流中。如图 20.2 所示，IAsyncEnumerable<T> 本身没有实现 WithCancellation() 方法。为了在一个异步流方法中支持取消，可以添加一个具有 EnumeratorCancellationAttribute 的可选 CancellationToken，这从 EncryptFilesAsync 方法的声明可以看出：

```csharp
public static async IAsyncEnumerable<string> EncryptFilesAsync(
        IEnumerable<string> files, Cryptographer cryptographer,
        [EnumeratorCancellation] CancellationToken cancellationToken = default)
{ ... }
```

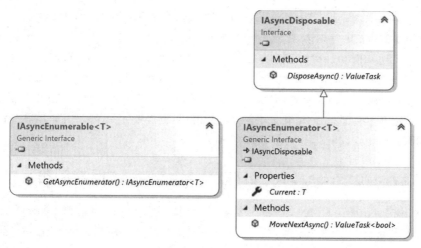

图 20.2　IAsyncEnumerable<T> 及其相关的接口

在代码清单 20.6 中，我们实现了一个异步方法来返回 **IAsyncEnumerable<T>** 接口对象，因此调用者可以将它当作异步流来迭代。如果一个集合类不支持异步迭代器，也可以像代码清单 20.7 所展示的那样自行实现一个类，让它继承 **IAsyncEnumerable<T>** 接口并实现 **GetAsyncEnumerator()** 方法。这样便也可以使用 **await foreach** 对其进行迭代。

代码清单 20.7　使用 await foreach 遍历异步流

```
public class AsyncEncryptionCollection : IAsyncEnumerable<string>
{
    public async IAsyncEnumerator<string> GetAsyncEnumerator(
        CancellationToken cancellationToken = default)
    {
        // ...
    }

    public static async Task Main()
    {
        AsyncEncryptionCollection collection =
            new();
        // ...

        await foreach (string fileName in collection)
        {
            Console.WriteLine(fileName);
        }
    }
}
```

需要特别注意一点：声明一个 **async** 方法，并不会自动使执行变得并行。仅仅因为 **EncryptFileAsync()** 方法是异步的，并不意味着遍历每个文件并调用 **File.ReadAllTextAsync()** 和 **Cryptographer.EncryptAsync()** 就会并行地发生。要保证这种行为，需要利用 Task 调用[①] 或类似 System.Threading.Tasks.Parallel. ForEach() 的方法 ( 参见第 21 章 )。

IAsyncEnumerable<T> 接口及其伙伴接口 IAsyncEnumerator<T> 是 C# 8.0 新增的 ( 如图 20.2 所示 )，它们与同步版本相匹配。注意，IAsyncDisposable.DisposeAsync() 和 IAsyncEnumerator<T>.MoveNextAsync() 方法都是 IEnumerator<T> 中的同名方法的异步版本。但要注意，Current 属性不是异步的(返回当前元素，不涉及异步操作)。另外，异步实现没有 Reset() 方法，同步版本则有。

## 20.6 IAsyncDisposable 接口以及 await using 声明和语句

IAsyncDisposable 是 IDisposable 的异步版本，因此可以使用 C# 8.0 新增的 await using 语句或 await using 声明来调用它。在代码清单 20.6 中，我们在声明 outputFileStream 时便使用了后者，这是因为 FileStream 不但实现了 IAsyncEnumerable<T>，也实现了 IAsyncDisposable。与 using 声明一样，用 async using 声明的变量也不能重新赋值。

await using 语句与 using 语句的语法完全相同：

```
await using FileStream outputFileStream =
    new FileStream(encryptedFileName, FileMode.Create);
```

只要某个类型实现了 IAsyncDisposable，或者仅仅有一个 DisposeAsync() 方法，便可以使用 await using 声明或语句来声明变量。C# 编译器会在声明周围以及变量超出作用域之前注入一个 try/finally 块，并在 finally 块中调用 await DisposeAsync()[②]。这样便可确保所有资源都得到清理。

注意，IAsyncDisposable 和 IDisposable 不通过继承相互关联。因此，它们的实现也不相互依赖：其中一个可以在没有另一个的情况下单独实现

## 20.7 通过 IAsyncEnumerable 来使用 LINQ

在代码清单 20.6 的 await foreach 语句中，我们调用了 LINQ AsyncEnumerable. Zip() 方法来将原始文件名与加密后的文件名进行配对：

```
await foreach ((string fileName, string encryptedFileName)
    in EncryptFilesAsync(files, cryptographer)
    .Zip(files.ToAsyncEnumerable())
    .WithCancellation(cancellationTokenSource.Token)
    )
{
    Console.WriteLine($"{fileName}=>{encryptedFileName}");
}
```

---

① 译注：所谓 Task 调用，是指调用异步方法或创建 Task 实例来启动一个异步操作。
② 从 C# 6.0 开始，允许在 finally 块中使用 await。

正如预期的那样，AsyncEnumerable 为 IAsyncEnumerable<T> 提供了 LINQ 功能，可以使用 LINQ 风格的查询语法来处理异步流。至少在 .NET Core 3.0 和 3.1 的时候，这个库在 BCL(Base Class Library，基类库 ) 中还不可用。为了访问异步 LINQ 的功能，需要添加对 System.Linq.Async NuGet 包的引用。

AsyncEnumerable 在 System.Linq 命名空间中定义 ( 而不是在具有 async 功能的某个特殊的命名空间中 )。不出所料，它包括了标准 LINQ 操作符的异步版本，如 Where()、Select() 以及本例使用的 Zip() 方法。之所以被认为是"异步版本"，是因为它们是 IAsyncEnumerable 上而不是 IEnumerable<T> 上的扩展方法。此外，AsyncEnumerable 还包括一系列 *Async()、*AwaitAsync() 和 *AwaitWithCancellationAsync() 方法。代码清单 20.8 展示了这些方法的 Select*() 版本 (SelectMany() 方法不在此列 )。

代码清单 20.8　AsyncEnumerable Select*() 方法的签名

```
namespace System.Linq
// ...
public static class AsyncEnumerable
{
    // ...
    public static IAsyncEnumerable<TResult> Select<TSource?, TResult?>(
        this IAsyncEnumerable<TSource> source,
        Func<TSource, TResult> selector);
    public static IAsyncEnumerable<TResult> SelectAwait<TSource?, TResult?>(
        this IAsyncEnumerable<TSource> source,
        Func<TSource, ValueTask<TResult>>? selector);
    public static
        IAsyncEnumerable<TResult> SelectAwaitWithCancellation<
        TSource?, TResult?>(
            this IAsyncEnumerable<TSource> source,
            Func<TSource, CancellationToken,
                ValueTask<TResult>> selector);
    // ...
}
```

与 Enumerable 版本匹配的方法名——本例是 Select()——具有类似的"实例"签名。但是，两者的 TResult 和 TSource 是不同的 [①]。名字中含有 Await 字样的两个签名都采用异步签名，包括一个返回 ValueTask<T> 的选择器 (selector)。例如，可以像下面这样从 SelectAwait() 中调用代码清单 20.6 中的 EncryptFileAsync() 方法：

```
IAsyncEnumerable<string> items = files.ToAsyncEnumerable();
items = items.SelectAwait(
    (text, id) => EncryptFileAsync(text));
```

需要注意的一个重点在于，EncryptFileAsync() 方法返回一个 ValueTask<T>，这正是 *Await() 和 *AwaitWithCancellationAsync() 所需要的。当然，后者还允

---

① 译注：例如，由于方法支持异步操作，所以可以接收和返回异步任务 ( 例如，ValueTask<TResult>)，这在同步的 Enumerable 的 Select() 方法中是不可能的。

许指定取消标记 (cancellation token)。

还有一个值得一提的异步 LINQ 方法是代码清单 20.6 中使用的 ToAsyncEnumerable ()。由于异步 LINQ 方法与 IAsyncEnumerable<T> 接口一起工作，所以需要用 ToAsyncEnumerable() 将 IEnumerable<T> 转换为 IAsyncEnumerable<T>。类似地，需要使用 ToEnumerable() 方法进行相反的转换。不得不承认，在这个代码清单中使用 files.ToAsyncEnumerable() 来获取 IAsyncEnumerable<string> 显得有些牵强。

异步 LINQ 方法的标量版本（这些方法返回一个标量，比如平均值）同样与 IEnumerable<T> 匹配，只是方法名添加了 Async 后缀。关键区别在于，它们都返回 ValueTask<T>。以下代码展示了如何使用 AverageAsync() 方法：

```
double average = await AsyncEnumerable.Range(
    0, 999).AverageAsync();
```

这样一来，我们就可以使用 await 将返回值作为 double 而不是 ValueTask<double> 来对待。

## 20.8 从异步方法返回 void

我们之前已经讲述了好几种有效的异步返回类型，包括 Task、Task<T>、ValueTask<T> 以及刚才的 IAsyncEnumerable<T>，它们都支持一个 GetAwaiter() 方法。但是，有一种有效返回类型（或者"非类型"）是不支持 GetAwaiter() 的。这就是 void，是 async 方法的最后一个返回选项（以后把这种方法简称为 async void 方法）。但是，一般应避免 async void 方法；说得更严重一点，甚至不应该把它纳入考虑。和返回一个支持 GetAwaiter() 的类型不同，返回 void 造成无法确定方法在什么时候结束执行。如果发生异常。返回 void 意味着没有容器来报告异常。在 async void 方法上抛出的任何异常都极有可能跑到 UI SynchronizationContext 上，变成事实上的未处理异常，参见 19.2 节的高级主题"处理 Thread 上的未处理异常"。

但是，既然平常应避免 async void 方法，为何一开始又允许呢？这是由于要用 async void 方法实现 async 事件处理程序。如第 14 章所述，事件应声明为 EventHandler<T>，其中 EventHandler<T> 的签名如下：

```
void EventHandler<TEventArgs>(object sender, TEventArgs e)
```

为了符合规范，使事件与 EventHandler<T> 签名匹配，所以 async 事件需要返回 void。有人会提议修改规范，但如第 14 章所讨论的，可能有多个订阅者，而从多个订阅者接收返回值既不直观还麻烦。有鉴于此，我们的基本原则是尽量避免 async void 方法，除非它们是某个事件处理程序的订阅者（这种情况下它们不应抛出异常）。另外，应提供一个同步上下文来接收同步事件（比如用 Task.Run() 调度工作）的通知，甚至更重要的是接收关于未处理异常的通知。代码清单 20.9 和输出 20.2 展示了具体做法。

代码清单 20.9　捕捉来自 async void 方法的异常

```
using System;
using System.Threading;
using System.Threading.Tasks;

public class AsyncSynchronizationContext : SynchronizationContext
{
    public Exception? Exception { get; set; }
    public ManualResetEventSlim ResetEvent { get; } = new();

    public override void Send(SendOrPostCallback callback, object? state)
    {
        try
        {
            Console.WriteLine($@"Send notification invoked...(Thread ID: {
                Thread.CurrentThread.ManagedThreadId})");
            callback(state);
        }
        catch (Exception exception)
        {
            Exception = exception;
        }
        finally
        {
            ResetEvent.Set();
        }
    }

    public override void Post(SendOrPostCallback callback, object? state)
    {
        try
        {
            Console.WriteLine($@" 已调用 Post 通知 ...( 线程 ID: {
                Thread.CurrentThread.ManagedThreadId})");
            callback(state);
        }
        catch (Exception exception)
        {
            Exception = exception;
        }
        finally
        {
            ResetEvent.Set();
        }
    }
}

public static class Program
{
    public static bool EventTriggered { get; set; }

    public const string ExpectedExceptionMessage = " 预期的异常 ";

    public static void Main()
```

```
    {
        SynchronizationContext? originalSynchronizationContext =
            SynchronizationContext.Current;
        try
        {
            AsyncSynchronizationContext synchronizationContext = new();
            SynchronizationContext.SetSynchronizationContext(
                synchronizationContext);

            OnEvent(typeof(Program), EventArgs.Empty);

            synchronizationContext.ResetEvent.Wait();

            if (synchronizationContext.Exception is not null)
            {
                Console.WriteLine($@" 正在抛出预期的异常 ...( 线程 ID: {
                    Thread.CurrentThread.ManagedThreadId})");
                System.Runtime.ExceptionServices.ExceptionDispatchInfo.Capture(
                    synchronizationContext.Exception).Throw();
            }
        }
        catch (Exception exception)
        {
            Console.WriteLine($@" 已抛出预期的异常 {exception}。( 线程 ID: {
                Thread.CurrentThread.ManagedThreadId})");
        }
        finally
        {
            SynchronizationContext.SetSynchronizationContext(
                originalSynchronizationContext);
        }
    }

    private static async void OnEvent(object sender, EventArgs eventArgs)
    {
        Console.WriteLine($@" 正在调用 Task.Run...( 线程 ID: {
            Thread.CurrentThread.ManagedThreadId})");
        await Task.Run(() =>
        {
            EventTriggered = true;
            Console.WriteLine($@" 正在运行任务 ... ( 线程 ID: {
                Thread.CurrentThread.ManagedThreadId})");
            throw new Exception(ExpectedExceptionMessage);
        });
    }
}
```

输出 20.2

```
正在调用 Task.Run...( 线程 ID: 1)
正在运行任务 ... ( 线程 ID: 4)
已调用 Post 通知 ...( 线程 ID: 4)
已调用 Post 通知 ...( 线程 ID: 4)
正在抛出预期的异常 ...( 线程 ID: 1)
已抛出预期的异常 System.Exception: 预期的异常
```

代码按部就班地执行到 OnEvent() 中的 await Task.Run() 调用。完成后控制传给 AsyncSynchronizationContext 中的 Post() 方法。Post() 完成后执行 Console.WriteLine(" 正在抛出异常 ...")，然后抛出异常。该异常由 AsyncSynchronizationContext.Post() 捕捉并传回 Main()。

本例用一个 Task.Delay() 调用来确保程序不会在 Task.Run() 调用前结束，但如第 22 章所述，这里使用一个 ManualResetEventSlim 更佳。

**高级主题：扩充有效的异步返回类型**

await 关键字后面的表达式的类型 *通常* 为 Task、Task<T>、ValueTask<T>，偶尔为 void，或者从 C# 8.0 开始也可以为 IAsyncEnumerable<T> 或 IAsyncEnumerator<string>。但是，这里说 "通常"，其实是故意想要引入一种不确定性。事实上，关于 await 要求的返回类型，确切的规则要比这几种具体的类型更一般化。事实上，它只要求类型为可等待 (awaitable) 类型。换言之，支持一个名为 GetAwaiter() 的方法即可。该方法生成一个对象，该对象具有编译器重写程序逻辑所需的一些属性和方法。具体来说，该对象需要实现 INotifyCompletion 接口并且有一个 GetResult() 方法。由于只需要实现一个可等待的类型，所以系统很容易地被第三方扩展。换言之，如果想自己设计异步系统，但它不是基于 Task，而是使用其他一些类型来表示异步工作，那么完全可以通过遵循上述规则来实现对 await 语法的支持。

在 C# 8.0 之前，async 方法不允许返回除 void、Task、Task<T> 或 ValueTask<T> 以外的东西——无论在方法内部 await 的是哪种类型。但是，C# 8.0 利用更一般化的 GetAwaiter() 规则实现了对 IAsyncEnumerable<T>/IAsyncEnumerator<string> 异步返回类型的支持。 ■

## 20.9　异步 Lambda 和本地函数

我们知道，转换成委托的 Lambda 表达式是声明普通方法的一种简化语法。类似地，C# 5.0( 和之后的版本 ) 允许将包含 await 表达式的 Lambda 表达式转换成委托——为 Lambda 表达式附加 async 关键字前缀即可。在代码清单 20.10 中，我们首先将一个 async Lambda 赋给一个 Func<string, Task> writeWebRequestSizeAsync 变量，然后使用 await 操作符调用它。

**代码清单 20.10　用 Lambda 表达式实现异步客户端 - 服务器交互**

```
using System;
using System.IO;
using System.Net;
using System.Linq;
using System.Threading.Tasks;

public class Program
{
    public static void Main(string[] args)
    {
        string url = "https://bookzhou.com";
        if (args.Length > 0)
```

```
    {
        url = args[0];
    }

    Console.Write(url);

    Func<string, Task> writeWebRequestSizeAsync =
        async (string webRequestUrl) =>
        {
            // 出于当前主题的目的省略了错误处理
            WebRequest webRequest =
                WebRequest.Create(url);

            WebResponse response =
                await webRequest.GetResponseAsync();

            // 显式计数而不是调用 webRequest.ContentLength,
            // 以演示多个 await 操作符
            using (StreamReader reader =
                new(response.GetResponseStream()))
            {
                string text =
                    (await reader.ReadToEndAsync());
                Console.WriteLine(
                    FormatBytes(text.Length));
            }
        };

    Task task = writeWebRequestSizeAsync(url);

    while (!task.Wait(100))
    {
        Console.Write(".");
    }
}
// ...
}
```

类似地，C# 7.0 及其之后的版本可以使用本地函数达到同样的目的。例如在代码清单 20.10 中，可如下修改 Lambda 表达式头（操作符 =>（含）之前的一切）：

```
async Task WriteWebRequestSizeAsync(string webRequestUrl)
```

主体（含花括号）不变。

注意，async Lambda 表达式具有和具名 async 方法一样的限制：

- async Lambda 表达式必须转换成返回有效异步返回类型的一个委托；
- Lambda 要进行重写，使 return 语句成为"Lambda 返回的任务已完成并获得给定结果"的信号；
- Lambda 表达式中的执行最初其实是同步进行的，直到遇到第一个针对"未完成的可等待任务"的 await 为止；

- **await** 之后的指令作为被调用的异步方法所返回的任务的延续而执行。但假如可等待任务已完成，就以同步方式执行而不是作为延续;
- **async** Lambda 表达式可以使用 **await** 操作符来调用 ( 代码清单 20.10 未演示 )。

**高级主题：实现自定义异步方法**

使用 **await** 关键字可以轻松实现异步方法，它依赖其他异步方法 ( 后者依赖更多的异步方法 )。但在调用层次结构的某个位置，需要写一个返回 **Task** 的"叶"异步方法。例如，假定要用一个异步方法运行命令行程序，最终目标是能访问程序的输出，那么可像下面这样声明它：

```
static public Task<Process> RunProcessAsync(string filename)
```

最简单的实现当然是再次依赖 **Task.Run()**，并调用 **System.Diagnostics.Process** 的 **Start()** 和 **WaitForExit()** 方法。但是，如果被调用的进程有自己的线程集合，就没必要在当前进程创建一个额外的线程。为了实现 RunProcessAsync() 方法，并在被调用的进程结束时返回调用者的同步上下文中，可以依赖一个 **TaskCompletionSource<T>** 对象，如代码清单 20.11 所示。

**代码清单 20.11　实现自定义异步方法**
```csharp
using System.Diagnostics;
using System.Threading;
using System.Threading.Tasks;

public class Program
{
    public static Task<Process> RunProcessAsync(
        string fileName,
        string arguments = "",
        CancellationToken cancellationToken = default)
    {
        TaskCompletionSource<Process> taskCS =
                    new();

        Process process = new()
        {
            StartInfo = new ProcessStartInfo(fileName)
            {
                UseShellExecute = false,
                Arguments = arguments
            },
            EnableRaisingEvents = true
        };

        process.Exited += (sender, localEventArgs) =>
        {
            taskCS.SetResult(process);
        };

        cancellationToken
            .ThrowIfCancellationRequested();

        process.Start();

        cancellationToken.Register(() =>
```

```
        {
            Process.GetProcessById(process.Id).Kill();
        });

        return taskCS.Task;
    }
    // ...
}
```

暂时忽略突出显示的内容，重点关注如何用事件获得进程结束通知。由于 System.Diagnostics.
Process 包含退出通知，所以登记并在回调方法中调用 TaskCompletionSource.SetResult()。以
上代码展示了不借助 Task.Run() 来创建异步方法的一个通用模式。

async 方法的另一个重要特点是要求提供取消机制，TAP 依赖和 TPL 一样的方法，即需要一个
System.Threading.CancellationToken。以上代码突出显示了支持取消所需的代码。本例允许
在进程开始前取消它并尝试关闭应用程序主窗口（如果有的话）。更激进的方式是调用 Process.
Kill()，但这可能造成正在执行的程序出问题。

注意，是在进程开始后才登记取消事件。这是由于在极少数情况下，可能进程还没有开始就触发了取
消，从而造成一个"竞态条件"。

最后考虑支持的功能是进度更新。代码清单 20.12 是包含该功能的完整 RunProcessAsync()。

**代码清单 20.12　提供进度支持的自定义异步方法**

```csharp
using System;
using System.Diagnostics;
using System.Threading;
using System.Threading.Tasks;

public class Program
{
    public static Task<Process> RunProcessAsync(
        string fileName,
        string arguments = "",
        IProgress<ProcessProgressEventArgs>? progress =
            null, object? objectState = null,
        CancellationToken cancellationToken =
            default(CancellationToken))
    {
        TaskCompletionSource<Process> taskCS = new();

        Process process = new()
        {
            StartInfo = new ProcessStartInfo(fileName)
            {
                UseShellExecute = false,
                Arguments = arguments,
                RedirectStandardOutput =
                    progress is not null
            },
            EnableRaisingEvents = true
        };
```

```
    process.Exited += (sender, localEventArgs) =>
    {
        taskCS.SetResult(process);
    };

    if (progress is not null)
    {
        process.OutputDataReceived +=
            (sender, localEventArgs) =>
        {
            progress.Report(
                new ProcessProgressEventArgs(
                    localEventArgs.Data,
                    objectState));
        };
    }

    cancellationToken
        .ThrowIfCancellationRequested();

    process.Start();

    if (progress !=null)
    {
        process.BeginOutputReadLine();
    }

    cancellationToken.Register(() =>
    {
        Process.GetProcessById(process.Id).Kill();
    });

    return taskCS.Task;
    }

    // ...
}

public class ProcessProgressEventArgs
{
    public ProcessProgressEventArgs(string? _,object? __){}
}
```

　　精准掌握 async 方法中发生的事情可能比较难，但相较于异步代码用显式的延续来写 Lambda 表达式，前者理解起来还是容易多了。注意下面几个要点：

- 控制抵达 await 关键字时，它后面的那个表达式会生成一个任务 [①]。控制随即返回调用者，在任务异步完成期间，继续做自己的事情；
- 任务完成后的某个时间，控制从 await 之后的位置恢复。如果等待的任务生成结果，就获取那个结果。出错 (faulted) 则抛出异常；

---

① 从技术上说，是高级主题"扩充有效的异步返回类型"中描述的一个可等待类型。

- async 方法中的 return 语句造成与方法调用关联的任务变成"已完成"状态。如果 return 语句有一个值，返回值成为任务的结果。

## 20.10 任务调度器和同步上下文

本章偶尔提到了任务调度器及其在为线程高效分配工作时所扮演的角色。从编程的角度看，任务调度器其实就是 System.Threading.Tasks.TaskScheduler 的一个实例。该类默认使用线程池调度任务，决定如何安全有效地执行它们——何时重用、何时执行资源清理 (dispose) 以及何时创建额外线程。

可以从 TaskScheduler 派生出一个新类型来创建自己的任务调度器，对任务调度做出不同选择。可以获取一个 TaskScheduler，使用静态 FromCurrentSynchronizationContext() 方法将任务调度给当前线程 (更准确地说，调度给关联到当前线程的同步上下文)，而不是调度给不同的工作者线程。

用于执行任务 (进而执行延续任务) 的同步上下文之所以重要，是因为正在等待的任务会查询同步上下文 (如果有的话) 才能高效和安全地执行。代码清单 20.13( 和输出 20.3) 与代码清单 19.3 相似，只是在显示消息的同时还打印了线程 ID( 再次提醒，每次运行时，这些 ID 都可能发生变化 )。

代码清单 20.13　调用 Task.ContinueWith()

```
using System;
using System.Threading;
using System.Threading.Tasks;

public class Program
{
    public static void Main()
    {
        DisplayStatus(" 开始之前 ");
        Task taskA =
            Task.Run(() =>
                    DisplayStatus(" 开始 ..."))
                .ContinueWith(antecedent =>
                    DisplayStatus(" 继续 A..."));
        Task taskB = taskA.ContinueWith(antecedent =>
      DisplayStatus(" 继续 B..."));
        Task taskC = taskA.ContinueWith(antecedent =>
            DisplayStatus(" 继续 C..."));
        Task.WaitAll(taskB, taskC);
        DisplayStatus(" 结束 !");
    }

    private static void DisplayStatus(string message)
    {
        string text =
                $@"{ Thread.CurrentThread.ManagedThreadId
                    }: { message }";
```

```
        Console.WriteLine(text);
    }
}
```

**输出 20.3**

```
1: 开始之前
6: 开始 ...
6: 继续 A...
6: 继续 C...
4: 继续 B...
1: 结束！
```

在输出中，注意线程 ID 时而改变，时而重复以前的。在这种普通的控制台应用程序中，同步上下文 ( 通过 `SynchronizationContext.Current` 属性访问 ) 为 `null`。由于是默认的同步上下文，所以造成由线程池负责分配线程。这解释了在不同任务之间为何线程 ID 会变来变去。有的时候，线程池觉得使用新线程更高效。有的时候，又觉得应该重用现有线程。

幸好，这句话的意思是，针对同步上下文非常关键的应用程序类型，同步上下文会自动被设置。例如，如果创建任务的代码在 ASP.NET 创建的一个线程中运行，那么线程将关联 `AspNetSynchronizationContext` 类型的一个同步上下文。相反，如果代码在由 Windows UI 应用程序 (WPF 或 Windows Forms) 创建的一个线程中运行，那么线程将分别有 `DispatcherSynchronizationContext` 或 `WindowsFormsSynchronizationContext` 的一个实例。对于控制台应用程序和 Windows 服务，线程有一个默认 `SynchronizationContext` 的实例。由于 TPL 要查询同步上下文，而同步上下文会随执行环境而变化，所以 TPL 能调度延续任务，使其在高效和安全的上下文中执行。

要修改代码来利用同步上下文，首先要设置同步上下文，再用 async/await 关键字使同步上下文得以查询。[①]

还可以自定义同步上下文，或者修改现有同步上下文来提升特定情况下的性能，但具体如何做超出了本书的范围。

## 20.11 async/await 和 Windows UI

同步在 UI 上下文中特别重要。例如在 Windows UI 的情况下，是由一个消息泵 (message pump) 处理鼠标点击 / 移动等事件消息。另外，UI 是单线程的，和任何 UI 组件 ( 如文本框 ) 的交互都必然在同一个 UI 线程中发生。async/await 模式的一个重要优势在于，它利用同步上下文使延续工作 (await 语句后的工作 ) 总是在调用 await 语句的那个同步任务上执行。这一点非常重要，因为它避免了要显式切换回 UI 线程来更新控件。

---

[①] 要想了解如何设置线程同步上下文以及如何使用任务调度器将任务调度给那个线程，请参见 "Multithreading Patterns Prior to C# 5.0" (PDF 格式 ) 的代码清单 C.8，网址是 *http://t.cn/E2wPlWd*。

为了体会这一点，来考虑如代码清单 20.14 所示的 WPF 中的按钮单击 UI 事件。

**代码清单 20.14  WPF 中的同步高延迟调用**

```
private void PingButton_Click(
    object sender, RoutedEventArgs e)
{
    StatusLabel.Content = "Pinging...";
    UpdateLayout();
    Ping ping = new Ping();
    PingReply pingReply =
        ping.Send("www.bookzhou.com");
    StatusLabel.Text = pingReply.Status.ToString();
}
```

假定 StatusLabel 是一个 WPF System.Windows.Controls.TextBlock 控件，PingButton_Click() 事件处理程序更新 Content 属性两次。合理的假设是第一个 "Pinging..." 会一直显示，直到 Ping.Send() 返回。随即，标签再次更新，显示 Send() 的应答。但有 Windows UI 框架开发经验的人都知道，实情并非如此。相反，是一条消息被发布 (post) 到 Windows 消息泵，要求用 "Pinging..." 更新内容。但是，由于 UI 线程正忙于执行 PingButton_Click() 方法，所以 Windows 消息泵不会得到处理。等 UI 线程有空检查 Windows 消息泵时，第二个 Content 属性更新请求又加入队列，造成用户只会看到最终状态。

为了用 TAP 修正这个问题，要像代码清单 20.15 突出显示的那样修改代码。

**代码清单 20.15  WPF 中使用 await 的同步高延迟调用**

```
private async void PingButton_Click(
    object sender, RoutedEventArgs e)
{
    StatusLabel.Content = "Pinging...";
    UpdateLayout();
    Ping ping = new Ping();
    PingReply pingReply =
        await ping.SendPingAsync("www.bookzhou.com");
    StatusLabel.Text = pingReply.Status.ToString();
}
```

像这样修改有两方面的好处。首先，ping 调用的异步本质解放了调用者线程，使其能回到 Windows 消息泵调用者的同步上下文，以处理对 StatusLabel.Content 的更新，向用户显示 "Pinging..."。其次，在等待 ping.SendPingAsync() 完成期间，它总是在和调用者相同的同步上下文中执行。同步上下文特别适合 Windows UI，它是单线程的，所以总是回到同一个线程，即 UI 线程。换言之，TPL 不是立即执行延续任务，而是查询同步上下文，改由后者将关于延续工作的消息发送给消息泵。然后，UI 线程监视消息泵，在获得延续工作消息后，它调用 await 调用之后的代码。结果是延续代码在和处理消息泵的调用者一样的线程上调用。

TAP 语言模式内建了一个关键的对代码可读性的增强。注意在代码清单 20.15 中，pingReply.Status 调用自然地出现在 await 之后，清楚地指明它会紧接着上一个语句执行。然而，如果真要自己从头写，写出来的代码恐怕许多人都看不懂。

 **初学者主题：await 操作符**

一个方法中的 await 数量不限。事实上，它们并非只能一个接一个地写。相反，可以将 await 放到循环中连续处理，从而遵循一个自然的控制流。下面来看看代码清单 20.16 的例子。

**代码清单 20.16　遍历 await 操作**

```
private async void PingButton_Click(
    object sender, RoutedEventArgs e)
{
    List<string> urls = new List<string>()
        {
            "www.sina.com ",
            "www.baidu.com ",
            "www.weibo.com ",
            "wikipedia.org ",
            "www.bydauto.com.cn"
        };
    IPStatus status;

    Func<string, Task<IPStatus>> func =
        async (localUrl) =>
        {
            Ping ping = new Ping();
            PingReply pingReply =
                await ping.SendPingAsync(localUrl);
            return pingReply.Status;
        };

    StatusLabel.Content = "Pinging...";

    foreach (string url in urls)
    {
        status = await func(url);
        StatusLabel.Text =
            $@"{ url }: { status.ToString() } ({
                Thread.CurrentThread.ManagedThreadId })";
    }
}
```

无论将 await 语句放到循环中还是单独写，它们都会连续地、一个接一个地执行，顺序和从调用线程中调用的顺序一样。底层实现是用语义上等价于 Task.ContinueWith() 的方式把它们串接到一起，只是 await 操作符之间的所有代码都在调用者的同步上下文中执行。

从 UI 中支持 TAP，这是 TAP 的核心应用情形之一。另一个常见情形发生在服务器端，当客户端的请求涉及从数据库检索大量数据集时。鉴于数据库查询可能耗时，高效处理它们至关重要。建议使用异步编程模式，而不是创建新线程或使用有限的线程池中的线程。这些模式避免了在等待数据库响应时阻塞线程，尤其是因为实际的查询操作是在单独的机器（数据库服务器）上执行的。这种方法确保服务器资源被最优化地利用，允许线程在 I/O 操作期间处理其他任务，而不是被阻塞。

总之，TAP 的目的是解决以下几个关键问题：

- 需要在不阻塞 UI 线程的前提下进行耗时操作；
- 为非 CPU 密集型的工作创建新线程 ( 或 Task) 代价相当高，因为线程唯一做的事情就是傻等活动完成；
- 活动完成时 ( 不管是使用新线程还是通过回调 )，经常都需要执行一次线程同步上下文切换，切换回当初发起活动的调用者。

TAP 提供了同时适用于 CPU 密集型和非 CPU 密集型异步调用的一个崭新模式。所有 .NET 语言都支持该模式。

## 20.12 小结

本章的主要内容集中在基于任务的异步模式 (TAP) 上，C# 语言用简洁的 async/await 语法来支持这一模式。本章提供了许多详细的例子，展示了相较于单纯依赖于任务并行库 (TPL)，TAP 使我们能更方便地将代码从同步实现转换为异步实现。本章详细解释了对于 async 方法的返回类型的要求。总之，async/await 特性通过自动重写程序来管理延续的"链接"，使我们能更加容易地使用 Task 对象来编码复杂的工作流，将大任务分解成小任务并组合起来。

然后，本章讲述了异步流和自 C# 8.0 引入的 IAsyncEnumerable<T> 数据类型，探讨了如何利用它们来创建异步迭代器，以及如何用 async foreach 语句来消费它们。

到此为止，读者应该对如何编写异步代码有了一个很好的理解。作为对这方面知识的一个扩展，第 21 章将详细讨论并行迭代，第 22 章将详细讨论线程同步。

第

# 21

章

## 并行迭代

取消PLINQ查询 — 2. 并行执行LINQ查询 — 并行迭代 — 1. 并行迭代 — 取消并行循环

第 19 章讲到，由于计算成本的降低，现在计算机拥有更快的 CPU、更多的 CPU 数量以及每个 CPU 中更多的核心。这些趋势总体上使我们可以更经济地提高执行的并行度，以利用增加的计算能力。本章将解释如何进行并行迭代，这是利用增加的计算能力最简单的方法之一。注意，本章大部分内容由"初学者主题"和"高级主题"这两个模块组成。

## 21.1 并行迭代

下面来考虑代码清单 21.1 的 for 循环语句以及相关代码，结果如输出 21.1 所示。它调用一个方法来计算圆周率 pi 的一个区段 (section)。方法的第一个参数是要计算的位数 (BatchSize)，第二个参数是要计算的起始位 (i * BatchSize)。实际如何计算跟当前的讨论关系不大。这个计算重点在于其"极度可并行"(embarrassingly parallelizable)。也就是说，很容易将大型任务 ( 比如计算圆周率 pi 的 100 万位 ) 分解成任意数量的小任务，而且所有小任务都可并行运行。这种计算通过并行来进行最容易不过了。

代码清单 21.1　for 循环以同步方式计算 pi 的各个区段

```
using System;
using AddisonWesley.Michaelis.EssentialCSharp.Shared;

public class Program
{
    const int TotalDigits = 100;
    const int BatchSize = 10;
```

```csharp
    public static void Main()
    {
        string pi = "";
        const int iterations = TotalDigits / BatchSize;
        for (int i = 0; i < iterations; i++)
        {
            pi += PiCalculator.Calculate(
                BatchSize, i * BatchSize);
        }

        Console.WriteLine(pi);
    }
}
// ...
using System;

public static class PiCalculator
{
    public static string Calculate(
        int digits, int startingAt)
    {
        //...
    }

    //...
}
// ...
```

输出 21.1

```
3.14159265358979323846264338327950288419716939937510582097494459230781640628620899862
80348253421170679
```

在本例中，for 循环同步且顺序地执行每一次迭代。但是，由于 **pi** 的算法是将 **pi** 的计算分解成独立的部分，所以不需要顺序完成每一部分的计算——只要计算结果顺序连接即可。所以，我们希望不同的循环迭代能同时进行，每个处理器都负责一个迭代，和执行其他迭代的处理器并行执行。如果这些迭代能同时执行，那么执行时间将依据处理器的数量成比例地缩短。

任务并行库 (TPL) 提供了辅助方法 **Parallel.For()** 来做这件事情。代码清单 21.2 展示了如何修改顺序的、单线程的程序来使用"并行 for"。

代码清单 21.2    for 循环分区段、并行地计算 pi

```csharp
using System;
using System.Threading.Tasks;
using AddisonWesley.Michaelis.EssentialCSharp.Shared;

//...

public class Program
{
    const int TotalDigits = 100;
```

```
const int BatchSize = 10;

public static void Main()
{
    string pi = "";
    const int iterations = TotalDigits / BatchSize;
    string[] sections = new string[iterations];
    Parallel.For(0, iterations, i =>
    {
        sections[i] = PiCalculator.Calculate(
            BatchSize, i * BatchSize);
    });

    pi = string.Join("", sections);
    Console.WriteLine(pi);
}
}
```

代码清单 21.2 的输出结果和输出 21.1 是一样的，但速度快多了 ( 前提是有多个 CPU 或可以；如果没有，速度可能变得更慢 )。Parallel.For() API 看起来和标准 for 循环相似。第一个参数是 fromInclusive 值，第二个是 toExclusive 值，最后一个参数是要作为循环主体执行的 Action<int>。为操作使用 "表达式 Lambda"，代码看起来和 for 循环差不多，只是现在每一次循环迭代都可以并行执行。和 for 循环一样，除非迭代都已完成，否则 Parallel.For() 调用不会结束。也就是说，当执行到 string.Join() 语句时，pi 的所有区段都已经计算好了。

要注意的一个重点是，将 pi 的各个区段合并起来的代码不再出现在迭代 ( 也就是那个 Action<int>) 的内部。由于 pi 的区段计算极有可能不是顺序完成的，所以假如每完成一次迭代，就连接一个区段，极有可能造成区段顺序的紊乱。即使顺序不是问题，仍有可能遇到竞态条件，因为 += 操作符本身就不是原子性的。为了解决这两个问题，pi 的每个区段都要存储到一个数组中，而且不能有两个或多个迭代同时访问一个数组元素的情况。只有在 pi 的所有区段都计算好之后，string.Join() 才把它们合并到一起。换言之，必须将区段的连接操作推迟到 Parallel.For() 循环结束之后。这就避免了由尚未计算好的区段或者顺序错误的区段所造成的竞态条件。

TPL 使用和任务调度一样的线程池技术来确保并行循环的良好性能，即确保 CPU 不被过度调度或调度不足。

**设计规范**

DO use parallel loops when the computations performed can be easily split up into many mutually independent processor-bound computations that can be executed in any order on any thread.

如果很容易将一个计算分解成大量相互独立的、处理器受限的小计算，而且这些小计算能在任何线程上以任意顺序执行，就要使用并行循环。

TPL 还提供了 foreach 循环的并行版本，如代码清单 21.3 所示。

**代码清单 21.3　并行执行 foreach 循环**

```
using System;
using System.Collections.Generic;
using System.IO;
using System.Threading.Tasks;

public class Program
{
    // ...
    public static void EncryptFiles(
        string directoryPath, string searchPattern)

    {

        IEnumerable<string> files = Directory.EnumerateFiles(
            directoryPath, searchPattern,
            SearchOption.AllDirectories);

        Parallel.ForEach(files, fileName =>
        {
            Encrypt(fileName);
        });
    }
    // ...
}
```

本例调用一个方法来并行加密 files 集合中的每个文件。TPL 会判断同时执行多少个线程效率最高。

 **高级主题：TPL 如何调整自己的性能**

TPL 的默认调度器面向线程池，这造成要进行大量试探以确保任何时候执行的都是正确数量的线程。它采用的两种试探法是**爬山** (hill climbing) 和**工作窃取** (work stealing)。

爬山算法要求创建线程来运行任务，监视任务性能来找出添加线程使性能不升反降的点。一旦找到这个点，就表明已经爬到山顶了，线程数可以降回保持最佳性能的数量。

TPL 不将等待执行的"顶级"任务和特定线程关联。但是，如果任务在创建了另一个任务的线程上运行，那么新创建的任务自动与该线程关联。新的"子"任务最终被调度运行时，它通常在创建它的那个任务的线程上运行。工作窃取算法能识别工作量特别大或特别小的线程，任务太少的线程有时会从任务太多的线程上"窃取"一些尚未执行的任务。

这些算法的关键作用是使 TPL 能动态调整自己的性能来缓解处理器被过度调度和调度不足的情况，从而在可用的处理器之间平衡工作量。

TPL 通常能很好地调整自己的性能，但也可以帮它更上一层楼。例如，在第 19 章的"长时间运行的任务"小节中，就指定了 TPL 的 TaskCreationOptions.LongRunning 选项。另外，还可以显式告诉任务调度器一个并行循环的最佳线程数是多少，详情参见稍后的高级主题"并行循环选项"。■

**初学者主题：使用 AggregateException 进行并行异常处理**

之前说过，TPL 在一个 **AggregateException** 中捕捉和保存与任务关联的异常，因为一个给定的任务可能从它的多个子任务获取多个异常。并行循环的情况也不例外，每次循环迭代都可能产生异常，同样要用集合异常收集这些异常，如代码清单 21.4 和输出 21.2 所示。

**代码清单 21.4　并行迭代时如何处理未处理的异常**

```csharp
using System;
using System.Collections.Generic;
using System.IO;
using System.Threading.Tasks;

public static class Program
{
    // ...
    static void EncryptFiles(
        string directoryPath, string searchPattern)
    {
        IEnumerable<string> files = Directory.EnumerateFiles(
            directoryPath, searchPattern,
            SearchOption.AllDirectories);
        try
        {
            Parallel.ForEach(files, fileName =>
            {
                Encrypt(fileName);
            });
        }
        catch (AggregateException exception)
        {
            Console.WriteLine(
                "错误：{0}:",
                exception.GetType().Name);
            foreach(Exception item in
                exception.InnerExceptions)
            {
                Console.WriteLine("  {0} - {1}",
                    item.GetType().Name, item.Message);
            }
        }
    }
    // ...
}
```

**输出 21.2**

```
错误：AggregateException:
  UnauthorizedAccessException - Attempted to perform an unauthorized operation.
  UnauthorizedAccessException - Attempted to perform an unauthorized operation.
  UnauthorizedAccessException - Attempted to perform an unauthorized operation.
  UnauthorizedAccessException - Attempted to perform an unauthorized operation.
  UnauthorizedAccessException - Attempted to perform an unauthorized operation.
```

输出 21.2 表明，在执行 `Parallel.ForEach<T>(...)` 循环期间发生了 5 个异常，具体异常数量取决于当前目录中的文件数。但在代码中，只有一个 catch 块在捕捉 System.AggregationException。

几个 UnauthorizedAccessException 从 AggregationException 的 InnerException 属性获取。Parallel.ForEach<T>() 循环的每一次迭代都可能抛出异常。所以，由方法调用抛出的 System. AggregationException 会在其 InnerException 属性中包含每个这样的异常。■

### 取消并行循环

任务需要显式调用才能阻塞直至完成。而并行循环以并行方式执行迭代，但除非整个并行循环完成（全部迭代都完成），否则本身不会返回。所以，为了取消并行循环，调用取消请求的那个线程通常不能是正在执行并行循环的那个线程。代码清单 21.5 使用 Task.Run() 来调用 Parallel.ForEach<T>()。采取这种方式，不仅查询以并行方式执行，而且还异步执行，允许代码提示用户"按 Enter 键退出"。

代码清单 21.5　取消并行循环

```
using System;
using System.Collections.Generic;
using System.IO;
using System.Threading;
using System.Threading.Tasks;

public class Program
{
    // ...

    static void EncryptFiles(
        string directoryPath, string searchPattern)
    {

        string stars =
            "*".PadRight(Console.WindowWidth - 1, '*');

        IEnumerable<string> files = Directory.GetFiles(
            directoryPath, searchPattern,
            SearchOption.AllDirectories);

        CancellationTokenSource cts = new();
        ParallelOptions parallelOptions = new()
            { CancellationToken = cts.Token };
        cts.Token.Register(
            () => Console.WriteLine(" 正在取消 ..."));

        Console.WriteLine(" 按 Enter 键退出 ");

        Task task = Task.Run(() =>
            {
                try
                {
                    Parallel.ForEach(
                        files, parallelOptions,
                        (fileName, loopState) =>
                        {
```

```
                    Encrypt(fileName);
                });
        }
        catch(OperationCanceledException) { }
    });

    // 等待用户的输入
    Console.ReadLine();

    // 取消查询
    cts.Cancel();
    Console.Write(stars);
    task.Wait();
}
// ...
}
```

　　并行循环使用和任务一样的取消标记模式。从一个 CancellationTokenSource 获取的标记通过调用 ForEach() 方法的一个重载版本与并行循环关联。该重载版本要获取一个 ParallelOptions 类型的参数 ( 该对象包含取消标记 )。

　　注意，如果取消并行循环操作，那么任何尚未开始的迭代都会通过检查 IsCancellationRequested 属性而被禁止开始。当前正在执行的迭代会运行至各自的终止点。此外，即使在所有迭代都结束之后，调用 Cancel() 仍会触发通过 cts.Token.Register() 登记的取消事件。

　　另外，ForEach() 方法只能通过 OperationCanceledException 知道循环是否被取消。由于本例的取消是预料之中的，所以异常会被捕捉并忽略，允许应用程序在退出前显示 "正在取消 …"，并后跟一行星号。

**高级主题：并行循环选项**

虽然比较少见，但也许能通过 Parallel.For() 和 Parallel.ForEach<T>() 循环重载版本的 ParallelOptions 参数来控制最大并行度 ( 即调度同时运行的线程数 )。在下面这些特殊情况下，开发人员对具体的算法或情况有更好的了解。这时就可以考虑手动更改最大并行度。

- 有时想禁止并行以简化调试或分析。这时可将最大并行度设为 1，确保循环迭代不会并发运行。
- 有时知道算法的性能不能超过一个特定的上限——例如，算法受其他硬件条件的限制，比如可用 USB 端口数目。
- 有时迭代主体会长时间 ( 以分钟或小时计 ) 阻塞。线程池区分不了长时间运行的迭代和被阻塞的操作，所以可能引入许多新线程，所有这些线程都被 for 循环使用。随着时间的推移，线程越来越多，造成进程中出现巨量线程。

为了控制最大并行度，需要使用 ParallelOptions 对象的 MaxDegreeOfParallelism 属性。

还可以使用 ParallelOptions 对象的 TaskScheduler 属性，用自定义任务调度器来调度与每个迭代关联的任务。例如，假定当前用一个异步事件处理程序响应用户单击 "下一步" 按钮的动作。如果用户连续单击按钮几次，可以考虑使用自定义的任务调度器来优先调度最近创建的任务，而不是优先调度等待时间最久的任务。(因为用户或许只想看他请求的最后一个屏幕。) 可用任务调度器指定一个任务如何相对于其他任务执行。

ParallelOptions 对象还有一个 CancellationToken 属性，它提供了和不应继续迭代的循环进行通信的机制。另外，迭代主体可监视取消标记，以判断是否需要提早从迭代中退出。

**高级主题：中断并行循环**

和标准 for 循环相似，Parallel.For 循环也允许中断 (break) 循环，取消后续所有迭代。但是，在并行 for 的执行上下文中，中断循环只是说不要开始当前迭代之后的新迭代，当前正在进行的迭代还是会继续运行直至完成的。

要中断并行循环，可以提供一个取消标记，并在另一个线程上取消它。这已经在前面的高级主题中描述过了。还可以使用 Parallel.For() 方法的一个重载版本，它的主体委托获取两个参数：索引和一个 ParallelLoopState( 并行循环状态 ) 对象。如果一个迭代想要“中断”循环，可以在传给委托的并行循环状态对象上调用 Break() 或 Stop() 方法。Break() 指出索引值比当前值大的迭代都不要开始了，Stop() 则指出任何未开始的迭代都不要开始了。

例如，假定一个 Parallel.For() 循环并行执行 10 个迭代，其中一些比另一些运行得更快，任务调度器不保证顺序。假定迭代 1 已经完成，迭代 3，5，7 和 9 止在 4 个不同的线程上运行。这时，迭代 5 和 7 都调用了 Break()。在这种情况下，迭代 6 和 8 永远不会开始 ( 因为它们的索引高于发生 Break() 的索引 )。但是，迭代 2 和 4 仍然会得到调度并开始运行 ( 因为它们的索引低于发生 Break() 的索引 )。与此同时，迭代 3 和 9 会运行完成 ( 因为在 Break() 发生时，它们已经在运行了 )。

Parallel.For() 和 Parallel.ForEach<T>() 方法返回对一个 ParallelLoopResult 对象的引用，对象中包含关于循环期间所发生的事情的有用信息。这个结果对象提供了以下属性：

- IsCompleted: 返回一个 Boolean，指出是否所有迭代都已开始；
- LowestBreakIteration: 指出执行了一个中断的、索引最低的迭代。值是 long? 类型；null 表明没有遇到中断语句。

回到 10 次迭代的例子，IsCompleted 属性返回 false，而 LowestBreakIteration 返回 5。

## 20.2 并行执行 LINQ 查询

就像可以使用 Parallel.For() 并行执行循环，还可以使用 Parallel LINQ API( 简称 PLINQ) 并行执行 LINQ 查询。代码清单 21.6 展示了一个简单的非并行 LINQ 表达式，代码清单 21.7 则修改它来并行运行。

**代码清单 21.6    LINQ Select()**

```
using System.Collections.Generic;
using System.Linq;

public class Program
{
    // ...
    public static List<string>
```

```
    Encrypt(IEnumerable<string> data)
    {
        return data.Select(
            item => Encrypt(item)).ToList();
    }
    // ...
}
```

在代码清单 21.6 中，LINQ 查询用标准 **Select()** 查询操作符加密一个字符串序列中的每个字符串，并将结果序列转换成列表。这看起来像是一个"极度可并行"的操作，每个操作都可能是处理器受限的、高延迟的操作，完全可以交由另一个 CPU 上的工作者线程执行。

代码清单 21.7 展示了如何修改代码清单 21.6，以并行方式加密字符串。

**代码清单 21.7　并行 LINQ Select()**

```
using System.Linq;

public class Program
{
    // ...
    public static List<string>
      Encrypt(IEnumerable<string> data)
    {
        return data.AsParallel().Select(
            item => Encrypt(item)).ToList();
    }
    // ...
}
```

如代码清单 21.7 所示，支持并行只需做很小的修改。使用标准查询操作符 **AsParallel()** 就可以了，它由静态 **System.Linq.ParallelEnumerable** 类提供。这个简单的扩展方法告诉"运行时"可以并行执行查询。如果计算机有多个处理器，查询速度会肉眼可见地加快。

为 PLINQ 提供支持的 **System.Linq.ParallelEnumerabl**(自 .NET Framework 4.0 引入)包含了由 **System.Linq.Enumerable** 提供的操作符的一个超集。所有常用查询操作符的性能都提高了，其中包括用于排序、筛选 (**Where()**)、投射 (**Select()**)、连接、分组和聚合的操作符。代码清单 21.8 展示了如何进行并行排序。

**代码清单 21.8　使用标准查询操作符的并行 LINQ**

```
//...
OrderedParallelQuery<string> parallelGroups =
    data.AsParallel().OrderBy(item => item);

// 验证数据项的总计数仍与原始计数匹配
if (data.Count() != parallelGroups.Sum(
    item => item.Length))
{
    throw new Exception("data.Count() != parallelGroups" +
```

```
    ".Sum(item => item.Count()");
}
// ...
```

如代码清单 21.8 所示，要想调用并行版本，调用 AsParallel() 扩展方法就可以了。注意，标准查询操作符的并行版本返回的结果类型是 ParallelQuery<T> 或 OrderedParallelQuery<T>，它告诉编译器应继续使用标准查询操作的并行版本（如果可用的话）。

由于查询表达式不过是查询方法调用的"语法糖"，所以也可以为表达式形式使用 AsParallel()。代码清单 21.9 展示了如何使用查询表达式语法来并行执行一个分组操作。

**代码清单 21.9    用查询表达式执行并行 LINQ**

```
//...
ParallelQuery<IGrouping<char, string>> parallelGroups;
parallelGroups =
    from text in data.AsParallel()
    orderby text
    group text by text[0];

// 验证数据项的总计数仍与原始计数匹配
if (data.Count() != parallelGroups.Sum(
        item => item.Count()))
{
    throw new Exception("data.Count() != parallelGroups" +
        ".Sum(item => item.Count()");
}
//...
```

从前面的这些例子可以看出，很容易就能将查询或循环迭代转换为并行执行。但有一点需注意。如同下一章要讨论的那样，务必注意不要让多个线程不恰当地同时访问并修改相同的内存。这会造成竞态条件。

本章前面说过，Parallel.For() 和 Parallel.ForEach<T>() 方法会收集并行迭代期间抛出的所有异常，并抛出包含所有原始异常的一个集合异常。 PLINQ 操作也可能因为完全相同的原因而返回多个异常（对每个元素并行执行查询逻辑时，在每个元素上运行的代码可能独立抛出异常）。毫不奇怪，PLINQ 处理这种情况的机制和并行循环 /TPL 别无二致：并行查询期间抛出的异常可以通过 AggregateException 的 InnerException 属性访问。因此，将 PLINQ 查询包装到 try/catch 块中，并捕捉 System.AggregateException 类型的异常，就可以成功处理每一次迭代中任何未处理的异常。

### 取消 PLINQ 查询

和预期的一样，PLINQ 查询也支持取消请求模式。如代码清单 21.10 和输出 21.3 所示，不同于并行循环，取消的 PLINQ 查询会抛出一个 System.OperationCanceledException，而且 PLINQ 查询也是在发出调用的线程上执行的同

步操作 [①]。因此，常用模式是将并行查询包装到在另一个线程上运行的任务中，使当前
线程能在必要时取消它——和代码清单 21.5 的解决方案一样。

**代码清单 21.10　取消 PLINQ 查询**

```
using System;
using System.Collections.Generic;
using System.Linq;
using System.Threading;
using System.Threading.Tasks;

public static class Program
{
    public static List<string> ParallelEncrypt(
        List<string> data,
        CancellationToken cancellationToken)
    {

        int governor = 0;
        return data.AsParallel().WithCancellation(
            cancellationToken).Select(
                (item) =>
                {
                    if (Interlocked.CompareExchange(
                        ref governor, 0, 100) % 100 == 0)
                    {
                        Console.Write('.');
                    }
                    Interlocked.Increment(ref governor);
                    return Encrypt(item);
                }).ToList();
    }

    public static async Task Main()
    {

        ConsoleColor originalColor = Console.ForegroundColor;
        List<string> data = Utility.GetData(100000).ToList();

        using CancellationTokenSource cts = new();

        Task task = Task.Run(() =>
        {
            data = ParallelEncrypt(data, cts.Token);
        }, cts.Token);

        Console.WriteLine(" 按 Enter 键退出。");
        Task<int> cancelTask = ConsoleReadAsync(cts.Token);

        try
        {
            Task.WaitAny(task, cancelTask);
            // 两个任务中的任何一个完成，
            // 就尝试取消另一个尚未完成的任务。
```

① 译注：由于 PLINQ 查询是在调用它的线程上同步执行的，所以长时间运行的查询可能会阻塞该线程。

```
                cts.Cancel();
                await task;

                Console.ForegroundColor = ConsoleColor.Green;
                Console.WriteLine("\n 成功完成 ");
            }
        catch (OperationCanceledException taskCanceledException)
        {
            Console.ForegroundColor = ConsoleColor.Red;
            Console.WriteLine(
                $"\n 已取消 : { taskCanceledException.Message }");
        }
        finally
        {
            Console.ForegroundColor = originalColor;
        }
    }

    private static async Task<int> ConsoleReadAsync(
        CancellationToken cancellationToken = default)
    {
        return await Task.Run(async () =>
        {
            const int maxDelay = 1025;
            int delay = 0;
            while (!cancellationToken.IsCancellationRequested)
            {
                if (Console.KeyAvailable)
                {
                    return Console.Read();
                }
                else
                {
                    await Task.Delay(delay, cancellationToken);
                    if (delay < maxDelay) delay *= 2 + 1;
                }
            }
            cancellationToken.ThrowIfCancellationRequested();
            throw new InvalidOperationException(
                " 上一行代码就应该已经抛出异常了，所以这一行应该永远执行不到 ");
        }, cancellationToken);
    }

    private static string Encrypt(string item)
    {
        Cryptographer cryptographer = new();
        return System.Text.Encoding.UTF8.GetString(cryptographer.Encrypt(item));
    }
}
```

输出 21.3

按 Enter 键退出。

....................
已取消：The query has been canceled via the token supplied to WithCancellation.

与并行循环或任务一样，取消 PLINQ 查询需要一个 CancellationToken，它由 CancellationTokenSource.Token 属性提供。然而，不是重载所有 PLINQ 查询来支持取消标记。相反，IEnumerable 的 AsParallel() 方法返回的 ParallelQuery<T> 对象包含一个 WithCancellation() 扩展方法，它获取一个 CancellationToken 参数。结果是在 CancellationTokenSource 对象上调用 Cancel() 就会请求取消并行查询，因其会检查 CancellationToken 的 IsCancellationRequested 属性。

如前所述，取消 PLINQ 查询会抛出异常而不是返回完整结果。所以为了处理可能取消的 PLINQ 查询，一个常用的技术是用 try 块包装查询并捕捉 OperationCanceledException。第二个常用的技术（代码清单 21.10 用的那个）是将 CancellationToken 传给 ParallelEncrypt()，并作为 Run() 的第二个参数传递。这会造成 task.Wait() 抛出一个 AggregateException，它的 InnerException 属性会被设为一个 TaskCanceledException。然后就可捕捉集合异常，和捕捉并行操作的其他任何异常一样。

## 21.3 小结

本章讨论了如何使用 TPL 的 Parallel 类来执行 for 和 foreach 形式的迭代。此外，通过 System.Linq 命名空间中包含的 AsParallel() 扩展方法，我们展示了如何并行执行 LINQ 查询。由于极大简化了编程，所以并行迭代是引入并行性的最简单的方法之一。尽管仍然需要注意竞争条件和死锁问题，但假如在并行循环的迭代中不共享数据，那么这些问题出现的可能性将远远小于直接操作任务。唯一需要做的是确定哪些 CPU 密集型代码块可以从并行执行中受益。

# 第 **22** 章

## 线程同步

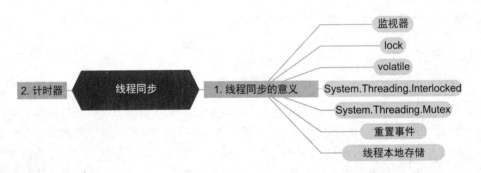

第 21 章讨论了使用任务并行库 (TPL) 和并行 LINQ(PLINQ) 进行多线程编程的细节，但刻意避开了线程同步的主题。它的作用是在避免死锁的同时防止出现竞态条件。线程同步是本章的主题。

先来看一个访问共享数据时不进行线程同步的多线程例子。这会造成竞态条件，数据完整性会被破坏。从这个例子出发，我们解释了为何需要线程同步。然后介绍了进行线程同步的各种机制和最佳实践。

在本书前几版中，本章还用大量篇幅讨论了额外的多线程处理模式，并讨论了各种计时器回调机制。但是，由于现在有了 async/await 模式，所以这些机制基本都被替换掉了，除非要针对 C# 5.0/.NET 4.5 之前的框架进行编程。

注意，本章只用 TPL，所有例子在 .NET Framework 4 之前的版本中无法编译。但是，除非特别标注为 .NET Framework 4 API，否则限定 .NET Framework 4( 或更高版本 ) 唯一的原因就是使用了新增的 System.Threading.Tasks.Task 类来执行异步操作。所以，只需要修改代码来实例化一个 System.Threading.Thread，再调用 Thread.Join() 来等待线程执行，大多数例子都可以在早期的 .NET Framework 上编译。

不过，本章用来开始任务的 API 是自 .NET 4.5 引入的 System.Threading.Tasks.Task.Run()。如第 19 章所述，该方法比 System.Threading.Tasks.Task.Factory.StartNew() 好，因其更简单且能满足大多数需要。如果只能使用 .NET 4，那么请将 Task.Run() 改为 Task.Factory.StartNew()，其他任何地方都不需要修改。正是由于这个原因，所以如果代码中只使用了 Task.Run() 这个方法而没有使用其他 .NET 4.5 特有的功能或 API，那么这段代码就不会被特别标注为 ".NET 4.5 限定"。

## 22.1 线程同步的意义

运行新线程是相当简单的编程任务。多线程编程的复杂性在于判断哪些数据可以被多个线程同时安全地访问。程序必须对这种数据进行同步，通过防止同时访问以实现"安全性"(safety)[①]。我们来看看代码清单 22.1 的例子以及输出 22.1 所展示的一个可能的结果。

代码清单 22.1　状态未同步的后果

```
using System;
using System.Threading.Tasks;

public class Program
{
    static int _Total = int.MaxValue;
    static int _Count = 0;

    public static int Main(string[] args)
    {
        if (args?.Length > 0) { _ = int.TryParse(args[0], out _Total); }

        Console.WriteLine(" 递增和递减 " + $"{_Total} 次 ...");

        // .NET 4.0 要改为使用 Task.Factory.StartNew
        Task task = Task.Run(() => Decrement());

        // 递增
        for(int i = 0; i < _Total; i++)
        {
            _Count++;
        }

        task.Wait();
        Console.WriteLine($"Count = {_Count}");

        return _Count;
    }
```

---

[①] 译注：注意 security 和 safety 的区别，虽然都是"安全性"，但前者防范的是人出于主观故意而造成的伤害，后者防范的是因为意外或产品故障而造成的伤害。例如，我们说某条路很"安全"，用 safety 表示这条路不会遭遇山体滑坡等自然灾害；用 security 表示这条路有重兵把守，恐怖分子不会在这条路上伏击你。在当前语境下，最好是把 safety 理解为"数据保全"。

```
public static void Decrement()
{
    // 递减
    for(int i = 0; i < _Total; i++)
    {
        _Count--;
    }
}
```

输出 22.1

```
递增和递减 2147483647 次 ...
Count = -664662723
```

注意，代码清单 22.1 在 0 的基础上递增和递减同样多次（默认次数为 int.
MaxValue，也可以手动提供一个命令行参数），但输出不一定为 0。如果 Decrement()
是直接（顺序）调用的，输出就肯定为 0。然而，异步调用 Decrement() 会发生竞态条件，
因为 _Count++; 和  _Count--; 语句中单独的步骤会发生交错（记住，一个 C# 语句可能
分好几步完成）。下面来看看表 22.1 所展示的一次示例执行。

表 22.1　示例伪代码执行

| Main 线程 | Decrement 线程 | _Count |
| --- | --- | --- |
| ... | ... | ... |
| 从 _Count 中拷贝值 0 | | 0 |
| 拷贝的值 (0) 递增，结果值是 1 | | 0 |
| 将结果值 (1) 拷贝到 _Count 中 | | 1 |
| 从 _Count 中拷贝值 1 | | 1 |
| | 从 _Count 中拷贝值 1 | 1 |
| 拷贝的值 (1) 递增，结果值是 2 | | 1 |
| 将结果值 (2) 拷贝到 _Count 中 | | 2 |
| | 拷贝的值 (1) 递减，结果值是 0 | 2 |
| | 将结果值 (0) 拷贝到 _Count 中 | 0 |
| ... | ... | ... |

表 22.1 展示了并行执行（或线程上下文切换）的情况。从一列中的指令切换到另
一列，就会发生线程上下文切换。一行结束之后的 _Count 值在最后一列中显示。在这
个示例执行中，_Count++ 执行了两次，而 _Count-- 只执行了一次。然而，最终的 _
Count 值是 0，而不是 1。将结果复制回到 _Count 相当于取消同一个线程读取 _Count
以来对 _Count 值进行的任何修改。

代码清单 22.1 的问题在于，它造成了一个竞态条件。多个线程同时访问相同的数

据元素时，就会出现这个情形。正如这个示例执行过程展示的那样，多个线程同时访问相同的数据元素，就可能破坏数据的完整性 ( 即使是在一台单处理器的电脑上 )。为了解决这个问题，代码必须围绕数据进行同步。若能同步多个线程对代码或数据的并发访问，就说这些代码和数据是**线程安全**的。

　　关于变量读写的原子性，有一个重点需要注意。假如类型的大小不超过一个本机 ( 指针大小的 ) 整数，"运行时"就保证该类型不会被部分性地读取或写入。所以，64 位操作系统保证能够原子性地读写一个 long(64 位 )。但 128 位变量 ( 比如 decimal) 的读写就不保证是原子性的。所以，通过写操作来更改一个 decimal 变量时，可能会在仅仅复制了 32 位之后被打断，造成以后读取一个不正确的值，这称为一次 torn read( 被撕裂的读取 )。

 **初学者主题：多个线程和局部变量**

注意，局部变量没必要同步。局部变量加载到栈上，而每个线程都有自己的逻辑栈。所以，针对每个方法调用，每个局部变量都有自己的实例。局部变量在不同方法调用之间默认不共享；同样，在多个线程之间也不共享。

然而，这并不是说局部变量完全没有并发性问题，因为代码可能轻易向多个线程公开局部变量[①]。例如，在循环迭代之间共享一个局部变量的并行 for 循环就会公开变量，使其能被并发访问，从而造成竞态条件，如代码清单 22.2 所示。

**代码清单 22.2　未同步的局部变量**
```
using System;
using System.Threading.Tasks;

public class Program
{
    public static int Main(string[] args)
    {
        int total = int.MaxValue;
        if (args?.Length > 0) { _ = int.TryParse(args[0], out total); }
        Console.WriteLine(" 递增和递减 " + $"{total} 次 ...");
        int x = 0;

        // 并行 for 循环
        Parallel.For(0, total, i =>
        {
            x++;
            x--;
        });
        Console.WriteLine($"Count = {x}");
        return x;
    }
}
```
本例在一个并行 for 循环中访问 x( 一个局部变量 )，使多个线程可能同时修改它，造成和代码清单 22.1 非常相似的竞态条件。即使 x 新增和递减相同的次数，输出也不一定是 0。

---

① 虽然在 C# 语言的层级上是局部变量，但在 CIL 的层级上是字段，而字段是可以从多个线程访问的。

### 22.1.1 用 Monitor 同步

为了同步多个线程，防止它们同时执行特定代码段，需要用监视器 (monitor) 来阻止第二个线程进入受保护的代码段，直到第一个线程退出那个代码段。监视器功能由 `System.Threading.Monitor` 类提供。为了标识受保护代码段的开始和结束位置，需要分别调用静态方法 `Monitor.Enter()` 和 `Monitor.Exit()`。

代码清单 22.3 演示了显式使用 `Monitor` 类来进行同步，结果如输出 22.2 所示。要注意的一个重点在于，在 `Monitor.Enter()` 和 `Monitor.Exit()` 这两个调用之间，所有代码都要用 **try/finally** 块包围起来。否则受保护代码段内发生的异常可能造成 `Monitor.Exit()` 永远无法调用，无限阻塞其他线程。

代码清单 22.3　显式使用监视器来同步

```csharp
using System;
using System.Threading;
using System.Threading.Tasks;

public class Program
{
    static readonly object _Sync = new();
    static int _Total = int.MaxValue;
    static int _Count = 0;

    public static int Main(string[] args)
    {
        if (args?.Length > 0) { _ = int.TryParse(args[0], out _Total); }
        Console.WriteLine(" 递增和递减 " + $"{_Total} 次 ...");

        // .NET 4.0 要改为使用 Task.Factory.StartNew
        Task task = Task.Run(() => Decrement());

        // 递增
        for(int i = 0; i < _Total; i++)
        {
            bool lockTaken = false;
            try
            {
                Monitor.Enter(_Sync, ref lockTaken);
                _Count++;
            }
            finally
            {
                if(lockTaken)
                {
                    Monitor.Exit(_Sync);
                }
            }
        }

        task.Wait();
        Console.WriteLine($"Count = {_Count}");
```

```
        return _Count;
    }

    // 递减
    public static void Decrement()
    {
        for(int i = 0; i < _Total; i++)
        {
            bool lockTaken = false;
            try
            {
                Monitor.Enter(_Sync, ref lockTaken);
                _Count--;
            }
            finally
            {
                if(lockTaken)
                {
                    Monitor.Exit(_Sync);
                }
            }
        }
    }
}
```

**输出 22.2**

```
递增和递减 2147483647 次 ...
Count = 0
```

Monitor.Enter() 和 Monitor.Exit() 这两个调用通过共享作为参数传递的同一个对象引用 ( 本例是 _Sync) 来关联。获取 lockTaken 的 Monitor.Enter() 重载方法是从 .NET 4.0 开始才有的。在此之前没有 lockTaken 参数，无法可靠地捕捉 Monitor.Enter() 和 try 块之间发生的异常。让 try 块紧跟在 Monitor.Enter() 调用的后面，在发布 (release) 代码中非常可靠，因为 JIT(just-in-time) 编译器会阻止出现像这样的任何异步异常。但是，紧跟在 Monitor.Enter() 后面除 try 块以外的其他任何东西，包括编译器可能在调试 (debug) 代码中注入的任何指令，都可能妨碍 JIT 可靠地从 try 块中返回。所以，如果真的发生异常，它会造成锁的泄漏 ( 锁一直保持已获取的状态 )，而不是执行 finally 块并释放锁。另一个线程试图获取锁的时候，就可能造成死锁。总之，在 .NET 4.0 之前，应该总是在 Monitor.Enter() 之后跟随一个 try 块，并在 finally 块中调用 Monitor.Exit(_Sync)。

Monitor 还支持 Pulse() 方法，允许线程进入 "就绪队列" (ready queue)，指出下一个就轮到它获得锁 ( 并可开始执行 )。这是生产者 - 消费者模式的一种常见同步方式，目的是保证除非有 "生产"，否则就没有 "消费"。拥有监视器 ( 通过调用 Monitor.Enter()) 的生产者线程调用 Monitor.Pulse() 通知消费者线程 ( 它可能已调用了 Monitor.Enter())，一个数据项已准备好供消费，所以请 "准备好" (get ready)。一个 Pulse() 调用只允许一个线程（本例的消费者）进入就绪队列。生产者线程调用 Monitor.Exit() 时，消费者线程将取得锁（Monitor.Enter() 结束）并进入关键执行区域[1] 以开始"消费"那个项。消费者处理好等待处理的项以后，就调用 Exit()，从而允许生产者（当前正由 Monitor.Enter() 阻塞）再次生产其他项。在本例中，一次只有一个线程进入就绪队列，确保没有"生产"就没有"消费"，反之亦然。

## 22.1.2   使用 lock 关键字

由于多线程代码要频繁使用 Monitor 来同步，同时 try/finally 块很容易被人遗忘，所以 C# 语言提供了特殊关键字 lock 来简化这种锁定同步模式。代码清单 22.4 演示了如何使用 lock 关键字，结果如输出 22.3 所示。

代码清单 22.4   用 lock 关键字同步

```
using System;
using System.Threading.Tasks;

public class Program
{
    static readonly object _Sync = new();
    static int _Total = int.MaxValue;
    static int _Count = 0;

    public static int Main(string[] args)
    {
        if (args?.Length > 0) { _ = int.TryParse(args[0], out _Total); }
        Console.WriteLine(" 递增和递减 " +
            $"{_Total} 次 ...");

        // .NET 4.0 要改为使用 Task.Factory.StartNew
        Task task = Task.Run(() => Decrement());

        // 递增
        for (int i = 0; i < _Total; i++)
        {
            lock (_Sync)
            {
                _Count++;
            }
        }

        task.Wait();
        Console.WriteLine($"Count = {_Count}");
        return _Count;
    }

    // 递减
```

[1] 译注：即 critical execution region，文档中翻译成"关键执行区域"，但更常见的说法是"临界执行区域"。该区域禁止多个线程同时访问。

```
public static void Decrement()
{
    for (int i = 0; i < _Total; i++)
    {
        lock (_Sync)
        {
            _Count--;
        }
    }
}
}
```

**输出 22.3**

```
递增和递减 2147483647 次 ...
Count = 0
```

将要访问 _Count 的代码段锁定了之后 ( 用 **lock** 或者 **Monitor**)，**Main()** 和 **Decrement()** 方法就是线程安全的。换言之，可以从多个线程中安全地同时调用它们。C# 4.0 之前的概念是一样的，只是编译器生成的代码要依赖于没有 **lockTaken** 参数的 **Monitor.Enter()** 方法，而且 **Monitor.Enter()** 要在 **try** 块之前调用。

同步以牺牲性能为代价。例如，代码清单 22.4 的执行时间比代码清单 22.1 长得多，这证明与直接递增和递减 _Count 相比，**lock** 的速度相对较慢。

即使为了同步的需要可以忍受 **lock** 的速度，也不要在多处理器计算机中不假思索地添加同步，因为过度的同步会造成死锁和不必要的同步 ( 也许本来可以并行执行的 )。对象设计的最佳实践是对可变的静态状态进行同步 ( 如果一直不变，自然无需同步 )。与此同时，不同步任何实例数据，因为它们不在线程间共享。然而，如果你的设计涉及多个线程操作同一个对象的实例数据，那么这些数据就是共享的，这时需要确保对这些数据的访问是同步的，以防止出现竞态条件或其他线程安全问题。

**初学者主题：返回 Task 但不用 await**

注意，在代码清单 22.4 中，虽然 **Task.Run(()=>Decrement())** 返回一个 **Task**，但并未使用 **await** 操作符。原因是在 C# 7.1 之前，**Main()** 不支持使用 **async**。但如代码清单 22.5 所示，现在可以重构代码来使用 **await/async** 模式。

**代码清单 22.5　C#7.1 的 async Main()**

```
using System;
using System.Threading.Tasks;

public class Program
{
    static readonly object _Sync = new();
    static int _Total = int.MaxValue;
    static int _Count = 0;

    public static async Task<int> Main(string[] args)
    {
```

```
        if (args?.Length > 0) { _ = int.TryParse(args[0], out _Total); }
        Console.WriteLine(" 递增和递减 " +
            $"{_Total} 次 ...");

        // .NET 4.0 要改为使用 Task.Factory.StartNew
        Task task = Task.Run(() => Decrement());

        // 递增
        for(int i = 0; i < _Total; i++)
        {
            lock(_Sync)
            {
                _Count++;
            }
        }

        await task;
        Console.WriteLine($"Count = {_Count}");
        return _Count;
    }

    // 递减
    static void Decrement()
    {
        for(int i = 0; i < _Total; i++)
        {
            lock(_Sync)
            {
                _Count--;
            }
        }
    }
}
```

## 22.1.3 lock 对象的选择

无论使用 lock 关键字还是显式使用 Monitor 类，都必须谨慎选择 lock 对象。在前面的例子中，同步变量 _Sync 被声明为私有和只读。声明为只读是为了确保在 Monitor.Enter() 和 Monitor.Exit() 调用之间，其值不会发生改变。这就在同步块的进入和退出之间建立了关联。类似地，将 _Sync 声明为私有，是为了确保类外的同步块不能同步同一个对象实例，这会造成代码阻塞。

如果数据是公共的，那么同步对象也可以是公共的，以便其他类可以使用相同的对象实例进行同步。但这会造成更难防止死锁。幸好，对这个模式的需求很少。对于公共数据，最好的做法是不在数据所属的类内部处理同步问题。相反，应该允许使用这些公共数据的代码 ( 即调用这些数据的代码 ) 自己负责同步。换言之，在调用代码中创建和管理同步对象 ( 比如一个锁 )，然后在访问公共数据之前获取这个锁，在访问完成后释放锁。

同步对象不能是值类型，这一点很重要。在值类型上使用 lock 关键字，编译器会报错。但是，如果显式访问 System.Threading.Monitor 类，而不是通过 lock，那么编译时不会报错。相反，代码会在调用 `Monitor.Exit()` 时抛出异常，指出无对应的 `Monitor.Enter()` 调用。使用值类型时，"运行时"会创建值的拷贝，把它放到堆中 ( 装箱 )，并将装箱的值传给 `Monitor.Enter()`。类似地，`Monitor.Exit()` 会接收到原始变量的一个已装箱拷贝。结果是 `Monitor.Enter()` 和 `Monitor.Exit()` 接收到了不同的同步对象实例，所以两个调用失去了关联性。

## 22.1.4 为什么要避免锁定 this、typeof(type) 和 string

一个貌似合理的模式是锁定代表类中实例数据的 `this` 关键字，以及为静态数据锁定从 `typeof(type)`( 例如 `typeof(MyType)`) 获取的类型实例。在这种模式下，使用 `this` 可以为与特定对象实例关联的所有状态提供同步目标；使用 `typeof(type)` 则为一个类型的所有静态数据提供同步目标。但是，这样做的问题在于，在另一个完全不相干的代码块中，可能创建一个完全不同的同步块，而这个同步块的同步目标可能就是 `this`( 或 `typeof(type)`) 所指向的同步目标。换言之，虽然只有实例自身内部的代码能用 `this` 关键字来阻塞，但创建实例的调用者仍可将那个实例传给一个同步锁。

因此，对两套不同的数据进行同步的两个同步块可能相互阻塞。虽然看起来不太可能，但共享同一个同步目标可能影响性能，甚至在极端的情况下造成死锁。所以，不建议在 `this` 或 `typeof(type)` 上锁定。更好的做法是定义一个私有且只读的字段，这样除了拥有访问权的类之外，没有谁能在它上面阻塞。

要避免的另一个锁定类型是 string，这是因为要考虑到字符串留用 (string interning) 问题。如果同一个字符串常量在多个位置出现，那么所有位置都可能引用同一个实例，使锁的作用域远超预期。

总之，锁定的目标应该是 `object` 类型的特定同步上下文实例 (per-synchronization context instance，例如前面说的私有只读字段 )。[①]

> **设计规范**
>
> 1. AVOID locking on `this`, `typeof()`, or a string.
>
>    避免锁定 `this`、`typeof()` 或字符串。
>
> 2. DO declare a separate, read-only synchronization variable of type `object` for the synchronization target.
>
>    要为同步目标声明 `object` 类型的一个单独的只读同步变量。

## 22.1.5 避免用 MethodImplAttribute 同步

.NET 1.0 引入的一个同步机制是 `MethodImplAttribute` 特性。向它传递 `MethodImplOptions.Synchronized` 枚举参数值，就能将一个方法标记为已同

---

① 译注：对于每一个同步操作或上下文，使用一个专门的、独立的 `object` 实例来作为锁。

步，确保每次只有一个线程执行方法。为此，JIT 编译器本质上会将方法看成是被 `lock(this)` 包围；如果是静态方法，则看成是已在类型上锁定。像这样的实现意味着，方法以及在同一个类中的其他所有方法，只要用相同的特性和枚举参数值进行了修饰，那么它们事实上就是一起同步的，而不是"各顾各"。也就是说，在同一个类中，如果两个或多个方法都用该特性进行了修饰，那么每次只能执行其中一个。一个方法执行时，除了会阻塞其他线程对它自己的调用，还会阻塞对类中其他具有相同修饰的任何方法的调用。此外，由于同步在 this 上（或更糟，在类型上）进行，所以上一节讲过的 `lock(this)`（或更糟，针对静态数据，在从 `typeof(type)` 获取的类型上锁定）存在的问题在这里同样会发生。因此，最佳实践是完全避免使用该特性。[①]

> **设计规范**
>
> AVOID using the `MethodImplAttribute` for synchronization.
>
> 避免用 `MethodImplAttribute` 进行同步。

### 22.1.6 将字段声明为 volatile

编译器和/或 CPU 有时会对代码进行优化，使指令不按照它们的编码顺序执行，或干脆去除一些无用指令。如果代码只在一个线程上执行，像这样的优化自然无伤大雅。但是，有多个线程运行的时候，这种优化就可能造成出乎预料的结果，因为优化可能造成两个线程对同一字段的读写顺序发生错乱。

解决该问题的一个方案是用 volatile 关键字声明字段。该关键字强迫对 volatile 字段的所有读写操作都在代码指示的位置发生，而不是在通过优化而生成的其他某个位置发生。volatile 修饰符指出字段容易被硬件、操作系统或另一个线程修改。所以这种数据是"易变的"(volatile)，编译器和"运行时"要更严谨地处理它（详情请访问 *http://tinyurl.com/atjecycn*）。

一般很少使用 volatile 修饰符，它充满了复杂性，很可能会导致使用不当。除非对 volatile 的使用非常确定，否则推荐使用 lock 而不是 volatile 修饰符。

### 22.1.7 使用 System.Threading.Interlocked 类

到目前为止讨论的互斥（排他）模式提供了在一个进程（实际是 AppDomain，这是"操作系统进程"在 CLR 中的虚拟等价物）中处理同步的一套基本工具。但是，用 `System.Threading.Monitor` 进行同步代价很高。除了使用 Monitor，还有一个备选方案，它通常直接由处理器支持，而且面向特定的同步模式。

代码清单 22.6 在 _Data 之前的值为 null 的情况下将其设置为新值。正如方法

---

[①] 译注：这个老的设计除了可能存在性能问题（整个方法都被锁定了，不需要同步的部分也被迫同步了），还存在灵活性不足的问题（锁的粒度和粒度都不可控）。现代 .NET 应用通常推荐更细颗粒度、更明确的同步方法，例如使用 lock 语句、Monitor 类或其他同步基元。

名 (CompareExchange) 所暗示的那样，这是一个比较 / 交换 (Compare/Exchange) 模式。在这里，不需要手动锁定具有等价行为的比较和交换代码。相反，`Interlocked.`
`CompareExchange()` 方法内建了同步机制，它会检查当前值是否为 null( 即是否等于第三个参数的值 )，如果是，就将第一个参数 (_Data) 更新为第二个参数 (newValue) 的值。

代码清单 22.6　用 System.Threading.Interlocked 同步

```
public class SynchronizationUsingInterlocked
{
    private static object? _Data;

    // 如果 _Data 尚未赋值，就初始化它
    public static void Initialize(object newValue)
    {
        // 如果 _Data 为 null，就把它设为 newValue
        Interlocked.CompareExchange(
            ref _Data, newValue, null);
    }

    // ...
}
```

表 22.2　Interlock 提供的与同步相关的方法

| 方法签名 | 描述 |
| --- | --- |
| `public static T CompareExchange <T>(`<br>`    T location,`<br>`    T value,`<br>`    T comparand`<br>`);` | 检查 location 的值是不是 comparand。如果两个值相等，就将 location 设为 value，并返回 location 中存储的原始数据 |
| `public static T Exchange<T>(`<br>`    T location,`<br>`    T value`<br>`);` | 将 value 赋给 location，并返回 location 的原始值 |
| `public static int Decrement(`<br>`    ref int location`<br>`);` | location 递减 1。等价于 -- 操作符，只不过 Decrement 是线程安全的 |
| `public static int Increment(`<br>`    ref int location`<br>`);` | location 递增 1。等价于 ++ 操作符，只不过 Increment 是线程安全的 |
| `public static int Add(`<br>`    ref int location,`<br>`    int value`<br>`);` | 将 value 加到 location 上，结果赋给 location，等价于 += |
| `public static long Read(`<br>`    ref long location,`<br>`);` | 在一次原子操作中返回 64 位值 |

其中大多数方法都进行了重载，支持其他数据类型（例如 long）签名。表 22.2 提供的是常规签名和描述。

注意，Increment() 和 Decrement() 可以在代码清单 22.5 中替换同步的操作符 ++ 和操作符 --，这样可以获得更好的性能。还要注意，如果不同的线程使用一个非 Interlocked 提供的方法来访问 location，那么两个访问将不会得到正确的同步。

## 22.1.8 多个线程时的事件通知

开发者容易忽视触发事件时的同步问题。代码清单 22.7 展示了非线程安全的一个示例事件发布。

**代码清单 22.7　触发事件通知**

```
// 非线程安全
if (OnTemperatureChanged is not null)
{
    // 调用所有订阅了该事件的订阅者
    OnTemperatureChanged(
        this, new TemperatureEventArgs(value));
}
```

只要该方法和事件订阅者之间没有发生竞态条件，代码就是有效的。但是，这段代码不是原子性的，所以多个线程可能造成竞态条件。从检查 OnTemperatureChange 是否为 null 到实际触发事件这段时间里，OnTemperatureChange 可能被设为 null，造成抛出一个 NullReferenceException。换言之，如果委托可能由多个线程同时访问，就需同步委托的赋值和触发。

从 C# 6.0 开始，这个问题有了一个轻松的解决方案。使用空条件操作符就可以了：

```
OnTemperatureChanged?.Invoke(
    this, new TemperatureEventArgs(value));
```

空条件操作符专门设计为原子性操作，所以这个委托调用实际是原子性的。显然，关键在于记得使用空条件操作符。

而在 C# 6.0 之前，虽然要写更多的代码，但线程安全的委托调用也不是很难实现。关键在于，用于添加和删除侦听器的操作符是线程安全的，而且是静态的（操作符重载通过静态方法完成）。为了修正代码清单 22.7，使其变得线程安全，需要创建一个拷贝，检查拷贝是否为 null，再触发该拷贝（参见代码清单 22.8）。

**代码清单 22.8　线程安全的事件通知**

```
//...
TemperatureChangedHandler localOnChange =
    OnTemperatureChanged;
if (localOnChange is not null)
{
    // 调用所有订阅了该事件的订阅者
```

```
localOnChange(
  this, new TemperatureEventArgs(value));
}
//...
```

由于委托是引用类型，所以有些人会觉得奇怪：为什么赋值一个局部变量，再触发那个局部变量，就足以使 null 检查成为线程安全的操作？由于 localOnChange 和 OnTemperatureChange 指向同一位置，所以有人会认为：OnTemperatureChange 中的任何改变都会在 localOnChange 中反映出来。

但实情并非如此。对 OnTemperatureChange += <listener> 的任何调用都不会为 OnTemperatureChange 添加新委托。相反，会为它赋予一个全新的多播委托，而不会对原始多播委托 (localOnChange 也指向该委托 ) 产生任何影响。这就使代码成为线程安全的，因为只有一个线程会访问 localOnChange 实例。每次增删侦听器，OnTemperatureChange 都会创建一个全新的实例。

## 22.1.9　同步设计最佳实践

考虑到多线程编程的复杂性，有几个最佳设计实践可供参考。

### 22.1.9.1　避免死锁

同步的引入带来了死锁的可能。两个或更多线程都在等待对方释放一个同步锁，就会发生死锁。例如，线程 1 请求 _Sync1 上的锁，并在释放 _Sync1 锁之前，请求 _Sync2 上的锁。与此同时，线程 2 请求 _Sync2 上的锁，并在释放 _Sync2 锁之前，请求 _Sync1 上的锁。这就埋下了死锁的隐患。假如线程 1 和线程 2 都在获得第二个锁之前成功获得了它们请求的第一个锁 ( 分别是 _Sync1 和 _Sync2)，就会实际地发生死锁。

死锁的发生需要满足以下几个基本条件：

- 排他或互斥 (Mutual exclusion)，一个线程 (ThreadA) 独占一个资源，没有其他线程 (ThreadB) 能获取相同的资源；
- 占有并等待 (Hold and wait)，一个排他的线程 (ThreadA) 请求获取另一个线程 (ThreadB) 占有的资源；
- 不可抢先 (No preemption)，一个线程 (ThreadA) 占有的资源不能被强制拿走 ( 只能等待 ThreadA 主动释放它锁定的资源 )；
- 循环等待条件 (Circular wait condition)，两个或多个线程构成一个循环等待链，它们锁定两个或多个相同的资源，每个线程都在等待链中下一个线程占有的资源。

只要移除其中任何一个条件，就能阻止死锁的发生。

有可能造成死锁的一个情形是，两个或多个线程请求独占对相同的两个或多个同步目标 ( 资源 ) 的所有权，而且以不同顺序请求锁。如果开发人员小心一些，保证多个锁总是以相同顺序获得，就可以避免该情形。发生死锁的另一个原因是不可**重入** (reentrant)

的锁。如果来自一个线程的锁可能阻塞同一个线程 ( 通常发生在递归调用或者一个线程在持有一个锁的同时尝试再次获取相同的锁时 )，这个锁就是不可重入的。例如，假定线程 A 获取一个锁，然后重新请求同一个锁，但锁已被它自己拥有而造成阻塞，那么这个锁就是不可重入的，额外的请求会造成死锁。

lock 关键字生成 ( 通过底层 Monitor 类 ) 的代码是可重入的。但如下一节"更多同步类型"要讲到的那样，有些类型的锁不可重入。

### 22.1.9.2　何时提供同步

前面讲过，所有可变的静态数据都应该是线程安全的。因此，同步需围绕可变的静态数据进行。这通常意味着程序员应该声明私有静态变量，并提供公共方法来修改数据。如果可能会有多个线程访问，那么这些方法应该在内部处理好同步问题。

相反，实例数据不需要包含同步机制，因为它们通常由单个线程访问或预期在使用时由外部代码进行同步。同步会显著降低性能，并增大争夺锁或死锁的概率。除非类明确设计为多线程访问，否则在多线程中共享对象的程序员应该自己处理好所共享数据的同步问题。

### 22.1.9.3　避免不必要的锁定

在保证不损害数据完整性的基础上，应尽可能避免同步操作。例如，通过在线程间使用不可变类型，可以减少对同步的需求，这一做法在 F# 等函数式编程语言中已被证实具有价值。同样，应避免对本身线程安全的操作加锁，例如，对小于本机 ( 指针大小 ) 整数的读写操作本就具有原子性，无需额外加锁。

> **设计规范**
>
> 1. DO NOT request exclusive ownership on the same two or more synchronization targets in different orders.
>    不要对相同的两个或更多同步目标请求排他所有权时采用不同的顺序。
> 2. DO ensure that code that concurrently holds multiple locks always acquires them in the same order.
>    要确保同时持有多个锁的代码总是相同顺序获得这些锁。
> 3. DO encapsulate mutable static data in public APIs with synchronization logic.
>    要在公共 API 内部封装可变的静态数据，并提供同步逻辑。
> 4. AVOID synchronization on simple reading or writing of values no bigger than a native (pointer-size) integer, as such operations are automatically atomic.
>    避免同步对不大于本机 ( 指针大小 ) 整数的值的简单读写操作，因为这种操作本来就是原子性的。

## 22.1.10　更多同步类型

除了 System.Threading.Monitor 和 System.Threading.Interlocked，还有其他几种同步技术。

### 22.1.10.1 System.Threading.Mutex

System.Threading.Mutex 代 表 一 个 " 互 斥 体 "，它 在 概 念 上 和 System.Threading.Monitor 类几乎完全一致，但不支持 Pulse() 方法，同时 lock 关键字也不使用 Mutex。我们可以命名不同的 Mutex 来支持多个进程之间的同步。可以使用 Mutex 类同步对文件或者其他跨进程资源的访问。由于 Mutex 是跨进程资源，所以从 .NET 2.0 开始，允许通过一个 System.Security.AccessControl.MutexSecurity 对象来设置访问控制。Mutex 类的一个用处是限制应用程序不能同时运行多个实例，如代码清单 22.9 所示。

**代码清单 22.9　创建单实例应用程序**

```
using System;
using System.Reflection;
using System.Threading;

public class Program
{
    public static void Main()
    {
        // 基于程序集全名来获得互斥体名称
        string mutexName =
            Assembly.GetEntryAssembly()!.FullName!;

        // firstApplicationInstance 指出这是不是
        // 应用程序的第一个实例。
        using Mutex mutex = new(false, mutexName,
            out bool firstApplicationInstance);

        if (!firstApplicationInstance)
        {
            Console.WriteLine(
                " 应用程序已经在运行了。");
        }
        else
        {
            Console.WriteLine(" 按 Enter 键关闭。");
            Console.ReadLine();
        }
    }
}
```

运行应用程序的第一个实例，会得到输出 22.4 的结果。

**输出 22.4**

```
按 Enter 键关闭。
```

保持第一个实例的运行状态，运行应用程序的第二个实例，会得到输出 22.5 那样的结果。[①]

**输出 22.5**

应用程序已经在运行了。

在这个例子中，应用程序在整个计算机上只能运行一次，即使它由不同的用户启动。要限制每个用户最多只能运行一个实例，需要在为 mutexName 赋值时添加 System.Environment.UserName( 要求 .NET Framework 或 .NET Standard 2.0) 作为后缀。

Mutex 派 生 自 System.Threading.WaitHandle， 所 以 它 包 含 WaitAll()、WaitAny() 和 SignalAndWait() 方法,可以自动获取多个锁 (这是 Monitor 类不支持的)。

### 22.1.10.2 WaitHandle

Mutex 的 基 类 是 System.Threading.WaitHandle。 后 者 是 由 Mutex、EventWaitHandle 和 Semaphore 等同步类使用的一个基础同步类。WaitHandle 的关键方法是 WaitOne()，它有多个重载版本。这些方法会阻塞当前线程，直到 WaitHandle 实 例 收 到 信 号 或 者 被 设 置 ( 调 用 Set())。WaitOne() 包 含 几 个 重 载 版 本：bool WaitOne() 会无限期等待，直到收到信号；bool WaitOne(int milliseconds) 会等待指定毫秒；bool WaitOne(TimeSpan timeout) 则会等待一个 TimeSpan。它们都返回一个 Boolean，只要 WaitHandle 在超时前收到信号，就会返回一个 true 值 (WaitOne() 有点特殊，如果当前实例一直收不到信号，那么 WaitOne() 永不返回 )。

除了 WaitHandle 实例方法，还有两个核心静态成员：WaitAll() 和 WaitAny()。和它们的实例版本相似，这两个静态成员也支持超时。此外，它们要获取一个 WaitHandle 集合 ( 以一个数组的形式 )，使它们能响应集合中任何 WaitHandle 的信号。

关于 WaitHandle 最后要注意的一点是，它包含一个 SafeWaitHandle 类型的、实现了 IDisposable 的句柄。所以，不再需要 WaitHandle 时，要注意对它们进行资源清理 ( 调用 Dispose())。[②]

### 22.1.10.3 重置事件类：ManualResetEvent 和 ManualResetEventSlim

前面说过，如果不加以控制，一个线程的指令相对于另一个线程中的指令的执行时机是不确定的。对这种不确定性进行控制的另一个办法是使用**重置事件** (reset event)。虽然名称中有事件一词，但重置事件和 C# 语言的委托以及事件没有任何关系。重置事件用于强迫代码等候另一个线程的执行，直到获得事件已发生的通知。它们尤其适合用来测

---

[①] 译注：为了完整地体验这个例子，可以在文件资源管理器中定位到可执行文件的目录，在地址栏中输入 cmd，打开命令提示符窗口，运行可执行文件。然后在地址栏中再次输入 cmd，打开另一个命令提示符窗口，再次运行可执行文件。

[②] 译注：Mutex 其实是在事件和信号量这两种"基元内核模式构造"的基础上构建的。欲知详情，请参见《深入 CLR》( 第 4 版 ) 的 29.4 节"内核模式构造"。

试多线程代码，因为有时需要先等待一个特定的状态，然后才能对结果进行验证。

重置事件类型包括 System.Threading.ManualResetEvent 和 .NET Framework 4 新增的轻量级版本 System.Threading.ManualResetEventSlim。如同稍后的"高级主题"讨论的那样，还有第三个类型，即 System.Threading.AutoResetEvent，但程序员应避免用它，尽量用前两个类型。它们提供的核心方法是 Set() 和 Wait () (ManualResetEvent 提供的称为 WaitOne())。调用 Wait() 方法，会阻塞一个线程的执行，直到一个不同的线程调用 Set()，或者直到设定的等待时间结束 ( 超时 )。代码清单 22.10 演示了具体过程，输出 22.6 展示了结果。

**代码清单 22.10  等待 ManualResetEventSlim**

```
using System;
using System.Threading;
using System.Threading.Tasks;

public class Program
{
    // ...
    static ManualResetEventSlim _MainSignaledResetEvent;
    static ManualResetEventSlim _DoWorkSignaledResetEvent;
    // ...

    public static void DoWork()
    {
        Console.WriteLine("DoWork() 已启动 ...");
        _DoWorkSignaledResetEvent.Set();
        _MainSignaledResetEvent.Wait();
        Console.WriteLine("DoWork() 正在结束 ...");
    }

    public static void Main()
    {
        using(_MainSignaledResetEvent = new ())
        using(_DoWorkSignaledResetEvent = new ())
        {
            Console.WriteLine(
                " 应用程序已启动 ....");
            Console.WriteLine(" 正在启动任务 ...");

            // .NET 4.0 要改为使用 Task.Factory.StartNew
            Task task = Task.Run(() => DoWork());

            // 阻塞，直到 DoWork() 启动
            _DoWorkSignaledResetEvent.Wait();
            Console.WriteLine(
                " 在线程执行期间等待 ...");
            _MainSignaledResetEvent.Set();
            task.Wait();
            Console.WriteLine(" 线程已结束 ");
            Console.WriteLine(
```

```
                        " 应用程序关闭 ...");
            }
        }
}
```

输出 22.6

```
应用程序已启动 ...
正在启动任务 ...
DoWork() 已启动 ...
在线程执行期间等待 ...
DoWork() 正在结束 ...
线程已结束
应用程序关闭 ...
```

代码清单 22.10 首先实例化并启动一个新的 **Task**。表 22.3 展示了执行路径，其中每一列都代表一个线程。如果代码出现在同一行，表明不确定哪一边先执行。

表 22.3　采用 **ManualResetEvent** 同步的执行路径

| Main() | DoWork() |
| --- | --- |
| ... | |
| Console.WriteLine(<br>　"应用程序已启动 ....");| |
| Task task = new Task(DoWork); | |
| Console.WriteLine(<br>　"正在启动任务 ....");| |
| task.Start(); | |
| _DoWorkSignaledResetEvent.Wait(); | Console.WriteLine(<br>　"DoWork() 已启动 ...");|
| | _DoWorkSignaledResetEvent.Set(); |
| | _MainSignaledResetEvent.Wait(); |
| Console.WriteLine(<br>　"在线程执行期间等待 ...");| |
| _MainSignaledResetEvent.Set(); | |
| task.Wait(); | Console.WriteLine(<br>　"DoWork() 正在结束 ...");|
| Console.WriteLine(<br>　"线程已结束");| |
| Console.WriteLine(<br>　"应用程序关闭 ....");| |

调用重置事件的 **Wait()** 方法（或者调用 **ManualResetEvent** 的 **WaitOne()** 方法）会阻塞当前调用线程，直到另一个线程向其发出信号，允许被阻塞的线程继续。但

除了阻塞不确定时间之外，`Wait()` 和 `WaitOne()` 还有一些重载版本，允许用一个参数 ( 毫秒或 `TimeSpan` 对象 ) 指定最长阻塞时间，从而阻塞当前线程确定的时间。如果指定了超时期限，而且在重置事件收到信号前超时，那么 `WaitOne()` 会返回 `false`。`ManualResetEvent.Wait()` 还有一个版本可以获取一个取消标记，从而允许在等待过程中取消等待，详情请参见第 19 章。

　　`ManualResetEventSlim` 和 `ManualResetEvent` 的主要区别在于，后者默认使用内核模式的同步构造，而前者进行了优化 ( 称为用户模式的同步构造 )，除非万不得已，否则会尽量避免使用内核模式的同步构造。因此，`ManualResetEventSlim` 的性能更好，虽然它可能占用更多 CPU 周期。一般情况下应选用 `ManualResetEventSlim`，除非需要等待多个事件，或者需要跨越多个进程。

　　注意，重置事件实现了 `IDisposable`，所以不需要的时候应对其进行资源清理 (dispose)。代码清单 22.10 是用一个 `using` 语句来做这件事情。`CancellationTokenSource` 包含一个 `ManualResetEvent`，这正是它也实现了 `IDisposable` 的原因。

　　在某些方面，`System.Threading.Monitor` 类的 `Wait()` 和 `Pulse()` 方法提供了与重置事件类似的功能，尽管两者在实现细节上存在差异。[1]

**高级主题：尽量用 `ManualResetEvent` 和信号量而不要用 `AutoResetEvent`**

还有第三种重置事件，即 `System.Threading.AutoResetEvent`。和 `ManualResetEvent` 相似，它允许一个线程通过调用 `Set()` 来通知另一个线程，表示它已抵达代码中的特定位置。不同之处在于，`AutoResetEvent` 只解除因一个线程的 `Wait()` 调用而造成的阻塞：在第一个线程通过自动重置门之后，它会自动恢复为锁定状态。使用自动重置事件，很容易将生产者线程的迭代次数错误地设置得比消费者线程的迭代次数多。因此，一般情况下最好使用 `Monitor` 的 `Wait()`/`Pulse()` 模式，或者使用一个信号量 ( 前提是少于 $n$ 个线程能参与一个特定的阻塞 )。

和 `AutoResetEvent` 相反，除非显式调用 `Reset()`，否则 `ManualResetEvent` 不会恢复到未收到信号之前的状态。[2]

### 22.1.10.4 Semaphore/SemaphoreSlim 和 CountdownEvent

　　`Semaphore/SemaphoreSlim` 在性能上的差异与 `ManualResetEvent/ManualResetEventSlim` 一样。`ManualResetEvent/ManualResetEventSlim` 提供了一个要么打开要么关闭的锁 ( 就像一道门 )。但和它们不同的是，信号量 (semaphore) 限制只有 $n$ 个调用在一个关键执行区域中同时通过。从本质上说，信号量保持了对资源池的一个

---

[1] 译注：`Monitor` 类和 `ManualResetEventSlim` 类都称为 "混合型线同步构造"。FCL 中还有其他许多类似的构造。它们通过一些别致的逻辑将线程保持在用户模式，从而增强应用程序的性能。有的混合构造直到首次有线程在一个构造上发生争用时，才会创建内核模式的构造。如果线程一直不在构造上发生争用，那么应用程序就可以避免因为创建对象而产生的性能损失，同时避免为对象分配内存。——摘自《深入 CLR》( 第 4 版 )。

[2] 译注：调用 `Set()` 允许线程继续 ( 收到信号 )，调用 `Reset()` 则使线程再次阻塞 ( 恢复到没有收到信号的状态 )。`AutoResetEvent` 的特点在于，它每次只 "放行" 一个线程。

计数。计数为 0 就阻止对资源池的更多访问，直到其中的一个资源返回。有了可用资源后，就可以把它拿给队列中的下一个已阻塞请求。

　　CountdownEvent 与信号量相似，只是它实现的是反向同步。不是阻止对已枯竭资源池的访问，而是只有在计数为 0 时才允许访问。例如，假定一个并行操作是下载多支股票的价格。只有在所有价格都下载完毕之后，才能执行一个特定的查找算法。这种情况下可用 CountdownEvent 对查找算法进行同步，每下载一支股票，就使计数递减 1。计数为 0 才开始搜索。

　　注意，SemaphoreSlim 和 CountdownEvent 自 .NET Framework 4 引入。.NET 4.5 为前者添加了一个 SemaphoreSlim.WaitAsync() 方法，允许在等待进入信号量时使用 TAP( 基于任务的异步模式 )。[①]

### 22.1.10.5　并发集合类

　　.NET Framework 4 还引入了一系列并发集合类。这些类专门用来包含内建的同步代码，使它们能支持多个线程同时访问而不必关心竞态条件。表 22.4 总结了这些类。

表 22.4　并发集合类

| 集合类 | 描述 |
| --- | --- |
| BlockingCollection<T> | 提供一个阻塞集合，允许在生产者 / 消费者模式中，生产者向集合写入数据，同时消费者从集合读取数据。该类提供了一个泛型集合类型，支持对添加和删除操作进行同步，而不必关心后端存储 ( 可以是队列、栈、列表等 ) |
| | BlockingCollection<T> 为实现了 IProducerConsumerCollection<T> 接口的集合提供了阻塞和界限 ( 设定集合最大容量 ) 支持 |
| ConcurrentBag<T>* | 线程安全的无序 ( 未排序 ) 集合，由 T 类型的对象构成 |
| ConcurrentDictionary<TKey, TValue> | 线程安全的字典，由键 / 值对构成的集合 |
| ConcurrentQueue<T>* | 线程安全的队列，支持 T 类型对象的先入先出 (FIFO) 语义 |
| ConcurrentStack<T>* | 线程安全的栈，支持 T 类型对象的先入后出 (FILO) 语义 |

　　* 实现了 IProducerConsumerCollection<T> 的集合类

　　利用并发集合，我们可以实现的一个常见的模式，即生产者和消费者的线程安全访问。实现了 IProducerConsumerCollection<T> 的类 ( 表 22.4 中用 * 标注 ) 是专门为了支持

---

① 译注：WaitAsync() 方法实现了"异步地同步"。线程得不到锁，可以直接返回并执行其他工作，而不必在那里傻傻地阻塞。以后当锁可用时，代码可以恢复执行并访问锁所保护的资源。

这个模式而设计的。这样一个或多个类可以将数据写入集合，而一个不同的集合将其读出并删除。数据添加和删除的顺序由实现了 `IProducerConsumerCollection<T>` 接口的单独集合类决定。

　　.NET/Dotnet Core 框架还以 NuGet 包的形式提供了一个额外的不可变 (immutable) 集合库，称为 `System.Collections.Immutable`。不可变集合的好处在于能在线程之间自由传递，不用关心死锁或居间更新的问题。由于不可修改，所以中途不会发生更新。这使集合天生就是线程安全的 ( 不需要为访问加锁 )。

## 22.1.11　线程本地存储

　　某些时候，使用同步锁可能导致令人无法接受的性能和伸缩性问题。另一些时候，围绕特定数据元素提供同步可能过于复杂，尤其是在以前写好的原始代码的基础上进行修补。

　　同步的一个替代方案是隔离，而实现隔离的一个办法就是使用**线程本地存储** (thread local storage)。利用线程本地存储，线程就有了专属的变量实例。这样就没有同步的必要了，因为对只在单线程上下文中出现的数据进行同步是没有意义的。线程本地存储的实现有两个例子，分别是 `ThreadLocal<T>` 和 `ThreadStaticAttribute`。

### 22.1.11.1　ThreadLocal<T>

　　为了使用 .NET Framework 4 和后续版本提供的线程本地存储，需要声明 `ThreadLocal<T>` 类型的一个字段 ( 在编译器生成的闭包类[①]的前提下，则是一个变量 )。这样每个线程都有字段的一个不同实例。代码清单 22.11 和输出 22.7 对此进行了演示。注意，虽然字段是静态的，但却有一个不同的实例。

**代码清单 22.11　用 ThreadLocal<T> 实现线程本地存储**

```
using System;
using System.Threading;

public class Program
{
    static ThreadLocal<double> _Count = new(() => 0.01134);
    public static double Count
    {
        get { return _Count.Value; }
        set { _Count.Value = value; }
    }

    public static void Main()
    {
        Thread thread = new(Decrement);
        thread.Start();
```

---

[①] 译注：闭包 (closure) 是由编译器生成的数据结构 ( 一个 C# 类 )，其中包含一个表达式以及对表达式进行求值所需的变量 (C# 中的公共字段 )。变量允许在不改变表达式签名的前提下，将数据从表达式的一次调用传递到下一次调用。

```
    // 递增
    for(double i = 0; i < short.MaxValue; i++)
    {
        Count++;
    }
    thread.Join();
    Console.WriteLine("Main 中的 Count = {0}", Count);
}

// 递减
public static void Decrement()
{
    Count = -Count;
    for(double i = 0; i < short.MaxValue; i++)
    {
        Count--;
    }
    Console.WriteLine(
        "Decrement 中的 Count = {0}", Count);
}
}
```

输出 22.7

```
Decrement 中的 Count = -32767.01134
Main 中的 Count = 32767.01134
```

如输出 22.7 所示，在执行 Main() 的线程中，Count 的值是永远不会被执行 Decrement() 的线程递减的。对于 Main() 的线程，初值是 0.01134，终值是 32767.01134。Decrement() 具有类似的值，只是它们是负的。由于 Count 基于的是 ThreadLocal<T> 类型的静态字段，所以运行 Main() 的线程和运行 Decrement() 的线程在 _Count.Value 中存储有独立的值。

### 22.1.11.2 用 ThreadStaticAttribute 实现线程本地存储

为了指定静态变量每线程一个实例，还可以用 ThreadStaticAttribute 特性来修饰静态字段（如代码清单 22.12 和输出 22.8 所示）。虽然和 ThreadLocal<T> 相比，这个技术有一些小缺点，但它的优点在于 .NET Framework 4 之前的版本也支持。另外，由于 ThreadLocal<T> 基于 ThreadStaticAttribute，所以如果涉及大量重复的、小的迭代处理，后者消耗的内存会少一些，性能也会好一些。

代码清单 22.12　用 ThreadStaticAttribute 实现线程本地存储

```
using System;
using System.Threading;

public class Program
{
    [ThreadStatic]
    static double _Count = 0.01134;
```

```csharp
public static double Count
{
    get { return Program._Count; }
    set { Program._Count = value; }
}

public static void Main()
{
    Thread thread = new(Decrement);
    thread.Start();

    // 递增
    for(int i = 0; i < short.MaxValue; i++)
    {
        Count++;
    }

    thread.Join();
    Console.WriteLine("Main 中的 Count = {0}", Count);
}

// 递减
public static void Decrement()
{
    for(int i = 0; i < short.MaxValue; i++)
    {
        Count--;
    }
    Console.WriteLine("Decrement 中的 Count = {0}", Count);
}
}
```

输出 22.8

```
Decrement 中的 Count = -32767
Main 中的 Count = 32767.01134
```

　　和代码清单 22.11 一样，执行 Main() 的线程中的 Count 值永远不会被执行 Decrement() 的线程递减。对于 Main() 线程，初值是 0.01134，终值是 32767.01134。用 ThreadStaticAttribute 修饰后，每个线程的 Count 值都是那个线程专属的，不可跨线程访问。

　　但要注意的是，和代码清单 22.11 不同，"Decrement 中的 Count"所显示的终值无小数位，意味着它永远没有被初始化为 0.01134。虽然 _Count 在声明时赋了值（本例是 static double _Count = 0.01134)，但只有和"正在运行静态构造函数的线程"关联的线程静态实例（本例就是线程本地存储变量 _Count)才会被初始化。在代码清单 22.12 中，只有正在执行 Main() 的那个线程中，才有一个线程本地存储变量被初始化为 0.01134。由 Decrement() 递减的 _Count 总是被初始化为 0( 即 default(double)，因为 _Count 是一个 double)。类似地，如果构造函数初始化一个线程本地存储字段，只有调用那个线程的构造函数才会初始化线程本地存储实例。因此，好的编程实践是在每个线程最初调用的方法中对线程本地存储字段进行初始化。但这样做并非总是合理，尤其是在涉及 async 的时候。在这种情况下，计算的不同部分可能在不同线程上运行，每一部分都有不同的线程本地存储值。

决定是否使用线程本地存储时，需要进行一番性价比分析。例如，可以考虑为一个数据库连接使用线程本地存储。取决于数据库管理系统，数据库连接可能相当昂贵，为每个线程都创建连接不太现实。另一方面，如果锁定一个连接来同步所有数据库调用，会造成可伸缩性的急剧下降。每个模式都有利与弊，具体实现应具体分析。

使用线程本地存储的另一个原因是将经常需要的上下文信息提供给其他方法使用，同时不显式地通过参数来传递数据。例如，假如调用栈中的多个方法都需要用户安全信息，就可使用线程本地存储字段而不是参数来传递数据。这样使 API 更简洁，同时仍能以线程安全的方式将信息传给方法。不过，这就要求你保证总是设置线程本地数据。这一点对 Task 或其他线程池线程尤其重要，因为基础线程是重用的。

## 22.2 计时器

有时需要将代码执行推后一段时间，或者注册在指定时间后发出通知。例如，可能要以固定周期刷新屏幕，而不是每当数据有变化就刷新。实现计时器[①]的一个方式是利用 C# 5.0 引入的 async/await 模式和 .NET 4.5 引入的 Task.Delay() 方法。如第 20 章所述，TAP 的一个关键功能就是 async 调用之后执行的代码会在支持的线程上下文中继续，从而避免 UI 跨线程问题。代码清单 22.13 是使用 Task.Delay() 方法的一个例子。

代码清单 22.13   Task.Delay() 作为计时器使用

```
using System;
using System.Threading.Tasks;

public class Pomodoro
{
    // ...

    private static async Task TickAsync(
        System.Threading.CancellationToken token)
    {
        for(int minute = 0; minute < 25; minute++)
        {
            DisplayMinuteTicker(minute);
            for(int second = 0; second < 60; second++)
            {
                await Task.Delay(1000, token);
                if(token.IsCancellationRequested)
                    break;
                DisplaySecondTicker();
```

--------

① 译注：Timer 在文档中确实翻译为"计时器"，而不是"定时器"。

```
        }
        if(token.IsCancellationRequested)
            break;
    }
  }
  // ...
}
```

对 `Task.Delay(1000)` 的调用会设置一个倒计时器，1 秒后触发并执行之后的延续代码。

从 C# 5.0 开始，TAP 专门使用同步上下文解决了 UI 跨线程问题。在此之前，则必须使用 UI 线程安全 ( 或者可以配置成这样 ) 的特殊计时器类。`System.Windows.Forms.Timer`、`System.Windows.Threading.DispatcherTimer` 和 `System.Timers.Timer`( 要专门配置 ) 都是 UI 线程友好的。其他计时器 ( 比如 `System.Threading.Timer`) 则为性能而优化。

**高级主题：使用 `STAThreadAttribute` 控制 COM 线程模型**

使用 COM，4 个不同的单元线程处理模型 (apartment-threading model) 决定了与 COM 对象之间的调用有关的线程处理规则。幸好，只要程序没有调用 COM 组件，这些规则以及随之而来的复杂性就从 .NET 中消失了。处理 COM Interop(COM 互操作 ) 的常规方式是将所有 .NET 组件都放到一个主要的、单线程单元中，具体做法就是用 `System.STAThreadAttribute` 修饰进程的 `Main` 方法。这样在调用大多数 COM 组件的时候，就不必跨越单元的边界。此外，除非执行 COM Interop 调用，否则不会发生单元的初始化。这种方式的缺点在于，其他所有线程 ( 包括 `Task` 的那些 ) 都默认使用一个多线程单元 (Multithreaded Apartment，MTA)。因此，从除了主线程之外的其他线程调用 COM 组件时，一定要非常小心。

COM Interop 不一定由开发者显式执行。微软在实现 .NET Framework 中的许多组件时，采取的做法是创建一个运行时可调用包装器 (Runtime Callable Wrapper，RCW)，而不是用托管代码重写所有 COM 功能。因此，经常都会不知不觉发出 COM 调用。为了保这些调用始终都是从单线程的单元中发出，最好的办法就是使用 `System.STAThreadAttribute` 来修饰所有 Windows Forms 可执行文件的 `Main` 方法。

## 22.3 小结

本章首先探讨了各种同步机制，以及如何利用各种类来避免出现竞态条件。我们讨论了 `lock` 关键字，它在幕后利用了 `System.Threading.Monitor`。其他同步类还有 `System.Threading.Interlocked`、`System.Threading.Mutex`、`System.Threading.WaitHandle`、重置事件、信号量和并发集合类。

虽然多线程编程方式一直在改进，多线程程序的同步仍然很容易出问题。为此需要遵守许多最佳编程实践，其中包括坚持按相同顺序获取同步目标，以及用同步逻辑来包装静态成员。

本章最后讨论了 `Task.Delay()` 方法，这个 API 自 .NET 4.5 引入，它在 TAP 的基础上实现了计时器。

下一章将探讨另一项复杂的 .NET 技术：使用 P/Invoke 将调用从 .NET 封送 (marshalling) 到非托管代码中。还讨论了"不安全代码"；将利用这一概念直接访问内存指针，如同在非托管代码 ( 比如 C++ 语言 ) 中所做的那样。

# 第 **23** 章

# 平台互操作性和不安全代码

    C# 语言不仅功能强大，而且还很安全 ( 基础框架是完全托管的 )。但在某些任务上，它有时仍然显得"力不从心"，造成我们只能放弃所有安全性，退回到内存地址和指针的世界。C# 语言主要通过两种方式提供这方面的支持。第一种是使用平台调用 (Platform Invoke，P/Invoke) 来调用非托管 DLL 所公开的 API。第二种是使用不安全代码，它允许访问内存指针和地址。

    本章主要讨论与非托管代码的互操作性以及不安全代码的使用。最后演示如何用一个小程序判断计算机的处理器 ID。代码执行以下操作：

    1. 调用一个操作系统 DLL，请求分配一部分内存来执行指令；

    2. 将一些汇编指令写入已分配的内存区域；

    3. 将一个地址位置注入汇编指令；

    4. 执行汇编程序代码。

    这个例子实际运用了本章介绍的 P/Invoke 和不安全代码，展示了 C# 的强大功能，并证明了可从托管代码中访问非托管代码。本章配合《Windows 核心编程》(第 5 版 ) 阅读的话，有奇效。

## 23.1　平台调用

无论开发人员是想调用现有的非托管代码库，想访问操作系统未经任何托管 API 公开的非托管代码，还是想避免类型检查 / 垃圾回收的运行时开销来发挥特定算法的最大性能，终究都需要调用非托管代码。CLI 通过 P/Invoke( 平台调用 ) 提供了这一能力，它允许对非托管 DLL 所导出的函数执行 API 调用。

本节调用的是 Windows API。虽然在其他平台上没有这些 API，但完全可以为其他平台上的原生 API 使用 P/Invoke，或者用 P/Invoke 调用自己的 DLL 中的函数。无论在什么平台上，规范和语法都是一样的。

### 23.1.1　声明外部函数

确定了要调用的目标函数以后，P/Invoke 的下一步便是用托管代码声明函数。和类的所有普通方法一样，必须在类的上下文中声明目标 API，但要添加 **extern** 修饰符，从而把它声明为外部函数。代码清单 23.1 演示了具体做法。

代码清单 23.1　声明外部方法

```
using System;
using System.Runtime.InteropServices;
public class VirtualMemoryManager
{
    [DllImport("kernel32.dll", EntryPoint = "GetCurrentProcess")]
    internal static extern IntPtr GetCurrentProcessHandle();
}
```

本例的类是 **VirtualMemoryManager**，它将包含与内存管理相关的函数 ( 函数直接由 **System.Diagnostics.Processor** 类提供，所以真正写这个程序时没必要声明 )。注意，方法返回的是一个 **IntPtr**；该类型将在下一节解释。

**extern** 方法永远没有主体，而且几乎总是静态方法。具体实现由对方法声明进行修饰的 **DllImport** 特性指定。最起码要为该特性提供定义了函数的那个 DLL 的名称。"运行时"根据方法名判断函数名。但也可以使用 **EntryPoint** 具名参数明确提供一个函数名来覆盖此默认行为。.NET 平台会自动尝试调用 API 的 Unicode(**...W**) 或 ASCII(**...A**) 版本。

本例的外部函数 **GetCurrentProcess()** 获取当前进程的一个"伪句柄"(pseudo handle)。在调用中会使用该伪句柄进行虚拟内存分配。以下是非托管声明：

```
HANDLE GetCurrentProcess();
```

### 23.1.2　参数的数据类型

确定目标 DLL 和导出的函数后，最困难的一步是标识或创建与外部函数中的非托管数据类型对应的托管数据类型 [1]。代码清单 23.1 展示了一个较难的 API。

代码清单 23.2　VirtualAllocEx() API

```
LPVOID VirtualAllocEx(
    HANDLE hProcess,        // 进程句柄。函数在该进程
                            // 的虚拟地址空间内分配内存。
    LPVOID lpAddress,       // 指定想要开始分配页面区域
                            // 的地址的指针。如果 lpAddress 为 NULL,
                            // 函数会判断在哪里分配区域。
    SIZE_T dwSize,          // 要分配的内存区域大小,
                            // 以字节为单位。如果 lpAddress
                            // 为 NULL,函数会将 dwSize
                            // 上调到下一个页面边界。
    DWORD flAllocationType, // 内存分配的类型 (例如,是否保留进程的虚拟地址空间范围 )
    DWORD flProtect);       // 内存的保护属性 (例如,页面是否可以读取、写入或执行 )
```

VirtualAllocEx() 分配操作系统特别为代码执行或数据指定的虚拟内存。要调用它,托管代码需要为每种数据类型提供相应的定义——虽然在 Win32 编程中,HANDLE、LPVOID、SIZE_T 和 DWORD 在 CLI 托管代码中通常是未定义的。代码清单 23.3 展示了 VirtualAllocEx() 的 C# 声明。

代码清单 23.3　在 C# 中声明 VirtualAllocEx() API

```csharp
using System;
using System.Runtime.InteropServices;

public class VirtualMemoryManager
{
    [DllImport("kernel32.dll")]
    internal static extern IntPtr GetCurrentProcess();

    [DllImport("kernel32.dll", SetLastError = true)]
    private static extern IntPtr VirtualAllocEx(
        IntPtr hProcess,
        IntPtr lpAddress,
        IntPtr dwSize,
        AllocationType flAllocationType,
        uint flProtect);
}
```

托管代码最引人注目的一个特征是,像 int 这样的基元数据类型不会随处理器改变大小。无论 16 位、32 位还是 64 位处理器, int 始终 32 位。但是,在非托管代码中,内存指针会随处理器而变化。因此,不要将 HANDLE 和 LPVOID 等类型映射为 int,而应把它们映射为 System.IntPtr,其大小将随处理器内存布局而变化。本例还使用了一个 AllocationType 枚举类型,详情参见本章后面的 "用包装器简化 API 调用" 小节。

[1] 有关 Win32 API 声明的一个非常有用的网上资源是 *https://github.com/microsoft/CsWin32*,它为众多 API 提供了一个很好的起点。从头开始写一个外部 API 调用的时候,可以通过它来避免一些容易被人忽视的问题。

代码清单 23.3 一个有趣的地方在于，`IntPtr` 不仅能存储指针，还能存储其他东西，比如数量。`IntPtr` 并非只能表示"作为整数存储的指针"，它还能表示"指针大小的整数"。`IntPtr` 并非只能包含指针，包含指针大小的内容即可。许多东西只有指针大小，但不一定是指针。

### 23.1.3 本机大小的整数

C# 9.0 引入了新的上下文关键字 `nint` 和 `nunit`，代表本机大小的整数。两者都是有符号整数，依据运行的进程，它们可以是 32 位或 64 位。在内部，`nint` 和 `nuint` 通过 `System.IntPtr` 和 `System.UIntPtr` 来实现。在 C# 11 中，它们更是被更新为各自所代表的类型的别名。

### 23.1.4 使用 ref 而不是指针

许多时候，非托管代码会为传引用 (pass-by-reference) 参数使用指针。在这种情况下，P/Invoke 不要求在托管代码中将数据类型映射为指针。相反，应将对应参数映射为 `ref` 或 `out`，具体取决于参数是用于输入 / 输出，还是仅用于输出。代码清单 23.4 的 `lpflOldProtect` 参数便是一例，其数据类型是 `PDWORD`，返回指针，指针指向一个变量，变量接收"指定页面区域第一页的上一个访问保护"[1]。

代码清单 23.4　使用 ref 和 out 而不是指针

```
public class VirtualMemoryManager
{
    // ...
    [DllImport("kernel32.dll", SetLastError = true)]
    static extern bool VirtualProtectEx(
        IntPtr hProcess, IntPtr lpAddress,
        IntPtr dwSize, uint flNewProtect,
        ref uint lpflOldProtect);
}
```

在文档中，`lpflOldProtect` 被定义为 [out] 参数 ( 虽然签名没有强制要求 )，但在随后的描述中，又指出该参数必须指向一个有效的变量，而不能是 NULL。[2] 文档出现这种自相矛盾的说法，难免令人迷惑，但这个情况很常见。针对这种情况，我们的指导原则是为 P/Invoke 类型参数使用 `ref` 而不是 `out`，因为被调用者总是能忽略随同 `ref` 传递的数据，反之则不然。

其他参数和 `VirtualAllocEx()` 差不多，唯一例外的是 `lpAddress`，它是从 `VirtualAllocEx()` 返回的地址。除此之外，`flNewProtect` 指定了确切的内存保护类型：`PAGE_EXECUTE` 和 `PAGE_READONLY` 等。

---

① 文档如此。
② 译注：文档的地址是 *http://tinyurl.com/5n8af4ew*。

## 23.1.5　为顺序布局使用 StructLayoutAttribute

有一些 API 涉及的类型无对应的托管类型。调用这些 API 需要用托管代码重新声明类型。例如，可用托管代码来声明非托管 COLORREF 结构，如代码清单 23.5 所示。

代码清单 23.5　从非托管的 struct 中声明类型

```
[StructLayout(LayoutKind.Sequential)]
struct ColorRef
{
    public byte Red;
    public byte Green;
    public byte Blue;
    // 关闭 " 声明了 Unused 但从未访问过 " 警告
    #pragma warning disable 414
    private byte Unused;
    #pragma warning restore 414

    public ColorRef(byte red, byte green, byte blue)
    {
        Blue = blue;
        Green = green;
        Red = red;
        Unused = 0;
    }
}
```

Windows 所有与颜色相关的 API 都用 COLORREF 来表示 RGB 颜色 ( 红、绿、蓝 )。

以上声明的关键在于 StructLayoutAttribute 特性。默认情况下，托管代码可以优化类型的内存布局，所以内存布局可能不是从一个字段到另一个字段顺序存储。要强制顺序布局，使类型能直接映射，而且有在托管和非托管代码之间逐位拷贝，你需要添加 StructLayoutAttribute 并指定 LayoutKind.Sequential 枚举值。从文件流读写数据时，例如要求一个顺序布局，也要这样修饰。

由于 struct 的非托管 (C++) 定义没有映射到 C# 定义，所以在非托管结构和托管结构之间不存在直接映射关系。开发人员应遵循常规的 C# 设计规范来构思，即类型在行为上是像值类型还是像引用类型，以及大小是否很小 ( 小于 16 字节才适合设计成结构 )。

## 23.1.6　内联数组

我们经常需要将结构类型声明为缓冲区。从 C# 12.0 开始，可以修饰结构，把它作为固定大小的数组使用。内联数组可以隐式转换为 Span<T> 或 ReadOnlySpan<T>，这提供了一种与内联数组交互的简便方式。还可以直接使用熟悉的索引器语法来访问内联数组中的元素，其中包括通过范围和索引来读写元素。要创建内联数组，请声明一个带有单个字段的结构，并用 System.Runtime.CompilerServices. InlineArrayAttribute 特性进行修饰，在特性中指定内联数组的大小。

### 23.1.7 跳过局部变量的初始化

自 C# 1.0 以来，局部变量一直被初始化为零值。然而，在某些需要追求高性能的场景中，这些被初始化为零的值随后会被覆盖。C# 9.0 引入了一个新的 `SkipLocalsInitAttribute`。这个特性会导致编译器不输出 `localsinit` CIL 标志。结果是局部变量可能不会被初始化为零值。不建议访问未初始化的数据，因为其行为是未定义的。

### 23.1.8 错误处理

Win32 API 编程的一个不便之处在于，错误经常以不一致的方式来报告。例如，有的 API 返回一个值（`0`、`1`、`false` 等）来指示错误，有的 API 则以某种方式来设置一个 `out` 参数。除此之外，了解错误细节还需额外调用 `GetLastError()` API，再调用 `FormatMessage()` 来获取对应的错误消息。总之，非托管代码中的 Win32 错误报告很少通过异常来生成。

幸好，P/Invoke 设计者专门提供了处理机制。为此，请将 `DllImport` 特性的 `SetLastError` 具名参数设为 `true`。这样就可以实例化一个 `System.ComponentModel.Win32Exception()`。在 P/Invoke 调用之后，会自动用 Win32 错误数据来初始化它，如代码清单 23.6 所示。

**代码清单 23.6　Win32 错误处理**

```
public class VirtualMemoryManager
{
    [DllImport("kernel32.dll", SetLastError = true)]
    private static extern IntPtr VirtualAllocEx(
        IntPtr hProcess,
        IntPtr lpAddress,
        IntPtr dwSize,
        AllocationType flAllocationType,
        uint flProtect);

    // ...
    [DllImport("kernel32.dll", SetLastError = true)]
    static extern bool VirtualProtectEx(
        IntPtr hProcess, IntPtr lpAddress,
        IntPtr dwSize, uint flNewProtect,
        ref uint lpflOldProtect);

    [Flags]
    internal enum AllocationType : uint
    {
        // ...
    }

    [Flags]
    private enum ProtectionOptions
    {
```

```
    // ...
    }

    [Flags]
    internal enum MemoryFreeType
    {
        // ...
    }

    public static IntPtr AllocExecutionBlock(
        int size, IntPtr hProcess)
    {
        IntPtr codeBytesPtr;
        codeBytesPtr = VirtualAllocEx(
            hProcess, IntPtr.Zero,
            (IntPtr)size,
            AllocationType.Reserve | AllocationType.Commit,
            (uint)ProtectionOptions.PageExecuteReadWrite);

        if (codeBytesPtr == IntPtr.Zero)
        {
            throw new System.ComponentModel.Win32Exception();
        }

        uint lpflOldProtect = 0;
        if (!VirtualProtectEx(
            hProcess, codeBytesPtr,
            (IntPtr)size,
            (uint)ProtectionOptions.PageExecuteReadWrite,
            ref lpflOldProtect))
        {
            throw new System.ComponentModel.Win32Exception();
        }
        return codeBytesPtr;
    }

    public static IntPtr AllocExecutionBlock(int size)
    {
        return AllocExecutionBlock(
            size, GetCurrentProcessHandle());
    }

    // ...
}
```

这样一来，开发人员就可以提供每个 API 所用的自定义错误检查，同时仍然可以通过标准方式报告错误。

代码清单 23.1 和代码清单 23.3 将 P/Invoke 方法声明为 internal 或 private。除非是一些最简单的 API，否则通常应将方法封装到公共包装器中，从而降低 P/Invoke API 调用的复杂性。这样能增强 API 的可用性，同时更有利于转向面向对象的类型结构。代码清单 23.6 的 AllocExecutionBlock() 声明就是一个很好的例子。

> **■ 设计规范**
>
> DO create public managed wrappers around unmanaged methods that use the conventions of managed code, such as structured exception handling.
>
> 如果非托管方法使用了托管代码的约定，比如结构化异常处理，那么要围绕非托管方法创建公共托管包装器。

## 23.1.9　使用 SafeHandle

P/Invoke 经常涉及用完需要清理的资源（如句柄）。但进，不要强迫开发人员记住这一点并每次都手动写代码。相反，应提供实现了 **IDisposable** 接口和终结器的类。例如在代码清单 23.7 中，**VirtualAllocEx()** 和 **VirtualProtectEx()** 会返回一个地址，该资源后续需要调用 **VirtualFreeEx()** 进行清理。为了提供内建的支持，可以定义一个从 **System.Runtime.InteropServices.SafeHandle** 派生的 **VirtualMemoryPtr** 类。

**代码清单 23.7　使用了 SafeHandle 的托管资源**

```csharp
public class VirtualMemoryPtr :
  System.Runtime.InteropServices.SafeHandle
{
    public VirtualMemoryPtr(int memorySize) :
        base(IntPtr.Zero, true)
    {
        _ProcessHandle =
            VirtualMemoryManager.GetCurrentProcessHandle();
        _MemorySize = (IntPtr)memorySize;
        _AllocatedPointer =
            VirtualMemoryManager.AllocExecutionBlock(
            memorySize, _ProcessHandle);
        _Disposed = false;
    }

    public readonly IntPtr _AllocatedPointer;
    private readonly IntPtr _ProcessHandle;
    private readonly IntPtr _MemorySize;
    private bool _Disposed;

    public static implicit operator IntPtr(
        VirtualMemoryPtr virtualMemoryPointer)
    {
        return virtualMemoryPointer._AllocatedPointer;
    }

    // SafeHandle 的抽象成员
    public override bool IsInvalid
    {
        get
        {
            return _Disposed;
        }
    }
}
```

```
    // SafeHandle 的抽象成员
    protected override bool ReleaseHandle()
    {
        if (!_Disposed)
        {
            _Disposed = true;
            GC.SuppressFinalize(this);
            VirtualMemoryManager.VirtualFreeEx(_ProcessHandle,
                _AllocatedPointer, _MemorySize);
        }
        return true;
    }
}
```

System.Runtime.InteropServices.SafeHandle 包 含 抽 象 成 员 IsInvalid 和 ReleaseHandle()。可在后者中放入资源清理代码；前者指出是否已执行了资源清理代码。

有了 VirtualMemoryPtr 之后，内存的分配就变得很简单。实例化类型，指定所需的内存分配即可。

## 23.1.10 调用外部函数

声明好的 P/Invoke 函数可以像调用其他任何类成员一样调用。注意，导入的 DLL 必须在路径中（编辑 PATH 环境变量，或者放在与应用程序相同的目录中）才能成功加载。代码清单 23.6 和代码清单 23.7 已对此进行了演示。不过，它们要依赖于某些常量。

由于 flAllocationType 和 flProtect 是标志 (flag)，所以最好的做法是为它们提供常量或枚举。但是，不要期待由调用者定义这些东西。相反，应将它们作为 API 声明的一部分来提供。如代码清单 23.8 所示。

**代码清单 23.8　将 API 封装到一起**

```
public class VirtualMemoryManager
{
    // ...

    /// <summary>
    /// 内存分配的类型。此参数必须包含以下值之一。
    /// </summary>
    [Flags]
    private enum AllocationType : uint
    {
        /// <summary>
        /// 在内存中或磁盘上的分页文件中，为指定的预留内存页
        /// 分配物理存储。该值会使系统将内存初始化为零。
        /// </summary>
        Commit = 0x1000,
        /// <summary>
        /// 保留进程虚拟地址空间的范围，但不在内存或磁盘上的
        /// 分页文件中分配任何实际的物理存储。
        /// </summary>
        Reserve = 0x2000,
        /// <summary>
```

```csharp
        /// 表示不再对 lpAddress 和 dwSize 指定的内存范围中
        /// 的数据感兴趣。页面不应该从分页读取，或者写入
        /// 分页文件。然而，内存块稍后会再次使用，所以不
        /// 应该取消提交。该值在使用时不能与其他值组合。
        /// </summary>
        Reset = 0x80000,
        /// <summary>
        /// 分配具有读写访问权限的物理内存。该值只能用于
        /// Address Windowing Extensions (AWE) 内存。
        /// </summary>
        Physical = 0x400000,
        /// <summary>
        /// 在最高可能的地址分配内存
        /// </summary>
        TopDown = 0x100000,
    }


    /// <summary>
    /// 要分配的页面区域的内存保护选项
    /// </summary>
    [Flags]
    private enum ProtectionOptions : uint
    {
        /// <summary>
        /// 启用对已提交页面区域的执行访问，
        /// 尝试读取或写入已提交区域将导致访问违规。
        /// </summary>
        Execute = 0x10,
        /// <summary>
        /// 启用对已提交页面区域的执行和读取访问，
        /// 尝试写入已提交区域将导致访问违规。
        /// </summary>
        PageExecuteRead = 0x20,
        /// <summary>
        /// 启用对已提交页面区域的执行、读取和写入访问
        /// </summary>
        PageExecuteReadWrite = 0x40,
        // ...
    }


    /// <summary>
    /// 指定释放操作的类型
    /// </summary>
    [Flags]
    private enum MemoryFreeType : uint
    {
        /// <summary>
        /// 取消提交指定的已提交页面区域。操作完成后，
        /// 这些页面处于保留 (reserved) 状态。
        /// </summary>
        Decommit = 0x4000,
        /// <summary>
        /// 释放指定的页面区域。操作完成后，这些页面处于空闲 (free) 状态。
        /// </summary>
        Release = 0x8000
    }
```

```
    // ...
}
```

枚举的好处在于将所有值组合到一起。另外，还严格限制了值的范围，仅限于枚举中定义的这些值。

## 23.1.11 用包装器简化 API 调用

无论错误处理、结构还是常量值，优秀的 API 开发人员都应该提供一个简化的托管 API 将底层 Win32 API 包装起来。例如，代码清单 23.19 利用简化了调用的 public 版本重载了 VirtualFreeEx()。

**代码清单 23.9　包装底层 API**

```
public class VirtualMemoryManager
{
    // ...

    [DllImport("kernel32.dll", SetLastError = true)]
    static extern bool VirtualFreeEx(
        IntPtr hProcess, IntPtr lpAddress,
        IntPtr dwSize, IntPtr dwFreeType);
    public static bool VirtualFreeEx(
        IntPtr hProcess, IntPtr lpAddress,
        IntPtr dwSize)
    {
        bool result = VirtualFreeEx(
            hProcess, lpAddress, dwSize,
            (IntPtr)MemoryFreeType.Decommit);
        if (!result)
        {
            throw new System.ComponentModel.Win32Exception();
        }
        return result;
    }
    public static bool VirtualFreeEx(
        IntPtr lpAddress, IntPtr dwSize)
    {
        return VirtualFreeEx(
            GetCurrentProcessHandle(), lpAddress, dwSize);
    }

    [DllImport("kernel32", SetLastError = true)]
    static extern IntPtr VirtualAllocEx(
        IntPtr hProcess,
        IntPtr lpAddress,
        IntPtr dwSize,
        AllocationType flAllocationType,
        uint flProtect);

    // ...
}
```

### 23.1.12 函数指针映射到委托

P/Invoke 的最后一个要点在于，非托管代码中的*函数指针*映射到托管代码中的委托。例如，为了设置计时器，需要提供一个到期后能由计时器回调的函数指针。具体地说，需传递一个与回调签名匹配的委托实例。

C# 11 引入了一个额外的构造用于存储指向函数的指针。相较于使用委托来调用方法，这些函数指针可以提供更好的性能。但它们只能在不安全代码中使用，这部分内容将在本章后面更详细地介绍。

### 23.1.13 设计规范

鉴于 P/Invoke 的独特性，你在写这种代码时应该牢记以下设计规范。

> **■ 设计规范**
>
> 1. DO NOT unnecessarily replicate existing managed classes that already perform the function of the unmanaged API.
>    不要无谓地重复现有的、已经能执行非托管 API 功能的托管类。
>
> 2. DO declare `extern` methods as `private` or `internal`.
>    要将 `extern` 方法声明为 `private` 或 `internal`。
>
> 3. DO provide public wrapper methods that use managed conventions such as structured exception handling, use of enums for special values, and so on.
>    要提供使用了托管约定的公共包装器方法，包括结构化异常处理、为特殊值使用枚举等。
>
> 4. DO simplify the wrapper methods by choosing default values for unnecessary parameters.
>    要为非必须的参数选择默认值来简化包装器方法。
>
> 5. DO use the `SetLastError` field of `DllImport` attribute on Windows to turn APIs that use `SetLastError` error codes into methods that throw `Win32Exception`.
>    要在 Windows 上使用 `DllImport` 特性的 `SetLastError` 字段，将使用 `SetLastError` 错误码的 API 转换成抛出 `Win32Exception` 的方法。
>
> 6. DO extend `SafeHandle` or implement `IDisposable` and create a finalizer to ensure that unmanaged resources can be cleaned up effectively.
>    要扩展 `SafeHandle` 或实现 `IDisposable` 并创建终结器来确保非托管资源被高效清理。
>
> 7. DO use delegate types that match the signature of the desired method when an unmanaged API requires a function pointer.
>    要在非托管 API 需要函数指针的时候使用和所需方法的签名匹配的委托类型。
>
> 8. DO use `ref` parameters rather than pointer types when possible.
>    要尽量使用 `ref` 参数而不是指针类型。

## 23.2　指针和地址

有的时候，开发人员想要用指针来直接访问和操纵内存。这对特定的操作系统交互和某些时间关键 (time-critical) 的算法来说是必要的。C# 语言通过"不安全代码"构造提供这方面的支持。

### 23.2.1　不安全代码

C# 语言的一个突出优势在于它是强类型的，而且支持运行时类型检查。但是，我们可以绕过这个机制，直接操纵内存和地址。例如，在操纵内存映射设备或实现时间关键算法的时候，就必须这样做。为此，只需将代码区域指定为 unsafe( 不安全 )。

不安全代码是一个显式的代码块和编译选项，如代码清单 23.10 所示。unsafe 修饰符对生成的 CIL 代码本身没有影响。它只是一个预编译指令，作用是向编译器指出允许在不安全代码块内操纵指针和地址。另外，不安全并不意味着非托管。

代码清单 23.10　声明方法来使用不安全代码

```
public class Program
{
    static unsafe int Main(string[] args)
    {
        // ...
    }
}
```

除了用 unsafe 修饰类型或者类型内部的特定成员，还可以用 unsafe 标记代码块，指出其中允许不安全代码，如代码清单 23.11 所示。

代码清单 23.11　不安全代码块

```
public class Program
{
    static int Main(string[] args)
    {
        unsafe
        {
            // ...
        }
    }
}
```

unsafe 块中的代码可以包含指针之类的不安全构造。

注意

必须向编译器显式指明要支持不安全代码。

不安全代码可能造成缓冲区溢出并暴露其他安全漏洞，所以需要显式告诉编译器允许不安全代码。为此，可以在 CSPROJ 文件中将 AllowUnsafeBlocks 设为 true，如代码清单 23.12 所示。还可以在执行 dotnet build 命令时，通过命令行传递属性，如输出 20.1 所示。如果直接调用 C# 编译器 (csc.exe)，就可以使用 /unsafe 开关，如输出 23.2 所示。

代码清单 23.12　设置 AllowUnsafeBlocks

```
<Project Sdk = "Microsoft.NET.Sdk" >
  <PropertyGroup>
    <OutputType>Exe</OutputType>
    <TargetFramework>netcoreapp1.0</TargetFramework>
    <ProductName>Chapter20</ProductName>
    <WarningLevel>2</WarningLevel>
    <AllowUnsafeBlocks>True</AllowUnsafeBlocks>
  </PropertyGroup>
  <Import Project = "..\Versioning.targets"/>
  <ItemGroup>
    <ProjectReference Include="..\SharedCode\SharedCode.csproj"/>
  </ItemGroup>
</Project>
```

输出 23.1

```
dotnet build /property:AllowUnsafeBlocks=True
```

输出 23.2

```
csc.exe /unsafe Program.cs
```

此外，还可以在 Visual Studio 中打开项目属性页，勾选“生成”标签页中的“允许使用 unsafe 关键字编译的代码”。

允许“不安全代码”后，就可以直接操纵内存并执行非托管指令。由于这可能带来安全隐患，所以必须显式允许，以承诺自己了解随之而来的风险。有句话叫“能力越大，责任越大。”所以，你懂的……

## 23.2.2　指针声明

代码块标记为 unsafe 之后，接着要知道如何写不安全代码。首先，不安全代码允许声明指针，如下例所示：

```
byte* pData;
```

假设 pData 不为 null，那么它的值指向包含一个或多个连续字节的内存位置；pData 的值代表这些字节的内存地址。符号 * 之前指定的类型是被引用物 (referent) 的类型，或者说是指针指向的那个位置存储的值的类型。在本例中，pData 是指针，而 byte 是被引用物的类型，如图 23.1 所示。

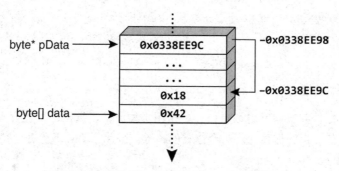

图 23.1　指针包含的是实际数据所在的地址

由于指针是指向内存地址的整数，所以不会被垃圾回收。C# 语言不允许非托管类型以外的被引用物类型。换言之，* 之前不能是引用类型，不能是泛型类型，而且内部不能包含引用类型。所以，以下声明是无效的：

```
string* pMessage
```

以下声明也不正确：

```
ServiceStatus* pStatus
```

其中，**ServiceStatus** 虽然是一个结构 ( 定义如代码清单 23.13 所示 )，但问题在于它包含了一个 **string** 字段。

**代码清单 23.13　无效的被引用物类型示例**

```
struct ServiceStatus
{
    int State;
    string Description;   // string 是引用类型
}
```

除了只包含非托管类型的自定义结构，其他有效的被引用物类型还包括枚举、预定义值类型 (sbyte、byte、short、ushort、int、uint、long、ulong、char、float、double、decimal 和 bool) 以及指针类型 ( 比如 byte**)。void* 指针也有效，它代表指向未知类型的指针。

**语言对比：C/C++ 的指针声明**

C/C++ 要求像下面这样一次声明多个指针：

**int** p1, *p2;

注意 p2 之前的 *，它使 p2 成为一个 int*，而不是像 p1 那样的一个普通 int。相比之下，C# 总是把 * 和数据类型放在一起，如下所示：

**int*** p1, p2;

结果是两个 int* 类型的变量。两种语言在一个语句中声明多个数组的语法是一致的：

**int[]** array1, array2;

指针是一种全新的类型。有别于结构、枚举和类，指针的终极基类不是 `System.Object`，甚至不能转换成 `System.Object`。相反，它们能 ( 显式 ) 转换成 `System.IntPtr`( 后者能转换成 `System.Object`)。

### 23.2.3  指针赋值

定义好的指针在访问前必须赋值。和引用类型一样，指针可以包含 `null` 值，这也是它们的默认值。指针保存的是一个位置的地址。因此，要对指针进行赋值，首先必须获得数据的地址。

可以显式地将一个 `int` 或 `long` 转换为指针。但除非事先知道一个特定数据值在执行时的地址，否则很少这样做。相反，要用取址操作符 (&) 来获取值类型的地址，如下所示：

```
byte* pData = &bytes[0]; // 编译错误
```

以上代码的问题在于，托管环境中的数据可能发生移动，导致地址无效。编译器显示的错误消息是："只能获取固定语句初始值设定项内的未固定表达式的地址"[1]。在本例中，被引用的字节出现在一个数组内，而数组是引用类型 ( 是可能在内存中移动的类型 )。引用类型出现在内存堆 (heap) 上，可被垃圾回收或转移位置。对一个可移动类型中的值类型字段进行引用，会发生类似的问题：

```
int* a = &"message".Length;
```

无论哪种方式，为了将数据的地址赋给指针，必须满足以下要求：

- 数据必须归类为一个变量；
- 数据必须是非托管类型；
- 变量需要用 fixed 固定，不能移动。

如果数据是一个非托管变量类型，但是未被固定，就用 fixed 语句固定可移动的变量。

#### 23.2.3.1  固定数据

要想获取可移动数据项的地址，首先必须把它固定下来，如代码清单 23.14 所示。

**代码清单 23.14  fixed 语句**

```
public void Main()
{
    unsafe
    {
        // ...
        byte[] bytes = new byte[24];
        fixed (byte* pData = &bytes[0]) // 也可以写成 pData = bytes
        {
            // ...
```

---

[1] 译注：英文版显示 "You can only take the address of [an] unfixed expression inside a fixed statement initializer."。

```
        }
        // ...
    }
}
```

在 fixed 限定的代码块中，赋值的数据不会再移动。在本例中，bytes 会固定不动 ( 至少在 fixed 语句结束之前如此 )。

fixed 语句要求指针变量在其作用域内声明。这样可以防止当数据不再固定时访问到 fixed 语句外部的变量。但是，最终是由程序员来保证不会将指针赋给在 fixed 语句范围之外也能生存的变量 (API 调用中就可能有这样的变量 )。不安全代码之所以 "不安全"，这是有原因的。需要确保安全地使用指针，不要依赖 "运行时" 来帮你确保安全性。类似地，对于在方法调用后就不会生存的数据，使用 ref 或 out 参数也会出问题。

由于 string 是一种无效的被引用物类型，所以定义 string 指针似乎无效。但和 C++ 语言一样，在内部，string 本质上就是指向字符数组第一个字符的指针，而且可以用 char* 来声明字符指针。所以，C# 语言允许在 fixed 语句中声明 char* 类型的指针，并将其赋给一个 string。fixed 语句防止字符串在指针生存期内移动。类似地，在 fixed 语句内允许其他任何可移动类型，只要它们能隐式转换为其他类型的指针。

可以使用缩写的 bytes 取代冗长的 &bytes[0] 赋值，如代码清单 23.15 所示。

**代码清单 23.15　没有地址或数组索引器的固定语句**

```
byte[] bytes = new byte[24];
fixed (byte* pData = bytes)
{
    // ...
}
```

取决于执行频率和时机，fixed 语句可能导致内存堆中出现碎片 (fragmentation)，这是由于垃圾回收器不能压缩[①] 已固定的对象。为了缓解该问题，最好的做法是在执行前期就固定好代码块，而且宁可固定较少的几个大块，也不要固定许多的小块。遗憾的是，这又和另一个原则发生了冲突，即 "应该尽量缩短固定时间，降低在数据固定期间发生垃圾回收的几率"。.NET 2.0( 及更高版本 ) 添加了一些能避免过多碎片的代码，从而在某种程度上缓解了这方面的问题。

有的时候，需要在方法主体中固定一个对象，并保持固定，直至调用另一个方法。用 fixed 语句做不到这一点。这时可用 GCHandle 对象提供的方法来不确定地固定对象。但是，除非绝对必要，否则不应这样做。长时间固定对象很容易造成垃圾回收器不能高效地 "压缩" 内存。

---

① 译注：此压缩非彼压缩，这里只是约定俗成地将 compact 翻译成 "压缩"。不要以为 "压缩" 后内存会增多。相反，这里的 "压缩" 更接近于 "碎片整理"。事实上，compact 正确的意思是 "变得更紧凑"。但事实上，从 20 世纪 80 年代起，人们就把它看成是 compress 的近义词而翻译成 "压缩"，以讹传讹至今。

### 23.2.3.2 在栈上分配

要想防止垃圾回收器移动数据，应该为数组使用 fixed 语句。然而，还有一个做法是在调用栈上分配数组。栈上分配的数据不受垃圾回收的影响，也不会被终结器清理。类似于被引用物类型，要求 stackalloc（栈分配）数据是由非托管类型的对象构成的一个数组。例如，可以不在堆上分配一个 byte 数组，而是把它放在调用栈上，如代码清单 23.16 所示。

代码清单 23.16    在调用栈上分配数据

```
public static void Main()
{
    unsafe
    {
        // ...
        byte* bytes = stackalloc byte[42];
        // ...
    }
}
```

由于数据类型是非托管类型的数组，所以"运行时"可为该数组分配一个固定大小的缓冲区，并在指针越界时回收该缓冲区。具体地说，它会分配 sizeof(T) * E 的内存。其中，E 是数组大小，T 是被引用物（数组元素）的类型。由于只能为非托管类型的数组使用 stackalloc，所以"运行时"为了回收缓冲区并把它返还给系统，只需对栈执行一次展开(unwind)操作，这就避免了遍历 f-reachable 队列（参见第 10 章对于垃圾回收和终结器的讨论）并对 reachable(可达) 数据进行压缩的复杂性。但是，结果就是无法显式释放 stackalloc 数据。

注意，栈是一种宝贵的资源。耗尽栈空间会造成程序崩溃，应尽一切努力避免。如果程序真的耗尽了栈空间，最理想的情况是程序立即关闭 / 崩溃。一般情况下，程序只有不到 1 MB 的栈空间（实际可能更少）。所以，在栈上分配缓冲区要控制大小。

## 23.2.4 指针解引用

指针要进行解引用（提领、用引）才能访问指针引用的一个类型的值。这要求在指针类型前添加一个间接寻址操作符 *。例如以下语句：

```
byte data = *pData;
```

它的作用是解引用 pData 所引用的 byte 所在的位置，并返回那个位置处的一个 byte。

在不安全代码中，这样做会使本来"不可变"的字符串变得可以被修改，如代码清单 23.17 和输出 23.3 所示。虽然不建议这样做，但它确实揭示了执行低级内存处理的可能性。

代码清单 23.17    修改"不可变"字符串

```
string text = "S5280ft";
Console.Write("{0} = ", text);
```

```
unsafe //  编译时要使用 /unsafe 开关
{
    fixed(char* pText = text)
    {
        char* p = pText;
        *++p = 'm';
        *++p = 'i';
        *++p = 'l';
        *++p = 'e';
        *++p = ' ';
        *++p = ' ';
    }
}
Console.WriteLine(text);
```

**输出 23.3**

```
S5280ft = Smile
```

　　本例获取初始地址，并用前递增操作符使其递增被引用物类型的大小 (sizeof(char))。接着用间接寻址操作符 * 解引用地址，并为该地址分配一个不同的字符。类似地，对指针使用操作符 + 和 -，会使地址增大或减小 sizeof(T) 的量，其中 T 是被引用物的类型。

　　类似地，比较操作符 (==、!=、<、>、<= 和 =>) 也可用于指针比较，它们实际会转变成地址位置值的比较。

　　不能对 **void\*** 类型的指针进行解引用。void\* 数据类型代表指向一个未知类型的指针。由于数据类型未知，所以不能解引用到另一种类型。相反，要访问 void\* 引用的数据，必须把它转换成其他任何指针类型的变量，然后对后一种类型执行解引用。

　　可以使用索引操作符而不是间接寻址操作符来实现与代码清单 23.17 相同的行为，如代码清单 23.18 和输出 23.4 所示。

**代码清单 23.18　在不安全代码中用索引操作符修改"不可变"字符串**

```
string text = "S5280ft";
Console.Write("{0} = ", text);
unsafe //  编译时要使用 /unsafe 开关
{
    fixed(char* pText = text)
    {
        pText[1] = 'm';
        pText[2] = 'i';
        pText[3] = 'l';
        pText[4] = 'e';
        pText[5] = ' ';
        pText[6] = ' ';
    }
}
Console.WriteLine(text);
```

输出 23.4

```
S5280ft = Smile
```

代码清单 23.17 和代码清单 23.18 中的修改会导致出乎意料的行为。例如，假定在 Console.WriteLine() 语句后重新为 text 赋值 "S5280ft"，再重新显示 text，那么输出结果仍是 Smile，这是由于两个相同的字符串字面值的地址会优化成由两个变量共同引用的一个字符串字面值。在代码清单 23.17 的不安全代码之后，即使明确执行以下赋值：

```
text = "S5280ft";
```

但字符串赋值在内部实际是一次地址赋值，所赋的地址是修改过的 "S5280ft" 位置。所以，text 永远不会被设置成你希望的值。

## 23.2.5 访问被引用物类型的成员

指针解引用将生成指针基础类型的变量。然后，可以使用成员访问点操作符来访问基础类型的成员。但是，根据操作符优先级规则，*x.y 等价于 *(x.y)，而这可能不是你所希望的。如果 x 是指针，那么正确的代码是 (*x).y。当然，这个语法并不好看。为了更容易地访问解引用的指针的成员，C# 语言提供了特殊的成员访问修饰符：x->y 是 (*x).y 的简化形式，如代码清单 23.19 和输出 23.5 所示。

代码清单 23.19　直接访问被引用物类型的成员

```
unsafe
{
    Angle angle = new(30, 18, 0);
    Angle* pAngle = &angle;
    System.Console.WriteLine("{0}°  {1}' {2}\"",
        pAngle->Hours, pAngle->Minutes, pAngle->Seconds);
}
```

输出 23.5

```
30°  18' 0"
```

## 23.3　通过委托执行不安全代码

本章最后提供一个完整的例子，演示了用 C# 语言所能做的最"不安全"的事情：获取内存块指针，用机器码字节填充它，让委托引用新代码，并执行委托。本例用汇编代码判断处理器 ID。如果在 Windows 上运行，就打印处理器 ID。如代码清单 23.20 和输出 23.6 所示。

代码清单 23.20　指定不安全代码块

```
using System;
using System.Runtime.InteropServices;
```

```csharp
using System.Text;

public class Program
{
    public static unsafe int Main()
    {
        if (RuntimeInformation.IsOSPlatform(OSPlatform.Windows))
        {
            unsafe
            {
                byte[] codeBytes = new byte[] {
                0x49, 0x89, 0xd8,        // mov    %rbx,%r8
                0x49, 0x89, 0xc9,        // mov    %rcx,%r9
                0x48, 0x31, 0xc0,        // xor    %rax,%rax
                0x0f, 0xa2,              // cpuid
                0x4c, 0x89, 0xc8,        // mov    %r9,%rax
                0x89, 0x18,              // mov    %ebx,0x0(%rax)
                0x89, 0x50, 0x04,        // mov    %edx,0x4(%rax)
                0x89, 0x48, 0x08,        // mov    %ecx,0x8(%rax)
                0x4c, 0x89, 0xc3,        // mov    %r8,%rbx
                0xc3                     // retq
                };

                Buffer buffer = new();
                using (VirtualMemoryPtr codeBytesPtr =
                    new(codeBytes.Length))
                {
                    Marshal.Copy(
                        codeBytes, 0,
                        codeBytesPtr, codeBytes.Length);

                    delegate*<byte*, void> method =
                        (delegate*<byte*, void>)(IntPtr)codeBytesPtr;
                    method(&buffer[0]);
                }
                Console.Write(" 处理器 ID: ");
                char[] chars = new char[Buffer.Length];
                Encoding.ASCII.GetChars(buffer, chars);
                Console.WriteLine(chars);
            } // unsafe
        }
        else
        {
            Console.WriteLine(" 本例只适用于 Windows 平台 ");
        }
        return 0;
    }
}

[System.Runtime.CompilerServices.InlineArrayAttribute(Length)]
public struct Buffer
{
    public const int Length = 12;
```

```
    private byte _element0;
}
```

**输出 23.6**

处理器 ID: GenuineIntel

## 23.4 小结

　　本书之前已经充分展示了 C# 语言的强大功能、灵活性、一致性以及精妙的结构。本章则证明虽然语言提供了如此高级的编程功能，但还是能执行一些非常底层的操作。

　　在结束本书之前，还要用一章的篇幅简单描述底层执行框架，将重心从 C# 语言本身转向 C# 程序所依托的一个更宽泛的平台，即 CLI。

# 第 **24** 章

## 公共语言基础结构 (CLI)

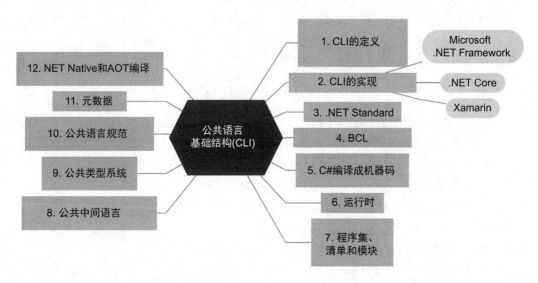

除了语法本身，C# 程序员还应关心 C# 程序的执行环境。本章讨论 C# 如何处理内存分配和回收，如何执行类型检查，如何与其他编程语言互操作，如何跨平台执行，以及如何支持元数据编程。换句话说，本章要研究 C# 语言编译时和执行时所依赖的公共语言基础结构 (Common Language Infrastructure，CLI)。本章描述了在运行时管理 C# 程序的执行引擎，介绍了 C# 如何与同一个执行引擎管辖的各种语言相适应。由于 C# 语言与这个基础结构密切相关，所以该基础结构的大多数功能都可以在 C# 语言中使用。

## 24.1 CLI 的定义

C# 语言生成的不是处理器能直接解释的指令，而是一种中间语言指令。这种中间语言就是**公共中间语言** (Common Intermediate Language，CIL)。第二个编译步骤通常在执行时发生。在这个步骤中，CIL 被转换为处理器能理解的机器码。但代码要执行，仅仅转换为机器码还不够。C# 程序还需要在一个代理的上下文中执行。负责管理 C# 程序执行的代理就是**虚拟执行系统** (Virtual Execution System，VES)，它的一个更常见、更通俗的称呼是"运行时"[1]，它负责加载和运行程序，并在程序执行时提供额外的服务 (比如安全性、垃圾回收等)。

CIL 和"运行时"规范包含在一项国际标准中，即**公共语言基础结构** (Common Language Infrastructure，CLI)[2]。CLI 是理解 C# 程序的执行环境以及 C# 语言如何与其他程序和库 (甚至是用其他语言编写的) 进行无缝交互的一个重要规范。注意，CLI 没有规定标准具体如何实现，但它描述了一个 CLI 平台在符合标准的前提下应该有哪些行为。这为 CLI 的实现者提供了足够大的灵活性，放手让他们在必要的情况下大胆创新，但同时又能提供足够多的结构，使一个平台创建的程序能在另一个不同的 CLI 实现上运行，甚至能在另一个不同的操作系统上运行。

**注意**

CIL 和 CLI 这两个缩写词一定要仔细区分。充分理解它们的含义，避免混淆。

CLI 标准包含以下更详细的规范：
- 虚拟执行系统 (VES，即常说的"运行时")；
- 公共中间语言 (Common Intermediate Language，CIL)；
- 公共类型系统 (Common Type System，CTS)；
- 公共语言规范 (Common Language Specification，CLS)；
- 元数据 (Metadata)；
- 框架 (Framework)。

本章将进一步拓展你对 C# 语言的认识，让你能从 CLI 的角度看问题。CLI 是决定 C# 程序如何运行以及如何与其他程序和操作系统进行交互的关键。

## 24.2 CLI 的实现

目前，CLI 的主要实现包括新一代 .NET，它支持在 Windows、Linux 和 Mac OS 上运行；专为 Windows 设计的 .NET 框架；以及 .NET 多平台应用 UI(Multi-platform App UI，MAUI)，

---

① 译注："运行时"(runtime) 在这里并不是指"在运行的时候"。说到时间，我不会加引号，或者会直接说执行时。加了引号的"运行时"特指"虚拟执行系统"这个代理，它负责管理 C# 程序的执行。

② 本章提到的 CLI 都是指公共语言基础结构 (Common Language Infrastructure)，不要把它误以为是 Dotnet CLI 的命令行接口 (Command-Line Interface)。

它旨在提供一个通用的跨平台解决方案，包括 iOS、macOS 和 Android 应用。CLI 的每个实现版本都包括一个 C# 编译器和一组框架类库。各自支持的 C# 版本以及库中确切的类集合都存在显著区别。另外，许多实现目前仅存历史意义。表 24.1 对这些实现进行了总结。

表 24.1　CLI 的实现

| 编译器 | 说明 |
| --- | --- |
| Microsoft .NET Framework | 这是 CLR 最传统的（也是第一个）版本，用于创建在 Windows 上运行的应用程序。包含对 Windows Presentation Foundation、Windows Forms 和 ASP.NET 的支持。它使用 .NET Framework Base Class Library（BCL） |
| .NET 多平台应用 UI（MAUI） | MAUI 是 Xamarin 的继任者，允许在 Microsoft Windows，iOS，macOS 和 Android 中编写跨平台原生应用，支持使用单一代码库开发所有应用，从而实现高度的代码重用 |
| Blazor | Blazor 支持在浏览器内运行 .NET 代码。它提供了多种托管模型，包括 Server、WebAssembly 和 Hybrid（混合）模型。详情请请访问 *https://learn.microsoft.com/zh-cn/aspnet/core/blazor/hosting-models*。WebAssembly 是一个开放标准，允许在网页浏览器中执行字节码。详情请访问 *https://webassembly.org/* |
| .NET Core/CoreCLR | 正如名称所暗示的，.NET Core 项目包含 .NET 所有新实现的通用核心功能。它是为高性能应用程序设计的 .NET Framework 开源和平台可移植重写版本。CoreCLR 是该项目的 CLR 实现。本书写作时已为 Windows，macOS，Linux，FreeBSD 和 NetBSD 发布 .NET Core 3.1。但是，某些 API（例如 WPF）只能在 Windows 上工作。详情请访问 *https://github.com/dotnet/coreclr* |
| Microsoft .NET Framework | 这个传统的（也是第一个）CLR 版本用于创建 Windows 应用程序，包括对 Windows Presentation Foundation（WPF）、Windows Forms 和 ASP.NET 的支持，使用的是 .NET Framework 基础类库（BCL） |
| Mono | Mono 是 CLI 的开源、跨平台实现，面向许多基于 UNIX 的操作系统、移动操作系统（如 Android）和游戏机（如 PlayStation 和 Xbox） |
| Xamarin | Xamarin 是一个跨平台开发软件，是 CLR 的实现之一。Xamarin 使用了 Mono BCL，如此一来，开发人员就可以使用原生用户界面来编写原生的 Android、iOS 和 Windows 应用程序，在多个平台间共享代码。Xamarin 于 2024 年 5 月停止支持和更新。开发人员可以通过升级助手迁移到 .NET MAUI。 |
| Microsoft Silverlight | 这是 CLI 的一个跨平台实现，用于创建基于浏览器的 Web 客户端应用。微软于 2013 年停止了 Silverlight 的开发 |
| Microsoft Compact Framework | 这是 .NET Framework 的一个精简实现，设计成在 PDA、手机和 Xbox 360 上运行。用于开发 Xbox 360 应用的 XNA 库和工具，是基于 Compact Framework 2.0 构建的。微软于 2013 年停止了 XNA 的开发 |

| 编译器 | 说明 |
| --- | --- |
| Microsoft Micro Framework | Micro Framework 是微软的 CLI 开源实现，为资源有限、不能运行 Compact Framework 的设备设计 |
| DotGNU Portable.NET | 类似于 MONO.NET 的跨平台运行时，2012 年停止支持 |
| Shared Source CLI（Rotor） | 2001 年到 2006 年，微软面向非商业应用发布了 CLI 的 Shared Source 实现 |

这个表格虽然列出了这么多的 CLI 实现，但实际只有三个框架最重要。

## 24.2.1　Microsoft .NET Framework

Microsoft .NET Framework 是第一个 .NET CLI 实现 (2000 年 2 月发布 )，这个最成熟的框架提供最大的 API 集合。可用它来构建 Web、控制台和 Windows 客户端应用程序。.NET Framework 最大的限制在于，它只能在 Windows 上运行 ( 事实上，它根本就是和 Microsoft Windows 捆绑的 )。.NET Framework 包含许多子框架，主要有下面三个。

- .NET Framework Base Class Library(BCL)：提供代表内建 CLI 数据类型的类型，用于支持文件 IO、基础集合类、自定义特性、字符串处理等等。BCL 为 int 和 string 等 C# 原生类型提供定义。
- ASP.NET：用于构建网站和基于 Web 的 API。该框架自 2002 年发布以来，一直是用微软技术开发的网站的基础。随着 2016 年 .NET Core 的引入，ASP.NET 除了提供操作系统的可移植性外，还带来了显著的性能提升以及更新的 API，这些 API 具有更高的模式一致性。
- Windows Presentation Foundation(WPF)：这个 GUI 框架用于构建在 Windows 上运行的富 UI 应用程序。WPF 不仅提供了一组 UI 组件，还支持名为 XAML 的一种宣告式语言，能实现应用程序 UI 的层次化定义。

Microsoft .NET Framework 经常简称为 ".NET Framework"。注意用的是大写 F。这是区分它和 CLI 常规实现以及 ".NET 框架"(.NET framework) 的关键。

## 24.2.2　.NET Core

.NET Core 是 .NET CLI 的跨平台实现。是 .NET Framework 的开源重写版本，致力于高性能和跨平台兼容性。

.NET Core 由 .NET Core Runtime(Core CLR)、.NET Core 框架库和一组 Dotnet 命令行工具构成，可用于创建和生成各种情况下的应用。这些组件包含在 .NET Core SDK 中。如果你一直按本书示例进行操作，那么其实已经熟悉了 .NET Core 和 Dotnet 工具。

.NET Core API 通过 .NET Standard( 稍后讲述 ) 兼容于现有的 .NET Framework、Xamarin 和 Mono 实现。

.NET Core 目前的重点在于构建高性能和可移植的控制台应用，它还是 ASP.NET

Core 和 Windows 10 UWP 应用程序的 .NET 基础。随着支持的操作系统越来越多，.NET Core 还会延伸出更多框架。

### 24.2.3 Xamarin

这个跨平台开发工具为 Android，Mac OS 和 iOS 提供了应用程序 UI 开发支持。Xamarin 最强大的地方在于一个代码库可创建在多种操作系统上运行的且看似是平台原生的 UI。

## 24.3　.NET Standard

以前很难写一个能在多个操作系统 ( 甚至同一个操作系统的不同 .NET 框架 ) 上使用的 C# 代码库。问题在于，每个框架的框架 API 都有一套不同的类 ( 以及 / 或者那些类中的方法 )。.NET Standard 通过定义一组 .NET API 来解决这个问题，每个框架都必须实现这些 API 以确保与指定版本的 .NET Standard 相容。这种统一性确保了只要一个 .NET 框架相容于某个目标 .NET Standard 版本，开发人员使用的就是一套一致的 API。欲知详情，包括 .NET 框架实现及其版本与 .NET Standard 版本的对应关系，请访问 *http://tinyurl.com/yp8yj2d4*。

## 24.4　BCL

除了提供 CIL 代码可以执行的运行时环境，CLI 还定义了一套称为**基类库** (Base Class Library，BCL) 的核心类库。BCL 包含的类库提供基础类型和 API，允许程序以一致的方式与 "运行时" 及底层操作系统交互。BCL 包含对集合、简单文件访问、一些安全性、基础数据类型 ( 例如 `string`) 以及流的支持。

类似地，微软专用的**框架类库** (Framework Class Library，FCL) 包含对富客户端 UI、Web UI、数据库访问以及分布式通信等的支持。

## 24.5　C# 编译成机器码

第 1 章的 HelloWorld 代码清单显然是 C# 代码，所以要执行它，就必须用 C# 编译器来编译它。但是，处理器仍然不能直接解释编译好的代码 ( 称为 CIL)。还需要另外一个编译步骤将 C# 编译结果转换为机器码。此外，执行时还涉及一个代理，它为 C# 程序添加额外的服务，这些服务是无需显式编码的。

所有计算机语言都定义了编程的语法和语义。由于 C 和 C++ 之类的语言会直接编译成机器码，所以这些语言的平台是底层操作系统和机器指令集，即 Microsoft Windows、Linux 和 MacOS 等。但 C# 语言不同，它的底层上下文是 "运行时" ( 或 VES)。

CIL 是 C# 编译器的编译结果。之所以称为**公共中间语言** (Common Intermediate

Language，CIL)，是因为还需一个额外的步骤将 CIL 转换为处理器能理解的东西 ( 图 24.1 展示了这个过程 )。

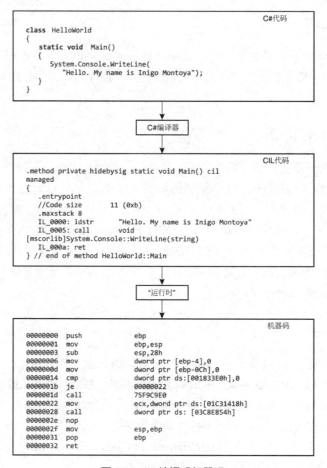

图 24.1 C# 编译成机器码

换言之，C# 编译需要两个步骤：

- C# 编译器将 C# 转换为 CIL；
- 将 CIL 转换为处理器能执行的指令。

"运行时"能理解 CIL 语句，并能将它们编译为机器码。通常要由"运行时"内部的一个组件执行从 CIL 到机器码的编译。该组件称为即时 (just-in-time，JIT) 编译器。程序安装或执行时，便可能发生 JIT 编译，或者说**即时编译** (jitting)。大多数 CLI 实现都倾向于执行时编译 CIL，但 CLI 本身并没有规定应该在什么时候编译。事实上，CLI 甚至允许 CIL 像许多脚本程序那样解释执行，而不是编译执行。此外，.NET 包含一个 NGEN 工具，允许在运行程序之前将代码编译成机器码。这个执行前的编译动作必须要在实际运行程序的计算机上进行，因为它会评估机器特性 ( 处理器、内存等 )，以便生成更高效的代码。在程序安装时 ( 或者在它执行前的任何时候 ) 使用 NGEN，好处在于可以避免在程序启动时才执行 JIT 编译，以缩短程序的启动时间。

从 Visual Studio 2015 开始，C# 编译器还支持 .NET 原生编译。可以在创建应用程序的部署版本时将 C# 代码编译成原生机器码，这和使用 NGEN 工具相似。UWP 应用便利用了这个功能。

## 24.6　运行时

即使"运行时"已将 CIL 代码转换为机器码并开始执行，它仍然持续控制着代码的执行。在"运行时"这样的一个代理上下文中执行的代码称为**托管代码**，在"运行时"控制下的执行过程称为**托管执行**。执行的控制权延伸到了数据，意味着数据成为**托管数据**，因为数据所需的内存是由"运行时"自动分配和回收的。

略微有些矛盾的是，从技术上讲，公共语言运行时 (CLR) 并不是 CLI 框架中的一个通用术语。CLR 更像是微软专门针对 .NET 平台实现的"运行时"。不管怎样，CLR 正在逐渐成为运行时的一个常用代名词，而技术上更准确的术语虚拟执行系统 (VES) 很少在 CLI 规范之外的地方用到。

由于是代理在控制程序执行，所以能将额外的服务注入程序，即使程序员没有显式指定需要这些服务。因此，托管代码提供了一些信息来允许附加这些服务。例如，托管代码允许定位与类型成员有关的元数据，支持异常处理，允许访问安全信息，并允许遍历栈。本节剩余部分将描述通过"运行时"和托管执行来提供的一些附加服务。CLI 没有明确要求提供所有这些服务，但目前的 CLI 框架都已经实现了它们。

### 24.6.1　垃圾回收

垃圾回收是根据程序的需要自动分配和回收内存的过程。对于没有自动系统来做这件事的语言来说，这是一个重大的编程问题。没有垃圾回收器，程序员就必须记住亲自回收他们分配的任何内存。忘记这样做，或者对同一个内存分配反复这样做，会在程序中造成内存泄漏或损坏。对于 Web 服务器这样长时间运行的程序，情况还会变得更严重。由于"运行时"内建了垃圾回收支持，所以程序员可以将精力集中在程序功能上，而不是为了内存管理疲于奔命。

◑ **语言对比：C++ 的确定性析构**

垃圾回收器的具体工作机制并不是 CLI 规范的一部。因此，每种实现可能采取略有不同的方案。事实上，CLI 并没有明确要求必须实现垃圾回收。C++ 程序员要逐渐习惯的一个重要概念是：被垃圾回收的对象不一定会进行确定性回收。所谓**确定性** (deterministically) 回收，是指在良好定义的、编译时知道的位置进行回收。事实上，对象可以在最后一次被访问和程序关闭之间的任何时间进行垃圾回收。这包括在对象超出作用域之前进行回收，以及在对象实例变得不可访问之后很久才进行回收。

应该注意的是，垃圾回收器只负责内存管理。它没有提供一个自动的系统来管理和内存无关的资源。因此，如需采取显式的行动来释放资源（除内存之外的其他资源，例如文件句柄、网络连接等），使用该资源的程序员应通过特殊的 CLI 兼容编程模式来帮助清理这些资源（详情参见第 10 章）。

### 初学者主题：.NET 的垃圾回收

CLI 的大多数实现都使用一个分代的 (generational)、支持压缩的 (compacting) 以及基于 mark-and-sweep( 标记并清除 ) 的算法。之所以说它是分代的，是因为与已经在垃圾回收时存活下来 ( 原因是对象仍在使用 ) 的对象相比，只存活了短暂时间的对象会被更早地清理掉。这一点符合内存分配的常规模式：已知已活了很久的对象，会比最近才实例化的对象活得更久。

此外，.NET 垃圾回收器使用了一个 mark-and-sweep 算法。在每次执行垃圾回收期间，它都标记要回收的对象，并将剩余对象压缩[①] 到一起，确保它们之间没有"脏"空间。使用压缩机制来填充由回收的对象腾出来的空间，通常会使新对象能以更快速度实例化 ( 与非托管代码相比 )，这是因为不必搜索内存为一次新的分配寻找空间。与此同时，这个算法还降低了执行分页处理的概率，因为能在同一个页中存储更多的对象，这也有利于性能的提升。

垃圾回收器会考虑到机器上的资源以及执行时对那些资源的需求。例如，假定计算机的内存尚余大量空间，垃圾回收器就很少运行，并很少花时间去清理那些资源。相比之下，不基于垃圾回收的平台和语言很少进行这样的优化。

### 初学者主题：类型安全

"运行时"提供的关键优势之一就是检查类型之间的转换。我们把它称为"运行时"的类型检查能力。通过类型检查，"运行时"防止了程序员不慎引入可能造成缓冲区溢出安全漏洞的非法类型转换。此类安全漏洞是最常见的计算机入侵方式之一。因此，让"运行时"自动杜绝此类漏洞，对于安全性来说是很有利的。运行时提供的类型检查可以确保以下几点。

- 变量和变量引用的数据都是有类型的 (typed)，而且变量的类型兼容于它所引用的数据的类型。
- 可以局部分析一个类型 ( 而不必分析使用了该类型的所有代码 )，确定需要什么权限来执行该类型的成员。
- 每个类型都有一组编译时定义的方法和数据。"运行时"强制性地规定什么类能访问那些方法和数据。例如，标记为 private 的方法只能由它的包容类型访问。

### 高级主题：绕过封装和访问修饰符

只要有相应的权限，就可通过一种称为**反射**的机制绕过封装和访问修饰符。反射机制提供了晚期绑定 (late binding) 功能，允许浏览类型的成员，在对象的元数据中查找特定构造的名称，并可调用类型的成员。

---

① 译注：此压缩非彼压缩，这里只是约定俗成地将 compact 翻译成"压缩"。不要以为"压缩"后内存会增多。相反，这里的"压缩"更接近于"碎片整理"。事实上，compact 正确的意思是"变得更紧凑"。但事实上，从 20 世纪八十年代起，人们就已经把它看成是 compress 的近义词而翻译成"压缩"，以讹传讹至今。

## 24.6.2　平台可移植性

C# 程序具有**平台可移植性**，能够跨不同操作系统执行 ( 即跨平台支持 )。换言之，程序能在多种操作系统上运行，而且不管具体的 CLI 实现是什么。这里的可移植性不仅仅是为每个平台重新编译代码那么简单。相反，针对一个平台编译好的 CLI 模块应该能在任何一个 CLI 兼容平台上运行，而不必重新编译。为了获得这种程度的可移植性，代码的移植工作必须由"运行时"的实现来完成，而不是由应用程序的开发人员来完成 ( 感谢 .NET Standard)。当然，为了实现这种理想化的可移植性，前提是不能使用某个平台特有的 API。开发跨平台应用程序时，开发人员可以打包或重构通用代码，使其成为跨平台兼容的库。然后，从平台特有代码中调用库，从而减少实现跨平台应用程序所需要的代码量。

## 24.6.3　性能

许多习惯于写非托管代码的程序员会一语道破天机：托管环境为应用程序带来了额外开销，无论它有多么简单。这要求开发人员做出取舍：是不是可以牺牲运行时的一些性能，换取更高的开发效率以及托管代码中更少的 bug 数量？事实上，从汇编程序转向 C 这样的高级语言，以及从结构化编程转向面向对象开发时，我们都在做同样的取舍。大多时候都选择了开发效率的提升，尤其是在硬件速度越来越快，但价格越来越便宜的今天。将较多时间花在架构设计上，相较于穷于应付低级开发平台的各种复杂性，前者更有可能带来大幅的性能提升。另外，考虑到缓冲区溢出可能造成安全漏洞，托管执行变得更有吸引力了。

毫无疑问，特定的开发情形 ( 比如设备驱动程序 ) 是不适合托管执行的。但是，随着托管执行的功能越来越强，对其性能的担心会变得越来越少。最终，只有在要求精确控制的场合，或者要求必须拿掉"运行时"的场合，才需要用到非托管执行[①]。

此外，"运行时"的一些特别设计可以使程序的性能优于本机编译。例如，由于到机器码的转换在目标机器上发生，所以生成的编译代码能与那台机器的处理器和内存布局完美匹配。相反，非 JIT 编译的语言是无法获得这一性能优势的。另外，"运行时"能灵活响应执行时的一些突发状况。相反，已直接编译成机器码的程序是无法顾及到这些情况的。例如，在目标机器上的内存非常富余的时候，非托管语言仍然会刻板地执行既定计划，在编译时定义的位置回收内存 ( 确定性析构 )。相反，支持 JIT 编译的语言只有在运行速度变慢或者程序关闭的时候才会回收内存。虽然 JIT 编译为执行过程添加了一个额外的编译步骤，但 JIT 编译器能带来代码执行效率的大幅提升，使程序最终性能仍然优于直接编译成机器码的程序。总之，CLI 程序不一定比非 CLI 程序快，但性能是有优势的。

---

① 事实上，微软已明确指出，托管开发将成为未来开发 Windows 应用程序的主流方式。即使是那些和操作系统集成的应用程序，也主要采用这种开发方式。

## 24.7 程序集、清单和模块

CLI 规定了一个源语言编译器的 CIL 输出规范。编译器输出的通常是一个程序集。除了 CIL 指令本身，程序集还包含一个**清单** (manifest)，它由下面这些内容构成：

- 程序集定义和导入的类型；
- 程序集本身的版本信息；
- 程序集依赖的其他文件；
- 程序集的安全权限。

清单本质上是程序集的一个标头 (header)，提供了与程序集的构成有关的所有信息，另外还有对这个程序集进行唯一性标识的信息。

程序集可以是类库，也可以是可执行文件本身。而且，一个程序集能引用其他程序集 ( 后者又可引用更多程序集 )。由此而构建的一个应用程序是由许多组件构成的，而不是一个巨大的、单一的程序。这是现代编程平台要考虑的一个重要特性，因为它能显著提高程序的可维护性，并允许一个组件在多个应用程序中共享。

除了清单，程序集还将 CIL 代码包含到一个或多个模块中。通常，程序集和清单被合并成一个单独的文件，就像第 1 章的 HelloWorld.exe 一样。但是，也可以将模块单独放到它们自己的文件中，然后使用程序集链接器 (al.exe) 来创建一个程序集文件，其中包括对每个模块进行引用的清单 [①]。这不仅提供了另一种手段将程序分解成单独的组件，还实现了使用多种不同源语言来开发一个程序集。

模块和程序集这两个术语偶尔可以互换。但在谈及 CLI 兼容程序或库的时候，首选术语是程序集。图 24.2 解释了不同的组件术语。

注意，程序集和模块都能引用文件，比如本地化为特定语言的资源文件。尽管很少见，但两个不同的程序集也可引用同一个模块或文件。

虽然程序集可以包含多个模块和文件，但整个文件组只有一个版本号，而且该版本号被放在程序集的清单中。因此，在一个应用程序内，最小的可版本化的组件就是程序集，即使那个程序集由多个文件构成。在不更新程序集清单的情况下更改任何引用的文件 ( 甚至只是为了发布一个补丁 )，都会违背清单以及整个程序集本身的完整性。考虑到这方面的原因，程序集成为了一个逻辑性的组件构造，或者一个部署单元。

---

① 部分原因在于主流 CLI IDE——Visual Studio——缺乏相应的功能来处理由多个模块构成的程序集。当前的 Visual Studio 没有提供集成的工具来构建由多个模块构成的程序集。在使用此类程序集的时候，"智能感知"功能不能完全发挥作用。

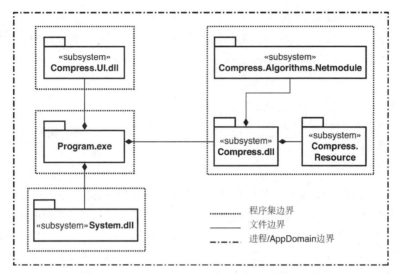

图 24.2　带有模块的程序集以及它们引用的文件

 **注意**

在 .NET 中，程序集（assembly）而不是组成它们的单独模块（module），构成了可以进行版本控制和
安装的最小单位。

　　虽然程序集（逻辑构造）可由多个模块构成，但大多数程序集都只包含一个模块。此
外，微软现在提供了 ILMerge.exe 实用程序，能将多个模块及其清单合并成单文件程序集。
　　由于清单包含对程序集所有依赖文件的引用，所以可以根据清单判断程序集的依赖
性。此外，在执行时，"运行时"只需检查清单就可以确定它需要什么文件。只有发行（供
多个应用程序共享）库的工具厂商（比如微软）才需要在部署时注册那些文件。这使部署
变得非常容易。通常，人们将基于 CLI 的应用程序的部署过程称为 xcopy 部署。这个名
字源于 Windows 著名的 xcopy 命令，作用是直接将整个目录结构拷贝到指定目的地。

　　**语言对比：COM DLL 注册**

和微软以前的 COM 文件不同，CLI 程序集几乎不需要任何类型的注册，只需将组成一个程序的所有
文件复制到一个特定的目录，然后执行程序，即可完成部署。

## 24.8　公共中间语言

　　公共语言基础结构 (CLI) 这个名称揭示了 CIL 和 CLI 的一个重要特点：支持多种语言
在同一个应用程序内的交互（而不是源代码跨越不同操作系统的可移植性）。所以，CIL 不
只是 C# 的中间语言，还是其他许多编程语言的中间语言，比如 Visual Basic .NET、Java 风
格的 J#、Smalltalk、C++ 等（写作本书时有 20 多种，包括 COBOL 和 FORTRAN 的一些版本）。
编译成 CIL 的语言称为源语言 (source language)，而且各自都有一个自定义的编译器能将源

语言转换为 CIL。编译成 CIL 后，当初使用的是什么源语言便无关紧要了。这个强大的功能使不同的开发小组能进行跨单位的协作式开发，而不必关心每个小组使用的是什么语言。这样一来，CIL 就实现了语言之间的互操作性以及平台可移植性。

> **注意**
>
> CLI 有一个强大的功能是支持多种语言。这就允许使用多种语言来编写一个程序，并允许用一种语言写的代码访问用另一种语言写的库。

## 24.9 公共类型系统

不管编程语言如何，最终生成的程序都要在内部操作数据类型。因此，CLI 还包含了**公共类型系统** (Common Type System，CTS)。CTS 定义了类型的结构及其在内存中的布局，另外还规定了围绕类型的概念和行为。除了与类型中存储的数据有关的信息，CTS 还包含了类型的操作指令。由于 CTS 的目标是实现语言间的互操作性，所以它规定了类型在语言的外部边界处的表现及行为。最后，要由"运行时"负责在执行时强制 CTS 建立的各种契约。

在 CTS 内部，类型分为以下两类。

- **值** (Value) 是用于表示基本类型 ( 比如整数和字符 ) 以及以结构的形式提供的更复杂数据的位模式 (bit pattern)。每种值类型都对应一个单独的类型定义，这个单独的类型定义不存储在位本身中。单独的类型定义是指提供了值中每一位的含义，并对值所支持的操作进行了说明的类型定义。
- **对象** (Object) 则在其本身中包含了对象的类型定义 ( 这有助于实现类型检查 )。每个对象实例都有唯一性标识。此外，对象提供了用于存储其他类型 ( 值或对象引用 ) 的位置，这些位置称为槽 (slot)。和值类型不同，更改槽中的内容不会改变对象标识。

以上两个类别直接对应声明每种类型时的 C# 语法。

## 24.10 公共语言规范

相较于 CTS 在语言集成上的优势，实现它的成本微不足道，所以大多数源语言都支持 CTS。但 CTS 语言相容性规范还存在着一个子集，称为**公共语言规范** (Common Language Specification，CLS)。后者侧重库的实现。它面向的是库开发人员，为他们提供编写库的标准，使这些库能从大多数源语言中访问——无论使用库的源语言是否相容于 CTS。之所以称为公共语言规范，是因为它的另一个目的是鼓励 CLI 语言提供一种方式来创建可供互操作的库——或者说能从其他语言访问的库。

例如，虽然一种语言提供对无符号整数 (unsigned integer) 的支持是完全合理的，但这样的一个类型并未包含在 CLS 中。因此，一个类库的开发人员不应对外公开无符号整数。否则，在不支持无符号整数的、与 CLS 规范相容的源语言中，开发者就不愿选用这样的库。

因此，理想情况下，一个库要想从多种语言访问，就必须遵守 CLS 规范。注意，CLS 并不关心那些没有对外向程序集公开的类型。所以，大家可以"悄悄地干活，打枪的不要。"

另外注意，可以在创建非 CLS 相容的 API 时让编译器报告一条警告消息。为此，请使用 System.CLSCompliant 这个程序集特性，并为参数指定 true 值。

## 24.11 元数据

除了要执行的指令，CIL 代码还包含与程序中包含的类型和文件有关的元数据。元数据包含以下内容：

- 对程序或类库中每个类型的描述；
- 清单信息，包括与程序本身有关的数据，以及它依赖的库；
- 在代码中嵌入的自定义特性，提供与特性所修饰的构造有关的额外信息。

元数据并不是 CIL 中可有可无的东西。相反，它是 CLI 实现的一个核心组件。它描述了类型的表示和行为，并包含一些位置信息，描述了哪个程序集包含哪个特定的类型定义。为了保存来自编译器的数据，并使这些数据可以在执行时由调试器和"运行时"访问，它扮演了一个至关重要的角色。这些数据不仅可以在 CIL 代码中使用，还可以在机器码执行期间访问，确保"运行时"能继续执行任何必要的类型检查。

元数据为"运行时"提供了一个机制来处理原生代码和托管代码混合执行的情况。与此同时，它还加强了代码和代码执行的可靠性，因为它能使一个库从一个版本顺利迁移到下一个版本，用加载时的实现取代编译时定义的绑定。

元数据的一个特殊部分是**清单**，其中包含与一个库及其依赖性有关的所有标头信息。所以，元数据的清单部分使开发人员可以判断一个模块的依赖文件，其中包括与依赖文件特定版本和模块创建者签名相关的信息。在执行时，"运行时"通过清单确定要加载哪些依赖库，库或主要程序是否被篡改，以及是否丢失了程序集。

元数据还包含自定义特性，这些特性可对代码进行额外的修饰。特性提供了与可由程序在执行时访问的 CIL 指令有关的额外元数据。

元数据在执行时通过反射机制来使用。利用反射机制，我们可在执行期间查找一个类型或者它的成员，然后调用该成员，或者判断一个特定构造是否使用了一个特性进行修饰。这样就实现了晚期绑定——换言之，可以在执行时 ( 而不是编译时 ) 决定要执行的代码。反射机制甚至还用于生成文档，具体做法是遍历元数据，并将其复制到某种形式的帮助文档中 ( 详情参见第 18 章 )。

## 24.12 NET Native 和 AOT 编译

.NET Native 功能创建平台特有的可执行文件。这称为 AOT(Ahead Of Time) 编译，即"提前编译"。

.NET Native 使程序员能够继续使用 C# 编程，同时通过消除对代码进行即时编译 (JIT) 的需求，从而实现接近原生代码的性能和更快的启动速度。当 .NET Native 编译一个应用程序时，会将 .NET FCL 静态链接到应用程序中，还会在其中包含为静态预编译优化的 .NET Framework 运行时组件。这些特别创建的组件针对 .NET Native 进行了优化，提供了比标准 .NET "运行时"更好的性能。编译过程不会以任何方式更改你的应用程序。可以自由使用 .NET 的所有构造和 API，同时依赖于托管内存和内存清理，因为 .NET Native 会在可执行文件中包含 .NET Framework 的所有组件。

## 24.13  小结

本章介绍了许多新术语和缩写词，它们对于理解 C# 程序的运行环境具有重要意义。许多三字母缩写词比较容易混淆。表 24.2 简单总结了作为 CLI 一部分的术语和缩写词。

表 24.2    常见 C# 相关缩写词

| 缩写 | 定义 | 说明 |
| --- | --- | --- |
| .NET | 无 | 这是微软所实现的 CLI，其中包括 CLR、CIL 以及各种语言——全都相容于 CLS |
| BCL | 基类库 | CLI 规范的一部分，定义了集合、线程处理、控制台以及用于生成几乎所有程序所需的其他基类 |
| C# | 无 | 一种编程语言。注意 C# 语言规范独立于 CLI 标准，也得到了 ECMA 和 ISO 标准组织的认可 |
| CIL(IL) | 公共中间语言 | CLI 规范中的一种语言，为可在 CLI 的实现上执行的代码定义了指令。有时也称为中间语言 (IL) 或 Microsoft IL(MSIL)，以区别于其他中间语言。为了强调此标准的适用范围不仅是微软的产品，平时应该多说 CIL，而不是说 MSIL( 或 IL) |
| CLI | 公共语言基础结构 | 这个规范定义了中间语言、基类和行为特征，允许实现人员创建虚拟执行系统和编译器，确保不同的源语言能在公共执行环境的顶部进行互操作 |
| CLR | 公共语言运行时 | 微软根据 CLI 规定的定义来实现的"运行时" |
| CLS | 公共语言规范 | CLI 规范的一部分，定义了源语言必须支持的核心功能子集。只有支持这些特性，才能在基于 CLI 规范实现的"运行时"中执行 |
| CTS | 公共类型系统 | 一般要由 CLI 相容语言来实现的一个标准，定义了编程语言向模块外部公开的类型的表示及行为，包括如何对类型进行合并以构成新的类型 |
| FCL | .NET Framework 类库 | 用于构成 Microsoft .NET Framework 的类库，包含微软实现的 BCL 以及用于 Web 开发、分布式通信、数据库访问、富客户端 UI 开发等的一个大型类库 |
| VES("运行时") | 虚拟执行系统 | 作为代理，负责管理"为 CLI 编译的程序"的执行 |